INTRODUÇÃO
A SISTEMAS ELÉTRICOS
DE POTÊNCIA

Blucher

CARLOS CÉSAR BARIONI DE OLIVEIRA
Professor Assistente – EPUSP

HERNÁN PRIETO SCHMIDT
Professor Doutor – EPUSP

NELSON KAGAN
Professor Doutor – EPUSP

ERNESTO JOÃO ROBBA
Professor Titular – EPUSP

INTRODUÇÃO A SISTEMAS ELÉTRICOS DE POTÊNCIA

COMPONENTES SIMÉTRICAS

2ª edição revista e ampliada

Introdução a sistemas elétricos de potência: componentes simétricas

© 2000   Carlos César Barioni de Oliveira

Hernán Prieto Schmidt

Nelson Kagan

Ernesto João Robba

Editora Edgard Blücher Ltda.

2ª edição – 2000

9ª reimpressão – 2019

Blucher

Rua Pedroso Alvarenga, 1245, 4º andar

04531-934 – São Paulo – SP – Brasil

Tel.: 55 11 3078-5366

contato@blucher.com.br

www.blucher.com.br

FICHA CATALOGRÁFICA

Robba, Ernesto João Robba
Introdução a sistemas elétricos de potência – componentes simétricas / Carlos César Barioni de Oliveira, Hernán Prieto Schmidt, Nelson Kagan, Ernesto João Robba – 2ª edição rev. e ampl. – São Paulo: Blucher, 2000.

484 p. : il.

ISBN 978-85-212-0078-9

1. Componentes simétricas (Engenharia elétrica)
2. Energia elétrica – Distribuição 3. Energia elétrica – Sistemas 4. Energia elétrica – Transmissão I. Oliveira, Carlos César Barioni de. II. Schmidt, Hernán Prieto. III. Kagan, Nelson. IV. Robba, Ernesto João.

04-6992   CDD-621.3191

Índices para catálogo sistemático:

1. Componentes simétricas: sistemas elétricos de potência: Engenharia elétrica   621.3191

2. Sistemas elétricos de potência: Componentes simétricas: Engenharia elétrica   621.3191

CONTEÚDO

PREFÁCIO DA SEGUNDA EDIÇÃO

Após mais de 20 anos do lançamento deste livro, resolvemos, agora em co-autoria com outros professores da EPUSP, proceder à sua revisão, à luz dos atuais recursos computacionais. O livro manteve seu escopo de constituir-se numa obra introdutória ao estudo de sistemas elétricos de potência, preocupando-se em expor as ferramentas básicas de que tal estudo se vale, quais sejam: valores por unidade, componentes simétricas e componentes de Clarke. Sua estrutura geral e seu carácter eminentemente didático mantiveram-se inalterados, porém sofreu grandes modificações em seu conteúdo, com especial ênfase no *software* para resolução de exercícios.

No primeiro capítulo, que trata de circuitos trifásicos, ao par da introdução dos conceitos básicos e das peculiaridades de resolução de circuitos trifásicos simétricos e equilibrados, enfatizamos o estudo matricial, por componentes de fase, de redes trifásicas assimétricas e desequilibradas, apresentando, como é o caso das linhas de transmissão, impedâncias mútuas, não desprezíveis, entre os condutores de fase e entre estes e o retorno por terra. Introduzimos os conceitos de cargas modeladas por potência, corrente e impedância constante e, de conseqüência, os critérios básicos para a resolução de redes por processos diretos e iterativos, estes últimos sobremodo úteis quando as cargas são representadas por impedâncias não lineares.

No segundo capítulo, apresentamos os valores normalizados, ou por unidade, e discutimos a representação das redes elétricas, e de seus componentes, através de diagramas de impedâncias. Em substituição ao detalhamento da representação de redes por meio de analisadores de circuitos em condições transitórias (T.N.A. - *Transient Network Analyzer*) cuja utilização prática foi suplantada pelo tratamento numérico, através de computadores digitais, incluímos a análise das vantagens numéricas que advêm da utilização de valores por unidade na simulação da operação de redes elétricas.

No terceiro capítulo, onde apresentamos a análise de redes através das componentes simétricas, discutimos, após sua definição e interpretação, os métodos para a representação dos elementos que constituem uma rede elétrica de potência por seus diagramas seqüenciais. Salientamos que a representação de alternadores não é discutida em detalhes por não ser do escopo desta obra. Finalmente nos ocupamos da interligação dos circuitos seqüenciais, dando destaque ao tratamento de redes com desequilíbrios e defeitos entre fases e entre fases e terra, bem como, os problemas de abertura monopolar e bipolar de linhas.

No quarto capítulo, no qual apresentamos as componentes de Clarke, mantivemos, mesmo com a introdução de novos itens, seu caráter resumido face à menor aplicação dessas componentes ao estudo de redes e, ainda, pelo fato de que o tratamento dos problemas segue metodologia análoga ao apresentado nas componentes simétricas. Lembramos que, a aplicação das componentes de Clarke restringe-se quase que exclusivamente ao estudo de sobretensões, portanto, de uso mais especializado.

Os exercícios de aplicação pertinentes aos quatro capítulos passaram a fazer parte do quinto capítulo, onde apresentamos duas grandes famílias de exercícios: a primeira, composta de exercícios analíticos, testes de múltipla escolha, exercícios resolvidos e propostos, e a segunda, constituída por exercícios resolvidos através de conjunto de programas computacionais de domínio público, fornecidos em disquete e disponíveis na rede Internet. Os exercícios foram desenvolvidos, em ordem crescente de dificuldade, no sentido de esclarecer e consolidar os conceitos introduzidos no tratamento teórico dos assuntos.

Carlos César Barioni de Oliveira
Hernán Prieto Schmidt
Nelson Kagan
Ernesto João Robba
São Paulo, maio de 1996

PREFÁCIO DA PRIMEIRA EDIÇÃO

Este livro tem caráter eminentemente didático. Seu objetivo é a exposição das ferramentas principais utilizadas no estudo de sistemas de potência: valor por unidade, componentes simétricas e componentes de Clarke.

Representa o início de uma série de obras que serão publicadas pelo grupo de Sistemas de Potência do Departamento de Engenharia Elétrica da Escola Politécnica da USP. A este, seguir-se-ão os volumes versando sobre linhas de transmissão, distribuição, análise do comportamento dinâmico de sistemas, geração, sobretensões e estudo econômico. Pretendemos desse modo cobrir o curso de graduação que é ministrado aos engenheiros eletricistas, opção de Sistemas de Potência.

O primeiro capítulo trata de circuitos trifásicos, enfatizando-se os circuitos trifásicos desequilibrados e os circuitos trifásicos com impedâncias mútuas entre as três fases, sendo esta uma primeira aproximação ao problema real das linhas de transmissão.

No segundo capítulo, são apresentados os valores p.u., discutindo-se a representação dos componentes de um sistema nos diagramas de impedâncias. Dá-se ênfase ao problema da simulação de redes em condições transientes (**T.N.A.** - *Transient Network Analyzer*).

No terceiro capítulo, são apresentadas as componentes simétricas; após a definição e interpretação, discutem-se os métodos para a representação dos componentes de uma rede de potência por meio dos diagramas seqüenciais. Salientamos que não é dado destaque à representação de alternadores, uma vez que isso será assunto do curso de máquinas elétricas. Finalmente, estudamos a interligação dos circuitos seqüenciais para alguns casos de defeitos e de desequilíbrios da carga. Defeitos múltiplos serão estudados em obra futura, ao tratarmos de defeitos e sobretensões.

Finalmente, o quarto capítulo é dedicado às componentes de Clarke. Sua apresentação é mais resumida, pois o tratamento da maioria dos problemas é análogo ao do capítulo de componentes simétricas. Além disso, devido ao fato de a aplicação das componentes de Clarke ser restrita quase que exclusivamente ao estudo de sobretensões e, portanto, de uso mais especializado, restringimo-nos à análise de alguns casos. O assunto será retomado no curso de sobretensões, que, pelo seu caráter de especialização, é ministrado em pós-graduação.

Concluindo, desejamos externar nossos agradecimentos às muitas pessoas que tornaram possível a realização deste trabalho: a meus colaboradores diretos do Departamento de Engenharia de Eletricidade, que suportaram longos debates sobre a matéria aqui exposta: à minha esposa e filhas, que além de muito se privarem durante a longa elaboração do manuscrito, ainda colaboraram na revisão e na solução de inúmeros problemas durante a fase final de redação.

Ernesto João Robba
São Paulo, março de 1972

1

Circuitos Trifásicos

1.1 - INTRODUÇÃO

1.1.1 - PREÂMBULO

As primeiras linhas de transmissão de energia elétrica surgiram no final do século XIX, e, inicialmente, destinavam-se exclusivamente ao suprimento de sistemas de iluminação. A utilização destes sistemas para o acionamento de motores elétricos fez com que as "companhias de luz" se transformassem em "companhias de força e luz". Estes sistemas operavam em baixa tensão e em corrente contínua, e foram rapidamente substituídos por linhas monofásicas em corrente alternada. Dentre os motivos que propiciaram essa mudança, podemos citar: (i) o uso dos transformadores, que possibilitou a transmissão de energia elétrica em níveis de tensão muito maiores do que aqueles utilizados na geração e na carga, reduzindo as perdas no sistema, permitindo a transmissão em longas distâncias; e (ii) o surgimento dos geradores e motores em corrente alternada, construtivamente mais simples e mais baratos que as máquinas em corrente contínua. Dentre os sistemas em corrente alternada, o trifásico tornou-se o mais conveniente, por razões técnicas e econômicas (como a transmissão de potência com menor custo e a utilização dos motores de indução trifásicos), e passou a ser o padrão para a geração, transmissão e distribuição de energia em corrente alternada. Por outro lado, as cargas ligadas aos sistemas trifásicos podem ser trifásicas ou monofásicas. As cargas trifásicas normalmente são equilibradas, ou seja, são constituídas por três impedâncias iguais, ligadas em estrela ou em triângulo. As cargas monofásicas, como por exemplo as cargas de instalações residenciais, por sua vez, podem introduzir desequilíbrios no sistema, resultando em cargas trifásicas equivalentes desequilibradas.

Neste capítulo vamos definir os sistemas polifásicos e estudar em particular os sistemas trifásicos. Inicialmente, vamos apresentar uma série de definições importantes, que serão utilizadas ao longo de todo o livro. Nos itens 1.2, 1.3, 1.4 e 1.5, iremos apresentar métodos de cálculo para a análise de sistemas trifásicos. No item 1.2 vamos analisar os circuitos trifásicos alimentando cargas trifásicas equilibradas, ligadas através das duas formas possíveis, em estrela e em triângulo. Neste item, para facilitar a compreensão do leitor, vamos desconsiderar as indutâncias mútuas existentes entre os fios da linha. No item 1.3, ainda mantendo esta hipótese simplificadora, vamos analisar os sistemas trifásicos simétricos e equilibrados alimentando cargas desequilibradas, conhecendo-se as tensões nos terminais dos geradores. No item 1.4, apresentaremos o caso geral de sistemas com desequilíbrios na linha e na carga. No item 1.5 analisaremos alguns casos particulares de sistemas trifásicos desequilibrados em que são conhecidas as tensões nos terminais da carga. No item 1.6 iremos estudar potência em sistemas trifásicos. Definiremos os conceitos de potência ativa, reativa e aparente, e métodos para a sua medição e análise. No item 1.7 apresentaremos a forma de representação dos elementos constituintes de um sistema trifásico através de diagramas unifilares. No item 1.8 apresentaremos os modelos utilizados para a representação da carga, em função de sua natureza, e que irão determinar a potência absorvida pela carga em função da tensão em seus terminais.

1.1.2 - DEFINIÇÕES GERAIS

Definimos como "sistema de tensões polifásico e simétrico" (a n fases) um sistema de tensões do tipo:

$$e_1 = E_M \cos \omega t$$

$$e_2 = E_M \cos\left(\omega t - 2\pi \frac{1}{n}\right)$$

$$e_3 = E_M \cos\left(\omega t - 2\pi \frac{2}{n}\right) \tag{1.1}$$

$$\cdots\cdots\cdots\cdots\cdots\cdots\cdots\cdots\cdots\cdots\cdots\cdots$$

$$e_n = E_M \cos\left(\omega t - 2\pi \frac{n-1}{n}\right)$$

onde n é um número inteiro qualquer não menor que três. Em particular, quando $n=3$, dizemos que o sistema é trifásico.

Da definição de sistema polifásico, observamos que tais sistemas são constituídos por um conjunto de n cossenóides de mesmo valor máximo, E_M, e com uma defasagem de $2\pi/n$ rad entre duas tensões sucessivas quaisquer.

As tensões e correntes nos sistemas trifásicos são representadas por fasores. Isto é, podemos representar o sistema trifásico:

$$e_1 = E_M \cos \omega t = \Re e\left[E_M e^{j\omega t}\right]$$

$$e_2 = E_M \cos(\omega t - 2\pi/3) = \Re e\left[E_M e^{-j2\pi/3} e^{j\omega t}\right]$$

$$e_3 = E_M \cos(\omega t - 4\pi/3) = E_M \cos(\omega t + 2\pi/3) = \Re e\left[E_M e^{j2\pi/3} e^{j\omega t}\right]$$

pelos fasores

$$\dot{E}_1 = E + j\,0 = E\,\underline{|0°}$$

$$\dot{E}_2 = E\left[\cos(-2\pi/3) + j\,sen(-2\pi/3)\right] = E\left(-\frac{1}{2} - j\frac{\sqrt{3}}{2}\right) = E\,\underline{|-120°}$$

$$\dot{E}_3 = E\left[cos\left(+2\pi/3\right) + j\ sen\left(+2\pi/3\right)\right] = E\left(-\frac{1}{2} + j\ \frac{\sqrt{3}}{2}\right) = E\ \underline{|120°}$$

em que $E = E_M/\sqrt{2}$ representa o valor eficaz da tensão.

Ao longo deste capítulo iremos apresentar métodos para a solução de circuitos trifásicos em diversas condições, envolvendo as tensões no início do sistema (nos terminais dos geradores), as linhas utilizadas para a transmissão da energia até a carga, e a carga conectada no final da linha. Para tanto, definimos:

(1-a) - *Sistema de tensões trifásico simétrico*: sistema trifásico em que as tensões nos terminais dos geradores são senoidais, de mesmo valor máximo, e defasadas entre si de $2\pi/3$ rad ou 120° elétricos;

(1-b) - *Sistema de tensões trifásico assimétrico*: sistema trifásico em que as tensões nos terminais dos geradores não atendem a pelo menos uma das condições apresentadas em (1-a);

(2-a) - *Linha (ou rede) trifásica equilibrada*: linha (ou rede) trifásica, constituída por 3 ou 4 fios (3 fios de fase ou 3 fios de fase e 1 fio de retorno), na qual se verificam as seguintes relações:
- impedâncias próprias dos fios de fase iguais entre si: $\quad Z_{AA} = Z_{BB} = Z_{CC} = Z_P$;
- impedâncias mútuas entre os fios de fase iguais entre si: $\quad Z_{AB} = Z_{BC} = Z_{CA} = Z_M$;
- impedâncias mútuas entre os fios de fase e o fio de retorno iguais (para sistema a 4 fios): $\quad Z_{AG} = Z_{BG} = Z_{CG} = Z'_M$.

(2-b) - *Linha (ou rede) trifásica desequilibrada*: linha (ou rede) trifásica, constituída por 3 ou 4 fios (3 fios de fase ou 3 fios de fase e 1 fio de retorno), na qual não se verifica pelo menos uma das relações apresentadas em (2-a);

(3-a) - *Carga trifásica equilibrada*: carga trifásica constituída por 3 impedâncias complexas iguais, ligadas em estrela ou em triângulo;

(3-b) - *Carga trifásica desequilibrada*: carga trifásica na qual não se verifica a condição descrita em (3-a).

Muitas vezes iremos identificar o sistema de forma resumida. Assim, por exemplo, quando nos referirmos a um sistema trifásico *simétrico* e *equilibrado* com carga *desequilibrada*, estaremos tratando de um sistema de tensões trifásico *simétrico*, com uma linha trifásica *equilibrada*, alimentando uma carga trifásica *desequilibrada*.

1.1.3 - OBTENÇÃO DE SISTEMAS POLIFÁSICOS - SEQÜÊNCIA DE FASE

Nos terminais de uma bobina que gira com velocidade angular constante, no interior de um campo magnético uniforme, surge uma tensão senoidal cuja expressão é

$$e = E_M \cos(\omega t + \theta),$$

em que θ representa o ângulo inicial da bobina. Ou melhor, adotando-se a origem dos tempos coincidente com a direção do vetor indução, θ representa o ângulo formado pela direção da bobina com a origem dos tempos no instante $t=0$.

Assim, é óbvio que, se dispusermos sobre o mesmo eixo três bobinas deslocadas entre si de $2\pi/3$ *rad* e girarmos o conjunto com velocidade angular constante, no interior de um campo magnético uniforme, obteremos nos seus terminais um sistema de tensões de mesmo valor máximo e defasadas entre si de $2\pi/3$ *rad*, conforme Fig. 1-1.

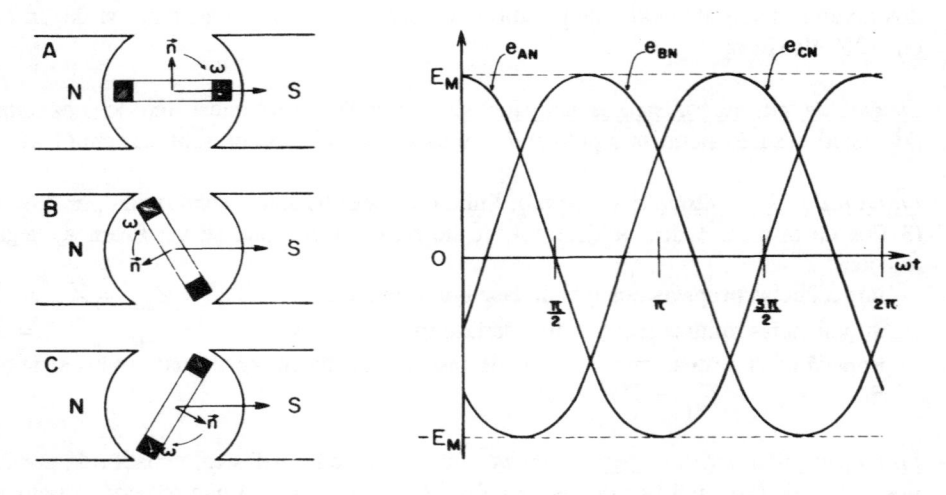

(a) - Bobinas do gerador   (b) - Valores instantâneos das tensões
Figura 1-1. Obtenção de um sistema trifásico de tensões

Definimos, para um sistema polifásico simétrico, *"seqüência de fase"* como sendo a ordem pela qual as tensões das fases passam pelo seu valor máximo. Por exemplo, no sistema trifásico da Fig. 1-1, a seqüência de fase é *A-B-C*, uma vez que as tensões passam consecutivamente pelo valor máximo na ordem *A-B-C*. Evidentemente, uma alteração cíclica não altera a seqüência de fase, isto é, a seqüência *A-B-C* é a mesma que *B-C-A* e que *C-A-B*. À seqüência *A-B-C* é dado o nome *"seqüência direta"* ou *"seqüência positiva"*, e à seqüência *A-C-B*, que coincide com *C-B-A* e *B-A-C*, dá-se o nome de *"seqüência inversa"* ou *"seqüência negativa"*.

EXEMPLO 1.1 - Um sistema trifásico simétrico tem seqüência de fase *B-A-C* e $\dot{V}_C = 220\ \underline{|40°}\ V$. Determinar as tensões $\dot{V}_A$ e $\dot{V}_B$.

SOLUÇÃO: Sendo a seqüência de fase *B-A-C*, a primeira tensão a passar pelo valor máximo será v_B, a qual será seguida, na ordem, por v_A e v_C . Portanto, deverá ser:

$$v_B = V_M \cos(\omega t + \theta) \quad , \quad v_A = V_M \cos(\omega t + \theta - 2\pi/3) \quad , \quad v_C = V_M \cos(\omega t + \theta - 4\pi/3)$$

em que θ representa o ângulo inicial ou a rotação de fase em relação à origem. No instante *t=0*, teremos

$$v_B = V_M \cos\theta \quad , \quad v_A = V_M \cos(\theta - 2\pi/3) \quad , \quad v_C = V_M \cos(\theta - 4\pi/3)$$

Sendo $V = V_M/\sqrt{2}$, fasorialmente teremos

$$\dot{V}_B = V \lfloor \theta \quad , \quad \dot{V}_A = V \lfloor \theta - 2\pi/3 \quad , \quad \dot{V}_C = V \lfloor \theta - 4\pi/3$$

Por outro lado, sendo dado $\dot{V}_C = 220 \lfloor 40° \ V$, resulta

$$V = 220 \ V \quad ; \quad \theta + 120° = 40° \ \text{ou} \ \theta = -80° \ ,$$

e portanto $\quad \dot{V}_B = 220 \lfloor -80° \ V \quad , \quad \dot{V}_A = 220 \lfloor -200° \ V \quad , \quad \dot{V}_C = 220 \lfloor 40° \ V$

Chegaríamos ao mesmo resultado raciocinando com o diagrama fasorial. De fato, lembramos que o valor instantâneo de uma grandeza cossenoidal é dado pela projeção do fasor que a representa (utilizando como módulo o valor máximo) sobre o eixo real, fazendo com que os fasores girem no sentido anti-horário com velocidade angular ω (vetores girantes). Evidentemente, poderemos imaginar os vetores girantes fixos e o eixo real girando com velocidade angular ω no sentido horário. Em tais condições, a origem deverá sobrepor-se consecutivamente a $\dot{V}_B$, $\dot{V}_A$ e $\dot{V}_C$ (Fig. 1-2), ou seja, $\dot{V}_B$ está adiantado de $120°$ sobre $\dot{V}_A$, e este está adiantado de $120°$ sobre $\dot{V}_C$. Portanto deverá ser:

$$\dot{V}_A = 220 \lfloor 120°+40° = 220 \lfloor 160° = 220 \lfloor -200° \ V$$
$$\dot{V}_B = 220 \lfloor -200°+120° = 220 \lfloor -80° \ V$$

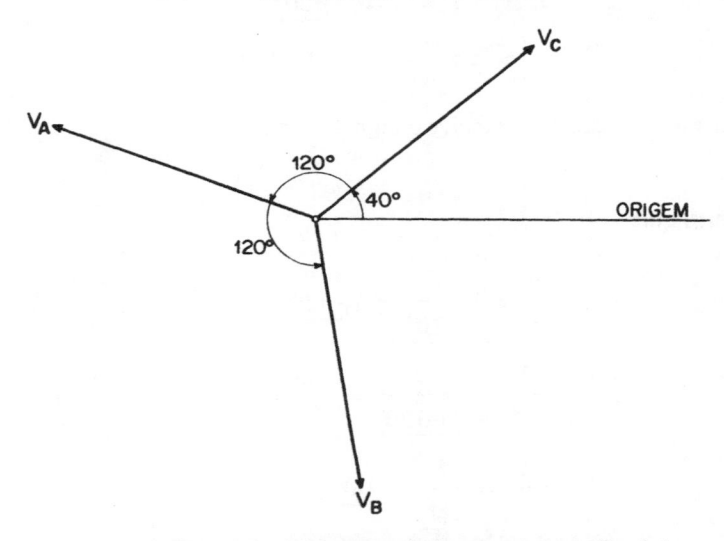

Figura 1-2. Diagrama de fasores para o Ex. 1.1

1.1.4 - OPERADOR α

Ao definirmos os sistemas trifásicos, vimos que, entre as grandezas que os caracterizam, há uma rotação de fase de $\pm 120°$; portanto é bastante evidente que pensemos num operador que, aplicado a um fasor, perfaça tal rotação de fase. Assim, definimos o operador α, que é um número complexo de módulo unitário e argumento $120°$, de modo que, quando aplicado a um fasor qualquer, transforma-o em outro de mesmo módulo e adiantado de $120°$. Em outras palavras,

$$\alpha = 1\underline{|120°} = -\frac{1}{2} + j\frac{\sqrt{3}}{2} \tag{1.2}$$

No tocante à potenciação, o operador α possui as seguintes propriedades:

$$\alpha^1 = \alpha = 1\underline{|120°}$$

$$\alpha^2 = \alpha.\alpha = 1\underline{|120°}.1\underline{|120°} = 1\underline{|-120°}$$

$$\alpha^3 = \alpha^2.\alpha = 1\underline{|-120°}.1\underline{|120°} = 1\underline{|0°}$$

$$\alpha^4 = \alpha^3.\alpha = 1\underline{|0°}.1\underline{|120°} = 1\underline{|120°}$$

Genericamente:

$$\alpha^{3n} = \left(\alpha^3\right)^n = \left(1\underline{|0°}\right)^n = 1\underline{|0°} = \alpha^°$$

$$\alpha^{3n+1} = \alpha^{3n}.\alpha = \alpha = 1\underline{|120°} \tag{1.3}$$

$$\alpha^{3n+2} = \alpha^{3n}.\alpha^2 = \alpha^2 = 1\underline{|-120°}$$

em que n é um número inteiro, positivo e maior ou igual a zero.

Além disso, observamos que:

$$\alpha^{-1} = \frac{1}{\alpha} = \frac{1}{1\underline{|120°}} = 1\underline{|-120°} = \alpha^2$$

$$\alpha^{-2} = \frac{1}{\alpha^2} = \frac{1}{1\underline{|-120°}} = 1\underline{|120°} = \alpha$$

$$\alpha^{-3} = \frac{1}{\alpha^3} = \frac{1}{1\underline{|0°}} = 1\underline{|0°}$$

Genericamente, com n inteiro, positivo e maior ou igual a zero, resulta:

$$\alpha^{-3n} = \frac{1}{\alpha^{3n}} = \frac{\alpha^3}{1\,\underline{|0^\circ}} = 1\,\underline{|0^\circ} = \alpha^\circ$$

$$\alpha^{-(3n+1)} = \frac{1}{\alpha^{(3n+1)}} = \frac{\alpha^3}{\alpha} = \alpha^2 \tag{1.4}$$

$$\alpha^{-(3n+2)} = \frac{1}{\alpha^{(3n+2)}} = \frac{\alpha^3}{\alpha^2} = \alpha$$

Além dessas, o operador α possui ainda a propriedade:

$$1 + \alpha + \alpha^2 = 1\,\underline{|0^\circ} + 1\,\underline{|120^\circ} + 1\,\underline{|-120^\circ} = 0 \ , \tag{1.5}$$

que é muito importante e será amplamente utilizada neste livro.

EXEMPLO 1.2 - Calcular o valor de $\alpha^2 - \alpha$.

SOLUÇÃO: Da definição do operador α, temos:

$$\alpha^2 - \alpha = 1\,\underline{|-120^\circ} - 1\,\underline{|120^\circ} = \left(-\frac{1}{2} - \frac{\sqrt{3}}{2}j\right) - \left(-\frac{1}{2} + \frac{\sqrt{3}}{2}j\right) = -\sqrt{3}j = \sqrt{3}\,\underline{|-90^\circ}$$

Na Fig. 1-3, obtivemos o valor de $\alpha^2 - \alpha$ graficamente.

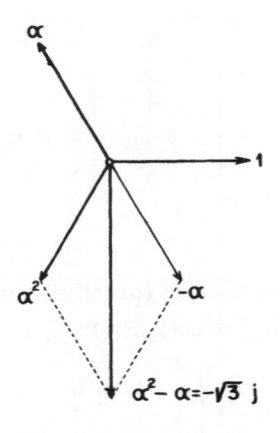

Figura 1-3. Determinação gráfica de $\alpha^2 - \alpha$

1.1.5 - SEQÜÊNCIAS

Definimos *seqüência* como sendo um conjunto ordenado de três fasores. Assim, suponhamos que sejam dados três fasores quaisquer: $\dot{M}_A$, $\dot{M}_B$ e $\dot{M}_C$; definiremos a seqüência constituída por esta terna de fasores e a representaremos por $\mathbf{M}_A$. De um modo geral, indicaremos uma seqüência por uma matriz-coluna na qual os elementos da 1ª, 2ª e 3ª linha correspondem, respectivamente, ao 1º, 2º e 3º fasor da terna de fasores. Isto é,

$$\text{seqüência } \mathbf{M}_A = \begin{bmatrix} \dot{M}_A \\ \dot{M}_B \\ \dot{M}_C \end{bmatrix}$$

No caso geral, os três fasores dados são quaisquer, porém há casos particulares que devemos salientar e que recebem designações especiais. Assim, quando os três fasores são iguais $\left(\dot{V}_0 , \dot{V}_0 , \dot{V}_0 \right)$, definiremos uma seqüência nula ou de fase zero e a indicaremos por uma letra que caracteriza a grandeza com o índice zero. Assim,

$$\text{seqüência de fase zero} = \mathbf{V}_0 = \begin{bmatrix} \dot{V}_0 \\ \dot{V}_0 \\ \dot{V}_0 \end{bmatrix} = \dot{V}_0 \begin{bmatrix} 1 \\ 1 \\ 1 \end{bmatrix} = \dot{V}_0 \, \mathbf{S}_0 , \quad \text{com } \mathbf{S}_0 = \begin{bmatrix} 1 \\ 1 \\ 1 \end{bmatrix} \tag{1.6}$$

Definimos seqüência de fase direta (positiva) como sendo uma seqüência $\dot{V}_A, \dot{V}_B, \dot{V}_C$ em que $\dot{V}_B = \alpha^2 \dot{V}_A$ e $\dot{V}_C = \alpha \dot{V}_A$. Esta seqüência será identificada pelo índice um. Sendo $\dot{V}_A = \dot{V}_1$, temos:

$$\text{seqüência de fase direta} = \mathbf{V}_1 = \begin{bmatrix} \dot{V}_1 \\ \alpha^2 \dot{V}_1 \\ \alpha \dot{V}_1 \end{bmatrix} = \dot{V}_1 \begin{bmatrix} 1 \\ \alpha^2 \\ \alpha \end{bmatrix} = \dot{V}_1 \, \mathbf{S}_1 , \quad \text{com } \mathbf{S}_1 = \begin{bmatrix} 1 \\ \alpha^2 \\ \alpha \end{bmatrix} \tag{1.7}$$

Analogamente, na seqüência de fase inversa (negativa) teremos $\dot{V}_B = \alpha \dot{V}_A$ e $\dot{V}_C = \alpha^2 \dot{V}_A$. Esta seqüência será designada pelo índice dois. Sendo $\dot{V}_A = \dot{V}_2$, temos:

$$\text{seqüência de fase inversa} = \mathbf{V}_2 = \begin{bmatrix} \dot{V}_2 \\ \alpha \dot{V}_2 \\ \alpha^2 \dot{V}_2 \end{bmatrix} = \dot{V}_2 \begin{bmatrix} 1 \\ \alpha \\ \alpha^2 \end{bmatrix} = \dot{V}_2 \, \mathbf{S}_2 , \quad \text{com } \mathbf{S}_2 = \begin{bmatrix} 1 \\ \alpha \\ \alpha^2 \end{bmatrix} \tag{1.8}$$

1.1.6 - SIMBOLOGIA

Neste livro adotamos a seguinte simbologia:

(1) Grandezas cossenoidais que podem ser representadas por fasores (correntes e tensões):

- valor instantâneo de correntes ou tensões: utilizaremos letras minúsculas com índices apropriados. Exemplos: i_A, v_{AN}, v_{BC} .
- fasores: utilizaremos letra maiúscula quando o módulo (valor eficaz) for apresentado em valor absoluto, e letra minúscula quando o mesmo for apresentado em valor porcentual ou por unidade (a ser definido no capítulo 2). O símbolo do elemento será sobreposto por um ponto (·). Exemplos: $\dot{I}_A$, $\dot{V}_{AN}$, $\dot{V}_{BC}$, $\dot{i}_A$, $\dot{v}_{AN}$, $\dot{v}_{BC}$.
- módulo e fase: na representação temporal de uma tensão ou corrente $\left[\, i_A = I_M \cos(\omega t + \delta) \,\right]$ utilizaremos seu valor máximo (I_M) e ângulo de fase em radianos (δ); o fasor representativo desta grandeza será dado pelo seu valor eficaz (valor máximo dividido por $\sqrt{2}$) e ângulo de fase em graus. Exemplo: a corrente $i_A = 20\, \cos(\omega t - \pi/6)\ A$ é representada pelo fasor $I_A = \dfrac{20}{\sqrt{2}}\, \underline{|-30°}\ A$.

(2) Grandezas não cossenoidais representadas por números complexos (impedâncias, admitâncias e potências complexas):

- utilizaremos letra maiúscula quando o módulo for apresentado em valor absoluto, e letra minúscula quando o mesmo for apresentado em valor porcentual ou por unidade (p.u.). O símbolo do elemento será sobreposto por um traço (–). Exemplos:

$$\overline{Z}_A = Z\,\underline{|\varphi} = R + jX \ , \ \text{com}\ Z = \sqrt{R^2 + X^2}\ \text{e}\ \varphi = arc\,tg\!\left(X/R\right)$$

$$\overline{S}_A = S\,\underline{|\varphi} = P + jQ \ , \ \text{com}\ S = \sqrt{P^2 + Q^2}\ \text{e}\ \varphi = arc\,tg\!\left(Q/P\right)$$

1.2 - SISTEMAS TRIFÁSICOS SIMÉTRICOS E EQUILIBRADOS COM CARGA EQUILIBRADA - LIGAÇÕES

1.2.1 - INTRODUÇÃO

Nos sistemas trifásicos, como veremos adiante, são utilizadas linhas a três ou quatro fios para a alimentação das cargas a partir dos geradores. Ora, do eletromagnetismo sabemos que haverá um acoplamento magnético entre estes fios quando um ou mais forem percorridos por corrente. Assim, a passagem de corrente senoidal em qualquer um destes fios irá induzir tensões também senoidais nos demais. Para a resolução de circuitos, em sistemas de potência, este efeito é representado através da definição de *indutâncias mútuas* entre os fios. No caso geral, a resolução de circuitos trifásicos com indutâncias mútuas é relativamente complexa, pois o sistema pode tornar-se desequilibrado. Para facilitar o entendimento dos métodos de cálculo, neste item vamos *desconsiderar* a existência de indutâncias mútuas, ressaltando que no caso particular em que tais indutâncias sejam iguais tudo o que se apresentará continua válido, pois o sistema mantém-se equilibrado. No item 1.3 ainda trataremos de sistemas trifásicos simétricos e equilibrados, desprezando as mútuas, porém alimentando cargas desequilibradas. No item 1.4 apresentaremos o caso geral de circuitos trifásicos com indutâncias próprias e mútuas quaisquer e cargas desequilibradas. Finalmente, no item 1.5, analisaremos alguns casos de circuitos desequilibrados em que são conhecidas as tensões na carga.

1.2.2 - LIGAÇÕES EM ESTRELA

Suponhamos que sejam alimentadas, a partir dos terminais das três bobinas do item precedente, três impedâncias quaisquer, $Z = Z \lfloor \varphi = R + j X$, porém iguais entre si (carga equilibrada). É evidente que os três circuitos assim constituídos (Fig. 1-4) formam três circuitos monofásicos, nos quais circularão as correntes:

$$\dot{I}_A = \frac{\dot{E}_{AN_A}}{Z} = \frac{E + 0j}{Z \lfloor \varphi} = \frac{E}{Z} \lfloor -\varphi$$

$$\dot{I}_B = \frac{\dot{E}_{BN_B}}{Z} = \frac{E \lfloor -120°}{Z \lfloor \varphi} = \frac{E}{Z} \lfloor -120°-\varphi$$

$$\dot{I}_C = \frac{\dot{E}_{CN_C}}{Z} = \frac{E \lfloor +120°}{Z \lfloor \varphi} = \frac{E}{Z} \lfloor +120°-\varphi$$

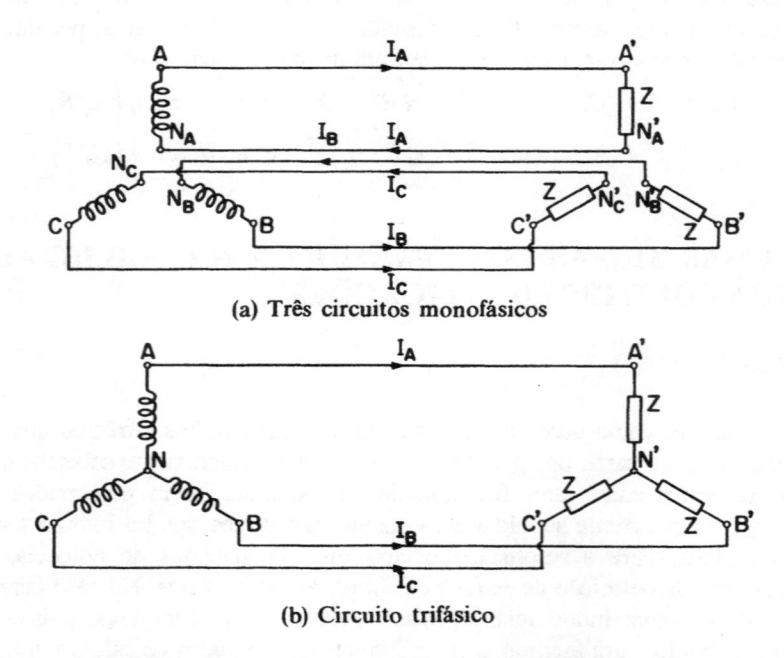

(a) Três circuitos monofásicos

(b) Circuito trifásico

Figura 1-4. Sistema trifásico com gerador e carga ligados em estrela

Isto é, nos três circuitos circularão correntes de mesmo valor eficaz e defasadas entre si de $2\pi/3\ rad$ (ou 120°).

Observamos que os três circuitos são eletricamente independentes, e portanto podemos interligar os pontos N_A, N_B e N_C, que designaremos por N sem que isso venha a causar qualquer alteração nos mesmos. Por outro lado, observamos que os pontos N'_A, N'_B e N'_C estão ao mesmo potencial que o ponto N; logo, podemos interligá-los designando-os por N'.

A corrente que circula pelo condutor NN' é dada por

$$\dot{I}_{NN'} = \dot{I}_A + \dot{I}_B + \dot{I}_C = 0 \ ,$$

pois as três correntes aferentes ao nó N' têm o mesmo valor eficaz e estão defasadas entre si de $2\pi/3\ rad$. Frisamos que poderíamos ter chegado à mesma conclusão observando que os pontos N e N' estão no mesmo potencial.

O condutor que interliga os pontos N e N' recebe o nome de *fio neutro* ou *quarto fio*. Evidentemente, sendo nula a corrente que o percorre, poderia ser retirado do circuito.

Podemos aqui observar uma das grandes vantagens dos sistemas trifásicos. Para a transmissão da mesma potência, são utilizados 3 ou 4 fios, enquanto seriam necessários 6 fios se fossem utilizados 3 circuitos monofásicos (conforme podemos observar na Fig. 1-4).

Ao esquema de ligação assim obtido é dado o nome de circuito trifásico simétrico com gerador ligado em "estrela" (Y) e carga "equilibrada em estrela" (Y), dando-se o nome de "centro-estrela" ao ponto N ou N'.

Definimos:

(1) Tensão de fase: tensão medida entre o centro-estrela e qualquer um dos terminais do gerador ou da carga;

(2) Tensão de linha: tensão medida entre dois terminais (nenhum deles sendo o "centro-estrela") do gerador ou da carga. Evidentemente, podemos definir a tensão de linha como sendo a tensão medida entre os condutores que ligam o gerador à carga;

(3) Corrente de fase: corrente que percorre cada uma das bobinas do gerador ou, o que é o mesmo, corrente que percorre cada uma das impedâncias da carga;

(4) Corrente de linha: corrente que percorre os condutores que interligam o gerador à carga (exclui-se o neutro).

Salientamos que as tensões e correntes de linha e de fase num sistema trifásico simétrico e equilibrado têm, em todas as fases, valores eficazes iguais, estando defasadas entre si de $2\pi/3\ rad$. Em vista deste fato, é evidente que a determinação desses valores num circuito trifásico com gerador em Y e carga em Y, resume-se à sua determinação para o caso de um circuito monofásico constituído por uma das bobinas ligada a uma das impedâncias por um condutor de linha, lembrando ainda que a intensidade de corrente no fio neutro é nula.

Em tudo o que se segue, indicaremos os valores de fase com um índice F e os de linha com índice L ou sem índice algum.

1.2.3 - RELAÇÃO ENTRE OS VALORES DE LINHA E FASE PARA LIGAÇÃO ESTRELA

De acordo com as definições apresentadas no item precedente, podemos preencher a Tab. 1-1, na qual apresentamos todos os valores de linha e de fase para o circuito da Fig. 1-4-b.

Tabela 1-1. Grandezas de fase e linha (em módulo) num trifásico simétrico e equilibrado ligado em estrela

Valores de fase				Valores de linha			
Gerador		Carga		Gerador		Carga	
Corrente	Tensão	Corrente	Tensão	Corrente	Tensão	Corrente	Tensão
I_{AN}	V_{AN}	$I_{A'N'}$	$V_{A'N'}$	I_A	V_{AB}	I_A	$V_{A'B'}$
I_{BN}	V_{BN}	$I_{B'N'}$	$V_{B'N'}$	I_B	V_{BC}	I_B	$V_{B'C'}$
I_{CN}	V_{CN}	$I_{C'N'}$	$V_{C'N'}$	I_C	V_{CA}	I_C	$V_{C'A'}$

Passemos agora a determinar as relações existentes entre os valores de fase e de linha. Iniciamos por observar que, para a ligação estrela, as correntes de linha e de fase são iguais, isto é,

$$\dot{I}_{AN} = \dot{I}_A \quad , \quad \dot{I}_{BN} = \dot{I}_B \quad , \quad \dot{I}_{CN} = \dot{I}_C$$

Para a determinação da relação entre as tensões, adotaremos um trifásico com seqüência de fase direta, ou seja,

$$\mathbf{V}_{AN} = \begin{bmatrix} \dot{V}_{AN} \\ \dot{V}_{BN} \\ \dot{V}_{CN} \end{bmatrix} = \dot{V}_{AN} \begin{bmatrix} 1 \\ \alpha^2 \\ \alpha \end{bmatrix}$$

As tensões de linha são dadas por

$$\dot{V}_{AB} = \dot{V}_{AN} - \dot{V}_{BN}$$
$$\dot{V}_{BC} = \dot{V}_{BN} - \dot{V}_{CN}$$
$$\dot{V}_{CA} = \dot{V}_{CN} - \dot{V}_{AN}$$

Utilizando matrizes, temos

$$\mathbf{V_{AB}} = \begin{bmatrix} \dot{V}_{AB} \\ \dot{V}_{BC} \\ \dot{V}_{CA} \end{bmatrix} = \dot{V}_{AN} \begin{bmatrix} 1 \\ \alpha^2 \\ \alpha \end{bmatrix} - \dot{V}_{AN} \begin{bmatrix} \alpha^2 \\ \alpha \\ 1 \end{bmatrix} = \dot{V}_{AN} \begin{bmatrix} 1 - \alpha^2 \\ \alpha^2 - \alpha \\ \alpha - 1 \end{bmatrix}$$

Salientamos porém que

$$1 - \alpha^2 = 1 - \left(-\frac{1}{2} - \frac{\sqrt{3}}{2}j \right) = \sqrt{3}\left(\frac{\sqrt{3}}{2} + \frac{1}{2}j \right) = \sqrt{3}\ \underline{|30°}$$

$$\alpha^2 - \alpha = \alpha^2(1 - \alpha^2) = \alpha^2 \sqrt{3}\ \underline{|30°}$$

$$\alpha^2 - 1 = \alpha\ (1 - \alpha^2) = \alpha\ \sqrt{3}\ \underline{|30°}$$

Portanto

$$\mathbf{V_{AB}} = \begin{bmatrix} \dot{V}_{AB} \\ \dot{V}_{BC} \\ \dot{V}_{CA} \end{bmatrix} = \sqrt{3}\ \underline{|30°}\ \dot{V}_{AN} \begin{bmatrix} 1 \\ \alpha^2 \\ \alpha \end{bmatrix} = \begin{bmatrix} \dot{V}_{AN}\ \sqrt{3}\underline{|30°} \\ \dot{V}_{BN}\ \sqrt{3}\underline{|30°} \\ \dot{V}_{CN}\ \sqrt{3}\underline{|30°} \end{bmatrix} \tag{1.9}$$

Da Eq. (1.9), observamos que, para um sistema trifásico simétrico e equilibrado, na ligação estrela, com seqüência de fase direta, passa-se de uma das tensões de fase à de linha correspondente multiplicando-se o fasor que a representa pelo número complexo

$$\sqrt{3}\ \underline{|30°}$$

Podemos chegar às mesmas conclusões graficamente, utilizando o diagrama de fasores. De fato, $\dot{V}_{AB}$ é dado pela soma de $\dot{V}_{AN}$ com $\dot{V}_{NB} = -\dot{V}_{BN}$. Construímos, na Fig. 1-5, o fasor $\dot{V}_{NB}$ e procedemos à soma graficamente. Note-se que o triângulo *MOP* é igual ao *NOP* e é isósceles; portanto o ângulo *PÔM* é a metade de *MÔN*, que vale 60°. Finalmente, o módulo do fasor $\dot{V}_{AB}$ é dado por

$$V_{AB} = \left| \dot{V}_{AB} \right| = 2\ V_{AN}\ cos(\ M\ \hat{O}\ P\ ) = 2V_{AN}\ cos\ 30° = \sqrt{3}\ V_{AN}$$

Analogamente, determinam-se as demais tensões de linha.

Devemos salientar que, em se tratando de trifásico com seqüência de fase inversa, passa-se de uma das tensões de fase à correspondente de linha multiplicando-se o fasor que representa aquela grandeza por

$$\sqrt{3}\ \underline{|-30°}$$

conforme se pode observar do diagrama de fasores da Fig. 1-6.

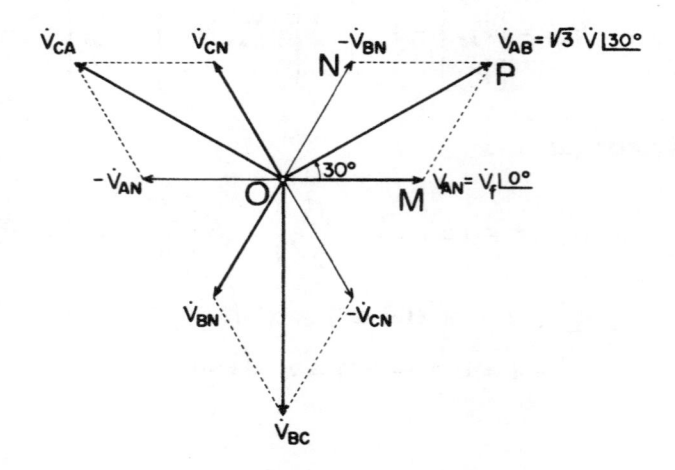

Figura 1-5. Obtenção das tensões de linha a partir das de fase. Seqüência de fase direta

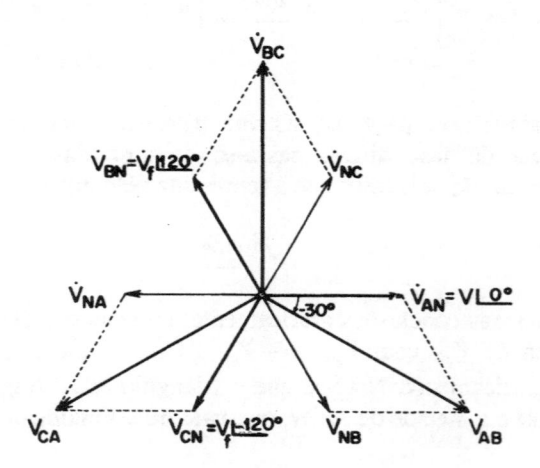

Figura 1-6. Relação entre os valores de fase e linha para um trifásico simétrico com seqüência de fase inversa, ligação em estrela

Analiticamente, teremos

$$
\mathbf{V_{AB}} = \begin{bmatrix} \dot{V}_{AB} \\ \dot{V}_{BC} \\ \dot{V}_{CA} \end{bmatrix} = \begin{bmatrix} \dot{V}_{AN} \\ \dot{V}_{BN} \\ \dot{V}_{CN} \end{bmatrix} - \begin{bmatrix} \dot{V}_{BN} \\ \dot{V}_{CN} \\ \dot{V}_{AN} \end{bmatrix} = \dot{V}_{AN} \begin{bmatrix} 1 \\ \alpha \\ \alpha^2 \end{bmatrix} - \dot{V}_{AN} \begin{bmatrix} \alpha \\ \alpha^2 \\ 1 \end{bmatrix} = \dot{V}_{AN} \begin{bmatrix} 1 - \alpha \\ \alpha - \alpha^2 \\ \alpha^2 - 1 \end{bmatrix}
$$

Mas

$$1 - \alpha = 1 - \left(-\frac{1}{2} + \frac{\sqrt{3}}{2}j \right) = \sqrt{3}\left(\frac{\sqrt{3}}{2} - \frac{1}{2}j \right) = \sqrt{3}\underline{|-30°}$$

$$\alpha - \alpha^2 = \alpha\,(1 - \alpha) = \alpha\,\sqrt{3}\,\underline{|-30°}$$

$$\alpha^2 - 1 = \alpha^2\,(1 - \alpha) = \alpha^2\,\sqrt{3}\,\underline{|-30°}$$

e portanto,

$$\begin{bmatrix} \dot{V}_{AB} \\ \dot{V}_{BC} \\ \dot{V}_{CA} \end{bmatrix} = \sqrt{3}\,\underline{|-30°}\,\dot{V}_{AN}\begin{bmatrix} 1 \\ \alpha \\ \alpha^2 \end{bmatrix} = \begin{bmatrix} \dot{V}_{AN}\,\sqrt{3}\,\underline{|-30°} \\ \dot{V}_{BN}\,\sqrt{3}\,\underline{|-30°} \\ \dot{V}_{CN}\,\sqrt{3}\,\underline{|-30°} \end{bmatrix} \qquad (1.10)$$

No caso da determinação das tensões de fase conhecendo-se as de linha, surge uma indeterminação. De fato, supondo-se uma seqüência de fase direta, os valores

$$\begin{bmatrix} \dot{V}_{AN} \\ \dot{V}_{BN} \\ \dot{V}_{CN} \end{bmatrix} = \frac{\dot{V}_{AB}}{\sqrt{3}\,\underline{|30°}}\begin{bmatrix} 1 \\ \alpha^2 \\ \alpha \end{bmatrix}$$

representam uma terna de fasores de tensões de fase que satisfazem aos dados de linha. Sendo $\dot{V}_{NN'}$ uma tensão qualquer, os valores

$$\begin{bmatrix} \dot{V}_{AN'} \\ \dot{V}_{BN'} \\ \dot{V}_{CN'} \end{bmatrix} = \dot{V}_{AN}\begin{bmatrix} 1 \\ \alpha^2 \\ \alpha \end{bmatrix} + \dot{V}_{NN'}\begin{bmatrix} 1 \\ 1 \\ 1 \end{bmatrix}$$

também satisfazem as condições impostas, pois

$$\begin{bmatrix} \dot{V}_{AB} \\ \dot{V}_{BC} \\ \dot{V}_{CA} \end{bmatrix} = \begin{bmatrix} \dot{V}_{AN'} \\ \dot{V}_{BN'} \\ \dot{V}_{CN'} \end{bmatrix} - \begin{bmatrix} \dot{V}_{BN'} \\ \dot{V}_{CN'} \\ \dot{V}_{AN'} \end{bmatrix} = \begin{bmatrix} \dot{V}_{AN} \\ \dot{V}_{BN} \\ \dot{V}_{CN} \end{bmatrix} + \begin{bmatrix} \dot{V}_{NN'} \\ \dot{V}_{NN'} \\ \dot{V}_{NN'} \end{bmatrix} - \begin{bmatrix} \dot{V}_{BN} \\ \dot{V}_{CN} \\ \dot{V}_{AN} \end{bmatrix} - \begin{bmatrix} \dot{V}_{NN'} \\ \dot{V}_{NN'} \\ \dot{V}_{NN'} \end{bmatrix} =$$

$$= \dot{V}_{AN}\left(1 - \alpha^2\right)\begin{bmatrix} 1 \\ \alpha^2 \\ \alpha \end{bmatrix} + \dot{V}_{NN'}\begin{bmatrix} 1-1 \\ 1-1 \\ 1-1 \end{bmatrix} = \dot{V}_{AN}\,\sqrt{3}\underline{|30°}\begin{bmatrix} 1 \\ \alpha^2 \\ \alpha \end{bmatrix}$$

Ora, sendo o valor de $\dot{V}_{NN'}$ qualquer, existem infinitos valores de tensões de fase aos quais corresponde uma única terna de valores de linha. No entanto, salientamos que existe uma única terna de valores de fase que constitui um trifásico simétrico. A componente $\dot{V}_{NN'}$ representa uma tensão que é somada aos valores de fase, e portanto representa um deslocamento do centro-estrela em relação à terra. De fato, as tensões dadas podem ser representadas por um gerador de f.e.m. $\dot{V}_{NN'}$ ligado entre a terra e o centro-estrela de três geradores de f.e.m. $\dot{V}_{AN} = \dot{E}$, $\dot{V}_{BN} = \alpha^2 \dot{E}$ e $\dot{V}_{CN} = \alpha \dot{E}$.

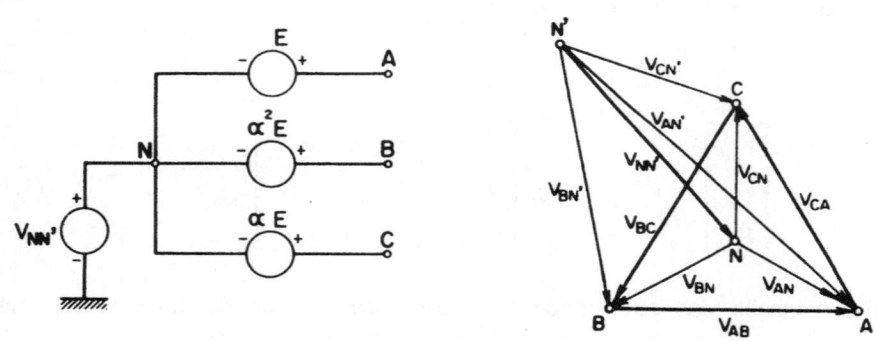

Figura 1-7. Interpretação da tensão $\dot{V}_{NN'}$.

Em conclusão, em se tratando de gerador trifásico simétrico aterrado, a tensão de fase está determinada, desde que se conheçam as tensões de linha, pois neste caso obrigatoriamente $\dot{V}_{NN'} = 0$. Na hipótese do gerador não estar aterrado, conhecemos as tensões de fase em relação ao centro-estrela, porém, com relação à terra, estão indeterminadas, pois, nesse caso, não temos elementos para a determinação do deslocamento do centro-estrela em relação à terra.

EXEMPLO 1.3 - Uma carga equilibrada ligada em estrela é alimentada por um sistema trifásico simétrico e equilibrado com seqüência de fase direta. Sabendo-se que $\dot{V}_{BN} = 220 \underline{|58°}\ V$, pedimos determinar:

(a) as tensões de fase na carga;
(b) as tensões de linha na carga.

SOLUÇÃO:

(a) Tensões de fase na carga

Sendo o trifásico simétrico, sabemos que os módulos de todas as tensões de fase são iguais entre si. Logo,

$$V_{AN} = V_{BN} = V_{CN} = 220\ V$$

Por outro lado, sendo a seqüência de fase direta, sabemos que, partindo da fase B, deverão passar pelo máximo, ordenadamente, as fases C e A. Logo, o fasor $\dot{V}_{BN}$ está adiantado de $120°$ sobre o fasor $\dot{V}_{CN}$ e este está adiantado de $120°$ sobre $\dot{V}_{AN}$. Portanto, com relação às fases, temos:

fase de V_{CN} = fase de V_{BN} − 120° = 58°−120° = −62°
fase de V_{AN} = fase de V_{CN} − 120° = −62°−120° = −182° = 178°

Finalmente, resulta:

$$V_{BN} = 220\ \underline{|58°}\ V\ , \qquad V_{CN} = 220\ \underline{|-62°}\ V\ , \qquad V_{AN} = 220\ \underline{|178°}\ V$$

Usando matrizes, teríamos:

$$\mathbf{V_{BN}} = \begin{bmatrix} V_{BN} \\ V_{CN} \\ V_{AN} \end{bmatrix} = V_{BN} \begin{bmatrix} 1 \\ \alpha^2 \\ \alpha \end{bmatrix} = 220\ \underline{|58°} \begin{bmatrix} 1 \\ \alpha^2 \\ \alpha \end{bmatrix} = \begin{bmatrix} 220\ \underline{|58°} \\ 220\ \underline{|-62°} \\ 220\ \underline{|178°} \end{bmatrix} V$$

(b) Tensões de linha na carga

De (1.9), resulta:

$$V_{AB} = 220\ \underline{|178°}\ \sqrt{3}\ \underline{|30°} = 380\ \underline{|208°}\ V = 380\underline{|-152°}\ V$$
$$V_{BC} = 220\ \underline{|58°}\ \sqrt{3}\ \underline{|30°} = 380\ \underline{|88°}\ V$$
$$V_{CA} = 220\ \underline{|-62°}\ \sqrt{3}\ \underline{|30°} = 380\ \underline{|-32°}\ V$$

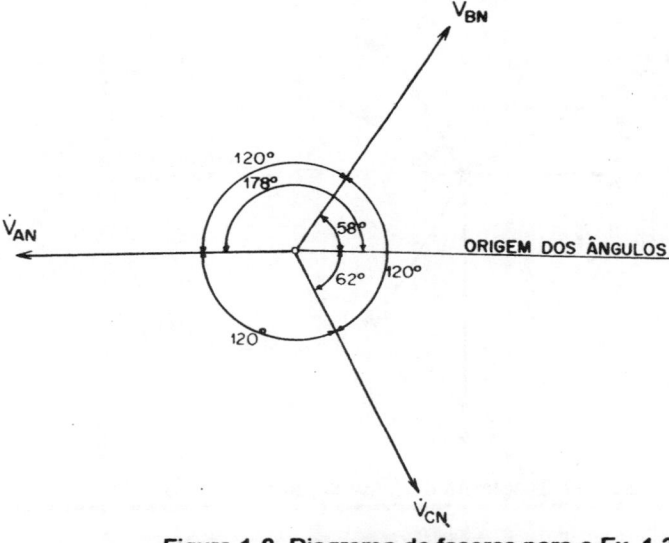

Figura 1-8. Diagrama de fasores para o Ex. 1.3

EXEMPLO 1.4 - Resolver o exemplo precedente admitindo-se seqüência de fase inversa.

SOLUÇÃO:

(a) Cálculo das tensões de fase na carga

Como no exemplo precedente, os módulos das tensões de fase são todos iguais e valem 220 V.

Para a determinação da fase de $\dot{V}_{CN}$ e $\dot{V}_{AN}$ salientamos que, em sendo a seqüência de fase inversa (*B-A-C*) o fasor $\dot{V}_{AN}$ está atrasado de 120° em relação ao fasor $\dot{V}_{BN}$, e o fasor $\dot{V}_{CN}$ está atrasado 120° em relação ao $\dot{V}_{AN}$. Logo,

$$\dot{V}_{BN} = 220 \underline{|58°}\ V$$
$$\dot{V}_{AN} = 220 \underline{|58°-120°} = 220 \underline{|-62°}\ V$$
$$\dot{V}_{CN} = 220 \underline{|-62°-120°} = 220 \underline{|-182°} = 220 \underline{|178°}\ V$$

(b) Cálculo das tensões de linha na carga

De (1.10), resulta:

$$\dot{V}_{AB} = 220 \underline{|-62°}\ \sqrt{3}\ \underline{|-30°} = 380 \underline{|-92°}\ V$$
$$\dot{V}_{BC} = 220 \underline{|58°}\ \sqrt{3}\ \underline{|-30°} = 380 \underline{|28°}\ V$$
$$\dot{V}_{CA} = 220 \underline{|178°}\ \sqrt{3}\ \underline{|-30°} = 380 \underline{|148°}\ V$$

Na Fig. 1-9, apresentamos o diagrama de fasores.

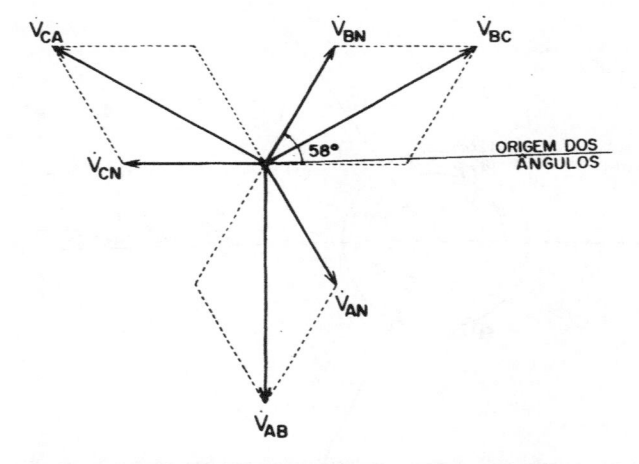

Figura 1-9. Diagrama de fasores para o Ex. 1.4

1.2.4 - RESOLUÇÃO DE CIRCUITOS COM GERADOR E CARGA EM ESTRELA

Para a resolução de circuitos trifásicos, pode-se proceder do mesmo modo que para os monofásicos, isto é, podemos utilizar análise de malha ou nodal ou, ainda, qualquer dos métodos aplicáveis à resolução dos circuitos monofásicos. Porém, como veremos a seguir, o cálculo do circuito fica bastante simplificado levando-se em conta as simetrias existentes nos trifásicos simétricos e equilibrados com carga equilibrada.

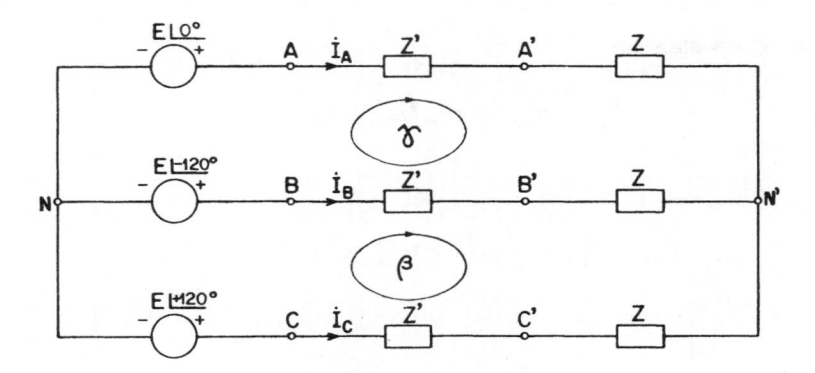

Figura 1-10. Circuito trifásico em estrela

Exemplificando, suponhamos que se queira resolver o circuito da Fig. 1-10, no qual conhecem-se as tensões de fase do gerador (seqüência direta) e as impedâncias da linha e da carga, Z' e Z, respectivamente. Pretendemos determinar as correntes nas três fases. Conhecemos:

$$\mathbf{V_{AN}} = \begin{bmatrix} V_{AN} \\ V_{BN} \\ V_{CN} \end{bmatrix} = E \lfloor \underline{\theta} \begin{bmatrix} 1 \\ \alpha^2 \\ \alpha \end{bmatrix} \quad , \quad Z = Z \lfloor \underline{\varphi_1} \quad e \quad Z' = Z' \lfloor \underline{\varphi_2}$$

Procedendo à resolução pelo método das correntes fictícias de Maxwell, teremos duas malhas, *NAA'N'B'BN* e *NBB'N'C'CN*, nas quais adotaremos as correntes γ e β, respectivamente. Logo, teremos

$$V_{AN} - V_{BN} = 2\gamma \left(Z + Z'\right) - \beta \left(Z + Z'\right)$$

$$V_{BN} - V_{CN} = -\gamma \left(Z + Z'\right) + 2\beta \left(Z + Z'\right)$$

isto é,

$$2\gamma - \beta = \frac{V_{AN} - V_{BN}}{Z + Z'} \quad e \quad -\gamma + 2\beta = \frac{V_{BN} - V_{CN}}{Z + Z'} \quad ,$$

e então

$$\gamma = \frac{1}{3\left(Z + Z'\right)}\left[2\,V_{AN} - \left(V_{BN} + V_{CN}\right)\right]$$

$$\beta = \frac{1}{3\left(Z + Z'\right)}\left[-2\,\dot{V}_{CN} + \left(\dot{V}_{AN} + \dot{V}_{BN}\right)\right]$$

Por outro lado, observamos que

$$\dot{V}_{BN} + \dot{V}_{CN} = \dot{V}_{AN}\left(\alpha^2 + \alpha\right) = -\dot{V}_{AN}$$

e que

$$\dot{V}_{AN} + \dot{V}_{BN} = \dot{V}_{AN}\left(1 + \alpha^2\right) = -\alpha\,\dot{V}_{AN} = -\dot{V}_{CN}$$

logo

$$\gamma = \frac{\dot{V}_{AN}}{Z + Z'} \quad , \quad \beta = \frac{-\dot{V}_{CN}}{Z + Z'}$$

e portanto

$$\dot{I}_A = \gamma = \frac{\dot{V}_{AN}}{Z + Z'} = \frac{\dot{E}\,\lfloor\theta}{Z + Z'}$$

$$\dot{I}_B = \beta - \gamma = \frac{1}{Z + Z'}\left(-\dot{V}_{CN} - \dot{V}_{AN}\right) = \frac{\dot{V}_{BN}}{Z + Z'} = \frac{\alpha^2\dot{E}\,\lfloor\theta}{Z + Z'} = \alpha^2\,\dot{I}_A$$

$$\dot{I}_C = -\beta = \frac{\dot{V}_{CN}}{Z + Z'} = \frac{\alpha\,\dot{E}\,\lfloor\theta}{Z + Z'} = \alpha\,\dot{I}_A$$

As expressões acima mostram que teria sido suficiente calcular a corrente $\dot{I}_A$, dada pela relação entre a tensão da fase A e a impedância total da mesma fase $(Z + Z')$. Determinamos as correntes $\dot{I}_B$ e $\dot{I}_C$ simplesmente imprimindo a $\dot{I}_A$ uma rotação de fase de $-120°$ e $+120°$, respectivamente.

Podemos chegar ao mesmo resultado de maneira muito mais fácil, isto é, começando por observar que, sendo um sistema trifásico simétrico e equilibrado com carga equilibrada, os pontos N e N' estão ao mesmo potencial, ou seja

$$\dot{V}_{AN} = \dot{V}_{AN'}$$

Logo, podemos interligá-los por um condutor sem alterar o circuito, dado que nesse condutor não circulará corrente. Nessas condições, o circuito da Fig. 1-10 transforma-se no da Fig. 1-11, no qual temos três malhas independentes:

$$NAA'N'N\,,\,NBB'N'N\text{ e }NCC'N'N$$

Salientamos que as impedâncias das três malhas são iguais e valem $(Z + Z')$, e as f.e.m. das malhas valem $\dot{E}$, $\alpha^2 \dot{E}$, $\alpha \dot{E}$.

Portanto as três correntes valerão

$$\dot{I}_{AA'} = \frac{\dot{E}}{Z + Z'} \quad , \quad \dot{I}_{BB'} = \frac{\alpha^2 \dot{E}}{Z + Z'} = \alpha^2 \, \dot{I}_{AA'} \quad , \quad \dot{I}_{CC'} = \frac{\alpha \dot{E}}{Z + Z'} = \alpha \, \dot{I}_{AA'}$$

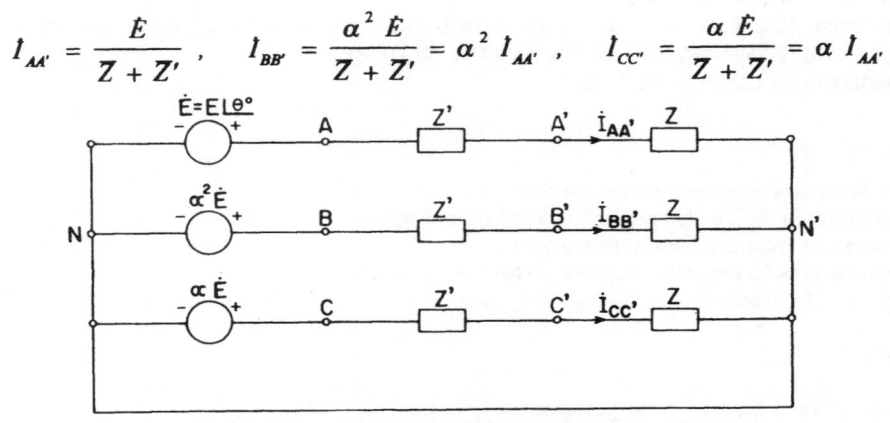

Figura 1-11. Circuito trifásico em estrela com neutro

Usando matrizes, teremos

$$\dot{E} \begin{bmatrix} 1 \\ \alpha^2 \\ \alpha \end{bmatrix} = \begin{bmatrix} Z + Z' & 0 & 0 \\ 0 & Z + Z' & 0 \\ 0 & 0 & Z + Z' \end{bmatrix} \begin{bmatrix} 1 \\ \alpha^2 \\ \alpha \end{bmatrix} \dot{I}_{AA'}$$

ou

$$\dot{I}_{AA'} \begin{bmatrix} 1 \\ \alpha^2 \\ \alpha \end{bmatrix} = \frac{\dot{E}}{Z + Z'} \begin{bmatrix} 1 \\ \alpha^2 \\ \alpha \end{bmatrix}$$

Devemos notar que tudo se passa como se tivéssemos que resolver o circuito monofásico da Fig. 1-12, no qual interligamos os pontos N e N' por um fio de impedância nula.

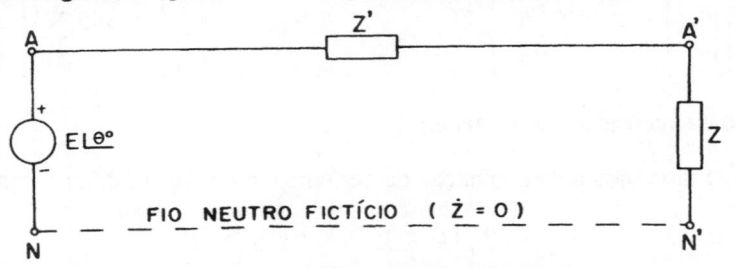

Figura 1-12. Circuito monofásico equivalente

EXEMPLO 1.5 - Um alternador trifásico alimenta por meio de uma linha equilibrada uma carga trifásica equilibrada. Conhecemos:

(1) a tensão de linha do alternador (380 V) e a freqüência (60 Hz);
(2) o tipo de ligação do alternador (Y);
(3) o número de fios da linha (3);
(4) a resistência (0,2 Ω) e a reatância indutiva (0,5 Ω) de cada fio da linha (salientamos que estamos desprezando as mútuas entre os fios da linha);
(5) a impedância da carga (3 + *j* 4 Ω).

Pedimos:

(a) as tensões de fase e de linha no gerador;
(b) as correntes de fase e de linha fornecidas pelo gerador;
(c) as tensões de fase e de linha na carga;
(d) a queda de tensão na linha (valores de fase e de linha);
(e) o diagrama de fasores.

SOLUÇÃO:

(a) Tensões de fase e de linha no gerador

Admitindo-se seqüência de fase *A-B-C*, e adotando $\dot{V}_{AN}$ com fase inicial nula, resulta

$$\dot{V}_{AN} = 220 \,\underline{|0°} \ V$$
$$\dot{V}_{BN} = 220 \,\underline{|-120°} \ V$$
$$\dot{V}_{CN} = 220 \,\underline{|120°} \ V$$

e portanto

$$\dot{V}_{AB} = \sqrt{3} \,\underline{|30°} \ \dot{V}_{AN} = \sqrt{3} \,\underline{|30°} . 220 \,\underline{|0°} = 380 \,\underline{|30°} \ V$$
$$\dot{V}_{BC} = \sqrt{3} \,\underline{|30°} \ \dot{V}_{BN} = \sqrt{3} \,\underline{|30°} . 220 \,\underline{|-120°} = 380 \,\underline{|-90°} \ V$$
$$\dot{V}_{CA} = \sqrt{3} \,\underline{|30°} \ \dot{V}_{CN} = \sqrt{3} \,\underline{|30°} . 220 \,\underline{|120°} = 380 \,\underline{|150°} \ V$$

ou, com matrizes,

$$\mathbf{V_{AN}} = \begin{bmatrix} \dot{V}_{AN} \\ \dot{V}_{BN} \\ \dot{V}_{CN} \end{bmatrix} = 220 \,\underline{|0°} \begin{bmatrix} 1 \\ \alpha^2 \\ \alpha \end{bmatrix} \ V \quad , \quad \mathbf{V_{AB}} = \begin{bmatrix} \dot{V}_{AB} \\ \dot{V}_{BC} \\ \dot{V}_{CA} \end{bmatrix} = 380 \,\underline{|30°} \begin{bmatrix} 1 \\ \alpha^2 \\ \alpha \end{bmatrix} \ V$$

(b) Determinação da intensidade de corrente

O circuito a ser utilizado para a determinação da corrente é o da Fig. 1-13.b, no qual temos

$$\dot{V}_{AN} = \dot{I}_A \left[R + R_C + j \left(X + X_C \right) \right]$$

isto é,

$$I_A = \frac{V_{AN}}{R + R_C + j\left(X + X_C\right)} = \frac{220 + j0}{3,2 + j4,5} = \frac{220\,\underline{|0°}}{5,52\,\underline{|54,6°}} = 39,84\,\underline{|-54,6°}\ A$$

Logo,

$$I_A = 39,84\,\underline{|-54,6°}\ A$$
$$I_B = 39,84\,\underline{|-174,6°}\ A$$
$$I_C = 39,84\,\underline{|65,4°}\ A$$

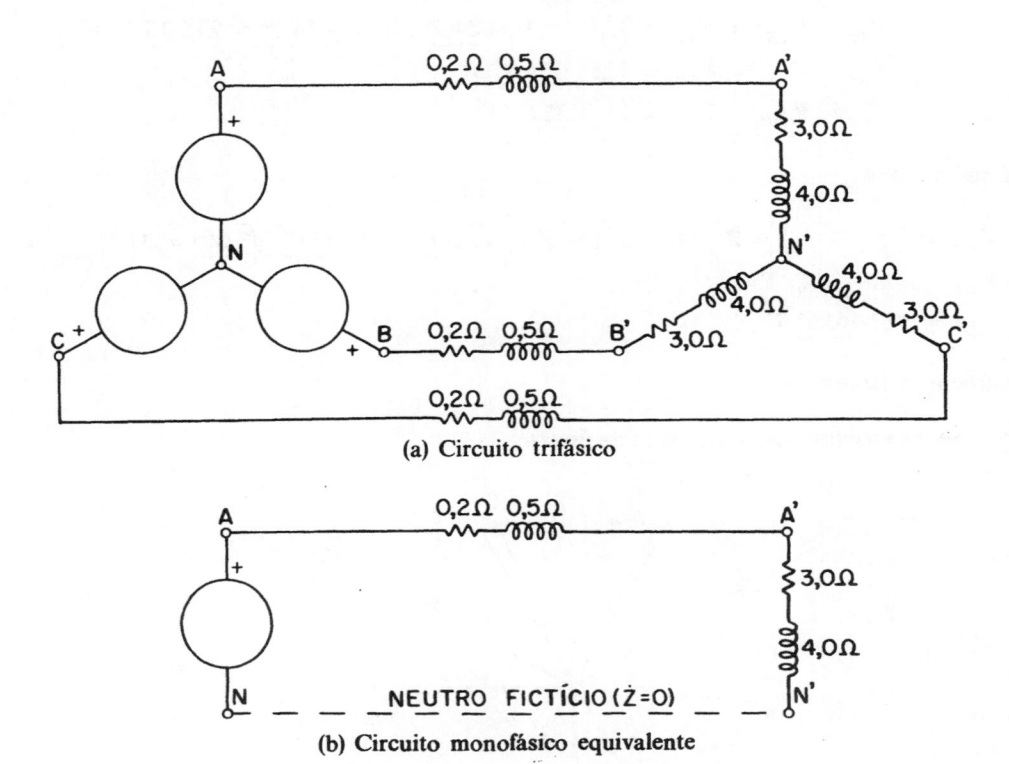

(a) Circuito trifásico

(b) Circuito monofásico equivalente

Figura 1-13. Determinação do circuito monofásico equivalente

(c) Tensão na carga

(i) valores de fase:

$$\dot{V}_{A'N'} = \overline{Z}_C\,I_A = 5\,\underline{|53,1°}\cdot 39,84\,\underline{|-54,6°} = 199,2\,\underline{|-1,5°}\ V$$
$$\dot{V}_{B'N'} = 199,2\,\underline{|-121,5°}\ V$$
$$\dot{V}_{C'N'} = 199,2\,\underline{|-118,5°}\ V$$

(ii) valores de linha:

$$\dot{V}_{A'B'} = \sqrt{3}\ \underline{|30°}\ \dot{V}_{A'N'} = \sqrt{3}\ .\ 199,2\ \underline{|28,5°} = 345\ \underline{|28,5°}\ V$$

$$\dot{V}_{B'C'} = \sqrt{3}\ \underline{|30°}\ \dot{V}_{B'N'} = \sqrt{3}\ .\ 199,2\ \underline{|-91,5°} = 345\ \underline{|-91,5°}\ V$$

$$\dot{V}_{C'A'} = \sqrt{3}\ \underline{|30°}\ \dot{V}_{C'N'} = \sqrt{3}\ .\ 199,2\ \underline{|148,5°} = 345\ \underline{|148,5°}\ V$$

(d) Queda de tensão na linha

(i) valores de fase:

$$\dot{V}_{AN} - \dot{V}_{A'N'} = \dot{V}_{AA'} = \overline{Z}\ \dot{I}_A = 0,54\ \underline{|68,2°}\ .\ 39,84\ \underline{|-54,6°} = 21,5\ \underline{|13,6°}\ V$$

$$\dot{V}_{BN} - \dot{V}_{B'N'} = \dot{V}_{BB'} = 21,5\ \underline{|-106,4°}\ V$$

$$\dot{V}_{CN} - \dot{V}_{C'N'} = \dot{V}_{CC'} = 21,5\ \underline{|133,6°}\ V$$

(ii) valores de linha:

$$\dot{V}_{AB} - \dot{V}_{A'B'} = \overline{Z}\left(\dot{I}_A - \dot{I}_B\right) = \overline{Z}\ \dot{I}_A\left(1 - \alpha^2\right) = \overline{Z}\ \dot{I}_A\ \sqrt{3}\ \underline{|30°} = 21,5\ \underline{|13,6°}\ .\ \sqrt{3}\ \underline{|30°} = 37,2\ \underline{|43,6°}\ V$$

$$\dot{V}_{BC} - \dot{V}_{B'C'} = 37,2\ \underline{|-76,4°}\ V$$

$$\dot{V}_{CA} - \dot{V}_{C'A'} = 37,2\ \underline{|163,6°}\ V$$

(e) Diagrama de fasores

Na Fig. 1-14, representamos o diagrama de fasores.

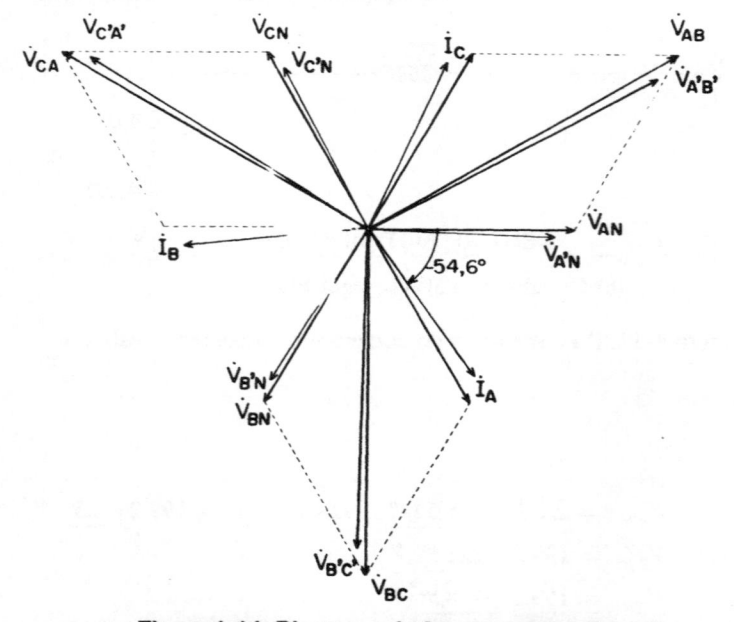

Figura 1-14. Diagrama de fasores para o Ex. 1.5

1.2.5 - LIGAÇÕES EM TRIÂNGULO

Retomemos as três bobinas do item 1.1.3, e vamos ligá-las a três impedâncias $\overline{Z}$ iguais entre si, conforme indicado na Fig. 1-15. Notar que as malhas $AA'N'_AN_AA$, $BB'N'_BN_BB$ e $CC'N'_CN_CC$ são eletricamente independentes; logo, podemos interligar os pontos C e N_B sem alterar em nada o circuito. Por outro lado, os pontos C' e N'_B estão ao mesmo potencial; logo, podem ser interligados, e podemos substituir os condutores C-C' e N_B-N'_B por um único condutor. Os pontos comuns CN_B e $C'N'_B$ serão designados por C e C', respectivamente. Após realizar a interligação desses pontos, observamos que a malha $AA'N'_AN_AA$ é eletricamente independente do restante do circuito; portanto, por raciocínio análogo, podemos interligar os pontos AN_C e $A'N'_C$, que designaremos por A e A', respectivamente. Finalmente, observamos que os pontos B e N_A estão ao mesmo potencial, pois

$$\dot{V}_{BN_A} = \dot{V}_{BN_B} + \dot{V}_{CN_C} + \dot{V}_{AN_A} = 0 \tag{1.11}$$

e que os pontos B' e N'_A também estão ao mesmo potencial, pois

$$\dot{V}_{B'N'_A} = \dot{V}_{B'N'_B} + \dot{V}_{C'N'_C} + \dot{V}_{A'N'_A} = \dot{I}_{B'N'_B} \overline{Z} + \dot{I}_{C'N'_C} \overline{Z} + \dot{I}_{A'N'_A} \overline{Z}$$

isto é,

$$\dot{V}_{B'N'_A} = \overline{Z}\left(\dot{I}_{B'N'_B} + \dot{I}_{C'N'_C} + \dot{I}_{A'N'_A}\right) = \overline{Z} \cdot 0 = 0$$

Portanto, poderemos interligar os pontos BN_A e $B'N'_A$ obtendo os pontos B e B', respectivamente.

Assim, passamos para o circuito da Fig. 1-15.b, no qual o gerador e a carga estão ligados em triângulo.

Salientamos que a Eq. (1.11) é condição necessária para que seja possível ligar um gerador em triângulo sem que haja corrente de circulação.

De acordo com as definições anteriores, as tensões de fase são:

(a) no gerador

$$\dot{V}_{AN_A} = \dot{V}_{AB} \quad , \quad \dot{V}_{BN_B} = \dot{V}_{BC} \quad , \quad \dot{V}_{CN_C} = \dot{V}_{CA}$$

(a) na carga

$$\dot{V}_{A'N'_A} = \dot{V}_{A'B'} \quad , \quad \dot{V}_{B'N'_B} = \dot{V}_{B'C'} \quad , \quad \dot{V}_{C'N'_C} = \dot{V}_{C'A'}$$

As tensões de linha no gerador e na carga são:

$$\dot{V}_{AB} \quad , \quad \dot{V}_{BC} \quad , \quad \dot{V}_{CA} \qquad e \qquad \dot{V}_{A'B'} \quad , \quad \dot{V}_{B'C'} \quad , \quad \dot{V}_{C'A'}$$

As correntes de fase são:

(a) no gerador

$$\dot{I}_{N_A A} = \dot{I}_{BA} \quad , \quad \dot{I}_{N_B B} = \dot{I}_{CB} \quad , \quad \dot{I}_{N_C C} = \dot{I}_{AC}$$

(a) na carga

$$\dot{I}_{A'N'_A} = \dot{I}_{A'B'} \quad , \quad \dot{I}_{B'N'_B} = \dot{I}_{B'C'} \quad , \quad \dot{I}_{C'N'_C} = \dot{I}_{C'A'}$$

As correntes de linha são:

$$\dot{I}_{AA'} \quad , \quad \dot{I}_{BB'} \quad e \quad \dot{I}_{CC'}$$

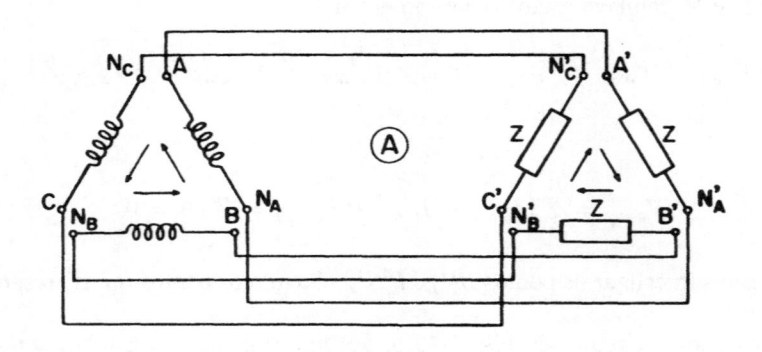

(a) - Três circuitos monofásicos

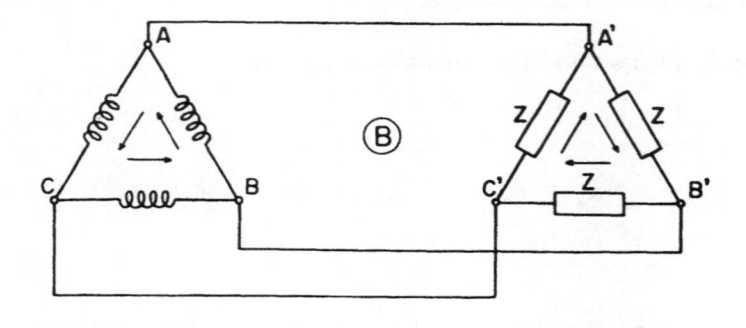

(b) - Circuito trifásico com gerador e carga em triângulo

Figura 1-15. Representação da ligação triângulo

1.2.6 - RELAÇÃO ENTRE OS VALORES DE FASE E DE LINHA PARA A LIGAÇÃO TRIÂNGULO

Na ligação triângulo, quanto às tensões é evidente que há igualdade entre as de fase e as de linha. Para a determinação da relação entre as correntes de linha e de fase, adotaremos inicialmente um sistema trifásico simétrico e equilibrado com seqüência de fase direta, ou seja,

$$\dot{I}_{A'B'} = I_F \underline{\theta}$$
$$\dot{I}_{B'C'} = I_F \underline{\theta - 120°}$$
$$\dot{I}_{C'A'} = I_F \underline{\theta + 120°}$$

ou, com matrizes,

$$\mathbf{I}_{A'B'} = \begin{bmatrix} \dot{I}_{A'B'} \\ \dot{I}_{B'C'} \\ \dot{I}_{C'A'} \end{bmatrix} = \dot{I}_{A'B'} \begin{bmatrix} 1 \\ \alpha^2 \\ \alpha \end{bmatrix}$$

Aplicando aos nós A', B' e C' da Fig. 1-15.b a $1^{\underline{a}}$ lei de Kirchhoff, obtemos

$$\dot{I}_{AA'} = \dot{I}_{A'B'} - \dot{I}_{C'A'}$$
$$\dot{I}_{BB'} = \dot{I}_{B'C'} - \dot{I}_{A'B'} \qquad (1.12)$$
$$\dot{I}_{CC'} = \dot{I}_{C'A'} - \dot{I}_{B'C'}$$

Matricialmente, teremos

$$\begin{bmatrix} \dot{I}_{AA'} \\ \dot{I}_{BB'} \\ \dot{I}_{CC'} \end{bmatrix} = \begin{bmatrix} \dot{I}_{A'B'} \\ \dot{I}_{B'C'} \\ \dot{I}_{C'A'} \end{bmatrix} - \begin{bmatrix} \dot{I}_{C'A'} \\ \dot{I}_{A'B'} \\ \dot{I}_{B'C'} \end{bmatrix} = \dot{I}_{A'B'} \begin{bmatrix} 1 \\ \alpha^2 \\ \alpha \end{bmatrix} - \dot{I}_{A'B'} \begin{bmatrix} \alpha \\ 1 \\ \alpha^2 \end{bmatrix}$$

ou seja,

$$\begin{bmatrix} \dot{I}_{AA'} \\ \dot{I}_{BB'} \\ \dot{I}_{CC'} \end{bmatrix} = \dot{I}_{A'B'} \begin{bmatrix} 1 - \alpha \\ \alpha^2 - 1 \\ \alpha - \alpha^2 \end{bmatrix}$$

Porém, como visto anteriormente,

$$1 - \alpha = \sqrt{3} \underline{-30°} \ , \qquad \alpha^2 - 1 = \alpha^2 \sqrt{3} \underline{-30°} \ , \qquad \alpha - \alpha^2 = \alpha \sqrt{3} \underline{-30°}$$

logo será

$$\begin{bmatrix} I_{AA'} \\ I_{BB'} \\ I_{CC'} \end{bmatrix} = \sqrt{3}\,\underline{|-30°}\,\,I_{A'B'}\begin{bmatrix} 1 \\ \alpha^2 \\ \alpha \end{bmatrix} \tag{1.13}$$

Ou seja, num circuito trifásico simétrico e equilibrado, seqüência direta, com carga equilibrada ligada em triângulo, obtemos as correntes de linha multiplicando as correspondentes de fase pelo número complexo

$$\sqrt{3}\,\,\underline{|-30°} \tag{1.14}$$

Com construção análoga à realizada no item 1.2.3 e utilizando as Eq. (1.12), obtemos as Eq. (1.13) graficamente, Fig. 1-16.

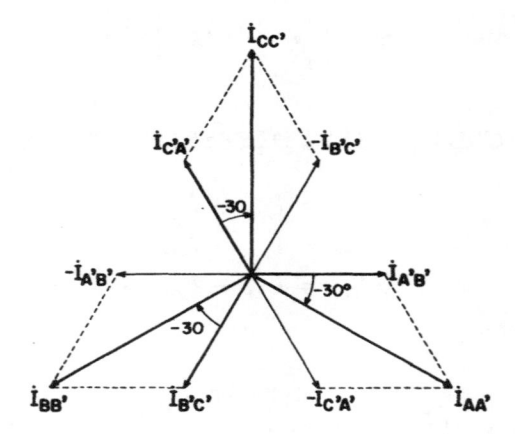

Figura 1-16. Relação entre os valores das correntes de fase e de linha na ligação triângulo, seqüência de fase direta

Pode-se demonstrar (Fig. 1-17) que, analogamente a quanto foi feito, sendo a seqüência de fase inversa, as correntes de linha estarão adiantadas de 30° sobre as correspondentes de fase, isto é, para a seqüência de fase inversa, teremos

$$\begin{aligned} I_{AA'} &= I_{A'B'}\,\sqrt{3}\,\,\underline{|30°} \\ I_{BB'} &= I_{B'C'}\,\sqrt{3}\,\,\underline{|30°} \\ I_{CC'} &= I_{C'A'}\,\sqrt{3}\,\,\underline{|30°} \end{aligned} \tag{1.15}$$

No caso da determinação das correntes de fase conhecendo-se as de linha, surge uma indeterminação. De fato, supondo-se uma seqüência de fase direta, os valores

$$\begin{bmatrix} I_{A'B'} \\ I_{B'C'} \\ I_{C'A'} \end{bmatrix} = \frac{I_{AA'}}{\sqrt{3} \,\underline{|-30°}} \begin{bmatrix} 1 \\ \alpha^2 \\ \alpha \end{bmatrix}$$

representam uma terna de fasores de correntes de fase que satisfazem aos dados de linha. Sendo I_{CIRC} uma corrente qualquer, os valores

$$\begin{bmatrix} I'_{A'B'} \\ I'_{B'C'} \\ I'_{C'A'} \end{bmatrix} = I_{A'B'} \begin{bmatrix} 1 \\ \alpha^2 \\ \alpha \end{bmatrix} + I_{CIRC} \begin{bmatrix} 1 \\ 1 \\ 1 \end{bmatrix}$$

também satisfazem as condições impostas, pois

$$\begin{bmatrix} I_{AA'} \\ I_{BB'} \\ I_{CC'} \end{bmatrix} = \begin{bmatrix} I'_{A'B'} \\ I'_{B'C'} \\ I'_{C'A'} \end{bmatrix} - \begin{bmatrix} I'_{C'A'} \\ I'_{A'B'} \\ I'_{B'C'} \end{bmatrix} = \begin{bmatrix} I'_{A'B'} \\ I'_{B'C'} \\ I'_{C'A'} \end{bmatrix} + \begin{bmatrix} I_{CIRC} \\ I_{CIRC} \\ I_{CIRC} \end{bmatrix} - \begin{bmatrix} I'_{C'A'} \\ I'_{A'B'} \\ I'_{B'C'} \end{bmatrix} - \begin{bmatrix} I_{CIRC} \\ I_{CIRC} \\ I_{CIRC} \end{bmatrix} =$$

$$= I_{A'B'} (1 - \alpha) \begin{bmatrix} 1 \\ \alpha^2 \\ \alpha \end{bmatrix} + I_{CIRC} \begin{bmatrix} 1-1 \\ 1-1 \\ 1-1 \end{bmatrix} = I_{A'B'} \cdot \sqrt{3} \,\underline{|-30°} \begin{bmatrix} 1 \\ \alpha^2 \\ \alpha \end{bmatrix}$$

Assim, como o valor de I_{CIRC} é qualquer, existem infinitos valores de correntes de fase aos quais corresponde uma única terna de valores de linha. A componente I_{CIRC} representa uma corrente de circulação; no entanto, para uma carga trifásica equilibrada alimentada por um sistema de tensões trifásico simétrico, esta componente será sempre nula. Desta forma, as correntes de fase estão determinadas, desde que as correntes de linha sejam conhecidas, pois neste caso obrigatoriamente $I_{CIRC} = 0$.

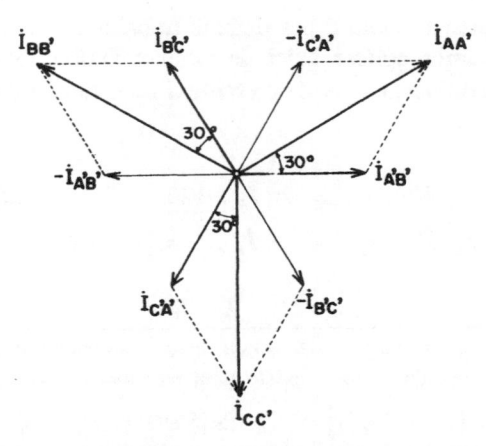

Figura 1-17. Relação entre os valores das correntes de fase e de linha na ligação triângulo, seqüência de fase inversa

1.2.7 - RESOLUÇÃO DE CIRCUITOS TRIFÁSICOS EM TRIÂNGULO

Conforme já foi dito, os sistemas trifásicos podem ser resolvidos utilizando-se qualquer dos métodos de resolução de circuitos, porém, devido às simetrias existentes nos trifásicos, empregam-se soluções particulares que muito simplificam a resolução.

Suponhamos ter que resolver um circuito trifásico simétrico e equilibrado em que temos um gerador fictício ligado em triângulo* que alimenta por meio de uma linha de impedância $\overline{Z}'$ uma carga com impedância de fase $\overline{Z}$, ligada em triângulo (Fig. 1-18).

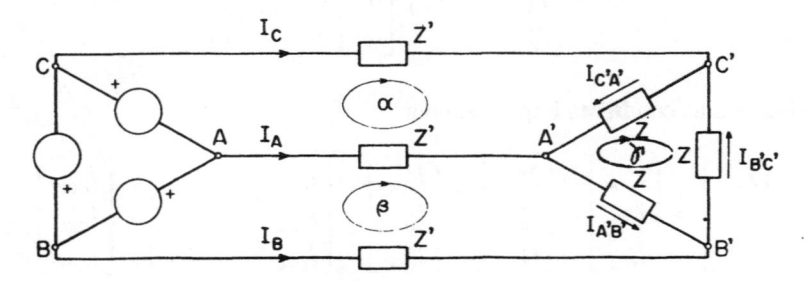

Figura 1-18. Circuito trifásico em triângulo

Resolvendo-se o sistema por correntes fictícias de malhas, resultam as equações

$$\dot{V}_{CA} = \left(2\overline{Z}' + \overline{Z}\right)\alpha - \overline{Z}'\beta - \overline{Z}\gamma$$
$$\dot{V}_{AB} = -\overline{Z}'\alpha + \left(2\overline{Z}' + \overline{Z}\right)\beta - \overline{Z}\gamma$$
$$0 = -\overline{Z}\alpha - \overline{Z}\beta + 3\overline{Z}\gamma$$

das quais poderemos determinar os valores de α, β e γ.

Como a resolução do sistema acima é por demais trabalhosa, vamos abandoná-la e tentar um novo caminho, isto é, vamos aplicar a lei de Ohm à malha $AA'B'BA$ e, lançando mão das simetrias do sistema, determinar o valor da corrente $\dot{I}_{A'B'}$. Adotando-se seqüência de fase direta, resulta

$$\dot{I}_{A'B'} = I_F \underline{|0°}, \quad \dot{I}_{B'C'} = I_F \underline{|-120°}, \quad \dot{I}_{C'A'} = I_F \underline{|120°}$$
$$\dot{V}_{AB} = \dot{I}_A \overline{Z}' + \dot{I}_{A'B'} \overline{Z}' - \dot{I}_B \overline{Z}' = \left(\dot{I}_A - \dot{I}_B\right)\overline{Z}' + \dot{I}_{A'B'} \overline{Z}'$$

---

* Nos sistemas trifásicos, não é usual a utilização da ligação em triângulo para um gerador, pois a tensão gerada não é puramente senoidal, isto é, existe uma componente de $3^{\underline{a}}$ harmônica que tem tensões
$$E_M \cos(3\,\omega t), E_M \cos\left[3\left(\omega t - 2\pi/3\right)\right] = E_M \cos(3\,\omega t) \text{ e } E_M \cos\left[3\left(\omega t + 2\pi/3\right)\right] = E_M \cos(3\,\omega t)$$
e que dará lugar a uma corrente de circulação, conforme a Eq. (1.11).

sendo

$$\dot{I}_A - \dot{I}_B = \sqrt{3}\, I_F\, \underline{|-30°} - \alpha^2 \sqrt{3}\, I_F\, \underline{|-30°} = \sqrt{3}\, I_F\, \underline{|-30°}\left(1 - \alpha^2\right) = \sqrt{3}\, I_F\, \underline{|-30°}\ \sqrt{3}\, \underline{|30°} = 3\, I_F$$

ou $\quad \dot{I}_A - \dot{I}_B = 3\, I_F$; logo

$$\dot{V}_{AB} = \left(3\, \overline{Z}' + \overline{Z}\right) I_F \tag{1.16}$$

Adotando-se $\dot{V}_{AB} = V\, \underline{|\varphi}$, resulta

$$V \cos \varphi = I_F \left(3\, R' + R\right)$$
$$V \operatorname{sen} \varphi = I_F \left(3\, X' + X\right)$$

e portanto

$$I_F = \frac{V}{\sqrt{\left(3R' + R\right)^2 + \left(3X' + X\right)^2}} = \frac{V}{\left|3\overline{Z}' + \overline{Z}\right|}$$

$$\varphi = arc\ tg\ \frac{3X' + X}{3R' + R}$$

Assim, temos

$$\dot{I}_{A'B'} = \frac{V}{\left|\,3\,\overline{Z}' + \overline{Z}\,\right|}\underline{|0°} \ , \quad \dot{I}_{B'C'} = \frac{V}{\left|\,3\,\overline{Z}' + \overline{Z}\,\right|}\underline{|-120°} \ , \quad \dot{I}_{C'A'} = \frac{V}{\left|\,3\,\overline{Z}' + \overline{Z}\,\right|}\underline{|120°}$$

A Eq. (1.16) mostra-nos que o problema proposto transforma-se no da determinação da corrente que circula numa malha cuja f.e.m. vale $\dot{V}_{AB}$ e cuja impedância é $3\,\overline{Z}' + \overline{Z}$.

Chegaremos ao mesmo resultado muito mais facilmente substituindo a carga ligada em triângulo por outra que lhe seja equivalente, ligada em estrela (Fig. 1-19). De fato, lembrando a transformação triângulo-estrela, deveremos substituir a carga em triângulo cuja impedância de fase vale $\overline{Z}$, por carga em estrela cuja impedância de fase vale $\overline{Z}/3$. Substituindo-se o gerador em triângulo por outro em estrela, de modo que a tensão de linha seja a mesma, recaímos no caso já estudado de ligação em estrela, resultando

$$\dot{V}_{AN'} = \dot{V}_{AN} = \dot{I}_{AA'} \left(\overline{Z}' + \frac{\overline{Z}}{3} \right)$$

logo,

$$\dot{I}_{AA'} = \frac{3\, \dot{V}_{AN}}{3\, \overline{Z}' + \overline{Z}}$$

Finalmente, a corrente de fase, na carga em triângulo, é dada por

$$\vec{I}_{A'B'} = \frac{\vec{I}_{AA'}}{\sqrt{3} \lfloor -30°} = \frac{3 \vec{V}_{AN}}{\left(3 \vec{Z}' + \vec{Z} \right) \sqrt{3} \lfloor -30°} = \frac{\vec{V}_{AN} \sqrt{3} \lfloor 30°}{3 \vec{Z}' + \vec{Z}} = \frac{\vec{V}_{AB}}{3 \vec{Z}' + \vec{Z}}$$

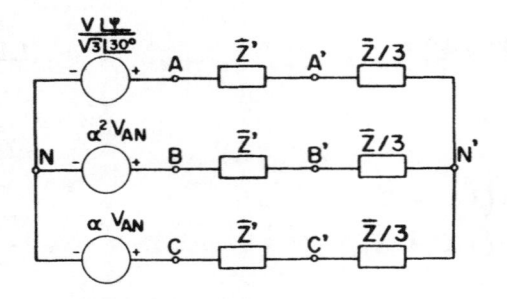

(a) Circuito trifásico em estrela

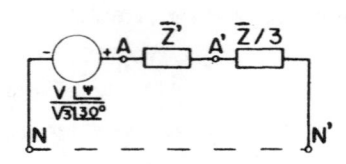

(b) Circuito monofásico equivalente

Figura 1-19. Substituição do circuito em triângulo por equivalente ligado em estrela

---

EXEMPLO 1.6 - Um gerador trifásico alimenta por meio de uma linha uma carga trifásica equilibrada. Conhecemos:

(1) o tipo de ligação do gerador (Δ) e da carga (Δ);
(2) a tensão de linha do gerador (220 V), a freqüência (60 Hz), e a seqüência de fase (direta);
(3) a impedância de cada um dos ramos da carga, $(3 + j4)$ Ω;
(4) a resistência $0,2$ Ω e a reatância indutiva $0,15$ Ω de cada fio da linha (estamos desprezando as mútuas).

Pedimos:

(a) as tensões de fase e de linha no gerador;
(b) as correntes de linha;
(c) as correntes de fase na carga;
(d) as tensões de fase e de linha na carga;
(e) o diagrama de fasores.

SOLUÇÃO:

(a) Tensões de fase e de linha no gerador

As tensões de fase coincidem com as de linha e valem, para a seqüência *A-B-C,*

$$\mathbf{V_{AB}} = \begin{bmatrix} \vec{V}_{AB} \\ \vec{V}_{BC} \\ \vec{V}_{CA} \end{bmatrix} = 220 \lfloor 0° \begin{bmatrix} 1 \\ \alpha^2 \\ \alpha \end{bmatrix} V$$

(b) Determinação das correntes de linha

Substituindo a carga em triângulo por outra equivalente em estrela, temos o circuito da Fig. 1-20, do qual obtemos:

$$\dot{I}_{AA'} = \frac{\dot{V}_{AN}}{Z' + Z/3} = \frac{\left(220\,\underline{|0°}\right)/\left(\sqrt{3}\,\underline{|30°}\right)}{1,2 + j\,1,48}$$

Logo,

$$\dot{I}_{AA'} = \frac{127\,\underline{|-30°}}{1,9\,\underline{|51°}} = 66,6\,\underline{|-81°}\ A$$

e então

$$\dot{I}_{BB'} = 66,6\,\underline{|-201°}\ A\ ,\qquad \dot{I}_{CC'} = 66,6\,\underline{|39°}\ A$$

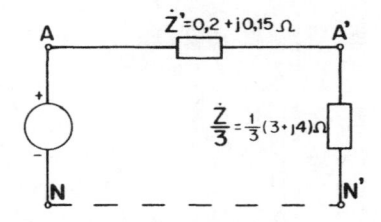

Figura 1-20. Circuito equivalente para o Ex. 1.6

(c) Determinação das correntes de fase na carga

Na carga em triângulo, teremos:

$$\dot{I}_{A'B'} = \frac{\dot{I}_{AA'}}{\sqrt{3}\,\underline{|-30°}} = \frac{66,6\,\underline{|-81°}}{\sqrt{3}\,\underline{|-30°}} = 38,5\,\underline{|-51°}\ A$$

$$\dot{I}_{B'C'} = 38,5\,\underline{|-171°}\ A$$

$$\dot{I}_{C'A'} = 38,5\,\underline{|69°}\ A$$

(d) Determinação das tensões na carga

Da Fig. 1-20, obtemos:

$$\dot{V}_{A'N'} = \dot{I}_{AA'}\frac{Z}{3} = \frac{66,6\,\underline{|-81°}\ .\ 5\,\underline{|53,1°}}{3} = 111\,\underline{|-27,9°}\ V$$

$$\dot{V}_{B'N'} = 111\,\underline{|-147,9°}\ V$$

$$\dot{V}_{C'N'} = 111\,\underline{|92,1°}\ V$$

As tensões de fase e de linha na carga são iguais, e valem:

$$\dot{V}_{A'B'} = \dot{V}_{A'N'}\ \sqrt{3}\,\underline{|30°} = 111\,\underline{|-27,9°}\ .\ \sqrt{3}\,\underline{|30°} = 192\,\underline{|2,1°}\ V$$

$$\dot{V}_{B'C'} = 192 \, \underline{|-117,9°} \ V$$
$$\dot{V}_{C'A'} = 192 \, \underline{|122,1°} \ V$$

(e) Diagrama de fasores

Na Fig. 1-21 representamos o diagrama de fasores.

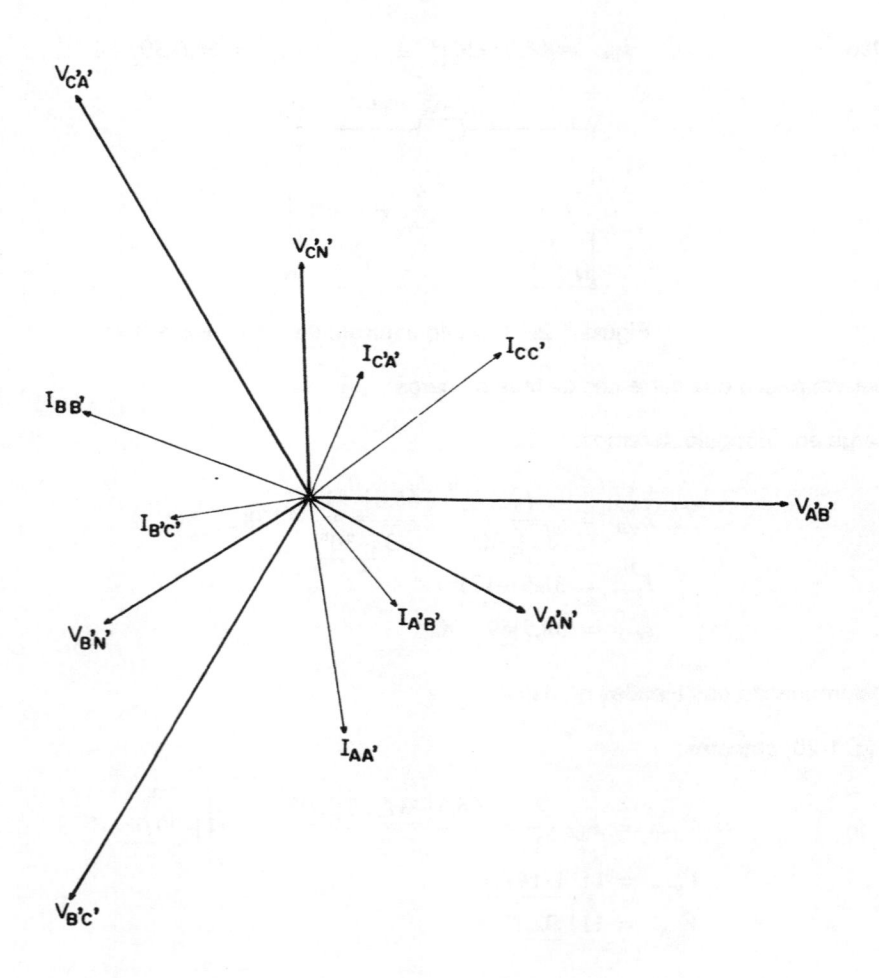

Figura 1-21. Diagrama de fasores para o Ex. 1.6

1.3 - SISTEMAS TRIFÁSICOS SIMÉTRICOS E EQUILIBRADOS COM CARGAS DESEQUILIBRADAS

1.3.1 - INTRODUÇÃO

Neste item estudaremos alguns casos de circuitos trifásicos simétricos (geradores com tensões de mesmo módulo e defasadas de $120°$) e equilibrados (linhas sem mútuas ou com mútuas iguais) alimentando cargas desequilibradas (impedâncias distintas). Como no item anterior, vamos desconsiderar a existência de indutâncias mútuas, ressaltando novamente que no caso em que essas indutâncias sejam iguais, tudo o que será apresentado continua válido. Destacamos que os métodos gerais de análise de circuitos, como já foi salientado, são aplicáveis. Porém, sem uma escolha criteriosa do método, recairemos em sistemas de equações cuja resolução é por demais trabalhosa. Assim, vamos nos preocupar, nos casos mais usuais, em apresentar o método que leva à solução mais simples.

1.3.2 - CARGA EM ESTRELA ATERRADA ATRAVÉS DE IMPEDÂNCIA

Suponhamos ter o circuito da Fig. 1-22, composto de 3 geradores monofásicos no mesmo eixo constituindo um sistema trifásico simétrico (vide Fig. 1-1), uma rede trifásica equilibrada e uma carga trifásica desequilibrada ligada em estrela, com uma impedância ligada entre o centro-estrela e a referência (terra). Neste sistema, conhecemos as tensões de fase nos geradores, as impedâncias da carga, a impedância de aterramento e as impedâncias da linha (desprezando as indutâncias mútuas); queremos determinar as correntes nas três fases e as tensões de fase e de linha nos terminais da carga (ponto Q da Fig. 1-22).

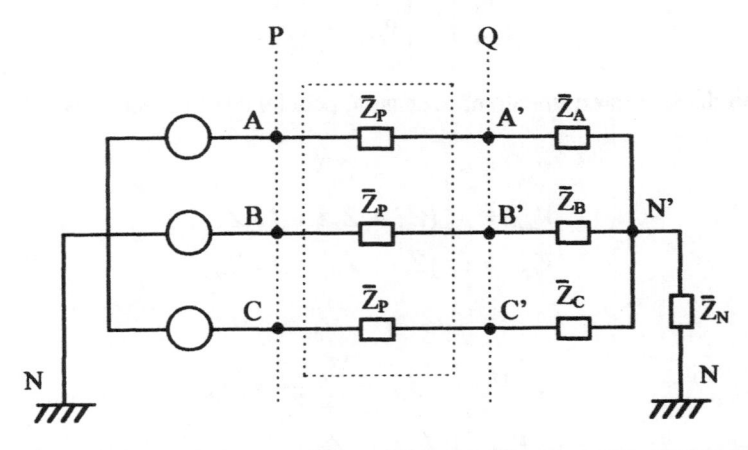

Figura 1-22. Sistema trifásico simétrico e equilibrado com carga desequilibrada em estrela aterrada

Inicialmente, vamos considerar a impedância de aterramento nula. Nesse caso, a determinação das correntes torna-se imediata, pois sendo $\overline{Z}_N = 0$, teremos

$$\dot{V}_{AN} = \dot{I}_A \left(\overline{Z}_A + \overline{Z}_P \right)$$

$$\dot{V}_{BN} = \dot{I}_B \left(\overline{Z}_B + \overline{Z}_P \right)$$

$$\dot{V}_{CN} = \dot{I}_C \left(\overline{Z}_C + \overline{Z}_P \right)$$

em que $\overline{Z}_P$ é a impedância própria dos fios da linha.

Então

$$\dot{I}_A = \frac{\dot{V}_{AN}}{\overline{Z}_A + \overline{Z}_P} \quad , \quad \dot{I}_B = \frac{\dot{V}_{BN}}{\overline{Z}_B + \overline{Z}_P} \quad , \quad \dot{I}_C = \frac{\dot{V}_{CN}}{\overline{Z}_C + \overline{Z}_P}$$

Além disso, no nó N', temos

$$\dot{I}_N = \dot{I}_A + \dot{I}_B + \dot{I}_C$$

As tensões de fase na carga são dadas por

$$\dot{V}_{A'N} = \dot{I}_A \, \overline{Z}_A \quad , \quad \dot{V}_{B'N} = \dot{I}_B \, \overline{Z}_B \quad , \quad \dot{V}_{C'N} = \dot{I}_C \, \overline{Z}_C$$

Chamamos a atenção para o fato de não ser possível calcular as tensões de linha na carga utilizando a Eq. (1.9), pois nos terminais da carga não se dispõe de um trifásico simétrico. Obviamente, as tensões de linha serão calculadas por

$$\begin{bmatrix} \dot{V}_{A'B'} \\ \dot{V}_{B'C'} \\ \dot{V}_{C'A'} \end{bmatrix} = \begin{bmatrix} \dot{V}_{A'N} \\ \dot{V}_{B'N} \\ \dot{V}_{C'N} \end{bmatrix} - \begin{bmatrix} \dot{V}_{B'N} \\ \dot{V}_{C'N} \\ \dot{V}_{A'N} \end{bmatrix} \tag{1.17}$$

No caso da impedância de aterramento não ser nula, pela lei de Ohm, teremos

$$\dot{V}_{AN} = \dot{I}_A \left(\overline{Z}_A + \overline{Z}_P \right) + \dot{I}_N \, \overline{Z}_N$$

$$\dot{V}_{BN} = \dot{I}_B \left(\overline{Z}_B + \overline{Z}_P \right) + \dot{I}_N \, \overline{Z}_N$$

$$\dot{V}_{CN} = \dot{I}_C \left(\overline{Z}_C + \overline{Z}_P \right) + \dot{I}_N \, \overline{Z}_N$$

isto é,

$$\frac{\dot{V}_{AN}}{\overline{Z}_A + \overline{Z}_P} - \dot{I}_N \, \frac{\overline{Z}_N}{\overline{Z}_A + \overline{Z}_P} = \dot{I}_A$$

$$\frac{\dot{V}_{BN}}{\overline{Z}_B + \overline{Z}_P} - \dot{I}_N \, \frac{\overline{Z}_N}{\overline{Z}_B + \overline{Z}_P} = \dot{I}_B \tag{1.18}$$

$$\frac{\dot{V}_{CN}}{\overline{Z}_C + \overline{Z}_P} - \dot{I}_N \, \frac{\overline{Z}_N}{\overline{Z}_C + \overline{Z}_P} = \dot{I}_C$$

Somando as Eq. (1.18) membro a membro e lembrando que $I_A + I_B + I_C = I_N$, resulta

$$I_N = \frac{\dfrac{\dot{V}_{AN}}{Z_A + Z_P} + \dfrac{\dot{V}_{BN}}{Z_B + Z_P} + \dfrac{\dot{V}_{CN}}{Z_C + Z_P}}{1 + \dfrac{Z_N}{Z_A + Z_P} + \dfrac{Z_N}{Z_B + Z_P} + \dfrac{Z_N}{Z_C + Z_P}} \tag{1.19}$$

Substituindo o valor de I_N dado pela Eq. (1.19) nas Eq. (1.18), determinamos os valores de I_A , I_B e I_C.

EXEMPLO 1.7 - Resolver o circuito da Fig. 1.23, sendo:

$\dot{V}_{AN} = 220 \underline{|0°}\ V$, $\dot{V}_{BN} = 220 \underline{|-120°}\ V$, $\dot{V}_{CN} = 220 \underline{|120°}\ V$

$Z'_A = Z'_B = Z'_C = Z_P = Z_N = (0,5 + j\,2,0)\ \Omega$

$Z_A = 20\ \Omega$, $Z_B = j\,10\ \Omega$, $Z_C = -j\,10\ \Omega$

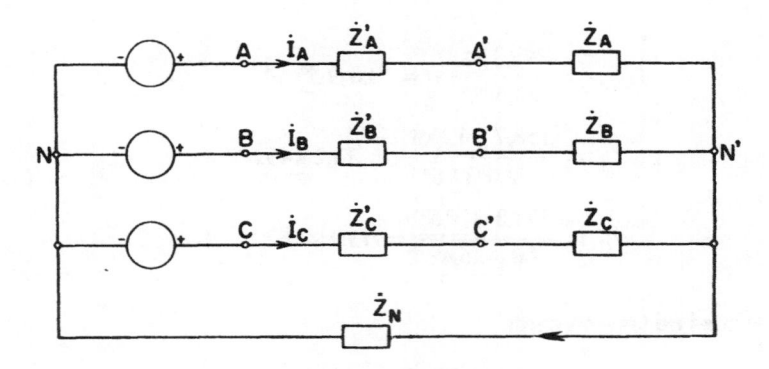

Figura 1-23. Circuito para o Ex. 1.7

SOLUÇÃO:

(a) Determinação da corrente no neutro

Temos

$$Z_A + Z_P = 20,5 + j\,2 = 20,6 \underline{|5,6°}\ \Omega$$
$$Z_B + Z_P = 0,5 + j\,12 = 12 \underline{|87,6°}\ \Omega$$
$$Z_C + Z_P = 0,5 - j\,8 = 8 \underline{|-86,4°}\ \Omega$$
$$Z_N = 0,5 + j\,2 = 2,06 \underline{|76,0°}\ \Omega$$

Da Eq. (1.19), determinamos

$$\dot{I}_N = \frac{\dfrac{220\ \underline{|0°}}{20,6\ \underline{|5,6°}} + \dfrac{220\ \underline{|-120°}}{12,0\ \underline{|87,6°}} + \dfrac{220\ \underline{|120°}}{8,0\ \underline{|-86,4°}}}{1 + \dfrac{2,06\ \underline{|76°}}{20,6\ \underline{|5,6°}} + \dfrac{2,06\ \underline{|76°}}{12,0\ \underline{|87,6°}} + \dfrac{2,06\ \underline{|76°}}{8,0\ \underline{|-86,4°}}} = 31,67\ \underline{|-179,2°}\ A$$

(b) Cálculo das correntes de linha

Temos

$$\dot{V}_{N'N} = \dot{I}_N\ \overline{Z}_N = 31,67\ \underline{|-179,2°} \cdot 2,06\ \underline{|76°} = 65,2\ \underline{|-103,2°}\ V$$

logo,

$$\dot{V}_{AN'} = \dot{V}_{AN} + \dot{V}_{NN'} = 220\ \underline{|0°} + \left(-65,2\ \underline{|-103,2°}\right) = 243,3\ \underline{|15,1°}\ V$$

$$\dot{V}_{BN'} = \dot{V}_{BN} + \dot{V}_{NN'} = 220\ \underline{|-120°} + \left(-65,2\ \underline{|-103,2°}\right) = 158,7\ \underline{|-126,8°}\ V$$

$$\dot{V}_{CN'} = \dot{V}_{CN} + \dot{V}_{NN'} = 220\ \underline{|120°} + \left(-65,2\ \underline{|-103,2°}\right) = 271,2\ \underline{|110,5°}\ V$$

e então

$$\dot{I}_A = \frac{243,3\ \underline{|15,1°}}{20,6\ \underline{|5,6°}} = 11,8\ \underline{|9,5°}\ A$$

$$\dot{I}_B = \frac{158,7\ \underline{|-126,8°}}{12,0\ \underline{|87,6°}} = 13,2\ \underline{|145,6°}\ A$$

$$\dot{I}_C = \frac{271,2\ \underline{|110,5°}}{8,0\ \underline{|-86,4°}} = 33,9\ \underline{|-163,1°}\ A$$

(c) Cálculo das tensões de fase na carga

Temos

$$\dot{V}_{A'N'} = \dot{I}_A\ \overline{Z}_A = 11,8\ \underline{|9,5°} \cdot 20\ \underline{|0°} = 236\ \underline{|9,5°}\ V$$

$$\dot{V}_{B'N'} = \dot{I}_B\ \overline{Z}_B = 13,2\ \underline{|145,6°} \cdot 10\ \underline{|90°} = 132\ \underline{|-124,4°}\ V$$

$$\dot{V}_{C'N'} = \dot{I}_C\ \overline{Z}_C = 33,9\ \underline{|-163,1°} \cdot 10\ \underline{|-90°} = 339\ \underline{|106,9°}\ V$$

(c) Cálculo das tensões de linha na carga

Temos

$$\begin{bmatrix} \dot{V}_{A'B'} \\ \dot{V}_{B'C'} \\ \dot{V}_{C'A'} \end{bmatrix} = \begin{bmatrix} 236\ \underline{|9,5°} \\ 132\ \underline{|-124,4°} \\ 339\ \underline{|106,9°} \end{bmatrix} - \begin{bmatrix} 132\ \underline{|-124,4°} \\ 339\ \underline{|106,9°} \\ 236\ \underline{|9,5°} \end{bmatrix} = \begin{bmatrix} 341\ \underline{|25,7°} \\ 434\ \underline{|-86,8°} \\ 437\ \underline{|139,3°} \end{bmatrix}\ V$$

1.3.3 - CARGA EM ESTRELA COM CENTRO-ESTRELA ISOLADO

Suponhamos agora ter o circuito da Fig. 1-24, composto de 3 geradores monofásicos no mesmo eixo (vide Fig. 1-1), uma rede trifásica equilibrada e uma carga trifásica desequilibrada ligada em estrela, com o centro-estrela isolado (não aterrado). Neste sistema, conhecemos as tensões de fase nos geradores, as impedâncias da carga e da linha (desprezando as indutâncias mútuas); queremos determinar as correntes e as tensões nos terminais da carga (ponto Q da Fig. 1-24).

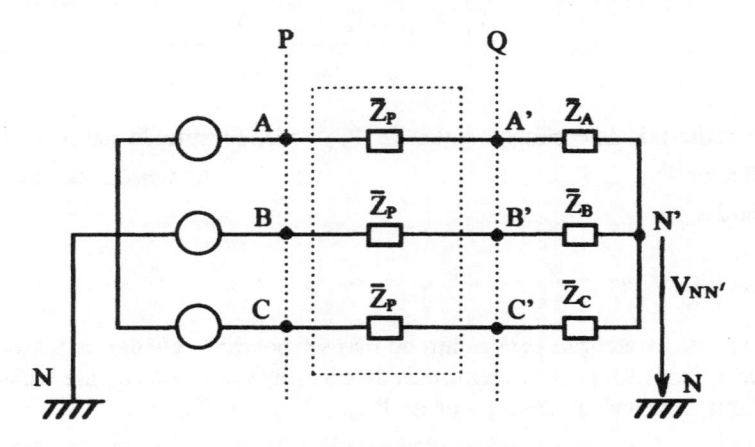

Figura 1-24. Sistema trifásico simétrico e equilibrado com carga desequilibrada em estrela isolada

Neste caso, temos:

$$V_{AN'} = V_{AN} + V_{NN'} = I_A \left(\overline{Z}_A + \overline{Z}_P \right)$$
$$V_{BN'} = V_{BN} + V_{NN'} = I_B \left(\overline{Z}_B + \overline{Z}_P \right) \qquad (1.20)$$
$$\dot{V}_{CN'} = \dot{V}_{CN} + V_{NN'} = I_C \left(\overline{Z}_C + \overline{Z}_P \right)$$

Fazendo

$$\overline{Z}_{A_T} = \left(\overline{Z}_A + \overline{Z}_P \right) \quad , \quad \overline{Z}_{B_T} = \left(\overline{Z}_B + \overline{Z}_P \right) \quad , \quad \overline{Z}_{C_T} = \left(\overline{Z}_C + \overline{Z}_P \right)$$

teremos

$$I_A = \frac{\dot{V}_{AN}}{\overline{Z}_{A_T}} + \frac{\dot{V}_{NN'}}{\overline{Z}_{A_T}} = Y_{A_T} \dot{V}_{AN} + Y_{A_T} \dot{V}_{NN'}$$
$$I_B = \frac{\dot{V}_{BN}}{\overline{Z}_{B_T}} + \frac{\dot{V}_{NN'}}{\overline{Z}_{B_T}} = Y_{B_T} \dot{V}_{BN} + Y_{B_T} \dot{V}_{NN'} \qquad (1.21)$$
$$I_C = \frac{\dot{V}_{CN}}{\overline{Z}_{C_T}} + \frac{\dot{V}_{NN'}}{\overline{Z}_{C_T}} = \overline{Y}_{C_T} \dot{V}_{CN} + \overline{Y}_{C_T} \dot{V}_{NN'}$$

em que $\overline{Y}_{A_T}$, $\overline{Y}_{B_T}$ e $\overline{Y}_{C_T}$ são as admitâncias totais de cada fase.

Somando as Eq. (1.21) membro a membro e lembrando que

$$\dot{I}_A + \dot{I}_B + \dot{I}_C = 0$$

resulta

$$\dot{V}_{NN'} = -\frac{\overline{Y}_{A_T}\,\dot{V}_{AN} + \overline{Y}_{B_T}\,\dot{V}_{BN} + \overline{Y}_{C_T}\,\dot{V}_{CN}}{\overline{Y}_{A_T} + \overline{Y}_{B_T} + \overline{Y}_{C_T}} \tag{1.22}$$

A Eq. (1.22) permite-nos determinar o valor de $\dot{V}_{NN'}$ que, substituído nas Eq. (1.20) e (1.21), permite-nos calcular $\dot{V}_{AN'}$, $\dot{V}_{BN'}$, $\dot{V}_{CN'}$, $\dot{I}_A$, $\dot{I}_B$ e $\dot{I}_C$. As tensões de fase nos terminais da carga são obtidas por

$$\dot{V}_{A'N'} = \overline{Z}_A\,\dot{I}_A \quad,\quad \dot{V}_{B'N'} = \overline{Z}_B\,\dot{I}_B \quad,\quad \dot{V}_{C'N'} = \overline{Z}_C\,\dot{I}_C$$

Novamente chamamos a atenção para o fato de não ser possível calcular as tensões de linha na carga utilizando a Eq. (1.9), pois nos terminais da carga não se dispõe de um trifásico simétrico. As tensões de linha serão calculadas a partir de $\dot{V}_{A'N'}$, $\dot{V}_{B'N'}$ e $\dot{V}_{C'N'}$.

Obviamente, se forem conhecidas as tensões nos terminais da carga $\left(\dot{V}_{A'N}\,,\dot{V}_{B'N}\,,\dot{V}_{C'N}\right)$, a Eq. (1.22) torna-se:

$$\dot{V}_{NN'} = -\frac{\overline{Y}_A\,\dot{V}_{A'N} + \overline{Y}_B\,\dot{V}_{B'N} + \overline{Y}_C\,\dot{V}_{C'N}}{\overline{Y}_A + \overline{Y}_B + \overline{Y}_C} \tag{1.23}$$

EXEMPLO 1.8 - Calcular o circuito da Fig. 1-25 do qual se conhecem:

(i) as tensões de linha na carga: 220 V , trifásico simétrico, seqüência de fase A-B-C;

(ii) as impedâncias: $\overline{Z}_A = 10\ \Omega$, $\overline{Z}_B = (2 + j\,10)\ \Omega$, $\overline{Z}_C = -j\,10\ \Omega$.

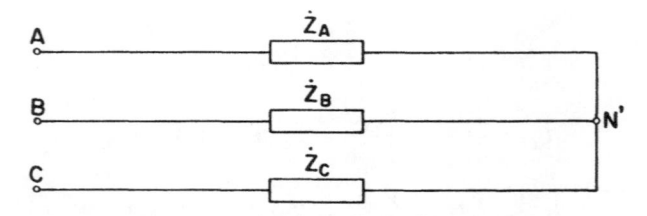

Figura 1-25. Circuito para o Ex. 1.8

SOLUÇÃO:

(a) Determinação da diferença de potencial entre os centro-estrelas ($\dot{V}_{NN'}$)

Temos:

$$\overline{Y}_A = \frac{1}{\overline{Z}_A} = \frac{1}{10} = 0,1 \ \underline{|0°} \ S$$

$$\overline{Y}_B = \frac{1}{\overline{Z}_B} = \frac{1}{2 + j\,10} = \frac{1}{10,2 \ \underline{|78,7°}} = 0,098 \ \underline{|-78,7°} \ S$$

$$\overline{Y}_C = \frac{1}{\overline{Z}_C} = \frac{1}{-j\,10} = \frac{1}{10 \ \underline{|-90°}} = 0,1 \ \underline{|90°} \ S$$

Uma vez que nos interessa somente a diferença de potencial entre o centro-estrela do gerador e o da carga, podemos supor, em A, B, C, um gerador ligado em estrela, com as tensões de fase

$$\dot{V}_{AN} = 127 \ \underline{|0°} \ V \quad , \quad \dot{V}_{BN} = 127 \ \underline{|-120°} \ V \quad , \quad \dot{V}_{CN} = 127 \ \underline{|120°} \ V$$

Logo, pela Eq. (1.23),

$$\dot{V}_{NN'} = -\frac{0,1 \ \underline{|0°} \cdot 127 \ \underline{|0°} + 0,098 \ \underline{|-78,7°} \cdot 127 \ \underline{|-120°} + 0,1 \ \underline{|90°} \cdot 127 \ \underline{|120°}}{0,1 \ \underline{|0°} + 0,098 \ \underline{|-78,7°} + 0,1 \ \underline{|90°}} = 86,9 \ \underline{|11,3°} \ V$$

(b) Tensões de fase na carga

Da Eq. (1.20), temos

$$\dot{V}_{AN'} = 127 \ \underline{|0°} + 86,9 \ \underline{|11,3°} = 212,9 \ \underline{|4,6°} \ V$$

$$\dot{V}_{BN'} = 127 \ \underline{|-120°} + 86,9 \ \underline{|11,3°} = 95,5 \ \underline{|-76,8°} \ V$$

$$\dot{V}_{CN'} = 127 \ \underline{|120°} + 86,9 \ \underline{|11,3°} = 128,9 \ \underline{|80,3°} \ V$$

(c) Determinação das correntes

$$\dot{I}_A = 212,9 \ \underline{|4,6°} \cdot 0,1 \ \underline{|0°} = 21,3 \ \underline{|4,6°} \ A$$

$$\dot{I}_B = 95,5 \ \underline{|-76,8°} \cdot 0,098 \ \underline{|-78,7°} = 9,4 \ \underline{|-155,5°} \ A$$

$$\dot{I}_C = 128,9 \ \underline{|80,3°} \cdot 0,1 \ \underline{|90°} = 12,9 \ \underline{|170,3°} \ A$$

(d) Diagrama de fasores

Na Fig. 1-26.a apresentamos o diagrama de fasores, que construímos conforme se segue:

(1) Representamos a seqüência $\mathbf{V}_{AB}$ das tensões de linha determinando os pontos A, B e C.
(2) Determinamos o ponto N correspondente ao centro estrela do gerador (baricentro do triângulo ABC) e conseqüentemente as tensões $\mathbf{V}_{AN}$.
(3) Determinamos o ponto N' utilizando a expressão

$$\dot{V}_{NN'} = -\frac{\hat{Y}_A \dot{V}_{AN} + \hat{Y}_B \dot{V}_{BN} + \hat{Y}_C \dot{V}_{CN}}{\hat{Y}_A + \hat{Y}_B + \hat{Y}_C} = 86,9 \ \underline{|11,3°} = \left(85,2 + j\,17,0\right) \ V$$

ou
$$\dot{V}_{N'N} = -\dot{V}_{NN'} = \left(-85,2 - j\,17,0\right)\ V$$

(4) Determinamos as tensões de fase na carga, $V_{AN'}$.

(5) Representamos as correntes na carga.

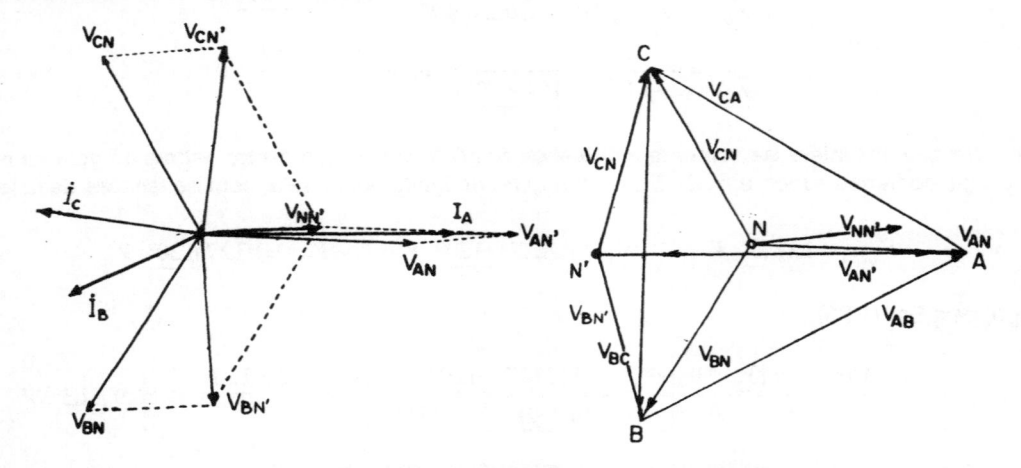

Figura 1-26. Diagrama de fasores para o Ex. 1.8

1.3.4 - CARGA EM TRIÂNGULO

Para uma carga trifásica desequilibrada ligada em triângulo, basta substituirmos a carga por outra equivalente ligada em estrela, e recaímos no caso anterior de uma carga desequilibrada em estrela com o centro-estrela isolado. Lembramos que neste caso, sendo conhecidos $\overline{Z}_{AB}$, $\overline{Z}_{BC}$, $\overline{Z}_{CA}$, da Fig. 1-27, teremos:

$$\overline{Z}_A = \frac{\overline{Z}_{AB}\,\overline{Z}_{CA}}{\overline{Z}_{AB} + \overline{Z}_{BC} + \overline{Z}_{CA}}$$

$$\overline{Z}_B = \frac{\overline{Z}_{AB}\,\overline{Z}_{BC}}{\overline{Z}_{AB} + \overline{Z}_{BC} + \overline{Z}_{CA}} \qquad (1.24)$$

$$\overline{Z}_C = \frac{\overline{Z}_{BC}\,\overline{Z}_{CA}}{\overline{Z}_{AB} + \overline{Z}_{BC} + \overline{Z}_{CA}}$$

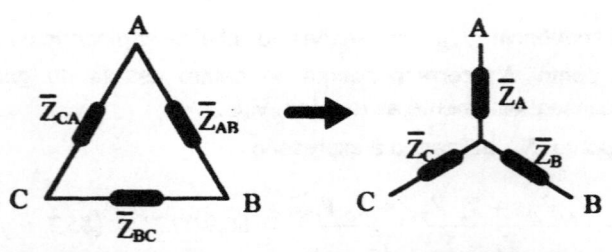

Figura 1-27. Transformação triângulo-estrela para carga desequilibrada

1.4 - SISTEMAS TRIFÁSICOS COM INDUTÂNCIAS MÚTUAS QUAISQUER

1.4.1 - INTRODUÇÃO

Neste item estudaremos o caso geral de sistemas trifásicos simétricos a 3 ou 4 fios alimentando cargas equilibradas ou desequilibradas, considerando as indutâncias próprias dos fios, e as indutâncias mútuas entre eles, iguais entre si (trifásico simétrico equilibrado) ou não (trifásico simétrico desequilibrado).

Inicialmente, apresentaremos o equacionamento matricial, utilizando a lei de Ohm, para os elementos primitivos de uma rede, desconsiderando a existência de mútuas com outros elementos. Em seguida, introduziremos as indutâncias mútuas entre os elementos primitivos e, finalmente, estudaremos os circuitos trifásicos com mútuas.

1.4.2 - MATRIZES PRIMITIVAS DOS ELEMENTOS DE UMA REDE

Na Fig. 1-28 representamos os elementos componentes dos ramos de ligação de uma rede na forma de impedâncias e de admitâncias. Suponhamos o elemento ligado entre os nós p e q da rede, não acoplado magneticamente com nenhum outro elemento da rede (mútua nula).

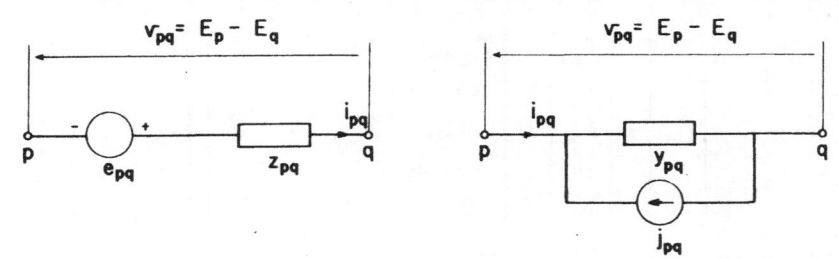

(a) Representação por impedância   (b) Representação por admitância

Figura 1-28. Circuito equivalente de um elemento

Sejam

V_{pq} = diferença de potencial entre os pontos p e q;

$\dot{E}_{pq}$ = f.e.m. do elemento pq;

$\dot{I}_{pq}$ = corrente no elemento pq;

$\overline{Z}_{pq}$ = impedância do elemento pq.

Aplicando a lei de Ohm entre os pontos p e q da Fig. 1-28.a, resulta a equação abaixo, que exprime a relação entre a tensão e a corrente no elemento considerado:

$$\dot{V}_{pq} + \dot{E}_{pq} = \dot{I}_{pq} \, \bar{Z}_{pq} \tag{1.25}$$

Para determinarmos a representação por admitâncias, dividimos ambos os membros da Eq. (1.25) por $\bar{Z}_{pq}$, resultando

$$\frac{\dot{V}_{pq}}{\bar{Z}_{pq}} = \dot{I}_{pq} - \frac{\dot{E}_{pq}}{\bar{Z}_{pq}}$$

Designando por $\bar{Y}_{pq} = 1/\bar{Z}_{pq}$ a admitância do ramo pq e $\dot{J}_{pq} = -\dot{E}_{pq}/\bar{Z}_{pq}$ gerador de corrente constante em paralelo com o ramo pq, resulta

$$\dot{I}_{pq} + \dot{J}_{pq} = \dot{V}_{pq} \, \bar{Y}_{pq} \tag{1.26}$$

que pode ser representado pelo elemento da Fig. 1-28.b. A Eq. (1.26), dual da (1.25), exprime a relação entre a corrente e a tensão no elemento considerado, representado agora na forma de admitância.

No caso de termos uma rede com n elementos, poderemos escrever uma equação análoga à Eq. (1.25) para cada elemento, obtendo um sistema de n equações a $2n$ incógnitas (n correntes e n tensões). Com matrizes, tendo considerado que a rede não possui indutâncias mútuas, teremos,

$$
\begin{bmatrix} \dot{V}_{12} \\ \cdots \\ \dot{V}_{pq} \\ \cdots \\ \dot{V}_{ij} \end{bmatrix}
+
\begin{bmatrix} \dot{E}_{12} \\ \cdots \\ \dot{E}_{pq} \\ \cdots \\ \dot{E}_{ij} \end{bmatrix}
=
\begin{bmatrix}
\bar{Z}_{12,12} & \cdots & 0 & \cdots & 0 \\
\cdots & \cdots & \cdots & \cdots & \cdots \\
0 & \cdots & Z_{pq,pq} & \cdots & 0 \\
\cdots & \cdots & \cdots & \cdots & \cdots \\
0 & \cdots & 0 & \cdots & Z_{ij,ij}
\end{bmatrix}
\begin{bmatrix} \dot{I}_{12} \\ \cdots \\ \dot{I}_{pq} \\ \cdots \\ \dot{I}_{ij} \end{bmatrix}
$$

ou

$$\left[\mathbf{V}_{pq} \right] + \left[\mathbf{E}_{pq} \right] = \left[\mathbf{Z}_{pq} \right] \left[\mathbf{I}_{pq} \right]$$

em que

$\left[\mathbf{V}_{pq} \right]$ = matriz-coluna das quedas de tensão nos elementos da rede;

$\left[\mathbf{E}_{pq} \right]$ = matriz-coluna das f.e.m. série dos elementos da rede;

$\left[\mathbf{Z}_{pq} \right]$ = matriz de impedância dos elementos da rede na qual os termos fora da diagonal representam as impedâncias mútuas;

$\left[\mathbf{I}_{pq} \right]$ = matriz-coluna das correntes nos elementos da rede.

Analogamente, na forma de admitâncias, multiplicando a expressão anterior por $\left[\mathbf{Y}_{pq}\right] = \left[\mathbf{Z}_{pq}\right]^{-1}$, teremos

$$\left[\mathbf{I}_{pq}\right] + \left[\mathbf{J}_{pq}\right] = \left[\mathbf{Y}_{pq}\right]\left[\mathbf{V}_{pq}\right]$$

em que

$\left[\mathbf{J}_{pq}\right]$ = matriz-coluna dos geradores de corrente em paralelo com os elementos da rede;

$\left[\mathbf{Y}_{pq}\right] = \left[\mathbf{Z}_{pq}\right]^{-1}$ = matriz de admitância dos elementos da rede.

1.4.3 - REDES PRIMITIVAS COM INDUTÂNCIAS MÚTUAS

Inicialmente, lembraremos as definições pertinentes às indutâncias mútuas. Sejam dois circuitos quaisquer, que designaremos por circuito 1 e circuito 2. Seja ϕ_{12} o fluxo concatenado com o circuito 1 produzido por uma corrente i_2 que circula no circuito 2; define-se como indutância mútua, M_{21}, entre os circuitos 2 e 1 a relação entre o fluxo ϕ_{12} e a corrente i_2, isto é,

$$M_{21} = \frac{\phi_{12}}{i_2}$$

Analogamente, sendo ϕ_{21} o fluxo concatenado com o circuito 2 quando no circuito 1 circula uma corrente i_1, a indutância mútua M_{12} entre os circuitos 1 e 2 é

$$M_{12} = \frac{\phi_{21}}{i_1}$$

Tratando-se de meios lineares, no Eletromagnetismo demonstra-se que

$$M_{21} = M_{12} = M$$

Passemos a lembrar o efeito, concernente à lei de Ohm, da existência de uma mútua entre dois circuitos. Antes de mais nada, vamos fixar a regra para definir o sentido de enrolamento. Sejam, Fig. 1-29, dois circuitos acoplados magneticamente. Suponhamos assinalar uma das extremidades do circuito 1 e uma das extremidades do circuito 2, de modo tal que, a uma corrente i_1 entrando pelo terminal assinalado do circuito 1 e a uma corrente i_2 entrando pelo terminal assinalado do circuito 2, correspondam fluxos ϕ_1 e ϕ_2 concordes (de mesmo sentido).

Suponhamos agora que a corrente i_1 seja senoidal e que o circuito 2 esteja em circuito aberto. Evidentemente, no circuito 2, teremos um fluxo concatenado variável no tempo; logo este será sede de uma f.e.m.. Em outras palavras, sendo $i_1 = I_M \cos \omega t$ a corrente no circuito 1, o fluxo concatenado no circuito 2 será

$$\phi_{21} = i_1 M = M I_M \cos \omega t$$

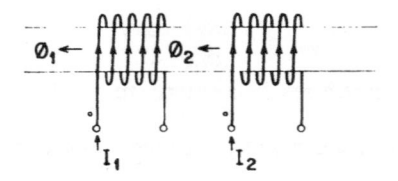

Figura 1-29. Mútua entre dois circuitos

Logo, pela lei de Lenz, a f.e.m. induzida no circuito 2 valerá

$$e_2 = - \frac{d \phi_{21}}{dt} = M \omega I_M \, sen \, \omega t$$

ou seja, fasorialmente,

$$\dot{E}_2 = j M \omega \dot{I}_1$$

Para determinar a polaridade de E_2, liguemos os terminais do circuito 2 em curto-circuito. Evidentemente, nesse circuito irá estabelecer-se uma corrente i_2 que deverá criar um fluxo oposto ao fluxo criado pelo circuito 1 (conservação de energia). Logo, se o sentido positivo da corrente no circuito 1 (Fig. 1-30) era entrando pelo terminal assinalado, o sentido positivo da corrente no circuito 2 será saindo pelo terminal assinalado. Portanto, para efeito de análise, poderemos substituir a mútua do circuito por um gerador de f.e.m. $j\omega M\dot{I}_1$, com o terminal positivo em correspondência ao terminal assinalado. Em outras palavras, convencionando-se que $\dot{I}_1$ é positiva quando entra pelo terminal assinalado, o efeito do acoplamento magnético é o de um gerador de tensão ideal vinculado e ligado no circuito 2 com o terminal positivo em correspondência ao terminal assinalado e com f.e.m. $j\omega M\dot{I}_1$. Devemos salientar que este tratamento só é válido por estarmos tratando de sistemas operando em regime permanente senoidal.

Nas linhas de transmissão de energia elétrica, existem mútuas entre os fios de fase e entre estes e o 4º fio (quando este for utilizado), usualmente chamado cabo guarda. Os valores das impedâncias mútuas são função da geometria do circuito, ou seja, da posição que os fios ocupam nas torres das linhas. Em muitos sistemas utiliza-se a técnica de <u>transposição</u> dos fios de fase, que consiste basicamente em dividir a extensão total da linha em segmentos de comprimentos iguais e alternar ciclicamente a posição dos fios a cada um destes segmentos. Desta forma, obtém-se valores médios iguais para as mútuas entre os fios de fase, assim como valores médios também iguais para as mútuas entre estes e o cabo guarda (se existir). Não é do escopo deste texto o cálculo das impedâncias de linhas de transmissão; assim consideraremos que estas impedâncias são sempre conhecidas.

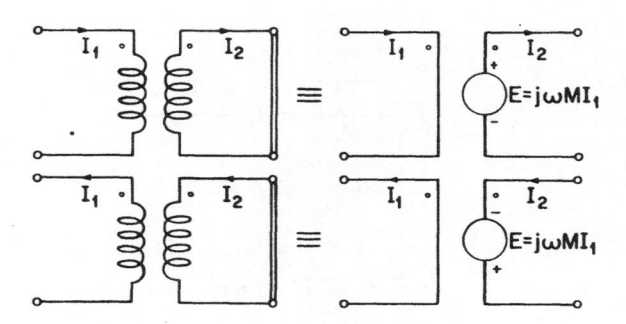

Figura 1-30. Sentido de f.e.m. induzida por efeito da indutância mútua

---

EXEMPLO 1.9 - Duas linhas de transmissão monofásicas curtas (Fig. 1-31) têm uma extremidade comum. Em determinada condição, ocorre um curto-circuito na extremidade de uma das linhas, enquanto que a outra está alimentada por um gerador de tensão constante. Sendo

$\overline{Z}_1$: impedância da linha 1;

$\overline{Z}_2$: impedância da linha 2;

$\overline{Z}_M$: impedância mútua entre as linhas 1 e 2;

$\dot{E}$: f.e.m. do gerador,

pedimos a corrente na linha 2.

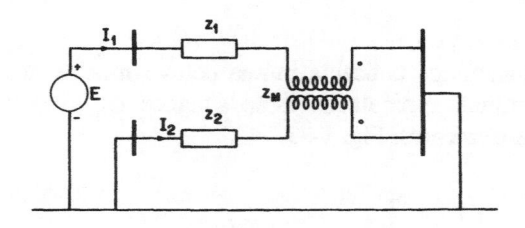

Figura 1-31. Circuito para o Ex. 1.9

SOLUÇÃO: Fixando-se as correntes $\dot{I}_1$ e $\dot{I}_2$ com os sentidos assinalados na Fig. 1-31, poderemos substituir a mútua por dois geradores de f.e.m., $\dot{I}_1 \overline{Z}_M$ e $\dot{I}_2 \overline{Z}_M$, com as polaridades indicadas na Fig. 1-32. Pela lei de Ohm, temos

$$\dot{E} = \dot{I}_1 \overline{Z}_1 + \dot{I}_2 \overline{Z}_M$$
$$0 = \dot{I}_1 \overline{Z}_M + \dot{I}_2 \overline{Z}_2$$

então

$$\dot{I}_2 = -\dot{I}_1 \frac{\bar{Z}_M}{\bar{Z}_2}$$

ou seja

$$\dot{E} = \dot{I}_1 \left(\bar{Z}_1 - \frac{\bar{Z}_M^2}{\bar{Z}_2} \right) = \dot{I}_1 \frac{\bar{Z}_1 \bar{Z}_2 - \bar{Z}_M^2}{\bar{Z}_2}$$

e portanto

$$\dot{I}_1 = \dot{E} \frac{\bar{Z}_2}{\bar{Z}_1 \bar{Z}_2 - \bar{Z}_M^2}$$

$$\dot{I}_2 = -\dot{E} \frac{\bar{Z}_M}{\bar{Z}_1 \bar{Z}_2 - \bar{Z}_M^2}$$

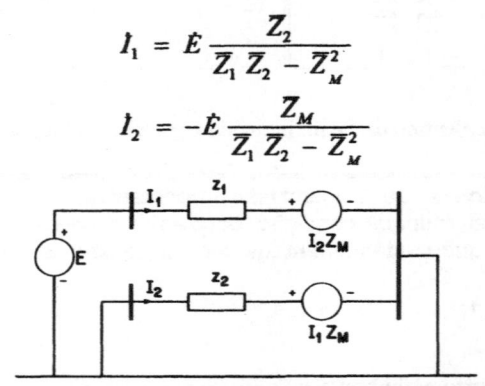

Figura 1-32. Circuito equivalente para o Ex. 1.9

Passemos agora a estudar a introdução das indutâncias mútuas nas equações dos elementos; para tanto, tomemos dois elementos, *pq* e *rs*, com f.e.m. em série $\dot{E}_{pq}$, $\dot{E}_{rs}$, impedâncias $\bar{Z}_{pq}$, $\bar{Z}_{rs}$ e com impedância mútua $\bar{Z}_{pq,rs}$, $\bar{Z}_{rs,pq}$.

Salientamos que convencionaremos indicar a mútua pelos símbolos dos barramentos extremos das duas linhas e os terminais assinalados estão situados em correspondência ao primeiro barramento de cada um dos elementos, Fig. 1-33.

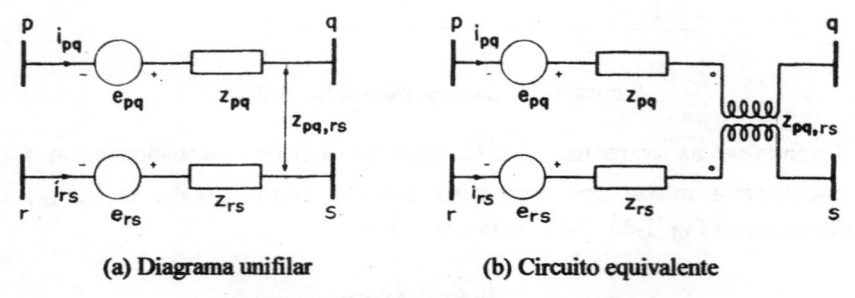

    (a) Diagrama unifilar   (b) Circuito equivalente

Figura 1-33. Dois elementos com mútuas

As equações para os dois elementos serão:

$$\dot{V}_{pq} + \dot{E}_{pq} = Z_{pq}\dot{I}_{pq} + Z_{pq,rs}\dot{I}_{rs}$$
$$\dot{V}_{rs} + \dot{E}_{rs} = Z_{rs,pq}\dot{I}_{pq} + Z_{rs}\dot{I}_{rs}$$

Com matrizes, teremos

$$\begin{bmatrix} \dot{V}_{pq} \\ \dot{V}_{rs} \end{bmatrix} + \begin{bmatrix} \dot{E}_{pq} \\ \dot{E}_{rs} \end{bmatrix} = \begin{bmatrix} \overline{Z}_{pq} & \overline{Z}_{pq,rs} \\ \overline{Z}_{rs,pq} & \overline{Z}_{rs} \end{bmatrix} \begin{bmatrix} \dot{I}_{pq} \\ \dot{I}_{rs} \end{bmatrix} \tag{1.27}$$

Para determinar a equação correspondente na forma de admitâncias, pré-multiplicamos ambos os membros pela inversa da matriz de impedâncias, obtendo:

$$\begin{bmatrix} \dot{I}_{pq} \\ \dot{I}_{rs} \end{bmatrix} = \begin{bmatrix} \overline{Z}_{pq} & \overline{Z}_{pq,rs} \\ \overline{Z}_{rs,pq} & \overline{Z}_{rs} \end{bmatrix}^{-1} \left\{ \begin{bmatrix} \dot{V}_{pq} \\ \dot{V}_{rs} \end{bmatrix} + \begin{bmatrix} \dot{E}_{pq} \\ \dot{E}_{rs} \end{bmatrix} \right\} = \begin{bmatrix} \overline{Y}_{pq} & \overline{Y}_{pq,rs} \\ \overline{Y}_{rs,pq} & \overline{Y}_{rs} \end{bmatrix} \left\{ \begin{bmatrix} \dot{V}_{pq} \\ \dot{V}_{rs} \end{bmatrix} + \begin{bmatrix} \dot{E}_{pq} \\ \dot{E}_{rs} \end{bmatrix} \right\} \tag{1.28}$$

As Eq. (1.27) e (1.28) exprimem as relações entre tensões e correntes para elementos com mútuas, respectivamente na forma de impedâncias e de admitâncias. É importante observar que, para um elemento com mútuas, a admitância não é o inverso da impedância, mas é obtida invertendo-se a matriz de impedâncias do elemento.

EXEMPLO 1.10 - Alimentando-se o nó 1 da rede da Fig. 1-34 por um gerador de tensão constante de f.e.m., de 1 V, com os nós 2 e 3 curto-circuitados, pede-se determinar as correntes em todos os nós. As impedâncias próprias e mútuas dos elementos estão apresentadas na tabela abaixo.

Elemento	Impedância própria (Ω)	Mútua	
		Elemento	Impedância (Ω)
1 – 4	$j\,0{,}2$	——	——
2 – 4	$j\,0{,}214$	3 – 4	$j\,0{,}056$
3 – 4	$j\,0{,}225$	2 – 4	$j\,0{,}056$

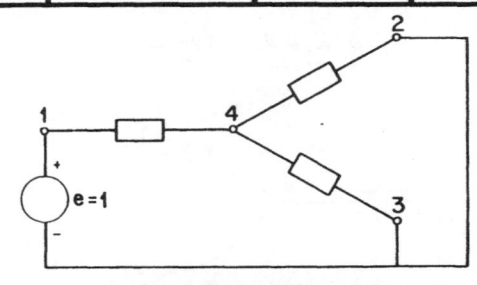

Figura 1-34. Circuito para o Ex. 1.10

SOLUÇÃO:

(a) A matriz de impedâncias dos elementos é dada por:

$$[Z] = \begin{bmatrix} Z_{14,14} & Z_{14,24} & Z_{14,34} \\ Z_{24,14} & Z_{24,24} & Z_{24,34} \\ Z_{34,14} & Z_{34,24} & Z_{34,34} \end{bmatrix} = j \begin{bmatrix} 0,2 & 0 & 0 \\ 0 & 0,214 & 0,056 \\ 0 & 0,056 & 0,225 \end{bmatrix} \Omega$$

Determinemos a matriz $[Y]$ pela inversão da matriz $[Z]$, isto é,

$$[Y] = -j \begin{bmatrix} 5 & 0 & 0 \\ 0 & 5 & -1,25 \\ 0 & -1,25 & 4,75 \end{bmatrix} S$$

(b) Equacionamento do circuito

Temos

$$[\mathbf{I}] = [\mathbf{Y}] \, [\mathbf{V}]$$

ou seja,

$$\begin{bmatrix} I_{14} \\ I_{24} \\ I_{34} \end{bmatrix} = -j \begin{bmatrix} 5 & 0 & 0 \\ 0 & 5 & -1,25 \\ 0 & -1,25 & 4,75 \end{bmatrix} \begin{bmatrix} V_{14} \\ V_{24} \\ V_{34} \end{bmatrix}$$

porém, observamos que (Fig. 1-35)

$$I_{14} = -\left(I_{24} + I_{34}\right)$$
$$V_{24} = V_{34} = V$$
$$E = V_{14} + V_{42} = V_{14} - V$$

Logo,

$$V_{14} = E + V = 1 \underline{|0°} + V$$

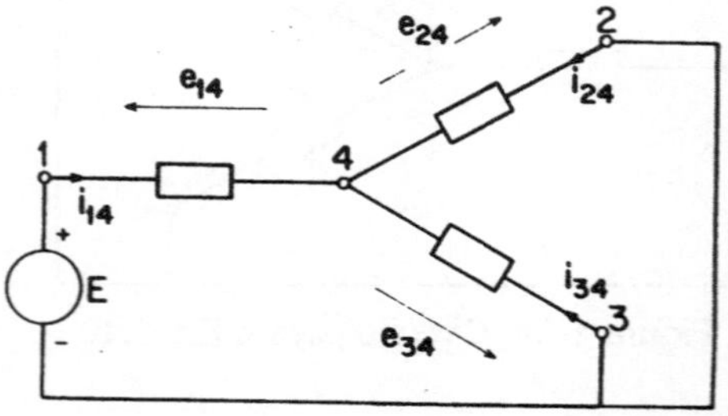

Figura 1-35. Tensões e correntes nos elementos da rede

Portanto teremos

$$\begin{bmatrix} -\left(\dot{I}_{24} + \dot{I}_{34}\right) \\ \dot{I}_{24} \\ \dot{I}_{34} \end{bmatrix} = -j \begin{bmatrix} 5 & 0 & 0 \\ 0 & 5 & -1{,}25 \\ 0 & -1{,}25 & 4{,}75 \end{bmatrix} \begin{bmatrix} 1\underline{|0°} + \dot{V} \\ \dot{V} \\ \dot{V} \end{bmatrix}$$

resultando o sistema de equações

$$-\left(\dot{I}_{24} + \dot{I}_{34}\right) = -j5 - j5\dot{V}$$
$$\dot{I}_{24} = -j(5 - 1{,}25)\,\dot{V} = -j3{,}75\,\dot{V}$$
$$\dot{I}_{34} = -j(-1{,}25 + 4{,}75)\,\dot{V} = -j3{,}5\,\dot{V}$$

Somando-se membro a membro as três equações, obtemos:

$$0 = -j5 - j12{,}25\,\dot{V}$$

ou seja,

$$\dot{V} = \frac{-j5}{+j12{,}25} = -0{,}408\,\underline{|0°}\,V$$

Finalmente,

$$\dot{I}_{24} = -j3{,}75\,\dot{V} = j1{,}53\ A$$
$$\dot{I}_{34} = -j3{,}5\,\dot{V} = j1{,}428\ A$$
$$\dot{I}_{14} = -\left(\dot{I}_{24} + \dot{I}_{34}\right) = -j2{,}958\ A$$

1.4.4 - LINHA TRIFÁSICA A 4 FIOS COM ÌNDUTÂNCIAS MÚTUAS - MATRIZ DE IMPEDÂNCIAS

Seja uma linha trifásica constituída por 3 fios de fase e o fio de retorno (neutro). Evidentemente, estes 4 fios constituem três malhas que têm um lado comum, que é o fio neutro. Portanto, para cada malha podemos definir uma indutância própria e, entre malhas, uma indutância mútua. Além disso, devemos notar que existe uma *resistência mútua* entre as três malhas, pois a circulação de corrente por uma delas ocasiona uma queda de tensão na resistência do condutor de retorno (considerado aqui como uma resistência pura) e de conseqüência uma queda de tensão nas outras malhas.

Consideremos o circuito da Fig. 1-36, e suponhamos inicialmente que o mesmo alimenta uma carga monofásica ligada entre os pontos A' e N'. Desta forma, teremos:

$$\dot{I}_A \neq 0, \ \dot{I}_B = \dot{I}_C = 0,$$
$$\dot{I}_N = \dot{I}_A$$

Assim, neste caso teremos

$$\dot{V}_{AN} - \dot{V}_{A'N'} = \dot{I}_A \overline{Z}_A + \dot{I}_A R_N$$
$$\dot{V}_{BN} - \dot{V}_{B'N'} = \dot{I}_A j\omega M_{AB} + \dot{I}_A R_N$$
$$\dot{V}_{CN} - \dot{V}_{C'N'} = \dot{I}_A j\omega M_{AC} + \dot{I}_A R_N$$

ou seja,

$$\dot{V}_{BN} - \dot{V}_{B'N'} = \dot{I}_A\left(R_N + j\omega M_{AB}\right) = \dot{I}_A \overline{Z}_{AB}$$
$$\dot{V}_{CN} - \dot{V}_{C'N'} = \dot{I}_A\left(R_N + j\omega M_{AC}\right) = \dot{I}_A \overline{Z}_{AC}$$

Mesmo estando em desacordo com a teoria de circuitos*, é uso corrente em sistemas de potência definirem-se os seguintes elementos:

R_A, R_B, R_C : resistência ôhmica dos fios da linha;
L_A, L_B, L_C : indutância própria dos fios da linha;
M_{AB}, M_{BC}, M_{CA} : indutância mútua entre os fios da linha;
R_G : resistência ôhmica do fio de retorno;
L_G : indutância própria do fio de retorno;
M_{AG}, M_{BG}, M_{CG} : indutância mútua entre o fio de retorno e os fios da linha.

Nessas condições, aplicando a 2ª lei de Kirchhoff a cada malha, obteremos

$$\dot{V}_{AN} = \dot{V}_{AA'} + \dot{V}_{A'N'} + \dot{V}_{N'N}$$

ou, com matrizes

$$\begin{bmatrix} \dot{V}_{AN} \\ \dot{V}_{BN} \\ \dot{V}_{CN} \end{bmatrix} - \begin{bmatrix} \dot{V}_{A'N'} \\ \dot{V}_{B'N'} \\ \dot{V}_{C'N'} \end{bmatrix} = \begin{bmatrix} \dot{V}_{AA'} \\ \dot{V}_{BB'} \\ \dot{V}_{CC'} \end{bmatrix} + \dot{V}_{N'N} \begin{bmatrix} 1 \\ 1 \\ 1 \end{bmatrix} \qquad (1.29)$$

Consideremos agora um caso geral, com correntes $\dot{I}_A$, $\dot{I}_B$, $\dot{I}_C$ e $\dot{I}_N$ quaisquer. Então:

$$\dot{V}_{AA'} = \dot{I}_A\left(R_A + j\omega L_A\right) + \dot{I}_B j\omega M_{AB} + \dot{I}_C j\omega M_{AC} + \dot{I}_N j\omega M_{AG}$$

e fazendo

$$\dot{I}_N = -\left(\dot{I}_A + \dot{I}_B + \dot{I}_C\right)$$

resulta

---

* Na teoria de circuitos, não se definem indutâncias próprias e mútuas entre fios, mas sim entre circuitos.

$$\dot{V}_{AA'} = \dot{I}_A(R_A + j\omega L_A) + \dot{I}_B j\omega M_{AB} + \dot{I}_C j\omega M_{AC} - (\dot{I}_A + \dot{I}_B + \dot{I}_C)j\omega M_{AG}$$

ou

$$\dot{V}_{AA'} = \dot{I}_A[R_A + j\omega(L_A - M_{AG})] + \dot{I}_B j\omega(M_{AB} - M_{AG}) + \dot{I}_C j\omega(M_{AC} - M_{AG})$$

que, com matrizes, pode ser expressa por

$$\begin{bmatrix} \dot{V}_{AA'} \\ \dot{V}_{BB'} \\ \dot{V}_{CC'} \end{bmatrix} = \begin{bmatrix} R_A + j\omega(L_A - M_{AG}) & j\omega(M_{AB} - M_{AG}) & j\omega(M_{AC} - M_{AG}) \\ j\omega(M_{AB} - M_{BG}) & R_B + j\omega(L_B - M_{BG}) & j\omega(M_{BC} - M_{BG}) \\ j\omega(M_{AC} - M_{CG}) & j\omega(M_{BC} - M_{CG}) & R_C + j\omega(L_C - M_{CG}) \end{bmatrix} \begin{bmatrix} \dot{I}_A \\ \dot{I}_B \\ \dot{I}_C \end{bmatrix} \quad (1.30)$$

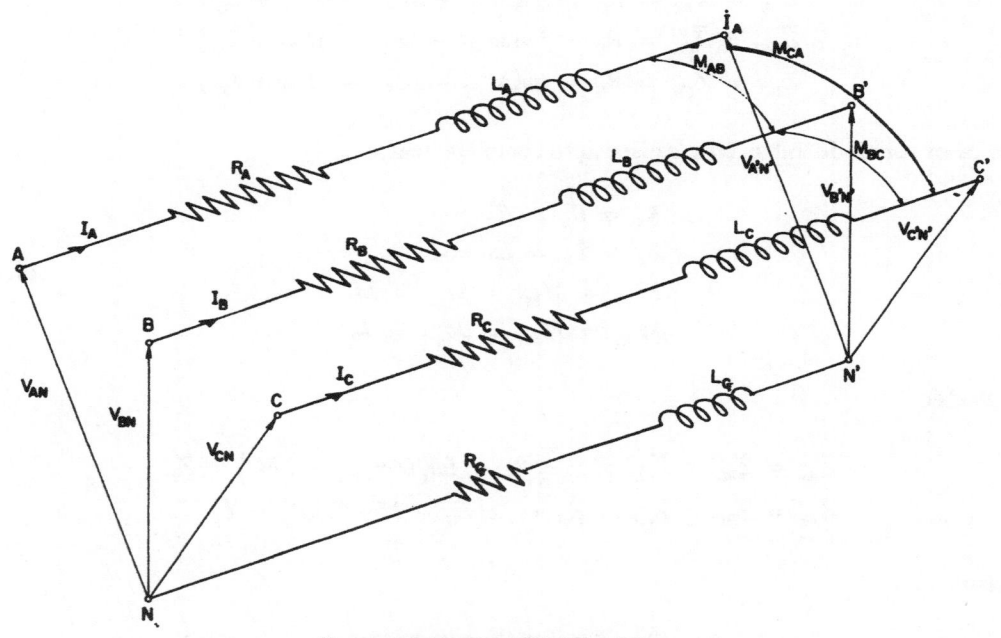

Figura 1-36. Linha trifásica a 4 fios

Além disso, temos

$$\dot{V}_{N'N} = (\dot{I}_A + \dot{I}_B + \dot{I}_C)(R_G + j\omega L_G) - \dot{I}_A j\omega M_{AG} - \dot{I}_B j\omega M_{BG} - \dot{I}_C j\omega M_{CG}$$

ou

$$\dot{V}_{N'N} = [R_G + j\omega(L_G - M_{AG})]\dot{I}_A + [R_G + j\omega(L_G - M_{BG})]\dot{I}_B + \\ + [R_G + j\omega(L_G - M_{CG})]\dot{I}_C \quad (1.31)$$

Substituindo as Eq. (1.30) e (1.31) na Eq. (1.29), obtemos

$$\begin{bmatrix} V_{AN} \\ V_{BN} \\ V_{CN} \end{bmatrix} - \begin{bmatrix} V_{A'N'} \\ V_{B'N'} \\ V_{C'N'} \end{bmatrix} = \begin{bmatrix} Z_{AA} & Z_{AB} & Z_{AC} \\ Z_{BA} & Z_{BB} & Z_{BC} \\ Z_{CA} & Z_{CB} & Z_{CC} \end{bmatrix} \begin{bmatrix} I_A \\ I_B \\ I_C \end{bmatrix}$$

em que

$$\begin{aligned}
\overline{Z}_{AA} &= R_A + R_G + j\omega(L_A + L_G - 2M_{AG}) \\
\overline{Z}_{BB} &= R_B + R_G + j\omega(L_B + L_G - 2M_{BG}) \\
\overline{Z}_{CC} &= R_C + R_G + j\omega(L_C + L_G - 2M_{CG}) \\
\overline{Z}_{AB} &= \overline{Z}_{BA} = R_G + j\omega(M_{AB} - M_{AG} - M_{BG} + L_G) \\
\overline{Z}_{AC} &= \overline{Z}_{CA} = R_G + j\omega(M_{AC} - M_{AG} - M_{CG} + L_G) \\
\overline{Z}_{BC} &= \overline{Z}_{CB} = R_G + j\omega(M_{BC} - M_{BG} - M_{CG} + L_G)
\end{aligned}$$
 (1.32)

Nos casos usuais de linhas com transposição completa, temos

$$\begin{aligned}
R_A &= R_B = R_C = R \\
L_A &= L_B = L_C = L \\
M_{AB} &= M_{BC} = M_{CA} = M \\
M_{AG} &= M_{BG} = M_{CG} = M'
\end{aligned}$$
 (1.33)

resultando

$$\begin{aligned}
Z_{AA} &= Z_{BB} = Z_{CC} = R + R_G + j\omega(L + L_G - 2M') = Z_P \\
Z_{AB} &= Z_{BC} = Z_{CA} = R_G + j\omega(L_G + M - 2M') = Z_M
\end{aligned}$$

Portanto

$$\begin{bmatrix} V_{AN} \\ V_{BN} \\ V_{CN} \end{bmatrix} - \begin{bmatrix} V_{A'N'} \\ V_{B'N'} \\ V_{C'N'} \end{bmatrix} = \begin{bmatrix} Z_P & Z_M & Z_M \\ Z_M & Z_P & Z_M \\ Z_M & Z_M & Z_P \end{bmatrix} \begin{bmatrix} I_A \\ I_B \\ I_C \end{bmatrix} = \begin{bmatrix} Z_{REDE} \end{bmatrix} \begin{bmatrix} I_A \\ I_B \\ I_C \end{bmatrix}$$
 (1.34)

em que $\begin{bmatrix} Z_{REDE} \end{bmatrix} = \begin{bmatrix} Z_P & Z_M & Z_M \\ Z_M & Z_P & Z_M \\ Z_M & Z_M & Z_P \end{bmatrix}$ é a matriz de impedâncias da rede.

1.4.5 - LINHA TRIFÁSICA A 3 FIOS COM INDUTÂNCIAS MÚTUAS - MATRIZ DE IMPEDÂNCIAS

Consideremos agora uma linha trifásica constituída apenas pelos 3 fios de linha (sem fio de retorno), Fig. 1-37.

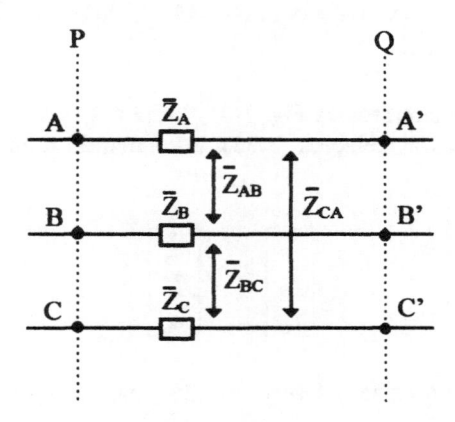

Figura 1-37. Linha trifásica a 3 fios

Neste caso, com valores quaisquer de correntes, porém com $\dot{I}_A + \dot{I}_B + \dot{I}_C = 0$, teremos:

$$\dot{V}_{AN} - \dot{V}_{A'N} = \dot{I}_A \overline{Z}_A + \dot{I}_B j\omega M_{AB} + \dot{I}_C j\omega M_{AC}$$
$$\dot{V}_{BN} - \dot{V}_{B'N} = \dot{I}_B \overline{Z}_B + \dot{I}_A j\omega M_{AB} + \dot{I}_C j\omega M_{BC}$$
$$\dot{V}_{CN} - \dot{V}_{C'N} = \dot{I}_C \overline{Z}_C + \dot{I}_A j\omega M_{AC} + \dot{I}_B j\omega M_{BC}$$

Matricialmente:

$$\begin{bmatrix} \dot{V}_{AN} \\ \dot{V}_{BN} \\ \dot{V}_{CN} \end{bmatrix} - \begin{bmatrix} \dot{V}_{A'N} \\ \dot{V}_{B'N} \\ \dot{V}_{C'N} \end{bmatrix} = \begin{bmatrix} R_A + j\omega L_A & j\omega M_{AB} & j\omega M_{AC} \\ j\omega M_{AB} & R_B + j\omega L_B & j\omega M_{BC} \\ j\omega M_{AC} & j\omega M_{BC} & R_C + j\omega L_C \end{bmatrix} \begin{bmatrix} \dot{I}_A \\ \dot{I}_B \\ \dot{I}_C \end{bmatrix}$$

ou ainda

$$\begin{bmatrix} \dot{V}_{AN} \\ \dot{V}_{BN} \\ \dot{V}_{CN} \end{bmatrix} - \begin{bmatrix} \dot{V}_{A'N} \\ \dot{V}_{B'N} \\ \dot{V}_{C'N} \end{bmatrix} = \begin{bmatrix} \overline{Z}_{AA} & \overline{Z}_{AB} & \overline{Z}_{AC} \\ \overline{Z}_{BA} & \overline{Z}_{BB} & \overline{Z}_{BC} \\ \overline{Z}_{CA} & \overline{Z}_{CB} & \overline{Z}_{CC} \end{bmatrix} \begin{bmatrix} \dot{I}_A \\ \dot{I}_B \\ \dot{I}_C \end{bmatrix} = \begin{bmatrix} Z_{REDE} \end{bmatrix} \begin{bmatrix} \dot{I}_A \\ \dot{I}_B \\ \dot{I}_C \end{bmatrix} \quad (1.35)$$

Ressaltamos que os elementos da matriz $\begin{bmatrix} Z_{REDE} \end{bmatrix}$ da Eq. (1.35) poderiam ser obtidos imediatamente a partir das Eq. (1.32) eliminando-se os termos referentes ao condutor de retorno $\left(R_G, L_G, M_{AG}, M_{BG}, M_{CG} \right)$. No caso de transposição completa, resulta:

$$Z_{AA} = Z_{BB} = Z_{CC} = R + j\omega L = Z_P$$
$$Z_{AB} = Z_{BC} = Z_{CA} = j\omega M = Z_M$$

1.4.6 - LINHA TRIFÁSICA A 4 OU 3 FIOS COM MÚTUAS IGUAIS (REDE EQUILIBRADA) ALIMENTANDO CARGA TRIFÁSICA EQUILIBRADA

Consideremos novamente os circuitos da Fig. 1-36, linha a 4 fios, e da Fig. 1-37, linha a 3 fios, considerando que são válidas as relações (1.33), alimentando uma carga trifásica equilibrada. Neste caso, teremos:

$$\begin{bmatrix} I_A \\ I_B \\ I_C \end{bmatrix} = I \begin{bmatrix} 1 \\ \alpha^2 \\ \alpha \end{bmatrix}$$

e portanto, as Eq. (1.34), para linha a 4 fios, e (1.35), para linha a 3 fios (em que $N' \equiv N$), resultam:

$$\begin{bmatrix} V_{AN} \\ V_{BN} \\ V_{CN} \end{bmatrix} - \begin{bmatrix} V_{A'N'} \\ V_{B'N'} \\ V_{C'N'} \end{bmatrix} = \begin{bmatrix} \overline{Z}_P & \overline{Z}_M & \overline{Z}_M \\ \overline{Z}_M & \overline{Z}_P & \overline{Z}_M \\ \overline{Z}_M & \overline{Z}_M & \overline{Z}_P \end{bmatrix} I \begin{bmatrix} 1 \\ \alpha^2 \\ \alpha \end{bmatrix} \qquad (1.36)$$

Nos dois casos, desenvolvendo a Eq. (1.36) resulta:

$$\dot{V}_{AN} - \dot{V}_{A'N'} = I\left[Z_P + \left(\alpha^2 + \alpha\right)\overline{Z}_M\right] = I(Z_P - Z_M) = I\left[R + j\omega(L - M)\right]$$

$$\dot{V}_{BN} - \dot{V}_{B'N'} = I\left[\overline{Z}_P\alpha^2 + (1 + \alpha)\overline{Z}_M\right] = I\alpha^2\left[\overline{Z}_P + \left(\alpha + \alpha^2\right)\overline{Z}_M\right] = I\alpha^2(\overline{Z}_P - \overline{Z}_M)$$

$$\dot{V}_{CN} - \dot{V}_{C'N'} = I\left[\overline{Z}_P\alpha + \left(1 + \alpha^2\right)\overline{Z}_M\right] = I\alpha\left[\overline{Z}_P + \left(\alpha^2 + \alpha\right)\overline{Z}_M\right] = I\alpha(\overline{Z}_P - \overline{Z}_M)$$

e portanto,

$$\dot{V}_{BN} - \dot{V}_{B'N'} = \alpha^2\left(\dot{V}_{AN} - \dot{V}_{A'N'}\right)$$
$$\dot{V}_{CN} - \dot{V}_{C'N'} = \alpha\left(\dot{V}_{AN} - \dot{V}_{A'N'}\right)$$

ou, com matrizes,

$$\dot{V}_{AN} \begin{bmatrix} 1 \\ \alpha^2 \\ \alpha \end{bmatrix} - \dot{V}_{A'N'} \begin{bmatrix} 1 \\ \alpha^2 \\ \alpha \end{bmatrix} = I\left[R + j\omega(L - M)\right] \begin{bmatrix} 1 \\ \alpha^2 \\ \alpha \end{bmatrix}$$

ou, ainda,

$$\left(\dot{V}_{AN} - \dot{V}_{A'N'}\right)\begin{bmatrix} 1 \\ \alpha^2 \\ \alpha \end{bmatrix} = \dot{I}\left[R + j\omega(L - M)\right]\begin{bmatrix} 1 \\ \alpha^2 \\ \alpha \end{bmatrix} \qquad (1.37)$$

A Eq. (1.37) nos indica que neste caso temos que resolver apenas um circuito monofásico equivalente, conforme apresentado na Fig. 1-38, no qual

$$\dot{V}_{AN} - \dot{V}_{A'N'} = \dot{I}\left[R + j\omega(L - M)\right]$$

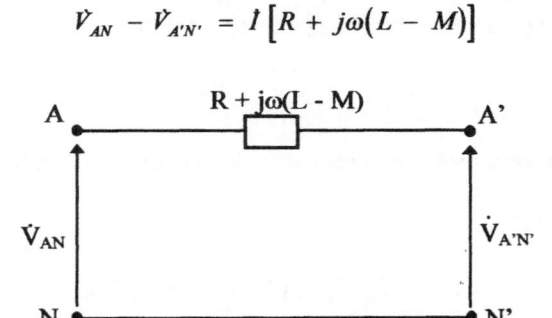

Figura 1-38. Circuito equivalente para trifásico simétrico e equilibrado com carga equilibrada

Devemos ressaltar que este circuito equivalente poderá ser utilizado única e exclusivamente no caso particular aqui analisado, ou seja, um circuito trifásico simétrico e equilibrado (com mútuas iguais) alimentando uma carga trifásica equilibrada (impedâncias iguais), independente de seu modo de ligação. Para qualquer outro caso a resolução do problema torna-se sobremodo complexa. Como veremos no capítulo 3, a utilização da teoria das componentes simétricas permite que sejam resolvidos de maneira simples os casos de *circuitos trifásicos simétricos e equilibrados alimentando cargas desequilibradas* Chamamos a atenção do leitor que, no caso mais geral de sistemas trifásicos assimétricos ou simétricos desequilibrados (com mútuas desiguais) o uso das componentes simétricas não simplifica o procedimento de cálculo, pelo contrário, torna-o ainda mais trabalhoso, e portanto não é recomendável que seja utilizado. Nos próximos itens apresentaremos o equacionamento para a resolução destes casos.

1.4.7 - LINHA TRIFÁSICA COM MÚTUAS QUAISQUER ALIMENTANDO CARGA EM ESTRELA ATERRADA ATRAVÉS DE IMPEDÂNCIA

Suponhamos ter o circuito da Fig. 1-39, composto de 3 geradores monofásicos no mesmo eixo constituindo um sistema trifásico simétrico (vide Fig. 1-1), uma rede trifásica qualquer e uma carga trifásica desequilibrada ligada em estrela, com uma impedância ligada entre o centro-estrela e a referência (terra). Neste sistema, conhecemos as tensões de fase nos geradores, as impedâncias da carga, a impedância de aterramento e as impedâncias da linha; queremos determinar as correntes nas três fases e as tensões de fase e de linha nos terminais da carga (ponto Q da Fig. 1-39).

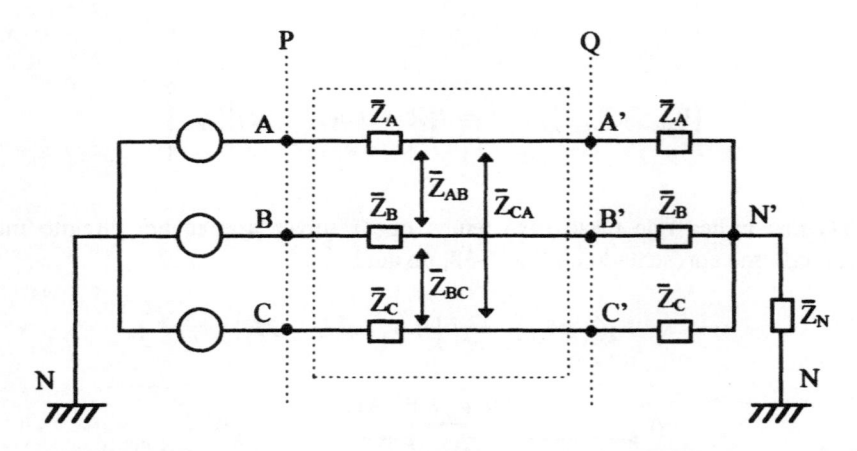

Figura 1-39. Sistema trifásico simétrico e desequilibrado com carga desequilibrada em estrela aterrada

Nos terminais da carga, temos:

$$
\begin{aligned}
\dot{V}_{A'N} &= \dot{I}_A\,\overline{Z}_A + \left(\dot{I}_A + \dot{I}_B + \dot{I}_C\right)\overline{Z}_N \\
\dot{V}_{B'N} &= \dot{I}_B\,\overline{Z}_B + \left(\dot{I}_A + \dot{I}_B + \dot{I}_C\right)\overline{Z}_N \\
\dot{V}_{C'N} &= \dot{I}_C\,\overline{Z}_C + \left(\dot{I}_A + \dot{I}_B + \dot{I}_C\right)\overline{Z}_N
\end{aligned}
\tag{1.38}
$$

Utilizando matrizes, a Eq. (1.38) torna-se:

$$
\begin{bmatrix} \dot{V}_{A'N} \\ \dot{V}_{B'N} \\ \dot{V}_{C'N} \end{bmatrix} =
\begin{bmatrix} \overline{Z}_A & 0 & 0 \\ 0 & \overline{Z}_B & 0 \\ 0 & 0 & \overline{Z}_C \end{bmatrix}
\begin{bmatrix} \dot{I}_A \\ \dot{I}_B \\ \dot{I}_C \end{bmatrix} +
\begin{bmatrix} \overline{Z}_N & \overline{Z}_N & \overline{Z}_N \\ \overline{Z}_N & \overline{Z}_N & \overline{Z}_N \\ \overline{Z}_N & \overline{Z}_N & \overline{Z}_N \end{bmatrix}
\begin{bmatrix} \dot{I}_A \\ \dot{I}_B \\ \dot{I}_C \end{bmatrix}
$$

ou

$$
\begin{bmatrix} \dot{V}_{A'N} \\ \dot{V}_{B'N} \\ \dot{V}_{C'N} \end{bmatrix} =
\begin{bmatrix} \overline{Z}_A + \overline{Z}_N & \overline{Z}_N & \overline{Z}_N \\ \overline{Z}_N & \overline{Z}_B + \overline{Z}_N & \overline{Z}_N \\ \overline{Z}_N & \overline{Z}_N & \overline{Z}_C + \overline{Z}_N \end{bmatrix}
\begin{bmatrix} \dot{I}_A \\ \dot{I}_B \\ \dot{I}_C \end{bmatrix} =
\left[Z_{CARGA} \right]
\begin{bmatrix} \dot{I}_A \\ \dot{I}_B \\ \dot{I}_C \end{bmatrix}
\tag{1.39}
$$

em que

$$
\left[Z_{CARGA} \right] =
\begin{bmatrix} \overline{Z}_A + \overline{Z}_N & \overline{Z}_N & \overline{Z}_N \\ \overline{Z}_N & \overline{Z}_B + \overline{Z}_N & \overline{Z}_N \\ \overline{Z}_N & \overline{Z}_N & \overline{Z}_C + \overline{Z}_N \end{bmatrix}
$$

Obviamente, se a carga for aterrada diretamente, basta fazermos $\overline{Z}_N = 0$ na Eq. (1.39).

Por outro lado, nos terminais dos geradores (ponto P da Fig. 1-39), teremos:

$$\begin{bmatrix} \dot{V}_{AN} \\ \dot{V}_{BN} \\ \dot{V}_{CN} \end{bmatrix} - \begin{bmatrix} \dot{V}_{A'N} \\ \dot{V}_{B'N} \\ \dot{V}_{C'N} \end{bmatrix} = \begin{bmatrix} Z_{REDE} \end{bmatrix} \begin{bmatrix} \dot{I}_A \\ \dot{I}_B \\ \dot{I}_C \end{bmatrix} \qquad (1.40)$$

em que

$$\begin{bmatrix} Z_{REDE} \end{bmatrix} = \begin{bmatrix} \overline{Z}_{AA} & \overline{Z}_{AB} & \overline{Z}_{AC} \\ \overline{Z}_{BA} & \overline{Z}_{BB} & \overline{Z}_{BC} \\ \overline{Z}_{CA} & \overline{Z}_{CB} & \overline{Z}_{CC} \end{bmatrix}$$

Substituindo (1.39) em (1.40) resulta:

$$\begin{bmatrix} \dot{V}_{AN} \\ \dot{V}_{BN} \\ \dot{V}_{CN} \end{bmatrix} = \left\{ \begin{bmatrix} Z_{CARGA} \end{bmatrix} + \begin{bmatrix} Z_{REDE} \end{bmatrix} \right\} \begin{bmatrix} \dot{I}_A \\ \dot{I}_B \\ \dot{I}_C \end{bmatrix} \qquad (1.41)$$

e portanto:

$$\begin{bmatrix} \dot{I}_A \\ \dot{I}_B \\ \dot{I}_C \end{bmatrix} = \left\{ \begin{bmatrix} Z_{CARGA} \end{bmatrix} + \begin{bmatrix} Z_{REDE} \end{bmatrix} \right\}^{-1} \begin{bmatrix} \dot{V}_{AN} \\ \dot{V}_{BN} \\ \dot{V}_{CN} \end{bmatrix} \qquad (1.42)$$

Uma vez determinadas as correntes $\dot{I}_A, \dot{I}_B, \dot{I}_C$, as tensões de fase nos terminais da carga, $\dot{V}_{A'N}, \dot{V}_{B'N}, \dot{V}_{C'N}$, são obtidas diretamente a partir da Eq. (1.39).

Chamamos a atenção para o fato de não ser possível calcular as tensões de linha na carga utilizando a Eq. (1.9), pois nos terminais da carga não se dispõe de um trifásico simétrico. Obviamente, as tensões de linha serão calculadas por

$$\begin{bmatrix} \dot{V}_{A'B'} \\ \dot{V}_{B'C'} \\ \dot{V}_{C'A'} \end{bmatrix} = \begin{bmatrix} \dot{V}_{A'N} \\ \dot{V}_{B'N} \\ \dot{V}_{C'N} \end{bmatrix} - \begin{bmatrix} \dot{V}_{B'N} \\ \dot{V}_{C'N} \\ \dot{V}_{A'N} \end{bmatrix} \qquad (1.43)$$

EXEMPLO 1.11 - Calcular o circuito da Fig. 1.40, do qual se conhecem:

(1) as tensões de fase do gerador: $13800/\sqrt{3}\ V$, trifásico simétrico, seqüência de fase A-B-C;

(2) a impedância própria dos fios da linha: $\overline{Z}_P = (0,30 + j0,56)\ \Omega/km$;

(3) a impedância mútua entre os fios da linha: $\overline{Z}_M = j0,25\ \Omega/km$;

(4) o comprimento da linha: 10 km;

(5) a impedância da carga: $\overline{Z}_A = (90 + j45)\ \Omega$, $\overline{Z}_B = j50\ \Omega$, $\overline{Z}_C = j50\ \Omega$, $\overline{Z}_N = 10\ \Omega$.

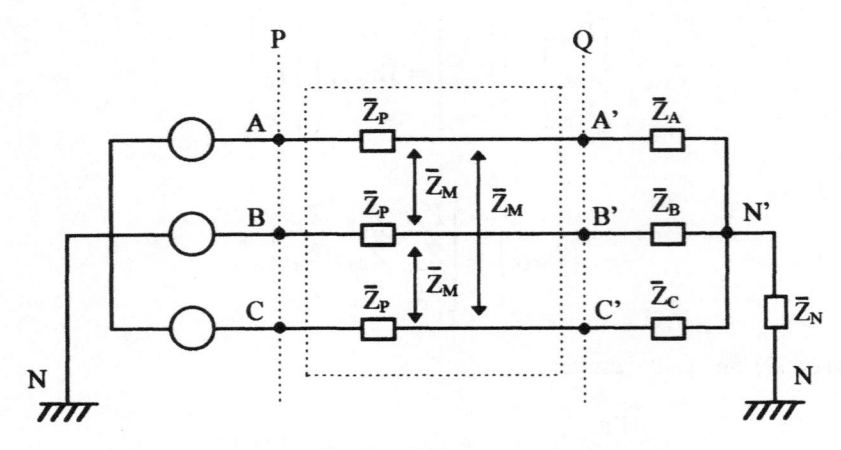

Figura 1-40. Circuito para o Ex. 1.11

SOLUÇÃO:

A matriz de impedâncias da carga é dada por:

$$[Z_{CARGA}] = \begin{bmatrix} 100 + j45 & 10 & 10 \\ 10 & 10 + j50 & 10 \\ 10 & 10 & 10 + j50 \end{bmatrix} \Omega$$

A matriz de impedâncias da rede é dada por:

$$[Z_{REDE}] = \begin{bmatrix} 3 + j5,6 & j2,5 & j2,5 \\ j2,5 & 3 + j5,6 & j2,5 \\ j2,5 & j2,5 & 3 + j5,6 \end{bmatrix} \Omega$$

A matriz de impedâncias totais é dada por:

$$[Z_{CARGA}] + [Z_{REDE}] = \begin{bmatrix} 103 + j50,6 & 10 + j2,5 & 10 + j2,5 \\ 10 + j2,5 & 13 + j55,6 & 10 + j2,5 \\ 10 + j2,5 & 10 + j2,5 & 13 + j55,6 \end{bmatrix} \Omega$$

Aplicando a Eq. (1.42), teremos:

$$\begin{bmatrix} \dot{I}_A \\ \dot{I}_B \\ \dot{I}_C \end{bmatrix} = \begin{bmatrix} 103 + j50,6 & 10 + j2,5 & 10 + j2,5 \\ 10 + j2,5 & 13 + j55,6 & 10 + j2,5 \\ 10 + j2,5 & 10 + j2,5 & 13 + j55,6 \end{bmatrix}^{-1} \frac{13800}{\sqrt{3}} \underline{|0°} \begin{bmatrix} 1 \\ \alpha^2 \\ \alpha \end{bmatrix} = \begin{bmatrix} 77,6\ \underline{|-34,7°} \\ 166,3\ \underline{|157,1°} \\ 132,3\ \underline{|36,9°} \end{bmatrix} A$$

A corrente pelo fio de retorno será $I_N = I_A + I_B + I_C = 101,3 \,\underline{|80,7°}\ A$. Finalmente, aplicando a Eq. (1.39), obtemos as tensões nos terminais da carga:

$$
\begin{bmatrix} \dot{V}_{A'N} \\ \dot{V}_{B'N} \\ \dot{V}_{C'N} \end{bmatrix} = \begin{bmatrix} 100 + j45 & 10 & 10 \\ 10 & 10 + j50 & 10 \\ 10 & 10 & 10 + j50 \end{bmatrix} \begin{bmatrix} 77,6\,\underline{|-34,7°} \\ 166,3\,\underline{|157,1°} \\ 132,3\,\underline{|36,9°} \end{bmatrix} = \begin{bmatrix} 7890\,\underline{|-0,77°} \\ 7335\,\underline{|-114,8°} \\ 7354\,\underline{|121,2°} \end{bmatrix} V
$$

e a diferença de potencial entre o centro-estrela da carga e o neutro é igual a $\dot{V}_{N'N} = \overline{Z}_N I_N = 1013\,\underline{|80,7°}\ V$. Finalmente, as tensões de linha são obtidas por:

$$
\begin{bmatrix} \dot{V}_{A'B'} \\ \dot{V}_{B'C'} \\ \dot{V}_{C'A'} \end{bmatrix} = \begin{bmatrix} 7890\,\underline{|-0,77°} \\ 7335\,\underline{|-114,8°} \\ 7354\,\underline{|121,2°} \end{bmatrix} - \begin{bmatrix} 7335\,\underline{|-114,8°} \\ 7354\,\underline{|121,2°} \\ 7890\,\underline{|-0,77°} \end{bmatrix} = \begin{bmatrix} 7239\,\underline{|64,8°} \\ 12970\,\underline{|-86,8°} \\ 7445\,\underline{|120,8°} \end{bmatrix} V
$$

EXEMPLO 1.12 - Resolver o exemplo anterior, considerando a carga equilibrada, com os valores $\overline{Z}_A = \overline{Z}_B = \overline{Z}_C = (90 + j45)\ \Omega$.

SOLUÇÃO:

Neste caso, a matriz de impedâncias da carga é dada por:

$$
[Z_{CARGA}] = \begin{bmatrix} 100 + j45 & 10 & 10 \\ 10 & 100 + j45 & 10 \\ 10 & 10 & 100 + j45 \end{bmatrix} \Omega
$$

A matriz de impedâncias da rede não se altera, e a matriz de impedâncias totais torna-se:

$$
[Z_{CARGA}] + [Z_{REDE}] = \begin{bmatrix} 103 + j50,6 & 10 + j2,5 & 10 + j2,5 \\ 10 + j2,5 & 103 + j50,6 & 10 + j2,5 \\ 10 + j2,5 & 10 + j2,5 & 103 + j50,6 \end{bmatrix} \Omega
$$

Então:

$$
\begin{bmatrix} I_A \\ I_B \\ I_C \end{bmatrix} = \begin{bmatrix} 103 + j50,6 & 10 + j2,5 & 10 + j2,5 \\ 10 + j2,5 & 103 + j50,6 & 10 + j2,5 \\ 10 + j2,5 & 10 + j2,5 & 103 + j50,6 \end{bmatrix}^{-1} \frac{13800}{\sqrt{3}}\,\underline{|0°} \begin{bmatrix} 1 \\ \alpha^2 \\ \alpha \end{bmatrix} = \begin{bmatrix} 76,1\,\underline{|-27,3°} \\ 76,1\,\underline{|-147,3°} \\ 76,1\,\underline{|92,6°} \end{bmatrix} A
$$

A corrente pelo fio de retorno será $I_N = I_A + I_B + I_C = 0$ e obviamente $\dot{V}_{N'N} = \overline{Z}_N I_N = 0$. As tensões nos terminais da carga são dadas por:

$$\begin{bmatrix} \dot{V}_{A'N} \\ \dot{V}_{B'N} \\ \dot{V}_{C'N} \end{bmatrix} = \begin{bmatrix} 100 + j45 & 10 & 10 \\ 10 & 100 + j45 & 10 \\ 10 & 10 & 100 + j45 \end{bmatrix} \begin{bmatrix} 76,1 \underline{|-27,3°} \\ 76,1 \underline{|-147,3°} \\ 76,1 \underline{|92,6°} \end{bmatrix} = \begin{bmatrix} 7657 \underline{|-0,8°} \\ 7657 \underline{|-120,8°} \\ 7657 \underline{|119,2°} \end{bmatrix} V$$

Neste exemplo, podemos observar que a matriz $\left[Z_{CARGA} \right] + \left[Z_{REDE} \right]$ apresenta a seguinte característica:

$$\overline{Z}_{ii} = \overline{Z} \quad , \quad \overline{Z}_{ij} = \overline{Z}'$$

e nestas condições, devemos notar que poderíamos resolver o problema mais facilmente, considerando o circuito monofásico equivalente apresentado na Fig. 1-41, com uma impedância equivalente dada por $\overline{Z}_{EQ} = \overline{Z} - \overline{Z}' = \left(93 + j48,1 \right) \ \Omega$, conforme visto no item 1.4.6.

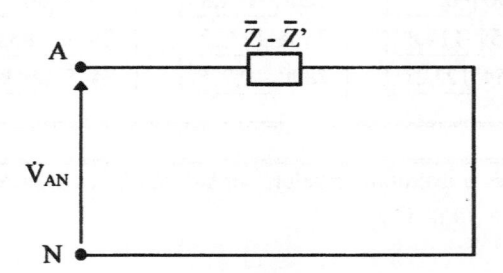

Figura 1-41. Circuito equivalente para o Ex. 1.12

De fato, resolvendo o circuito da Fig. 1-41, teremos:

$$\dot{I}_A = \frac{\dot{V}_{AN}}{\overline{Z}_{EQ}} = \frac{\left(13800 / \sqrt{3} \right) \underline{|0°}}{93 + j48,1} = 76,1 \underline{|-27,3°} \ A$$

$$\dot{I}_B = \alpha^2 \dot{I}_A = 76,1 \underline{|-147,3°} \ A$$

e

$$\dot{I}_C = \alpha \ \dot{I}_A = 76,1 \underline{|92,7°} \ A$$

A tensão nos terminais da carga será dada por (Eq. 1.38):

$$\dot{V}_{A'N} = \dot{I}_A \overline{Z}_A + \left(\dot{I}_A + \dot{I}_B + \dot{I}_C \right) \overline{Z}_N = \dot{I}_A \overline{Z}_A = 7657 \underline{|-0,8°} \ V$$

$$\dot{V}_{B'N} = \alpha^2 \dot{V}_{A'N} = 7657 \underline{|-120,8°} \ V$$

e

$$\dot{V}_{C'N} = \alpha \ \dot{V}_{A'N} = 7657 \underline{|119,2°} \ V$$

que são os mesmos resultados obtidos anteriormente.

Uma outra observação importante é a de que, como a carga é equilibrada, a impedância $\overline{Z}_N$ não influi no resultado. Isto é, poderíamos ter resolvido o problema considerando $\overline{Z}_N = 0$.

1.4.8 - LINHA TRIFÁSICA COM MÚTUAS QUAISQUER ALIMENTANDO CARGA EM ESTRELA COM CENTRO-ESTRELA ISOLADO OU CARGA EM TRIÂNGULO

Suponhamos agora ter o circuito da Fig. 1-42, composto de um sistema trifásico qualquer e uma carga trifásica desequilibrada ligada em estrela, com o centro-estrela isolado. Para uma carga trifásica desequilibrada ligada em triângulo, basta substituirmos a carga por outra equivalente ligada em estrela, conforme transformação apresentada na Eq. (1.24). Neste sistema, conhecemos as tensões de fase nos terminais dos geradores, as impedâncias da carga e as impedâncias da linha; queremos determinar as correntes nas três fases e as tensões de fase e de linha nos terminais da carga.

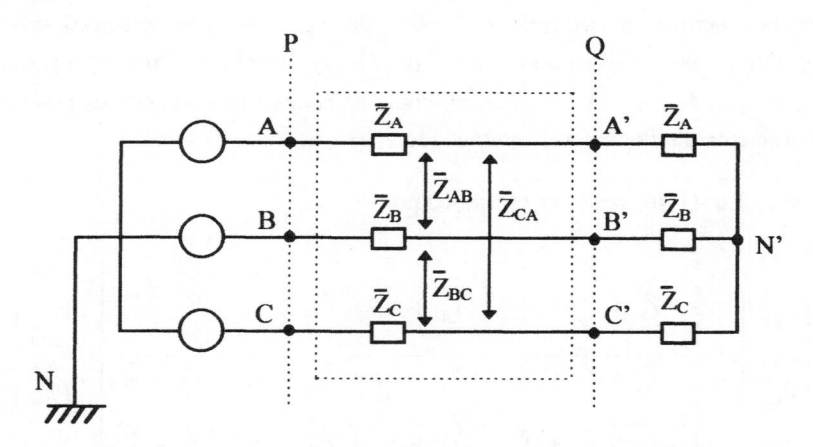

Figura 1.42 - Sistema trifásico simétrico desequilibrado com carga desequilibrada em estrela isolada

Nos terminais da carga, temos:

$$\dot{V}_{A'N'} = \dot{V}_{A'N} + \dot{V}_{NN'} = \dot{I}_A \, \overline{Z}_A$$
$$\dot{V}_{B'N'} = \dot{V}_{B'N} + \dot{V}_{NN'} = \dot{I}_B \, \overline{Z}_B \qquad (1.44)$$
$$\dot{V}_{C'N'} = \dot{V}_{C'N} + \dot{V}_{NN'} = \dot{I}_C \, \overline{Z}_C$$

isto é,

$$\dot{I}_A = \frac{\dot{V}_{A'N}}{\overline{Z}_A} + \frac{\dot{V}_{NN'}}{\overline{Z}_A} = \overline{Y}_A \, \dot{V}_{A'N} + \overline{Y}_A \, \dot{V}_{NN'}$$

$$\dot{I}_B = \frac{\dot{V}_{B'N}}{\overline{Z}_B} + \frac{\dot{V}_{NN'}}{\overline{Z}_B} = \overline{Y}_B \, \dot{V}_{B'N} + \overline{Y}_B \, \dot{V}_{NN'} \qquad (1.45)$$

$$\dot{I}_C = \frac{\dot{V}_{C'N}}{\overline{Z}_C} + \frac{\dot{V}_{NN'}}{\overline{Z}_C} = \overline{Y}_C \, \dot{V}_{C'N} + \overline{Y}_C \, \dot{V}_{NN'}$$

em que $\overline{Y}_A$, $\overline{Y}_B$ e $\overline{Y}_C$ são as admitâncias da carga.

Somando as Eq. (1.45) membro a membro e lembrando que

$$\dot{I}_A + \dot{I}_B + \dot{I}_C = 0$$

resulta

$$\dot{V}_{NN'} = -\frac{\overline{Y}_A \dot{V}_{A'N} + \overline{Y}_B \dot{V}_{B'N} + \overline{Y}_C \dot{V}_{C'N}}{\overline{Y}_A + \overline{Y}_B + \overline{Y}_C} \tag{1.46}$$

A Eq. (1.46) nos permitiria determinar o valor de $\dot{V}_{NN'}$, se dispuséssemos dos valores de $\dot{V}_{A'N}$, $\dot{V}_{B'N}$ e $\dot{V}_{C'N}$, que, substituído nas Eq. (1.44) e (1.45), nos permitiria calcular $\dot{V}_{A'N'}$, $\dot{V}_{B'N'}$, $\dot{V}_{C'N'}$, $\dot{I}_A$, $\dot{I}_B$ e $\dot{I}_C$. Porém, como só conhecemos as tensões nos terminais dos geradores, o problema ainda não está solucionado.

Matricialmente, a Eq. (1.46) pode ser escrita como:

$$\begin{bmatrix} \dot{V}_{NN'} \\ \dot{V}_{NN'} \\ \dot{V}_{NN'} \end{bmatrix} = \begin{bmatrix} -\dfrac{\overline{Y}_A}{\overline{Y}_A + \overline{Y}_B + \overline{Y}_C} & -\dfrac{\overline{Y}_B}{\overline{Y}_A + \overline{Y}_B + \overline{Y}_C} & -\dfrac{\overline{Y}_C}{\overline{Y}_A + \overline{Y}_B + \overline{Y}_C} \\ -\dfrac{\overline{Y}_A}{\overline{Y}_A + \overline{Y}_B + \overline{Y}_C} & -\dfrac{\overline{Y}_B}{\overline{Y}_A + \overline{Y}_B + \overline{Y}_C} & -\dfrac{\overline{Y}_C}{\overline{Y}_A + \overline{Y}_B + \overline{Y}_C} \\ -\dfrac{\overline{Y}_A}{\overline{Y}_A + \overline{Y}_B + \overline{Y}_C} & -\dfrac{\overline{Y}_B}{\overline{Y}_A + \overline{Y}_B + \overline{Y}_C} & -\dfrac{\overline{Y}_C}{\overline{Y}_A + \overline{Y}_B + \overline{Y}_C} \end{bmatrix} \begin{bmatrix} \dot{V}_{A'N} \\ \dot{V}_{B'N} \\ \dot{V}_{C'N} \end{bmatrix} \tag{1.47}$$

e a Eq. (1.44) torna-se:

$$\begin{bmatrix} \dot{V}_{A'N'} \\ \dot{V}_{B'N'} \\ \dot{V}_{C'N'} \end{bmatrix} = \begin{bmatrix} \dot{V}_{A'N} \\ \dot{V}_{B'N} \\ \dot{V}_{C'N} \end{bmatrix} + \begin{bmatrix} \dot{V}_{NN'} \\ \dot{V}_{NN'} \\ \dot{V}_{NN'} \end{bmatrix} = \begin{bmatrix} \overline{Z}_A & 0 & 0 \\ 0 & \overline{Z}_B & 0 \\ 0 & 0 & \overline{Z}_C \end{bmatrix} \begin{bmatrix} \dot{I}_A \\ \dot{I}_B \\ \dot{I}_C \end{bmatrix} = \begin{bmatrix} Z_{CARGA} \end{bmatrix} \begin{bmatrix} \dot{I}_A \\ \dot{I}_B \\ \dot{I}_C \end{bmatrix} \tag{1.48}$$

em que

$$\begin{bmatrix} Z_{CARGA} \end{bmatrix} = \begin{bmatrix} \overline{Z}_A & 0 & 0 \\ 0 & \overline{Z}_B & 0 \\ 0 & 0 & \overline{Z}_C \end{bmatrix}$$

Substituindo (1.47) em (1.48) resulta:

$$
\begin{bmatrix}
1 - \dfrac{\overline{Y}_A}{\overline{Y}_A + \overline{Y}_B + \overline{Y}_C} & - \dfrac{\overline{Y}_B}{\overline{Y}_A + \overline{Y}_B + \overline{Y}_C} & - \dfrac{\overline{Y}_C}{\overline{Y}_A + \overline{Y}_B + \overline{Y}_C} \\
- \dfrac{\overline{Y}_A}{\overline{Y}_A + \overline{Y}_B + \overline{Y}_C} & 1 - \dfrac{\overline{Y}_B}{\overline{Y}_A + \overline{Y}_B + \overline{Y}_C} & - \dfrac{\overline{Y}_C}{\overline{Y}_A + \overline{Y}_B + \overline{Y}_C} \\
- \dfrac{\overline{Y}_A}{\overline{Y}_A + \overline{Y}_B + \overline{Y}_C} & - \dfrac{\overline{Y}_B}{\overline{Y}_A + \overline{Y}_B + \overline{Y}_C} & 1 - \dfrac{\overline{Y}_C}{\overline{Y}_A + \overline{Y}_B + \overline{Y}_C}
\end{bmatrix}
\begin{bmatrix} V_{A'N} \\ V_{B'N} \\ V_{C'N} \end{bmatrix} = \begin{bmatrix} Z_{CARGA} \end{bmatrix} \begin{bmatrix} I_A \\ I_B \\ I_C \end{bmatrix} \quad (1.49)
$$

Fazendo

$$
[Y_T] = \begin{bmatrix}
1 - \dfrac{\overline{Y}_A}{\overline{Y}_A + \overline{Y}_B + \overline{Y}_C} & - \dfrac{\overline{Y}_B}{\overline{Y}_A + \overline{Y}_B + \overline{Y}_C} & - \dfrac{\overline{Y}_C}{\overline{Y}_A + \overline{Y}_B + \overline{Y}_C} \\
- \dfrac{\overline{Y}_A}{\overline{Y}_A + \overline{Y}_B + \overline{Y}_C} & 1 - \dfrac{\overline{Y}_B}{\overline{Y}_A + \overline{Y}_B + \overline{Y}_C} & - \dfrac{\overline{Y}_C}{\overline{Y}_A + \overline{Y}_B + \overline{Y}_C} \\
- \dfrac{\overline{Y}_A}{\overline{Y}_A + \overline{Y}_B + \overline{Y}_C} & - \dfrac{\overline{Y}_B}{\overline{Y}_A + \overline{Y}_B + \overline{Y}_C} & 1 - \dfrac{\overline{Y}_C}{\overline{Y}_A + \overline{Y}_B + \overline{Y}_C}
\end{bmatrix}
$$

temos que

$$
[Y_T] \begin{bmatrix} V_{A'N} \\ V_{B'N} \\ V_{C'N} \end{bmatrix} = \begin{bmatrix} Z_{CARGA} \end{bmatrix} \begin{bmatrix} I_A \\ I_B \\ I_C \end{bmatrix}
$$

Por outro lado, no início do sistema (ponto P da Fig. 1-42) teremos:

$$
\begin{bmatrix} V_{AN} \\ V_{BN} \\ V_{CN} \end{bmatrix} = \begin{bmatrix} V_{A'N} \\ V_{B'N} \\ V_{C'N} \end{bmatrix} + \begin{bmatrix} Z_{REDE} \end{bmatrix} \begin{bmatrix} I_A \\ I_B \\ I_C \end{bmatrix} \quad (1.50)
$$

ou

$$
\begin{bmatrix} V_{A'N} \\ V_{B'N} \\ V_{C'N} \end{bmatrix} = \begin{bmatrix} V_{AN} \\ V_{BN} \\ V_{CN} \end{bmatrix} - \begin{bmatrix} Z_{REDE} \end{bmatrix} \begin{bmatrix} I_A \\ I_B \\ I_C \end{bmatrix} \quad (1.51)
$$

Substituindo (1.51) em (1.49) resulta:

$$
[Y_T] \left\{ \begin{bmatrix} V_{AN} \\ V_{Bn} \\ V_{CN} \end{bmatrix} - \begin{bmatrix} Z_{REDE} \end{bmatrix} \begin{bmatrix} I_A \\ I_B \\ I_C \end{bmatrix} \right\} = \begin{bmatrix} Z_{CARGA} \end{bmatrix} \begin{bmatrix} I_A \\ I_B \\ I_C \end{bmatrix} \quad (1.52)
$$

ou

$$[Y_T]\begin{bmatrix} V_{AN} \\ V_{BN} \\ V_{CN} \end{bmatrix} = \left\{ [Y_T][Z_{REDE}] + [Z_{CARGA}] \right\} \begin{bmatrix} I_A \\ I_B \\ I_C \end{bmatrix}$$

e portanto:

$$\begin{bmatrix} I_A \\ I_B \\ I_C \end{bmatrix} = \left\{ [Y_T][Z_{REDE}] + [Z_{CARGA}] \right\}^{-1} [Y_T] \begin{bmatrix} V_{AN} \\ V_{BN} \\ V_{CN} \end{bmatrix} \tag{1.53}$$

Uma vez determinadas as correntes I_A, I_B, e I_C, as tensões de fase nos terminais da carga, $V_{A'N'}$, $V_{B'N'}$ e $V_{C'N'}$, são obtidas aplicando-se a Eq. (1.48), e a partir destas as tensões de linha serão calculadas por:

$$\begin{bmatrix} V_{A'B'} \\ V_{B'C'} \\ V_{C'A'} \end{bmatrix} = \begin{bmatrix} V_{A'N'} \\ V_{B'N'} \\ V_{C'N'} \end{bmatrix} - \begin{bmatrix} V_{B'N'} \\ V_{C'N'} \\ V_{A'N'} \end{bmatrix}$$

EXEMPLO 1.13 - Repetir o Ex. 1.11, considerando a carga ligada em estrela com o centro-estrela isolado.

SOLUÇÃO:

Neste caso teremos:

$$[Z_{CARGA}] = \begin{bmatrix} 90 + j45 & 0 & 0 \\ 0 & j50 & 0 \\ 0 & 0 & j50 \end{bmatrix} \ \Omega$$

A matriz de impedâncias da rede não se altera, e a matriz $[Y_T]$ é dada por:

$$[Y_T] = \begin{bmatrix} 0{,}8818\underline{|-11{,}37°} & -0{,}4409\underline{|-11{,}37°} & -0{,}4409\underline{|-11{,}37°} \\ -0{,}2205\underline{|52{,}07°} & 0{,}5743\underline{|8{,}70°} & -0{,}4409\underline{|-11{,}37°} \\ -0{,}2205\underline{|52{,}07°} & -0{,}4409\underline{|-11{,}37°} & 0{,}5743\underline{|8{,}70°} \end{bmatrix} \ S$$

Aplicando a Eq. (1.53), resulta:

$$\begin{bmatrix} I_A \\ I_B \\ I_C \end{bmatrix} = \begin{bmatrix} 99{,}2\ \underline{|-38{,}3°} \\ 170{,}1\ \underline{|172{,}1°} \\ 98{,}3\ \underline{|22{,}8°} \end{bmatrix} \ A$$

E aplicando as Eq. (1.48) e (1.51), obtemos as tensões nos terminais da carga:

$$\begin{bmatrix} \dot{V}_{A'N'} \\ \dot{V}_{B'N'} \\ \dot{V}_{C'N'} \end{bmatrix} = \begin{bmatrix} 9982 \,\underline{|-11,7°} \\ 8505 \,\underline{|-97,9°} \\ 4915 \,\underline{|112,8°} \end{bmatrix} V \qquad \begin{bmatrix} \dot{V}_{A'N} \\ \dot{V}_{B'N} \\ \dot{V}_{C'N} \end{bmatrix} = \begin{bmatrix} 7543 \,\underline{|-0,43°} \\ 7292 \,\underline{|-117,8°} \\ 7709 \,\underline{|122,5°} \end{bmatrix} V$$

e a diferença de potencial entre o centro-estrela da carga e o neutro, Eq. (1.46), é igual a $\dot{V}_{NN'} = 2982 \,\underline{|-41,5°}\ V$. Finalmente, as tensões de linha são:

$$\begin{bmatrix} \dot{V}_{A'B'} \\ \dot{V}_{B'C'} \\ \dot{V}_{CA'} \end{bmatrix} = \begin{bmatrix} 9982 \,\underline{|-11,7°} \\ 8505 \,\underline{|-97,9°} \\ 4915 \,\underline{|112,8°} \end{bmatrix} - \begin{bmatrix} 8505 \,\underline{|-97,9°} \\ 4915 \,\underline{|112,8°} \\ 9982 \,\underline{|-11,7°} \end{bmatrix} = \begin{bmatrix} 12678 \,\underline{|30,3°} \\ 12976 \,\underline{|-86,7°} \\ 13393 \,\underline{|150,7°} \end{bmatrix} V$$

EXEMPLO 1.14 - Repetir o Ex. 1.11, considerando a carga ligada em triângulo.

SOLUÇÃO:

Fazendo a transformação triângulo-estrela, teremos:

$$\bar{Z}_{AB} = (90 + j45)\ \Omega \qquad\qquad \bar{Z}_A = (15,45 + j25,11)\ \Omega$$
$$\bar{Z}_{BC} = j50\ \Omega \qquad \Rightarrow \qquad \bar{Z}_B = (15,45 + j25,11)\ \Omega$$
$$\bar{Z}_{CA} = j50\ \Omega \qquad\qquad \bar{Z}_C = (-7,73 + j12,45)\ \Omega$$

E seguindo os mesmos procedimentos do exemplo anterior, obtemos:

$$\begin{bmatrix} \dot{I}_A \\ \dot{I}_B \\ \dot{I}_C \end{bmatrix} = \begin{bmatrix} 218,4 \,\underline{|-82,9°} \\ 339,9 \,\underline{|-174,6°} \\ 398,5 \,\underline{|38,6°} \end{bmatrix} A \qquad \begin{bmatrix} \dot{V}_{A'N} \\ \dot{V}_{B'N} \\ \dot{V}_{C'N} \end{bmatrix} = \begin{bmatrix} 7237 \,\underline{|4,5°} \\ 6522 \,\underline{|-118,1°} \\ 6642 \,\underline{|128,6°} \end{bmatrix} V$$

$$\dot{V}_{NN'} = 3508 \,\underline{|-112,7°}\ V$$

1.5 - SISTEMAS TRIFÁSICOS SIMÉTRICOS OU ASSIMÉTRICOS COM CARGAS DESEQUILIBRADAS CONHECIDAS AS TENSÕES NOS TERMINAIS DA CARGA

1.5.1 - INTRODUÇÃO

Neste item estudaremos alguns casos de circuitos trifásicos simétricos (geradores com tensões de mesmo módulo e defasadas de $120°$) ou assimétricos (geradores com tensões de módulos e fases quaisquer) alimentando cargas desequilibradas (impedâncias distintas), para os quais conhecemos as <u>tensões nos terminais da carga</u>.

1.5.2 - CARGA EM ESTRELA ATERRADA ATRAVÉS DE IMPEDÂNCIA

Suponhamos ter o circuito da Fig. 1-43, composto de um sistema trifásico qualquer e uma carga trifásica desequilibrada ligada em estrela, com uma impedância ligada entre o centro-estrela e a referência (terra). Neste sistema, conhecemos as tensões de fase nos terminais da carga, as impedâncias da carga e a impedância de aterramento; queremos determinar as correntes nas três fases.

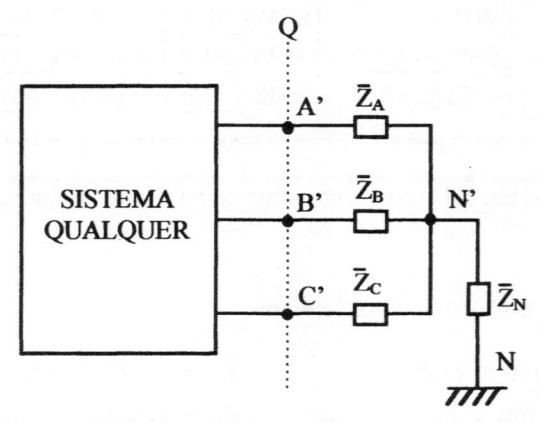

Figura 1-43. Sistema trifásico qualquer com carga desequilibrada em estrela aterrada

Retomando a Eq. (1.39) resulta imediatamente que:

$$\begin{bmatrix} \dot{I}_A \\ \dot{I}_B \\ \dot{I}_C \end{bmatrix} = \left[Z_{CARGA} \right]^{-1} \begin{bmatrix} \dot{V}_{A'N} \\ \dot{V}_{B'N} \\ \dot{V}_{C'N} \end{bmatrix} = \begin{bmatrix} \overline{Z}_A + \overline{Z}_N & \overline{Z}_N & \overline{Z}_N \\ \overline{Z}_N & \overline{Z}_B + \overline{Z}_N & \overline{Z}_N \\ \overline{Z}_N & \overline{Z}_N & \overline{Z}_C + \overline{Z}_N \end{bmatrix}^{-1} \begin{bmatrix} \dot{V}_{A'N} \\ \dot{V}_{B'N} \\ \dot{V}_{C'N} \end{bmatrix} \tag{1.54}$$

Neste caso, como conhecemos as tensões nos terminais da carga, podemos determinar as correntes sem a utilização desta equação matricial. Assim, temos

$$\dot{V}_{A'N} = \dot{I}_A \, \overline{Z}_A + \dot{I}_N \, \overline{Z}_N$$
$$\dot{V}_{B'N} = \dot{I}_B \, \overline{Z}_B + \dot{I}_N \, \overline{Z}_N$$
$$\dot{V}_{C'N} = \dot{I}_C \, \overline{Z}_C + \dot{I}_N \, \overline{Z}_N$$

isto é,

$$\frac{\dot{V}_{A'N}}{\overline{Z}_A} - \dot{I}_N \frac{\overline{Z}_N}{\overline{Z}_A} = \dot{I}_A$$

$$\frac{\dot{V}_{B'N}}{\overline{Z}_B} - \dot{I}_N \frac{\overline{Z}_N}{\overline{Z}_B} = \dot{I}_B \qquad (1.55)$$

$$\frac{\dot{V}_{C'N}}{\overline{Z}_C} - \dot{I}_N \frac{\overline{Z}_N}{\overline{Z}_C} = \dot{I}_C$$

Somando as Eq. (1.55) membro a membro, e lembrando que $\dot{I}_A + \dot{I}_B + \dot{I}_C = \dot{I}_N$, resulta

$$\dot{I}_N = \frac{\dfrac{\dot{V}_{A'N}}{\overline{Z}_A} + \dfrac{\dot{V}_{B'N}}{\overline{Z}_B} + \dfrac{\dot{V}_{C'N}}{\overline{Z}_C}}{1 + \dfrac{\overline{Z}_N}{\overline{Z}_A} + \dfrac{\overline{Z}_N}{\overline{Z}_B} + \dfrac{\overline{Z}_N}{\overline{Z}_C}} \qquad (1.56)$$

e substituindo o valor de $\dot{I}_N$ dado pela Eq. (1.56) nas Eq. (1.55), determinamos os valores de $\dot{I}_A$, I_B e I_C.

EXEMPLO 1.15 - Resolver o circuito da Fig. 1-44, sendo:

$\dot{V}_{A'N} = 220 \underline{|0°} \ V$, $\dot{V}_{B'N} = 200 \underline{|-120°} \ V$, $\dot{V}_{C'N} = 220 \underline{|120°} \ V$

$\overline{Z}_N = (0,5 + j\,2,0) \ \Omega$

$\overline{Z}_A = 20 \ \Omega$, $\overline{Z}_B = j\,10 \ \Omega$, $\overline{Z}_C = -j\,10 \ \Omega$

SOLUÇÃO:

Aplicando a Eq. (1.54), temos

$$\begin{bmatrix} \dot{I}_A \\ \dot{I}_B \\ \dot{I}_C \end{bmatrix} = \begin{bmatrix} 20,5 + j2 & 0,5 + j2 & 0,5 + j2 \\ 0,5 + j2 & 0,5 + j12 & 0,5 + j2 \\ 0,5 + j2 & 0,5 + j2 & 0,5 - j8 \end{bmatrix}^{-1} \begin{bmatrix} 220\underline{|0°} \\ 200\underline{|-120°} \\ 220\underline{|120°} \end{bmatrix} = \begin{bmatrix} 12,0 \ \underline{|11,7°} \\ 15,1 \ \underline{|145,8°} \\ 25,7 \ \underline{|-158,4°} \end{bmatrix} A$$

A corrente pelo fio de retorno será $\dot{I}_N = \dot{I}_A + \dot{I}_B + \dot{I}_C = 24,66\underline{|176,6°} \ A$.

Alternativamente, utilizando a Eq. (1.56), obtemos

$$\dot{I}_N = \frac{\dfrac{220\underline{|0°}}{20} + \dfrac{200\underline{|-120°}}{j10} + \dfrac{220\underline{|120°}}{-j10}}{1 + \dfrac{0,5 + j2}{20} + \dfrac{0,5 + j2}{j10} + \dfrac{0,5 + j2}{-j10}} = 24,66\underline{|176,6°} \ A$$

e substituindo $\dot{I}_N$ nas Eq. (1.55):

$$\dot{I}_A = \frac{220\,\underline{|0°}}{20} - 24,66\,\underline{|176,6°}\,\frac{0,5 + j2}{20} = 12,0\,\underline{|11,7°}\ A$$

$$\dot{I}_B = \frac{200\,\underline{|-120°}}{j10} - 24,66\,\underline{|176,6°}\,\frac{0,5 + j2}{j10} = 15,1\,\underline{|145,8°}\ A$$

$$\dot{I}_C = \frac{220\,\underline{|120°}}{-j10} - 24,66\,\underline{|176,6°}\,\frac{0,5 + j2}{-j10} = 25,7\,\underline{|-158,4°}\ A$$

Figura 1-44. Circuito equivalente para o Ex. 1.15

1.5.3 - CARGA EM ESTRELA COM CENTRO-ESTRELA ISOLADO

Suponhamos agora ter o circuito da Fig. 1-45, composto de um sistema trifásico qualquer e uma carga trifásica desequilibrada ligada em estrela, com o centro-estrela isolado. Neste sistema, conhecemos as tensões de fase nos terminais da carga e as impedâncias da carga; queremos determinar as correntes nas três fases.

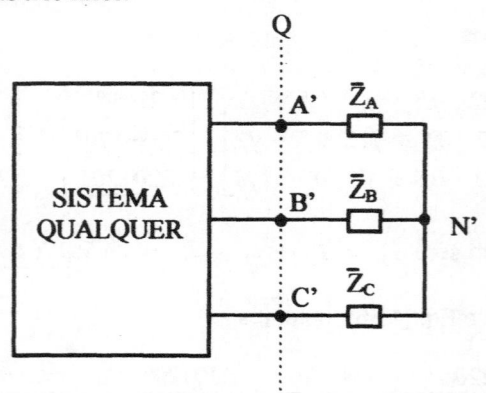

Figura 1-45. Sistema trifásico qualquer com carga desequilibrada em estrela isolada

Retomando a Eq. (1.46), obtemos o valor de $\dot{V}_{NN'}$, que substituído nas Eq. (1.45) permite-nos calcular os valores de $\dot{I}_A$, $\dot{I}_B$ e $\dot{I}_C$. Na forma matricial, a partir das Eq. (1.47), (1.48) e (1.49) teremos:

$$\begin{bmatrix} I_A \\ I_B \\ I_C \end{bmatrix} = \begin{bmatrix} Z_{CARGA} \end{bmatrix}^{-1} \begin{bmatrix} Y_T \end{bmatrix} \begin{bmatrix} V_{A'N} \\ V_{B'N} \\ V_{C'N} \end{bmatrix} \tag{1.57}$$

EXEMPLO 1.16 - Calcular o circuito da Fig. 1-46 do qual se conhecem:

(i) as tensões de fase na carga: $V_{A'N} = 220\ \underline{|0^\circ}\ V$, $V_{B'N} = 200\ \underline{|-120^\circ}\ V$, $V_{C'N} = 220\ \underline{|120^\circ}\ V$

(ii) as impedâncias: $\overline{Z}_A = 10\ \Omega$, $\overline{Z}_B = j\,10\ \Omega$, $\overline{Z}_C = -j\,10\ \Omega$.

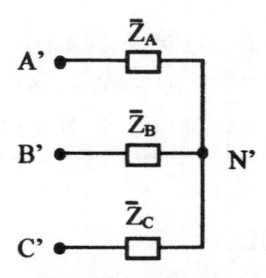

Figura 1-46. Circuito para o Ex. 1.12

SOLUÇÃO:

(a) Determinação das correntes

Temos:

$$\overline{Y}_A = \frac{1}{\overline{Z}_A} = \frac{1}{10} = 0{,}1\ \underline{|0^\circ}\ S$$

$$\overline{Y}_B = \frac{1}{\overline{Z}_B} = \frac{1}{j\,10} = \frac{1}{10\ \underline{|90^\circ}} = 0{,}1\ \underline{|-90^\circ}\ S$$

$$\overline{Y}_C = \frac{1}{\overline{Z}_C} = \frac{1}{-j\,10} = \frac{1}{10\ \underline{|-90^\circ}} = 0{,}1\ \underline{|90^\circ}\ S$$

Aplicando a Eq. (1.57), teremos:

$$\begin{bmatrix} I_A \\ I_B \\ I_C \end{bmatrix} = \begin{bmatrix} Z_{CARGA} \end{bmatrix}^{-1} \begin{bmatrix} Y_T \end{bmatrix} \begin{bmatrix} 220\ \underline{|0^\circ} \\ 200\ \underline{|-120^\circ} \\ 220\ \underline{|120^\circ} \end{bmatrix} = \begin{bmatrix} 36{,}4\ \underline{|1{,}6^\circ} \\ 16{,}9\ \underline{|-165{,}0^\circ} \\ 20{,}3\ \underline{|170{,}4^\circ} \end{bmatrix}\ A$$

(b) Método alternativo

Neste caso, como conhecemos as tensões nos terminais da carga, podemos aplicar a Eq. (1.46), resultando:

$$\dot{V}_{NN'} = -\frac{220\,|\underline{0^\circ} \cdot 0,1\,|\underline{0^\circ} + 200\,|\underline{-120^\circ} \cdot 0,1\,|\underline{-90^\circ} + 220\,|\underline{120^\circ} \cdot 0,1\,|\underline{90^\circ}}{0,1\,|\underline{0^\circ} + 0,1\,|\underline{-90^\circ} + 0,1\,|\underline{90^\circ}} = 144,1\,|\underline{4,0^\circ}\ \ V$$

Para obtermos as tensões de fase na carga, aplicamos a Eq. (1.44):

$$\dot{V}_{A'N'} = 220\,|\underline{0^\circ} + 144,1\,|\underline{4,0^\circ} = 363,9\,|\underline{1,6^\circ}\ \ V$$

$$\dot{V}_{B'N'} = 200\,|\underline{-120^\circ} + 144,1\,|\underline{4,0^\circ} = 168\,|\underline{-75,0^\circ}\ \ V$$

$$\dot{V}_{C'N'} = 220\,|\underline{120^\circ} + 144,1\,|\underline{4,0^\circ} = 203,4\,|\underline{80,4^\circ}\ \ V$$

Finalmente, as correntes são obtidas por:

$$\dot{I}_A = 363,9\,|\underline{1,6^\circ} \cdot 0,1\,|\underline{0^\circ} = 36,4\,|\underline{1,6^\circ}\ \ A$$

$$\dot{I}_B = 168,9\,|\underline{-75,0^\circ} \cdot 0,1\,|\underline{-90^\circ} = 16,9\,|\underline{-165,0^\circ}\ \ A$$

$$\dot{I}_C = 203,4\,|\underline{80,4^\circ} \cdot 0,1\,|\underline{90^\circ} = 20,3\,|\underline{170,4^\circ}\ \ A$$

1.5.4 - CARGA EM TRIÂNGULO

Suponhamos ter uma carga desequilibrada, ligada em triângulo, na qual conhecemos a tensão de linha e queremos determinar as correntes de linha e de fase (Fig. 1-47). A resolução de problemas desse tipo é muito simples. De fato, pela lei de Ohm, temos:

$$\dot{I}_{AB} = \frac{\dot{V}_{AB}}{Z_A} \quad , \quad \dot{I}_{BC} = \frac{\dot{V}_{BC}}{Z_B} \quad , \quad \dot{I}_{CA} = \frac{\dot{V}_{CA}}{Z_C}$$

Pela 1ª lei de Kirchhoff, determinamos:

$$\dot{I}_A = \dot{I}_{AB} - \dot{I}_{CA}$$

$$\dot{I}_B = \dot{I}_{BC} - \dot{I}_{AB}$$

$$\dot{I}_C = \dot{I}_{CA} - \dot{I}_{BC}$$

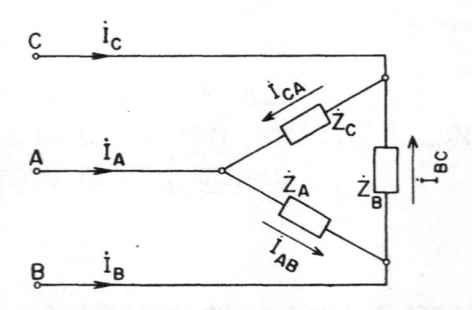

Figura 1-47. Carga desequilibrada em triângulo

Por matrizes, teremos:

$$\begin{bmatrix} \dot{V}_{AB} \\ \dot{V}_{BC} \\ \dot{V}_{CA} \end{bmatrix} = \begin{bmatrix} \overline{Z}_A & 0 & 0 \\ 0 & \overline{Z}_B & 0 \\ 0 & 0 & \overline{Z}_C \end{bmatrix} \begin{bmatrix} \dot{I}_{AB} \\ \dot{I}_{BC} \\ \dot{I}_{CA} \end{bmatrix}$$

ou

$$\begin{bmatrix} \dot{I}_{AB} \\ \dot{I}_{BC} \\ \dot{I}_{CA} \end{bmatrix} = \begin{bmatrix} \overline{Z}_A & 0 & 0 \\ 0 & \overline{Z}_B & 0 \\ 0 & 0 & \overline{Z}_C \end{bmatrix}^{-1} \begin{bmatrix} \dot{V}_{AB} \\ \dot{V}_{BC} \\ \dot{V}_{CA} \end{bmatrix} = \begin{bmatrix} \overline{Y}_A & 0 & 0 \\ 0 & \overline{Y}_B & 0 \\ 0 & 0 & \overline{Y}_C \end{bmatrix} \begin{bmatrix} \dot{V}_{AB} \\ \dot{V}_{BC} \\ \dot{V}_{CA} \end{bmatrix}$$

Além disso,

$$\begin{bmatrix} \dot{I}_A \\ \dot{I}_B \\ \dot{I}_C \end{bmatrix} = \begin{bmatrix} \dot{I}_{AB} \\ \dot{I}_{BC} \\ \dot{I}_{CA} \end{bmatrix} - \begin{bmatrix} \dot{I}_{CA} \\ \dot{I}_{AB} \\ \dot{I}_{BC} \end{bmatrix}$$

1.6 - POTÊNCIA EM SISTEMAS TRIFÁSICOS

1.6.1 - INTRODUÇÃO

Sabemos que a potência instantânea, absorvida por uma carga, é dada pelo produto dos valores instantâneos da tensão pela corrente; isto é, sendo

$v = V_M \cos(\omega t + \theta)$, valor instantâneo da tensão, em que θ é o ângulo inicial da tensão;

$i = I_M \cos(\omega t + \delta)$, valor instantâneo da corrente, em que δ é o ângulo inicial da corrente,

será

$$p = v\,i = V_M\,I_M \cos(\omega t + \theta)\cos(\omega t + \delta)$$

Por outro lado, temos que

$$\cos(\alpha - \beta) + \cos(\alpha + \beta) = 2\cos\alpha\cos\beta$$

Fazendo $\alpha = \omega t + \theta$ e $\beta = \omega t + \delta$, será

$$p = \frac{V_M\,I_M}{2}\left[\cos(\omega t + \theta - \omega t - \delta) + \cos(\omega t + \theta + \omega t + \delta)\right]$$

Lembrando que os valores eficazes estão relacionados com os máximos por $\sqrt{2}$:

$V = \dfrac{V_M}{\sqrt{2}}$ (valor eficaz da tensão),

$I = \dfrac{I_M}{\sqrt{2}}$ (valor eficaz da corrente),

e adotando-se:

$$\varphi = \theta - \delta \quad : \quad \text{defasagem entre a tensão e a corrente na carga,}$$

resulta:

$$p = V\,I\,cos\,\varphi + V\,I\,cos\left(2\,\omega t + \theta + \delta\right) \tag{1.58}$$

A Eq. (1.58) mostra que a potência fornecida à carga é constituída por duas parcelas, uma $V\,I\,cos\,\varphi$, constante no tempo, e a outra, $V\,I\,cos\left(2\,\omega t + \theta + \delta\right)$, variável no tempo com uma freqüência igual a duas vezes a freqüência da rede.

A primeira parcela dada pelo produto dos valores eficazes da tensão e corrente pelo cosseno do ângulo de rotação de fase entre ambas (designado por fator de potência da carga) representa a potência que é absorvida pela carga sendo transformada em calor ou em trabalho, isto é, a *potência ativa*. A segunda parcela, variando cossenoidalmente no tempo, representa uma potência que ora é absorvida pela carga, ora é fornecida pela carga; seu valor médio nulo representa uma energia que, durante um quarto de período, é absorvida pela carga e armazenada no campo magnético ou elétrico ligado ao circuito e, no quarto de período seguinte, é devolvida à rede. É designada por *potência flutuante*.

Na Fig. 1-48 representamos uma carga monofásica constituída pela associação em série de um indutor com um resistor e representamos os valores instantâneos da tensão, corrente e potência. Nesse circuito, substituindo-se o indutor por um capacitor de capacidade conveniente para não alterar o valor máximo da corrente, observamos que a potência ativa não se altera, a flutuante mantém seu valor máximo, sofrendo porém uma mudança em sua fase inicial. Isso nos mostra que, do conhecimento da potência ativa, da tensão e da corrente na carga, podemos determinar o fator de potência da carga, porém não podemos determinar sua natureza (capacitiva ou indutiva). Evidentemente deveremos definir alguma outra grandeza que nos permita levantar essa indeterminação.

Assim, por analogia com corrente contínua, onde a potência era dada pelo produto da tensão pela corrente, define-se *potência aparente*, S, ao produto dos valores eficazes da tensão pela corrente, isto é,

$$S = V\,I \tag{1.59}$$

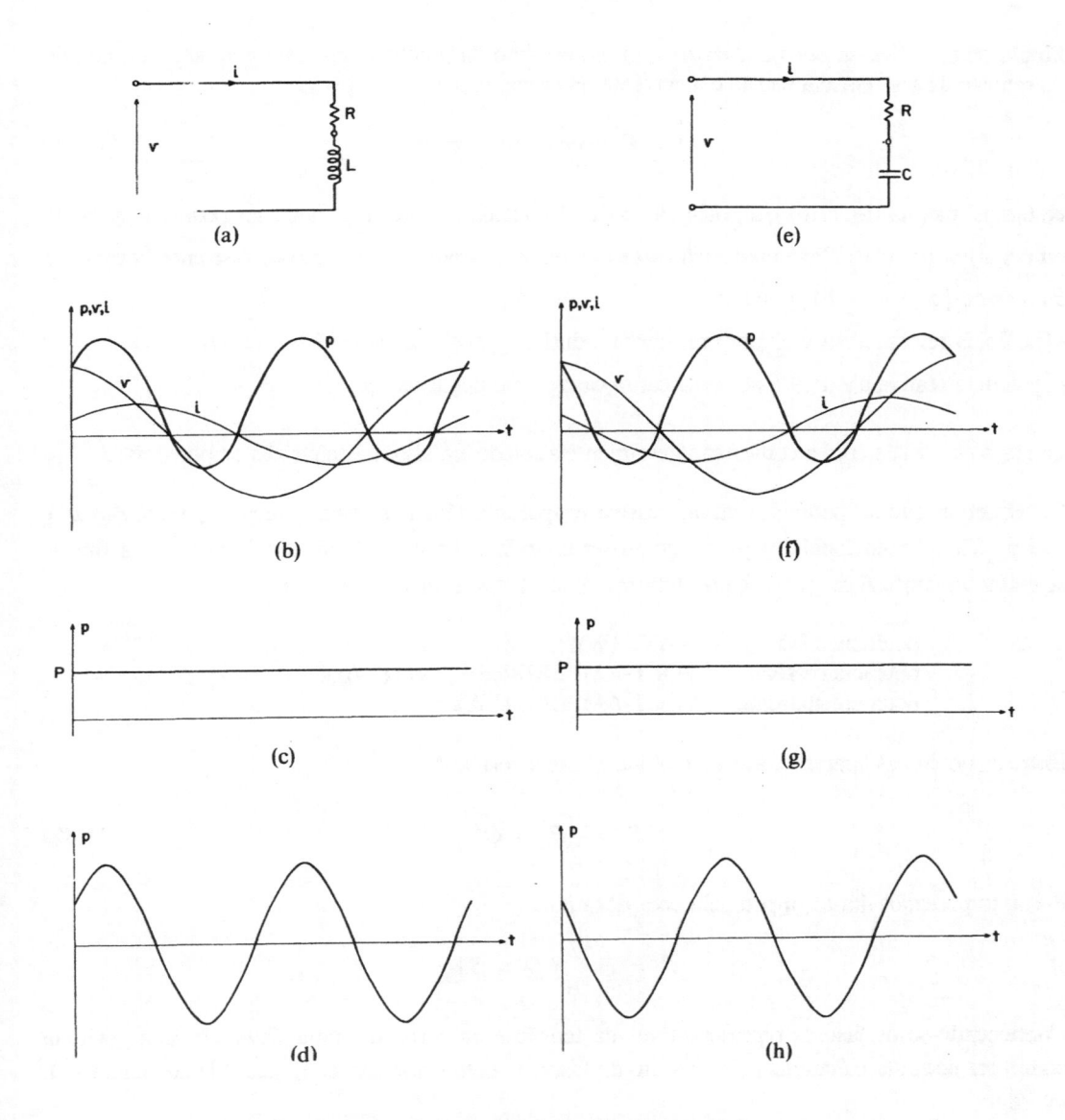

Figura 1-48. Potência instantânea em circuitos monofásicos $\left(\theta = 0 \;,\; \delta = \pm\varphi\right)$

(a) Circuito R-L   (b) Curvas de tensão, corrente e potência no circuito R-L
(c) Curva de potência ativa no circuito R-L   (d) Curva de potência flutuante no circuito R-L
(e) Circuito R-C $(X_C = X_L)$ (f) Curvas de tensão, corrente e potência no circuito R-C
(g) Curva de potência ativa no circuito R-C   (h) Curva de potência flutuante no circuito R-C

A potência ativa, evidentemente, será o produto da potência aparente pelo "fator de potência", isto é,

$$P = V\,I\,cos\,\varphi = S\,cos\,\varphi \tag{1.60}$$

Finalmente, define-se *potência reativa*, Q, ao produto da potência aparente pelo seno do ângulo de rotação de fase entre a tensão e a corrente na carga, isto é,

$$Q = V \, I \, sen \, \varphi = S \, sen \, \varphi \tag{1.61}$$

Notamos que, na Eq. (1.61), a potência reativa fornecida a uma carga pode ser positiva $(\varphi > 0)$ ou negativa $(\varphi < 0)$. Pela convenção adotada, ou seja, sendo φ a rotação de fase entre a tensão e a corrente $(\varphi = \theta - \delta)$, resulta:

- potência reativa absorvida por uma carga indutiva: positiva $(\varphi = \theta - \delta > 0)$;
- potência reativa absorvida por uma carga capacitiva: negativa $(\varphi = \theta - \delta < 0)$,

que está de acordo com a convenção geralmente adotada em sistemas elétricos de potência.

Salientamos que as potências ativa, reativa e aparente têm a mesma dimensão, pois *sen φ* e *cos φ* são adimensionais; logo, deveriam ser medidas na mesma unidade. No entanto, a fim de se evitarem confusões, optou-se por definir três unidades diferentes, a saber:

> potência ativa: WATT (W);
> potência reativa: VOLT-AMPÈRE-REATIVO (VAr);
> potência aparente: VOLT-AMPÈRE (VA).

Entre as potências aparente, ativa e reativa, existe a relação*

$$S = \sqrt{P^2 + Q^2} \tag{1.62}$$

Portanto podemos definir a potência complexa por

$$\overline{S} = P + j \, Q = S \, \underline{|\varphi}$$

Conhecendo-se os fasores representativos da tensão e da corrente numa dada carga, a potência complexa pode ser calculada pelo produto do fasor $\dot{V}$ pelo complexo conjugado da corrente ($\dot{I}^*$), ou seja,

$$\overline{S} = \dot{V} \, \dot{I}^* \tag{1.63}$$

De fato, sendo

$$\dot{V} = V \, \underline{|\theta} \quad , \quad \dot{I} = I \, \underline{|\delta}$$

resulta

---

* Chamamos a atenção para o fato de que não há conservação da potência aparente, conforme apresentado em exercício no Capítulo 5.

$$\dot{V}\,\dot{I}^{*} = V\,\underline{|\theta}\,.\,I\,\underline{|-\delta} = V\,I\,\underline{|\theta - \delta} = V\,I\,\cos\left(\theta - \delta\right) + j\,V\,I\,sen\left(\theta - \delta\right) =$$
$$= V\,I\,\cos\varphi + j\,V\,I\,sen\,\varphi = P + j\,Q = \overline{S}$$

Evidentemente o ângulo $\varphi = \theta - \delta$ será positivo quando a carga for indutiva, e negativo quando a carga for capacitiva. Logo, essa relação está concorde com a convenção adotada para a potência reativa.

EXEMPLO 1.17 - Determinar a impedância de uma carga que absorve $\left(100 + j\,50\right)$ *kVA* quando a tensão vale $220\ V$.

SOLUÇÃO:

Temos $\dot{I}^{*} = \dfrac{\overline{S}}{\dot{V}}$; logo, $\dot{I} = \dfrac{\overline{S}^{*}}{\dot{V}^{*}}$.

Então $\overline{Z} = \dfrac{\dot{V}}{\dot{I}} = \dfrac{\dot{V}\,\dot{V}^{*}}{\overline{S}^{*}} = \dfrac{\left|\dot{V}^{2}\right|}{\overline{S}^{*}} = \dfrac{V^{2}}{\overline{S}^{*}}$

Adotando-se $\dot{V} = V\,\underline{|0°} = 220\,\underline{|0°}\ V$

resulta $\overline{Z} = \dfrac{220^{2}}{\left(100 - j\,50\right).10^{3}} = \left(0,3872 + j\,0,1963\right)\ \Omega$

1.6.2 - EXPRESSÃO GERAL DA POTÊNCIA EM SISTEMAS TRIFÁSICOS

Seja uma carga trifásica na qual os valores instantâneos das tensões e correntes de fase são:

$$v_{A} = V_{A_{M}}\,\cos\left(\omega t + \theta_{A}\right) \qquad i_{A} = I_{A_{M}}\,\cos\left(\omega t + \delta_{A}\right)$$
$$v_{B} = V_{B_{M}}\,\cos\left(\omega t + \theta_{B}\right) \qquad i_{B} = I_{B_{M}}\,\cos\left(\omega t + \delta_{B}\right)$$
$$v_{C} = V_{C_{M}}\,\cos\left(\omega t + \theta_{C}\right) \qquad i_{C} = I_{C_{M}}\,\cos\left(\omega t + \delta_{C}\right)$$

A potência instantânea em cada fase é dada por

$$p_{A} = v_{A}\,i_{A} = V_{F_{A}}\,I_{F_{A}}\,\cos\left(\theta_{A} - \delta_{A}\right) + V_{F_{A}}\,I_{F_{A}}\,\cos\left(2\,\omega t + \theta_{A} + \delta_{A}\right)$$
$$p_{B} = v_{B}\,i_{B} = V_{F_{B}}\,I_{F_{B}}\,\cos\left(\theta_{B} - \delta_{B}\right) + V_{F_{B}}\,I_{F_{B}}\,\cos\left(2\,\omega t + \theta_{B} + \delta_{B}\right) \qquad (1.64)$$
$$p_{C} = v_{C}\,i_{C} = V_{F_{C}}\,I_{F_{C}}\,\cos\left(\theta_{C} - \delta_{C}\right) + V_{F_{C}}\,I_{F_{C}}\,\cos\left(2\,\omega t + \theta_{C} + \delta_{C}\right)$$

em que $V_{F_{A}}$, $V_{F_{B}}$ e $V_{F_{C}}$ são os valores eficazes das tensões de fase e $I_{F_{A}}$, $I_{F_{B}}$ e $I_{F_{C}}$ são os valores eficazes das correntes de fase.

Fazendo-se

$$\theta_A - \delta_A = \varphi_A$$
$$\theta_B - \delta_B = \varphi_B$$
$$\theta_C - \delta_C = \varphi_C$$

resulta

$$p_A = V_{F_A} I_{F_A} \cos\varphi_A + V_{F_A} I_{F_A} \cos(2\omega t + 2\theta_A - \varphi_A)$$
$$p_B = V_{F_B} I_{F_B} \cos\varphi_B + V_{F_B} I_{F_B} \cos(2\omega t + 2\theta_B - \varphi_B)$$
$$p_C = V_{F_C} I_{F_C} \cos\varphi_C + V_{F_C} I_{F_C} \cos(2\omega t + 2\theta_C - \varphi_C)$$

A potência total é dada por

$$p = p_A + p_B + p_C$$

Portanto, o valor médio da potência será

$$P = P_A + P_B + P_C = V_{F_A} I_{F_A} \cos\varphi_A + V_{F_B} I_{F_B} \cos\varphi_B + V_{F_C} I_{F_C} \cos\varphi_C$$

A potência complexa será

$$\overline{S} = \overline{S}_A + \overline{S}_B + \overline{S}_C = \dot{V}_{F_A} \dot{I}_{F_A}^* + \dot{V}_{F_B} \dot{I}_{F_B}^* + \dot{V}_{F_C} \dot{I}_{F_C}^*$$

Tratando-se de trifásico simétrico, com seqüência direta, teremos

$$V_{F_A} = V_{F_B} = V_{F_C} = V_F$$
$$\theta_B = \theta_A - 2\pi/3$$
$$\theta_C = \theta_A + 2\pi/3$$

e, sendo a carga equilibrada,

$$\varphi_A = \varphi_B = \varphi_C = \varphi$$
$$I_{F_A} = I_{F_B} = I_{F_C} = I_F$$

Substituindo esses valores nas Eq. (1.64) resulta

$$p_A = V_F I_F \cos\varphi + V_F I_F \cos(2\omega t + \theta_A - \varphi)$$
$$p_B = V_F I_F \cos\varphi + V_F I_F \cos(2\omega t + \theta_A - 4\pi/3 - \varphi)$$
$$p_C = V_F I_F \cos\varphi + V_F I_F \cos(2\omega t + \theta_A + 4\pi/3 - \varphi)$$

e portanto, a potência instantânea total é dada por

$$p = p_A + p_B + p_C = 3 V_F I_F \cos \varphi = P \tag{1.65}$$

isto é, nos trifásicos simétricos e equilibrados a potência instantânea coincide com a potência média.

A potência complexa será dada por

$$\overline{S} = \dot{V}_{F_A} \dot{I}^*_{F_A} + \alpha^2 \dot{V}_{F_A} \left(\alpha^2 \dot{I}_{F_A} \right)^* + \alpha \dot{V}_{F_A} \left(\alpha \dot{I}_{F_A} \right)^*$$

mas, sendo

$$\alpha^* = \alpha^2 \qquad e \qquad \left(\alpha^2 \right)^* = \alpha$$

resulta

$$\overline{S} = \dot{V}_{F_A} \dot{I}^*_{F_A} + \dot{V}_{F_A} \dot{I}^*_{F_A} + \dot{V}_{F_A} \dot{I}^*_{F_A} = 3 \dot{V}_{F_A} \dot{I}^*_{F_A}$$

Desenvolvendo, obtemos

$$\overline{S} = 3 V_F \underline{|\theta_A} \cdot I_F \underline{|-\delta_A} = 3 V_F I_F \underline{|\theta_A - \delta_A} = 3 V_F I_F \underline{|\varphi}$$

então

$$\overline{S} = 3 V_F I_F \cos \varphi + j \, 3 V_F I_F \, sen \, \varphi \tag{1.66}$$

Da Eq. (1.66), notamos que

$$\begin{aligned} S &= 3 V_F I_F \\ P &= 3 V_F I_F \cos \varphi \\ Q &= 3 V_F I_F \, sen \, \varphi \end{aligned} \tag{1.67}$$

Uma vez que, usualmente, nos sistemas trifásicos não se dispõe dos valores de tensão e corrente de fase, é oportuno transformar as Eq. (1.67) de modo a termos a potência complexa em função dos valores de tensão de linha, V_L , e da corrente de linha, I_L . Para tanto, suponhamos inicialmente a carga ligada em estrela; teremos

$$V_F = \frac{V_L}{\sqrt{3}} \qquad , \qquad I_F = I_L$$

Logo,

$$\overline{S} = 3 \frac{V_L}{\sqrt{3}} I_L \cos\varphi + j\, 3 \frac{V_L}{\sqrt{3}} I_L \, sen\,\varphi = \sqrt{3}\, V_L\, I_L \cos\varphi + j\, \sqrt{3}\, V_L\, I_L \, sen\,\varphi$$

ou seja,

$$S = \sqrt{3}\, V_L\, I_L$$
$$P = \sqrt{3}\, V_L\, I_L \cos\varphi \qquad\qquad (1.68)$$
$$Q = \sqrt{3}\, V_L\, I_L \, sen\,\varphi$$

Admitindo-se a carga ligada em triângulo, teremos

$$V_F = V_L \qquad , \qquad I_F = \frac{I_L}{\sqrt{3}}$$

Logo,

$$\overline{S} = 3 V_L \frac{I_L}{\sqrt{3}} \cos\varphi + j\, 3 V_L \frac{I_L}{\sqrt{3}} \, sen\,\varphi = \sqrt{3}\, V_L\, I_L \cos\varphi + j\, \sqrt{3}\, V_L\, I_L \, sen\,\varphi$$

ou seja,

$$S = \sqrt{3}\, V_L\, I_L$$
$$P = \sqrt{3}\, V_L\, I_L \cos\varphi \qquad\qquad (1.69)$$
$$Q = \sqrt{3}\, V_L\, I_L \, sen\,\varphi$$

As Eq. (1.68) e (1.69) mostram-nos que a expressão geral da potência complexa para trifásicos simétricos com carga equilibrada é função exclusivamente dos valores da tensão de linha, da corrente de linha, e da defasagem, para uma mesma fase, entre a tensão de fase e a corrente de fase. Define-se *fator de potência de uma carga trifásica equilibrada* como sendo o cosseno do ângulo de defasagem entre a tensão e a corrente numa mesma fase. Em se tratando de carga desequilibrada, o fator de potência é definido pela relação P/S ou $P/\sqrt{P^2 + Q^2}$. Em conclusão, podemos afirmar que:

- Num sistema trifásico simétrico e equilibrado, com carga equilibrada, a potência aparente fornecida à carga é dada pelo produto da tensão de linha pela corrente de linha e por $\sqrt{3}$.

- Num sistema trifásico simétrico e equilibrado, com carga equilibrada, a potência ativa fornecida à carga é dada pelo produto da tensão de linha pela corrente de linha, pelo fator de potência e por $\sqrt{3}$.

- Num sistema trifásico simétrico e equilibrado, com carga equilibrada, a potência reativa fornecida à carga é dada pelo produto da tensão de linha pela corrente de linha, pelo seno do ângulo de defasagem entre a tensão e a corrente na fase e por $\sqrt{3}$.

Isto é, num trifásico simétrico e equilibrado com carga equilibrada, qualquer que seja o tipo de ligação, são válidas as equações

$$S = \sqrt{3}\, V_L\, I_L$$
$$P = \sqrt{3}\, V_L\, I_L\, \cos\varphi$$
$$Q = \sqrt{3}\, V_L\, I_L\, \text{sen}\,\varphi \tag{1.70}$$
$$\overline{S} = P + j\,Q = 3\, \dot{V}_{F_A}\, I^{*}_{F_A}$$

EXEMPLO 1.18 - Uma carga trifásica equilibrada tem fator de potência 0,8 indutivo. Quando alimentada por um sistema trifásico simétrico, com seqüência de fase direta e com $\dot{V}_{AB} = 220\,\underline{|25°}\ V$, absorve 15200 W. Pedimos determinar o fasor da corrente de linha.

SOLUÇÃO:

(a) Determinação do módulo da corrente (I)

Temos

$$I = \frac{P}{\sqrt{3}\, V\, \cos\varphi} = \frac{15200}{\sqrt{3}\,.\,220\,.\,0,8} \cong 50\ A$$

(b) Determinação do ângulo de fase da corrente de linha

Admitamos inicialmente a carga ligada em triângulo. As tensões de linha, que coincidem com as de fase, são

$$\mathbf{V_{AB}} = \begin{bmatrix} \dot{V}_{AB} \\ \dot{V}_{BC} \\ \dot{V}_{CA} \end{bmatrix} = 220\,\underline{|\theta}\begin{bmatrix} 1 \\ \alpha^2 \\ \alpha \end{bmatrix} = 220\,\underline{|25°}\begin{bmatrix} 1 \\ \alpha^2 \\ \alpha \end{bmatrix}\ V$$

As correntes de fase estão defasadas das tensões correspondentes de

$$\varphi = arc\ cos\left(\ fator\ de\ potência\ \right)$$

Salientamos que, para cargas indutivas, a corrente está atrasada e, para capacitivas, adiantada. Logo, no nosso caso,

$$\varphi = \theta - \delta = arc\ cos\,(0,8) = 37°$$

e portanto

$$\dot{I}_{AB} = I_{F_A} \underline{|\delta} = \frac{I_L}{\sqrt{3}} \underline{|\theta - \varphi} = \frac{50}{\sqrt{3}} \underline{|25° - 37°} = \frac{50}{\sqrt{3}} \underline{|-12°} \ A$$

$$\dot{I}_{BC} = \frac{50}{\sqrt{3}} \underline{|-132°} \ A$$

$$\dot{I}_{CA} = \frac{50}{\sqrt{3}} \underline{|108°} \ A$$

Sendo a seqüência de fase direta, as correntes de linha serão obtidas pela aplicação de (1.13), resultando:

$$\begin{bmatrix} \dot{I}_A \\ \dot{I}_B \\ \dot{I}_C \end{bmatrix} = \sqrt{3} \underline{|-30°} \begin{bmatrix} \dot{I}_{AB} \\ \dot{I}_{BC} \\ \dot{I}_{CA} \end{bmatrix} = 50 \underline{|-42°} \begin{bmatrix} 1 \\ \alpha^2 \\ \alpha \end{bmatrix} \ A$$

Admitindo-se a carga ligada em estrela, as tensões de linha e de fase serão dadas por:

$$\mathbf{V_{AB}} = \begin{bmatrix} \dot{V}_{AB} \\ \dot{V}_{BC} \\ \dot{V}_{CA} \end{bmatrix} = V \underline{|\theta} \begin{bmatrix} 1 \\ \alpha^2 \\ \alpha \end{bmatrix} = 220 \underline{|25°} \begin{bmatrix} 1 \\ \alpha^2 \\ \alpha \end{bmatrix} \ V$$

$$\mathbf{V_{AN}} = \begin{bmatrix} \dot{V}_{AN} \\ \dot{V}_{BN} \\ \dot{V}_{CN} \end{bmatrix} = \frac{V \underline{|\theta}}{\sqrt{3} \underline{|30°}} \begin{bmatrix} 1 \\ \alpha^2 \\ \alpha \end{bmatrix} = 127 \underline{|-5°} \begin{bmatrix} 1 \\ \alpha^2 \\ \alpha \end{bmatrix} \ V$$

A corrente $\dot{I}_{AN} = \dot{I}_A$ deverá estar atrasada 37° em relação a $\dot{V}_{AN}$. Logo,

$$\mathbf{I_{AN}} = \begin{bmatrix} \dot{I}_{AN} \\ \dot{I}_{BN} \\ \dot{I}_{CN} \end{bmatrix} = \begin{bmatrix} \dot{I}_A \\ \dot{I}_B \\ \dot{I}_C \end{bmatrix} = 50 \underline{|-5° - 37°} \begin{bmatrix} 1 \\ \alpha^2 \\ \alpha \end{bmatrix} = 50 \underline{|-42°} \begin{bmatrix} 1 \\ \alpha^2 \\ \alpha \end{bmatrix} \ A$$

Observamos que, quer a carga esteja em triângulo, quer esteja em estrela, a defasagem entre a tensão de linha e a corrente na mesma linha, sendo a seqüência de fase direta, é $\varphi + 30°$ (Fig. 1-49). Ou seja, sendo $\varphi = 37°$:

- defasagem entre $\dot{V}_{AB}$ e $\dot{I}_A$: $\theta_{AB} - \delta_A = 25° - (-42°) = 67° = \varphi + 30°$

- defasagem entre $\dot{V}_{BC}$ e $\dot{I}_B$: $\theta_{BC} - \delta_B = -95° - (-162°) = 67° = \varphi + 30°$

- defasagem entre $\dot{V}_{CA}$ e $\dot{I}_C$: $\theta_{CA} - \delta_C = 145° - (78°) = 67° = \varphi + 30°$

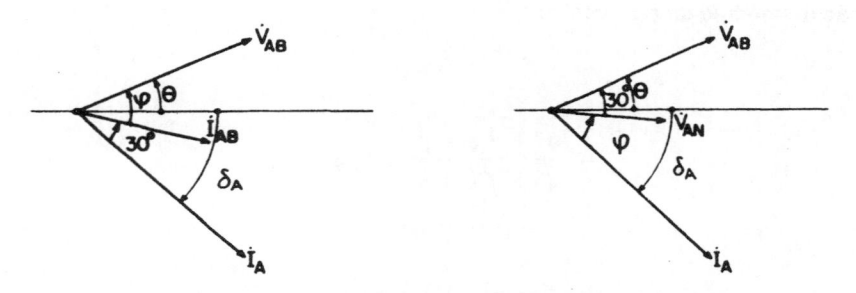

Figura 1-49. Defasagem entre tensão e corrente

EXEMPLO 1.19 - Um sistema trifásico simétrico alimenta carga equilibrada, formada por três impedâncias iguais, que absorve 50 *MW* e 20 *MVAr* quando alimentada por tensão de 200 *kV* . Sendo a seqüência de fase inversa e a tensão $\dot{V}_{AB}$ = 220 $\underline{|12°}$ kV, pedimos determinar a corrente de linha.

SOLUÇÃO:

(a) Determinação da potência absorvida quando a tensão é 220 *kV*

Admitindo a carga ligada em estrela, temos

$$P = \sqrt{3}\, V\, I \cos \varphi \quad e \quad I = \frac{V/\sqrt{3}}{Z}$$

logo,

$$P = \frac{V^2}{Z} \cos \varphi$$

Sendo a impedância da carga constante, qualquer que seja o valor da tensão, resulta imediatamente que

$$\frac{P'}{P} = \frac{V'^2}{V^2}$$

isto é,

$$P' = \left(\frac{V'}{V}\right)^2 P = \left(\frac{220}{200}\right)^2 . 50 = 60,5 \ MW$$

Analogamente,

$$Q' = \left(\frac{V'}{V}\right)^2 Q = \left(\frac{220}{200}\right)^2 . 20 = 24,2 \ MVAr$$

(b) Determinação do módulo da corrente

Temos

$$\frac{Q}{P} = \frac{\sqrt{3}\ V\ I\ sen\ \varphi}{\sqrt{3}\ V\ I\ cos\ \varphi} = tg\ \varphi$$

Logo,

$$tg\ \varphi = \frac{24,2}{60,5} = 0,4$$

e portanto

$$|\varphi| = 21,8° \quad \Rightarrow \quad cos\ \varphi = 0,928$$

Então

$$I = \frac{60,5 \cdot 10^3}{\sqrt{3} \cdot 220 \cdot 0,928} = 171,8\ A$$

(c) Determinação do ângulo de fase da corrente

Sendo a seqüência de fase inversa, temos

$$\mathbf{V_{AB}} = \begin{bmatrix} \dot{V}_{AB} \\ \dot{V}_{BC} \\ \dot{V}_{CA} \end{bmatrix} = V\ \underline{|\theta} \begin{bmatrix} 1 \\ \alpha \\ \alpha^2 \end{bmatrix} = 220\ \underline{|12°} \begin{bmatrix} 1 \\ \alpha \\ \alpha^2 \end{bmatrix}\ kV$$

Considerando a carga ligada em estrela, temos:

$$\mathbf{V_{AN}} = \begin{bmatrix} \dot{V}_{AN} \\ \dot{V}_{BN} \\ \dot{V}_{CN} \end{bmatrix} = \frac{V\ \underline{|\theta}}{\sqrt{3}\ \underline{|-30°}} \begin{bmatrix} 1 \\ \alpha \\ \alpha^2 \end{bmatrix} = 127\ \underline{|42°} \begin{bmatrix} 1 \\ \alpha \\ \alpha^2 \end{bmatrix}\ kV$$

Como a potência reativa fornecida à carga é positiva, concluímos que o fator de potência é 0,928 indutivo, isto é, a corrente de fase está atrasada de 21,8° em relação à tensão correspondente ($\varphi = \theta - \delta = 21,8°$). Logo,

$$\begin{bmatrix} I_A \\ I_B \\ I_C \end{bmatrix} = 171,8\ \underline{|20,2°} \begin{bmatrix} 1 \\ \alpha \\ \alpha^2 \end{bmatrix}\ A$$

Neste caso, observamos que, quer a carga esteja em triângulo, quer esteja em estrela, a rotação de fase entre a tensão de linha e a corrente na mesma linha, sendo a seqüência de fase inversa, é $\varphi - 30°$.

1.6.3 - MEDIDA DE POTÊNCIA EM SISTEMAS POLIFÁSICOS - TEOREMA DE BLONDEL

Pode-se demonstrar que, numa carga alimentada por um sistema polifásico a m fases e n fios, a potência total absorvida pela carga é obtida da soma das leituras em $n - 1$ wattímetros ligados de modo que cada uma das bobinas amperométricas esteja inserida num dos $n - 1$ fios e as bobinas voltimétricas estejam ligadas tendo um ponto em comum com a amperométrica e o outro terminal de todas elas sobre o n-ésimo fio (Teorema de Blondel - 1893).

1.6.4 - MEDIDA DE POTÊNCIA EM SISTEMAS TRIFÁSICOS EM ESTRELA

Vamos demonstrar o teorema de Blondel para uma carga ligada em estrela alimentada por trifásico a três fios. A potência lida num wattímetro é sempre igual ao valor médio da potência instantânea por ele medida. Assim, da Fig. 1-50, e sendo T o período das correntes e tensões, as potências lidas em cada um dos wattímetros valem:

$$W_1 = \frac{1}{T} \int_0^T p_1 \, dt = \frac{1}{T} \int_0^T v_{AC} \, i_A \, dt$$

$$W_2 = \frac{1}{T} \int_0^T p_2 \, dt = \frac{1}{T} \int_0^T v_{BC} \, i_B \, dt$$

Mas

$$v_{AC} = v_{AN} + v_{NC} = v_{AN} - v_{CN}$$

$$v_{BC} = v_{BN} + v_{NC} = v_{BN} - v_{CN}$$

Logo,

$$W_1 + W_2 = \frac{1}{T} \int_0^T \left(v_{AC} \, i_A + v_{BC} \, i_B \right) dt = \frac{1}{T} \int_0^T \left[v_{AN} \, i_A + v_{BN} \, i_B - v_{CN} \left(i_A + i_B \right) \right] dt$$

Mas, aplicando-se a 1ª lei de Kirchhoff ao nó N, temos

$$i_C = - \left(i_A + i_B \right) \tag{1.71}$$

logo,

$$W_1 + W_2 = \frac{1}{T} \int_0^T \left(v_{AN} \, i_A + v_{BN} \, i_B + v_{CN} \, i_C \right) dt = P$$

Salientamos que a potência total coincide com a soma das leituras dos wattímetros, quer se trate de carga equilibrada ou não. Isso porque, mesmo no caso de carga desequilibrada $\left(i_A \neq i_B \neq i_C\right)$, a Eq. (1.71) é verificada.

Em se tratando de uma carga em estrela com alimentação a 4 fios (com o fio neutro), pode-se determinar a potência fornecida pela soma da leitura em dois wattímetros somente no caso de carga equilibrada, quando a Eq. (1.71) é verificada. Caso a carga seja desequilibrada, devem ser utilizados três wattímetros.

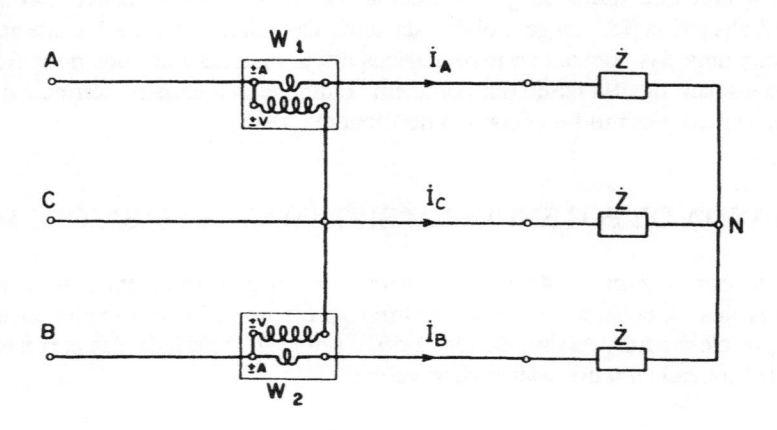

Figura 1-50. Esquema de ligação dos wattímetros (carga em estrela)

1.6.5 - MEDIDA DE POTÊNCIA EM SISTEMAS TRIFÁSICOS EM TRIÂNGULO

Passemos a demonstrar o teorema de Blondel para uma carga trifásica, equilibrada ou não, ligada em triângulo. De fato, da Fig. 1-51, as potências lidas pelos wattímetros valem

$$W_1 = \frac{1}{T} \int_0^T p_1 \, dt = \frac{1}{T} \int_0^T v_{AC} \, i_A \, dt$$

$$W_2 = \frac{1}{T} \int_0^T p_2 \, dt = \frac{1}{T} \int_0^T v_{BC} \, i_B \, dt$$

Logo,

$$W_1 + W_2 = \frac{1}{T} \int_0^T \left(v_{AC} \, i_A + v_{BC} \, i_B\right) dt$$

Sendo

$$i_A = i_{AB} - i_{CA}$$
$$i_B = i_{BC} - i_{AB}$$

resulta

$$W_1 + W_2 = \frac{1}{T} \int_0^T \left[-v_{CA}\left(i_{AB} - i_{CA}\right) + v_{BC}\left(i_{BC} - i_{AB}\right)\right] dt = \frac{1}{T} \int_0^T \left[v_{CA}\, i_{CA} + v_{BC}\, i_{BC} - i_{AB}\left(v_{CA} + v_{BC}\right)\right] dt$$

Mas, quer seja a carga equilibrada ou não, temos

$$v_{AB} + v_{BC} + v_{CA} = v_{AA} = 0$$

isto é,

$$v_{AB} = -\left(v_{BC} + v_{CA}\right)$$

Logo,

$$W_1 + W_2 = \frac{1}{T} \int_0^T \left(v_{CA}\, i_{CA} + v_{BC}\, i_{BC} + v_{AB}\, i_{AB}\right) dt = P$$

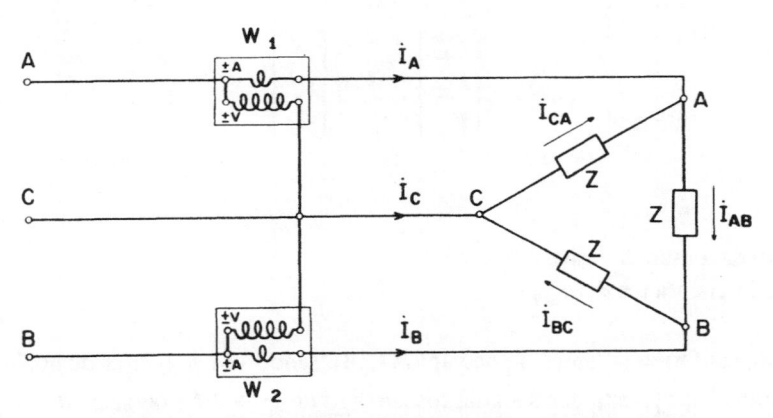

Figura 1-51. Esquema de ligação dos wattímetros (carga em triângulo)

1.6.6 - LEITURA DOS WATTÍMETROS EM FUNÇÃO DO FATOR DE POTÊNCIA DA CARGA, DO MODO DE LIGAÇÃO E DA SEQÜÊNCIA DE FASE

Como aplicação do método dos dois wattímetros, passaremos a estudar como variam suas leituras em função do fator de potência da carga, seqüência de fase e modo de ligação. Para tanto, iniciaremos por determinar, para um trifásico simétrico e equilibrado com carga equilibrada, as leituras nos wattímetros quando ligados conforme a Fig. 1-52.

As potências lidas nos wattímetros valem:

$$W_1 = \frac{1}{T} \int_0^T v_{AC}\, i_A\, dt = V_{AC}\, I_A\, cos\left(\theta_{AC} - \delta_A\right) = \Re e\left[\dot{V}_{AC}\dot{I}_A^{\,*}\right]$$

$$W_2 = \frac{1}{T} \int_0^T v_{BC}\, i_B\, dt = V_{BC}\, I_B\, cos\left(\theta_{BC} - \delta_B\right) = \Re e\left[\dot{V}_{BC}\dot{I}_B^{\,*}\right]$$

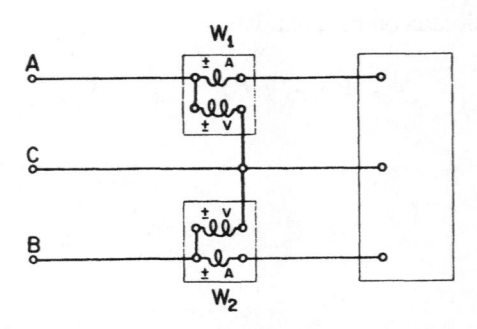

Figura 1-52. Esquema de ligação dos wattímetros

Admitindo-se a seqüência de fase direta, as tensões de linha são dadas por:

$$\begin{bmatrix} \dot{V}_{AB} \\ \dot{V}_{BC} \\ \dot{V}_{CA} \end{bmatrix} = V\underline{|\,\theta} \begin{bmatrix} 1 \\ \alpha^2 \\ \alpha \end{bmatrix}$$

em que

V é o módulo da tensão de linha;
θ é o angulo inicial da tensão $\dot{V}_{AB}$.

Por outro lado, conforme já vimos no exemplo (1.18), sendo *cos φ* o fator de potência da carga, a corrente da linha A, $\dot{I}_A$, está defasada da tensão $\dot{V}_{AB}$ de $\varphi + 30°$, ou seja, $\theta - \delta_A = \varphi + 30°$, e portanto:

$$\dot{I}_A = I_A\, \underline{|\,\theta - \left(\varphi + 30°\right)}$$

Se a carga for indutiva, φ será positivo, e se for capacitiva, φ será negativo.

Portanto, as correntes de linha são dadas por

$$\begin{bmatrix} \dot{I}_A \\ \dot{I}_B \\ \dot{I}_C \end{bmatrix} = I\, \underline{|\,\theta - \left(\varphi + 30°\right)} \begin{bmatrix} 1 \\ \alpha^2 \\ \alpha \end{bmatrix}$$

em que I é o valor eficaz da corrente de linha. Nessas condições, teremos:

$$W_1 = \Re e\left[\dot{V}_{AC}\, \dot{I}_A^*\right] = \Re e\left[-\dot{V}_{CA}\, \dot{I}_A^*\right] = Re\left[-\alpha V\,\underline{|\theta}\,.\,I\,\underline{|-(\theta-(\varphi+30°))}\right] =$$

$$= \Re e\left[V\,\underline{|\theta-60°}\,.\,I\,\underline{|-\theta+\varphi+30°}\right] = \Re e\left[V\,I\,\underline{|\varphi-30°}\right] = V\,I\,cos\,(\varphi-30°)$$

Além disso, sendo $\left(\alpha^2\right)^* = \alpha$, teremos:

$$W_2 = \Re e\left[\dot{V}_{BC}\, \dot{I}_B^*\right] = \Re e\left[\alpha^2 V\,\underline{|\theta}\,.\,\alpha\,I\,\underline{|-(\theta-(\varphi+30°))}\right] =$$

$$= \Re e\left[V\,\underline{|\theta-120°}\,.\,I\,\underline{|120°-\theta+\varphi+30°}\right] = \Re e\left[V\,I\,\underline{|\varphi+30°}\right] = V\,I\,cos\,(\varphi+30°)$$

ou seja,

$$W_1 = V\,I\,cos\,(\varphi-30°)$$
$$W_2 = V\,I\,cos\,(\varphi+30°)$$

Com procedimento análogo, podemos determinar as leituras dos wattímetros para qualquer modo de ligação e para qualquer seqüência de fase.

1.6.7 - CÁLCULO DO FATOR DE POTÊNCIA DA CARGA

Vamos analisar como podemos determinar a natureza da carga e seu fator de potência conhecendo-se as leituras dos wattímetros, o esquema de ligação e a seqüência de fase do trifásico. Em tudo o quanto se segue, adotaremos o esquema de ligação da Fig. 1-50 e a seqüência de fase direta.

Vimos anteriormente que

$$W_1 = V\,I\,cos\,(\varphi-30°)$$
$$W_2 = V\,I\,cos\,(\varphi+30°)$$

Dividindo-se essas equações membro a membro, obtemos

$$\frac{W_1}{W_2} = \frac{cos\,(\varphi-30°)}{cos\,(\varphi+30°)} = \frac{\frac{\sqrt{3}}{2}\,cos\,\varphi + \frac{1}{2}\,sen\,\varphi}{\frac{\sqrt{3}}{2}\,cos\,\varphi - \frac{1}{2}\,sen\,\varphi} = \frac{\sqrt{3}\,cos\,\varphi + sen\,\varphi}{\sqrt{3}\,cos\,\varphi - sen\,\varphi} \qquad (1.72)$$

Dividindo-se ambos os membros por $cos\,\varphi$, obtemos

$$\frac{W_1}{W_2} = \frac{\sqrt{3}+tg\varphi}{\sqrt{3}-tg\varphi}$$

e então

$$tg\varphi \left(\frac{W_1}{W_2} + 1 \right) = \sqrt{3} \left(\frac{W_1}{W_2} - 1 \right)$$

ou seja

$$tg\varphi = \sqrt{3}\, \frac{W_1/W_2 - 1}{W_1/W_2 + 1} = \sqrt{3}\, \frac{W_1 - W_2}{W_1 + W_2} \tag{1.73}$$

Na Eq. (1.73), a $tg\,\varphi$ será positiva ou negativa conforme W_1 seja maior ou menor que W_2 ; logo φ será positivo ou negativo, conforme a carga seja indutiva $(\varphi > 0)$ ou capacitiva $(\varphi < 0)$. Destacamos que esta conclusão somente é válida para o modo de ligação dos wattímetros e para a seqüência de fase adotada; entretanto, com procedimento análogo pode-se determinar a natureza da carga para qualquer modo de ligação e para qualquer seqüência de fase.

Normalmente, a natureza da carga é conhecida; assim, vamos encontrar uma outra expressão que nos forneça o fator de potência da carga, assumindo que sua natureza já está determinada.

Retomando a Eq. (1.72), teremos

$$\sqrt{3} \left(\frac{W_1}{W_2} - 1 \right) \cos\varphi = \left(\frac{W_1}{W_2} + 1 \right) sen\,\varphi$$

Elevando-se ao quadrado ambos os lados da expressão, resulta

$$3 \left(\frac{W_1}{W_2} - 1 \right)^2 \cos^2\varphi = \left(1 - \cos^2\varphi \right) \left(\frac{W_1}{W_2} + 1 \right)^2$$

e portanto

$$\cos\varphi = \frac{1 + W_1/W_2}{2\,\sqrt{\left(W_1/W_2\right)^2 - W_1/W_2 + 1}} = \frac{W_1 + W_2}{2\,\sqrt{W_1^2 - W_1 W_2 + W_2^2}}$$

ou então, fazendo-se $W_1/W_2 = a$, resulta

$$\cos\varphi = \frac{1 + a}{2\,\sqrt{a^2 - a + 1}}$$

1.6.8 - MEDIDA DA POTÊNCIA REATIVA UTILIZANDO-SE UM WATTÍMETRO EM TRIFÁSICOS SIMÉTRICOS E EQUILIBRADOS

Nos sistemas trifásicos simétricos com carga equilibrada, podemos utilizar um wattímetro para a determinação da potência reativa fornecida à carga. Conforme já vimos, em tais condições, a potência reativa fornecida à carga é dada por

$$Q = \sqrt{3} \, V \, I \, sen \, \varphi$$

ou, também,

$$Q = \sqrt{3} \, V \, I \, cos(\varphi - 90°)$$

Portanto, nosso problema é determinar um esquema de ligação do wattímetro, tal que sua leitura seja

$$W = \frac{Q}{\sqrt{3}} = V \, I \, cos(\varphi - 90°)$$

Ora, podemos determinar facilmente tal esquema observando as rotações de fase que existem entre as tensões medidas entre dois fios da linha e a corrente no terceiro fio. Isto é, já vimos que, sendo a seqüência de fase direta, as tensões e correntes de linha são dadas por

$$\mathbf{V_{AB}} = \begin{bmatrix} V_{AB} \\ V_{BC} \\ V_{CA} \end{bmatrix} = V \, \underline{|\theta} \begin{bmatrix} 1 \\ \alpha^2 \\ \alpha \end{bmatrix} \qquad \mathbf{I_A} = \begin{bmatrix} I_A \\ I_B \\ I_C \end{bmatrix} = I \, \underline{|\theta - (\varphi + 30°)} \begin{bmatrix} 1 \\ \alpha^2 \\ \alpha \end{bmatrix}$$

Notamos que a fase da tensão V_{BC} é $\theta - 120°$ e a da corrente I_A é $\theta - (\varphi + 30°)$. Logo, entre V_{BC} e I_A há uma rotação de fase que vale

$$(\theta - 120°) - \left[\theta - (\varphi + 30°)\right] = \varphi - 90°$$

Se a carga for indutiva, teremos $0 < \varphi \leq 90°$, e portanto $cos(\varphi - 90°) > 0$.

Caso a carga seja capacitiva, teremos $-90° \leq \varphi < 0$, e portanto $cos(\varphi - 90°) < 0$; a leitura do wattímetro então será negativa. Porém, se tomarmos a rotação de fase entre $V_{CB} = -V_{BC}$ e a corrente I_A, teremos

$$(\theta + 60°) - \left[\theta - (\varphi + 30°)\right] = \varphi + 90°$$

e então $cos\left(\varphi + 90°\right) > 0$.

Em conclusão, ligando-se um wattímetro com a bobina amperométrica inserida na linha A e a voltimétrica entre as fases B e C, sua leitura será

$$W = V I cos \left(\text{ângulo entre } \dot{V}_{BC} \text{ e } \dot{I}_A \right)$$

e a leitura será positiva no caso de carga indutiva, e negativa no caso de carga capacitiva. Neste último caso, invertendo-se a ligação da bobina voltimétrica, a leitura passará a ser positiva. A potência reativa fornecida à carga será o produto do valor lido no wattímetro por $\sqrt{3}$.

Evidentemente, chegaremos às mesmas conclusões inserindo a bobina amperométrica na fase B (C) e a voltimétrica entre as fases C e A $\left(A \text{ e } B\right)$.

Na Fig. 1-53 está representado o esquema de ligação do wattímetro e o diagrama de fasores, supondo carga indutiva e capacitiva ligada em estrela, com a indicação das grandezas lidas pelo wattímetro.

Deixamos ao leitor o desenvolvimento para o caso de seqüência de fase inversa.

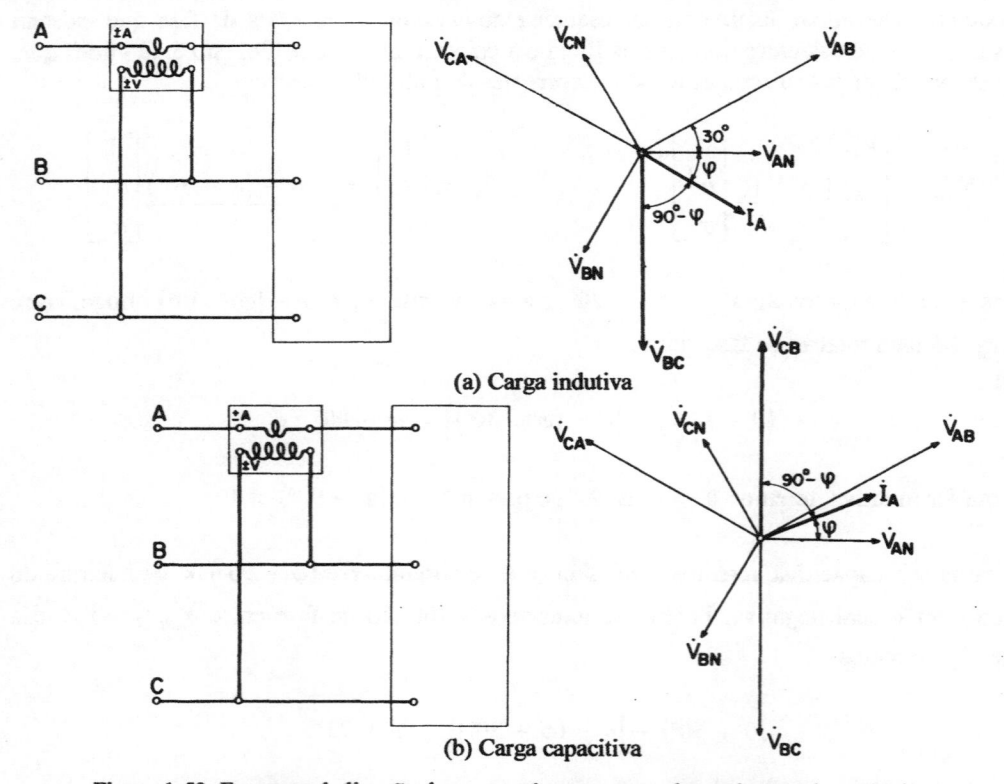

(a) Carga indutiva

(b) Carga capacitiva

Figura 1-53. Esquema de ligação de um wattímetro para a determinação da potência reativa

1.6.9 - POTÊNCIA REATIVA EM TRIFÁSICOS QUAISQUER

Para a determinação da potência reativa, utilizamos o *varmetro* que, basicamente, é um wattímetro no qual a resistência multiplicadora da bobina voltimétrica seja substituída por uma indutância, de modo que a corrente que percorre essa bobina esteja em quadratura com a tensão aplicada.

Analogamente a quanto foi feito na determinação da potência ativa, o teorema de Blondel pode ser estendido para a medida de reativos. Assim, seja um trifásico a três fios com a carga ligada em estrela. A potência complexa fornecida à carga é dada por

$$\overline{S} = V_{AN} \, I_A^* + V_{BN} \, I_B^* + V_{CN} \, I_C^*$$

porém, tratando-se de sistema a três fios com carga em estrela, obrigatoriamente

$$I_A + I_B + I_C = 0$$

Logo

$$I_C = -\left(I_A + I_B \right)$$

e portanto

$$\overline{S} = \left(V_{AN} - V_{CN} \right) I_A^* + \left(V_{BN} - V_{CN} \right) I_B^*$$

Porém, sendo

$$V_{AN} - V_{CN} = V_{AC}$$
$$V_{BN} - V_{CN} = V_{BC}$$

resulta

$$\overline{S} = V_{AC} \, I_A^* + V_{BC} \, I_B^*$$

ou seja,

$$P = \Re e\left[\overline{S}\right] = \Re e\left[V_{AC} \, I_A^* + V_{BC} \, I_B^* \right]$$
$$Q = \Im m\left[\overline{S}\right] = \Im m\left[V_{AC} \, I_A^* + V_{BC} \, I_B^* \right]$$

Portanto, determinamos a potência reativa fornecida à carga pela soma algébrica das leituras em dois varmetros, um ligado com a bobina amperométrica na fase A e a voltimétrica entre as fases A e C, e o outro com a amperométrica na fase B e a voltimétrica entre as fases B e C, Fig. 1-54.

Analogamente, no caso de carga em triângulo, resulta

$$\overline{S} = \dot{V}_{AB}\, \dot{I}_{AB}^{*} + \dot{V}_{BC}\, \dot{I}_{BC}^{*} + \dot{V}_{CA}\, \dot{I}_{CA}^{*}$$

Porém

$$\dot{V}_{AB} + \dot{V}_{BC} + \dot{V}_{CA} = 0$$

logo,

$$\dot{V}_{AB} = -\left(\dot{V}_{BC} + \dot{V}_{CA}\right)$$

e portanto

$$\overline{S} = \dot{V}_{BC}\left(\dot{I}_{BC}^{*} - \dot{I}_{AB}^{*}\right) - \dot{V}_{CA}\left(\dot{I}_{AB}^{*} - \dot{I}_{CA}^{*}\right)$$

Mas

$$\dot{I}_{BC}^{*} - \dot{I}_{AB}^{*} = \dot{I}_{B}^{*}$$
$$\dot{I}_{AB}^{*} - \dot{I}_{CA}^{*} = \dot{I}_{A}^{*}$$
$$-\dot{V}_{CA} = \dot{V}_{AC}$$

e então

$$\overline{S} = \dot{V}_{AC}\, \dot{I}_{A}^{*} + \dot{V}_{BC}\, \dot{I}_{B}^{*}$$

chegando-se às mesmas conclusões do caso anterior.

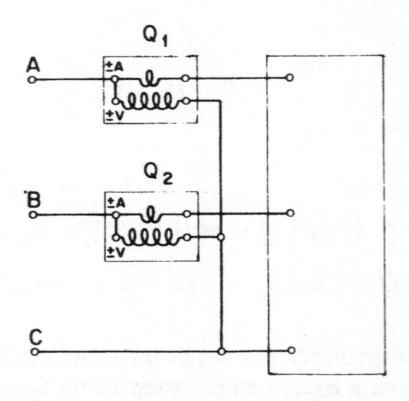

Figura 1-54. Esquema de ligação de dois varmetros

1.6.10- DETERMINAÇÃO DE POTÊNCIA ATIVA E REATIVA EM TRIFÁSICOS SIMÉTRICOS E EQUILIBRADOS COM CARGA EQUILIBRADA

Em trifásicos simétricos e equilibrados com carga equilibrada, podemos determinar a potência ativa e a potência reativa, respectivamente, utilizando um wattímetro e um varmetro ligados com as bobinas amperométricas inseridas numa das fases e com as voltimétricas medindo tensão de fase. Porém nem sempre é possível ter acesso a uma das fases e, portanto, utilizamos o método que veremos a seguir.

Para a potência ativa numa carga que suporemos ligada em estrela (mesmo que estivesse ligada em triângulo, nós a substituiríamos pela estrela equivalente), inserimos a bobina amperométrica numa das fases e a voltimétrica entre aquele ponto e um centro-estrela artificial, sendo que a leitura no wattímetro corresponde à potência absorvida por uma fase da carga. De fato, para obtermos um centro-estrela artificial é suficiente ligar aos três fios da linha uma carga constituída por três impedâncias iguais ligadas em estrela. Evidentemente, sendo o trifásico simétrico e equilibrado com carga equilibrada, o centro-estrela da carga e o neutro artificial estão ao mesmo potencial. Logo, a bobina voltimétrica mede a tensão de fase da carga e a amperométrica mede a corrente correspondente.

Salientamos que, para obter o centro-estrela artificial, a resistência multiplicadora da bobina voltimétrica é um dos ramos da estrela, bastando ligar a esta duas outras resistências iguais, Fig. 1-55. Para a potência reativa procede-se do mesmo modo, utilizando para a obtenção do centro-estrela, duas indutâncias iguais à da bobina voltimétrica.

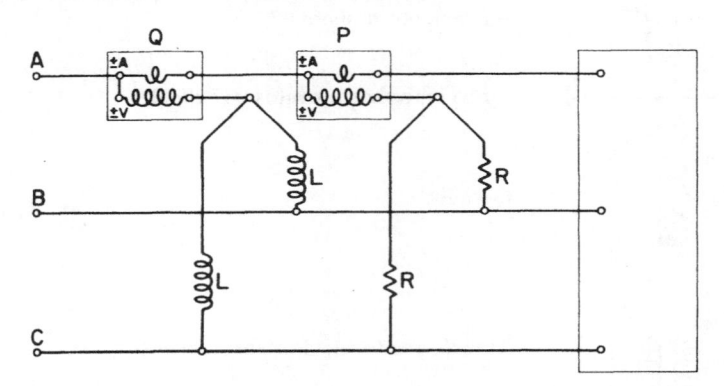

Figura 1-55. Esquema de ligação de wattímetro e varmetro utilizando neutro artificial

1.7 - REPRESENTAÇÃO DE REDES TRIFÁSICAS POR DIAGRAMA UNIFILAR

Ao representarmos as redes trifásicas, ao invés de desenharmos os três fios da rede e o fio de retorno, quando existir, preferimos utilizar o "diagrama unifilar", no qual desenhamos um único fio e indicamos o modo de ligação dos geradores, cargas, transformadores, etc.

Na Tab. 1-2, estão representados os principais símbolos utilizados em diagramas unifilares. Na Fig. 1-56, está representado o diagrama unifilar e o circuito trifásico de uma rede.

Tabela 1-2. Símbolos utilizados em diagramas unifilares

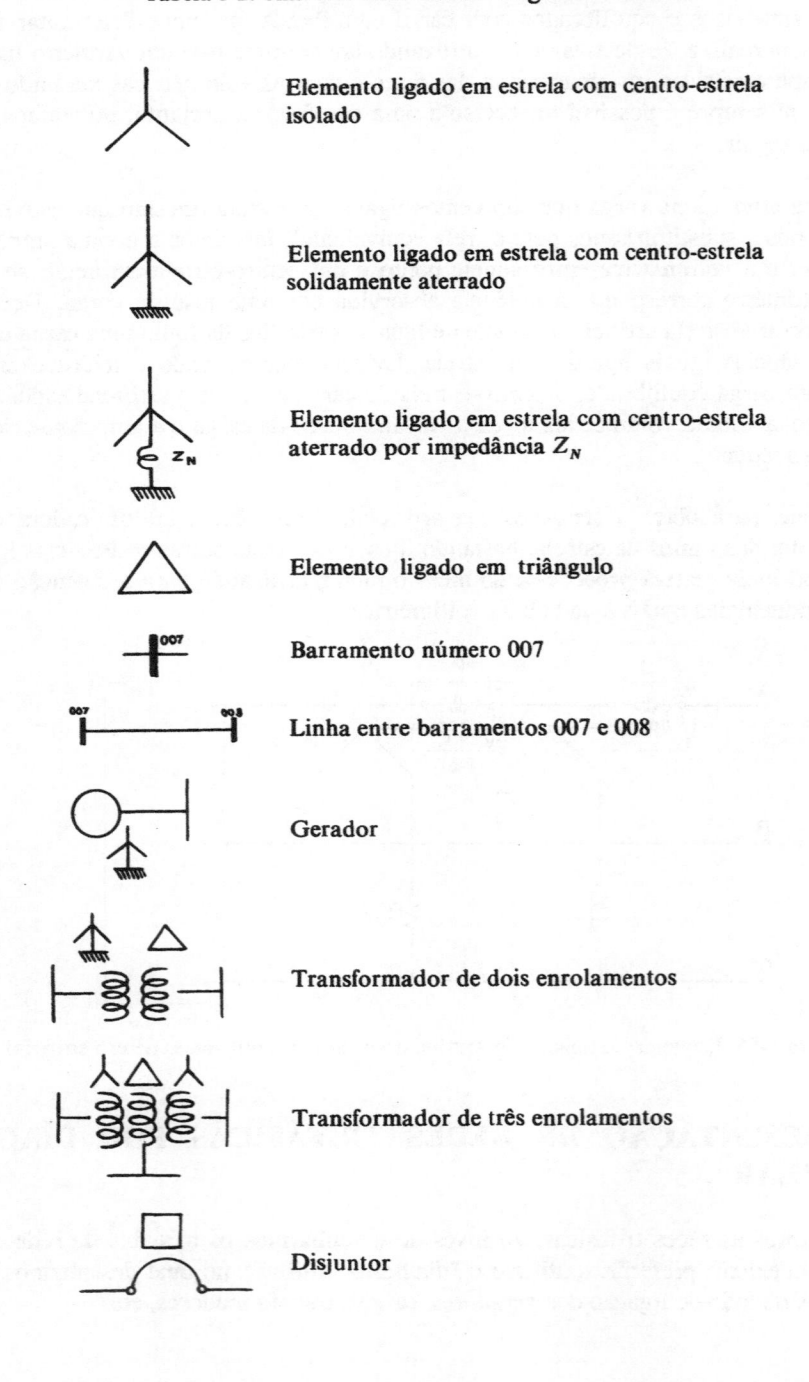

Elemento ligado em estrela com centro-estrela isolado

Elemento ligado em estrela com centro-estrela solidamente aterrado

Elemento ligado em estrela com centro-estrela aterrado por impedância Z_N

Elemento ligado em triângulo

Barramento número 007

Linha entre barramentos 007 e 008

Gerador

Transformador de dois enrolamentos

Transformador de três enrolamentos

Disjuntor

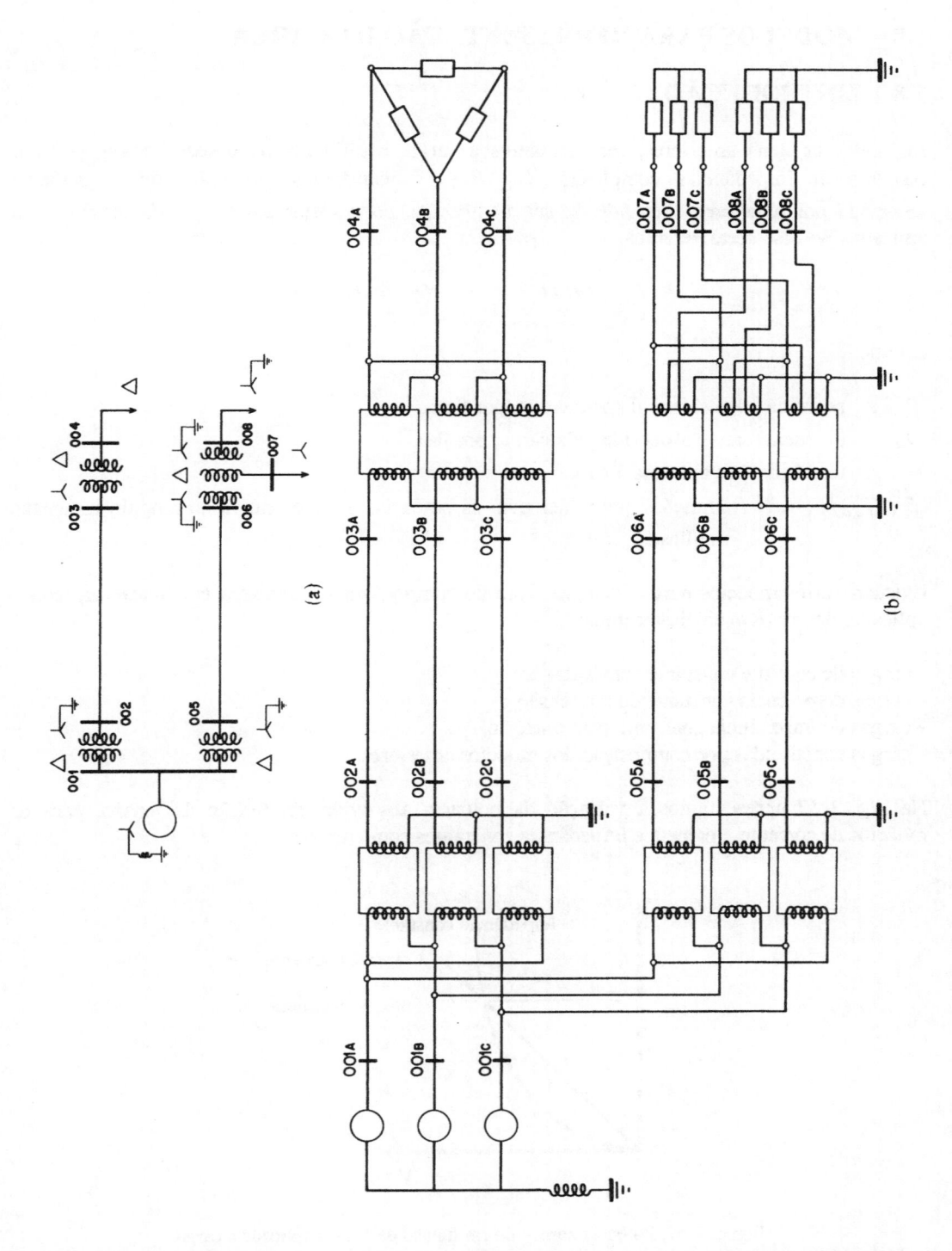

Figura 1-56. Representação de redes por diagramas unifilares   (a) Diagrama unifilar   (b) Diagrama trifilar

1.8 - MODELOS PARA REPRESENTAÇÃO DA CARGA

1.8.1 - INTRODUÇÃO

Em todos os itens anteriores, representamos a carga, equilibrada ou desequilibrada, por um conjunto de impedâncias complexas $\bar{Z} = R + jX$ constantes. Na realidade, a potência absorvida por uma carga depende de sua natureza, e pode variar em função da tensão a ela aplicada. No caso geral, teremos:

$$P_F = f_1 (V_F) \quad ; \quad Q_F = f_2 (V_F)$$

em que:

P_F :   potência ativa absorvida pela carga, por fase;

Q_F :   potência reativa absorvida pela carga, por fase;

V_F :   tensão de fase aplicada à carga;

$f_1 (V_F), f_2 (V_F)$:   funções que relacionam as potências ativa e reativa ao módulo da tensão aplicada.

Existem vários modelos para a representação do comportamento da carga em função da tensão aplicada, dentre os quais destacamos:

- cargas de corrente constante com a tensão;
- cargas de potência constante com a tensão;
- cargas de impedância constante com a tensão;
- cargas constituídas por composição dos modelos anteriores.

Na Fig. 1-57 apresentamos a variação da potência absorvida em função da tensão, para os modelos de corrente, potência e impedância constantes com a tensão.

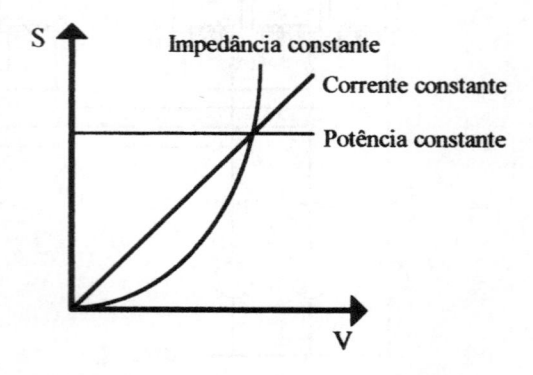

Figura 1-57. Potência absorvida em função da tensão aplicada à carga

1.8.2 - CARGA DE CORRENTE CONSTANTE COM A TENSÃO

Para as cargas que podem ser representadas por este modelo, permanecem constantes o módulo da corrente absorvida e seu fator de potência. Estes valores são obtidos a partir das potências ativa e reativa absorvidas pela carga quando alimentada com tensão nominal. Assim, sendo

$$\bar{S}_{NF} = S_{NF} \underline{|\varphi} = P_{NF} + Q_{NF} : \quad \text{potência absorvida com tensão nominal } \dot{V}_{NF} = V_{NF} \underline{|\theta} ,$$

resulta para a corrente:

$$\dot{I}_{NF} = \frac{\bar{S}_{NF}{}^{\bullet}}{\dot{V}_{NF}{}^{\bullet}} = \frac{S_{NF} \underline{|-\varphi}}{V_{NF} \underline{|-\theta}} = \frac{S_{NF}}{V_{NF}} \underline{|\theta - \varphi} = I_{NF} \underline{|\theta - \varphi}$$

em que o módulo da corrente $\left(I_{NF} = S_{NF}/V_{NF} \right)$ e o fator de potência $\left(ou \, \varphi \right)$ permanecem constantes.

Para qualquer valor de tensão $\dot{V}_F = V_F \underline{|\theta_1}$ aplicada à carga, a nova corrente será

$$\dot{I}_F = I_{NF} \underline{|\theta_1 - \varphi}$$

e a potência absorvida será dada por:

$$\bar{S}_F = \dot{V}_F \, \dot{I}_F{}^{\bullet} = V_F \underline{|\theta_1} \left(I_{NF} \underline{|\theta_1 - \varphi} \right)^{\bullet} = V_F \, I_{NF} \underline{|\varphi} = V_F \, I_{NF} \, cos \, \varphi + j \, V_F \, I_{NF} \, sen \, \varphi$$

ou seja, a potência absorvida pela carga varia linearmente com a tensão a ela aplicada:

$$\bar{S}_F = \frac{V_F}{V_{NF}} \bar{S}_{NF}$$

1.8.3 - CARGA DE POTÊNCIA CONSTANTE COM A TENSÃO

Para as cargas que podem ser representadas por este modelo, permanecem constantes as potências ativa e reativa, iguais aos seus valores nominais, ou seja:

$$\bar{S}_{NF} = S_{NF} \underline{|\varphi} = P_{NF} + Q_{NF} : \quad \text{potência absorvida com tensão nominal , constante.}$$

Neste caso, a corrente absorvida pela carga, quando alimentada com uma tensão qualquer $\dot{V}_F = V_F \underline{|\theta_1}$, é obtida por:

$$\dot{I}_F = \frac{\bar{S}_{NF}{}^{\bullet}}{\dot{V}_F{}^{\bullet}} = \frac{S_{NF} \underline{|-\varphi}}{V_F \underline{|-\theta_1}} = \frac{S_{NF}}{V_F} \underline{|\theta_1 - \varphi}$$

ou seja, a corrente absorvida é inversamente proporcional à tensão aplicada.

1.8.4 - CARGA DE IMPEDÂNCIA CONSTANTE COM A TENSÃO

Neste modelo, a impedância da carga mantém-se constante, e é obtida a partir das potências ativa e reativa absorvidas pela carga quando alimentada com tensão nominal. Assim, sendo

$$\overline{S}_{NF} = S_{NF} \underline{|\varphi} = P_{NF} + Q_{NF} : \quad \text{potência absorvida com tensão nominal } \dot{V}_{NF} = V_{NF} \underline{|\theta} ,$$

resulta para a impedância:

$$Z_C = \frac{V_{NF}{}^2}{\overline{S}_{NF}{}^*} = \frac{V_{NF}{}^2}{S_{NF}} \underline{|\varphi} = R + jX$$

em que

$$R = \frac{V_{NF}{}^2}{S_{NF}} \cos\varphi \quad , \quad X = \frac{V_{NF}{}^2}{S_{NF}} \, sen\,\varphi$$

Para qualquer valor de tensão $\dot{V}_F = V_F \underline{|\theta_1}$ aplicada à carga, a potência absorvida será dada por:

$$\overline{S}_F = \frac{V_F{}^2}{Z_C{}^*} = \left(\frac{\overline{S}_{NF}}{V_{NF}{}^2}\right) V_F{}^2 = \left(\frac{V_F}{V_{NF}}\right)^2 \overline{S}_{NF}$$

ou seja, a potência absorvida pela carga varia quadraticamente com a tensão a ela aplicada.

1.8.5 - COMPARAÇÃO ENTRE OS MODELOS DE REPRESENTAÇÃO DA CARGA

Para analisarmos a influência dos modelos utilizados para a representação da carga, vamos resolver o sistema simétrico e equilibrado, apresentado na Fig. 1-58, considerando a carga equilibrada representada pelos três modelos anteriormente apresentados. Conhecemos:

- a tensão de linha nos terminais do gerador: 380 V;
- a resistência (0,2 Ω) e a reatância indutiva (0,4 Ω) de cada fio da linha (vamos desprezar as indutâncias mútuas);
- os dados nominais da carga: tensão de linha (380 V) e potência (27000 W, $\cos\varphi$ = 0,9 indutivo).

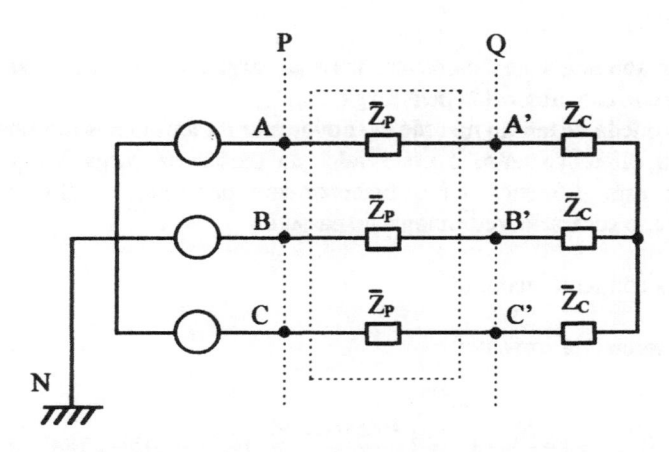

Figura 1-58. Circuito para a comparação entre os modelos de carga

(a) - Carga modelada por impedância constante

Neste caso, a solução é bastante simples. Sendo 27000 W a potência ativa total, o seu valor por fase será igual a 9000 W, e a potência aparente por fase igual a 9000/0,9 = 10000 VA. A impedância da carga, por fase, será dada por:

$$Z_C = \frac{V_{NF}^2}{\overline{S}_{NF}^*} = \frac{V_{NF}^2}{S_{NF}} \underline{|\varphi} = \frac{220^2}{10000} \underline{|arc\ cos\ 0,9} = 4,84 \underline{|25,84°} = (4,356 + j2,109)\ \Omega$$

e a corrente será

$$I_A = \frac{\dot{V}_{AN}}{Z_L + Z_C} = \frac{220\ \underline{|0°}}{(0,2 + j0,4) + (4,356 + j2,109)} = 42,30 \underline{|-28,84°}\ A$$

Finalmente, a tensão nos terminais da carga será

$$\dot{V}_{A'N} = I_A\ Z_C = 42,30 \underline{|-28,84°} \cdot 4,84 \underline{|25,84°} = 204,73 \underline{|-3°}\ V$$

e a potência absorvida pela carga, por fase, será

$$\overline{S}_F = \dot{V}_F\ I_F^* = 204,73 \underline{|-3°} \cdot 42,30 \underline{|28,84°} = 8660 \underline{|25,84°}\ VA$$

(b) - Carga modelada por potência constante

Neste caso a solução não é trivial, pois a corrente absorvida pela carga depende da tensão a ela aplicada, e este valor não é conhecido.

Vamos encontrar a solução de forma *iterativa*, utilizando o seguinte procedimento:

i   - adotamos inicialmente a tensão nos terminais da carga igual à tensão nominal do sistema;

ii   - calculamos a corrente absorvida pela carga;

iii - calculamos a queda de tensão na rede e o novo valor da tensão nos terminais da carga;

iv - verificamos a diferença entre o novo valor da tensão na carga e o valor anteriormente utilizado; se esta diferença for suficientemente pequena, a solução do problema foi encontrada; caso contrário, retornamos ao passo ii.

Aplicando este procedimento, teremos:

- cálculo do valor inicial da corrente:

$$\dot{I}_{A(0)} = \left(\frac{\overline{S}_F}{\dot{V}_{A'N(0)}} \right)^* = \left(\frac{10000 \underline{|25,84°}}{220 \underline{|0°}} \right)^* = 45,45 \underline{|-25,84°} \; A$$

- cálculo do novo valor da tensão nos terminais da carga:

$$\dot{V}_{A'N(1)} = \dot{V}_{AN} - \overline{Z}_L \, \dot{I}_{A(0)} = 220 \underline{|0°} - \left(0,2 + j0,4 \right) . \, 45,45 \underline{|-25,84°} = 204,27 \underline{|-3,48°} \; V$$

- cálculo do novo valor da corrente:

$$\dot{I}_{A(1)} = \left(\frac{\overline{S}_F}{\dot{V}_{A'N(1)}} \right)^* = \left(\frac{10000 \underline{|25,84°}}{204,27 \underline{|-3,48°}} \right)^* = 48,95 \underline{|-29,32°} \; A$$

- cálculo do novo valor da tensão nos terminais da carga:

$$\dot{V}_{A'N(2)} = \dot{V}_{AN} - \overline{Z}_L \, \dot{I}_{A(1)} = 220 \underline{|0°} - \left(0,2 + j0,4 \right) . \, 48,95 \underline{|-29,32°} = 202,25 \underline{|-3,48°} \; V$$

- cálculo do novo valor da corrente:

$$\dot{I}_{A(2)} = \left(\frac{\overline{S}_F}{\dot{V}_{A'N(2)}} \right)^* = \left(\frac{10000 \underline{|25,84°}}{202,25 \underline{|-3,48°}} \right)^* = 49,44 \underline{|-29,32°} \; A$$

- cálculo do novo valor da tensão nos terminais da carga:

$$\dot{V}_{A'N(3)} = \dot{V}_{AN} - \overline{Z}_L \, \dot{I}_{A(2)} = 220 \underline{|0°} - \left(0,2 + j0,4 \right) . \, 49,44 \underline{|-29,32°} = 202,08 \underline{|-3,52°} \; V$$

Como a diferença entre $\dot{V}_{A'N(3)}$ e $\dot{V}_{A'N(2)}$ é pequena, podemos aceitar a solução:

$$\dot{V}_{A'N} = 202,08 \underline{|-3,52°} \; V$$

e então

$$I_A = \left(\frac{\overline{S}_F}{\dot{V}_{A'N}}\right)^* = \left(\frac{10000\,|25,84°}{202,08\,|-3,52°}\right)^* = 49,49\,|-29,36°\ A$$

Vamos comprovar que a potência absorvida pela carga permaneceu constante. Assim,

$$\overline{S}_F = \dot{V}_F\,I_F^* = 202,08\,|-3,52°\,.\,49,49\,|29,36° = 10000\,|25,84° = \left(9000 + j\,4359\right)\ VA$$

(c) - Carga modelada por corrente constante

Neste caso utilizaremos o mesmo procedimento anterior, pois embora o módulo da corrente se mantenha constante, a sua fase fica indeterminada, pois depende da fase da tensão nos terminais da carga, para a manutenção do fator de potência.

Assim, teremos:

- cálculo do valor inicial da corrente:

$$I_{A(0)} = \left(\frac{\overline{S}_F}{\dot{V}_{A'N(0)}}\right)^* = \left(\frac{10000\,|25,84°}{220\,|0°}\right)^* = 45,45\,|-25,84°\ A$$

$$\varphi = \theta_{(0)} - \delta_{(0)} = 0 - \left(-25,84°\right) = 25,84° = cons\,tan\,te$$

- cálculo do novo valor da tensão nos terminais da carga:

$$\dot{V}_{A'N(1)} = \dot{V}_{AN} - \overline{Z}_L\,I_{A(0)} = 220\,|0° - \left(0,2 + j0,4\right).\,45,45\,|-25,84° = 204,27\,|-3,48°\ V$$

- cálculo do novo valor da corrente (ângulo de fase para a manutenção do fator de potência):

$$\delta_{(1)} = \theta_{(1)} - \varphi = -3,48° - 25,84° = -29,32°$$

então

$$I_{A(1)} = 45,45\,|-29,32°\ A$$

- cálculo do novo valor da tensão nos terminais da carga:

$$\dot{V}_{A'N(2)} = \dot{V}_{AN} - \overline{Z}_L\,I_{A(1)} = 220\,|0° - \left(0,2 + j0,4\right).\,45,45\,|-29,32° = 203,49\,|-3,21°\ V$$

- cálculo do novo valor da corrente (ângulo de fase para a manutenção do fator de potência):

$$\delta_{(2)} = \theta_{(2)} - \varphi = -3,21°-25,84° = -29,05°$$

então

$$I_{A(2)} = 45,45 \underline{|-29,05°}\ A$$

- cálculo do novo valor da tensão nos terminais da carga:

$$\dot{V}_{A'N(3)} = \dot{V}_{AN} - \overline{Z}_L\ I_{A(2)} = 220\underline{|0°} - (0,2 + j0,4).45,45\underline{|-29,05°} = 203,55\underline{|-3,23°}\ V$$

Como a diferença entre $\dot{V}_{A'N(3)}$ e $\dot{V}_{A'N(2)}$ é pequena, podemos aceitar a solução:

$$\dot{V}_{A'N} = 203,55\underline{|-3,23°}\ V$$

e então

$$I_A = 45,45\underline{|-3,23 - 25,84°} = 45,45\underline{|-29,07°}\ A$$

e a potência absorvida pela carga, por fase, será

$$\overline{S}_F = \dot{V}_F\ I_F^* = 203,55\underline{|-3,23°}.45,45\underline{|29,07°} = 9252\underline{|25,84°}\ VA$$

Na Tab. 1-3 apresentamos os resultados obtidos considerando os três modelos. Podemos observar que, no tocante à tensão nos terminais da carga, os valores obtidos pela utilização dos três modelos para a representação da carga podem ser considerados suficientemente próximos para a maioria das aplicações práticas. Com relação à potência absorvida pela carga, observamos que:

- no modelo de potência constante, a potência absorvida por fase manteve-se constante e igual ao valor nominal;

- no modelo de impedância constante, a potência absorvida variou com o quadrado da tensão, ou seja,

$$S_F = S_{NF}\left(\frac{V_F}{V_{NF}}\right)^2 = 10000\left(\frac{204,73}{220}\right)^2 = 8660\ VA$$

- no modelo de corrente constante, a potência absorvida variou linearmente com a tensão, ou seja,

$$S_F = S_{NF}\left(\frac{V_F}{V_{NF}}\right) = 10000\left(\frac{203,55}{220}\right) = 9252\ VA$$

Tabela 1-3. Comparação entre os modelos

Modelo	Impedância constante	Potência constante	Corrente constante
$\dot{V}_{A'N}$ (V)	204,73 $\underline{|-3,0°}$	202,08 $\underline{|-3,52°}$	203,55 $\underline{|-3,23°}$
I_A (A)	42,30 $\underline{|-28,84°}$	49,49 $\underline{|-29,36°}$	45,45 $\underline{|-29,07°}$
$S_F = V_{A'N}I_A$ (VA)	8660	10000	9252

BIBLIOGRAFIA

ORSINI, L.Q. **Curso de circuitos elétricos**. São Paulo, Edgard Blücher, 1993-4. 2v.

MASSACHUSETTS INSTITUTE OF TECHNOLOGY. **Electric circuits**. New York, John Wiley, 1943.

KERCHNER, R.M.; CORCORAN, G.F. **Circuitos de corrente alternada**. Porto Alegre, Globo, 1968.

FALLETTI, N. **Transmissione e distribuzione dell'energia elettrica**. Bologna, Riccardo Pàtron, 1956.

BARTHOLD, L.O.; REPPEN, N.D.; HEDMAN, D.E. **Análise de circuitos de sistemas de potência**. Santa Maria, UFSM, 1993. (Curso de Engenharia em Sistemas Elétricos de Potência - Série PTI, 1).

2

Valores Percentuais e
Por Unidade

2.1 - INTRODUÇÃO

Os valores percentuais e os valores por unidade -também chamados de valores *pu*- correspondem a uma mudança de escala das grandezas principais em sistemas elétricos: tensão, corrente, potência e impedância. Como veremos, tal mudança facilita sobremaneira o cálculo de redes, especialmente quando existem transformadores nos sistemas em estudo.

Inicialmente apresentamos as definições de valores percentuais e valores por unidade. Em seguida desenvolvemos a representação de máquinas elétricas em valores pu, tais como transformadores de 2 ou mais enrolamentos e máquinas rotativas. Posteriormente estudamos a representação de transformadores com relação de transformação em pu diferente de 1:1, a qual permite considerar os casos de choque de bases (quando há fechamento de malha na rede elétrica em determinadas circunstâncias) e de transformadores com comutador de variação (*tap changer*). Na parte correspondente às aplicações de valores pu analisamos em detalhe os circuitos trifásicos simétricos com carga equilibrada. Ao fim do capítulo apresentamos uma discussão em perspectiva considerando as vantagens de utilizarmos valores pu em sistemas de potência.

2.2 - DEFINIÇÕES

Os valores percentuais e por unidade (pu) ou, ainda, normalizados, correspondem simplesmente a uma mudança de escala nas grandezas principais (tensão, corrente, potência e impedância). Para relacionarmos o módulo dessas quatro grandezas elétricas em circuitos monofásicos dispomos de duas relações físicas independentes:

$$V = Z \cdot I \qquad (2.1)$$
$$S = V \cdot I \qquad (2.2)$$

Por esta razão, ao trabalharmos com valores pu devemos sempre definir duas grandezas *fundamentais* dentre as quatro grandezas, atribuindo-lhes correspondentes valores que designaremos por valores *de base*. Os valores de base para as duas outras grandezas (grandezas *derivadas*) resultam imediatamente das relações acima. Assim, por exemplo, se fixarmos valores de base para tensão e potência, qualquer outra tensão ou potência será expressa como uma percentagem (valor percentual) ou uma fração dessa grandeza (valor pu). Formalmente temos:

$$V_{base} = V_1 \qquad e \qquad S_{base} = S_1 \, .$$

Assim, uma tensão qualquer, V, é expressa por:

$$v\% = \frac{V}{V_{base}} \cdot 100 \qquad (v \text{ percentual}),$$

$$v = \frac{V}{V_{base}} \; pu \qquad (v \text{ por unidade}).$$

Analogamente, uma potência qualquer, S, é expressa por:

$$s\% = \frac{S}{S_{base}} \cdot 100 \qquad (s \text{ percentual}),$$

$$s = \frac{S}{S_{base}} \; pu \qquad (s \text{ por unidade}).$$

Para corrente e impedância teremos, em vista das Eqs. (2.1) e (2.2), os seguintes valores de base:

$$I_{base} = \frac{S_{base}}{V_{base}} \, , \qquad Z_{base} = \frac{V_{base}}{I_{base}} = \frac{V_{base}^2}{S_{base}} \, .$$

Analogamente, qualquer corrente ou impedância será expressa por:

$$z = \frac{Z}{Z_{base}} = Z \cdot \frac{S_{base}}{V_{base}^2} \; pu \qquad e \qquad z\% = 100 \cdot z$$

$$i = \frac{I}{I_{base}} = I \cdot \frac{V_{base}}{S_{base}} \; pu \qquad e \qquad i\% = 100 \cdot i \, .$$

EXEMPLO 2.1 - Calcular, no circuito da Fig. 2-1, a tensão necessária no gerador para manter a tensão na carga em 200 V. Sabemos que a carga absorve 100 kVA com $cos\,\varphi = 0,8$ indutivo e que a impedância da linha é $(0,024 + j0,080)\ \Omega$.

SOLUÇÃO:

(a) <u>Valores de Base</u>

Fixaremos como valores de base o valor da potência aparente absorvida pela carga e o da tensão na carga, isto é:

$$S_{base} = 100 \; kVA = 10^5 \; VA \, ,$$
$$V_{base} = 200 \; V \, .$$

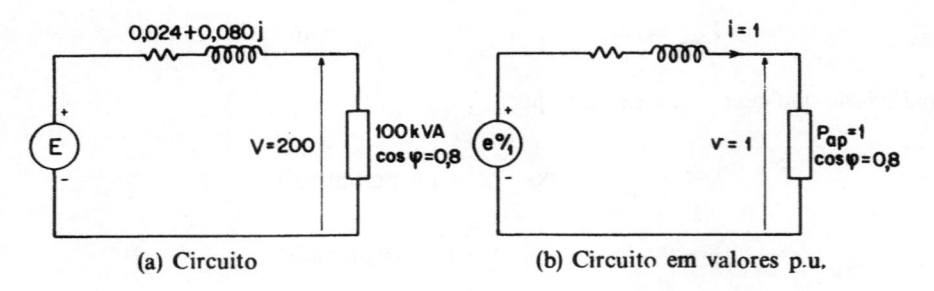

(a) Circuito   (b) Circuito em valores p.u.

Figura 2-1. Circuito para o Ex. 2.1

As bases para a corrente e a impedância são dadas por:

$$I_{base} = \frac{S_{base}}{V_{base}} = \frac{100 \cdot 10^3}{200} = 500 \; A \,,$$

$$Z_{base} = \frac{V_{base}^2}{S_{base}} = \frac{4.10^4}{10^5} = 0,4 \; \Omega \,.$$

(b) Resolução do Circuito

Temos:

$$S = V . I \,;$$

logo,

$$\frac{S}{S_{base}} = \frac{V . I}{S_{base}} = \frac{V}{V_{base}} \cdot \frac{I}{I_{base}} \,,$$

isto é,

$$s = v . i \,.$$

Em tudo o quanto se segue, as letras minúsculas indicarão o valor da grandeza em "por unidade". Logo,

$$i = \frac{s}{v} = \frac{S \, / \, S_{base}}{V \, / \, V_{base}} = \frac{1}{1} = 1 \; pu \,.$$

Adotaremos a corrente na carga com fase zero, isto é,

$$i = 1 \underline{|0} = 1 + j0 \; pu \,.$$

Como o fator de potência da carga é 0,8 indutivo, ou seja, $\varphi = 36,9°$, resulta:

$$\dot{v} = v \lfloor \varphi = 1 \lfloor 36,9° \quad pu.$$

A tensão no gerador é dada por:

$$\dot{E} = \dot{V} + \dot{I}.\overline{Z}$$

dividindo ambos membros por $V_{base} = Z_{base}I_{base}$, resulta:

$$\frac{\dot{E}}{V_{base}} = \frac{\dot{V}}{V_{base}} + \frac{\dot{I}}{I_{base}} \cdot \frac{\overline{Z}}{Z_{base}},$$

isto é,

$$\dot{e} = \dot{v} + i.\overline{z},$$

sendo,

$$\overline{Z} = 0,024 + j0,080 = 0,0835 \lfloor 73,3° \quad \Omega.$$

Logo:

$$\overline{z} = \frac{\overline{Z}}{Z_{base}} = \frac{0,0835}{0,4} \lfloor 73,3° = 0.209 \lfloor 73,3° \quad pu$$

ou

$$\overline{z} = \frac{\overline{Z}}{Z_{base}} = \frac{0,024}{0,4} + j\frac{0,08}{0,4} = (0,060 + j0,200) \quad pu.$$

Portanto

$$\dot{e} = 1 \lfloor 36,9° + 1,0 \cdot 0,209 \lfloor 73,3°,$$

isto é,

$$\dot{e} = 1.(0,8 + j0,6) + 1.(0,060 + j0,200) = 0,860 + j0,800 = 1,175 \lfloor 42,9° \quad pu.$$

Exprimindo $\dot{e}$ em volt, teremos

$$\dot{E} = \dot{e}.V_{base} = 1,175 \lfloor 42,9° \cdot 200 = 235 \lfloor 42,9° \quad V.$$

(c) Diagrama de Fasores

Na Fig. 2-2 construímos o diagrama de fasores adotando, como escalas:

$$1 \text{ cm} = 65 \text{ V},$$
$$1 \text{ cm} = 150 \text{ A}.$$

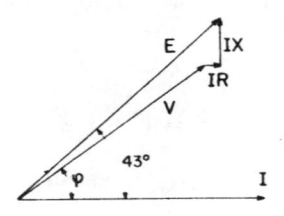

Figura 2.2 - Diagrama de fasores para o Ex. 2.1

Passamos para o diagrama de fasores em valores por unidade, fixando as escalas:

$$\text{Tensão:} \qquad 1\ cm = \frac{65}{200} = 0,325\ pu,$$

$$\text{Corrente:} \qquad 1\ cm = \frac{150}{500} = 0,3\ pu.$$

EXEMPLO 2.2 - Um gerador alimenta uma carga por meio de uma linha. Sabendo-se que:

(1) a tensão no gerador é 220 V - 60 Hz,
(2) a carga é de impedância constante e absorve 10 kW, fator de potência 0,7 indutivo, quando alimentada por tensão de 200 V,
(3) a impedância da linha é (1,28 + j0,80) Ω,

pedimos:

(a) a tensão na carga,
(b) a potência fornecida pelo gerador,
(c) a capacitância de um capacitor, ligado em paralelo com a carga, que torne unitário o fator de potência do conjunto (carga + capacitor);
(d) a tensão na carga e a potência fornecida pelo gerador após a correção do fator de potência;
(e) diagrama de fasores do circuito.

SOLUÇÃO:

(a) <u>Tensão na carga</u>

Adotaremos os seguintes valores de base:

$$V_{base} = 200\ V \quad \text{e} \quad S_{base} = 10\ kVA.$$

A potência ativa absorvida pela carga quando alimentada por tensão de 200 V, expressa em por unidade, vale:

$$p = \frac{P}{S_{base}} = \frac{10}{10} = 1\ pu.$$

Além disso,

$$v = \frac{200}{200} = 1 \ pu \ .$$

Sendo

$$P = VI \cos \varphi \ ,$$

dividindo-se ambos membros por S_{base} resulta:

$$p = \frac{P}{S_{base}} = \frac{VI \cos \varphi}{S_{base}} = \frac{V}{V_{base}} \cdot \frac{I}{I_{base}} \cdot \cos \varphi = vi \cos \varphi \ ;$$

logo, a corrente na carga para tensão de 200 V é dada por:

$$i = \frac{p}{v \cos \varphi} = \frac{1}{1 \cdot 0,7} = 1,429 \ pu \ .$$

Portanto o módulo da impedância é dado por:

$$z = \frac{Z}{Z_{base}} = \frac{V}{I} \cdot \frac{I_{base}}{V_{base}} = \frac{v}{i} = \frac{1,0}{1,429} = 0,7 \ pu \ .$$

O fator de potência da carga é 0,7 indutivo. Portanto, sendo *sen arc cos* 0,7 = 0,714 , resulta:

$$\overline{z} = 0,7. \left(0,700 + j0,714\right) = 0,490 + j0,500 = 0,700 \underline{|45,6°} \ pu \ .$$

Para calcular a corrente fornecida pelo gerador temos:

$$\dot{e} = \left(\overline{z}_L + \overline{z}\right) i$$

e, sendo

$$\overline{z}_L = \left(1,28 + j0,80\right) \cdot \frac{10^4}{200^2} = \left(0,320 + j0,200\right) \ pu \ ,$$

$$\overline{z} + \overline{z}_L = 0,810 + j0,700 = 1,071 \underline{|40,8°} \ pu \ ,$$

$$\dot{e} = \frac{220}{200} \underline{|0} = 1,100 \underline{|0} \ pu \ .$$

resulta:

$$i = \frac{1,100 \underline{|0}}{1,071 \underline{|40,8°}} = 1,027 \underline{|-40,8°} \ pu \ .$$

Finalmente, a tensão na carga é dada por:

$$\dot{v} = \overline{i}\overline{z} = 1{,}027 \,\underline{|-40{,}8^\circ} \cdot 0{,}700 \,\underline{|45{,}6^\circ} = 0{,}719 \,\underline{|4{,}8^\circ} \quad pu \,.$$

(b) Potência fornecida pelo gerador

Antes da correção do fator de potência, temos na carga e no gerador as potências $\dot{s}$ e $\dot{s}_G$ cujos valores são:

$$\overline{s} = \dot{v}\dot{i}^* = 0{,}719 \,\underline{|4{,}8^\circ} \cdot 1{,}027 \,\underline{|+40{,}8^\circ} = 0{,}738 \,\underline{|45{,}6^\circ} = \big(0{,}516 + j0{,}527\big) \quad pu \,,$$

$$\overline{s}_G = \dot{e}\dot{i}^* = 1{,}1 \,\underline{|0} \cdot 1{,}027 \,\underline{|+40{,}8^\circ} = 1{,}130 \,\underline{|40{,}8^\circ} = \big(0{,}855 + j0{,}738\big) \quad pu \,.$$

(c) Correção do fator de potência da carga

Alimentando-se a carga com 200 V, esta absorve potência reativa, dada por

$$q = p \cdot \tan\varphi = 1{,}0 \cdot \tan 45{,}6^\circ = 1{,}0 \cdot 1{,}021 = 1{,}021 \quad pu \,.$$

Como queremos que o fator de potência da carga seja unitário, devemos ligar em paralelo um banco de capacitores que absorva potência reativa q_c dada por:

$$q_C = -1{,}021 \quad pu \,,$$

que corresponde a uma capacitância de:

$$C = \frac{|Q_C|}{V^2\omega} = \frac{|q_C|S_{base}}{V^2\omega} = \frac{1{,}021 \cdot 10^4}{200^2 \cdot 2\pi \cdot 60} = 677 \quad \mu F \,.$$

A potência complexa para tensão de 200 V passará a ser:

$$\overline{s} = p + jq + j\,q_C = p + j0 = 1{,}0 \quad pu \,,$$

ou seja, com tal tensão, absorverá a corrente

$$i = \frac{p}{v \cos\varphi} = \frac{1{,}0}{1{,}0 \cdot 1{,}0} = 1{,}0 \quad pu \,.$$

Finalmente, a impedância da associação em paralelo da carga com os condensadores vale:

$$\overline{z}' = \frac{\dot{v}}{i} = \big(1{,}0 + j0\big) \quad pu \,.$$

(d) Tensão na carga e potência fornecida pelo gerador após a correção do fator de potência

Temos, após a correção do fator de potência,

$$\bar{z}' + \bar{z}_L = 1{,}0 + 0{,}320 + j0{,}200 = 1{,}320 + j0{,}200 = 1{,}335 \, \underline{|8{,}6°} \,,$$

donde

$$\dot{i} = \frac{\dot{e}}{\bar{z} + \bar{z}_L} = \frac{1{,}100 \, \underline{|0}}{1{,}335 \, \underline{|8{,}6°}} = 0{,}824 \, \underline{|-8{,}6°} \quad pu \,.$$

Portanto

$$\dot{v} = \dot{i}\bar{z}' = 0{,}824 \, \underline{|-8{,}6°} \cdot 1{,}0 \, \underline{|0} = 0{,}824 \, \underline{|-8{,}6°} \quad pu \,.$$

Após a correção do fator de potência, os valores de potência complexa na carga e no gerador passam a ser:

$$\bar{s}' = \dot{v}\dot{i}^* = 0{,}824 \, \underline{|-8{,}6°} \cdot 0{,}824 \, \underline{|+8{,}6°} = \left(0{,}679 + j0\right) \quad pu \,,$$

$$\bar{s}'_G = \dot{e}\dot{i}^* = 1{,}1 \, \underline{|0} \cdot 0{,}824 \, \underline{|+8{,}6°} = 0{,}906 \, \underline{|8{,}6°} = \left(0{,}896 + j0{,}135\right) \quad pu \,.$$

(e) Diagrama de fasores

Na Fig. 2-3 está representado o diagrama de fasores do circuito.

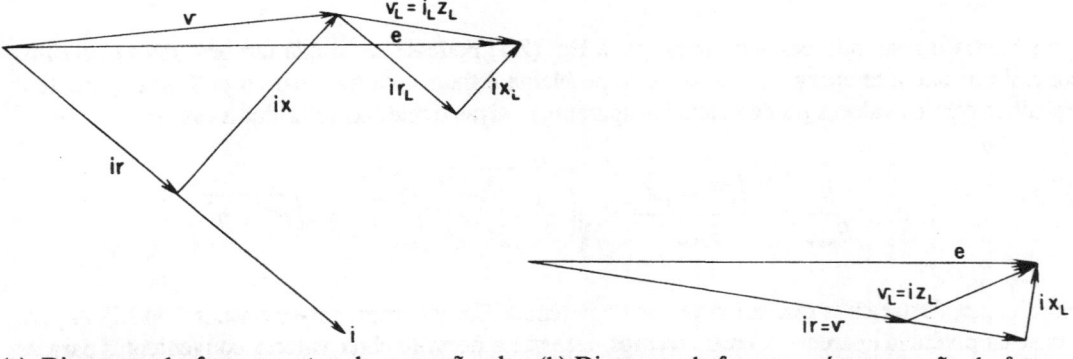

(a) Diagrama de fasores antes da correção do fator de potência

(b) Diagrama de fasores após a correção do fator de potência

Figura 2-3. Diagrama de fasores para o Ex. 2.2

Com relação à fixação de valores de base para a potência, destacamos que só é possível fixar valores de base para a potência aparente (S), e não para as potências ativa (P) ou reativa (Q). Suponhamos, apenas para efeito de demonstração, que valores P_{base} e Q_{base} tenham sido fixados para as potências ativa e reativa, respectivamente, em lugar de um valor de base para a potência aparente. Como vimos nos exemplos anteriores, as grandezas fundamentais e derivadas têm que estar associadas pelas relações físicas existentes. Assim, neste caso poderíamos determinar o valor de base para a potência aparente pela seguinte relação:

$$S_{base} = \sqrt{P_{base}^2 + Q_{base}^2} \ . \tag{2.3}$$

Suponhamos, ainda, que queremos determinar o valor em pu de uma potência aparente S que foi obtida através de:

$$S = \sqrt{P^2 + Q^2} \ .$$

Evidentemente, em pu o valor procurado será:

$$s = \frac{S}{S_{base}} = \frac{\sqrt{P^2 + Q^2}}{\sqrt{P_{base}^2 + Q_{base}^2}} = \sqrt{\frac{P^2 + Q^2}{P_{base}^2 + Q_{base}^2}} \ ,$$

o qual, no caso geral, **não** é igual a:

$$\sqrt{\left(\frac{P}{P_{base}}\right)^2 + \left(\frac{Q}{Q_{base}}\right)^2} = \sqrt{p^2 + q^2} \ ,$$

o qual seria o resultado desejado para que a Eq. (2.3) pudesse ser usada também em pu. Assim, concluímos que a maneira de resolver este problema é fixar uma base para a potência aparente e trabalhar com os valores pu de potências aparentes, ativas e reativas referidos a essa base:

$$s = \frac{S}{S_{base}} = \frac{\sqrt{P^2 + Q^2}}{S_{base}} = \sqrt{\left(\frac{P}{S_{base}}\right)^2 + \left(\frac{Q}{S_{base}}\right)^2} = \sqrt{p^2 + q^2} \ .$$

Finalmente, destacamos que em sistemas de potência é usual empregar-se o valor 100 MVA para a base da potência aparente. Como veremos, este valor permite obter valores convenientes para as bases de corrente e impedância, tendo-se em vista os valores habituais de tensão nominal dos sistemas reais.

2.3 - REPRESENTAÇÃO DE MÁQUINAS ELÉTRICAS EM VALORES POR UNIDADE

2.3.1 - TRANSFORMADORES

De acordo com as normas técnicas, os fabricantes de transformadores devem especificar os seguintes valores, que são conhecidos como "valores nominais", "dados de chapa", ou, ainda, "valores de plena carga" do transformador:

(1) Potência aparente nominal (S_N), que é a potência com a qual a elevação de temperatura do transformador, quando em funcionamento contínuo, não excede determinado valor;

(2) Tensão nominal do enrolamento de alta tensão (V_{NA});

(3) Tensão nominal do enrolamento de baixa tensão (V_{NB});

(4) Impedância equivalente ou de curto-circuito percentual ou por unidade (z_E).

Acerca da definição de tensão nominal, observamos que uma das duas é a tensão primária para a qual o transformador foi projetado, e a outra é a tensão nos terminais do secundário do transformador na condição de vazio, quando é alimentado com tensão primária nominal. Salientamos que, por definição, o enrolamento primário é o que recebe energia da rede de alimentação e o secundário é aquele em que a tensão é induzida. Logo, é o enrolamento secundário que fornece energia a jusante do transformador.

Convencionou-se que os valores de base para determinação da referida impedância equivalente, em pu, do enrolamento de alta tensão fossem V_{NA} e S_N e, para o enrolamento de baixa tensão, V_{NB} e S_N. Conforme veremos a seguir, com esses valores de base, a impedância equivalente referida ao primário ou ao secundário, em pu, tem o mesmo valor.

Sabemos que um transformador pode ser representado por um circuito equivalente, Fig. 2-4, constituído por uma impedância em paralelo com os terminais de entrada, "impedância em vazio", e uma impedância, "impedância de curto-circuito", em série com um transformador ideal com relação de espiras igual à relação das tensões nominais.

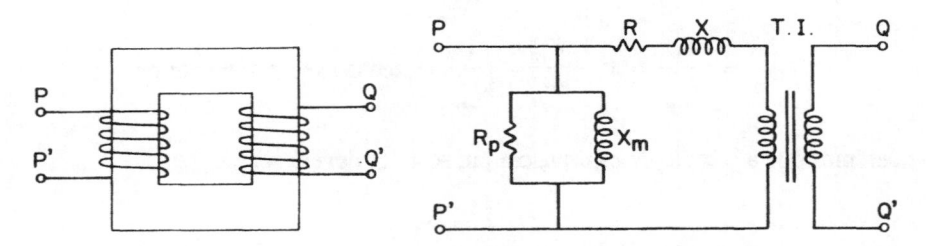

Figura 2-4. Circuito equivalente de um transformador monofásico

Evidentemente, o circuito ligado ao primário do transformador independe eletricamente do circuito ligado ao secundário. Portanto poderemos fixar valores de base quaisquer para o primário e secundário. Nessas condições, devemos colocar a seguinte questão: existirão valores de base convenientemente escolhidos, para o primário e o secundário, que tornem, em pu, o transformador ideal num transformador ideal com relação de espiras 1:1? Sendo a resposta afirmativa, o tratamento da rede será bastante simplificado, pois, pela escolha conveniente das bases, poderemos omitir o transformador ideal reduzindo o circuito entre os pontos P e Q às impedâncias de vazio e de curto-circuito.

Para respondermos à questão proposta, suponhamos ter um transformador, com valores nominais V_{NA}, V_{NB} e S_N, no qual o enrolamento de alta tensão coincide com o primário e adotemos, para o primário e secundário, valores de base V_{base}, S_{base} e V'_{base}, S'_{base}, respectivamente (Fig. 2-5).

Aplicando ao primário do transformador ideal uma tensão V_1 teremos, no secundário, uma tensão V_2 cujo valor é:

$$V_2 = V_1 \cdot \frac{V_{NB}}{V_{NA}}.$$

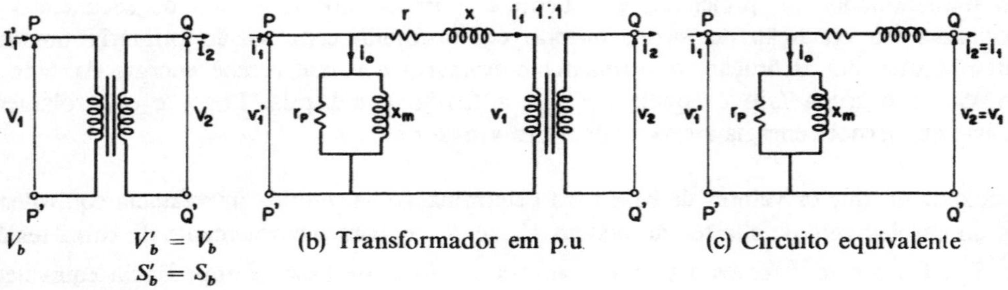

(a) Transformador real

(b) Transformador em p.u.

(c) Circuito equivalente

Figura 2-5. Representações de um transformador em valores pu

Exprimindo essas tensões em pu, teremos:

$$v_1 = \frac{V_1}{V_{base}} = \text{ tensão aplicada ao primário em pu,}$$

$$v_2 = \frac{V_2}{V'_{base}} = V_1 \cdot \frac{V_{NB}}{V_{NA}} \cdot \frac{1}{V'_{base}} = \text{ tensão secundária em pu.}$$

Como queremos que a relação de espiras, em pu, seja 1:1 deverá ser:

$$v_1 = v_2$$

Logo, devemos ter:

$$\frac{1}{V_{base}} = \frac{V_{NB}}{V_{NA}} \cdot \frac{1}{V'_{base}},$$

donde

$$\frac{V_{base}}{V'_{base}} = \frac{V_{NA}}{V_{NB}}. \tag{2.4}$$

A Eq. (2.4) nos diz que, se fixarmos os valores de base da tensão no primário e no secundário na relação das espiras do transformador, as tensões primárias e secundárias, em pu, serão iguais.

No tocante à potência complexa, suponhamos que o primário esteja absorvendo potência $\overline{S}_1$ e o secundário esteja fornecendo $\overline{S}_2$. Ora, como se trata de um transformador ideal, será:

$$\overline{S}_1 = \overline{S}_2.$$

Logo, em pu,

$$\overline{s}_1 = \frac{\overline{S}_1}{S_{base}} \qquad e \qquad \overline{s}_2 = \frac{\overline{S}_2}{S'_{base}}$$

para que seja

$$\overline{s}_1 = \overline{s}_2$$

deverá ser:

$$S_{base} = S'_{base} \tag{2.5}$$

A Eq. (2.5) mostra que, para termos, em pu, potências iguais no primário e secundário, as bases de potência, S_{base} e S'_{base}, deverão ser iguais.

Passemos a verificar se, em pu, as correntes primária e secundária e também se uma impedância referida ao primário e ao secundário são iguais. Assim, seja $\dot{I}_1$ uma corrente que está circulando no primário do transformador ideal. Sendo N_A e N_B o número de espiras dos enrolamentos primário e secundário, para que haja conservação de energia, deverá ser:

$$N_A \dot{I}_1 = N_B \dot{I}_2,$$

ou seja,

$$\dot{I}_2 = \dot{I}_1 \cdot \frac{N_A}{N_B} = \dot{I}_1 \cdot \frac{V_{NA}}{V_{NB}}.$$

Os valores de base das correntes primária e secundária são:

$$I_{base} = \frac{S_{base}}{V_{base}} \qquad e \qquad I'_{base} = \frac{S'_{base}}{V'_{base}} = \frac{S_{base}}{V_{base}} \cdot \frac{V_{NA}}{V_{NB}} = I_{base} \cdot \frac{V_{NA}}{V_{NB}}.$$

Portanto, as correntes $\dot{I}_1$ e $\dot{I}_2$, em pu, valem:

$$i_1 = \frac{I_1}{I_{base}},$$

$$i_2 = \frac{I_2}{I'_{base}} = \frac{I_1(V_{NA} / V_{NB})}{I_{base}(V_{NA} / V_{NB})} = \frac{I_1}{I_{base}} = i_1,$$

ou seja, em pu, com os valores de base fixados pelas Eqs. (2.4) e (2.5), as correntes primária e secundária são iguais.

Para as impedâncias, observamos que uma impedância Z_1 ligada em série no primário do transformador ideal é equivalente a uma Z_2 ligada em série com o secundário, desde que seja:

$$I_1^2 Z_1 = I_2^2 Z_2 = I_1^2 \left(\frac{V_{NA}}{V_{NB}}\right)^2 Z_2,$$

ou

$$Z_2 = Z_1 \left(\frac{V_{NB}}{V_{NA}}\right)^2.$$

Para exprimir tais impedâncias em pu, observamos que as bases de impedâncias no primário e secundário são:

$$Z_{base} = \frac{V_{base}^2}{S_{base}}$$

e

$$Z'_{base} = \frac{V'^2_{base}}{S'_{base}} = \frac{V^2_{base}}{S_{base}} \left(\frac{V_{NB}}{V_{NA}}\right)^2 = Z_{base}\left(\frac{V_{NB}}{V_{NA}}\right)^2.$$

Logo,

$$z_1 = \frac{Z_1}{Z_{base}} = Z_1 \frac{S_{base}}{V_{base}^2}$$

$$z_2 = \frac{Z_2}{Z'_{base}} = \frac{Z_1(V_{NB} / V_{NA})^2}{Z_{base}(V_{NB} / V_{NA})^2} = Z_1 \frac{S_{base}}{V_{base}^2} = z_1.$$

Podemos pois concluir que, quando os valores de base adotados para o primário e para o secundário de um transformador obedecem às Eqs. (2.4) e (2.5), em pu este é representado por um transformador com relação de espiras 1:1 (Fig. 2.5).

EXEMPLO 2.3 - Um transformador monofásico de 138 kV : 13.8 kV, 500 kVA e 60 Hz foi submetido aos ensaios de vazio e curto-circuito, obtendo-se:

(1) Ensaio de vazio
   Alimentação com tensão nominal pela baixa tensão
   Corrente absorvida: 2 A
   Potência absorvida: 12 kW

(2) Ensaio de curto-circuito
   Alimentação pela alta tensão com corrente nominal
   Tensão de alimentação: 10,6 kV
   Potência absorvida: 15 kW.

Pedimos:

(a) os valores das impedâncias de vazio e de curto-circuito;
(b) o circuito equivalente do transformador em pu.

SOLUÇÃO:

(a) Impedâncias de vazio e de curto-circuito

Adotaremos para o enrolamento de alta tensão:

$$V_{base} = 138 \ kV \quad \text{e} \quad S_{base} = 500 \ kVA \, .$$

Os valores de base para o enrolamento de baixa tensão serão:

$$V'_{base} = V_{base} \frac{V_{NB}}{V_{NA}} = 138 \cdot \frac{13,8}{138} = 13,8 \ kV \, ,$$

$$S'_{base} = S_{base} = 500 \ kVA \, .$$

Para o ensaio de vazio, Fig. 2-6, temos:

$$v_0 = \frac{V_{NB}}{V'_{base}} = \frac{13,8}{13,8} = 1 \, pu \, ,$$

$$i_0 = \frac{2}{I'_{base}} = 2 \frac{V'_{base}}{S'_{base}} = \frac{2 \cdot 13,8 \cdot 10^3}{500 \cdot 10^3} = 0,0552 \ pu \, ,$$

$$p_0 = \frac{12}{S_{base}} = \frac{12}{500} = 0,024 \ pu \, .$$

Logo, teremos,

$$cos\ \varphi_0 = \frac{p_0}{v_0 i_0} = \frac{0,024}{1 \cdot 0,0552} = 0,435,$$

donde

$$sen\ \varphi_0 = 0,900.$$

Portanto,

$$i_m = i_0\ sen\ \varphi_0 = 0,0552 \cdot 0,900 = 0,0497\ pu,$$
$$i_p = i_0\ cos\ \varphi_0 = 0,0552 \cdot 0,435 = 0,0240\ pu.$$

Finalmente,

$$x_m = \frac{v_0}{i_m} = \frac{1}{0,0497} = 20,121\ pu,$$

$$r_p = \frac{v_0}{i_p} = \frac{1}{0,0240} = 41,667\ pu.$$

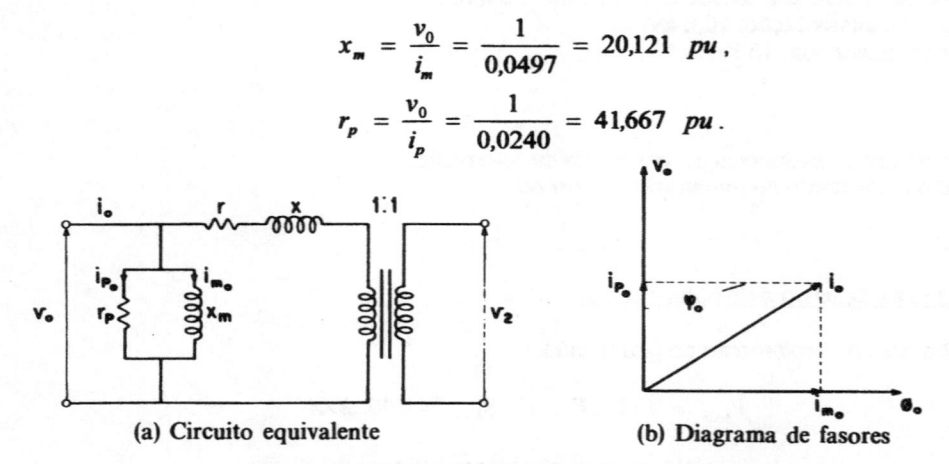

(a) Circuito equivalente   (b) Diagrama de fasores

Figura 2-6. Circuito para ensaio de vazio do Ex. 2.3

ou, na forma de admitância,

$$\dot{v}_0\left(g_p - jb_m\right) = \dot{i}_0,$$

donde

$$g_p = 0,0241\ pu,$$
$$b_m = -0,0497\ pu.$$

Os valores dessas impedâncias, referidos ao enrolamento de alta e baixa tensão, são:

$$X_{ma} = x_m Z_{base} = x_m \frac{V_{base}^2}{S_{base}} = 20,121 \cdot \frac{138^2 \cdot 10^6}{500 \cdot 10^3} = 766,4\ k\Omega,$$

$$X_{mb} = x_m Z'_{base} = x_m \frac{V'^2_{base}}{S'_{base}} = 20,121 \cdot \frac{13,8^2 \cdot 10^6}{500 \cdot 10^3} = 7,664 \ k\Omega \ ,$$

$$R_{pa} = r_p Z_{base} = r_p \frac{V^2_{base}}{S_{base}} = 41,667 \cdot \frac{138^2 \cdot 10^6}{500 \cdot 10^3} = 1587,0 \ k\Omega \ ,$$

$$R_{pb} = r_p Z'_{base} = r_p \frac{V'^2_{base}}{S'_{base}} = 41,667 \cdot \frac{13,8^2 \cdot 10^6}{500 \cdot 10^3} = 15,870 \ k\Omega \ .$$

Para o ensaio de curto-circuito, Fig. 2-7, temos:

$$v_{cc} = \frac{10,6}{V_{base}} = \frac{10,6}{138} = 0,0768 \ pu \ ,$$

$$i_{cc} = \frac{I_{NA}}{I_{base}} = I_{NA} \frac{V_{base}}{S_{base}} = \frac{I_{NA}}{I_{NA}} = 1 \ pu \ ,$$

$$p_{cc} = \frac{15}{S_{base}} = \frac{15}{500} = 0,030 \ pu \ .$$

Portanto,

$$z_{cc} = \frac{v_{cc}}{i_{cc}} = \frac{0,0768}{1,0} = 0,0768 \ pu = 7,68 \ \% \ ,$$

$$r_{cc} = \frac{p_{cc}}{i_{cc}^2} = \frac{0,030}{1,0} = 0,030 \ pu = 3 \ \% \ ,$$

$$x_{cc} = \sqrt{z_{cc}^2 - r_{cc}^2} = \sqrt{0,0768^2 - 0,03^2} = 0,0707 \ pu = 7,07 \ \% \ .$$

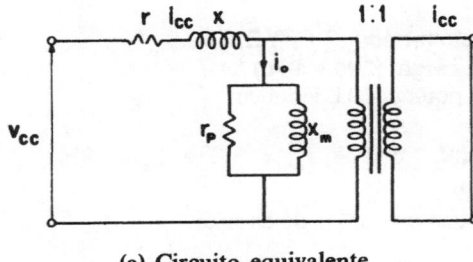
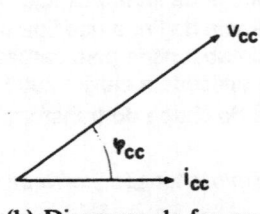

(a) Circuito equivalente   (b) Diagrama de fasores

Figura 2-7. Circuito para ensaio de curto-circuito do Ex. 2.3

Esses valores em ohm, referidos à alta e baixa tensão são:

$$Z_a = z_{cc} Z_{base} = z_{cc} \frac{V^2_{base}}{S_{base}} = 0,0768 \cdot \frac{138^2 \cdot 10^6}{500 \cdot 10^3} = 2925,2 \ \Omega \ ,$$

$$Z_b = z_{cc} Z'_{base} = z_{cc} \frac{V'^2_{base}}{S'_{base}} = 0,0768 \cdot \frac{13,8^2 \cdot 10^6}{500 \cdot 10^3} = 29,252 \ \Omega \ ,$$

$$R_a = r_{cc}Z_{base} = r_{cc} \frac{V_{base}^2}{S_{base}} = 0,030 \cdot \frac{138^2 \cdot 10^6}{500 \cdot 10^3} = 1142,6 \ \Omega,$$

$$R_b = r_{cc}Z'_{base} = r_{cc} \frac{V'^2_{base}}{S'_{base}} = 0,030 \cdot \frac{13,8^2 \cdot 10^6}{500 \cdot 10^3} = 11,426 \ \Omega,$$

$$X_a = x_{cc}Z_{base} = x_{cc} \frac{V_{base}^2}{S_{base}} = 0,0707 \cdot \frac{138^2 \cdot 10^6}{500 \cdot 10^3} = 2692,8 \ \Omega,$$

$$X_b = x_{cc}Z'_{base} = x_{cc} \frac{V'^2_{base}}{S'_{base}} = 0,0707 \cdot \frac{13,8^2 \cdot 10^6}{500 \cdot 10^3} = 26,928 \ \Omega$$

(b) Circuito equivalente do transformador em pu

Na Fig. 2-8 está representado o circuito equivalente com as impedâncias referidas à alta e à baixa tensão e em pu.

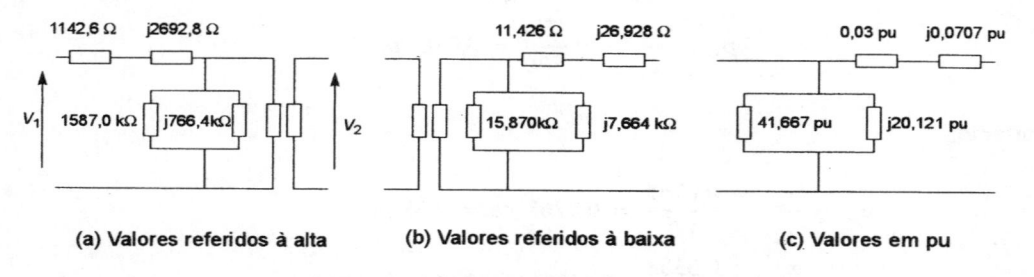

(a) Valores referidos à alta   (b) Valores referidos à baixa   (c) Valores em pu

Figura 2-8. Circuito equivalente para o Ex. 2.3

EXEMPLO 2.4 - Um gerador monofásico alimenta, por meio de uma linha, um transformador, o qual alimenta, por outra linha, uma carga (Fig. 2-9). São conhecidas:

(1) a impedância da linha que liga o gerador ao transformador: $(2 + j4) \ \Omega$;
(2) a impedância da linha que liga o transformador à carga: $(290 + j970) \ \Omega$;
(3) a potência absorvida pela carga: 1 MVA, fator de potência 0,8 indutivo;
(4) a tensão aplicada à carga: 200 kV;
(5) os dados de chapa do transformador: 13,8 - 220 kV, 1,5 MVA, $r_{eq} = 3\%$ e $x_{eq} = 8\%$.

Pedimos determinar tensão, corrente e potência em todos os pontos do circuito.

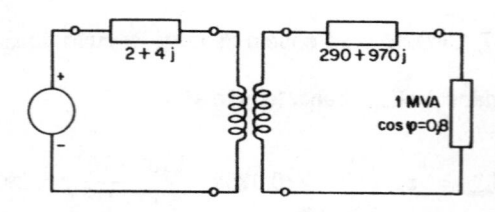

Figura 2-9. Circuito para o Ex. 2.4

SOLUÇÃO:

Adotaremos para o primário do transformador:

$$V_{base} = V_{NA} = 13,8 \; kV \quad e \quad S_{base} = S_N = 1,5 \; MVA.$$

Para o secundário, teremos:

$$V'_{base} = V_{base} \frac{V_{NB}}{V_{NA}} = 13,8 \cdot \frac{220}{13,8} = 220 \; kV,$$

$$S'_{base} = S_{base} = 1,5 \; MVA.$$

Na Fig. 2-10a representamos o circuito equivalente ao dado, no qual substituímos o transformador real pela associação de sua impedância equivalente com um transformador ideal com relação de espiras 13,8:220. Trabalhando-se em valores "por unidade", com as bases fixadas obedecendo às Eqs. (2.4) e (2.5), o transformador real resulta reduzido a um transformador com relação de espiras 1:1, obtendo-se o circuito da Fig. 2-10b no qual o transformador ideal foi omitido.

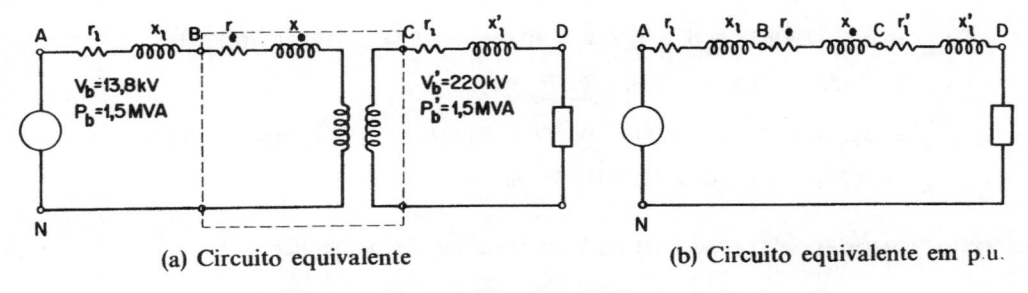

(a) Circuito equivalente   (b) Circuito equivalente em p.u.

Figura 2-10. Circuito equivalente para o Ex. 2.4

A tensão e a potência na carga, em "por unidade", são:

$$v_{DN} = \frac{200}{220} = 0,909 \; pu \qquad s = \frac{1,0}{1,5} = 0,667 \; pu.$$

Logo,

$$i = \frac{s}{v_{DN}} = \frac{0,667}{0,909} = 0,734 \; pu.$$

Adotando-se:

$$\dot{i} = i\,\underline{|0} = 0,734\,\underline{|0} \; pu,$$

resulta:

$$\dot{v}_{DN} = 0,909\,\underline{|\, arc\; cos\; 0,8} = 0,909\,\underline{|36,9°} = \left(0,727 + j0,546\right) \; pu.$$

A impedância da linha CD é:

$$\overline{z}' = \overline{Z}' \frac{S'_{base}}{V'^2_{base}} = (290 + j970) \cdot \frac{1{,}5 \cdot 10^6}{220^2 \cdot 10^6} = (0{,}0090 + j0{,}0301) \ pu \ .$$

A impedância da linha AB é:

$$\overline{z} = \overline{Z} \frac{S_{base}}{V^2_{base}} = (2 + j4) \cdot \frac{1{,}5 \cdot 10^6}{13{,}8^2 \cdot 10^6} = (0{,}0158 + j0{,}0315) \ pu \ .$$

A impedância equivalente do transformador é:
$$\overline{z}_{eq} = (0{,}03 + j0{,}08) \ pu \ .$$

Temos, pois:

$$\dot{v}_{CN} = \dot{v}_{DN} + \dot{i}\overline{z}' = 0{,}727 + j0{,}546 + 0{,}734(0{,}0090 + j0{,}0301)$$
$$\dot{v}_{CN} = 0{,}734 + j0{,}568 = 0{,}928 \ \underline{|37{,}7°} \ pu \ ;$$

$$\dot{v}_{BN} = \dot{v}_{DN} + \dot{i}(\overline{z}' + \overline{z}_{eq}) = 0{,}727 + j0{,}546 + 0{,}734(0{,}0390 + j0{,}1101)$$
$$\dot{v}_{BN} = 0{,}756 + j0{,}627 = 0{,}982 \ \underline{|39{,}7°} \ pu \ ;$$

$$\dot{v}_{AN} = \dot{v}_{DN} + \dot{i}(\overline{z}' + \overline{z}_{eq} + \overline{z}) = 0{,}727 + j0{,}546 + 0{,}734(0{,}0548 + j0{,}1416)$$
$$\dot{v}_{AN} = 0{,}767 + j0{,}650 = 1{,}005 \ \underline{|40{,}3°} \ pu \ ;$$

As potências fornecidas pelo gerador e pelo transformador são dadas por:

$$\overline{s}_A = 1{,}005 \ \underline{|40{,}3°} \cdot 0{,}734 \ \underline{|0} = 0{,}738 \ \underline{|40{,}3°} \ pu \ ;$$
$$\overline{s}_B = 0{,}982 \ \underline{|39{,}7°} \cdot 0{,}734 \ \underline{|0} = 0{,}721 \ \underline{|39{,}7°} \ pu$$
$$\overline{s}_C = 0{,}928 \ \underline{|37{,}7°} \cdot 0{,}734 \ \underline{|0} = 0{,}681 \ \underline{|37{,}7°} \ pu \ .$$

Os valores de tensão, corrente e potência em valores não-normalizados são:

$$\dot{V}_{AN} = \dot{v}_{AN} \cdot V_{base} = 1{,}005 \ \underline{|40{,}3°} \cdot 13{,}8 = 13{,}869 \ \underline{|40{,}3°} \ kV \ ;$$
$$\dot{V}_{BN} = \dot{v}_{BN} \cdot V_{base} = 0{,}982 \ \underline{|39{,}7°} \cdot 13{,}8 = 13{,}552 \ \underline{|39{,}7°} \ kV \ ;$$
$$\dot{V}_{CN} = \dot{v}_{CN} \cdot V'_{base} = 0{,}928 \ \underline{|37{,}7°} \cdot 220 = 204{,}160 \ \underline{|37{,}7°} \ kV \ ;$$
$$\dot{V}_{DN} = \dot{v}_{DN} \cdot V'_{base} = 0{,}909 \ \underline{|36{,}9°} \cdot 220 = 199{,}980 \ \underline{|36{,}9°} \ kV \ ;$$

Corrente no gerador:

$$\dot{I} = \dot{i} \cdot I_{base} = \dot{i} \cdot \frac{S_{base}}{V_{base}} = 0{,}734 \ \underline{|0} \cdot \frac{1{,}5 \cdot 10^3}{13{,}8} = 79{,}783 \ \underline{|0} \ A \ .$$

Corrente na carga:

$$I' = i \cdot I'_{base} = i \cdot \frac{S'_{base}}{V'_{base}} = 0,734 \, \underline{|0} \cdot \frac{1,5 \cdot 10^3}{220} = 5,005 \, \underline{|0} \; A \, .$$

Potências:

$$\overline{S}_A = 1,5 \cdot 0,738 \, \underline{|40,3^\circ} = 1,107 \, \underline{|40,3^\circ} = (0,844 + j0,716) \; MVA \, ;$$

$$\overline{S}_B = 1,5 \cdot 0,721 \, \underline{|39,7^\circ} = 1,082 \, \underline{|39,7^\circ} = (0,832 + j0,691) \; MVA \, ;$$

$$\overline{S}_C = 1,5 \cdot 0,681 \, \underline{|37,7^\circ} = 1,022 \, \underline{|37,7^\circ} = (0,809 + j0,625) \; MVA \, .$$

2.3.2 - MÁQUINAS ELÉTRICAS ROTATIVAS

Tratando-se de geradores, o fabricante fornece a potência aparente nominal, a tensão nominal, a freqüência e as impedâncias: subtransitória, transitória e de regime expressas em "por unidade", adotando como valores de base os nominais da máquina.

EXEMPLO 2.5 - Um alternador monofásico de 100 MVA, 13,8 kV, tem reatância transitória de 25%. Pedimos o valor dessa reatância em ohm.

SOLUÇÃO:

$$X' = x'Z_{base} = x' \frac{V^2_{base}}{S_{base}} = 0,25 \frac{13,8^2}{100} = 0,476 \; \Omega \, .$$

Tratando-se de motores, o fabricante especifica a potência mecânica disponível no eixo, a tensão nominal e as reatâncias, adotando como valores de base a tensão nominal e a potência aparente absorvida pela máquina quando está fornecendo a potência mecânica nominal.

EXEMPLO 2.6 - Um motor síncrono de 1500 cv, 600 V, $x'' = 10\%$ funciona a plena carga com fator de potência unitário e tem rendimento de 89,5 %. Pedimos o valor em ohm da reatância.

SOLUÇÃO:

Sendo $1 \, cv = 0,736 \, kW$, resulta:

$$S = \frac{P_{mec}}{\eta \cos \varphi} = \frac{1500 \cdot 0,736}{0,895 \cdot 1} = 1234 \; kVA \, .$$

Logo,

$$X'' = x'' \frac{V_{base}^2}{S_{base}} = 0{,}10 \frac{600^2}{1234 \cdot 10^3} = 0{,}0292 \ \Omega.$$

2.3.3 - TRANSFORMADORES MONOFÁSICOS COM MAIS DE DOIS ENROLAMENTOS

(1) Equacionamento de transformador com dois enrolamentos

Iniciaremos por equacionar um transformador monofásico a partir das impedâncias próprias dos enrolamentos e comuns entre eles. Assim, seja um transformador monofásico com dois enrolamentos, Fig. 2-11, cuja polaridade está indicada por um ponto (lembramos que, para correntes entrando e saindo simultaneamente pelos terminais assinalados, corresponderão fluxos concordes produzidos pelos enrolamentos, conforme Capítulo 1).

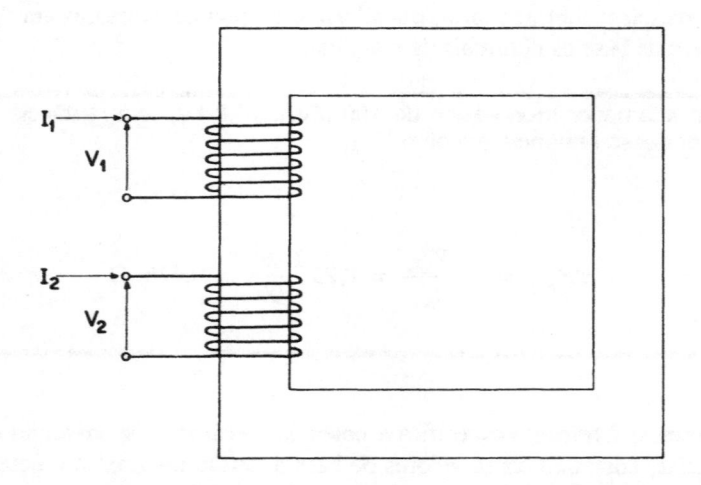

Figura 2-11. Transformador monofásico de dois enrolamentos

Assim, teremos:

$$v_1 = i_1 \cdot R_{11} + \frac{d\phi_1}{dt},$$

$$v_2 = i_2 \cdot R_{22} + \frac{d\phi_2}{dt},$$

em que:

v_i = tensão aplicada ao enrolamento i ($i = 1{,}2$);

i_i = corrente no enrolamento i;

ϕ_i = fluxo concatenado com o enrolamento i;

R_{ii} = resistência do enrolamento i.

Por outro lado, sendo:

L_{11} = indutância própria do enrolamento 1;

L_{22} = indutância própria do enrolamento 2;

$M_{12} = M_{21}$ = indutância mútua entre os enrolamentos 1 e 2,

os fluxos concatenados serão expressos por:

$$\phi_1 = L_{11}i_1 + M_{12}i_2,$$
$$\phi_2 = M_{21}i_1 + L_{22}i_2.$$

Sabemos que as indutâncias próprias e mútuas não permanecem constantes com as variações de corrente, pois sendo:

N = número de espiras do enrolamento;

$\Re$ = relutância do circuito magnético;

resulta para a indutância L a expressão:

$$L = \frac{N^2}{\Re}$$

e, sendo o circuito magnético não linear, sua relutância varia com a corrente. Porém, com aproximação suficiente para os casos usuais, podemos considerar aqueles parâmetros constantes, admitindo que estejamos operando na faixa linear da curva $B = f(H)$, ou seja,

$$\frac{d\phi_1}{dt} = L_{11}\frac{di_1}{dt} + M_{12}\frac{di_2}{dt},$$
$$\frac{d\phi_2}{dt} = M_{21}\frac{di_1}{dt} + L_{22}\frac{di_2}{dt}.$$

Supondo a excitação senoidal e o circuito linear, poderemos escrever as equações acima fasorialmente:

$$\dot{V}_1 = Z_{11}\dot{I}_1 + Z_{12}\dot{I}_2, \tag{2.6}$$
$$\dot{V}_2 = Z_{21}\dot{I}_1 + Z_{22}\dot{I}_2,$$

em que:

$$Z_{11} = R_{11} + j\omega L_{11},$$
$$Z_{22} = R_{22} + j\omega L_{22},$$
$$Z_{12} = Z_{21} = j\omega M_{12} = j\omega M_{21}.$$

A impedância mútua é puramente indutiva, uma vez que desprezamos as perdas no ferro. Com matrizes, as Eqs. (2.6) tornam-se:

$$\mathbf{V} = \begin{bmatrix} \dot{V}_1 \\ \dot{V}_2 \end{bmatrix} = \begin{bmatrix} Z_{11} & Z_{12} \\ Z_{21} & Z_{22} \end{bmatrix} \cdot \begin{bmatrix} I_1 \\ I_2 \end{bmatrix} = \mathbf{ZI} \tag{2.7}$$

As Eqs. (2.6) podem representar uma infinidade de circuitos, sendo que na Fig. 2-12 está representado um dos circuitos possíveis.

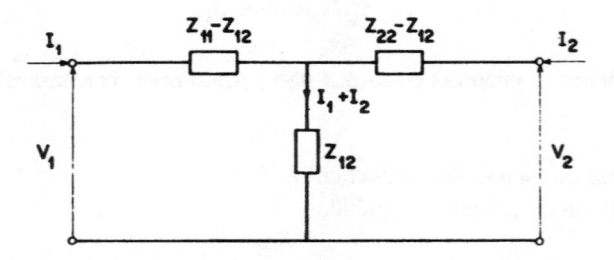

Figura 2-12. Circuito equivalente para transformador

Suponhamos alimentar o enrolamento 2 com tensão $\dot{V}_2$ e manter o enrolamento 1 em circuito aberto, isto é, $\dot{I}_1 = 0$. Das Eqs. (2.6) resulta:

$$\dot{V}_1 = Z_{12} I_2,$$
$$\dot{V}_2 = Z_{22} I_2,$$

ou seja,

$$\dot{V}_1 = \frac{Z_{12}}{Z_{22}} \dot{V}_2,$$

donde:

$$\frac{|\dot{V}_1|}{|\dot{V}_2|} = \frac{\omega M_{12}}{|R_{22} + j\omega L_{22}|}.$$

Porém, nos transformadores normalmente utilizados em sistemas de potência, as resistências dos enrolamentos são muito menores que as reatâncias próprias, isto é:

$$\omega L_{ii} \gg R_{ii} \ , \quad i = 1,2 \ ,$$

donde:

$$\frac{V_1}{V_2} = \frac{\omega M_{12}}{\omega L_{22}} = \frac{M_{12}}{L_{22}} = r \ . \tag{2.8}$$

Salientamos que a relação entre a indutância mútua e a própria é igual à relação entre as tensões primária e secundária na condição de vazio, isto é, representa a relação de espiras r do transformador.

Levando-se em conta a Eq. (2.8), podemos modificar as Eqs. (2.6), conforme segue:

$$\dot{V}_1 = Z_{11}\dot{I}_1 - j\omega \frac{M_{12}^2}{L_{22}} \dot{I}_1 + j\omega \frac{M_{12}^2}{L_{22}} \dot{I}_1 + Z_{12}\dot{I}_2,$$

ou

$$\dot{V}_1 = \left[R_{11} + j\omega\left(L_{11} - \frac{M_{12}^2}{L_{22}} \right) \right]\dot{I}_1 + j\omega\left[\frac{M_{12}^2}{L_{22}} \dot{I}_1 + M_{12}\dot{I}_2 \right],$$

ou, ainda,

$$\dot{V}_1 = \left[R_{11} + j\omega\left(L_{11} - \frac{M_{12}^2}{L_{22}} \right) \right]\dot{I}_1 + j\omega \frac{M_{12}^2}{L_{22}} \left(\dot{I}_1 + \frac{L_{22}}{M_{12}} \dot{I}_2 \right).$$

Finalmente, resulta:

$$\dot{V}_1 = \left[R_{11} + j\omega\left(L_{11} - \frac{M_{12}^2}{L_{22}} \right) \right]\dot{I}_1 + j\omega r^2 L_{22}\left(\dot{I}_1 + \frac{\dot{I}_2}{r} \right).$$

Além disso, temos:

$$\dot{V}_2 = j\omega M_{12}\dot{I}_1 + \left(R_{22} + j\omega L_{22}\right)\dot{I}_2$$
$$= j\omega M_{12}\left(\dot{I}_1 + \frac{L_{22}}{M_{12}}\dot{I}_2\right) + R_{22}\dot{I}_2$$
$$= j\omega L_{22}r\left(\dot{I}_1 + \frac{\dot{I}_2}{r}\right) + rR_{22}\frac{\dot{I}_2}{r}$$

Finalmente:

$$r\dot{V}_2 = j\omega L_{22}r^2\left(\dot{I}_1 + \frac{\dot{I}_2}{r}\right) + r^2R_{22}\frac{\dot{I}_2}{r}.$$

Em resumo, as Eqs. (2.6) transformam-se em:

$$\dot{V}_1 = \left[R_{11} + j\omega\left(L_{11} - \frac{M_{12}^2}{L_{22}}\right)\right]\dot{I}_1 + j\omega r^2 L_{22}\left(\dot{I}_1 + \frac{\dot{I}_2}{r}\right),$$
$$r\dot{V}_2 = j\omega r^2 L_{22}\left(\dot{I}_1 + \frac{\dot{I}_2}{r}\right) + r^2R_{22}\frac{\dot{I}_2}{r}. \tag{2.9}$$

As Eqs. (2.9) podem ser representadas pelo circuito da Fig. 2-13, o qual pode ser transformado no circuito aproximado da Fig. 2-14 no qual a resistência r^2R_{22} foi colocada em série com R_{11}. Evidentemente, esse modelo é aproximado, mas o erro que se comete ao utilizá-lo está dentro da faixa tolerável.

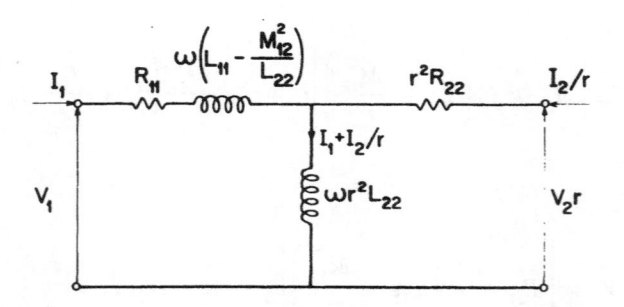

Figura 2-13. Circuito equivalente

Para termos tensão V_2, no secundário do transformador, é suficiente associar em série com o circuito da Fig. 2-14 um transformador ideal com uma relação de espiras $r{:}1$.

Os parâmetros do circuito equivalente são determinados procedendo-se aos ensaios de vazio e curto-circuito. Assim, alimentando o transformador real pelo enrolamento 2 com o 1 em circuito aberto, encontraremos uma impedância <u>referida ao secundário</u> dada por (desprezando-se as perdas no ferro):

$$Z_{02} = R_{22} + j\omega L_{22},$$

porém, sendo:

$$R_{22} \ll \omega L_{22},$$

resulta:

$$Z_{02} \cong j\omega L_{22}.$$

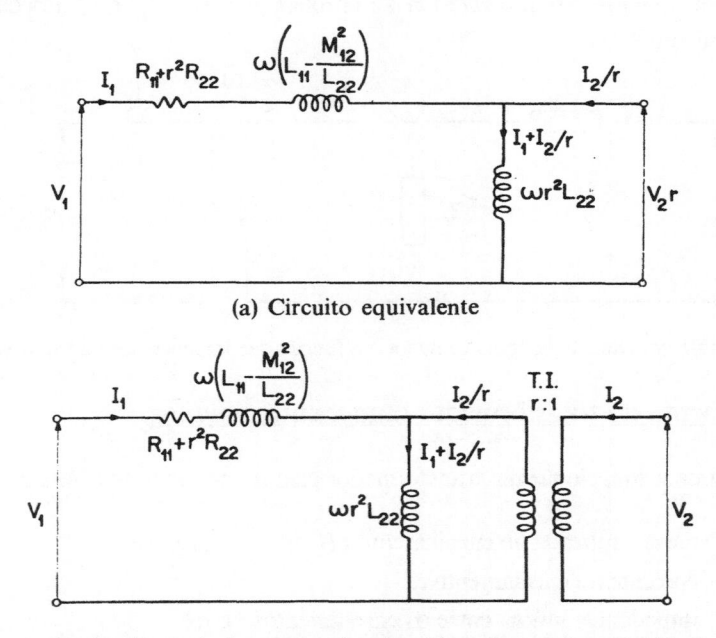

(a) Circuito equivalente

(b) circuito equivalente aproximado utilizando transformador ideal

Figura 2-14. Circuito equivalente aproximado

No circuito equivalente da Fig. 2-14b teremos, ao referirmos a impedância $j\omega r^2 L_{22}$ ao secundário:

$$Z_{02} = j\omega r^2 L_{22}\left(\frac{1}{r}\right)^2 = j\omega L_{22}.$$

Portanto, no ramo paralelo do circuito da Fig. 2-14b poderemos substituir a impedância $j\omega r^2 L_{22}$ por $r^2 Z_{02}$. Caso se queira levar em conta as perdas no ferro, é suficiente ligar em paralelo com

$j\omega r^2 L_{22}$ uma resistência $r^2 R_{02}$ que dissipe a mesma energia que o transformador real nas condições de vazio, ou seja, no ramo paralelo liga-se uma impedância:

$$Z_{02}r^2 = r^2\left(R_{02} + j\omega L_{22}\right).$$

Determinando a impedância do enrolamento 1 com o 2 ligado em curto-circuito, obtemos:

$$\overline{Z}_{c1} = R_{11} + j\omega\left(L_{11} - \frac{M_{12}^2}{L_{22}}\right) + r^2 R_{22}.$$

Portanto o transformador poderá ser representado pelo circuito equivalente da Fig. 2-15, no qual $\overline{Z}_{c1}$ é a impedância de curto circuito referida ao enrolamento 1 e $\overline{Z}_{02}$ é a impedância de vazio referida ao enrolamento 2.

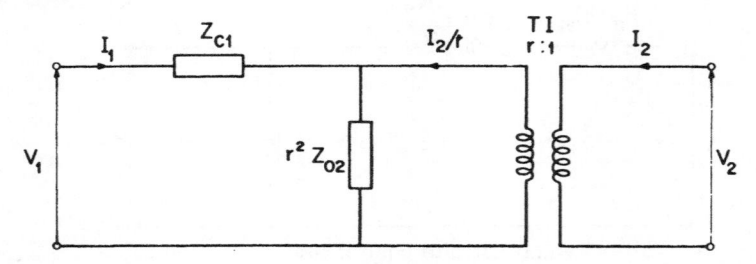

Figura 2-15. Circuito equivalente ao transformador em função das impedâncias de vazio e curto-circuito

(2) Equacionamento do transformador com n enrolamentos

Passemos em seguida a equacionar um transformador com n enrolamentos. Sejam:

V_i =   tensão aplicada ao enrolamento i ($i = 1, 2, ..., n$);

I_i =   corrente no enrolamento i;

$\overline{Z}_{ij}$ =   impedância mútua entre os enrolamentos i e j;

Z_{ii} =   impedância própria do enrolamento i.

Evidentemente as equações dos enrolamentos serão:

$$\dot{V}_1 = \overline{Z}_{11}\dot{I}_1 + \overline{Z}_{12}\dot{I}_2 + \cdots + \overline{Z}_{1j}\dot{I}_j + \cdots + \overline{Z}_{1n}\dot{I}_n;$$
$$\dot{V}_2 = \overline{Z}_{21}\dot{I}_1 + \overline{Z}_{22}\dot{I}_2 + \cdots + \overline{Z}_{2j}\dot{I}_j + \cdots + \overline{Z}_{2n}\dot{I}_n;$$
$$\cdots\cdots\cdots\cdots\cdots\cdots\cdots\cdots\cdots\cdots\cdots\cdots\cdots$$
$$\dot{V}_j = \overline{Z}_{j1}\dot{I}_1 + \overline{Z}_{j2}\dot{I}_2 + \cdots + \overline{Z}_{jj}\dot{I}_j + \cdots + \overline{Z}_{jn}\dot{I}_n;$$
$$\cdots\cdots\cdots\cdots\cdots\cdots\cdots\cdots\cdots\cdots\cdots\cdots\cdots$$
$$\dot{V}_n = \overline{Z}_{n1}\dot{I}_1 + \overline{Z}_{n2}\dot{I}_2 + \cdots + \overline{Z}_{nj}\dot{I}_j + \cdots + \overline{Z}_{nn}\dot{I}_n$$

Sejam S_{b1}, S_{b2}, ..., S_{bj}, ..., S_{bn} e V_{b1}, V_{b2}, ..., V_{bj}, ..., V_{bn} as bases de potência e tensão para os enrolamentos 1, 2, ..., j, ..., n. Além disso, sendo Z_{bi} e I_{bi} as bases de impedância e corrente para o enrolamento i ($i = 1, 2, ..., j, ..., n$), teremos:

$$V_{bi} = Z_{bi} I_{bi} \, ;$$

e dividindo-se o primeiro membro por V_{bi} e o segundo por $Z_{bi} I_{bi}$, resulta:

$$v_1 = z_{11} i_1 + \frac{Z_{12}}{Z_{b1}} \frac{I_{b2}}{I_{b1}} i_2 + \cdots + \frac{Z_{1j}}{Z_{b1}} \frac{I_{bj}}{I_{b1}} i_j + \cdots + \frac{Z_{1n}}{Z_{b1}} \frac{I_{bn}}{I_{b1}} i_n \, ;$$

$$v_2 = \frac{Z_{21}}{Z_{b2}} \frac{I_{b1}}{I_{b2}} i_1 + z_{22} i_2 + \cdots + \frac{Z_{2j}}{Z_{b2}} \frac{I_{bj}}{I_{b2}} i_j + \cdots + \frac{Z_{2n}}{Z_{b2}} \frac{I_{bn}}{I_{b2}} i_n \, ;$$

$$v_j = \frac{Z_{j1}}{Z_{bj}} \frac{I_{b1}}{I_{bj}} i_1 + \frac{Z_{j2}}{Z_{bj}} \frac{I_{b2}}{I_{bj}} i_2 + \cdots + z_{jj} i_j + \cdots + \frac{Z_{jn}}{Z_{bj}} \frac{I_{bn}}{I_{bj}} i_n \, ;$$

$$v_n = \frac{Z_{n1}}{Z_{bn}} \frac{I_{b1}}{I_{bn}} i_1 + \frac{Z_{n2}}{Z_{bn}} \frac{I_{b2}}{I_{bn}} i_2 + \cdots + \frac{Z_{nj}}{Z_{bn}} \frac{I_{bj}}{I_{bn}} i_j + \cdots + z_{nn} i_n \, .$$

Adotando-se:

$$Z_{bj} \frac{I_{bj}}{I_{bi}} = \frac{V_{bj}}{I_{bi}} = Z_{bji} \tag{2.10}$$

como base para a impedância mútua entre o enrolamento i e o j, a base entre os enrolamentos j e i será:

$$Z_{bi} \frac{I_{bi}}{I_{bj}} = \frac{V_{bi}}{I_{bj}} = Z_{bij} \, .$$

Evidentemente, para que

$$Z_{bij} = Z_{bji}$$

deverá ser

$$\frac{V_{bi}}{I_{bj}} = \frac{V_{bj}}{I_{bi}} \, ,$$

ou seja,

$$I_{bj}V_{bj} = S_{bj} = V_{bi}I_{bi} = S_{bi} .$$

Até o momento não escolhemos nenhum valor particular para as bases e, como é sabido, podemos fixar convenientemente num valor duas das grandezas de base. Adotamos inicialmente:

$$S_{bj} = S_{bi} \quad \left(i \neq j, \quad i = 1, \ldots n, \quad j = 1, \ldots, n\right),$$

Nessas condições, as impedâncias mútuas expressas em pu continuarão a ser iguais, isto é:

$$\overline{z}_{ij} = \overline{Z}_{ij} \frac{I_{bj}}{V_{bi}} = \overline{Z}_{ji} \frac{I_{bi}}{V_{bj}} = \overline{z}_{ji} .$$

As equações dos enrolamentos tornam-se:

$$
\begin{aligned}
v_1 &= z_{11}i_1 + z_{12}i_2 + \cdots + z_{1j}i_j + \cdots + z_{1n}i_n \\
v_2 &= z_{21}i_1 + z_{22}i_2 + \cdots + z_{2j}i_j + \cdots + z_{2n}i_n \\
&\cdots\cdots\cdots\cdots\cdots\cdots\cdots\cdots\cdots\cdots\cdots\cdots \\
v_j &= z_{j1}i_1 + z_{j2}i_2 + \cdots + z_{jj}i_j + \cdots + z_{jn}i_n \\
&\cdots\cdots\cdots\cdots\cdots\cdots\cdots\cdots\cdots\cdots\cdots\cdots \\
v_n &= z_{n1}i_1 + z_{n2}i_2 + \cdots + z_{nj}i_j + \cdots + z_{nn}i_n,
\end{aligned}
$$

que, expressas em matrizes, tornam-se:

$$
\begin{bmatrix} v_1 \\ v_2 \\ \cdots \\ v_j \\ \cdots \\ v_n \end{bmatrix}
=
\begin{bmatrix}
z_{11}\,z_{12}\ldots z_{1j}\ldots z_{1n} \\
z_{21}\,z_{22}\ldots z_{2j}\ldots z_{2n} \\
\cdots\cdots\cdots\cdots\cdots\cdots \\
z_{j1}\,z_{j2}\ldots z_{jj}\ldots z_{jn} \\
\cdots\cdots\cdots\cdots\cdots\cdots \\
z_{n1}\,z_{n2}\ldots z_{nj}\ldots z_{nn}
\end{bmatrix}
\cdot
\begin{bmatrix} i_1 \\ i_2 \\ \cdots \\ i_j \\ \cdots \\ i_n \end{bmatrix}
\qquad (2.11)
$$

em que a matriz de impedâncias é simétrica.

Analogamente ao que foi feito com o transformador monofásico, vamos relacionar as relações de espiras entre os enrolamentos com os parâmetros; para tanto, suponhamos alimentar o enrolamento 1 com os demais em vazio. Resultará:

$$i_1 \neq 0 \qquad e \qquad i_j = 0, \qquad \left(j = 2, \ldots, n\right);$$

logo, será:

$$\dot{v}_1 = \bar{z}_{11}\dot{i}_1 = \left(r_{11} + j\frac{\omega L_{11}}{Z_{b1}} \right)\dot{i}_1,$$

ou

$$\dot{i}_1 = \frac{\dot{v}_1}{r_{11} + j\dfrac{\omega L_{11}}{Z_{b1}}}.$$

Lembrando que $r_{11} \ll \dfrac{\omega L_{11}}{Z_{b1}}$, podemos desprezar a resistência do enrolamento face à reatância, isto é:

$$\dot{i}_1 = \frac{\dot{v}_1}{j\dfrac{\omega L_{11}}{Z_{b1}}}.$$

Portanto será:

$$\dot{v}_2 = \bar{z}_{21}\dot{i}_1 = \dot{v}_1 \frac{j\omega M_{12}/Z_{b21}}{j\omega L_{11}/Z_{b1}} = \dot{v}_1 \frac{Z_{b1}}{Z_{b21}} \cdot \frac{M_{12}}{L_{11}} = \dot{v}_1 \frac{x_{12}}{x_{11}},$$

$$\dot{v}_j = \bar{z}_{j1}\dot{i}_1 = \dot{v}_1 \frac{j\omega M_{1j}/Z_{bj1}}{j\omega L_{11}/Z_{b1}} = \dot{v}_1 \frac{Z_{b1}}{Z_{bj1}} \cdot \frac{M_{1j}}{L_{11}} = \dot{v}_1 \frac{x_{1j}}{x_{11}},$$

$$\dot{v}_n = \bar{z}_{n1}\dot{i}_1 = \dot{v}_1 \frac{j\omega M_{1n}/Z_{bn1}}{j\omega L_{11}/Z_{b1}} = \dot{v}_1 \frac{Z_{b1}}{Z_{bn1}} \cdot \frac{M_{1n}}{L_{11}} = \dot{v}_1 \frac{x_{1n}}{x_{11}}.$$

A fim de que todos os enrolamentos tenham, em pu, relações de espiras 1:1, é suficiente que adotemos:

$$\frac{x_{ij}}{x_{jj}} = 1 \quad \left(i \neq j, \quad i = 1, \ldots, n, \quad j = 1, \ldots, n \right).$$

Em outras palavras, recaímos no caso já conhecido para fixação de bases para transformadores, isto é, para que a relação de espiras de um transformador seja 1:1, é necessário (e suficiente) que a base de potência seja igual para os dois enrolamentos e que as bases de tensão estejam na relação de espiras.

Procedamos agora a um arranjo das equações, de modo a equacionar o transformador em função dos parâmetros determinados nos ensaios de vazio e curto-circuito (impedância de vazio e de curto-circuito). Para tanto devemos lançar mão da hipótese simplificativa de que a impedância

z_{jj} própria de um enrolamento é muito grande, isto é, que a corrente de vazio é muito pequena. Ora, é sabido que, para os transformadores de distribuição e para os de potência, tal hipótese é verificada. Assim, retornando à equação do enrolamento 1, teremos:

$$\dot{v}_1 = (r_{11} + jx_{11})\dot{i}_1 + jx_{12}\dot{i}_2 \ +\ldots+\ jx_{ij}\dot{i}_j \ +\ldots+\ jx_{in}\dot{i}_n\,,$$

ou seja:

$$\frac{\dot{v}_1 - r_{11}\dot{i}_1}{jx_{11}} = \dot{i}_1 + \frac{x_{12}}{x_{11}}\dot{i}_2 \ +\ldots+\ \frac{x_{1j}}{x_{11}}\dot{i}_j \ +\ldots+\ \frac{x_{1n}}{x_{11}}\dot{i}_n$$

e, sendo:

$$\frac{x_{12}}{x_{11}} = \frac{x_{1j}}{x_{11}} = \frac{x_{1n}}{x_{11}} = 1\,,$$

será:

$$\frac{\dot{v}_1 - r_{11}\dot{i}_1}{jx_{11}} \cong 0 = \dot{i}_1 + \dot{i}_2 \ +\ldots+\ \dot{i}_j \ +\ldots+\ \dot{i}_n\,. \tag{2.12}$$

A seguir, utilizando a Eq. (2.12), vamos eliminar a corrente $\dot{i}_1$ das Eqs. (2.11). Para tanto, lembramos que, dada uma equação matricial,

$$\begin{bmatrix} y_1 \\ y_2 \\ \ldots \\ y_n \end{bmatrix} = \begin{bmatrix} a_{11}\,a_{12}\ldots a_{1n} \\ a_{21}\,a_{22}\ldots a_{2n} \\ \ldots\ldots\ldots\ldots\ldots \\ a_{n1}\,a_{n2}\ldots a_{nn} \end{bmatrix} \cdot \begin{bmatrix} x_1 \\ x_2 \\ \ldots \\ x_n \end{bmatrix}\,,$$

subtraindo da coluna i da matriz de coeficientes **A** a coluna j, a equação não se altera desde que somemos ao elemento j da matriz **X** o elemento i. De fato:

$$\begin{bmatrix} y_1 \\ y_2 \\ \ldots \\ y_n \end{bmatrix} = \begin{bmatrix} a_{11} & a_{12} - a_{11} & \ldots & a_{1n} \\ a_{21} & a_{22} - a_{21} & \ldots & a_{2n} \\ \ldots & \ldots & \ldots & \ldots \\ a_{n1} & a_{n2} - a_{n1} & \ldots & a_{nn} \end{bmatrix} \cdot \begin{bmatrix} x_1 + x_2 \\ x_2 \\ \ldots \\ x_n \end{bmatrix}\,,$$

$$y_1 = a_{11}(x_1 + x_2) + (a_{12} - a_{11})x_2 \ +\ldots+\ a_{1n}x_n\,,$$
$$y_2 = a_{21}(x_1 + x_2) + (a_{22} - a_{21})x_2 \ +\ldots+\ a_{2n}x_n\,,$$
$$\ldots\ldots\ldots\ldots\ldots\ldots\ldots\ldots\ldots\ldots\ldots\ldots\ldots\ldots$$
$$y_n = a_{n1}(x_1 + x_2) + (a_{n2} - a_{n1})x_2 \ +\ldots+\ a_{nn}x_n\,,$$

ou:

$$y_1 = a_{11}x_1 + a_{12}x_2 + \ldots + a_{1n}x_n + (a_{11} - a_{11})x_2,$$
$$y_2 = a_{21}x_1 + a_{22}x_2 + \ldots + a_{2n}x_n + (a_{21} - a_{21})x_2,$$
$$\ldots\ldots\ldots\ldots\ldots\ldots\ldots\ldots\ldots\ldots\ldots\ldots\ldots\ldots\ldots\ldots$$
$$y_n = a_{n1}x_1 + a_{n2}x_2 + \ldots + a_{nn}x_n + (a_{n1} - a_{n1})x_2$$

Além disso, lembremos que, somando o elemento y_j ao elemento y_i, a equação não se altera desde que somemos a linha j da matriz de coeficientes **A** à linha i, ou seja:

$$\begin{bmatrix} y_1 + y_2 \\ y_2 \\ \ldots \\ y_n \end{bmatrix} = \begin{bmatrix} a_{11} + a_{21} & a_{12} + a_{22} & \ldots & a_{1n} + a_{2n} \\ a_{21} & a_{22} & \ldots & a_{2n} \\ \ldots & \ldots & \ldots & \ldots \\ a_{n1} & a_{n2} & \ldots & a_{nn} \end{bmatrix} \cdot \begin{bmatrix} x_1 \\ x_2 \\ \ldots \\ x_n \end{bmatrix}.$$

isto é:

$$y_1 + y_2 = a_{11}x_1 + a_{12}x_2 + \ldots + a_{1n}x_n + a_{21}x_1 + a_{22}x_2 + \ldots + a_{2n}x_n.$$

Retomemos a Eq. (2.11) e somemos a i_1 os valores de $i_2, \ldots, i_n$. Resultará:

$$\begin{bmatrix} \dot{v}_1 \\ \dot{v}_2 \\ \ldots \\ \dot{v}_j \\ \ldots \\ \dot{v}_n \end{bmatrix} = \begin{bmatrix} \overline{z}_{11} & \overline{z}_{12} - \overline{z}_{11} & \ldots & \overline{z}_{1j} - \overline{z}_{11} & \ldots & \overline{z}_{1n} - \overline{z}_{11} \\ \overline{z}_{21} & \overline{z}_{22} - \overline{z}_{21} & \ldots & \overline{z}_{2j} - \overline{z}_{21} & \ldots & \overline{z}_{2n} - \overline{z}_{21} \\ \ldots & \ldots & \ldots & \ldots & \ldots & \ldots \\ \overline{z}_{j1} & \overline{z}_{j2} - \overline{z}_{j1} & \ldots & \overline{z}_{jj} - \overline{z}_{j1} & \ldots & \overline{z}_{jn} - \overline{z}_{j1} \\ \ldots & \ldots & \ldots & \ldots & \ldots & \ldots \\ \overline{z}_{n1} & \overline{z}_{n2} - \overline{z}_{n1} & \ldots & \overline{z}_{nj} - \overline{z}_{n1} & \ldots & \overline{z}_{nn} - \overline{z}_{n1} \end{bmatrix} \cdot \begin{bmatrix} i_1 + i_2 + \ldots + i_n \\ i_2 \\ \ldots \\ i_j \\ \ldots \\ i_n \end{bmatrix}.$$

Substituamos $\dot{v}_2 \ldots \dot{v}_j \ldots \dot{v}_n$ por $-\dot{v}_2 \ldots -\dot{v}_j \ldots -\dot{v}_n$. Resulta:

$$\begin{bmatrix} \dot{v}_1 \\ -\dot{v}_2 \\ \ldots \\ -\dot{v}_j \\ \ldots \\ -\dot{v}_n \end{bmatrix} = \begin{bmatrix} \overline{z}_{11} & \overline{z}_{12} - \overline{z}_{11} & \ldots & \overline{z}_{1j} - \overline{z}_{11} & \ldots & \overline{z}_{1n} - \overline{z}_{11} \\ -\overline{z}_{21} & \overline{z}_{21} - \overline{z}_{22} & \ldots & \overline{z}_{21} - \overline{z}_{2j} & \ldots & \overline{z}_{21} - \overline{z}_{2n} \\ \ldots & \ldots & \ldots & \ldots & \ldots & \ldots \\ -\overline{z}_{j1} & \overline{z}_{j1} - \overline{z}_{j2} & \ldots & \overline{z}_{j1} - \overline{z}_{jj} & \ldots & \overline{z}_{j1} - \overline{z}_{jn} \\ \ldots & \ldots & \ldots & \ldots & \ldots & \ldots \\ -\overline{z}_{n1} & \overline{z}_{n1} - \overline{z}_{n2} & \ldots & \overline{z}_{n1} - \overline{z}_{nj} & \ldots & \overline{z}_{n1} - \overline{z}_{nn} \end{bmatrix} \cdot \begin{bmatrix} 0 \\ i_2 \\ \ldots \\ i_j \\ \ldots \\ i_n \end{bmatrix}.$$

Somemos a $-\dot{v}_2 \ldots -\dot{v}_j \ldots -\dot{v}_n$ o valor $\dot{v}_1$ e abandonemos $\dot{v}_1$. Resulta:

$$\begin{bmatrix} v_1 - v_2 \\ \dots \\ v_1 - v_j \\ \dots \\ v_1 - v_n \end{bmatrix} = \begin{bmatrix} -\overline{z}_{11} - \overline{z}_{22} + \overline{z}_{12} + \overline{z}_{21} & \dots & -\overline{z}_{11} - \overline{z}_{2j} + \overline{z}_{1j} + \overline{z}_{21} & \dots & -\overline{z}_{11} - \overline{z}_{2n} + \overline{z}_{1n} + \overline{z}_{21} \\ \dots & \dots & \dots & \dots & \dots \\ -\overline{z}_{11} - \overline{z}_{j2} + \overline{z}_{12} + \overline{z}_{j1} & \dots & -\overline{z}_{11} - \overline{z}_{jj} + \overline{z}_{1j} + \overline{z}_{j1} & \dots & -\overline{z}_{11} - \overline{z}_{jn} + \overline{z}_{1n} + \overline{z}_{j1} \\ \dots & \dots & \dots & \dots & \dots \\ -\overline{z}_{11} - \overline{z}_{n2} + \overline{z}_{12} + \overline{z}_{n1} & \dots & -\overline{z}_{11} - \overline{z}_{nj} + \overline{z}_{1j} + \overline{z}_{n1} & \dots & -\overline{z}_{11} - \overline{z}_{nn} + \overline{z}_{1n} + \overline{z}_{n1} \end{bmatrix} \cdot \begin{bmatrix} i_2 \\ \dots \\ i_j \\ \dots \\ i_n \end{bmatrix}.$$

Lembrando que $z_{ik} = z_{ki}$, resulta:

$$\begin{bmatrix} v_1 - v_2 \\ \dots \\ v_1 - v_j \\ \dots \\ v_1 - v_n \end{bmatrix} = \begin{bmatrix} -\overline{z}_{11} - \overline{z}_{22} + 2\overline{z}_{12} & \dots & -\overline{z}_{11} - \overline{z}_{2j} + \overline{z}_{1j} + \overline{z}_{12} & \dots & -\overline{z}_{11} - \overline{z}_{2n} + \overline{z}_{1n} + \overline{z}_{12} \\ \dots & \dots & \dots & \dots & \dots \\ -\overline{z}_{11} - \overline{z}_{j2} + \overline{z}_{1j} + \overline{z}_{12} & \dots & -\overline{z}_{11} - \overline{z}_{jj} + 2\overline{z}_{1j} & \dots & -\overline{z}_{11} - \overline{z}_{jn} + \overline{z}_{1n} + \overline{z}_{1j} \\ \dots & \dots & \dots & \dots & \dots \\ -\overline{z}_{11} - \overline{z}_{2n} + \overline{z}_{1n} + \overline{z}_{12} & \dots & -\overline{z}_{11} - \overline{z}_{jn} + \overline{z}_{1j} + \overline{z}_{1n} & \dots & -\overline{z}_{11} - \overline{z}_{nn} + 2\overline{z}_{1n} \end{bmatrix} \cdot \begin{bmatrix} i_2 \\ \dots \\ i_j \\ \dots \\ i_n \end{bmatrix}.$$

O significado do vetor das quedas de tensão está representado na Fig. 2-16. Em particular, se alimentarmos o transformador pelo enrolamento 1, com o 2 ligado em curto-circuito e os demais em circuito aberto, obteremos:

$$i_k = 0 \quad \left(k = 3, \dots, j, \dots, n \right),$$
$$v_1 - v_2 = -\left(\overline{z}_{11} + \overline{z}_{22} - 2\overline{z}_{12} \right) i_2,$$

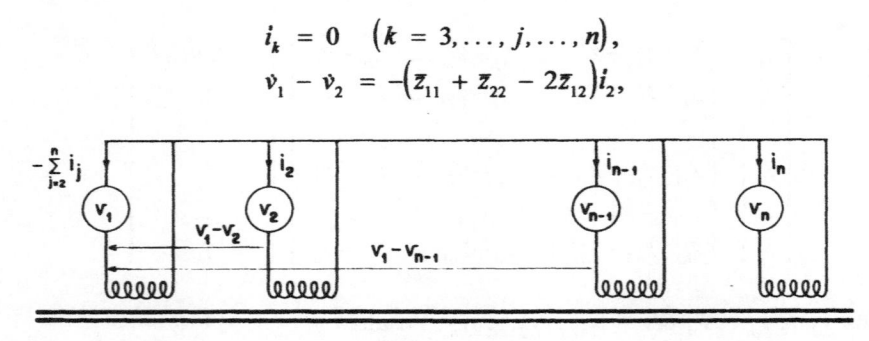

Figura 2-16. Representação do vetor das quedas de tensão

porém devemos salientar que a corrente $\dot{i}_2$ estará saindo pelo terminal 2; logo, será negativa. Fazendo-se:

$$\overline{z}_{11} + \overline{z}_{22} - 2\overline{z}_{12} = \overline{z}_{12c},$$

em que z_{12c} é designada por impedância de curto-circuito entre os enrolamentos 1 e 2, com os demais enrolamentos em vazio.

Analogamente, determinamos:

$$\overline{z}_{13c} = \overline{z}_{11} + \overline{z}_{33} - 2\overline{z}_{13},$$

$$\cdots\cdots\cdots\cdots\cdots$$

$$\overline{z}_{1jc} = \overline{z}_{11} + \overline{z}_{jj} - 2\overline{z}_{1j},$$

$$\cdots\cdots\cdots\cdots\cdots$$

$$\overline{z}_{1nc} = \overline{z}_{11} + \overline{z}_{nn} - 2\overline{z}_{1n}.$$

Observa-se que, se tivéssemos alimentado o transformador pelo enrolamento k, genérico, teríamos:

$$\overline{z}_{kjc} = \overline{z}_{kk} + \overline{z}_{jj} - 2\overline{z}_{kj}. \tag{2.13}$$

Os valores de $\overline{z}_{kjc}$ para todos os pares de terminais são determináveis por meio de ensaios de curto-circuito alimentando-se o enrolamento k e curto-circuitando-se o j com os demais em circuito aberto.

Antes de passarmos à determinação dos elementos fora da diagonal, observemos que um elemento qualquer da primeira linha da matriz de impedância é dado por:

$$\overline{z}_{12-j} = -\left(\overline{z}_{11} + \overline{z}_{2j} - \overline{z}_{1j} - \overline{z}_{12}\right),$$

ou

$$\overline{z}_{12-j} = -\left(\overline{z}_{11} - \overline{z}_{12} + \overline{z}_{2j} - \overline{z}_{1j}\right).$$

O índice 12-j da impedância z_{12-j} significa que essa impedância dá a contribuição da corrente i_j (corrente que entra no terminal j) na queda de tensão entre os terminais 1 e 2 do transformador, isto é:

$$\dot{v}_{12} = \dot{v}_1 - \dot{v}_2 = \sum_{j=2}^{n} \overline{z}_{12-j} i_j.$$

Genericamente, teríamos:

$$\dot{v}_{1k} = \dot{v}_1 - \dot{v}_k = \sum_{j=2}^{n} \overline{z}_{1k-j} i_j.$$

Portanto o termo genérico fora da diagonal da matriz de impedâncias é dado por:

$$\overline{z}_{1k-j} = -\left(\overline{z}_{11} + \overline{z}_{kj} - \overline{z}_{1j} - \overline{z}_{1k}\right) \quad (k \neq j).$$

Por outro lado, observamos que, ao invés de eliminarmos a corrente $\dot{i}_1$, poderíamos ter eliminado a corrente genérica $\dot{i}_r$, o que resultaria em:

$$\bar{z}_{rk-j} = -\left(\bar{z}_{rr} + \bar{z}_{kj} - \bar{z}_{rj} - \bar{z}_{rk}\right).$$

Finalmente, resulta-nos a identidade:

$$\bar{z}_{rjc} + \bar{z}_{rkc} - \bar{z}_{jkc} = \bar{z}_{rr} + \bar{z}_{jj} - 2\bar{z}_{rj} + \bar{z}_{rr} + \bar{z}_{kk} - 2\bar{z}_{rk} - \bar{z}_{jj} - \bar{z}_{kk} + 2\bar{z}_{jk}$$
$$= 2\left(\bar{z}_{rr} + \bar{z}_{jk} - \bar{z}_{rj} - \bar{z}_{rk}\right) = -2\bar{z}_{rk-j} \tag{2.14}$$

ou seja, os elementos fora da diagonal também são determináveis a partir das impedâncias de curto-circuito entre dois terminais com os demais em circuito aberto. Resulta, pois:

$$
\begin{bmatrix} \dot{v}_1 - \dot{v}_2 \\ \dot{v}_1 - \dot{v}_3 \\ \dots \\ \dot{v}_1 - \dot{v}_j \\ \dots \\ \dot{v}_1 - \dot{v}_n \end{bmatrix} = -
\begin{bmatrix}
\bar{z}_{12c} & 0,5\left(\bar{z}_{12c} + \bar{z}_{13c} - \bar{z}_{23c}\right) & \dots & 0,5\left(\bar{z}_{12c} + \bar{z}_{1jc} - \bar{z}_{2jc}\right) & \dots & 0,5\left(\bar{z}_{12c} + \bar{z}_{1nc} - \bar{z}_{2nc}\right) \\
0,5\left(\bar{z}_{13c} + \bar{z}_{12c} - \bar{z}_{23c}\right) & \bar{z}_{13c} & \dots & 0,5\left(\bar{z}_{13c} + \bar{z}_{1jc} - \bar{z}_{3jc}\right) & \dots & 0,5\left(\bar{z}_{13c} + \bar{z}_{1nc} - \bar{z}_{3nc}\right) \\
\dots & \dots & \dots & \dots & & \dots \\
0,5\left(\bar{z}_{1jc} + \bar{z}_{12c} - \bar{z}_{2jc}\right) & 0,5\left(\bar{z}_{1jc} + \bar{z}_{13c} - \bar{z}_{3jc}\right) & \dots & \bar{z}_{1jc} & \dots & 0,5\left(\bar{z}_{1jc} + \bar{z}_{1nc} - \bar{z}_{njc}\right) \\
\dots & \dots & \dots & \dots & & \dots \\
0,5\left(\bar{z}_{1nc} + \bar{z}_{12c} - \bar{z}_{2nc}\right) & 0,5\left(\bar{z}_{1nc} + \bar{z}_{13c} - \bar{z}_{3nc}\right) & \dots & 0,5\left(\bar{z}_{1nc} + \bar{z}_{1jc} - \bar{z}_{jnc}\right) & \dots & \bar{z}_{1nc}
\end{bmatrix}
\cdot
\begin{bmatrix} \dot{i}_2 \\ \dot{i}_3 \\ \dots \\ \dot{i}_j \\ \dots \\ \dot{i}_n \end{bmatrix}
$$

$$\tag{2.15}$$

(3) Transformador de três enrolamentos

Em sistemas de potência, são de emprego muito difundido os transformadores de três enrolamentos, razão pela qual nos ocuparemos em determinar um circuito equivalente.

Aplicando a Eq. (2.15) a um transformador monofásico de três enrolamentos, obteremos:

$$v_1 - v_2 = -\bar{z}_{12c}i_2 - \frac{1}{2}\left(\bar{z}_{12c} + \bar{z}_{13c} - \bar{z}_{23c}\right)i_3, \tag{2.16}$$

$$v_1 - v_3 = -\frac{1}{2}\left(\bar{z}_{12c} + \bar{z}_{13c} - \bar{z}_{23c}\right)i_2 - \bar{z}_{13c}i_3.$$

Vamos analisar as possibilidades de representar o transformador por uma estrela, com impedâncias de valores $\bar{z}_p$, $\bar{z}_s$ e $\bar{z}_t$, Fig. 2-17. A equação dessa rede é:

$$v_{12} = v_1 - v_2 = v_{10} + v_{02} = -\left(i_2 + i_3\right)\bar{z}_p - i_2\bar{z}_s$$

$$v_{13} = v_1 - v_3 = v_{10} + v_{03} = -\left(i_2 + i_3\right)\bar{z}_p - i_3\bar{z}_t,$$

ou seja:

$$v_1 - v_2 = -\left(\bar{z}_p + \bar{z}_s\right)i_2 - \bar{z}_p i_3, \tag{2.17}$$

$$v_1 - v_3 = -\bar{z}_p i_2 - \left(\bar{z}_p + \bar{z}_t\right)i_3.$$

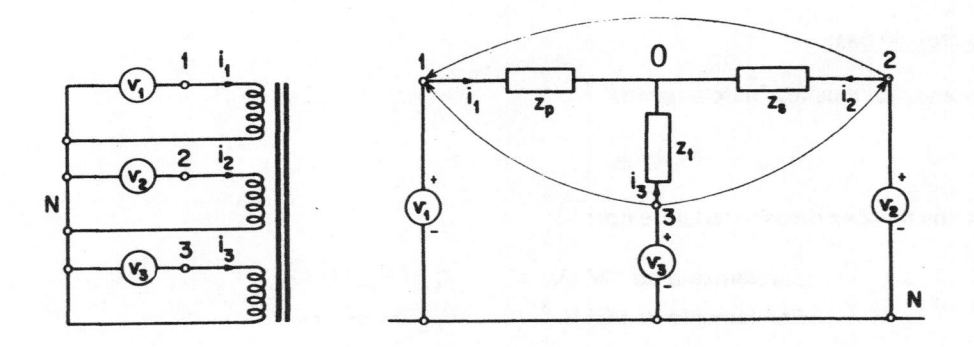

Figura 2-17. Circuito equivalente para um transformador de 3 enrolamentos

Para que o circuito representado pelas Eqs. (2.17) seja equivalente ao transformador cujas equações são as Eqs. (2.16), os coeficientes das variáveis devem ser iguais, isto é:

$$\bar{z}_p + \bar{z}_s = \bar{z}_{12c}$$

$$\bar{z}_p + \bar{z}_t = \bar{z}_{13c}$$

$$\bar{z}_p = \frac{1}{2}\left(\bar{z}_{12c} + \bar{z}_{13c} - \bar{z}_{23c}\right),$$

de onde tiramos:

$$\bar{z}_p = \frac{1}{2}\left(\bar{z}_{12c} + \bar{z}_{13c} - \bar{z}_{23c}\right),$$

$$\bar{z}_s = \frac{1}{2}\left(\bar{z}_{12c} + \bar{z}_{23c} - \bar{z}_{13c}\right),$$

$$\bar{z}_t = \frac{1}{2}\left(\bar{z}_{13c} + \bar{z}_{23c} - \bar{z}_{12c}\right).$$

EXEMPLO 2.7 - Um transformador monofásico de três enrolamentos tem potência nominal de 15 MVA e tensões nominais de 127 kV - 69 kV - 13,8 kV. Foi submetido aos ensaios de curto-circuito obtendo-se:

(1) Alimentação pelo enrolamento de 127 kV com o enrolamento de 69 kV em curto-circuito:
$$P = 300 \text{ kW} \qquad I = 118,1 \text{ A} \qquad V = 10,465 \text{ kV}$$

(2) Alimentação pelo enrolamento de 127 kV com o enrolamento de 13,8 kV em curto-circuito:
$$P = 450 \text{ kW} \qquad I = 118,1 \text{ A} \qquad V = 15,697 \text{ kV}$$

(3) Alimentação pelo enrolamento de 69 kV com o enrolamento de 13,8 kV em curto-circuito:
$$P = 225 \text{ kW} \qquad I = 217,39 \text{ A} \qquad V = 4,264 \text{ kV}$$

Pede-se determinar seu circuito equivalente.

SOLUÇÃO:

(a) Valores de base

Adotaremos para os três enrolamentos:

$$S_{base} = 15 \ MVA .$$

Quanto às tensões de base, adotaremos:

Enrolamento de 127 kV:	$V_{base} = 127 \ kV$;
Enrolamento de 69 kV:	$V_{base} = 69 \ kV$;
Enrolamento de 13,8 kV:	$V_{base} = 13,8 \ kV$.

(b) Impedância em curto-circuito

Para o ensaio (1), temos:

$$p = \frac{0,300}{15} = 0,020 \ pu ,$$

$$v = \frac{10,465}{127} = 0.0824 \ pu ,$$

$$i = 118,1 \cdot \frac{127}{15000} = 1,0 \ pu ,$$

de onde:

$$z_{12c} = \frac{v}{i} = 0,0824 \ pu \ ,$$

$$r_{12c} = \frac{p}{i^2} = 0,020 \ pu \ ,$$

$$x_{12c} = \sqrt{z_{12c}^2 - r_{12c}^2} = 0,080 \ pu \ ;$$

finalmente:

$$\overline{z}_{12c} = \left(0,020 + j0,080\right) \ pu$$

Para o ensaio (2), obtemos:

$$p = \frac{0,450}{15} = 0,030 \ pu \ ,$$

$$v = \frac{15,697}{127} = 0,124 \ pu \ ,$$

$$i = 1,0 \ pu \ ,$$

donde:

$$\overline{z}_{13c} = \left(0,030 + j0,120\right) \ pu \ .$$

Para o ensaio (3), obtemos:

$$p = \frac{0,225}{15} = 0,015 \ pu \ ,$$

$$v = \frac{4,264}{69} = 0,0618 \ pu \ ,$$

$$i = 217,39 \cdot \frac{69}{15000} = 1,0 \ pu \ ,$$

donde:

$$\overline{z}_{23c} = \left(0,015 + j0,060\right) \ pu \ .$$

(c) Circuito equivalente

$$z_p = \frac{1}{2}\left(\overline{z}_{12c} + \overline{z}_{13c} - \overline{z}_{23c}\right) = \left(0,0175 + j0,070\right) \ pu \ ,$$

$$z_s = \frac{1}{2}\left(\overline{z}_{12c} + \overline{z}_{23c} - \overline{z}_{13c}\right) = \left(0,0025 + j0,010\right) \ pu \ ,$$

$$z_t = \frac{1}{2}\left(z_{13c} + z_{23c} - z_{12c}\right) = \left(0,0125 + j0,050\right)\ pu\ .$$

2.4 - MUDANÇA DE BASES

Em muitas aplicações, conhecemos o valor de uma grandeza em "por unidade" numa determinada base e necessitamos conhecer seu valor em outra base. O procedimento que se segue é sempre o de determinar o valor da grandeza, multiplicando seu valor em "por unidade" pela base na qual foi dada e dividir esse valor pelo valor da nova base.

Assim, sejam v, i, p e z respectivamente os valores de uma tensão, uma corrente, uma potência e uma impedância, em pu, nos valores de base V_{base} e S_{base}. Queremos determinar seus valores, em pu, nas novas bases V'_{base} e S'_{base}.

Temos:

(a) <u>Tensão</u>

Determinamos inicialmente o valor da tensão em volt:

$$V = v \cdot V_{base}.$$

Determinamos a seguir o valor dessa tensão na nova base:

$$v' = \frac{V}{V'_{base}} = v \cdot \frac{V_{base}}{V'_{base}}.$$

(b) <u>Corrente</u>

Determinamos inicialmente o valor da corrente em ampère:

$$I = i \cdot I_{base} = i \cdot \frac{S_{base}}{V_{base}}.$$

A seguir, determinamos seu valor na nova base:

$$i' = \frac{I}{I'_{base}} = i \cdot \frac{S_{base}}{V_{base}} \cdot \frac{V'_{base}}{S'_{base}} = i \cdot \frac{V'_{base}}{V_{base}} \cdot \frac{S_{base}}{S'_{base}}.$$

(c) <u>Potência</u>

Determinamos inicialmente o valor da potência em unidades de potência (W, VAr ou VA):

$$P = p \cdot S_{base},$$

ou

$$Q = q \cdot S_{base},$$

ou

$$S = s \cdot S_{base}.$$

A seguir, determinamos seus valores nas novas bases:

$$p' = \frac{P}{S'_{base}} = p \cdot \frac{S_{base}}{S'_{base}},$$

ou

$$q' = \frac{Q}{S'_{base}} = q \cdot \frac{S_{base}}{S'_{base}},$$

ou

$$s' = \frac{S}{S'_{base}} = s \cdot \frac{S_{base}}{S'_{base}}.$$

(d) Impedância

Determinamos, inicialmente, seu valor em ohm:

$$Z = z \cdot Z_{base} = z \cdot \frac{V_{base}^2}{S_{base}}.$$

A seguir, determinamos seu valor na nova base:

$$z' = \frac{Z}{Z'_{base}} = z \cdot \frac{V_{base}^2}{S_{base}} \cdot \frac{S'_{base}}{V'^2_{base}} = z \cdot \frac{S'_{base}}{S_{base}} \cdot \left(\frac{V_{base}}{V'_{base}}\right)^2.$$

EXEMPLO 2.8 - No circuito da Fig. 2-18, conhecemos:

(1)   a impedância da linha A-B: $(26,6 + j107)$ Ω;
(2)   a impedância da linha C-D: $(4,5 + j17,5)$ Ω;
(3)   os valores nominais do transformador 1 (13,8 kV, 230 kV, 50 MVA, $x = 8\%$, $r = 3\%$, 60 Hz);

(4) os valores nominais do transformador 2 (220 kV, 88 kV, 40 MVA, $x = 8\%$, $r = 3\%$, 60 Hz);
(5) a tensão (80 kV) e a potência na carga (30 MVA, $cos\ \varphi = 0,8$ ind.).

Pedimos determinar:

(a) a tensão no primário do transformador 1;
(b) a regulação do sistema;
(c) diagrama de fasores.

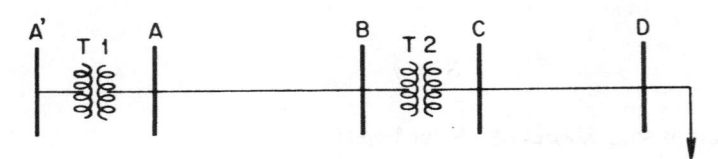

Figura 2-18. Diagrama unifilar para o Ex. 2.8

SOLUÇÃO:

(a) Tensão no primário do transformador 1

No secundário do transformador 2, adotaremos:

$$S_{base} = 30\ MVA \qquad e \qquad V_{base} = 80\ kV.$$

No primário de 2, que está nas mesmas bases que o secundário de 1, teremos:

$$S'_{base} = S_{base} = 30\ MVA \qquad e \qquad V'_{base} = 80 \cdot \frac{220}{88} = 200\ kV.$$

No primário de 1, teremos:

$$S''_{base} = S_{base} = 30\ MVA \qquad e \qquad V''_{base} = 200 \cdot \frac{13,8}{230} = 12\ kV.$$

Na Fig. 2-19a apresentamos o circuito equivalente do sistema, indicando, para cada trecho, os valores de base fixados. Com a escolha feita para os valores de base, os transformadores 1 e 2 passaram a ter relação de transformação 1:1. Logo, no circuito da Fig. 2-19b ambos transformadores foram omitidos.

Para a determinação de z_1, sabemos que o transformador 1 tem impedância equivalente $(0,03 + j0,08)\ pu$ para $V_{base} = 13,8\ kV$ e $S_{base} = 50\ MVA$. Como essa impedância deve ser calculada nas bases 30 MVA e 12 kV, temos:

- valor da impedância equivalente de 1, em ohm, referida ao primário:

$$\overline{Z}_1 = (0,03 + j0,08) \cdot \frac{13,8^2}{50};$$

- valor da impedância de 1 na nova base:

$$z_1 = (0,03 + j0,08) \cdot \frac{13,8^2}{50} \cdot \frac{30}{12^2} = (0,0238 + j0,0635) \ pu.$$

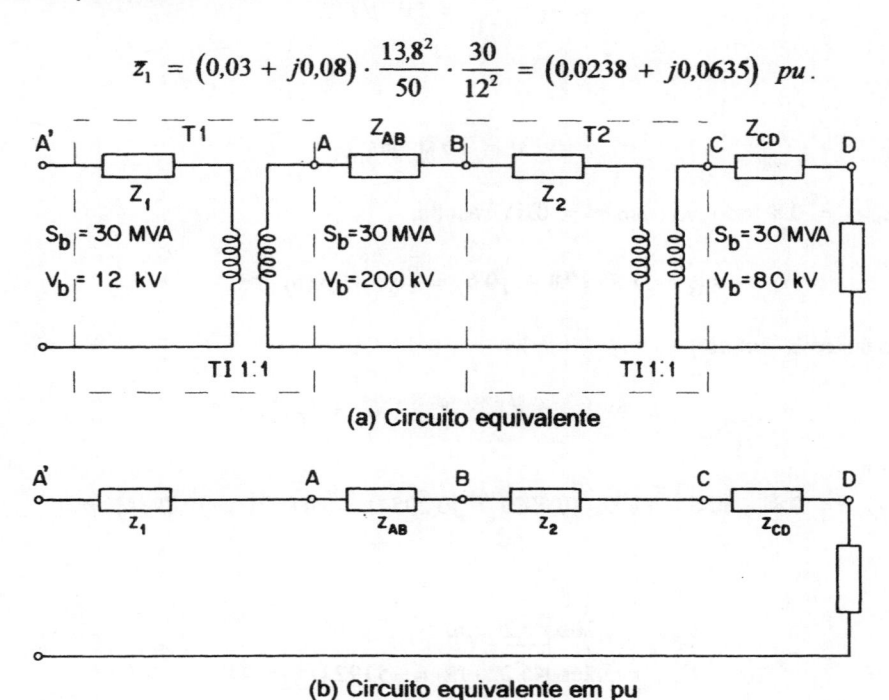

(a) Circuito equivalente

(b) Circuito equivalente em pu

Figura 2-19. Circuito equivalente para o Ex. 2.8

Para as demais impedâncias, temos:

$$z_{AB} = (26,6 + j107) \cdot \frac{30}{200^2} = (0,0200 + j0,0803) \ pu,$$

$$z_2 = (0,03 + j0,08) \cdot \frac{220^2}{40} \cdot \frac{30}{200^2} = (0,0272 + j0,0726) \ pu,$$

$$z_{CD} = (4,5 + j17,5) \cdot \frac{30}{80^2} = (0,0211 + j0,0820) \ pu.$$

Na carga temos:

$$s = \frac{S}{S_{base}} = \frac{30}{30} = 1,0 \ pu,$$

$$v_{DN} = \frac{V_{DN}}{V_{base}} = \frac{80}{80} = 1,0 \ pu,$$

logo,

$$i = \frac{s}{v} = \frac{1,0}{1,0} = 1,0 \ \ pu.$$

Adotando:

$$\dot{i} = i \underline{|0} = 1,0 \underline{|0} \ \ pu,$$

e, sendo $cos \ \varphi = 0,8$ indutivo ($sen \ \varphi = 0,6$), resulta:

$$\dot{v}_{DN} = 1,0 \cdot \left(0,8 + j0,6\right) = \left(0,8 + j0,6\right) \ \ pu.$$

No início do sistema, temos:

$$\dot{v}_{A'N} = \dot{v}_{DN} + \dot{i}\left(\overline{z}_1 + \overline{z}_{AB} + \overline{z}_2 + \overline{z}_{CD}\right),$$

isto é:

$$\dot{v}_{A'N} = 0,8 + j0,6 + 1,0 \underline{|0} \cdot \left(0,0921 + j0,2984\right) = \left(0,8921 + j0,8984\right) \ \ pu,$$

isto é:

$$\dot{v}_{A'N} = 1,266 \underline{|45,2°} \ \ pu$$
$$\dot{V}_{A'N} = 1,266 \underline{|45,2°} \cdot 12 = 15,192 \underline{|45,2°} \ \ kV.$$

(b) Regulação do sistema

Por definição, a regulação é dada pela relação:

$$reg = \frac{V_0 - V_{pc}}{V_{pc}},$$

em que:

V_{pc} = tensão na carga;

V_0 = tensão nos terminais onde está ligada a carga quando esta é desligada.

A regulação pode ser expressa em função dos valores pu, pois:

$$reg = \frac{V_0 - V_{pc}}{V_{pc}} \cdot \frac{V_b}{V_b} = \frac{v_0 - v_{pc}}{v_{pc}}.$$

No nosso caso, temos:

$$v_0 = v_{A'N} = 1,266 \ \ pu$$
$$v_{pc} = v_{DN} = 1,0 \ \ pu$$

Logo,

$$reg = 0,266 = 26,6\% .$$

(c) <u>Diagrama de fasores</u>

Na Fig. 2-20 está representado o diagrama de fasores.

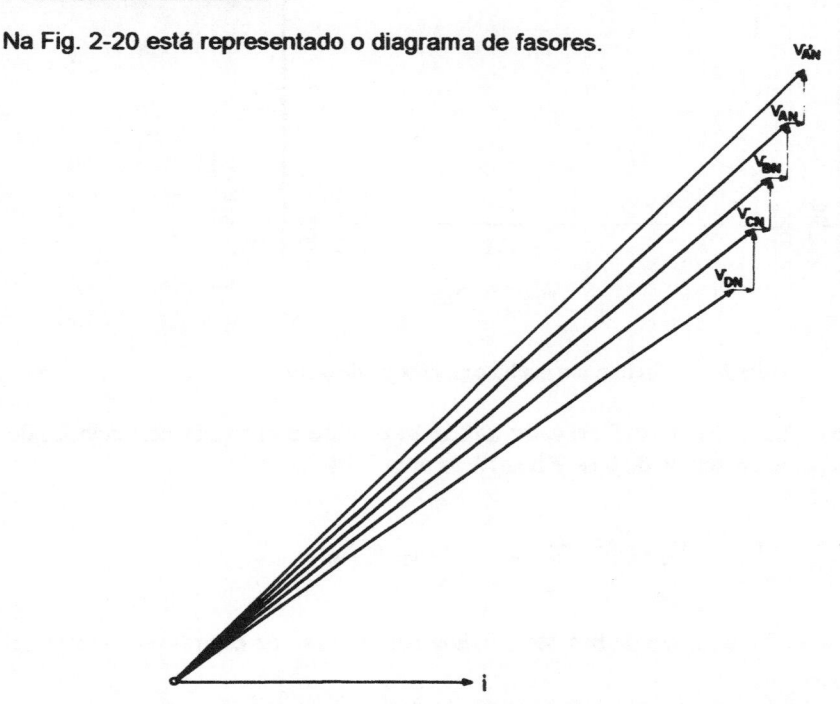

Figura 2-20. Diagrama de fasores para o Ex. 2.8

2.5 - REPRESENTAÇÃO DE TRANSFORMADORES QUANDO NÃO NA RELAÇÃO 1:1

2.5.1 - REPRESENTAÇÃO DE TRANSFORMADORES QUANDO HÁ CHOQUE DE BASES

Quando vamos estudar uma rede que forma uma malha contendo transformadores, nem sempre é possível fixar arbitrariamente os valores de base para todos os transformadores, pois, a rede formando uma malha, haverá um último transformador no qual as bases já foram fixadas pelos precedentes. Na Fig. 2-21 representamos uma rede em malha que dividimos em três áreas. Para a área I, podemos adotar valores de base quaisquer. Em particular, adotamos:

$$V_{b1} \qquad e \qquad S_{b1} .$$

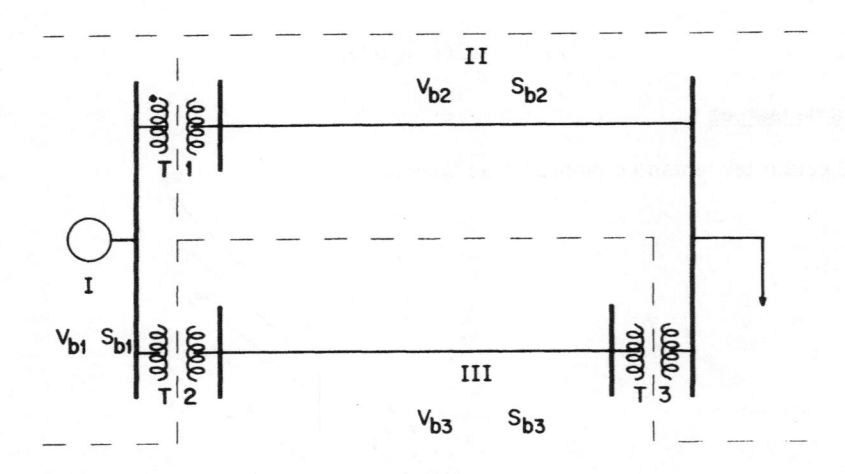

Figura 2-21. Circuito em malha com choque de bases

Na área II, secundário do transformador T_1, o valor da tensão de base está fixado pela relação de espiras de T_1, $V_{N1} - V_{N2}$, e a potência de base é igual à da área I, isto é:

$$V_{b2} = V_{b1} \cdot \frac{V_{N2}}{V_{N1}} \qquad e \qquad S_{b2} = S_{b1}.$$

Na área III, secundário de T_2, a tensão de base está fixada pela relação de espiras $V'_{N1} - V'_{N2}$ do transformador T_2, isto é:

$$V_{b3} = V_{b1} \cdot \frac{V'_{N2}}{V'_{N1}} \qquad e \qquad S_{b3} = S_{b1}.$$

Portanto os valores de base para o primário e o secundário do transformador T_3, cuja relação de espiras é $V''_{N1} - V''_{N2}$, estão fixados, ou seja:

(1) Primário de T_3

   tensão de base: $V_{b3} = V_{b1} \cdot \dfrac{V'_{N2}}{V'_{N1}}$;

   potência de base: $S_{b3} = S_{b1}.$

(2) Secundário de T_3

tensão de base: $\quad V_{b2} = V_{b1} \cdot \dfrac{V_{N2}}{V_{N1}}$

potência de base: $\quad S_{b2} = S_{b1} \,.$

Notamos que, no tocante à potência de base, não há problema algum, pois $S_{b2} = S_{b3}$; porém, quanto às tensões de base, estas somente estarão na relação de espiras do transformador T_3 quando subsistir a igualdade:

$$\frac{V_{b3}}{V_{b2}} = \frac{V_{N1}''}{V_{N2}''} \,,$$

isto é, quando for:

$$\frac{V_{N2}'}{V_{N1}'} \cdot \frac{V_{N1}}{V_{N2}} = \frac{V_{N1}''}{V_{N2}''} \,.$$

Nas aplicações usuais, a igualdade acima nem sempre é verificada e, assim sendo, o transformador T_3, em pu, não poderá ser representado pela sua impedância de curto-circuito em série com um transformador ideal de relação de espiras 1:1, ou seja, o transformador T_3 permanecerá no circuito em pu.

Passemos a estudar como poderemos representar, em pu, um transformador quando os valores de base das tensões no primário e secundário não estiverem na relação 1:1. Genericamente, Fig. 2-22, consideremos um transformador, com tensões nominais $V_{N1} - V_{N2}$, potência nominal S_N, e impedância equivalente z em pu. Suponhamos adotar no primário e no secundário do transformador valores de base:

$$V_{b1} \qquad\qquad \text{e} \qquad\qquad S_b \,,$$

$$V_{b2} \ne V_{N2} \cdot \frac{V_{b1}}{V_{N1}} \qquad\qquad \text{e} \qquad\qquad S_b \,.$$

Suponhamos aplicar ao primário uma tensão tal que, no transformador ideal, tenhamos tensão V_1. No secundário a tensão será:

$$V_2 = V_1 \cdot \frac{V_{N2}}{V_{N1}} \,.$$

Exprimindo essas tensões em pu, teremos:

$$v_1 = \frac{V_1}{V_{b1}} \,, \qquad \text{e} \qquad v_2 = \frac{V_2}{V_{b2}} = V_1 \cdot \frac{V_{N2}}{V_{N1}} \cdot \frac{1}{V_{b2}} \ne v_1$$

Multiplicando e dividindo o segundo membro da equação anterior por V_{b1}, teremos:

$$v_2 = \frac{V_1}{V_{b1}} \cdot \frac{V_{b1}}{V_{b2}} \cdot \frac{V_{N2}}{V_{N1}} = v_1 \cdot \frac{V_{b1}}{V_{N1}} \cdot \frac{V_{N2}}{V_{b2}} \ .$$

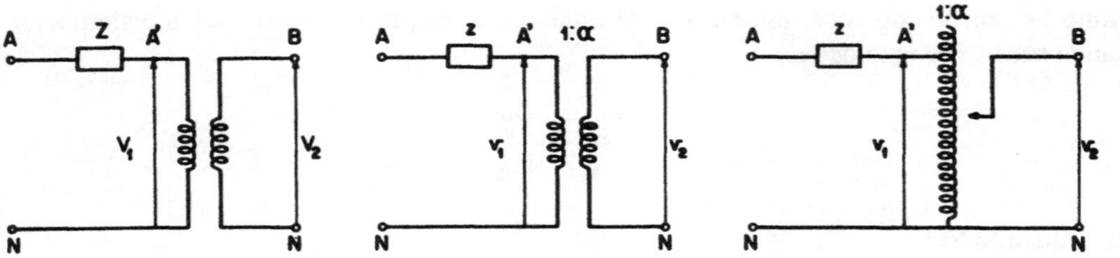

(a) Circuito   (b) Circuito em pu   (c) Circuito em pu utilizando autotransformador

Figura 2-22. Transformador de valores de base de tensão fora da relação de espiras

Designando-se por v_{N1} e v_{N2} os valores das tensões nominais do transformador, expressas em pu, nas bases V_{b1} e V_{b2}, respectivamente, isto é:

$$v_{N1} = \frac{V_{N1}}{V_{b1}} \qquad e \qquad v_{N2} = \frac{V_{N2}}{V_{b2}},$$

resulta:

$$v_2 = v_1 \cdot \frac{v_{N2}}{v_{N1}} \ .$$

Portanto o transformador dado na representação em pu pode ser substituído por sua impedância de curto-circuito em série com um transformador ideal que tenha kv_{N1} espiras no enrolamento primário e kv_{N2} espiras no enrolamento secundário. Em particular, terá relação $1: \alpha$ desde que seja:

$$\alpha = \frac{v_{N2}}{v_{N1}} \ .$$

EXEMPLO 2.9 - No diagrama unifilar da Fig. 2-23 está representada uma rede monofásica da qual conhecemos:

(1) a impedância da linha 2 - 3: $(7,5 + j10)\ \Omega$;
(2) a impedância da linha 1 - 4: $(3,5 + j5)\ \Omega$;
(3) as características do transformador T_1: 1 MVA; 13,2 kV - 34,5 kV; $x = 6\%$;
(4) as características do transformador T_2: 1 MVA; 34,5 kV - 13,8 kV; $x = 7\%$.

Pedimos determinar:

(a) o diagrama de impedâncias;
(b) a corrente de circulação, quando a carga está desligada e a tensão no barramento 001 é 13,2 kV;
(c) as correntes e as tensões quando ligamos ao barramento 004 uma carga que absorve 1 MVA, com fator de potência 0,8 indutivo e tensão de 13 kV.

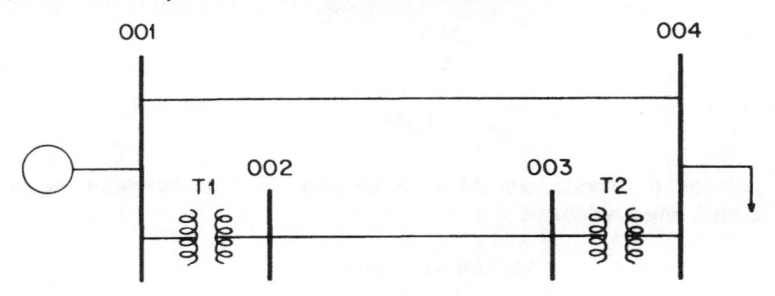

Figura 2-23. Circuito para o Ex. 2.9

SOLUÇÃO:

(a) <u>Diagrama de impedâncias</u>

Adotemos, no gerador:

$$V_{base} = 13,2 \ kV \qquad e \qquad S_{base} = 1 \ MVA .$$

Na linha 2-3 os valores de base serão:

$$V'_{base} = 13,2 \cdot \frac{34,5}{13,2} = 34,5 \ kV \quad e \quad S'_{base} = 1 \ MVA .$$

No barramento 004, os valores de base são obrigatoriamente iguais aos do barramento 001, pois ambos estão interligados pela linha 1-4. Portanto, no enrolamento de baixa tensão do transformador T_2, os valores de base são:

13,2 kV e 1 MVA.

Por outro lado, no enrolamento de alta tensão de T_2 (barramento 003), os valores de base já foram fixados em:

34,5 kV e 1 MVA.

Entretanto, a relação de tensões de T_2 é 34,5 kV : 13,8 kV. Logo, os valores de base fixados não estão na relação de espiras, e portanto T_2 deverá ser substituído por sua impedância de curto-circuito referida aos valores de base:

34,5 kV e 1 MVA

em série com um transformador ideal cuja relação de espiras é:

$$1: \alpha = 1: \frac{v_{N2}}{v_{N1}},$$

em que:

$$v_{N2} = \frac{13,8}{13,2} = 1,045,$$

$$v_{N1} = \frac{34,5}{34,5} = 1,000,$$

portanto:

$$\alpha = 1,045.$$

Caso queiramos colocar a impedância de curto-circuito do transformador entre T_2 e o barramento 004, ela será referida à base:

$$13,2 \text{ kV e 1 MVA.}$$

O diagrama de impedâncias está representado na Fig. 2-24 e os valores dos parâmetros são:

$$z_{T1} = j0,06 \ pu,$$

$$z_{23} = (7,5 + j10)\frac{1}{34,5^2} = (0,0063 + j0,0084) \ pu,$$

$$z_{T2} = j0,07 \ pu,$$

$$z_{14} = (3,5 + j5)\frac{1}{13,2^2} = (0,0201 + j0,0287) \ pu.$$

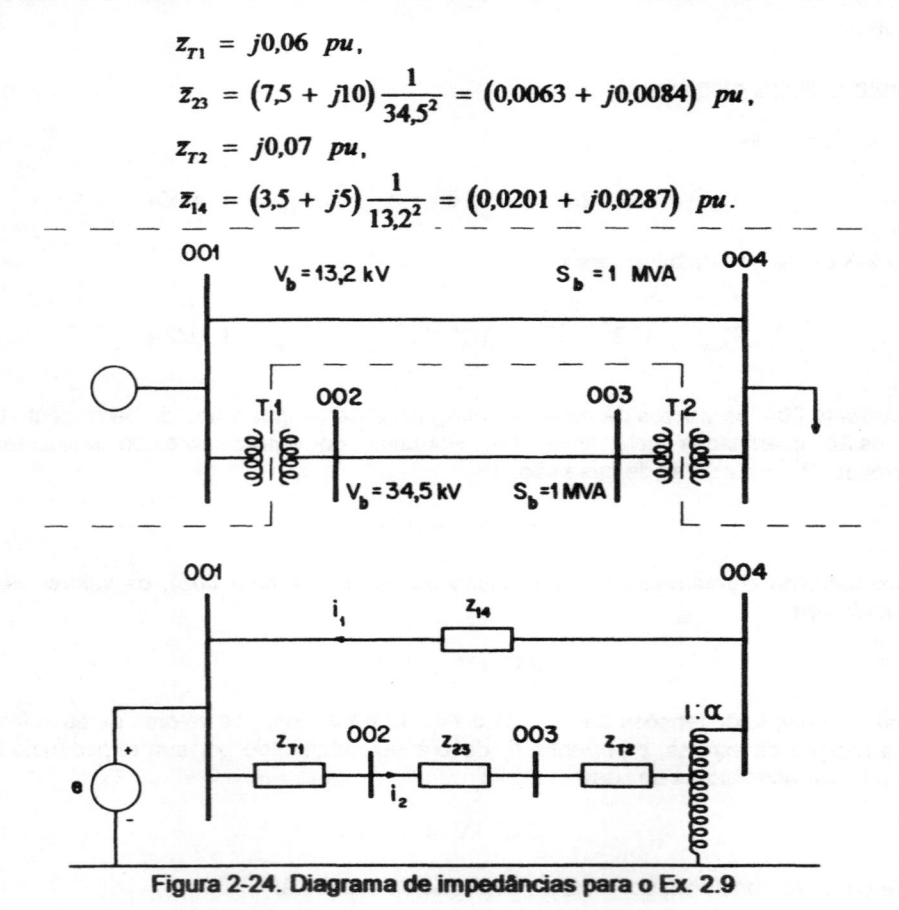

Figura 2-24. Diagrama de impedâncias para o Ex. 2.9

(b) Corrente de circulação

Com os sentidos das correntes i_1 e i_2 indicados na Fig. 2-24, temos:

$$\dot{e} + \dot{i}_1 z_{14} = \dot{v}_4,$$
$$\dot{e} - \dot{i}_2\left(z_{T1} + z_{23} + z_{T2}\right) = \dot{v}'_4,$$
$$\dot{v}_4 = \dot{v}'_4 \cdot \alpha,$$
$$\dot{i}_1 \cdot \alpha = \dot{i}_2.$$

Logo,

$$\dot{e} + \dot{i}_1 z_{14} = \alpha\left[\dot{e} - \dot{i}_1\alpha\left(z_{T1} + z_{23} + z_{T2}\right)\right];$$

finalmente,

$$\dot{i}_1 = \dot{e} \cdot \frac{\alpha - 1}{z_{14} + \alpha^2\left(z_{T1} + z_{23} + z_{T2}\right)},$$

ou, para $\dot{e} = 1{,}0\,\underline{|0}\ pu$:

$$\dot{i}_1 = \frac{1{,}045 - 1}{0{,}0201 + j0{,}0287 + 1{,}045^2 \cdot \left(0{,}0063 + j0{,}1384\right)} = 0{,}247\,\underline{|-81{,}5°}\ pu,$$
$$\dot{i}_2 = 0{,}247\,\underline{|-81{,}5°} \cdot 1{,}045 = 0{,}258\,\underline{|-81{,}5°}\ pu.$$

(c) Cálculo da rede com carga

Na carga temos:

$$s = \frac{1}{1} = 1\ pu,$$
$$v = \frac{13{,}0}{13{,}2} = 0{,}985\ pu,$$
$$i = \frac{s}{v} = \frac{1}{0{,}985} = 1{,}015\ pu.$$

Adotando:

$$\dot{v} = 0{,}985\,\underline{|0}\ pu,$$

e sendo:

$$arc\ cos\ 0{,}8 = 36{,}9°,$$

resulta:

$$i = 1,015 \,\underline{|-36,9°} \quad pu\,.$$

Com os sentidos das correntes i_1 e i_2 indicados na Fig. 2-25, temos:

$$\dot{e} - \dot{v} = i_2 \cdot z_{14}\,,$$

$$\dot{e} - \frac{\dot{v}}{\alpha} = i_1\big(z_{T1} + z_{23} + z_{T2}\big)\,,$$

$$\frac{i_1}{\alpha} + i_2 = i\,.$$

Então:

$$i_1 = \frac{\dot{v} \cdot (\alpha - 1) + \alpha \bar{z}_{14} i}{z_{14} + \alpha\big(z_{T1} + z_{23} + z_{T2}\big)} = 0,459 \,\underline{|-73,0°} \quad pu\,,$$

$$i_2 = i - \frac{i_1}{\alpha} = 0,709 \,\underline{|-15,5°} \quad pu\,,$$

$$\dot{e} = \dot{v} + \bar{z}_{14} \cdot i_2 = 1,004 \,\underline{|0,9°} \quad pu\,.$$

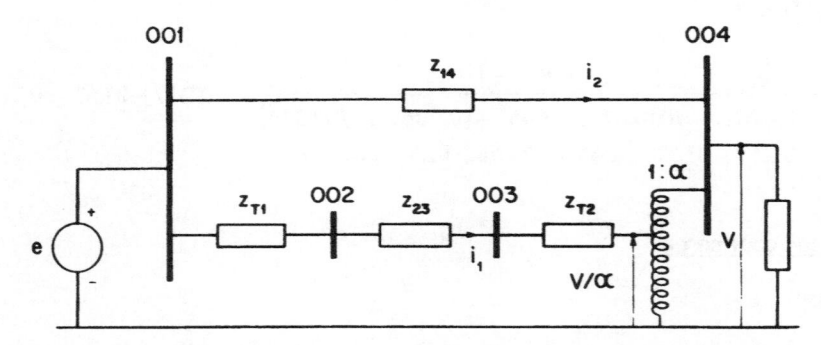

Figura 2-25. Diagrama para cálculo de correntes

(d) Alternativa de resolução

Como alternativa, podemos resolver a rede admitindo-a aberta entre o enrolamento de baixa tensão do transformador T_2 e o barramento 004. Essa condição está representada na Fig. 2-26a. Na Fig. 2-26b, está representado o diagrama de impedâncias correspondente, em que, no enrolamento de baixa tensão, fixamos:

$$V_{base} = 13,8 \ kV \quad e \quad S_{base} = 1 \ MVA\,.$$

Ao fecharmos a chave K, as tensões, em volt, dos pontos A e B deverão ser iguais, mas seus valores em pu continuarão a ser diferentes de vez que esses pontos estão referidos a valores de base diferentes. Obviamente, seremos forçados a colocar entre os pontos A e B um autotransformador ideal cuja relação de espiras será determinada a partir da igualdade de tensões em volt nos pontos A e B; isto é, sendo

$$V_A \;=\; \text{tensão em volt entre } A \text{ e terra;}$$
$$V_B \;=\; \text{tensão em volt entre } B \text{ e terra;}$$
$$v_A \;=\; \text{tensão em pu entre } A \text{ e terra;}$$
$$v_B \;=\; \text{tensão em pu entre } B \text{ e terra;}$$
$$V_{bA} \;=\; \text{tensão de base em } A \; (V_{bA} = 13{,}8 \; kV);$$
$$V_{bB} \;=\; \text{tensão de base em } B \; (V_{bB} = 13{,}2 \; kV),$$

teremos:

$$V_A = v_A \cdot V_{bA} \qquad e \qquad V_B = v_B \cdot V_{bB},$$

portanto:

$$v_A \cdot V_{bA} = v_B \cdot V_{bB},$$

ou

$$v_B = v_A \cdot \frac{V_{bA}}{V_{bB}} = v_A \cdot \frac{13{,}8}{13{,}2} = 1{,}045 \cdot v_A,$$

isto é, recaímos nos mesmos valores do caso anterior.

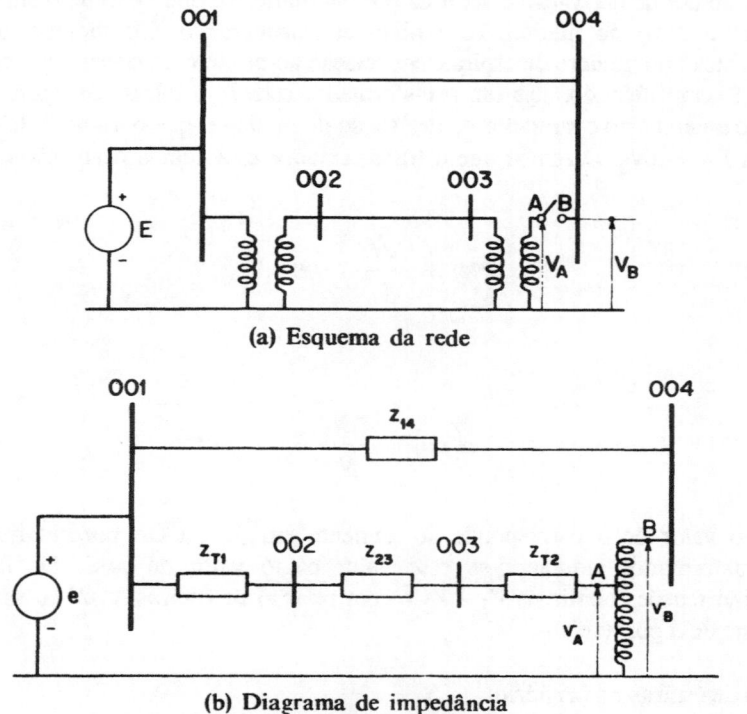

(a) Esquema da rede

(b) Diagrama de impedância

Figura 2-26. Circuito para alternativa de resolução do Ex. 2.9

2.5.2 - REPRESENTAÇÃO DE TRANSFORMADORES COM COMUTADOR DE DERIVAÇÃO

Em sistemas de potência, é usual utilizarem-se, com o intuito de melhorar a regulação, transformadores com relação de espiras variável sob carga (*tap changing*). Nessas condições, é evidente que, a cada mudança de derivação, deveríamos mudar a tensão de base do enrolamento em que está situado o comutador de derivação, o que, como é óbvio, seria inexeqüível, pois alteraríamos as bases de todas as redes ligadas a esse enrolamento.

Em tais casos, fixamos as tensões de base pelos valores nominais do transformador com o comutador de derivação ajustado para a posição zero e, quando alteramos a derivação, mantemos as bases e representamos no diagrama de impedâncias, em pu, o transformador por sua impedância de curto-circuito em série com um autotransformador ideal, analogamente ao que fizemos na seção anterior.

Seja um transformador com o comutador de derivação no enrolamento de baixa tensão e com tensões nominais do primário e secundário V_1 e V_2, respectivamente.

A posição do comutador de derivação é definida por um número a que exprime o aumento ($a > 0$) ou a diminuição ($a < 0$) do número de espiras do enrolamento. Ou melhor, o valor de a corresponde à variação do número de espiras, em relação ao número de espiras que corresponde à tensão nominal. Exemplificando, seja um transformador com N_2 espiras, em correspondência à tensão nominal, e atuemos no comutador de derivação de modo tal que o número de espiras desse enrolamento seja $N_2 + \Delta N_2$. Dizemos que o transformador está com a derivação (*tap*) ajustada para o valor:

$$a(\%) = \frac{\Delta N_2}{N_2} \cdot 100,$$

ou

$$a(pu) = \frac{\Delta N_2}{N_2}.$$

Evidentemente, o valor de a corresponde ao aumento em pu ou em porcentagem da tensão nominal do transformador, adotando-se esse valor como valor de base. De fato, seja um transformador com tensões nominais V_1 - V_2 e com relação de espiras N_1/N_2 e variador de $\pm a_t$ pu. Para um ajuste de a pu, teremos:

número de espiras no primário: N_1

número de espiras no secundário: $N_2 \cdot (1 + a)$.

Portanto, aplicando-se ao primário uma tensão V_1, teremos, no secundário,

$$V_2' = V_2 \cdot (1 + a) \, ;$$

ou seja, em pu, adotando-se V_2 como tensão de base, teremos:

$$v_2' = 1 + a \, ,$$

portanto:

$$a = v_2' - 1 \, ,$$

isto é, a corresponde à variação de tensão em pu.

Passemos a determinar um circuito em pu para a representação do transformador com o enrolamento fora da derivação nominal. Para tanto, seja um transformador com tensões nominais V_1 - V_2 e com o comutador de derivação no enrolamento cuja tensão é V_2 com n pontos até o valor limite $\pm a_t$, que está ajustado para um determinado valor a. Adotando-se V_1 e V_2 como valores de base para o primário e secundário e aplicando-se ao primário uma tensão V, teremos tensão secundária dada por:

$$V' = V \cdot \frac{V_2 \cdot (1 + a)}{V_1} \, ,$$

em pu, teremos:

$$v = \frac{V}{V_1}$$

$$v' = \frac{V'}{V_2} = \frac{V}{V_1} \cdot (1 + a) = v \cdot (1 + a) \, .$$

Portanto o autotransformador ideal que será inserido no circuito terá relação de espiras $1{:}(1+a)$, Fig. 2-27.

Nas aplicações computacionais, interessa-nos representar o transformador por parâmetros sem utilizar o autotransformador.

Vamos estudar agora a possibilidade de efetuar tal representação. Para tanto, seja um quadripolo constituído por três impedâncias, z_1, z_2 e z_3, Fig. 2-28, que deverá ser equivalente ao transformador. Evidentemente, teremos a equivalência entre os dois circuitos quando tivermos a igualdade dos coeficientes nas equações que relacionam a tensão e a corrente de entrada com a tensão e a corrente de saída. Para o transformador, temos as equações:

$$i_e = i_s \cdot (1 + a),$$
$$v_e \cdot (1 + a) = i_s \bar{z} + v_s;$$

ou:

$$v_e = \frac{1}{1 + a} \cdot v_s + \frac{\bar{z}}{1 + a} \cdot i_s,$$
$$i_e = 0 \cdot v_s + (1 + a)i_s.$$

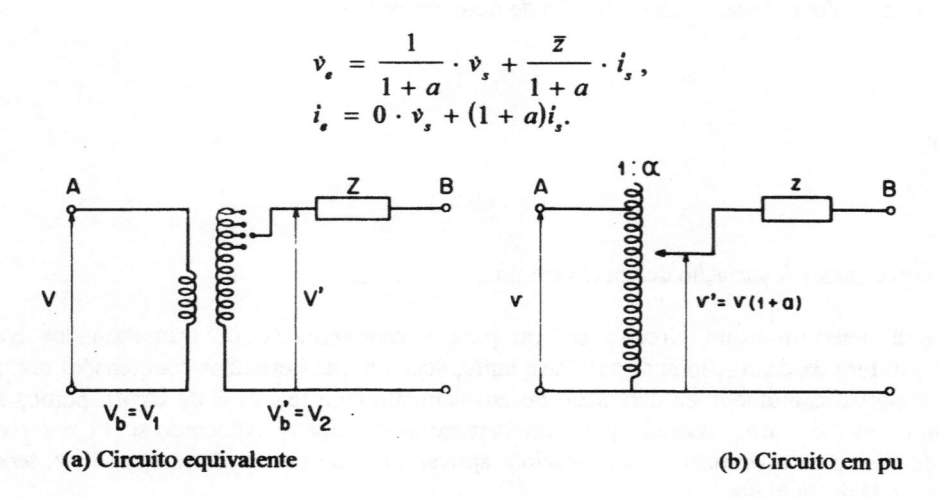

(a) Circuito equivalente　　　　　　　　(b) Circuito em pu

Figura 2-27. Representações de um transformador fora da derivação nominal

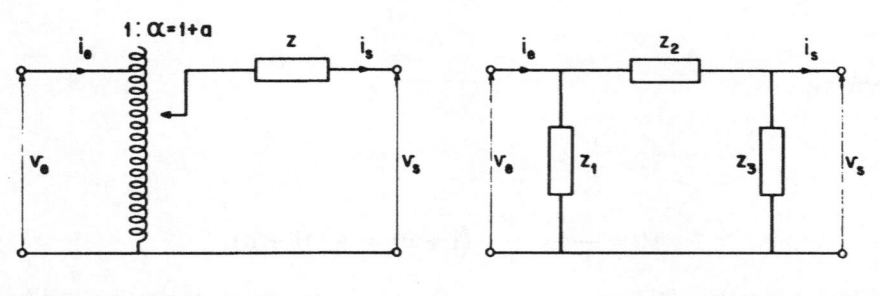

(a) Transformador fora de derivação em pu　　　　(b) Circuito passivo equivalente

Figura 2-28. Circuito passivo equivalente do transformador

Para o quadripolo, temos:

$$v_e = v_s + \left(i_s + \frac{v_s}{\bar{z}_3}\right)\bar{z}_2,$$
$$i_e = i_s + \frac{v_s}{\bar{z}_3} + \frac{v_e}{\bar{z}_1};$$

ou,

$$\dot{v}_e = \left(1 + \frac{\overline{z}_2}{\overline{z}_3}\right)\dot{v}_s + \overline{z}_2\dot{i}_s,$$

$$\dot{i}_e = \left(\frac{1}{\overline{z}_1} + \frac{1}{\overline{z}_3} + \frac{\overline{z}_2}{\overline{z}_1\overline{z}_3}\right)\dot{v}_s + \left(1 + \frac{\overline{z}_2}{\overline{z}_1}\right)\dot{i}_s.$$

Portanto temos o sistema de equações:

$$1 + \frac{\overline{z}_2}{\overline{z}_3} = \frac{1}{1 + a},$$

$$\overline{z}_2 = \frac{\overline{z}}{1 + a},$$

$$\frac{1}{\overline{z}_1} + \frac{1}{\overline{z}_3} + \frac{\overline{z}_2}{\overline{z}_1\overline{z}_3} = 0,$$

$$1 + \frac{\overline{z}_2}{\overline{z}_1} = 1 + a,$$

de onde, fazendo $1 + a = \alpha$, resulta:

$$\overline{z}_2 = \frac{\overline{z}}{\alpha},$$

$$\overline{z}_3 = \frac{\alpha}{1 - \alpha}\overline{z}_2 = \frac{1}{1 - \alpha}\overline{z},$$

$$\overline{z}_1 = \frac{1}{\alpha - 1}\overline{z}_2 = \frac{1}{\alpha - 1}\cdot\frac{\overline{z}}{\alpha}.$$

Substituindo esses valores na terceira equação, obtemos:

$$\frac{1}{\overline{z}}\cdot\left[\alpha(\alpha - 1) + 1 - \alpha - (1 - \alpha)^2\right] = 0.$$

EXEMPLO 2.10 - Um barramento infinito alimenta por meio de um transformador e de uma linha uma carga indutiva monofásica que absorve 50 MVA, 40 MW quando alimentada por tensão de 62,8 kV, 60 Hz. São dados:

(1) tensão do barramento infinito: 220 kV;
(2) transformador monofásico, 100 MVA, 220/69 kV, $x = 8\%$, com comutador de derivação no enrolamento de baixa tensão que permite ajuste de $\pm10\%$ em 24 pontos;
(3) impedância da linha, $(0,04 + j0,06)$ pu na base 69 kV, 100 MVA.

Pede-se ajustar a derivação do transformador de modo tal que a tensão na carga esteja o mais próximo possível de 69 kV.

SOLUÇÃO:

Adotaremos como valores de base no barramento infinito 220 kV e 100 MVA. No secundário do transformador, teremos:

$$V'_{base} = \frac{220}{220} \cdot 69 = 69 \; kV \quad e \quad S_{base} = 100 \; MVA \, .$$

O transformador será representado por sua impedância de curto-circuito em série com um autotransformador cuja relação de espiras é 1:α, em que $\alpha = 1 + a$ representa em pu a tensão no enrolamento secundário em função da posição do comutador de derivação.

Na Fig. 2-29 está representado o diagrama de impedâncias cujos parâmetros são:

$$\bar{z}_T = jx_T = j0{,}08 \; pu \, ,$$
$$\bar{z}_L = (0{,}04 + j0{,}06) \; pu \, .$$

Para a carga, observamos que:

$$Q = \sqrt{S^2 - P^2} = \sqrt{50^2 - 40^2} = 30 \; MVAr \, ;$$

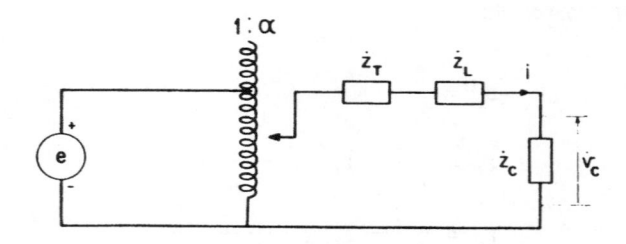

Figura 2-29. Diagrama de impedâncias para o Ex. 2.10

logo,

$$\bar{s}_C = (P + jQ)\frac{1}{S_{base}} = (40 + j30)\frac{1}{100} = 0{,}4 + j0{,}3 = 0{,}5\,\underline{|36{,}9^\circ}\; pu \, .$$

Vamos considerar a carga como uma impedância constante com a tensão. Assim, para:

$$\dot{v}_C = \frac{62{,}8}{69} = 0{,}910 \; pu \, .$$

obtemos:

$$\bar{z}_C = \frac{v_C^2}{\bar{s}^*} = \frac{0{,}910^2}{0{,}5\,\underline{|-36{,}9^\circ}} = 1{,}656\,\underline{|36{,}9^\circ}\; pu \, .$$

No secundário do autotransformador ideal temos:

$$i = \frac{v_C}{z_C}.$$

Como queremos que a tensão na carga esteja o mais próximo possível de 69 kV, adotaremos inicialmente esse valor de tensão para, posteriormente, verificar se existe uma derivação satisfatória. Adotamos ainda a corrente com fase inicial nula, isto é,

$$i = i \underline{|0} \qquad \text{e} \qquad v_C = 1 \underline{|\varphi},$$

portanto

$$i = \frac{1 \underline{|\varphi}}{1,656 \underline{|36,9°}} = 0,604 \underline{|\varphi - 36,9°} \ pu,$$

e

$$\dot{v}_C = 1 \underline{|36,9°} = (0,8 + j0,6) \ pu,$$
$$i = 0,604 \underline{|0} \ pu.$$

A tensão no secundário do transformador ideal vale:

$$\dot{v} = \dot{v}_C + i(\bar{z}_T + \bar{z}_L) = 1 \underline{|36,9°} + 0,604(0,04 + j0,14) = 1,071 \underline{|39,7°} \ pu.$$

Como a tensão no barramento infinito vale 1 pu, o valor de α é:

$$\alpha = 1 + a = \frac{v}{e} = 1,071,$$

portanto

$$a = 0,071 \qquad \text{ou} \qquad a = 7,1\%.$$

Como a faixa de variação é de ±10% e dispomos de 24 posições, a cada posição corresponderá uma variação, em pu, de:

$$a' = \frac{2 \cdot 0,10}{24} = 0,00833.$$

Portanto o número de pontos com que devemos aumentar a derivação é:

$$n = \frac{a}{a'} = \frac{0,071}{0,00833} = 8,52.$$

Como não é possível tomar fração de derivação, podemos ajustá-la para os valores:

$$\alpha = 1 + 8a' = 1{,}067 \qquad \text{ou} \qquad \alpha = 1 + 9a' = 1{,}075\,.$$

A seguir, vamos verificar qual dos dois ajustes é mais satisfatório. Temos:

$$\dot{e}\alpha = \left(\overline{z}_T + \overline{z}_L + \overline{z}_C\right)\dot{i}\,,$$

ou

$$\dot{v}_C = \dot{e}\alpha - \dot{i}\left(\overline{z}_T + \overline{z}_L\right) = \alpha\dot{e}\!\left(1 - \frac{\overline{z}_T + \overline{z}_L}{\overline{z}_T + \overline{z}_L + \overline{z}_C}\right),$$

portanto:

$$\dot{v}_C = \alpha\dot{e}\,\frac{z_C}{z_T + z_L + z_C}\,.$$

Substituindo-se os valores numéricos, obtemos, no primeiro caso,

$$\dot{v}_C = 1{,}067 \cdot 0{,}933\,\underline{|-2{,}8^\circ} = 0{,}996\,\underline{|-2{,}8^\circ}\ \ pu\,.$$

No segundo caso, resulta:

$$\dot{v}_C = 1{,}075 \cdot 0{,}933\,\underline{|-2{,}8^\circ} = 1{,}003\,\underline{|-2{,}8^\circ}\ \ pu\,.$$

2.6 - APLICAÇÃO DE VALORES "POR UNIDADE" A CIRCUITOS TRIFÁSICOS COM CARGA EQUILIBRADA

2.6.1 - INTRODUÇÃO

Tudo quanto foi exposto para circuitos monofásicos poderá ser aplicado a circuitos trifásicos simétricos com carga equilibrada, pois, conforme vimos no capítulo precedente, podemos reduzir qualquer circuito trifásico a um monofásico desde que substituamos todos os componentes ligados em triângulo por outros que lhes sejam equivalentes ligados em estrela e que tomemos o circuito de uma fase a neutro.

Nos itens subseqüentes analisaremos o modo de escolher valores de base para as grandezas de linha e de fase a fim de que, em valores pu, os módulos das grandezas de fase e de linha sejam iguais.

2.6.2 - ESCOLHA DAS BASES

Consideremos um circuito trifásico qualquer no qual tenhamos todos os elementos (geradores, cargas, transformadores), ligados em estrela, sendo:

V = tensão de linha;
V_F = tensão de fase;
I = corrente de linha ou de fase (ligação estrela $I_F = I_L$);
S = potência aparente fornecida ao trifásico;
S_F = potência aparente fornecida a uma fase;
Z = impedância de fase.

As grandezas acima estão ligadas pelas relações:

$$V_F = Z \cdot I,$$
$$S_F = V_F \cdot I,$$
$$V = \sqrt{3}V_F,$$
$$S = 3S_F.$$

Adotando:

$$V_{bF} \qquad e \qquad S_{bF}$$

como valores de base para as grandezas de fase, resultam as seguintes bases de corrente e impedância:

$$I_{bF} = \frac{S_{bF}}{V_{bF}} \qquad e \qquad Z_{bF} = \frac{V_{bF}}{I_{bF}} = \frac{V_{bF}^2}{S_{bF}}.$$

Os módulos das grandezas de fase em pu são:

$$v_F = \frac{V_F}{V_{bF}}, \qquad s_F = \frac{S_F}{S_{bF}}, \qquad i_F = \frac{I}{I_{bF}} = I\frac{V_{bF}}{S_{bF}}, \qquad z = \frac{Z}{Z_{bF}} = Z\frac{S_{bF}}{V_{bF}^2}.$$

Por outro lado, fixando-se para as grandezas de linha os valores de base:

$$V_b = \sqrt{3}V_{bF} \qquad e \qquad S_b = 3S_{bF},$$

resultam, para as bases de corrente e de impedância, os valores:

$$I_b = \frac{S_b}{\sqrt{3}V_b} = \frac{3S_{bF}}{3V_{bF}} = \frac{S_{bF}}{V_{bF}} = I_{bF},$$

$$Z_b = \frac{V_b / \sqrt{3}}{I_b} = \frac{V_b / \sqrt{3}}{S_b / \sqrt{3}V_b} = \frac{V_b^2}{S_b} = \frac{V_{bF}^2}{S_{bF}} = Z_{bF} ,$$

Resultando, para os valores pu das grandezas de linha, em módulo:

$$v = \frac{V}{V_b} = \frac{\sqrt{3}V_F}{\sqrt{3}V_{bF}} = \frac{V_F}{V_{bF}} = v_F ,$$

$$s = \frac{S}{S_b} = \frac{3S_F}{3S_{bF}} = \frac{S_F}{S_{bF}} = s_F ,$$

$$i = \frac{I}{I_b} = \frac{I}{I_{bF}} = i_F ,$$

$$z = \frac{Z}{Z_b} = \frac{Z}{Z_{bF}} = z .$$

Notamos que, com a escolha conveniente dos valores de base, os módulos das grandezas de linha e de fase, expressos em valores pu, têm o mesmo valor. Quanto à fase, lembramos que no circuito equivalente em estrela para o estudo de redes trifásicas, a tensão de linha está adiantada de 30° em relação à de fase quando a seqüência de fase é direta e atrasada de 30° quando a seqüência de fase é inversa.

EXEMPLO 2.11 - Três impedâncias de $30 \underline{|60°}$ Ω são ligadas em triângulo e alimentadas por tensão de linha 220 V. Pedimos determinar as correntes de fase e de linha e a potência complexa absorvidas pela carga.

SOLUÇÃO:

Procederemos à resolução determinando inicialmente um circuito equivalente em estrela para a carga ligada em triângulo. Posteriormente fixaremos, em primeiro lugar, os valores de base de fase e, depois, os de linha.

Conforme vimos no capítulo precedente, a impedância por fase de uma carga equivalente ligada em estrela é igual a um terço da impedância por fase da carga original ligada em triângulo; assim, temos:

$$\overline{Z}_{estrela} = \frac{30 \underline{|60°}}{3} = 10 \underline{|60°} \; \Omega .$$

Adotando agora os seguintes valores de base na fase:

$$V_{bF} = \frac{220}{\sqrt{3}} = 127 \; V \qquad e \qquad S_{bF} = 1000 \; VA .$$

resultam para as bases de corrente e impedância na fase:

$$I_{bF} = \frac{S_{bF}}{V_{bF}} = \frac{1000}{127} = 7{,}874 \ A \ ,$$

$$Z_{bF} = \frac{V_{bF}^2}{S_{bF}} = \frac{127^2}{1000} = 16{,}129 \ \Omega \ .$$

Adotando-se ainda fase inicial nula para a tensão $\dot{V}_{AN}$:

$$\dot{V}_{AN} = \frac{220}{\sqrt{3}} \underline{|0} = 127 \underline{|0} \ V \ ,$$

resulta:

$$\dot{v}_{AN} = \frac{\dot{V}_{AN}}{V_{bF}} = 1 \underline{|0} \ pu \ ,$$

$$\overline{z} = \frac{\overline{Z}_{estrela}}{Z_{bF}} = \frac{10 \underline{|60°}}{16{,}129} = 0{,}620 \underline{|60°} \ pu \ ,$$

donde:

$$i_{AN} = \frac{\dot{v}_{AN}}{\overline{z}} = \frac{1 \underline{|0}}{0{,}620 \underline{|60°}} = 1{,}613 \underline{|-60°} \ pu \ ,$$

e
$$\overline{s}_F = \dot{v}_{AN} \cdot i_{AN}^* = 1 \underline{|0} \cdot 1{,}613 \underline{|+60°} = 1{,}613 \underline{|60°} \ pu \ .$$

Retornando aos valores em ampère e volt-ampère,

$$\dot{I}_{AN} = i_{AN} \cdot I_{bF} = 1{,}613 \underline{|-60°} \cdot 7{,}874 = 12{,}701 \underline{|-60°} \ A \ ,$$

$$\overline{S}_F = \overline{s} \cdot S_{bF} = 1{,}613 \underline{|60°} \cdot 1000 = 1613 \underline{|60°} \ VA \ ,$$

$$\overline{S} = 3\overline{S}_F = 4839 \underline{|60°} \ VA \ .$$

Escolhendo agora valores de base para as grandezas de linha, temos:

$$V_{bL} = \sqrt{3} \cdot V_{bF} = 220 \ V \ ,$$
$$S_{bL} = 3 \cdot S_{bF} = 3000 \ VA \ ,$$
$$I_{bL} = I_{bF} = 7{,}874 \ A \ ,$$
$$Z_{bL} = Z_{bF} = 16{,}129 \ \Omega \ .$$

Considerando ainda fase inicial nula para a tensão $\dot{V}_{AN}$ e adotando seqüência de fase direta, resulta:

$$\dot{V}_{AB} = 220 \underline{|30°} \ V \ ,$$

$$\dot{v}_{AB} = \frac{\dot{V}_{AB}}{V_{bL}} = \frac{220\ \underline{|30°}}{220} = 1\ \underline{|30°}\ pu,$$

$$\dot{v}_{AN} = 1\ \underline{|0}\ pu.$$

A corrente de linha (e de fase) e a potência complexa serão dadas por:

$$i_A = i_{AN} = \frac{\dot{v}_{AN}}{\overline{z}} = \frac{1\ \underline{|0}}{0,620\ \underline{|60°}} = 1,613\ \underline{|-60°}\ pu,$$

$$\overline{s} = \dot{v}_{AN} \cdot i_{AN}^{*} = 1\ \underline{|0} \cdot 1,613\ \underline{|+60°} = 1,613\ \underline{|60°}\ pu.$$

Retornando aos valores em ampère e volt-ampère, obtemos:

$$\dot{I}_A = i_A \cdot I_{bL} = 1,613\ \underline{|-60°} \cdot 7,874 = 12,701\ \underline{|-60°}\ A,$$

$$\overline{S} = \overline{s} \cdot S_{bL} = 1,613\ \underline{|60°} \cdot 3000 = 4839\ \underline{|60°}\ VA,$$

que são os mesmos valores obtidos quando definimos valores de base para as grandezas de fase.

Para retornar à carga original ligada em triângulo, observamos que as correntes de linha são aquelas já calculadas para a carga equivalente ligada em estrela. As correntes de fase serão dadas por:

$$\dot{I}_{AB} = \frac{\dot{V}_{AB}}{\overline{Z}} = \frac{220\ \underline{|30°}}{30\ \underline{|60°}} = 7,333\ \underline{|-30°}\ A,$$

$$\dot{I}_{BC} = \frac{\dot{V}_{BC}}{\overline{Z}} = \frac{220\ \underline{|-90°}}{30\ \underline{|60°}} = 7,333\ \underline{|-150°}\ A,$$

$$\dot{I}_{CA} = \frac{\dot{V}_{CA}}{\overline{Z}} = \frac{220\ \underline{|150°}}{30\ \underline{|60°}} = 7,333\ \underline{|90°}\ A.$$

Com relação aos resultados alcançados no exemplo precedente, destacamos os seguintes pontos:

(1) as correntes de fase da carga ligada em triângulo foram obtidas a partir dos valores não-normalizados (tensões em volt e impedâncias em ohm). Alternativamente, tais correntes podem ser obtidas em pu desde que sejam fixados valores de base para a tensão de linha e para a corrente de linha coerentes com as relações entre essas grandezas na ligação triângulo. Tais valores são:

$$V_{bL} = V_{bF} = 220\ V;$$

$$S_{bL} = 3000\ VA;$$

$$I_{bL} = \frac{S_{bL}}{\sqrt{3}V_{bL}} = \frac{3000}{\sqrt{3} \cdot 220} = 7,874\ A;$$

$$I_{bF} = \frac{I_{bL}}{\sqrt{3}} = 4,546 \ A \ ;$$

$$Z_{bF} = \frac{V_{bF}^2}{S_{bF}} = \frac{220^2}{(3000 \ / \ 3)} = 48,4 \ \Omega \ .$$

Com estes valores de base, as correntes de fase em ampère são calculadas por:

$$\dot{v}_{AB} = \frac{\dot{V}_{AB}}{V_{BF}} = \frac{220 \ \underline{|30°}}{220} = 1 \ \underline{|30°} \ \ pu \ ;$$

$$\overline{z} = \frac{\overline{Z}}{Z_{bF}} = \frac{30 \ \underline{|60°}}{48,4} = 0,620 \ \underline{|60°} \ \ pu \ ;$$

$$\dot{i}_{AB} = \frac{\dot{v}_{AB}}{\overline{z}} = \frac{1 \ \underline{|30°}}{0,620 \ \underline{|60°}} = 1,613 \ \underline{|-30°} \ \ pu \ ;$$

$$\dot{I}_{AB} = \dot{i}_{AB} \cdot I_{bF} = 1,613 \ \underline{|-30°} \cdot 4,546 = 7,333 \ \underline{|-30°} \ A \ .$$

(2) as correntes de fase na ligação triângulo estão adiantadas de 30° em relação às correspondentes correntes de linha quando a seqüência de fase é direta, e atrasadas de 30° quando a seqüência de fase é inversa.

EXEMPLO 2.12 - Um gerador trifásico simétrico alimenta por meio de uma linha uma carga trifásica equilibrada. Conhecendo-se:

(1) a impedância da linha: $(0,05 + j0,15) \ \Omega$;
(2) a tensão de linha na carga: 220 V, 60 Hz;
(3) a potência absorvida pela carga: 60 kW com $cos \ \varphi = 0,6$ indutivo;

Pedimos determinar:

(a) a tensão no gerador;
(b) os reativos que deverão ser ligados em paralelo com a carga para tornar seu fator de potência 0,95 indutivo;
(c) a tensão nas condições do item (b).

SOLUÇÃO:

(a) Tensão no gerador

Adotaremos, para as grandezas de linha, os valores:

$$V_{base} = 220 \ V \quad \text{e} \quad S_{base} = 100 \ kVA \ .$$

Para determinarmos a corrente, temos:

$$p = \frac{P}{S_{base}} = \frac{60}{100} = 0,6 \ \ pu \ .$$

Logo,

$$i = \frac{p}{v \cos \varphi} = \frac{0,6}{1 \cdot 0,6} = 1,0 \ pu.$$

Adotando:

$$i_{AN} = 1,0 \ \underline{|0} \ pu,$$

resulta:

$$\dot{v}_{AN} = 1,0 \cdot (0,6 + j0,8) = 1,0 \ \underline{|53,1°} \ pu.$$

Finalmente, a tensão no gerador é dada por (Fig. 2-30):

$$\dot{v}_{A'N} = \dot{v}_{AN} + i\bar{z} \ ;$$

sendo:

$$z = (0,05 + j0,15) \cdot \frac{10^5}{220^2} = (0,103 + j0,310) \ pu,$$

resulta:

$$\dot{v}_{A'N} = 0,6 + j0,8 + 1 \ \underline{|0}(0,103 + j0,310) = 0,703 + j1,110 = 1,314 \ \underline{|57,7°} \ pu,$$

portanto:

$$\dot{V}_{A'N} = 1,314 \ \underline{|57,7°} \cdot 127 = 166,9 \ \underline{|57,7°} \ V,$$

$$\dot{V}_{B'N} = \dot{V}_{A'N} \ \underline{|-120°} = 166,9 \ \underline{|-62,3°} \ V,$$

$$\dot{V}_{C'N} = \dot{V}_{A'N} \ \underline{|120°} = 166,9 \ \underline{|177,7°} \ V,$$

$$\dot{V}_{A'B'} = \dot{v}_{A'N} \cdot V_b \cdot 1 \ \underline{|30°} = 1,314 \ \underline{|57,7°} \cdot 220 \cdot 1 \ \underline{|30°} = 289,1 \ \underline{|87,7°} \ V,$$

$$\dot{V}_{B'C'} = 289,1 \ \underline{|-32,3°} \ V,$$

$$\dot{V}_{C'A'} = 289,1 \ \underline{|207,7°} \ V.$$

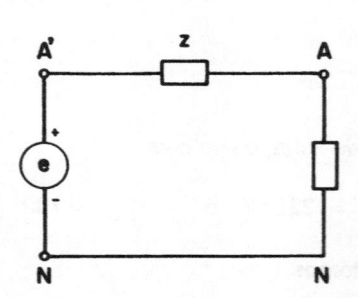

Figura 2-30. Circuito para o Ex. 2.12

(b) Determinação dos reativos para corrigir o fator de potência

Temos:

$$\bar{s} = p + jq = p + jp\,tan\,\varphi = 0,6 + j0,6\,tan\,\varphi = \left(0,6 + j0,8\right)\ pu.$$

Queremos que o conjunto carga-banco de capacitores tenha fator de potência 0,95 indutivo, isto é, que:

$$\bar{s}' = p + jp\,tan\,\varphi' = 0,60 + j0,6\,tan\!\left(arc\ cos\ 0,95\right) = 0,6 + j0,6 \cdot 0,329$$

isto é:

$$\bar{s}' = \left(0,60 + j0,197\right)\ pu.$$

Logo, a potência do banco de capacitores, q_C, deverá ser tal que:

$$\bar{s}' = \bar{s} + \bar{s}_C,$$

portanto

$$\bar{s}_C = \bar{s}' - \bar{s} = 0,6 + j0,197 - 0,6 - j0,8 = \left(0 - j0,603\right)\ pu.$$

e finalmente

$$q_C = -0,603\ pu,$$
$$Q_C = 0,603 \cdot 100 = 60,3\ kVAr.$$

(c) Determinação da tensão no gerador

Temos:

$$i = \frac{0,6}{1 \cdot 0,95} = 0,632\ pu.$$

Logo, adotando i com fase nula:

$$\dot{v}_{A'N} = 1\!\left(0,950 + j0,312\right) + 0,632\!\left(0,103 + j0,310\right) = 1,015 + j0,508$$
$$\dot{v}_{A'N} = 1,135\ \underline{|26,6°}\ pu.$$

2.6.3 - VALORES "POR UNIDADE" PARA MÁQUINAS ELÉTRICAS TRIFÁSICAS

(1) Transformadores

Os dados de chapa dos transformadores trifásicos são os mesmos que os apresentados para os monofásicos, porém destacamos que as tensões nominais são sempre de linha, que a potência nominal é sempre a total do trifásico e que a impedância equivalente é a de fase. A seguir, estudaremos como se procede para a determinação dos valores nominais de um conjunto de transformadores monofásicos ligados de modo a formar um banco trifásico.

Assim, sejam três transformadores monofásicos, iguais entre si, cujos valores nominais são V_{1N}, V_{2N}, S_N e $z\%$. Estudaremos, para os vários modos de ligação, quais serão os valores nominais do banco e como os representaremos, num circuito equivalente, em valores pu.

(a) <u>Ligação em Y/Y</u>

Nesta ligação, que está representada na Fig. 2-31, para termos os transformadores trabalhando com sua tensão nominal, deveremos aplicar ao primário uma tensão de linha dada por $\sqrt{3}V_{1N}$, resultando na fase V_{1N}, donde a tensão de fase do secundário será V_{2N} e, finalmente, a de linha será $\sqrt{3}V_{2N}$.

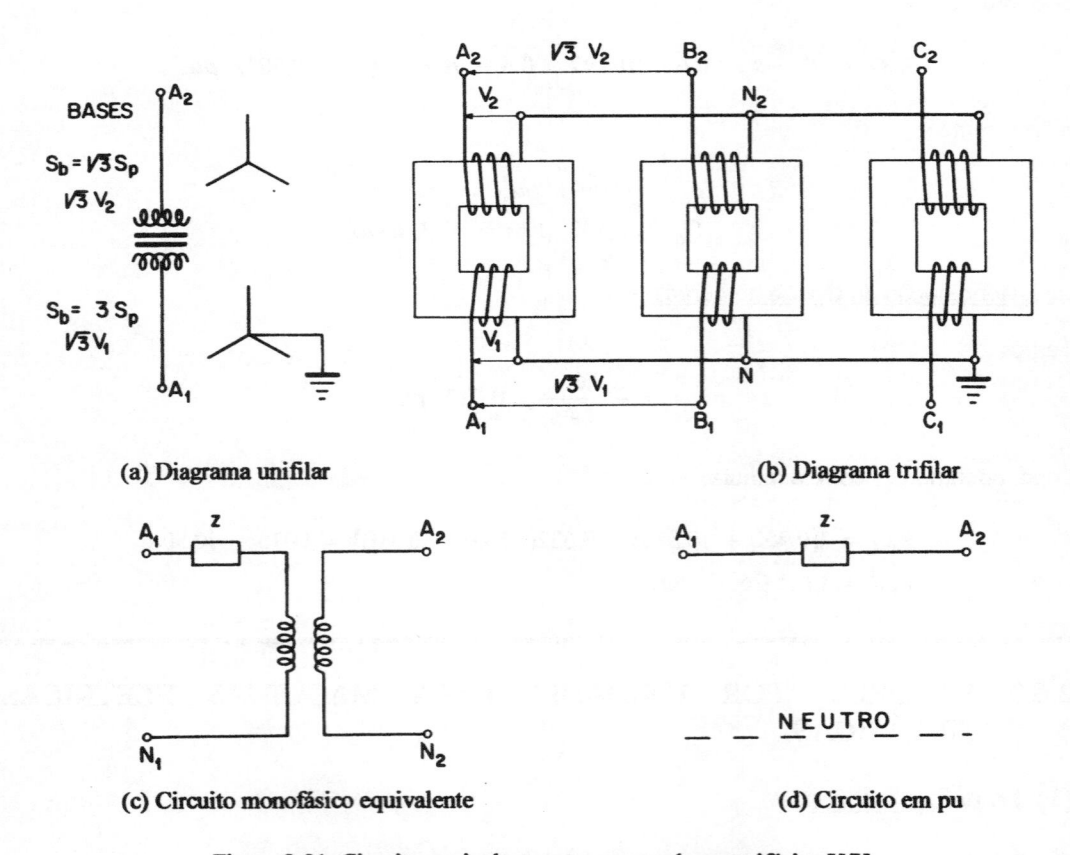

(a) Diagrama unifilar

(b) Diagrama trifilar

(c) Circuito monofásico equivalente

(d) Circuito em pu

Figura 2-31. Circuito equivalente, em pu, para banco trifásico Y/Y

Assim, as tensões nominais serão $\sqrt{3}V_{1N}$ - $\sqrt{3}V_{2N}$, isto é, a relação de transformação do banco é a mesma que a de cada um dos transformadores. A potência nominal será $3S_N$.

Quanto à impedância percentual, ou "por unidade", observamos que a impedância de cada fase, em Ω, referida ao primário, vale:

$$Z = z \frac{V_{1N}^2}{S_N}.$$

Portanto, em pu, tomando-se como base os valores nominais do banco, teremos:

$$z_{banco} = Z \frac{3S_N}{\left(\sqrt{3}V_{1N}\right)^2} = Z \frac{S_N}{V_{1N}^2} = z_{transformador},$$

isto é, a impedância percentual do banco é igual à de cada transformador monofásico.

Finalmente, destacamos que a ligação Y/Y de transformadores trifásicos ou de bancos trifásicos compostos por transformadores monofásicos com ambos centros-estrela isolados somente apresenta interesse do ponto de vista didático, já que esta ligação não é normalmente utilizada. A análise deste problema foge ao escopo deste livro.

(b) Ligação em Δ/Δ

Neste caso, Fig. 2-32, as tensões nominais do banco serão iguais às nominais de cada monofásico, de vez que a tensão de fase é igual à de linha.

A potência aparente nominal do banco é três vezes a de cada transformador. Temos:

$$V_{nominal\ banco} = V_{nominal\ monofasico}$$
$$S_{banco} = 3S_N = 3 \cdot pot_{monofasico}.$$

Quanto à impedância, temos, em cada lado do triângulo, um transformador ideal ligado em série com uma impedância Z, dada por (referida ao primário):

$$Z = z \frac{V_{1N}^2}{S_N}.$$

Para as aplicações, conforme já salientamos, devemos substituir todos os componentes ligados em triângulo pelos ligados em estrela que lhes são equivalentes. Logo, para a resolução do circuito, ligaremos o primário e o secundário em estrela, tendo em cada fase do primário um transformador ideal em série com uma impedância $Z/3$. O valor da impedância equivalente, expressa em pu, será:

$$z_\Delta = \frac{Z}{3} \cdot \frac{1}{Z_{base}} = \frac{1}{3} \cdot z \cdot \frac{V_{1N}^2}{S_N} \cdot \frac{3S_N}{V_{1N}^2} = z.$$

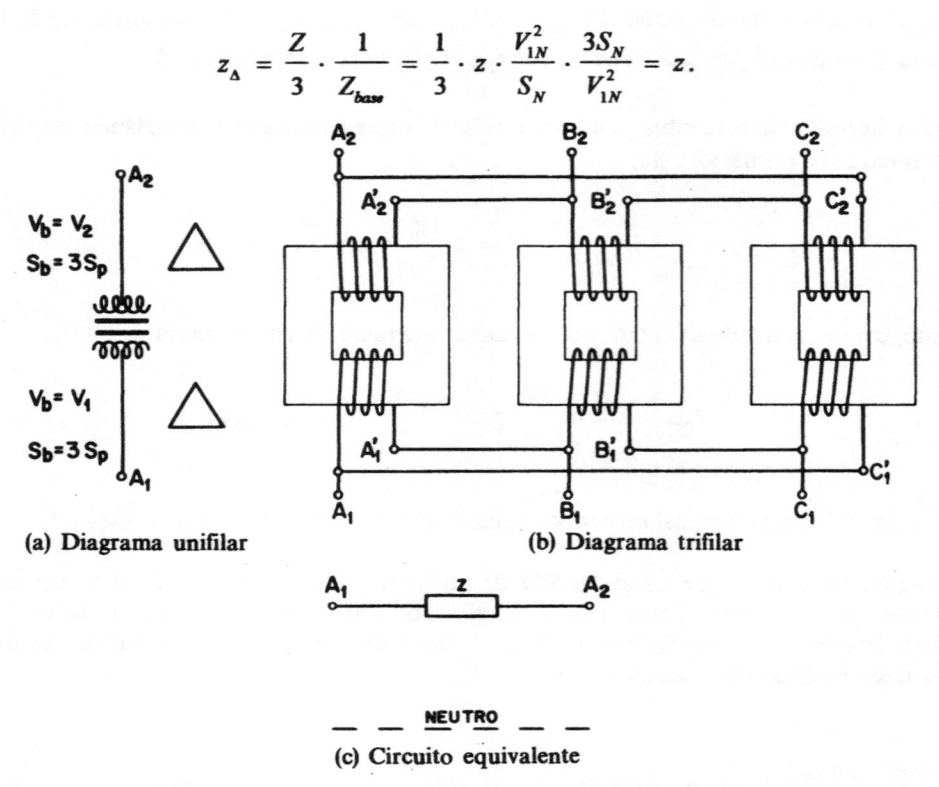

(a) Diagrama unifilar　　　　　　　　(b) Diagrama trifilar

(c) Circuito equivalente

Figura 2-32. Circuito equivalente, em pu, para banco trifásico Δ/Δ

Observamos que, também nesse caso, a impedância percentual (por unidade) do banco é igual à de cada um dos monofásicos.

Finalmente destacamos que, analogamente ao caso de ligação Y/Y, a ligação Δ/Δ de transformadores trifásicos ou de bancos trifásicos compostos por transformadores monofásicos somente apresenta interesse do ponto de vista didático, já que esta ligação também não é normalmente utilizada.

(c) Ligação em Y/Δ

Nesta ligação, Fig. 2-33, para termos no enrolamento primário de cada transformador trifásico uma tensão V_{1N}, deveremos aplicar uma tensão primária de linha com valor $\sqrt{3}V_{1N}$, resultando, obviamente, uma tensão de fase e de linha no secundário de valor V_{2N}. Nesse caso, os valores nominais do banco passarão a ser:

tensão primária:　　　$\sqrt{3}V_{1N}$;

tensão secundária: V_{2N} ;

potência aparente: $3S_N$.

Como no caso precedente, devemos substituir o enrolamento secundário do transformador, ligado em Δ, por outro ligado em Y, que lhe seja equivalente. Suponhamos representar cada um dos transformadores monofásicos por um transformador ideal em série com sua impedância de curto-circuito referida ao secundário, isto é, no secundário do banco teremos um triângulo no qual cada lado será constituído pela associação em série do enrolamento secundário do transformador ideal com a impedância de curto circuito referida ao secundário.

Vamos analisar a possibilidade de substituir o enrolamento secundário em triângulo por outro em estrela que lhe seja equivalente. Podemos dizer que há equivalência entre esses dois enrolamentos quando, com mesma tensão de alimentação e mesma carga, as tensões e as correntes secundárias são iguais para os dois enrolamentos.

Suponhamos alimentar o primário com tensão e corrente de linha V_1 e I_1, respectivamente, e suponhamos ainda que cada monofásico tenha N_1 espiras no primário e N_2 espiras no secundário.

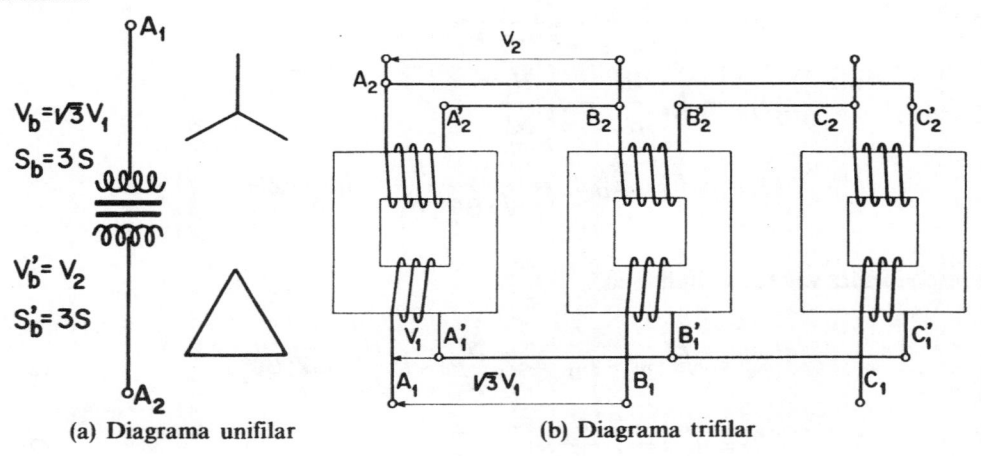

(a) Diagrama unifilar   (b) Diagrama trifilar

Figura 2-33. Banco trifásico Y/Δ

Admitindo-se seqüência de fase direta, a tensão e a corrente de fase do primário são:

$$\dot{E}_1 = \frac{\dot{V}_1}{\sqrt{3}\ \underline{|30°}} \qquad e \qquad \dot{I}_{1F} = I_1.$$

Na fase do secundário em triângulo, teremos:

$$\dot{E}_2 = \dot{E}_1 \frac{N_2}{N_1} = \frac{\dot{V}_1}{\sqrt{3}\ \underline{|30°}} \frac{N_2}{N_1},$$

$$\dot{I}_{2F} = \dot{I}_{1F} \frac{N_1}{N_2} = \dot{I}_1 \frac{N_1}{N_2},$$

$$\dot{V}_{2F} = \dot{E}_2 - \dot{I}_{2F}Z = \frac{\dot{V}_1}{\sqrt{3} \, \underline{|30°}} \frac{N_2}{N_1} - \dot{I}_1 \frac{N_1}{N_2} Z.$$

Os correspondentes valores de linha são:

$$\dot{V}_2 = \dot{V}_{2F} = 1\underline{|-30°}\left(\frac{\dot{V}_1}{\sqrt{3}} \frac{N_2}{N_1} - \dot{I}_1 \frac{N_1}{N_2} Z \underline{|30°}\right), \tag{2.18a}$$

$$\dot{I}_2 = \left(\dot{I}_1\sqrt{3} \frac{N_1}{N_2}\right)1\underline{|-30°}. \tag{2.18b}$$

No caso de estrela equivalente, o primário permanece inalterado, o enrolamento secundário terá N_2' espiras e a impedância de curto-circuito será Z'. Na fase do secundário teremos:

$$\dot{E}_2' = \dot{E}_1 \frac{N_2'}{N_1} = \frac{\dot{V}_1}{\sqrt{3} \, \underline{|30°}} \frac{N_2'}{N_1},$$

$$\dot{I}_{2F}' = \dot{I}_{1F} \frac{N_1}{N_2'} = \dot{I}_1 \frac{N_1}{N_2'},$$

$$\dot{V}_{2F}' = \dot{E}_2' - \dot{I}_{2F}'Z' = \frac{\dot{V}_1}{\sqrt{3} \, \underline{|30°}} \frac{N_2'}{N_1} - \dot{I}_1 \frac{N_1}{N_2'} Z'.$$

Os correspondentes valores de linha são:

$$\dot{V}_2' = \sqrt{3} \, \underline{|30°} \cdot \dot{V}_{2F}' = \dot{V}_1 \frac{N_2'}{N_1} - \dot{I}_1 \frac{N_1}{N_2'} \sqrt{3}Z' \, \underline{|30°}, \tag{2.19a}$$

$$\dot{I}_2' = \dot{I}_{2F}' = \dot{I}_1 \frac{N_1}{N_2'}. \tag{2.19b}$$

Comparando-se as Eqs. (2.18) com as Eqs. (2.19), notamos inicialmente que há uma rotação de fase, de 30°, entre os valores em estrela e os em triângulo. Em particular, a corrente e a tensão de linha com o secundário em triângulo estão atrasadas de 30° em relação às correspondentes na ligação em estrela.

Passemos a determinar os valores de N_2' e Z' para que haja equivalência entre os dois transformadores. Uma vez que, para qualquer par de valores V_1, I_1, deve ser:

$$V_2 = V_2' \qquad e \qquad I_2 = I_2',$$

é evidente que os coeficientes das Eqs. (2.18) e das Eqs. (2.19) devem ser iguais. Em particular, da equação da corrente, temos:

$$\sqrt{3}\,\frac{N_1}{N_2} = \frac{N_1}{N_2'},$$

portanto

$$N_2' = \frac{N_2}{\sqrt{3}}.$$

Substituindo esse valor na equação da tensão, resulta:

$$\frac{N_2}{\sqrt{3}N_1} = \frac{N_2'}{N_1},$$

e

$$\frac{N_1}{N_2}\,Z\,\underline{|30°} = \frac{N_1}{N_2'}\,Z'\sqrt{3}\,\underline{|30°}$$

ou seja,

$$Z = 3Z',$$

portanto:

$$Z' = \frac{Z}{3}.$$

No caso de seqüência de fase inversa, as Eqs. (2.18) e (2.19) tornam-se:

$$\dot{V}_2 = 1\,\underline{|30°}\left(\frac{\dot{V}_1}{\sqrt{3}}\,\frac{N_2}{N_1} - \dot{I}_1\,\frac{N_1}{N_2}\,Z\,\underline{|-30°}\right), \tag{2.20a}$$

$$\dot{I}_2 = \left(\dot{I}_1\sqrt{3}\,\frac{N_1}{N_2}\right)1\,\underline{|30°}. \tag{2.20b}$$

$$\dot{V}_2' = \dot{V}_1\,\frac{N_2'}{N_1} - \dot{I}_1\,\frac{N_1}{N_2'}\,\sqrt{3}Z'\,\underline{|-30°}, \tag{2.21a}$$

$$\dot{I}_2' = \dot{I}_1\,\frac{N_1}{N_2'}. \tag{2.21b}$$

isto é, a rotação de fase entre os valores de linha do secundário ligado em triângulo e de seu equivalente em estrela ainda é de 30°. Porém, nesse caso, aqueles valores para a ligação em triângulo estão adiantados em relação aos do equivalente em estrela.

Salientamos que podemos substituir sem maiores preocupações um enrolamento de um transformador ligado em triângulo por outro que lhe é equivalente em estrela, quando o trifásico é simétrico e equilibrado. No caso de trifásico assimétrico e desequilibrado, podemos proceder a essa substituição, porém tomando cuidados especiais, conforme veremos no capítulo seguinte.

Nessas condições, passamos do circuito da Fig. 2-34a ao da Fig. 2-34b, no qual substituímos o enrolamento secundário em triângulo pelo equivalente em estrela que tem $N_2 / \sqrt{3}$ espiras e cuja impedância de curto-circuito vale $Z / 3$.

A partir dos valores nominais de cada um dos transformadores monofásicos, determinamos:

$$Z = z \frac{V_{2N}^2}{S_N} = z \frac{V_{1N}^2}{S_N} \left(\frac{N_2}{N_1} \right)^2 .$$

Portanto, como as tensões nominais do transformador equivalente são:

$$V_{1N} \; : \; V_{1N} \cdot \frac{N_2}{\sqrt{3}N_1} ,$$

o valor da impedância de curto-circuito passa a ser:

$$z_{banco} = \frac{Z}{3} \cdot \frac{S_N}{V_{2N}'^2} .$$

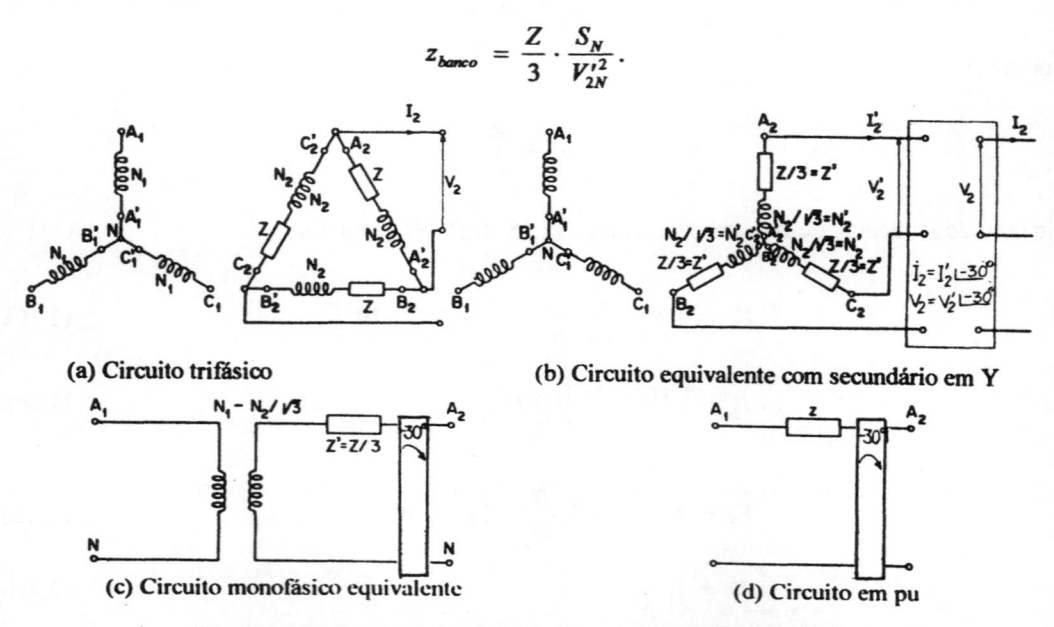

(a) Circuito trifásico

(b) Circuito equivalente com secundário em Y

(c) Circuito monofásico equivalente

(d) Circuito em pu

Figura 2-34. Circuito equivalente, em pu, para banco trifásico Y/Δ

Substituindo os valores de Z e V'_{2N}, resulta:

$$z_{banco} = \frac{1}{3} \, z \, \frac{V_{1N}^2}{S_N} \left(\frac{N_2}{N_1}\right)^2 \cdot \frac{3 \cdot S_N}{V_{1N}^2} \left(\frac{N_1}{N_2}\right)^2 = z \,,$$

isto é, se adotarmos como valores de base no primário

$$V_{base} \qquad e \qquad S_{base}$$

e, no secundário,

$$V'_{base} = V_{base} \, \frac{V_{2N}}{\sqrt{3}V_{1N}} \qquad e \qquad S'_{base} = S_{base} \,,$$

o transformador é representado em pu por um transformador ideal com relação de espiras 1:1 em série com a impedância em curto-circuito do banco, que, em pu, é numericamente igual à de cada um dos monofásicos, e em série ainda com um defasador puro que defasa tensões e correntes em ±30° entre o primário e o secundário.

(d) Ligação em Δ/Y

Nessa ligação, Fig. 2-35, para termos os transformadores monofásicos trabalhando com suas tensões nominais, deveremos aplicar ao primário uma tensão de linha que coincida com a de fase, V_{1N}, resultando tensões secundárias de fase e de linha de V_{2N} e $\sqrt{3}V_{2N}$, respectivamente. Logo, os valores nominais do banco serão:

> tensão primária: V_{1N} ;
> tensão secundária: $\sqrt{3}V_{2N}$;
> potência aparente: $3S_N$.

Para a impedância equivalente, expressa em pu, são válidas as conclusões do item anterior.

(2) Alternadores trifásicos

Para os alternadores trifásicos, os valores nominais, fornecidos pelo fabricante, que nos interessam, são:

- potência total (aparente) do trifásico;
- tensão nominal de linha;

impedâncias transitória, subtransitória e de regime, expressas em percentagem ou em pu, dadas na fase, tomando-se por base a tensão nominal e a potência nominal.

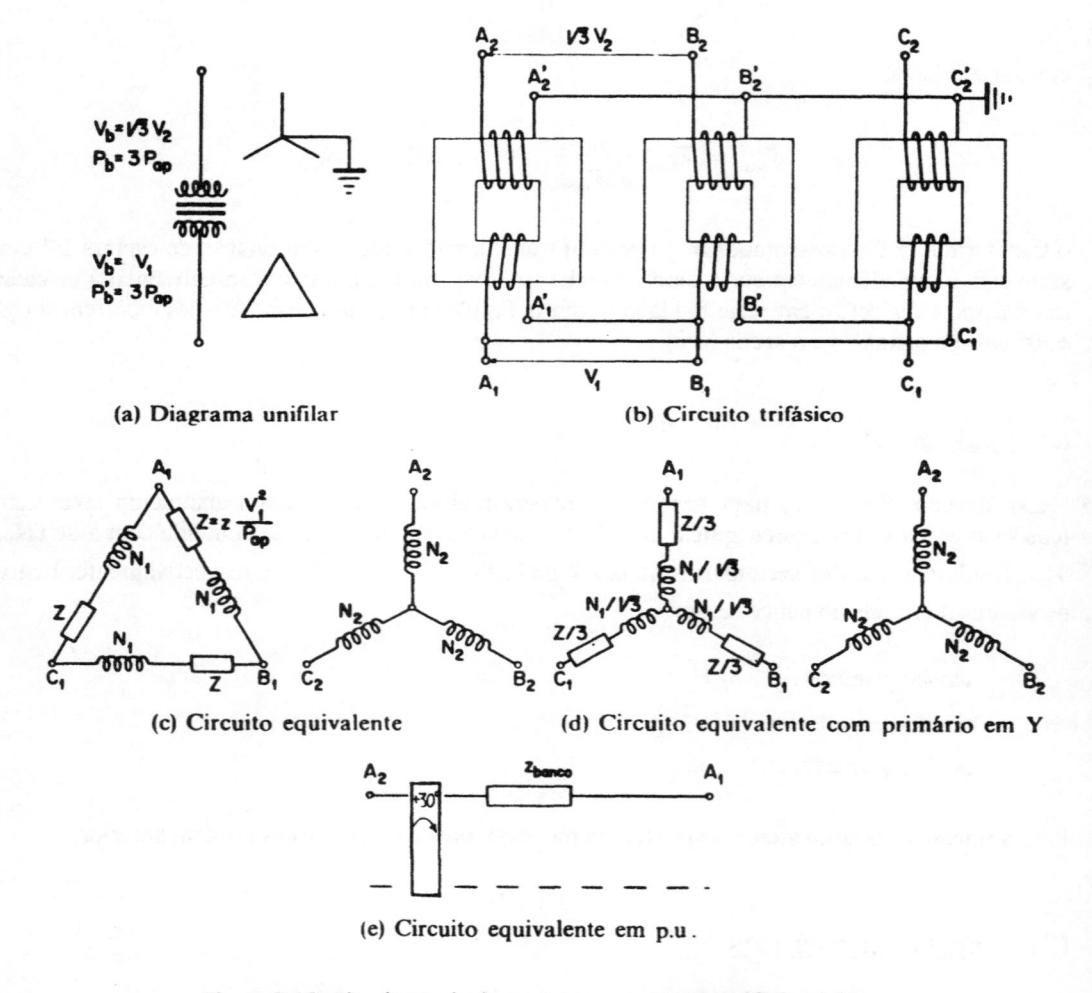

Figura 2-35. Circuito equivalente, em pu, para banco trifásico Δ/Y

EXEMPLO 2.13 - Os valores nominais de um alternador trifásico são: 100 MVA, 13,8 kV, reatância subtransitória $x'' = 20\%$. Pedimos:

(1)   o valor da reatância em Ω;
(2)   o valor da reatância, em pu, na base 50 MVA, 12 kV.

SOLUÇÃO:

Temos:

$$X'' = x''Z_{base} = x'' \frac{V_{base}^2}{S_{base}} = 0,20 \cdot \frac{13,8^2}{100} = 0,381 \ \Omega \ .$$

Adotando-se como valores de base 50 MVA e 12 kV, a reatância em pu resulta:

$$x'' = \frac{X''}{Z_{base}} = 0,381 \cdot \frac{50}{12^2} = 0,132 \ \ pu \ .$$

(3) Motores trifásicos

Analogamente aos motores monofásicos, os valores nominais fornecidos pelos fabricantes são:

- potência mecânica nominal;
- tensão nominal de linha;
- impedâncias em pu referidas aos valores nominais de tensão e potência elétrica aparente correspondente à nominal mecânica.

Salientamos que, quando não há dados sobre o rendimento, podemos adotar um valor aproximado. Para os motores de indução adota-se a potência mecânica em cv como sendo numericamente igual à potência elétrica em kVA. Para os motores síncronos trabalhando com fator de potência unitário, temos:

$$kVA = 0,85 \ cv.$$

Quando funcionando com fator de potência 0,85, temos:

$$kVA = 1,1 \ cv.$$

EXEMPLO 2.14 - Quatro motores, cuja tensão nominal é 13,8 kV, estão ligados num mesmo barramento. Conhecendo-se:

(1)   motor n° 1, de indução, 3000 cv, $X'' = 20\%$;
(2)   motor n° 2, síncrono, 4000 cv, fator de potência 0,85, $X'' = 15\%$;
(3)   motor n° 3, síncrono, 5000 cv, fator de potência 1,0, $X'' = 20\%$;
(4)   motor n° 4, síncrono, 6000 cv, $X'' = 25\%$, quando funciona a plena carga, com fator de potência 0,8, tem rendimento 89%.

Pedimos:

(a)   os valores, em Ω, das reatâncias subtransientes;

(b)   o valor da reatância equivalente, adotando-se $V_{base} = 13,8\ kV$ e $S_{base} = 50\ MVA$.

SOLUÇÃO:

(a) Valores da reatância subtransiente, em Ω

Para o motor n° 1, temos:

$$S_{b1} = 3000\ kVA = 3\ MVA\,,$$

Logo,

$$X_1'' = 0,2 \cdot \frac{13,8^2}{3} = 12,696\ \Omega\,.$$

Para o motor n° 2, temos:

$$S_{b2} = 1,1 \cdot 4000 = 4400\ kVA = 4,4\ MVA\,.$$

Logo,

$$X_2'' = 0,15 \cdot \frac{13,8^2}{4,4} \doteq 6,492\ \Omega\,.$$

Para o motor n° 3, temos:

$$S_{b3} = 0,85 \cdot 5000 = 4250\ kVA = 4,25\ MVA\,.$$

Logo,

$$X_3'' = 0,20 \cdot \frac{13,8^2}{4,25} = 8,962\ \Omega\,.$$

Para o motor n° 4, a potência elétrica absorvida da rede vale:

$$P_4 = \frac{6000 \cdot 0,736}{0,89} = 4962\ kW\,.$$

A potência de base é:

$$S_{b4} = \frac{4962}{0,8} = 6203\ kVA = 6,203\ MVA\,.$$

Logo,

$$X''_4 = 0,25 \cdot \frac{13,8^2}{6,203} = 7,675 \ \Omega.$$

(b) Valores das reatâncias nas bases especificadas e impedância equivalente

Temos:

$$V_{base} = 13,8 \ kV \quad \text{e} \quad S_{base} = 50 \ MVA,$$

Com esses valores de base, as reatâncias dos motores valem:

$$x''_1 = 0,2 \cdot \frac{13,8^2}{3} \cdot \frac{50}{13,8^2} = 3,333 \ pu,$$

$$x''_2 = 0,15 \cdot \frac{13,8^2}{4,4} \cdot \frac{50}{13,8^2} = 1,705 \ pu,$$

$$x''_3 = 0,2 \cdot \frac{13,8^2}{4,25} \cdot \frac{50}{13,8^2} = 2,353 \ pu,$$

$$x''_4 = 0,25 \cdot \frac{13,8^2}{6,203} \cdot \frac{50}{13,8^2} = 2,015 \ pu.$$

Para calcular a impedância equivalente do conjunto, temos:

$$\overline{y}_{eq} = \overline{y}_1 + \overline{y}_2 + \overline{y}_3 + \overline{y}_4,$$

isto é,

$$\overline{y}_{eq} = -j\left(\frac{1}{3.333} + \frac{1}{1,705} + \frac{1}{2,353} + \frac{1}{2,015}\right) = -j1,808 \ pu.$$

Logo,

$$\overline{z}_{eq} = \frac{1}{\overline{y}_{eq}} = \frac{1}{-j1,808} = j0,553 \ pu.$$

EXEMPLO 2.15 - Na Fig. 2-36 apresentamos o diagrama unifilar de um sistema de distribuição trifásico no qual temos: uma subestação de distribuição que alimenta, por meio de um transformador (T_1), uma linha de distribuição primária, a qual alimenta, por meio de um transformador de distribuição (T_2), uma carga indutiva. Conhecem-se:

(1) a impedância de cada fase da linha: $(7,20 + j13,0) \ \Omega$;
(2) o transformador T_1 é constituído por um banco de três monofásicos cujos dados de chapa são: 50,6 kV, 13,8 kV, 500 kVA, $r = 3\%$ e $x = 8\%$;
(3) o transformador T_2 é trifásico de 150 kVA, 13,8 kVΔ, 230 V Y, $r = 4\%$ e $x = 7\%$;

(4)   a carga absorve 80 kW, fator de potência 0,9 indutivo, sob tensão de 230 V.

Pedimos determinar a regulação de tensão na carga.

SOLUÇÃO:

(a) Bases e circuito equivalente

Adotaremos como valores de base para o trecho onde está localizada a carga (barramento 004):

$$V_{bs} = 230 \ V \quad e \quad S_{bs} = \frac{80}{0,9} = 89 \ kVA.$$

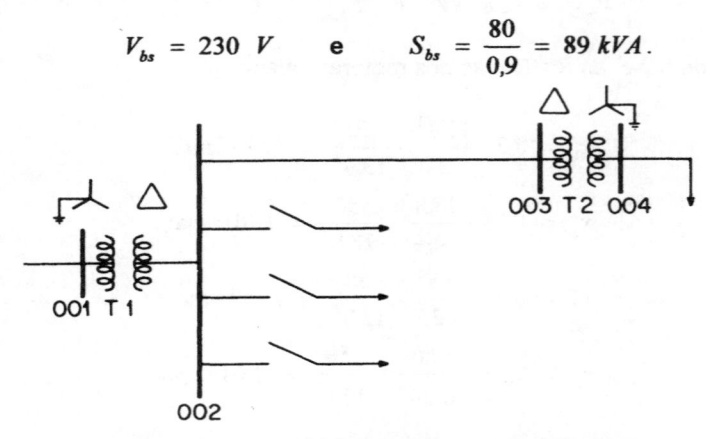

Figura 2-36. Diagrama unifilar para o Ex. 2.15

Escolhemos esses valores de base por tornarem a corrente na carga unitária, o que nos simplificará os cálculos. Para o trecho de distribuição primária (barras 002 e 003), adotaremos como valores de base:

$$V_{bp} = V_{bs} \frac{13800}{230} = 13,8 \ kV \quad e \quad S_{bp} = 89 \ kVA.$$

Antes de determinarmos os valores de base para o trecho de subtransmissão (barra 001) devemos determinar os valores nominais do banco trifásico. Do diagrama unifilar notamos que o primário está ligado em estrela e o secundário em triângulo. Logo, as tensões nominais do banco serão:

$$V_{prim} = 50,6\sqrt{3} = 88 \ kV \ ,$$
$$V_{sec} = 13,8 \ kV \ ,$$
$$S = 3 \cdot 500 = 1,5 \ MVA.$$

Portanto:

$$V_{bst} = V_{bp} \frac{V_{prim}}{V_{sec}} = 13,8 \frac{88,0}{13,8} = 88,0 \ kV \ ,$$
$$S_{bst} = 89 \ kVA.$$

Na Fig. 2-37 apresentamos o circuito equivalente (fase e neutro) e o circuito para o cálculo em valores pu. Observamos que nestes circuitos existem três *zonas* distintas quanto à rotação de fase:

- a primeira zona, correspondente ao secundário de T_2, possui um ângulo de referência de fases para tensões e correntes nulo, uma vez que adotaremos fase inicial nula para a corrente da carga;
- a segunda zona, correspondente ao secundário de T_1, à linha 002 - 003 e ao primário de T_2, possui um ângulo de referência de fases de -30°, se consideramos a ligação de T_2 (Δ/Y) e seqüência de fase direta;
- a terceira zona, correspondente ao primário de T_1, possui um ângulo de referência de fases igual a zero, devido ao esquema de ligação de T_1 (Y/Δ) e ao ângulo de referência da segunda zona (-30°).

(b) Determinação das impedâncias

Temos:

$$\bar{z}_1 = (0.03 + j0.08)\frac{88^2}{1500}\cdot\frac{89}{88^2} = (0.00178 + j0.00475)\ pu,$$

$$\bar{z}_L = (7.20 + j13.00)\frac{89\cdot10^3}{13.8^2\cdot10^6}\cdot\frac{89}{13.8^2} = (0.00336 + j0.00608)\ pu,$$

$$\bar{z}_2 = (0.04 + j0.07)\frac{13.8^2}{150}\cdot\frac{89}{13.8^2} = (0.0237 + j0.0415)\ pu.$$

(c) Determinação da regulação

Na carga, temos:

$$v = 1.0\ pu, \qquad i = \frac{p}{v\cos\varphi} = \frac{80/89}{1\cdot0.9} = 1.0\ pu.$$

Adotando-se:

$$i = 1.0\underline{|0}\ pu,$$

resulta:

$$\dot{v}_{DN} = 1\underline{|arc\ cos\ 0.9} = 1\underline{|25.8°}\ pu,$$

$$\dot{v}_{CN} = (\dot{v}_{DN} + \bar{z}_2 i)\cdot1\underline{|-30°}$$

$$= [1\underline{|25.8°} + (0.0237 + j0.0415)\cdot1\underline{|0}]\cdot1\underline{|-30°} = 1.0398\underline{|-2.7°}\ pu$$

$$\dot{v}_{BN} = \dot{v}_{CN} + \bar{z}_L(i\cdot1\underline{|-30°})$$

$$= 1.0398\underline{|-2.7°} + (0.00336 + j0.00608)\cdot1\underline{|-30°} = 1.0456\underline{|-2.5°}\ pu$$

$$v_{AN} = v_{BN} \cdot 1\,\underline{|+30°} + z_1\left(i \cdot 1\,\underline{|-30°} \cdot 1\,\underline{|+30°}\right)$$

$$= 1,0456\,\underline{|-2,5°} \cdot 1\,\underline{|+30°} + \left(0,00178 + j0,00475\right)$$

$$= 1,0494\,\underline{|27,7°}\ pu.$$

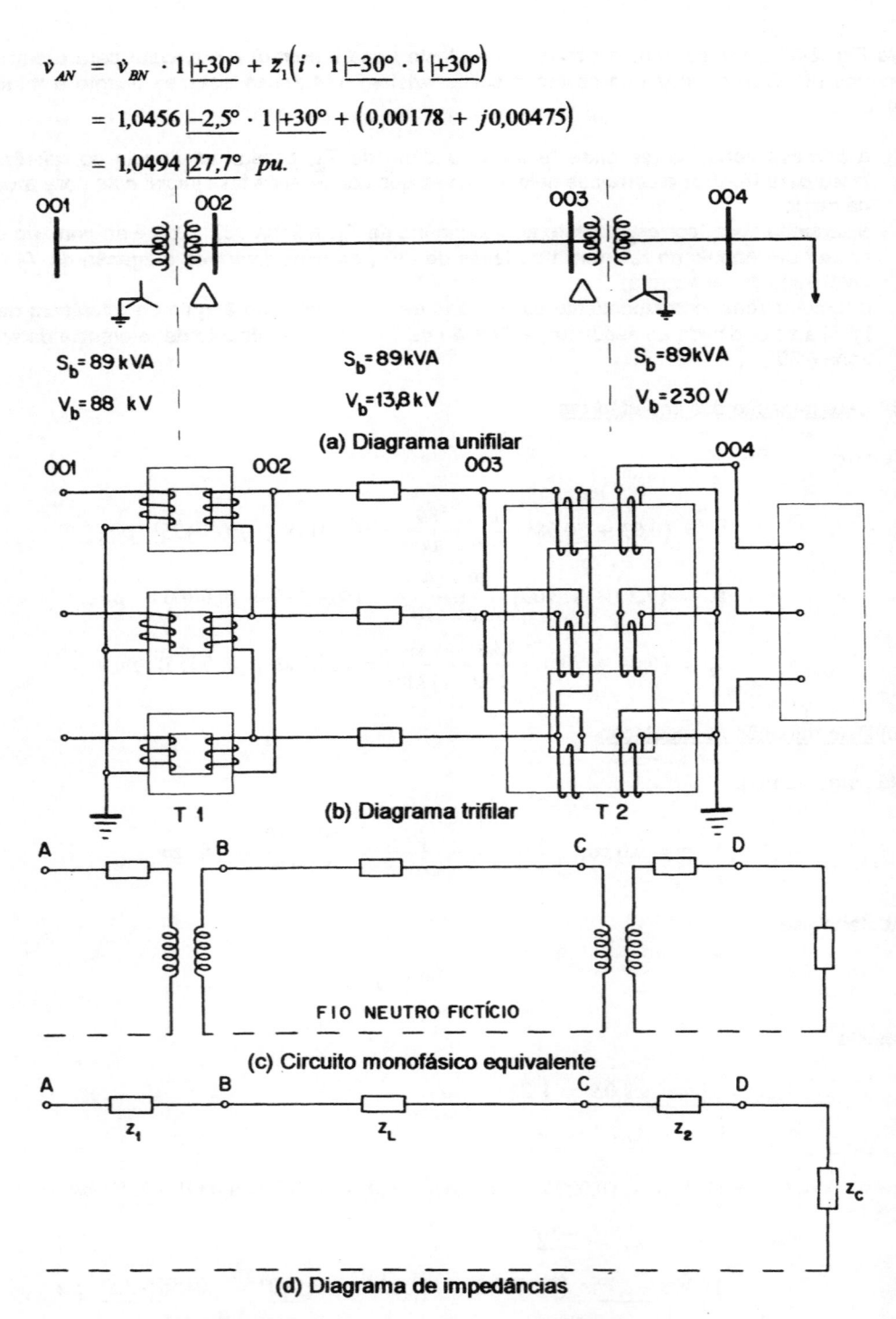

(a) Diagrama unifilar

(b) Diagrama trifilar

F I O NEUTRO FICTÍCIO

(c) Circuito monofásico equivalente

(d) Diagrama de impedâncias

Figura 2-37. Diagrama de impedâncias para o Ex. 2.15

Finalmente,

$$reg = \frac{1,0494 - 1,0}{1,0} = 0,0494 = 4,94\% .$$

EXEMPLO 2.16 - Resolver o circuito trifásico do Ex. 1.15 (Capítulo 1) utilizando valores pu.

SOLUÇÃO:

Embora o sistema trifásico do Ex. 1.15 seja assimétrico e desequilibrado, é possível resolvê-lo utilizando valores pu.

Em valores não-normalizados, temos:

$$\begin{bmatrix} \dot{V}_{A'N} \\ \dot{V}_{B'N} \\ \dot{V}_{C'N} \end{bmatrix} = \begin{bmatrix} Z_A + Z_N & Z_N & Z_N \\ Z_N & Z_B + Z_N & Z_N \\ Z_N & Z_N & Z_C + Z_N \end{bmatrix} \cdot \begin{bmatrix} \dot{I}_A \\ \dot{I}_B \\ \dot{I}_C \end{bmatrix} .$$

Adotando os seguintes valores de base <u>na fase</u>:

$$V_{base} = 220 \ V ,$$
$$I_{base} = 100 \ A ,$$

resulta para a impedância de base:

$$Z_{base} = \frac{V_{base}}{I_{base}} = \frac{220}{100} = 2,2 \ \Omega .$$

Passando a valores pu, temos:

$$\frac{1}{V_{base}} \begin{bmatrix} \dot{V}_{A'N} \\ \dot{V}_{B'N} \\ \dot{V}_{C'N} \end{bmatrix} = \frac{1}{Z_{base}} \begin{bmatrix} Z_A + Z_N & Z_N & Z_N \\ Z_N & Z_B + Z_N & Z_N \\ Z_N & Z_N & Z_C + Z_N \end{bmatrix} \cdot \frac{1}{I_{base}} \begin{bmatrix} \dot{I}_A \\ \dot{I}_B \\ \dot{I}_C \end{bmatrix} ,$$

ou:

$$\begin{bmatrix} \dot{v}_{A'N} \\ \dot{v}_{B'N} \\ \dot{v}_{C'N} \end{bmatrix} = \begin{bmatrix} \bar{z}_A + \bar{z}_N & \bar{z}_N & \bar{z}_N \\ \bar{z}_N & \bar{z}_B + \bar{z}_N & \bar{z}_N \\ \bar{z}_N & \bar{z}_N & \bar{z}_C + \bar{z}_N \end{bmatrix} \cdot \begin{bmatrix} \dot{i}_A \\ \dot{i}_B \\ \dot{i}_C \end{bmatrix} .$$

Substituindo pelos valores numéricos, temos:

$$\frac{1}{220}\begin{bmatrix} 220 \underline{|0} \\ 200 \underline{|-120°} \\ 220 \underline{|120°} \end{bmatrix} = \frac{1}{2,2}\begin{bmatrix} 20,5 + j2 & 0,5 + j2 & 0,5 + j2 \\ 0,5 + j2 & 0,5 + j12 & 0,5 + j2 \\ 0,5 + j2 & 0,5 + j2 & 0,5 - j8 \end{bmatrix} \cdot \begin{bmatrix} i_A \\ i_B \\ i_C \end{bmatrix},$$

cuja solução fornece:

$$\begin{bmatrix} i_A \\ i_B \\ i_C \end{bmatrix} = \begin{bmatrix} 0,120 \underline{|11,7°} \\ 0,151 \underline{|145.8°} \\ 0,257 \underline{|-158,4°} \end{bmatrix} \, pu.$$

A corrente no fio neutro é dada por:

$$i_N = i_A + i_B + i_C = 0,247 \underline{|176,6°} \, pu.$$

Retornando aos valores em ampère, temos:

$$\begin{bmatrix} I_A \\ I_B \\ I_C \\ I_N \end{bmatrix} = 100 \cdot \begin{bmatrix} 0,120 \underline{|11,7°} \\ 0,151 \underline{|145.8°} \\ 0,257 \underline{|-158,4°} \\ 0,247 \underline{|176,6°} \end{bmatrix} = \begin{bmatrix} 12,0 \underline{|11,7°} \\ 15,1 \underline{|145.8°} \\ 25,7 \underline{|-158,4°} \\ 24,7 \underline{|176,6°} \end{bmatrix} A,$$

que são os mesmos valores alcançados no Ex. 1.15.

2.7 - VANTAGENS E APLICAÇÕES DOS VALORES "POR UNIDADE"

A utilização de valores pu em sistemas elétricos de potência apresenta diversas vantagens, das quais destacamos as que se seguem:

(1) a simplificação no cálculo de circuitos com vários transformadores, pois eliminamos a necessidade de converter tensões e correntes quando passamos de um enrolamento a outro em cada transformador;

(2) os valores pu fornecem uma visão melhor do problema, de vez que, em circuitos com vários transformadores, as quedas de tensão em volt diferem enormemente quando se passa de um circuito de alta tensão para um de baixa, o que não ocorre quando se utilizam valores pu;

(3) na resolução de circuitos através de algoritmos computacionais, valores numéricos dos parâmetros da rede, das excitações e das respostas são de mesma ordem de grandeza. Este fato permite obter resultados numéricos de melhor qualidade quando se utiliza uma aritmética de precisão finita, como é o caso dos computadores;

(4) os valores das impedâncias de máquinas elétricas, se bem que em ohm são muito variáveis de máquina para máquina, em pu são praticamente iguais, independentemente da tensão e da potência da máquina.

O exemplo a seguir ilustra em maior grau de detalhe os pontos (2) e (3) acima.

EXEMPLO 2.17 - A Fig. 2-38 mostra um sistema de potência no qual foram representados de maneira simplificada os subsistemas de transmissão, de subtransmissão e de distribuição primária (partes de 500, 69 e 13,8 kV, respectivamente). Pedimos determinar a tensão em cada barra e a corrente em cada trecho do sistema.

Dados:

(a) Transformadores

T_1:	13,8 : 500 kV	500 MVA	$x = 3,5\%$;
T_2:	500 : 69 kV	100 MVA	$x = 4\%$;
T_3:	69 : 13,8 kV	10 MVA	$x = 6\%$;
T_4:	13,8 : 0,22 kV	50 kVA	$x = 3\%$;

(b) Linhas de transmissão

L_1:	500 kV	100 km	$r = 0,08\ \Omega/km$	$x = 0,60\ \Omega/km$;
L_2:	69 kV	20 km	$r = 0,13\ \Omega/km$	$x = 0,52\ \Omega/km$;
L_3:	13,8 kV	2 km	$r = 0,19\ \Omega/km$	$x = 0,38\ \Omega/km$;

(c) Cargas

Barra 005:	potência constante	20 MVA	$cos\ \varphi = 0,85$ ind.;
Barra 007:	potência constante	3 MVA	$cos\ \varphi = 0,8$ ind.;
Barra 008:	potência constante	50 kVA	$cos\ \varphi = 0,9$ ind.;

(d) Tensão na barra 001

13,8 kV.

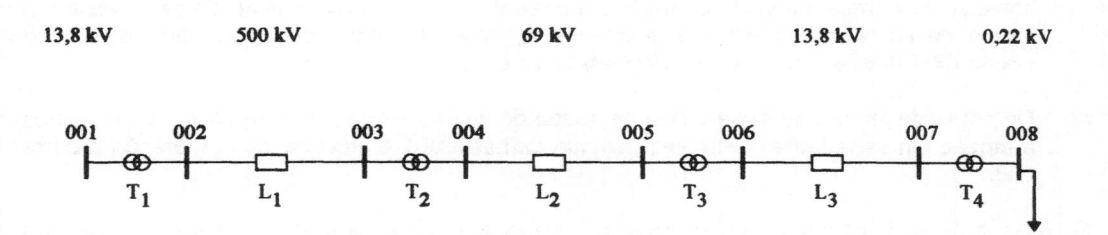

Figura 2-38. Sistema de potência para o Ex. 2.17

SOLUÇÃO:

A Fig. 2-39 apresenta o diagrama de impedâncias do circuito monofásico equivalente, com e sem a utilização de valores normalizados. Por comodidade, assumimos que os quatro transformadores estão ligados no esquema Y/Y.

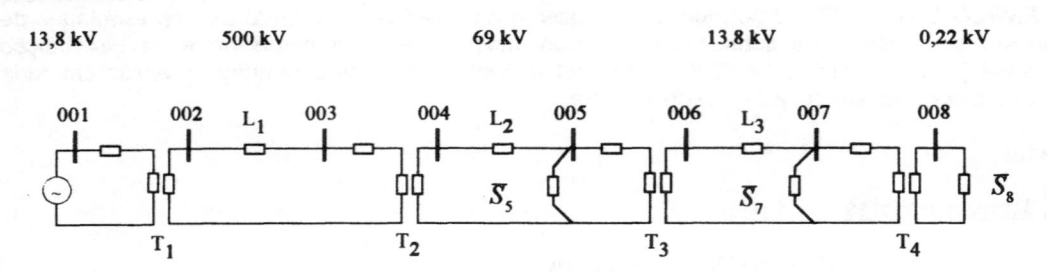

(a) Sem utilizar valores normalizados

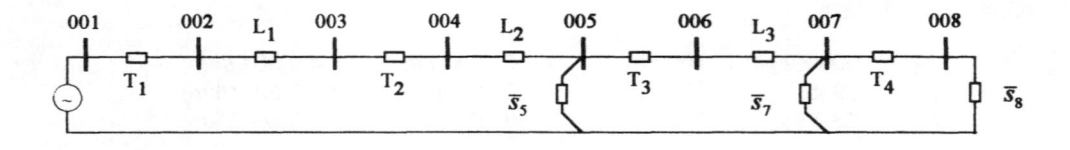

(b) Utilizando valores normalizados

Figura 2-39. Diagrama de impedâncias para o sistema da Fig. 2.38

Como as cargas são de potência constante e as tensões nas barras 005, 007 e 008 não foram especificadas, este circuito deve ser resolvido através do seguinte processo iterativo:

(1) Adotamos um valor de tensão nas barras 002 a 008. O valor normalmente adotado é a tensão nominal da barra;

(2) De posse da tensão em cada barra, calculamos a corrente absorvida por cada carga. Em cada trecho acumulamos a corrente absorvida pela carga na barra terminal do trecho e pelo conjunto de cargas a jusante do trecho. A corrente total no trecho é utilizada para calcular a queda de tensão no mesmo. Evidentemente, neste processo devemos partir do último trecho (007-008) e proceder em direção à barra 001;

(3) De posse da tensão na barra 001 e da queda de tensão em todos os trechos, recalculamos a tensão em cada barra, desta vez partindo da barra 001 e procedendo em direção à barra 008.

Os passos (2) e (3) acima devem ser repetidos até que a diferença entre as tensões obtidas em uma dada iteração e as tensões da iteração anterior seja inferior a uma tolerância pré-estabelecida.

Com o método iterativo acima descrito, resolvemos a rede elétrica considerando os dois diagramas de impedâncias da Fig. 2-39, com e sem a utilização de valores pu. No caso do cálculo utilizando valores pu, adotamos (*i*) base de potência igual a 100 MVA e (*ii*) base de tensão igual à tensão nominal de cada trecho. Todas as operações aritméticas foram realizadas propositadamente com apenas 3 dígitos significativos. Na Tab. 2-1 apresentamos os resultados alcançados quando não consideramos valores normalizados. Nesta tabela foi incluída uma coluna contendo os valores em pu da tensão nas barras, para facilitar a comparação com os resultados provenientes do cálculo utilizando valores pu, os quais apresentamos na Tab. 2-2.

Trecho	Impedância do trecho ref. ao primário (Ω)	Corrente na barra terminal do trecho (A)	Corrente no trecho (ref. ao prim. e ao sec.) (A)	Queda de tensão por fase no trecho, ref. ao primário (V)	Tensão na barra terminal do trecho	
					(V na linha)	(pu)
001 - 002	$j0,0133$	0	1020 / 28,2	51,1	496.000	0,992
002 - 003	$8 + j60$	0	28,2	2340	493.000	0,986
003 - 004	$j100$	0	28,2 / 205	3770	67.400	0,977
004 - 005	$2,6 + j10,4$	177	205	2200	64.500	0,935
005 - 006	$j28,5$	0	27,8 / 139	841	12.700	0,920
006 - 007	$0,38 + j0,76$	137	139	118	12.500	0,906
007 - 008	$j114$	148	2,35 / 148	306	193	0,877

Tabela 2-1. Resultados do Ex. 2.16 utilizando-se 3 dígitos significativos e valores não normalizados (módulo das grandezas somente)

Trecho	Impedância do trecho (pu)	Corrente na barra terminal do trecho (pu)	Corrente no trecho (pu)	Queda de tensão no trecho (pu)	Tensão na barra terminal do trecho (pu)	Desvio entre val. pu de tensão (%)	Tensão na barra terminal do trecho com 64 bits (pu)
001 - 002	$j0,007$	0	0,240	0,00169	0,999	0,70	0,99900791
002 - 003	$0,0032 + j0,024$	0	0,240	0,00583	0,995	0,90	0,99498455
003 - 004	$j0,04$	0	0,240	0,00982	0,989	1,21	0,98938738
004 - 005	$0,0546 + j0,218$	0,208	0,240	0,0539	0,949	1,47	0,94876529
005 - 006	$j0,6$	0	0,0325	0,0196	0,937	1,81	0,93667346
006 - 007	$0,2 + j0,399$	0,0321	0,0325	0,0150	0,923	1,84	0,92347574
007 - 008	$j60$	0,000545	0,000545	0,0331	0,908	3,41	0,90860548

Tabela 2-2. Resultados do Ex. 2.16 utilizando-se valores pu (módulo das grandezas somente)

Em primeiro lugar, observamos da Tab. 2.1 que de fato a ordem de grandeza das tensões varia sobremodo quando não se utilizam valores normalizados.

Se estivermos interessados em estudar alternativas para diminuição da queda de tensão no sistema, observamos que não é imediato descobrir qual é o trecho mais crítico a partir dos valores da Tab. 2-1. De fato, nesta tabela o trecho que apresenta maior queda de tensão é o trecho 003-004. Observamos também que os trechos 002-003 e 004-005 possuem queda de tensão de mesma ordem de grandeza da do trecho 003-004 (de 2000 a 4000 V). Porém, analisando os correspondentes valores na Tab. 2-2, observamos que o trecho de maior queda de tensão percentual é o trecho 004-005, cuja queda de tensão é aproximadamente dez vezes maior que a queda do trecho 002-003 e cinco vezes maior que a queda do trecho 003-004. Portanto, é no trecho 004-005 que devemos concentrar nossa atenção para aliviarmos o problema de queda de tensão.

Podemos também observar que há discrepâncias entre os valores de tensão nodal das Tabs. 2-1 e 2-2. Na penúltima coluna da Tab. 2.2 incluímos os desvios percentuais entre os valores em pu de tensão das Tabs. 2-1 e 2-2, referidos aos valores da Tab. 2-2.

Na última coluna da Tab. 2-2 apresentamos os resultados de tensão quando resolvemos o circuito em pu utilizando aritmética de precisão dupla (números em ponto flutuante representados por 64 bits - aproximadamente 16 dígitos significativos). Verificamos facilmente que os resultados em pu utilizando 3 dígitos significativos são bem mais próximos daqueles obtidos com precisão dupla do que os resultados em valores não-normalizados com 3 dígitos significativos. Sempre que executamos operações aritméticas com precisão finita ocorrem erros de truncamento, os quais são tanto maiores quanto maior for a diferença entre as ordens de grandeza dos números envolvidos. Como a utilização de valores pu promove uma aproximação entre as ordens de grandeza das tensões, concluímos que a utilização dos mesmos permite obter resultados com maior precisão. Evidentemente, em um sistema real com centenas ou milhares de nós, o problema da precisão passa a ser de fundamental importância.

BIBLIOGRAFIA

BARTHOLD, L.O.; REPPEN, N.D.; HEDMAN, D.E. **Análise de circuitos de sistemas de potência**. Santa Maria, UFSM, 1993. (Curso de Engenharia em Sistemas Elétricos de Potência - Série PTI, 1).

ORSINI, L.Q. **Curso de circuitos elétricos.** São Paulo, Edgard Blücher, 1993-4. 2v.

ROTHE, F.S. **An intorduction to power system analysis.** John Wiley, New York, 1953.

STEVENSON, W.D. **Elementos de análise de sistemas de potência.** McGraw-Hill, São Paulo, 1986.

3

Componentes Simétricas

3.1 - INTRODUÇÃO

Neste capítulo apresentamos a teoria de componentes simétricas e suas aplicações em sistemas elétricos de potência.

Partimos do teorema fundamental das componentes simétricas e demonstramos a existência e unicidade de uma seqüência direta, uma inversa e uma nula que representam uma dada seqüência de fasores de um sistema trifásico.

Aplicamos então as componentes simétricas em sistemas trifásicos, procurando interpretar o significado de cada componente, e verificar relações entre as componentes simétricas das grandezas de fase e de linha. Estudamos também a aplicação de componentes simétricas para a resolução de circuitos trifásicos, analisando as leis de Kirchhoff, o cálculo de potências em componentes e as transformações de impedâncias da rede em impedâncias seqüenciais. Para tanto, verificamos a representação de vários elementos por suas impedâncias seqüenciais, quais sejam, linhas de transmissão, transformadores, geradores e cargas equilibradas. Mostramos que, mesmo com sistemas trifásicos simétricos e equilibrados, temos vantagens significativas decorrentes da aplicação das componentes simétricas.

Em seqüência, analisamos as aplicações mais interessantes de componentes simétricas, que permitem a resolução de redes trifásicas simétricas e equilibradas com um ponto de desequilíbrio, que incluem a análise de diferentes cargas desequilibradas, análise dos curto-circuitos típicos, e aberturas monopolar ou bipolar em um dado ponto da rede.

3.2 - TEOREMA FUNDAMENTAL

Dada uma seqüência $\mathbf{V_A}$ qualquer, vamos demonstrar a existência e a unicidade de uma seqüência direta, uma inversa, e uma nula que, somadas, reproduzem a seqüência dada. Em outras palavras, demonstraremos que uma seqüência qualquer pode ser decomposta nestas três seqüências e que essa decomposição é única. As três seqüências são designadas por componentes simétricas da seqüência dada. Pelo quanto foi definido, devemos ter:

$$\mathbf{V_A} = \begin{bmatrix} \dot{V}_A \\ \dot{V}_B \\ \dot{V}_C \end{bmatrix} = \dot{V}_0 \begin{bmatrix} 1 \\ 1 \\ 1 \end{bmatrix} + \dot{V}_1 \begin{bmatrix} 1 \\ \alpha^2 \\ \alpha \end{bmatrix} + \dot{V}_2 \begin{bmatrix} 1 \\ \alpha \\ \alpha^2 \end{bmatrix} = \begin{bmatrix} \dot{V}_0 + \dot{V}_1 + \dot{V}_2 \\ \dot{V}_0 + \alpha^2\dot{V}_1 + \alpha\dot{V}_2 \\ \dot{V}_0 + \alpha\dot{V}_1 + \alpha^2\dot{V}_2 \end{bmatrix}$$

Porém,

$$
\begin{bmatrix} \dot{V}_0 + \dot{V}_1 + \dot{V}_2 \\ \dot{V}_0 + \alpha^2\dot{V}_1 + \alpha\,\dot{V}_2 \\ \dot{V}_0 + \alpha\,\dot{V}_1 + \alpha^2\dot{V}_2 \end{bmatrix} = \begin{bmatrix} 1 & 1 & 1 \\ 1 & \alpha^2 & \alpha \\ 1 & \alpha & \alpha^2 \end{bmatrix}\begin{bmatrix} \dot{V}_0 \\ \dot{V}_1 \\ \dot{V}_2 \end{bmatrix} = \mathbf{T}\begin{bmatrix} \dot{V}_0 \\ \dot{V}_1 \\ \dot{V}_2 \end{bmatrix}
$$

em que a matriz **T** é dada por:

$$
\mathbf{T} = \begin{bmatrix} 1 & 1 & 1 \\ 1 & \alpha^2 & \alpha \\ 1 & \alpha & \alpha^2 \end{bmatrix},
$$

que é designada por *matriz de transformação de componentes simétricas*. Temos, então, que

$$
\begin{bmatrix} \dot{V}_A \\ \dot{V}_B \\ \dot{V}_C \end{bmatrix} = \begin{bmatrix} 1 & 1 & 1 \\ 1 & \alpha^2 & \alpha \\ 1 & \alpha & \alpha^2 \end{bmatrix}\begin{bmatrix} \dot{V}_0 \\ \dot{V}_1 \\ \dot{V}_2 \end{bmatrix} = \mathbf{T}\begin{bmatrix} \dot{V}_0 \\ \dot{V}_1 \\ \dot{V}_2 \end{bmatrix} \tag{3.1}
$$

A Eq. (3.1) mostra que, dadas as seqüências $\mathbf{V_0}$, $\mathbf{V_1}$ e $\mathbf{V_2}$, dadas por:

$$
\mathbf{V_0} = \dot{V}_0\begin{bmatrix} 1 \\ 1 \\ 1 \end{bmatrix} \qquad \mathbf{V_1} = \dot{V}_1\begin{bmatrix} 1 \\ \alpha^2 \\ \alpha \end{bmatrix} \qquad \mathbf{V_2} = \dot{V}_2\begin{bmatrix} 1 \\ \alpha \\ \alpha^2 \end{bmatrix},
$$

existe uma única seqüência $\mathbf{V_A} = \mathbf{V_0} + \mathbf{V_1} + \mathbf{V_2}$. Quando a seqüência $\mathbf{V_A}$ é dada, para demonstrarmos a existência de $\mathbf{V_0}$, $\mathbf{V_1}$ e $\mathbf{V_2}$ será suficiente demonstrar que a matriz **T** é não singular, isto é, que existe a matriz $\mathbf{T^{-1}}$. Invertendo a matriz **T**, obtemos:

$$
\mathbf{T^{-1}} = \frac{1}{3}\begin{bmatrix} 1 & 1 & 1 \\ 1 & \alpha & \alpha^2 \\ 1 & \alpha^2 & \alpha \end{bmatrix}. \tag{3.2}
$$

Portanto, pré-multiplicando a Eq. (3.1) por $\mathbf{T^{-1}}$, obtemos:

$$
\mathbf{T^{-1}}\begin{bmatrix} \dot{V}_A \\ \dot{V}_B \\ \dot{V}_C \end{bmatrix} = \mathbf{T^{-1}T}\begin{bmatrix} \dot{V}_0 \\ \dot{V}_1 \\ \dot{V}_2 \end{bmatrix} = \mathbf{U}\begin{bmatrix} \dot{V}_0 \\ \dot{V}_1 \\ \dot{V}_2 \end{bmatrix} = \begin{bmatrix} \dot{V}_0 \\ \dot{V}_1 \\ \dot{V}_2 \end{bmatrix},
$$

isto é,

$$\begin{bmatrix} \dot{V}_0 \\ \dot{V}_1 \\ \dot{V}_2 \end{bmatrix} = \frac{1}{3} \begin{bmatrix} 1 & 1 & 1 \\ 1 & \alpha & \alpha^2 \\ 1 & \alpha^2 & \alpha \end{bmatrix} \begin{bmatrix} \dot{V}_A \\ \dot{V}_B \\ \dot{V}_C \end{bmatrix} = \begin{bmatrix} \dfrac{\dot{V}_A + \dot{V}_B + \dot{V}_C}{3} \\ \dfrac{\dot{V}_A + \alpha\,\dot{V}_B + \alpha^2 \dot{V}_C}{3} \\ \dfrac{\dot{V}_A + \alpha^2 \dot{V}_B + \alpha\,\dot{V}_C}{3} \end{bmatrix} \quad (3.3)$$

Das Eqs. (3.1) e (3.3), notamos que, dada uma seqüência V_A, existem (e são únicas) as seqüências V_0, V_1 e V_2, tais que $V_A = V_0 + V_1 + V_2$.

Da análise da Eq. (3.3), notamos também que, para a obtenção do fasor $\dot{V}_0$, é suficiente tomar um terço do fasor correspondente à soma dos três fasores dados. Para o cálculo de $\dot{V}_1$, tomamos um terço da soma do primeiro fasor da seqüência dada com o segundo rodado de 120° e com o terceiro rodado de 240° (ou -120°). Analogamente, $\dot{V}_2$ é dado por um terço da soma do primeiro com o segundo rodado de 240°, e com o terceiro rodado de 120°.

EXEMPLO 3.1 - Dada a seqüência

$$\mathbf{V_A} = \begin{bmatrix} \dot{V}_A \\ \dot{V}_B \\ \dot{V}_C \end{bmatrix} = \begin{bmatrix} 120\ \underline{|0^o} \\ 380\ \underline{|-90^o} \\ 380\ \underline{|90^o} \end{bmatrix},$$

decompô-la analítica e graficamente em suas componentes simétricas.

(a) *RESOLUÇÃO ANALÍTICA*: da Eq. (3.3), temos que:

$$\begin{bmatrix} \dot{V}_0 \\ \dot{V}_1 \\ \dot{V}_2 \end{bmatrix} = \frac{1}{3} \begin{bmatrix} 1 & 1 & 1 \\ 1 & \alpha & \alpha^2 \\ 1 & \alpha^2 & \alpha \end{bmatrix} \begin{bmatrix} 120\underline{|0^0} \\ 380\underline{|-90^0} \\ 380\underline{|90^0} \end{bmatrix} = \frac{1}{3} \begin{bmatrix} 120\underline{|0^0} + 380\underline{|-90^0} + 380\underline{|90^0} \\ 120\underline{|0^0} + 380\underline{|30^0} + 380\underline{|-30^0} \\ 120\underline{|0^0} + 380\underline{|-210^0} + 380\underline{|210^0} \end{bmatrix}$$

ou seja,

$$\dot{V}_0 = \frac{1}{3}\,(120\underline{|0^0} + 380\underline{|-90^0} + 380\underline{|90^0}) = 40\underline{|0^0}$$

$$\dot{V}_1 = \frac{1}{3}\,(120\underline{|0^0} + 380\underline{|30^0} + 380\underline{|-30^0}) = 260\underline{|0^0}$$

$$\dot{V}_2 = \frac{1}{3}\,(120\underline{|0^0} + 380\underline{|-210^0} + 380\underline{|210^0}) = 180\underline{|180^0}$$

donde,

$$\begin{bmatrix} \dot{V}_A \\ \dot{V}_B \\ \dot{V}_C \end{bmatrix} = \begin{bmatrix} 120\underline{|0^0} \\ 380\underline{|-90^0} \\ 380\underline{|90^0} \end{bmatrix} = 40\underline{|0^0}\begin{bmatrix} 1 \\ 1 \\ 1 \end{bmatrix} + 260\underline{|0^0}\begin{bmatrix} 1 \\ \alpha^2 \\ \alpha \end{bmatrix} + 180\underline{|180^0}\begin{bmatrix} 1 \\ \alpha \\ \alpha^2 \end{bmatrix}.$$

(b) *RESOLUÇÃO GRÁFICA*: na Fig. 3-1(a) representamos a seqüência dada. Nas Figs. 3-1(b), 3-1(c) e 3-1(d) estão determinados os fasores $\dot{V}_0$, $\dot{V}_1$ e $\dot{V}_2$. Para determinação de $\dot{V}_0$ tomamos 1/3 da soma $\dot{V}_A + \dot{V}_B + \dot{V}_C$. Para a determinação de $\dot{V}_1$, tomamos a 1/3 da soma de $\dot{V}_A$ com $\alpha\dot{V}_B$ e com $\alpha^2\dot{V}_C$. Finalmente, para determinação de $\dot{V}_2$, tomamos 1/3 da soma de $\dot{V}_A$ com $\alpha^2\dot{V}_B$ e com $\alpha\dot{V}_C$.

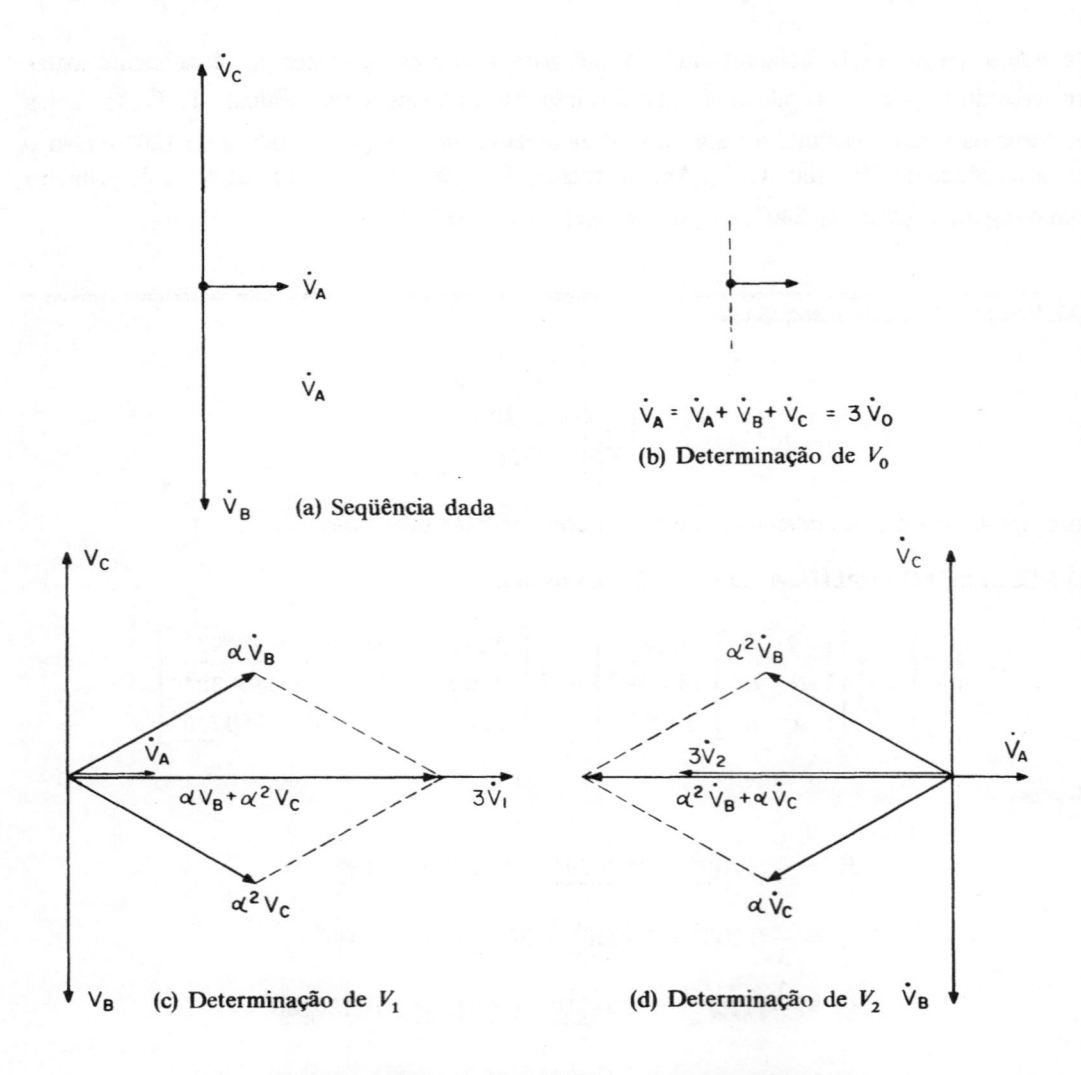

Figura 3-1. Determinação Gráfica das Componentes Simétricas

EXEMPLO 3.2 - Dadas as componentes simétricas $\dot{V}_0 = 100\underline{|30^0}$, $\dot{V}_1 = 220\underline{|0^0}$ e $\dot{V}_2 = 100\underline{|-60^0}$, determinar a seqüência $\mathbf{V_A}$ analítica e graficamente.

(a) *RESOLUÇÃO ANALÍTICA:* temos que $\mathbf{V_A} = \mathbf{V_o} + \mathbf{V_1} + \mathbf{V_2}$, ou seja:

$$\begin{bmatrix} \dot{V}_A \\ \dot{V}_B \\ \dot{V}_C \end{bmatrix} = \begin{bmatrix} 1 \\ 1 \\ 1 \end{bmatrix} \dot{V}_0 + \begin{bmatrix} 1 \\ \alpha^2 \\ \alpha \end{bmatrix} \dot{V}_1 + \begin{bmatrix} 1 \\ \alpha \\ \alpha^2 \end{bmatrix} \dot{V}_2 = \begin{bmatrix} 1 & 1 & 1 \\ 1 & \alpha^2 & \alpha \\ 1 & \alpha & \alpha^2 \end{bmatrix} \begin{bmatrix} \dot{V}_0 \\ \dot{V}_1 \\ \dot{V}_2 \end{bmatrix};$$

isto é,

$$\begin{bmatrix} \dot{V}_A \\ \dot{V}_B \\ \dot{V}_C \end{bmatrix} = \begin{bmatrix} 1 & 1 & 1 \\ 1 & \alpha^2 & \alpha \\ 1 & \alpha & \alpha^2 \end{bmatrix} \begin{bmatrix} 100\underline{|30^0} \\ 220\underline{|0^0} \\ 100\underline{|-60^0} \end{bmatrix} = \begin{bmatrix} 100\underline{|30^0} + 220\underline{|0^0} + 100\underline{|-60^0} \\ 100\underline{|30^0} + 220\underline{|-120^0} + 100\underline{|60^0} \\ 100\underline{|30^0} + 220\underline{|120^0} + 100\underline{|-180^0} \end{bmatrix},$$

donde,

$$\mathbf{V_A} = \begin{bmatrix} \dot{V}_A \\ \dot{V}_B \\ \dot{V}_C \end{bmatrix} = \begin{bmatrix} 356,6 - 36,6j \\ 26,6 - 53,9j \\ -123,4 + 240,5j \end{bmatrix} = \begin{bmatrix} 358,5\underline{|-5,9^0} \\ 60,1\underline{|-63,7^0} \\ 270,3\underline{|117,1^0} \end{bmatrix}$$

(b) *RESOLUÇÃO GRÁFICA*: nas Figs. 3-2(a), 3-2(b) e 3-2(c) representamos, respectivamente, $\dot{V}_0$, $\dot{V}_1$ e $\dot{V}_2$. Nas Figs. 3-2(d), 3-2(e) e 3-2(f) representamos, respectivamente, as componentes de fase:

$$\dot{V}_A = \dot{V}_0 + \dot{V}_1 + \dot{V}_2$$
$$\dot{V}_B = \dot{V}_0 + \alpha^2\dot{V}_1 + \alpha\dot{V}_2 ,$$
$$\dot{V}_C = \dot{V}_0 + \alpha\dot{V}_1 + \alpha^2\dot{V}_2$$

Finalmente, na Fig. 3-2(g) representamos a seqüência $\mathbf{V_A}$.

Com base na decomposição de uma seqüência $\mathbf{V_A}$ em suas componentes simétricas, definimos:

- seqüência de trifásico simétrico: é aquela em que $\dot{V}_o = \dot{V}_2 = 0$;
- seqüência de trifásico puro: é aquela em que $\dot{V}_1 \neq 0, \dot{V}_2 \neq 0, \dot{V}_o = 0$;
- seqüência de trifásico impuro: é aquela em que $\dot{V}_1 \neq 0, \dot{V}_2 \neq 0, \dot{V}_o \neq 0$.

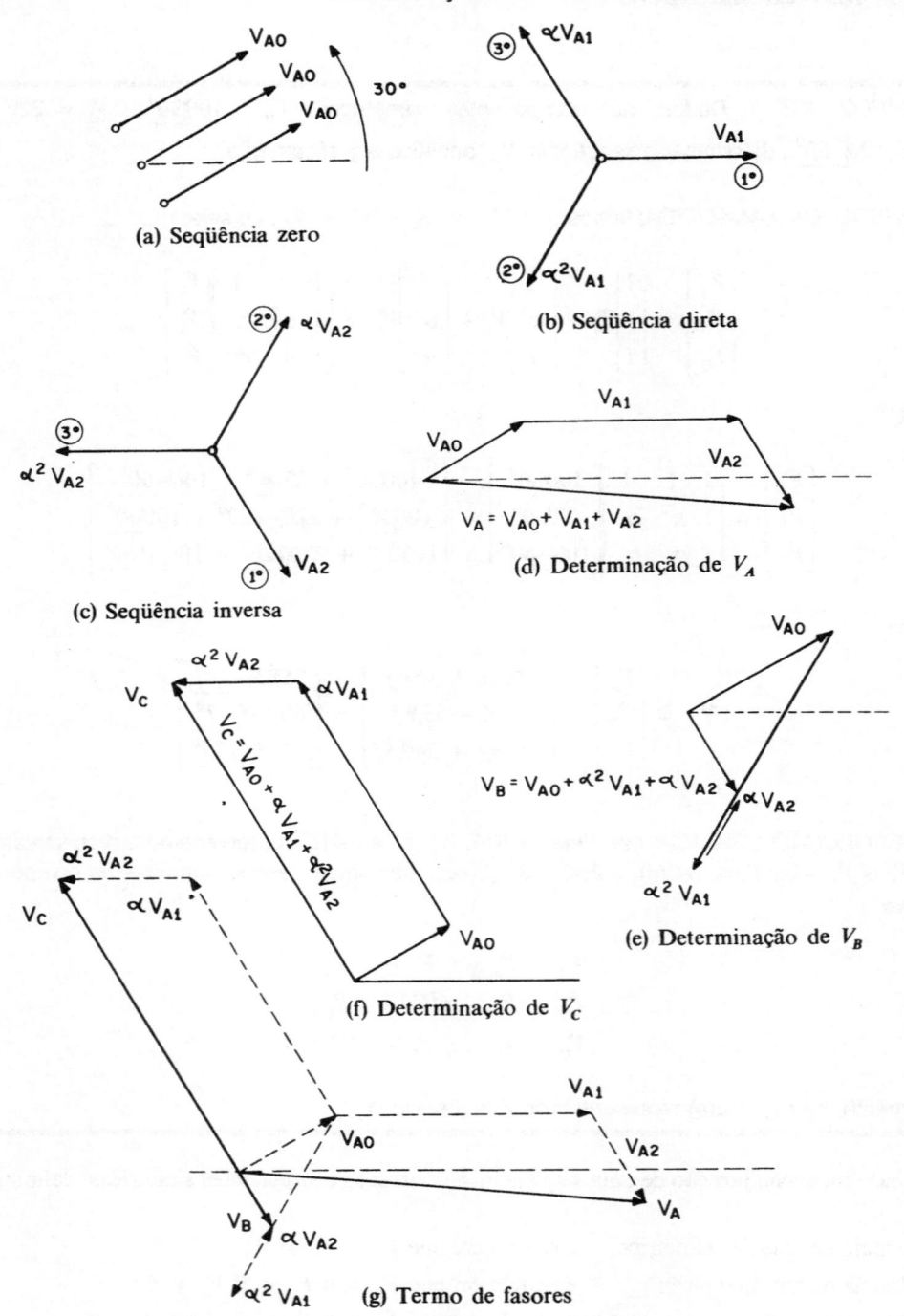

Figura 3-2. Determinação Gráfica de $\dot{V}_A$

3.3 - MUDANÇA NO PRIMEIRO FASOR DA SEQÜÊNCIA

Vamos analisar como variam as componentes simétricas de uma dada seqüência quando a substituimos por outra obtida por uma rotação cíclica de seus fasores; isto é, tomemos as seqüências:

$$
\mathbf{V_A} = \begin{bmatrix} \dot{V}_A \\ \dot{V}_B \\ \dot{V}_C \end{bmatrix} = \begin{bmatrix} 1 & 1 & 1 \\ 1 & \alpha^2 & \alpha \\ 1 & \alpha & \alpha^2 \end{bmatrix} \begin{bmatrix} \dot{V}_{A0} \\ \dot{V}_{A1} \\ \dot{V}_{A2} \end{bmatrix} ; \quad \mathbf{V_B} = \begin{bmatrix} \dot{V}_B \\ \dot{V}_C \\ \dot{V}_A \end{bmatrix} = \begin{bmatrix} 1 & 1 & 1 \\ 1 & \alpha^2 & \alpha \\ 1 & \alpha & \alpha^2 \end{bmatrix} \begin{bmatrix} \dot{V}_{B0} \\ \dot{V}_{B1} \\ \dot{V}_{B2} \end{bmatrix} \text{ e}
$$

$$
\mathbf{V_C} = \begin{bmatrix} \dot{V}_C \\ \dot{V}_A \\ \dot{V}_B \end{bmatrix} = \begin{bmatrix} 1 & 1 & 1 \\ 1 & \alpha^2 & \alpha \\ 1 & \alpha & \alpha^2 \end{bmatrix} \begin{bmatrix} \dot{V}_{C0} \\ \dot{V}_{C1} \\ \dot{V}_{C2} \end{bmatrix} .
$$

Determinaremos as relações existentes entre as componentes simétricas das três seqüências dadas. Para tanto, observamos que:

$$
\begin{bmatrix} \dot{V}_{A0} \\ \dot{V}_{A1} \\ \dot{V}_{A2} \end{bmatrix} = \frac{1}{3} \begin{bmatrix} 1 & 1 & 1 \\ 1 & \alpha & \alpha^2 \\ 1 & \alpha^2 & \alpha \end{bmatrix} \begin{bmatrix} \dot{V}_A \\ \dot{V}_B \\ \dot{V}_C \end{bmatrix} = \mathbf{T}^{-1} \begin{bmatrix} \dot{V}_A \\ \dot{V}_B \\ \dot{V}_C \end{bmatrix} ; \quad \begin{bmatrix} \dot{V}_{B0} \\ \dot{V}_{B1} \\ \dot{V}_{B2} \end{bmatrix} = \mathbf{T}^{-1} \begin{bmatrix} \dot{V}_B \\ \dot{V}_C \\ \dot{V}_A \end{bmatrix} \quad \text{e} \quad \begin{bmatrix} \dot{V}_{C0} \\ \dot{V}_{C1} \\ \dot{V}_{C2} \end{bmatrix} = \mathbf{T}^{-1} \begin{bmatrix} \dot{V}_C \\ \dot{V}_A \\ \dot{V}_B \end{bmatrix} . \quad (3.4)
$$

Desenvolvendo o produto da primeira linha das Eqs. (3.4), obtemos:

$$
\dot{V}_{A0} = \frac{1}{3}(\dot{V}_A + \dot{V}_B + \dot{V}_C), \quad \dot{V}_{B0} = \frac{1}{3}(\dot{V}_B + \dot{V}_C + \dot{V}_A), \quad \dot{V}_{C0} = \frac{1}{3}(\dot{V}_C + \dot{V}_A + \dot{V}_B),
$$

donde concluímos que
$$
\dot{V}_{A0} = \dot{V}_{B0} = \dot{V}_{C0}. \tag{3.5}
$$

Analogamente, desenvolvendo a segunda linha das Eqs. (3.4), obtemos:

$$
\dot{V}_{A1} = \frac{1}{3}(\dot{V}_A + \alpha \dot{V}_B + \alpha^2 \dot{V}_C),
$$

$$
\dot{V}_{B1} = \frac{1}{3}(\dot{V}_B + \alpha \dot{V}_C + \alpha^2 \dot{V}_A) = \frac{1}{3}(\alpha \dot{V}_B + \alpha^2 \dot{V}_C + \dot{V}_A)\alpha^2,
$$

$$
\dot{V}_{C1} = \frac{1}{3}(\dot{V}_C + \alpha \dot{V}_A + \alpha^2 \dot{V}_B) = \frac{1}{3}(\alpha^2 \dot{V}_C + \dot{V}_A + \alpha \dot{V}_B)\alpha,
$$

isto é,
$$
\dot{V}_{B1} = \alpha^2 \dot{V}_{A1} \quad \text{e} \quad \dot{V}_{C1} = \alpha \dot{V}_{A1} = \alpha^2 \dot{V}_{B1}. \tag{3.6}
$$

Desta forma, mostramos que a cada rotação cíclica na ordem dos fasores que compõem a seqüência dada, corresponde uma rotação de α^2 na componente simétrica de seqüência direta.

Finalmente, desenvolvendo a terceira linha das Eqs. (3.4), obtemos:

$$\dot{V}_{A2} = \frac{1}{3}(\dot{V}_A + \alpha^2 \dot{V}_B + \alpha \dot{V}_C),$$

$$\dot{V}_{B2} = \frac{1}{3}(\dot{V}_B + \alpha^2 \dot{V}_C + \alpha \dot{V}_A) = \frac{1}{3}(\alpha^2 \dot{V}_B + \alpha \dot{V}_C + \dot{V}_A)\alpha,$$

$$\dot{V}_{C2} = \frac{1}{3}(\dot{V}_C + \alpha^2 \dot{V}_A + \alpha \dot{V}_B) = \frac{1}{3}(\alpha \dot{V}_C + \dot{V}_A + \alpha^2 \dot{V}_B)\alpha^2,$$

isto é,
$$\dot{V}_{B2} = \alpha \dot{V}_{A2} \quad \text{e} \quad \dot{V}_{C2} = \alpha^2 \dot{V}_{A2} = \alpha \dot{V}_{B2}. \tag{3.7}$$

Desta forma, mostramos que, a cada rotação cíclica na ordem de fasores que compõem a seqüência dada, corresponde uma rotação de α na componente simétrica de seqüência inversa. Matricialmente, teremos:

$$\mathbf{V_A} = \begin{bmatrix} \dot{V}_A \\ \dot{V}_B \\ \dot{V}_C \end{bmatrix} = \begin{bmatrix} 1 & 1 & 1 \\ 1 & \alpha^2 & \alpha \\ 1 & \alpha & \alpha^2 \end{bmatrix} \begin{bmatrix} \dot{V}_{A0} \\ \dot{V}_{A1} \\ \dot{V}_{A2} \end{bmatrix};$$

$$\mathbf{V_B} = \begin{bmatrix} \dot{V}_B \\ \dot{V}_C \\ \dot{V}_A \end{bmatrix} = \begin{bmatrix} 1 & 1 & 1 \\ 1 & \alpha^2 & \alpha \\ 1 & \alpha & \alpha^2 \end{bmatrix} \begin{bmatrix} \dot{V}_{A0} \\ \alpha^2 \dot{V}_{A1} \\ \alpha \dot{V}_{A2} \end{bmatrix} = \begin{bmatrix} 1 & \alpha^2 & \alpha \\ 1 & \alpha & \alpha^2 \\ 1 & 1 & 1 \end{bmatrix} \begin{bmatrix} \dot{V}_{A0} \\ \dot{V}_{A1} \\ \dot{V}_{A2} \end{bmatrix} \text{ e}$$

$$\mathbf{V_C} = \begin{bmatrix} \dot{V}_C \\ \dot{V}_A \\ \dot{V}_B \end{bmatrix} = \begin{bmatrix} 1 & 1 & 1 \\ 1 & \alpha^2 & \alpha \\ 1 & \alpha & \alpha^2 \end{bmatrix} \begin{bmatrix} \dot{V}_{A0} \\ \alpha \dot{V}_{A1} \\ \alpha^2 \dot{V}_{A2} \end{bmatrix} = \begin{bmatrix} 1 & \alpha & \alpha^2 \\ 1 & 1 & 1 \\ 1 & \alpha^2 & \alpha \end{bmatrix} \begin{bmatrix} \dot{V}_{A0} \\ \dot{V}_{A1} \\ \dot{V}_{A2} \end{bmatrix}.$$

Poderíamos ter chegado diretamente a esses resultados, pois, a uma rotação nos elementos da seqüência $\mathbf{V_A}$, deve corresponder a mesma rotação nos elementos correspondentes da linha da matriz $\mathbf{T}$.

EXEMPLO 3.3 - Dada a seqüência

$$\mathbf{V_A} = \begin{bmatrix} \dot{V}_A \\ \dot{V}_B \\ \dot{V}_C \end{bmatrix} = \begin{bmatrix} 300\underline{|0^0} \\ 200\sqrt{3}\underline{|-30^0} \\ 200\sqrt{3}\underline{|30^0} \end{bmatrix},$$

determinar:
(a) suas componentes simétricas;
(b) as componentes simétricas de $\mathbf{V_B}$;
(c) as componentes simétricas de $\mathbf{V_C}$.

SOLUÇÃO: Temos

$$\dot{V}_{A0} = \frac{1}{3} \left(300\underline{|0^0} + 200\sqrt{3}\underline{|-30^0} + 200\sqrt{3}\underline{|30^0} \right) \qquad = 300\underline{|0^0}$$

$$\dot{V}_{A1} = \frac{1}{3} \left(300\underline{|0^0} + 200\sqrt{3}\underline{|90^0} + 200\sqrt{3}\underline{|-90^0} \right) \qquad = 100\underline{|0^0}$$

$$\dot{V}_{A2} = \frac{1}{3} \left(300\underline{|0^0} + 200\sqrt{3}\underline{|-150^0} + 200\sqrt{3}\underline{|150^0} \right) \qquad = 100\underline{|180^0}$$

Logo as seqüências podem ser apresentadas da seguinte maneira:

$$\mathbf{V_A} = 300\underline{|0^0}\mathbf{S_0} + 100\underline{|0^0} \qquad \mathbf{S_1} + 100\underline{|180^0}\mathbf{S_2}$$

$$\mathbf{V_B} = 300\underline{|0^0}\mathbf{S_0} + 100\underline{|-120^0} \quad \mathbf{S_1} + 100\underline{|-60^0}\mathbf{S_2}$$

$$\mathbf{V_C} = 300\underline{|0^0}\mathbf{S_0} + 100\underline{|120^0} \quad \mathbf{S_1} + 100\underline{|60^0} \ \mathbf{S_2}$$

em que,

$$\mathbf{S_0} = \begin{vmatrix} 1 \\ 1 \\ 1 \end{vmatrix}, \quad \mathbf{S_1} = \begin{vmatrix} 1 \\ \alpha^2 \\ \alpha \end{vmatrix} \quad e \quad \mathbf{S_2} = \begin{vmatrix} 1 \\ \alpha \\ \alpha^2 \end{vmatrix}.$$

Fica a cargo do estudante repetir o exemplo graficamente.

3.4 - APLICAÇÃO A SISTEMAS TRIFÁSICOS

3.4.1 - INTRODUÇÃO

Neste item, vamos nos familiarizar com o uso de componentes simétricas, procurando interpretar o significado de cada uma das componentes. Iniciaremos por estudar as relações entre as componentes simétricas das grandezas de fase e de linha. Procuraremos também determinar, para os vários tipos de ligações de sistemas trifásicos, aquelas componentes que sejam sempre nulas, cujo conhecimento, futuramente, nos auxiliará na interpretação dos diagramas seqüenciais.

Posteriormente, estudaremos a aplicação de componentes simétricas à resolução de circuitos trifásicos. Para tanto, desenvolveremos as leis de Kirchhoff em termos das componentes de cada seqüência e o algoritmo para a transformação das impedâncias da rede em impedâncias seqüenciais.

3.4.2 - SISTEMAS TRIFÁSICOS A TRÊS FIOS - LIGAÇÃO ESTRELA

Na Fig. 3-3 está representado um gerador trifásico ligado em estrela, cujo centro-estrela não está aterrado. Inicialmente vamos determinar as relações existentes entre as componentes simétricas das tensões de fase e de linha.

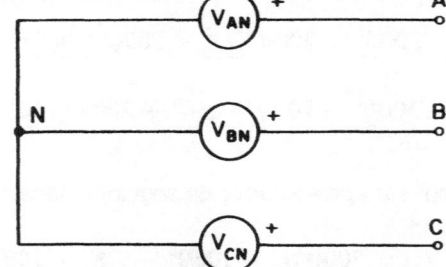

Figura 3-3. Gerador ligado em estrela

Aplicando a 2ª lei de Kirchhoff, obtemos

$$\dot{V}_{AB} = \dot{V}_{AN} - \dot{V}_{BN}, \dot{V}_{BC} = \dot{V}_{BN} - \dot{V}_{CN}, \dot{V}_{CA} = \dot{V}_{CN} - \dot{V}_{AN},$$

que, em matrizes, resulta:

$$\mathbf{V_{AB}} = \begin{bmatrix} \dot{V}_{AB} \\ \dot{V}_{BC} \\ \dot{V}_{CA} \end{bmatrix} = \begin{bmatrix} \dot{V}_{AN} \\ \dot{V}_{BN} \\ \dot{V}_{CN} \end{bmatrix} - \begin{bmatrix} \dot{V}_{BN} \\ \dot{V}_{CN} \\ \dot{V}_{AN} \end{bmatrix} = \mathbf{V_{AN}} - \mathbf{V_{BN}}.$$

Sendo $\dot{V}_{AN_0}$, $\dot{V}_{AN_1}$ e $\dot{V}_{AN_2}$ as componentes simétricas das tensões de fase, as seqüências $\mathbf{V_{AN}}$ e $\mathbf{V_{BN}}$ serão dadas por:

$$\mathbf{V_{AN}} = \dot{V}_{AN_0} \mathbf{S_0} + \dot{V}_{AN_1} \mathbf{S_1} + \dot{V}_{AN_2} \mathbf{S_2}$$

$$\mathbf{V_{BN}} = \dot{V}_{AN_0} \mathbf{S_0} + \dot{V}_{AN_1} \alpha^2 \mathbf{S_1} + \dot{V}_{AN_2} \alpha \mathbf{S_2}$$

Logo,

$$\mathbf{V_{AN}} - \mathbf{V_{BN}} = (\dot{V}_{AN_0} - \dot{V}_{AN_0}) \mathbf{S_0} + \dot{V}_{AN_1}(1 - \alpha^2)\mathbf{S_1} + \dot{V}_{AN_2}(1 - \alpha)\mathbf{S_2}$$

porém, sabemos que $(1 - \alpha^2) = \sqrt{3}\underline{|30°}$ e $(1 - \alpha) = \sqrt{3}\underline{|-30°}$. Resulta que

$$\mathbf{V_{AB}} = \mathbf{V_{AN}} - \mathbf{V_{BN}} = 0 \cdot \mathbf{S_0} + \sqrt{3}\underline{|30°}\, \dot{V}_{AN_1}\mathbf{S_1} + \sqrt{3}\underline{|-30°}\, \dot{V}_{AN_2}\mathbf{S_2}. \qquad (3.8)$$

Na Eq. (3.8) determinamos três fasores: um nulo, outro valendo $\sqrt{3}\underline{|30°}\, \dot{V}_{AN_1}$ e o terceiro valendo $\sqrt{3}\underline{|-30°}\, \dot{V}_{AN_2}$, que constituem, respectivamente, uma seqüência zero, uma direta e uma inversa e que, somados, fornecem a seqüência $\mathbf{V_{AB}}$; logo, pela unicidade das componentes simétricas, são evidentes as relações entre as componentes simétricas das tensões de linha e de fase:

$$\dot{V}_{AB_1} = \sqrt{3}\underline{|30°}\ \dot{V}_{AN_1}\ ; \quad \dot{V}_{AB_2} = \sqrt{3}\underline{|-30°}\ \dot{V}_{AN_2}\ \ e\ \dot{V}_{AB_0} = 0\ . \tag{3.9}$$

Frisamos que a componente simétrica de seqüência zero das tensões de linha será sempre nula, pois:

$$\dot{V}_{AB_0} = \frac{1}{3}(\dot{V}_{AB} + \dot{V}_{BC} + \dot{V}_{CA}) = \frac{1}{3}\dot{V}_{AA} = 0\ .$$

Em particular, tratando-se de sistema trifásico simétrico, com seqüência de fase positiva, suas componentes simétricas reduzem-se tão somente à de seqüência direta. Isto pode ser mostrado conforme a seguir.

$$\mathbf{V_{AN}} = \begin{bmatrix} \dot{V}_{AN} \\ \dot{V}_{BN} \\ \dot{V}_{CN} \end{bmatrix} = \begin{bmatrix} \dot{V}_{AN} \\ \alpha^2\dot{V}_{AN} \\ \alpha\ \dot{V}_{AN} \end{bmatrix} = \begin{bmatrix} 1 \\ \alpha^2 \\ \alpha \end{bmatrix}\dot{V}_{AN}\ ,$$

que resulta:

$$\mathbf{V_{AN}} = \begin{bmatrix} 1 \\ 1 \\ 1 \end{bmatrix}0 + \begin{bmatrix} 1 \\ \alpha^2 \\ \alpha \end{bmatrix}\dot{V}_{AN} + \begin{bmatrix} 1 \\ \alpha \\ \alpha^2 \end{bmatrix}0,$$

Pela unicidade da decomposição de uma seqüência em componentes simétricas, fica óbvio que $\dot{V}_{AN_0} = 0, \dot{V}_{AN_1} = \dot{V}_{AN}, \dot{V}_{AN_2} = 0$.

Passemos a analisar o significado da decomposição de uma seqüência em suas componentes simétricas. Conforme já vimos, dada uma seqüência $\mathbf{V_{AN}}$, esta pode ser decomposta em:

$$\mathbf{V_{AN}} = \begin{bmatrix} \dot{V}_{AN} \\ \dot{V}_{BN} \\ \dot{V}_{CN} \end{bmatrix} = \begin{bmatrix} 1 \\ 1 \\ 1 \end{bmatrix}\dot{V}_0 + \begin{bmatrix} 1 \\ \alpha^2 \\ \alpha \end{bmatrix}\dot{V}_1 + \begin{bmatrix} 1 \\ \alpha \\ \alpha^2 \end{bmatrix}\dot{V}_2\ ,$$

isto é,

$$\dot{V}_{AN} = \dot{V}_0 + \dot{V}_1 + \dot{V}_2\ , \quad \dot{V}_{BN} = \dot{V}_0 + \alpha^2\dot{V}_1 + \alpha\dot{V}_2\ \ e\ \dot{V}_{CN} = \dot{V}_0 + \alpha\dot{V}_1 + \alpha^2\dot{V}_2\ .$$

Ou seja, podemos substituir o gerador cuja f.e.m. vale V_{AN} pela associação série de três geradores de f.e.m. V_0, V_1 e V_2. O raciocínio é análogo para as outras duas fases. Essa substituição foi feita na Fig. 3-4. Além disso, observamos que os pontos A_o, B_o e C_o estão no mesmo potencial. Logo, podemos substituir os três geradores de f.e.m. V_0 por um único, de mesma f.e.m., ligado entre a terra e o centro-estrela (ponto N). Assim, o circuito da Fig. 3-4(a) foi transformado no da Fig. 3-4(c), em que evidenciamos o efeito da componente de seqüência zero da tensão, que é o de elevar o potencial do centro-estrela. Sendo $V_{AB} = V_{AN} - V_{BN}$, $V_{BC} = V_{BN} - V_{CN}$ e $V_{CA} = V_{CN} - V_{AN}$, torna-se evidente que, nas tensões de linha, a componente de seqüência zero é nula.

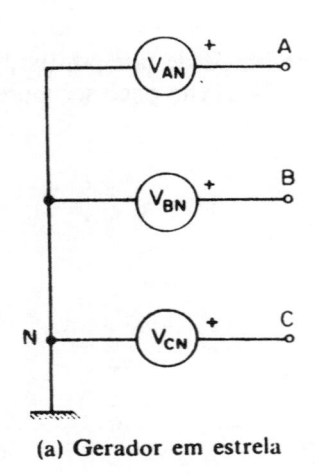

(a) Gerador em estrela

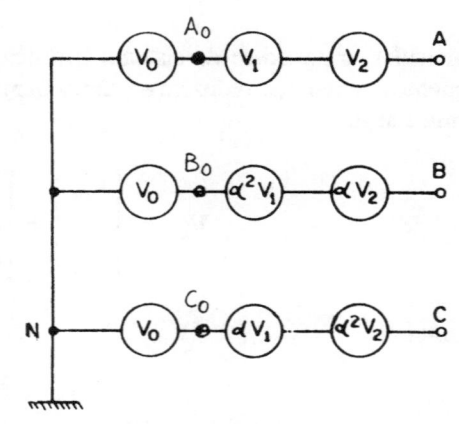

(b) Circuito equivalente em componentes simétricas

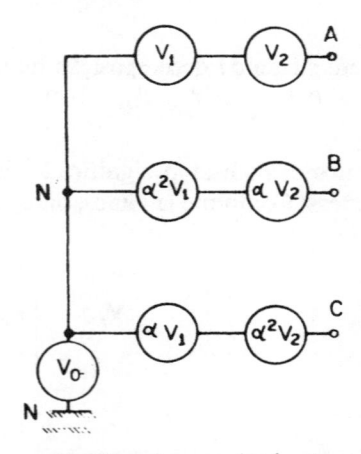

(c) Circuito equivalente com a componente de seqüência zero isolada

Figura 3-4. Circuito Equivalente

A componente de seqüência inversa introduz uma assimetria no trifásico. De fato, suponhamos, conforme Fig. 3-5(a), um trifásico simétrico, isto é, $V_0 = V_2 = 0$ e $V_1 \neq 0$. Suponhamos agora que, por qualquer razão, surja uma componente de seqüência zero. Evidentemente, conforme Fig. 3-5(b), ocorrerá tão somente o deslocamento do ponto N do nível de terra para o potencial V_0.

Finalmente, suponhamos que surja uma componente de seqüência inversa. Esta provocará o desaparecimento da simetria que existia entre os fasores V_{AN}, V_{BN} e V_{CN}. Isto é ilustrado na Fig. 3-5(c), onde é mostrado que a seqüência inversa dá lugar a uma assimetria de tensões.

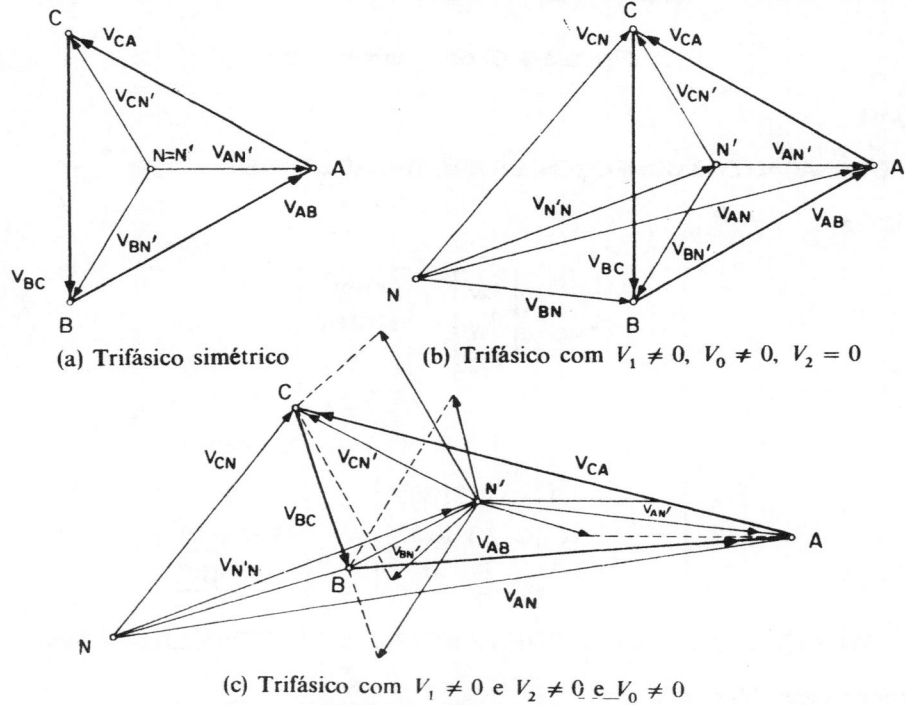

(a) Trifásico simétrico   (b) Trifásico com $V_1 \neq 0$, $V_0 \neq 0$, $V_2 = 0$

(c) Trifásico com $V_1 \neq 0$ e $V_2 \neq 0$ e $V_0 \neq 0$

Figura 3-5. Influência da seqüência zero nas tensões de fase

Podemos definir *grau de desequilíbrio* das tensões como sendo a relação entre os módulos das componentes de seqüência inversa e direta, ou seja,

$$grau\ de\ desequilíbrio = \frac{|\dot{V}_2|}{|\dot{V}_1|}. \tag{3.10}$$

EXEMPLO 3.4 - Para o sistema monofásico a três fios da Fig 3-6, determinar as componentes simétricas de fase e de linha e o grau de desequilíbrio.

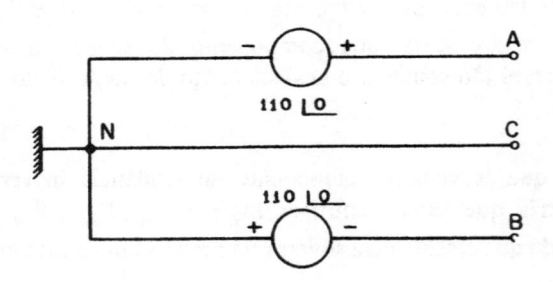

Figura 3-6. Circuito para o Ex. 3.4

SOLUÇÃO:

(a) DETERMINAÇÃO DAS COMPONENTES SIMÉTRICAS DE FASE

Adotando-se:

$$\mathbf{V_{AN}} = \begin{bmatrix} \dot{V}_{AN} \\ \dot{V}_{BN} \\ \dot{V}_{CN} \end{bmatrix} = \begin{bmatrix} 110\underline{|0^0} \\ 110\underline{|180^0} \\ 0 \end{bmatrix},$$

resulta:

$$\begin{bmatrix} \dot{V}_{0F} \\ \dot{V}_{1F} \\ \dot{V}_{2F} \end{bmatrix} = \frac{1}{3}\begin{bmatrix} 1 & 1 & 1 \\ 1 & \alpha & \alpha^2 \\ 1 & \alpha^2 & \alpha \end{bmatrix}\begin{bmatrix} 110\underline{|0^0} \\ 110\underline{|180^0} \\ 0 \end{bmatrix} = \frac{1}{3}\begin{bmatrix} 0 \\ 110\sqrt{3}\underline{|-30^0} \\ 110\sqrt{3}\underline{|30^0} \end{bmatrix}.$$

(b) DETERMINAÇÃO DAS COMPONENTES SIMÉTRICAS DAS TENSÕES DE LINHA

As tensões de linha são:

$$\dot{V}_{AB} = 220\underline{|0^o} \qquad \dot{V}_{BC} = 110\underline{|180^o} \qquad \dot{V}_{CA} = 110\underline{|180^o}.$$

Suas componentes simétricas são:

$$\dot{V}_{0L} = 0,$$
$$\dot{V}_{1L} = \sqrt{3}\underline{|30^o}\ \dot{V}_{1F} = 110\underline{|0^o},$$
$$\dot{V}_{2L} = \sqrt{3}\underline{|-30^o}\ \dot{V}_{2F} = 110\underline{|0^o}.$$

Para verificarmos os resultados encontrados, temos que:

$$\dot{V}_{AB} = \dot{V}_{0L} + \dot{V}_{1L} + \dot{V}_{2L} \qquad = 0 + 110 + 110 \qquad = 220\underline{|0^\circ},$$

$$\dot{V}_{BC} = \dot{V}_{0L} + \alpha^2\dot{V}_{1L} + \alpha\,\dot{V}_{2L} = 0 + \alpha^2 110 + \alpha\,110 = 110\underline{|180^\circ},$$

$$\dot{V}_{CA} = \dot{V}_{0L} + \alpha\,\dot{V}_{1L} + \alpha^2\dot{V}_{2L} = 0 + \alpha\,110 + \alpha^2 110 = 110\underline{|180^\circ}.$$

(b) DETERMINAÇÃO DO GRAU DE DESEQUILÍBRIO (GD)

Temos que

$$GD = \frac{|\dot{V}_{2L}|}{|\dot{V}_{1L}|} = \frac{|\dot{V}_{2F}|}{|\dot{V}_{1F}|} = 1$$

que é o máximo valor do grau de desequilíbrio.

As Eqs. (3-9) relacionam os valores das componentes simétricas das tensões de fase com os das de linha. Portanto, dada uma seqüência de tensões de linha, e sendo esta sempre pura ($\dot{V}_{0L} = 0$), o valor da componente de seqüência zero das tensões de fase está indeterminado. A seguir, analisaremos em que condições essa componente será nula (conforme o Capítulo 1). Assim, admitamos ter, conforme Fig. 3-7(a), um gerador ligado em estrela alimentando uma carga constituída pelas impedâncias Z_A, Z_B e Z_C, também ligadas em estrela. São também dados, conforme Fig. 3-7(b), as seguintes seqüências:

$\mathbf{V_{AN}}$ = seqüência das tensões de fase no gerador;

$\mathbf{V_{AN'}}$ = seqüência das tensões de fase na carga;

$\mathbf{V_{AB}}$ = seqüência das tensões de linha.

Conforme já vimos (Fig. 3-4 e demonstraremos novamente), as componentes simétricas das seqüências direta e inversa de $\mathbf{V_{AN}}$ e $\mathbf{V_{AN'}}$ são iguais, diferenciando-se somente pelo valor da componente de seqüência zero. Vamos determinar um ponto O tal que a seqüência $\mathbf{V_{AO}}$ tenha as mesmas componentes de seqüência direta e inversa de $\mathbf{V_{AN}}$ e que tenha a de seqüência zero nula.

Para tanto, consideremos, conforme a Fig. 3-7(c), o conjunto das tensões de linha (triângulo *ABC*). O ponto O de intersecção das medianas determina uma seqüência de tensões de fase, $\mathbf{V_{AO}}$, cuja componente de seqüência nula é zero. De fato, lembrando que

$$\dot{V}_{AO_o} = \frac{1}{3}\left(\dot{V}_{AO} + \dot{V}_{BO} + \dot{V}_{CO}\right),$$

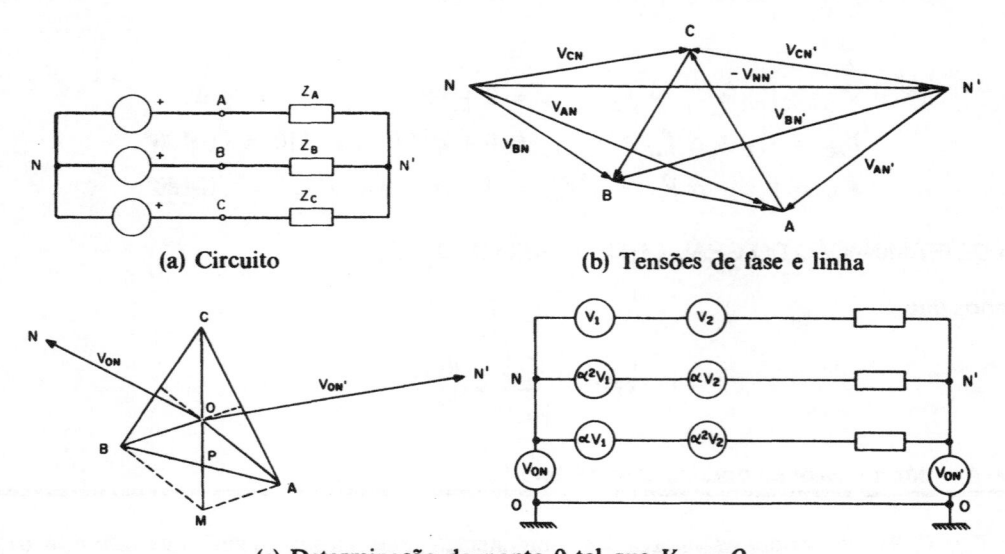

(a) Circuito

(b) Tensões de fase e linha

(c) Determinação do ponto 0 tal que $V_{A0} = O$

Figura 3-7. Interpretação da tensão de seqüência zero

determinaremos inicialmente o fasor $\dot{V}_{AO} + \dot{V}_{BO}$ e provaremos que $\dot{V}_{AO} + \dot{V}_{BO} = -\dot{V}_{CO}$. Assim, construímos o paralelogramo $AOBM$, com AM e BM paralelos, respectivamente, a BO e OA. Observamos que os triângulos AOP e BPM são iguais, pois

$$O\hat{A}P = M\hat{B}P \quad (AO \parallel BM)$$

$$O\hat{P}A = M\hat{B}P \quad (\text{opostos pelo vértice})$$

$$OA = MB \quad (\text{por construção})$$

Portanto $AP = PB$, isto é, o ponto P é o ponto médio de AB; logo, os pontos C, O, P e M estão sobre a mesma reta. Lembrando que $CO=2/3 \ CP$, $OP=1/3 \ CP$ e $OP=PM$, resulta que $CO=OP+PM=OM$, donde $\dot{V}_{AO} + \dot{V}_{BO} + \dot{V}_{CO} = 0$. Em conclusão, observamos que o ponto O determina uma seqüência de tensões de fase pura. Qualquer outra que tenha as mesmas componentes de seqüência direta e inversa diferenciar-se-á desta pela diferença de potencial entre os pontos O e N, conforme mostrado na Fig. 3-8. Desta forma, temos

$$\dot{V}_{AN} = \dot{V}_{AO} + \dot{V}_{ON}, \quad \dot{V}_{BN} = \dot{V}_{BO} + \dot{V}_{ON} \quad \dot{V}_{CN} = \dot{V}_{CO} + \dot{V}_{ON}.$$

$$\mathbf{V}_{AN} = \begin{bmatrix} \dot{V}_{AN} \\ \dot{V}_{BN} \\ \dot{V}_{CN} \end{bmatrix} = \begin{bmatrix} \dot{V}_{AO} \\ \dot{V}_{BO} \\ \dot{V}_{CO} \end{bmatrix} + \begin{bmatrix} 1 \\ 1 \\ 1 \end{bmatrix} \dot{V}_{ON} = \begin{bmatrix} 1 \\ \alpha^2 \\ \alpha \end{bmatrix} \dot{V}_{AO_1} + \begin{bmatrix} 1 \\ \alpha \\ \alpha^2 \end{bmatrix} \dot{V}_{AO_2} + \begin{bmatrix} 1 \\ 1 \\ 1 \end{bmatrix} \dot{V}_{ON}.$$

Em matrizes, temos:

Figura 3-8. Seqüência $\mathbf{V}_{AN}$

3.4.3 - SISTEMAS TRIFÁSICOS A TRÊS FIOS - LIGAÇÃO TRIÂNGULO

Inicialmente vamos determinar a relação entre as componentes simétricas de fase e linha numa ligação triângulo. Para tanto, seja uma carga desequilibrada, conforme Fig. 3-9, que absorve as correntes $\mathbf{I_{AB}}$ de fase e $\mathbf{I_A}$ de linha. Isto é,

$$\mathbf{I_{AB}} = \begin{vmatrix} I_{AB} \\ I_{BC} \\ I_{CA} \end{vmatrix} \qquad \mathbf{I_A} = \begin{vmatrix} I_A \\ I_B \\ I_C \end{vmatrix}.$$

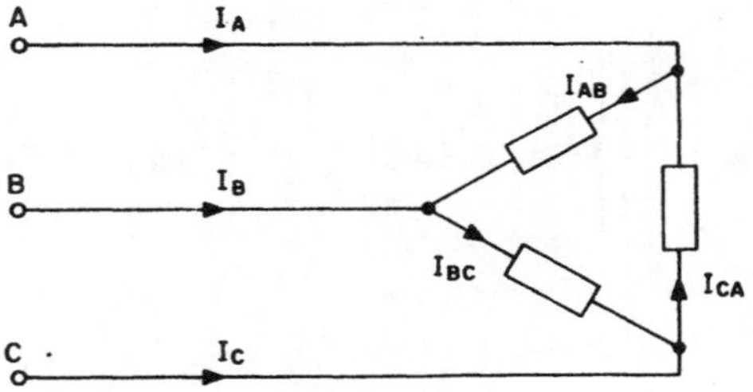

Figura 3-9. Circuito em triângulo

Aplicando-se a primeira lei de Kirchhoff aos nós A, B e C, resulta

$$I_A = I_{AB} - I_{CA}$$
$$I_B = I_{BC} - I_{AB}$$
$$I_C = I_{CA} - I_{BC},$$

que em matrizes resulta

$$\mathbf{I_A} = \begin{bmatrix} I_A \\ I_B \\ I_C \end{bmatrix} = \begin{bmatrix} I_{AB} \\ I_{BC} \\ I_{CA} \end{bmatrix} - \begin{bmatrix} I_{CA} \\ I_{AB} \\ I_{BC} \end{bmatrix} = \mathbf{I_{AB}} - \mathbf{I_{CA}}$$

Sejam I_{AB_0}, I_{AB_1} e I_{AB_2} as componentes simétricas de $\mathbf{I_{AB}}$, isto é,

$$\begin{bmatrix} I_{AB} \\ I_{BC} \\ I_{CA} \end{bmatrix} = \begin{bmatrix} 1 \\ 1 \\ 1 \end{bmatrix} I_{AB_0} + \begin{bmatrix} 1 \\ \alpha^2 \\ \alpha \end{bmatrix} I_{AB_1} + \begin{bmatrix} 1 \\ \alpha \\ \alpha^2 \end{bmatrix} I_{AB_2}.$$

Lembrando as Eqs. (3.6) e (3.7), temos

$$\begin{bmatrix} I_{CA} \\ I_{AB} \\ I_{BC} \end{bmatrix} = \begin{bmatrix} 1 \\ 1 \\ 1 \end{bmatrix} I_{AB_0} + \begin{bmatrix} 1 \\ \alpha^2 \\ \alpha \end{bmatrix} \alpha\ I_{AB_1} + \begin{bmatrix} 1 \\ \alpha \\ \alpha^2 \end{bmatrix} \alpha^2 I_{AB_2}.$$

Sejam ainda I_{A_0}, I_{A_1} e I_{A_2} as componentes simétricas da seqüência $\mathbf{I_A}$:

$$\mathbf{I_A} = \begin{bmatrix} I_A \\ I_B \\ I_C \end{bmatrix} = \begin{bmatrix} 1 \\ 1 \\ 1 \end{bmatrix} I_{A_0} + \begin{bmatrix} 1 \\ \alpha^2 \\ \alpha \end{bmatrix} I_{A_1} + \begin{bmatrix} 1 \\ \alpha \\ \alpha^2 \end{bmatrix} I_{A_2}.$$

Teremos

$$\begin{bmatrix} 1 \\ 1 \\ 1 \end{bmatrix} I_{A_0} + \begin{bmatrix} 1 \\ \alpha^2 \\ \alpha \end{bmatrix} I_{A_1} + \begin{bmatrix} 1 \\ \alpha \\ \alpha^2 \end{bmatrix} I_{A_2} = \begin{bmatrix} 1 \\ 1 \\ 1 \end{bmatrix} \left(I_{AB_0} - I_{AB_0} \right) + \begin{bmatrix} 1 \\ \alpha^2 \\ \alpha \end{bmatrix} \left(I_{AB_1} - \alpha\ I_{AB_1} \right) + \begin{bmatrix} 1 \\ \alpha \\ \alpha^2 \end{bmatrix} \left(I_{AB_2} - \alpha^2 I_{AB_2} \right)$$

E sendo

$$\left(I_{AB_1} - \alpha I_{AB_1} \right) = (1 - \alpha) I_{AB_1} = \sqrt{3} \underline{|-30^0} I_{AB_1} ,$$
$$\left(I_{AB_2} - \alpha^2 I_{AB_2} \right) = (1 - \alpha^2) I_{AB_2} = \sqrt{3} \underline{|30^0} I_{AB_2} ,$$

resulta

$$I_{A_0} = 0, \qquad I_{A_1} = \sqrt{3} \underline{|-30^0} I_{AB_1} , \qquad I_{A_2} = \sqrt{3} \underline{|30^0} I_{AB_2} , \qquad (3.11)$$

ou, em matrizes,

$$\begin{bmatrix} I_{A_0} \\ I_{A_1} \\ I_{A_2} \end{bmatrix} = \begin{bmatrix} 0 & 0 & 0 \\ 0 & \sqrt{3} \underline{|-30^0} & 0 \\ 0 & 0 & \sqrt{3} \underline{|30^0} \end{bmatrix} \begin{bmatrix} I_{AB_0} \\ I_{AB_1} \\ I_{AB_2} \end{bmatrix} \qquad (3.12)$$

As Eqs. (3-11) e (3-12) exprimem a relação entre os valores das componentes simétricas das correntes de fase e de linha. Observamos que, qualquer que seja a carga ligada em triângulo, a componente de seqüência zero da corrente de linha é sempre nula. Analogamente a quanto fizemos com as tensões, definimos *grau de desequilíbrio* das correntes como sendo a relação:

$$grau\ de\ desequilíbrio = \frac{|I_{AB_2}|}{|I_{AB_1}|} = \frac{|I_{A_2}|}{|I_{A_1}|}.$$

3.4.4 - PRIMEIRA LEI DE KIRCHHOFF EM TERMOS DE COMPONENTES SIMÉTRICAS

Consideremos uma rede trifásica qualquer na qual, em um nó P genérico, incidem, em cada fase, n correntes, conforme ilustrado na Fig. 3-10:

$$I_{A_1P}, I_{A_2P}, \ldots, I_{A_nP} \qquad I_{B_1P}, I_{B_2P}, \ldots, I_{B_nP} \qquad I_{C_1P}, I_{C_2P}, \ldots, I_{C_nP}$$

Em matrizes, teremos:

$$\mathbf{I_{A_{1P}}}, \mathbf{I_{A_{2P}}}, \ldots\ldots\ldots, \mathbf{I_{A_{nP}}}.$$

Pela primeira lei de Kirchhoff, temos:

$$\begin{bmatrix} I_{A_1P} \\ I_{B_1P} \\ I_{C_1P} \end{bmatrix} + \begin{bmatrix} I_{A_2P} \\ I_{B_2P} \\ I_{C_2P} \end{bmatrix} + \ldots + \begin{bmatrix} I_{A_nP} \\ I_{B_nP} \\ I_{C_nP} \end{bmatrix} = 0$$

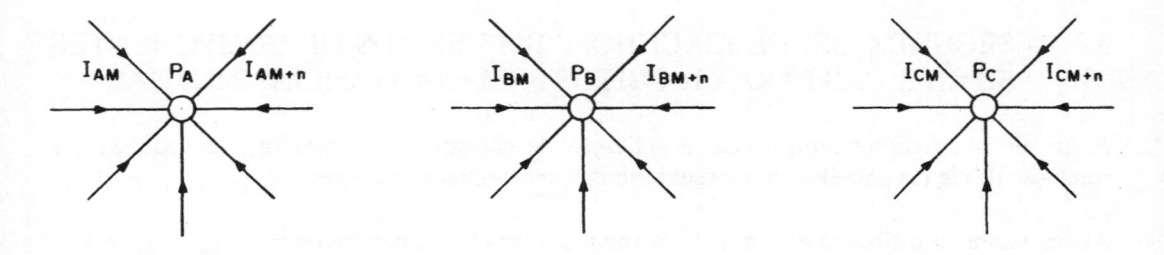

Figura 3-10. Correntes incidentes no nó P

Decompondo-se essas correntes em suas componentes simétricas, resulta:

$$\begin{bmatrix}1\\1\\1\end{bmatrix}I_{0_{1P}} + \begin{bmatrix}1\\\alpha^2\\\alpha\end{bmatrix}I_{1_{1P}} + \begin{bmatrix}1\\\alpha\\\alpha^2\end{bmatrix}I_{2_{1P}} + \begin{bmatrix}1\\1\\1\end{bmatrix}I_{0_{2P}} + \begin{bmatrix}1\\\alpha^2\\\alpha\end{bmatrix}I_{1_{2P}} + \begin{bmatrix}1\\\alpha\\\alpha^2\end{bmatrix}I_{2_{2P}} + \ldots\ldots +$$

$$\begin{bmatrix}1\\1\\1\end{bmatrix}I_{0_{nP}} + \begin{bmatrix}1\\\alpha^2\\\alpha\end{bmatrix}I_{1_{nP}} + \begin{bmatrix}1\\\alpha\\\alpha^2\end{bmatrix}I_{2_{nP}} =$$

$$\begin{bmatrix}1\\1\\1\end{bmatrix}\left(I_{0_{1P}} + I_{0_{2P}} +\ldots+ I_{0_{nP}}\right) + \begin{bmatrix}1\\\alpha^2\\\alpha\end{bmatrix}\left(I_{1_{1P}} + I_{1_{2P}} +\ldots+ I_{1_{nP}}\right) + \begin{bmatrix}1\\\alpha\\\alpha^2\end{bmatrix}\left(I_{2_{1P}} + I_{2_{2P}} +\ldots+ I_{2_{nP}}\right) = \begin{bmatrix}0\\0\\0\end{bmatrix}.$$

Ora, para que essa igualdade seja verificada para qualquer valor das correntes, devemos ter:

$$\left(I_{0_{1P}} + I_{0_{2P}} +\ldots+I_{0_{nP}}\right) = 0$$

$$\left(I_{1_{1P}} + I_{1_{2P}} +\ldots+I_{1_{nP}}\right) = 0 \qquad (3.13)$$

$$\left(I_{2_{1P}} + I_{2_{2P}} +\ldots+I_{2_{nP}}\right) = 0$$

As Eqs. (3.13) mostram que a primeira lei de Kirchhoff aplica-se às componentes simétricas das correntes; isto é, num nó qualquer, a soma algébrica das correntes de uma qualquer das seqüências é nula.

3.4.5 - SEGUNDA LEI DE KIRCHHOFF EM TERMOS DE COMPONENTES SIMÉTRICAS PARA CIRCUITOS SEM INDUTÂNCIAS MÚTUAS

A fim de nos familiarizarmos com a aplicação de componentes simétricas, procederemos à resolução de alguns circuitos para, posteriormente, passarmos ao caso geral.

Assim, tomemos o circuito da Fig. 3-11, no qual um gerador de tensões de fase $\dot{V}_{AN}$, $\dot{V}_{BN}$ e $\dot{V}_{CN}$ quaisquer, ligado em estrela, alimenta uma carga constituída pelas impedâncias Z_A, Z_B e Z_C, também ligadas em estrela. Os centro-estrelas do gerador e da carga não estão ao mesmo potencial; portanto, podemos interligar esses dois pontos por meio de um gerador de tensão constante igual a $\dot{V}_{NN'}$.

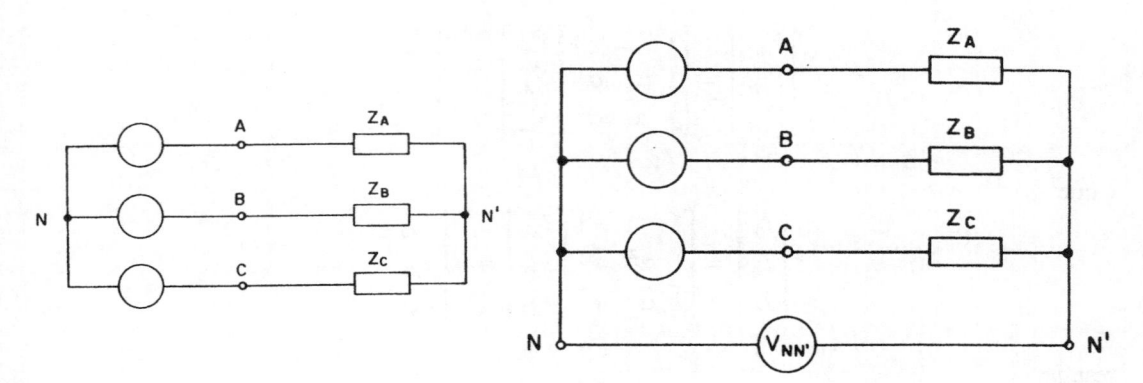

Figura 3-11. Circuito em estrela

Teremos uma rede com dois nós e quatro elementos. Logo, resultam três malhas independentes (malhas $AN'N$, $BN'N$ e $CN'N$), cujas equações são:

$$V_{AN} + V_{NN'} + V_{N'A} = 0 \quad V_{BN} + V_{NN'} + V_{N'B} = 0 \quad V_{CN} + V_{NN'} + V_{N'C} = 0.$$

Mas, por outro lado, temos

$$V_{AN'} = \overline{Z}_A I_A \quad V_{BN'} = \overline{Z}_B I_B \quad V_{CN'} = \overline{Z}_C I_C$$

que expressas matricialmente são dadas por:

$$\begin{bmatrix} V_{AN'} \\ V_{BN'} \\ V_{CN'} \end{bmatrix} = \begin{bmatrix} \overline{Z}_A & 0 & 0 \\ 0 & \overline{Z}_B & 0 \\ 0 & 0 & \overline{Z}_C \end{bmatrix} \begin{bmatrix} I_A \\ I_B \\ I_C \end{bmatrix}.$$

Salientamos que a matriz das impedâncias acima é diagonal, isto é, os elementos fora da diagonal da matriz são nulos. Os elementos da diagonal representam as impedâncias próprias. As impedâncias mútuas, inexistentes para o circuito da Fig. 3-11, seriam representadas pelos elementos fora da diagonal.

A equação de malhas, posta em forma matricial, torna-se:

$$\begin{bmatrix} V_{AN} \\ V_{BN} \\ V_{CN} \end{bmatrix} + \begin{bmatrix} 1 \\ 1 \\ 1 \end{bmatrix} V_{NN'} = \begin{bmatrix} \overline{Z}_A & 0 & 0 \\ 0 & \overline{Z}_B & 0 \\ 0 & 0 & \overline{Z}_C \end{bmatrix} \begin{bmatrix} I_A \\ I_B \\ I_C \end{bmatrix};$$

ou, lembrando que:

$$
\begin{bmatrix} \dot{V}_{AN} \\ \dot{V}_{BN} \\ \dot{V}_{CN} \end{bmatrix} = \begin{bmatrix} 1 & 1 & 1 \\ 1 & \alpha^2 & \alpha \\ 1 & \alpha & \alpha^2 \end{bmatrix} \begin{bmatrix} \dot{V}_{A0} \\ \dot{V}_{A1} \\ \dot{V}_{A2} \end{bmatrix} = \mathbf{T} \begin{bmatrix} \dot{V}_{A0} \\ \dot{V}_{A1} \\ \dot{V}_{A2} \end{bmatrix}
$$

e que:

$$
\begin{bmatrix} \dot{I}_A \\ \dot{I}_B \\ \dot{I}_C \end{bmatrix} = \begin{bmatrix} 1 & 1 & 1 \\ 1 & \alpha^2 & \alpha \\ 1 & \alpha & \alpha^2 \end{bmatrix} \begin{bmatrix} \dot{I}_{A0} \\ \dot{I}_{A1} \\ \dot{I}_{A2} \end{bmatrix} = \mathbf{T} \begin{bmatrix} \dot{I}_{A0} \\ \dot{I}_{A1} \\ \dot{I}_{A2} \end{bmatrix}
$$

resulta:

$$
\mathbf{T} \begin{bmatrix} \dot{V}_{A0} \\ \dot{V}_{A1} \\ \dot{V}_{A2} \end{bmatrix} + \begin{bmatrix} 1 \\ 1 \\ 1 \end{bmatrix} \dot{V}_{NN'} = \begin{bmatrix} \overline{Z}_A & 0 & 0 \\ 0 & \overline{Z}_B & 0 \\ 0 & 0 & \overline{Z}_C \end{bmatrix} \mathbf{T} \begin{bmatrix} \dot{I}_{A0} \\ \dot{I}_{A1} \\ \dot{I}_{A2} \end{bmatrix}.
$$

Pré-multiplicando ambos os membros por $\mathbf{T}^{-1}$, resulta:

$$
\begin{bmatrix} \dot{V}_{A0} \\ \dot{V}_{A1} \\ \dot{V}_{A2} \end{bmatrix} + \mathbf{T}^{-1} \begin{bmatrix} 1 \\ 1 \\ 1 \end{bmatrix} \dot{V}_{NN'} = \mathbf{T}^{-1} \begin{bmatrix} \overline{Z}_A & 0 & 0 \\ 0 & \overline{Z}_B & 0 \\ 0 & 0 & \overline{Z}_C \end{bmatrix} \mathbf{T} \begin{bmatrix} \dot{I}_{A0} \\ \dot{I}_{A1} \\ \dot{I}_{A2} \end{bmatrix}.
$$

Por outro lado, sendo

$$
\mathbf{T}^{-1} \begin{bmatrix} 1 \\ 1 \\ 1 \end{bmatrix} \dot{V}_{NN'} = \frac{1}{3} \begin{bmatrix} 1 & 1 & 1 \\ 1 & \alpha & \alpha^2 \\ 1 & \alpha^2 & \alpha \end{bmatrix} \begin{bmatrix} 1 \\ 1 \\ 1 \end{bmatrix} \dot{V}_{NN'} = \begin{bmatrix} \dot{V}_{NN'} \\ 0 \\ 0 \end{bmatrix},
$$

e

$$
\mathbf{T}^{-1} \begin{bmatrix} \overline{Z}_A & 0 & 0 \\ 0 & \overline{Z}_B & 0 \\ 0 & 0 & \overline{Z}_C \end{bmatrix} \mathbf{T} = \frac{1}{3} \begin{bmatrix} \overline{Z}_A & \overline{Z}_B & \overline{Z}_C \\ \overline{Z}_A & \alpha\,\overline{Z}_B & \alpha^2\overline{Z}_C \\ \overline{Z}_A & \alpha^2\overline{Z}_B & \alpha\,\overline{Z}_C \end{bmatrix} \begin{bmatrix} 1 & 1 & 1 \\ 1 & \alpha^2 & \alpha \\ 1 & \alpha & \alpha^2 \end{bmatrix} =
$$

$$
\begin{bmatrix} \dfrac{\overline{Z}_A + \overline{Z}_B + \overline{Z}_C}{3} & \dfrac{\overline{Z}_A + \alpha^2\overline{Z}_B + \alpha\overline{Z}_C}{3} & \dfrac{\overline{Z}_A + \alpha\overline{Z}_B + \alpha^2\overline{Z}_C}{3} \\[2mm] \dfrac{\overline{Z}_A + \alpha\overline{Z}_B + \alpha^2\overline{Z}_C}{3} & \dfrac{\overline{Z}_A + \overline{Z}_B + \overline{Z}_C}{3} & \dfrac{\overline{Z}_A + \alpha^2\overline{Z}_B + \alpha\overline{Z}_C}{3} \\[2mm] \dfrac{\overline{Z}_A + \alpha^2\overline{Z}_B + \alpha\overline{Z}_C}{3} & \dfrac{\overline{Z}_A + \alpha\overline{Z}_B + \alpha^2\overline{Z}_C}{3} & \dfrac{\overline{Z}_A + \overline{Z}_B + \overline{Z}_C}{3} \end{bmatrix}.
$$

Por analogia com os valores já definidos, fazemos:

$$\overline{Z}_0 = \frac{\overline{Z}_A + \overline{Z}_B + \overline{Z}_C}{3} \qquad \overline{Z}_1 = \frac{\overline{Z}_A + \alpha\overline{Z}_B + \alpha^2\overline{Z}_C}{3} \qquad \overline{Z}_2 = \frac{\overline{Z}_A + \alpha^2\overline{Z}_B + \alpha\overline{Z}_C}{3}$$

e definimos $\overline{Z}_0$, $\overline{Z}_1$ e $\overline{Z}_2$ como sendo as componentes simétricas de $\overline{Z}_A$, $\overline{Z}_B$, e $\overline{Z}_C$, resultando portanto que:

$$\mathbf{T}^{-1}\begin{bmatrix} \overline{Z}_A & 0 & 0 \\ 0 & \overline{Z}_B & 0 \\ 0 & 0 & \overline{Z}_C \end{bmatrix}\mathbf{T} = \begin{bmatrix} \overline{Z}_0 & \overline{Z}_2 & \overline{Z}_1 \\ \overline{Z}_1 & \overline{Z}_0 & \overline{Z}_2 \\ \overline{Z}_2 & \overline{Z}_1 & \overline{Z}_0 \end{bmatrix}.$$

Logo,

$$\begin{bmatrix} \dot{V}_{A0} \\ \dot{V}_{A1} \\ \dot{V}_{A2} \end{bmatrix} + \begin{bmatrix} \dot{V}_{NN'} \\ 0 \\ 0 \end{bmatrix} = \begin{bmatrix} \overline{Z}_0 & \overline{Z}_2 & \overline{Z}_1 \\ \overline{Z}_1 & \overline{Z}_0 & \overline{Z}_2 \\ \overline{Z}_2 & \overline{Z}_1 & \overline{Z}_0 \end{bmatrix}\begin{bmatrix} \dot{I}_{A0} \\ \dot{I}_{A1} \\ \dot{I}_{A2} \end{bmatrix}, \text{ ou ainda,} \begin{bmatrix} \dot{V}_{A0} + \dot{V}_{NN'} \\ \dot{V}_{A1} \\ \dot{V}_{A2} \end{bmatrix} = \begin{bmatrix} \overline{Z}_0 & \overline{Z}_2 & \overline{Z}_1 \\ \overline{Z}_1 & \overline{Z}_0 & \overline{Z}_2 \\ \overline{Z}_2 & \overline{Z}_1 & \overline{Z}_0 \end{bmatrix}\begin{bmatrix} \dot{I}_{A0} \\ \dot{I}_{A1} \\ \dot{I}_{A2} \end{bmatrix} \quad (3.14)$$

A Eq. (3-14) exprime a segunda lei de Kirchhoff, em termos das componentes simétricas, para a rede dada. Salientamos que é possível decompor o circuito dado, conforme Fig. 3-12, em três circuitos, a saber:

(1) Circuito de seqüência zero: constituído por uma f.e.m. de valor $\dot{V}_{A0} + \dot{V}_{NN'}$, alimentando uma impedância $\overline{Z}_0$ e tendo mútuas $\overline{Z}_2$ e $\overline{Z}_1$ com os circuitos de seqüência direta e inversa, respectivamente, e cuja equação é dada por: $\dot{V}_{A0} + \dot{V}_{NN'} = \overline{Z}_0\dot{I}_{A0} + \overline{Z}_2\dot{I}_{A1} + \overline{Z}_1\dot{I}_{A2}$.

(2) Circuito de seqüência direta: constituído por uma f.e.m. de valor $\dot{V}_{A1}$, alimentando uma impedância $\overline{Z}_0$ e tendo mútuas $\overline{Z}_1$ e $\overline{Z}_2$ com os circuitos de seqüência zero e inversa, respectivamente, e cuja equação é dada por: $\dot{V}_{A1} = \overline{Z}_1\dot{I}_{A0} + \overline{Z}_0\dot{I}_{A1} + \overline{Z}_2\dot{I}_{A2}$.

(3) Circuito de seqüência inversa: constituído por uma f.e.m. de valor $\dot{V}_{A2}$, alimentando uma impedância $\overline{Z}_0$ e tendo mútuas $\overline{Z}_2$ e $\overline{Z}_1$ com os circuitos de seqüência zero e direta, respectivamente, e cuja equação é dada por: $\dot{V}_{A2} = \overline{Z}_2\dot{I}_{A0} + \overline{Z}_1\dot{I}_{A1} + \overline{Z}_0\dot{I}_{A2}$.

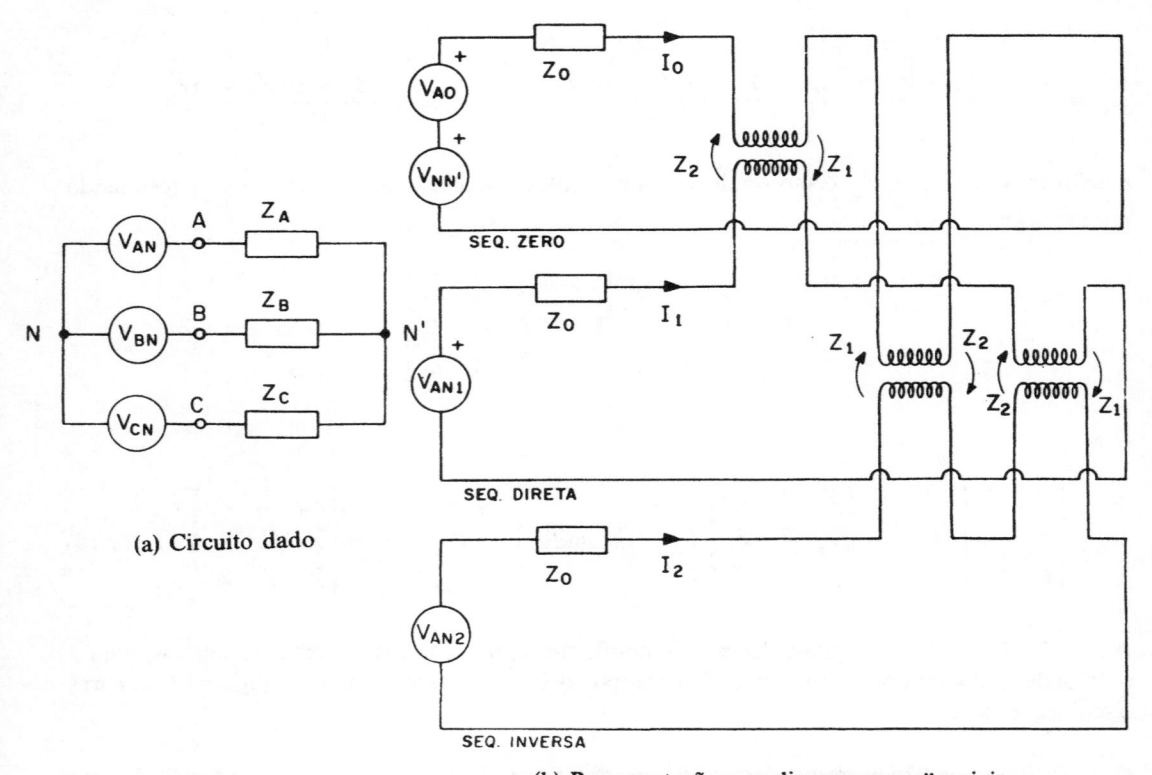

(a) Circuito dado

(b) Representação por diagramas seqüenciais

Figura 3-12. Circuito dado e sua interpretação por circuitos seqüenciais

Caso as impedâncias dadas sejam iguais entre si, isto é, $\overline{Z}_A = \overline{Z}_B = \overline{Z}_C = \overline{Z}$, resulta que $\overline{Z}_0 = \overline{Z}$ e $\overline{Z}_1 = \overline{Z}_2 = 0$. Os três circuitos seqüênciais tornam-se independentes e suas equações passam a ser:

$$\dot{V}_{A0} + \dot{V}_{NN'} = \overline{Z}\dot{I}_{A0}$$
$$\dot{V}_{A1} = \overline{Z}\dot{I}_{A1} \qquad (3.15)$$
$$\dot{V}_{A2} = \overline{Z}\dot{I}_{A2}$$

As Eqs. (3.15) mostram-nos que, em se tratando de sistema trifásico equilibrado, as correntes de cada uma das seqüências produzem quedas de tensão somente na mesma seqüência.

No caso do circuito dado a três fios, a corrente $\dot{I}_0$ deverá ser nula, pois pela primeira lei de Kirchhoff aplicada ao nó N ou N' temos que $3\dot{I}_{A0} = \dot{I}_A + \dot{I}_B + \dot{I}_C = 0$ e, logo, $\dot{V}_{NN'} = -\dot{V}_{A0}$.

No caso de se colocar um fio com impedância nula interligando os pontos N e N', ou seja instalando um fio neutro ideal, teremos $\dot{V}_{NN'} = 0$ e $\dot{I}_{A0} \neq 0$.

No caso do fio neutro, que interliga os pontos N e N', ter impedância $\overline{Z}_N$, resulta $\dot{I}_{A0} \neq 0$ e $\dot{V}_{NN'} = -\overline{Z}_N(\dot{I}_A + \dot{I}_B + \dot{I}_C) = -3\overline{Z}_N\dot{I}_{A0}$.

A fim de generalizar os resultados obtidos, vamos estudar o que ocorre com a lei de Ohm aplicada a um trecho de circuito trifásico. Seja um elemento de uma rede trifásica, conforme representado na Fig. 3-13.

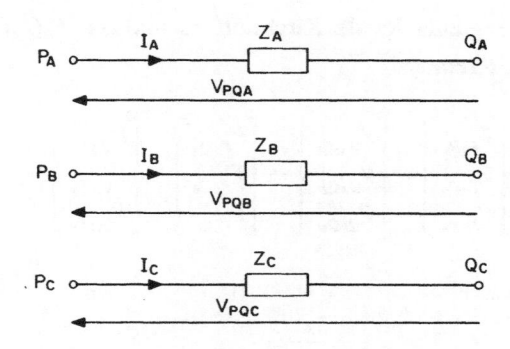

Figura 3-13. Elemento de rede à três fios

Aplicando-se a lei de Ohm a cada fase, resulta que

$$
\begin{bmatrix} \dot{V}_{PQA} \\ \dot{V}_{PQB} \\ \dot{V}_{PQC} \end{bmatrix} = \begin{bmatrix} \overline{Z}_A & 0 & 0 \\ 0 & \overline{Z}_B & 0 \\ 0 & 0 & \overline{Z}_C \end{bmatrix} \begin{bmatrix} \dot{I}_A \\ \dot{I}_B \\ \dot{I}_C \end{bmatrix}
$$

donde

$$
\mathbf{T} \begin{bmatrix} \dot{V}_{PQ_0} \\ \dot{V}_{PQ_1} \\ \dot{V}_{PQ_2} \end{bmatrix} = \begin{bmatrix} \overline{Z}_A & 0 & 0 \\ 0 & \overline{Z}_B & 0 \\ 0 & 0 & \overline{Z}_C \end{bmatrix} \mathbf{T} \begin{bmatrix} \dot{I}_{PQ_0} \\ \dot{I}_{PQ_1} \\ \dot{I}_{PQ_2} \end{bmatrix}.
$$

Pré-multiplicando ambos os membros por $\mathbf{T}^{-1}$ e efetuando o produto $\mathbf{T}^{-1}\mathbf{ZT}$, resulta:

$$
\begin{bmatrix} \dot{V}_{PQ_0} \\ \dot{V}_{PQ_1} \\ \dot{V}_{PQ_2} \end{bmatrix} = \begin{bmatrix} \overline{Z}_0 & \overline{Z}_2 & \overline{Z}_1 \\ \overline{Z}_1 & \overline{Z}_0 & \overline{Z}_2 \\ \overline{Z}_2 & \overline{Z}_1 & \overline{Z}_0 \end{bmatrix} \begin{bmatrix} \dot{I}_{PQ_0} \\ \dot{I}_{PQ_1} \\ \dot{I}_{PQ_2} \end{bmatrix}, \tag{3.16}
$$

em que $\dot{V}_{PQ_0}, \dot{V}_{PQ_1}$ e $\dot{V}_{PQ_2}$ representam, respectivamente, as componentes de seqüência zero, direta e inversa da queda de tensão entre os pontos P e Q e $\dot{I}_{PQ_0}, \dot{I}_{PQ_1}$ e $\dot{I}_{PQ_2}$ representam, respectivamente, as componentes de seqüência zero, direta e inversa das correntes entre os nós P e Q. $\overline{Z}_0, \overline{Z}_1$ e $\overline{Z}_2$ representam as componentes simétricas das impedâncias $\overline{Z}_A, \overline{Z}_B$ e $\overline{Z}_C$.

No caso de sistema trifásico a quatro fios, conforme Fig. 3-14, sendo Z_N a impedância do fio neutro e aplicando a segunda lei de Kirchhoff à malha $P_A Q_A Q_N P_N$, teremos:

$$\dot{V}_{P_A P_N} = \dot{V}_{P_A Q_A} + \dot{V}_{Q_A Q_N} + \dot{V}_{Q_N P_N} \quad \text{ou} \quad \dot{V}_{P_A P_N} - \dot{V}_{Q_A Q_N} = \dot{V}_{P_A Q_A} + \dot{V}_{Q_N P_N}$$

Repetindo a aplicação da segunda lei de Kirchhoff às malhas $P_B Q_B Q_N P_N$ e $P_C Q_C Q_N P_N$ e exprimindo-as em matrizes, teremos:

$$\begin{bmatrix} \dot{V}_{P_A P_N} \\ \dot{V}_{P_B P_N} \\ \dot{V}_{P_C P_N} \end{bmatrix} - \begin{bmatrix} \dot{V}_{Q_A Q_N} \\ \dot{V}_{Q_B Q_N} \\ \dot{V}_{Q_C Q_N} \end{bmatrix} = \begin{bmatrix} \dot{V}_{P_A Q_A} \\ \dot{V}_{P_B Q_B} \\ \dot{V}_{P_C Q_C} \end{bmatrix} + \begin{bmatrix} \dot{V}_{Q_N P_N} \\ \dot{V}_{Q_N P_N} \\ \dot{V}_{Q_N P_N} \end{bmatrix};$$

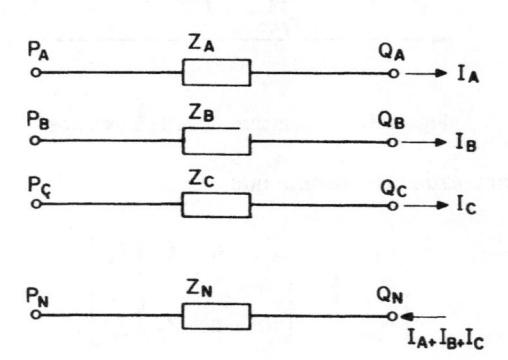

Figura 3-14. Elemento de rede a quatro fios

E sendo:

$$\begin{bmatrix} \dot{V}_{P_A P_N} \\ \dot{V}_{P_B P_N} \\ \dot{V}_{P_C P_N} \end{bmatrix} = \begin{bmatrix} 1 & 1 & 1 \\ 1 & \alpha^2 & \alpha \\ 1 & \alpha & \alpha^2 \end{bmatrix} \begin{bmatrix} \dot{V}_{P_0} \\ \dot{V}_{P_1} \\ \dot{V}_{P_2} \end{bmatrix} = \mathbf{T} \begin{bmatrix} \dot{V}_{P_0} \\ \dot{V}_{P_1} \\ \dot{V}_{P_2} \end{bmatrix},$$

$$\begin{bmatrix} \dot{V}_{Q_A Q_N} \\ \dot{V}_{Q_B Q_N} \\ \dot{V}_{Q_C Q_N} \end{bmatrix} = \begin{bmatrix} 1 & 1 & 1 \\ 1 & \alpha^2 & \alpha \\ 1 & \alpha & \alpha^2 \end{bmatrix} \begin{bmatrix} \dot{V}_{Q_0} \\ \dot{V}_{Q_1} \\ \dot{V}_{Q_2} \end{bmatrix} = \mathbf{T} \begin{bmatrix} \dot{V}_{Q_0} \\ \dot{V}_{Q_1} \\ \dot{V}_{Q_2} \end{bmatrix},$$

$$\begin{bmatrix} \dot{V}_{P_A Q_A} \\ \dot{V}_{P_B Q_B} \\ \dot{V}_{P_C Q_C} \end{bmatrix} = \begin{bmatrix} 1 & 1 & 1 \\ 1 & \alpha^2 & \alpha \\ 1 & \alpha & \alpha^2 \end{bmatrix} \begin{bmatrix} \dot{V}_{PQ_0} \\ \dot{V}_{PQ_1} \\ \dot{V}_{PQ_2} \end{bmatrix} = \mathbf{T} \begin{bmatrix} \dot{V}_{PQ_0} \\ \dot{V}_{PQ_1} \\ \dot{V}_{PQ_2} \end{bmatrix},$$

$$\text{e } \dot{V}_{Q_N P_N} = \overline{Z}_N (\dot{I}_A + \dot{I}_B + \dot{I}_C) = \overline{Z}_N \dot{I}_N = 3\overline{Z}_N \dot{I}_0,$$

resulta:

$$\mathbf{T}\left\{\begin{bmatrix} V_{P_0} \\ V_{P_1} \\ V_{P_2} \end{bmatrix} - \begin{bmatrix} V_{Q_0} \\ V_{Q_1} \\ V_{Q_2} \end{bmatrix}\right\} = \mathbf{T}\begin{bmatrix} V_{PQ_0} \\ V_{PQ_1} \\ V_{PQ_2} \end{bmatrix} + 3\overline{Z}_N I_0 \begin{bmatrix} 1 \\ 1 \\ 1 \end{bmatrix}.$$

Pré-multiplicando ambos os membros por $\mathbf{T}^{-1}$ e lembrando da Eq. 3.16, resulta:

$$\begin{bmatrix} V_{P_0} \\ V_{P_1} \\ V_{P_2} \end{bmatrix} - \begin{bmatrix} V_{Q_0} \\ V_{Q_1} \\ V_{Q_2} \end{bmatrix} = \begin{bmatrix} Z_0 & Z_2 & Z_1 \\ \overline{Z}_1 & Z_0 & \overline{Z}_2 \\ \overline{Z}_2 & Z_1 & Z_0 \end{bmatrix}\begin{bmatrix} I_0 \\ I_1 \\ I_2 \end{bmatrix} + 3\overline{Z}_N I_0 \mathbf{T}^{-1}\begin{bmatrix} 1 \\ 1 \\ 1 \end{bmatrix}.$$

Por outro lado,

$$\frac{1}{3}\begin{bmatrix} 1 & 1 & 1 \\ 1 & \alpha & \alpha^2 \\ 1 & \alpha^2 & \alpha \end{bmatrix}\begin{bmatrix} 1 \\ 1 \\ 1 \end{bmatrix} = \begin{bmatrix} 1 \\ 0 \\ 0 \end{bmatrix}.$$

donde:

$$\begin{bmatrix} V_{P_0} \\ V_{P_1} \\ V_{P_2} \end{bmatrix} - \begin{bmatrix} V_{Q_0} \\ V_{Q_1} \\ V_{Q_2} \end{bmatrix} = \begin{bmatrix} Z_0 + 3Z_N & Z_2 & Z_1 \\ & \overline{Z}_1 & \overline{Z}_0 & \overline{Z}_2 \\ & \overline{Z}_2 & Z_1 & Z_0 \end{bmatrix}\begin{bmatrix} I_0 \\ I_1 \\ I_2 \end{bmatrix} \tag{3.17}$$

A Eq. (3.17) exprime a segunda lei de Kirchhoff em termos de componentes simétricas aplicada a um trecho de rede, quando desprezamos as indutâncias mútuas.

EXEMPLO 3.5 - Um gerador trifásico, conforme Fig. 3-15, alimenta, através de uma linha, uma carga desequilibrada na qual as tensões e correntes valem:

$$\begin{bmatrix} V_{A'N'} \\ V_{B'N'} \\ V_{C'N'} \end{bmatrix} = \begin{bmatrix} 210\underline{|0°} \\ 210\underline{|-90°} \\ 210\underline{|90°} \end{bmatrix} V \qquad \begin{bmatrix} I_{A'N'} \\ I_{B'N'} \\ I_{C'N'} \end{bmatrix} = \begin{bmatrix} 21 \\ -21 \\ -21 \end{bmatrix} A.$$

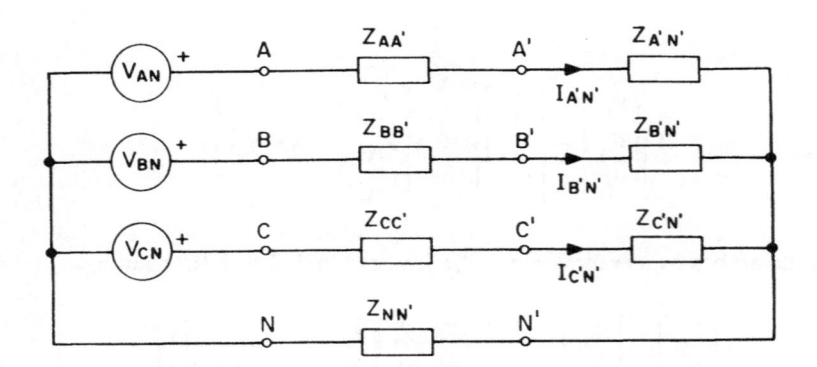

Figura 3-15. Circuito para o Ex. 3.5

A impedância de cada condutor da linha vale $(0,5 +j1,0)\Omega$ e a do retorno vale $(0,2 +j0,3)\Omega$. Pede-se determinar as componentes simétricas e as componentes de fase das tensões do gerador.

SOLUÇÃO:

(1) Determinação das componentes simétricas da tensão na carga:
Temos:

$$\begin{bmatrix} \dot{V}_{A'N'_0} \\ \dot{V}_{A'N'_1} \\ \dot{V}_{A'N'_2} \end{bmatrix} = \frac{1}{3}\begin{bmatrix} 1 & 1 & 1 \\ 1 & \alpha & \alpha^2 \\ 1 & \alpha^2 & \alpha \end{bmatrix}\begin{bmatrix} 210\underline{|0^0} \\ 210\underline{|-90^0} \\ 210\underline{|90^0} \end{bmatrix} = \frac{1}{3}\begin{bmatrix} 210\underline{|0^0} + 210\underline{|-90^0} + 210\underline{|90^0} \\ 210\underline{|0^0} + 210\underline{|30^0} + 210\underline{|-30^0} \\ 210\underline{|0^0} + 210\underline{|-210^0} + 210\underline{|210^0} \end{bmatrix} = \begin{bmatrix} 70 + j0 \\ 191,24 + j0 \\ -51,24 + j0 \end{bmatrix}V$$

(2) Determinação das componentes simétricas da corrente na carga:

$$\begin{bmatrix} I_{A'N'_0} \\ I_{A'N'_1} \\ I_{A'N'_2} \end{bmatrix} = \frac{1}{3}\begin{bmatrix} 1 & 1 & 1 \\ 1 & \alpha & \alpha^2 \\ 1 & \alpha^2 & \alpha \end{bmatrix}\begin{bmatrix} 21 \\ -21 \\ -21 \end{bmatrix} = \frac{1}{3}\begin{bmatrix} 21\underline{|0^0} - 21\underline{|0^0} - 21\underline{|0^0} \\ 21\underline{|0^0} - 21\underline{|120^0} - 21\underline{|-120^0} \\ 21\underline{|0^0} - 21\underline{|-120^0} - 21\underline{|120^0} \end{bmatrix} = \begin{bmatrix} -7 + j0 \\ 14 + j0 \\ 14 + j0 \end{bmatrix}A$$

(3) Determinação da matriz de impedâncias da linha:

Temos que

$$\overline{Z}_0 = \overline{Z}_{AA'} = (0,5 + j1,0)\Omega \qquad\qquad \overline{Z}_1 = \overline{Z}_2 = 0.$$

donde

$$\mathbf{Z} = \begin{bmatrix} \overline{Z}_0 + 3\overline{Z}_N & \overline{Z}_2 & \overline{Z}_1 \\ \overline{Z}_1 & \overline{Z}_0 & \overline{Z}_2 \\ \overline{Z}_2 & \overline{Z}_1 & \overline{Z}_0 \end{bmatrix} = \begin{bmatrix} 1,1 + j1,9 & 0 & 0 \\ 0 & 0,5 + j1,0 & 0 \\ 0 & 0 & 0,5 + j1,0 \end{bmatrix}\Omega.$$

(4) Determinação das componentes simétricas da tensão no gerador:

Da Eq. (3.17), resulta:

$$\begin{bmatrix} \dot{V}_{AN_0} \\ \dot{V}_{AN_1} \\ \dot{V}_{AN_2} \end{bmatrix} = \begin{bmatrix} \dot{V}_{A'N'_0} \\ \dot{V}_{A'N'_1} \\ \dot{V}_{A'N'_2} \end{bmatrix} + \begin{bmatrix} \overline{Z}_0 + 3\overline{Z}_N & \overline{Z}_2 & \overline{Z}_1 \\ & \overline{Z}_1 & \overline{Z}_0 & \overline{Z}_2 \\ & \overline{Z}_2 & \overline{Z}_1 & \overline{Z}_0 \end{bmatrix} \begin{bmatrix} \dot{I}_{A'N'_0} \\ \dot{I}_{A'N'_1} \\ \dot{I}_{A'N'_2} \end{bmatrix},$$

donde:

$$\begin{bmatrix} \dot{V}_{AN_0} \\ \dot{V}_{AN_1} \\ \dot{V}_{AN_2} \end{bmatrix} = \begin{bmatrix} 70 \\ 191,24 \\ -51,24 \end{bmatrix} + \begin{bmatrix} 1,1 + j1,9 & 0 & 0 \\ 0 & 0,5 + j1,0 & 0 \\ 0 & 0 & 0,5 + j1,0 \end{bmatrix} \begin{bmatrix} -7 \\ 14 \\ 14 \end{bmatrix} = \begin{bmatrix} 62,3 - j13,3 \\ 198,24 + j14 \\ -44,24 + j14 \end{bmatrix} V.$$

(5) Determinação da tensão no gerador:

$$\begin{bmatrix} \dot{V}_{AN} \\ \dot{V}_{BN} \\ \dot{V}_{CN} \end{bmatrix} = \mathbf{T} \begin{bmatrix} 62,3 - j13,3 \\ 198,24 + j14 \\ -44,24 + j14 \end{bmatrix} = \begin{bmatrix} 216,3 + j14,7 \\ -14,7 - j237,3 \\ -14,7 + j182,7 \end{bmatrix} = \begin{bmatrix} 216,8\underline{|3,9^0} \\ 237,7\underline{|-93,5^0} \\ 183,3\underline{|94,6^0} \end{bmatrix} V$$

EXEMPLO 3.6 - Uma linha alimenta uma carga equilibrada ligada em estrela, conforme Fig. 3-16. A impedância de cada um dos fios da linha é $(0,5 + j1,0)\Omega$, a impedância de fase da carga vale $(4,5 + j3,0)\Omega$ e a alimentação é através de sistema trifásico simétrico com tensão de linha de 380V.

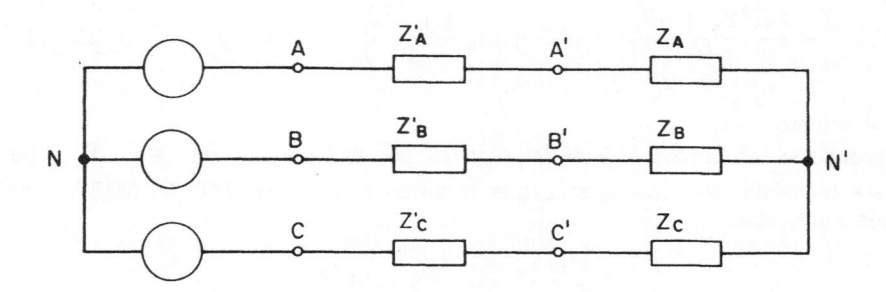

Figura 3-16. Circuito para o Ex. 3.6.

Determinar, admitindo um curto-circuito na fase C da carga (isto é, $\overline{Z}_C = 0$), as correntes e tensões no sistema.

SOLUÇÃO:

(1) Determinação das componentes simétricas:

   a. No gerador:

   O trifásico simétrico será dado por:

$$\begin{bmatrix} \dot{V}_0 \\ \dot{V}_1 \\ \dot{V}_2 \end{bmatrix} = \frac{1}{3} \begin{bmatrix} 1 & 1 & 1 \\ 1 & \alpha & \alpha^2 \\ 1 & \alpha^2 & \alpha \end{bmatrix} \begin{bmatrix} 220\underline{|0^0} \\ 220\underline{|-120^0} \\ 220\underline{|120^0} \end{bmatrix} = \begin{bmatrix} 0 \\ 220\underline{|0^0} \\ 0 \end{bmatrix} V$$

b. Impedâncias da linha:

$$\overline{Z}'_0 = \frac{Z'_A + Z'_B + Z'_C}{3} = (0,5 + j1,0)\Omega,$$

$$\overline{Z}'_1 = \frac{Z'_A + \alpha Z'_B + \alpha^2 Z'_C}{3} = (0,5 + j1,0)\left(\frac{1 + \alpha + \alpha^2}{3}\right) = 0,$$

$$Z'_2 = \frac{\overline{Z}'_A + \alpha^2 \overline{Z}'_B + \alpha \overline{Z}'_C}{3} = (0,5 + j1,0)\left(\frac{1 + \alpha^2 + \alpha}{3}\right) = 0,$$

b. Impedâncias da carga:

$$Z_0 = \frac{\overline{Z}_A + \overline{Z}_B + \overline{Z}_C}{3} = \frac{9 + j6}{3} = (3 + j2)\Omega,$$

$$Z_1 = \frac{\overline{Z}_A + \alpha \overline{Z}_B + \alpha^2 \overline{Z}_C}{3} = (4,5 + j3)\left(\frac{1 + \alpha}{3}\right) = -(1,5 + j)\alpha^2 = 1,8\underline{|93,7^0}\Omega,$$

$$\overline{Z}_2 = \frac{\overline{Z}_A + \alpha^2 \overline{Z}_B + \alpha \overline{Z}_C}{3} = (4,5 + j3)\left(\frac{1 + \alpha^2}{3}\right) = -(1,5 + j)\alpha = 1,8\underline{|-26,3^0}\Omega$$

(2) Equacionamento

   Considerando-se os pontos *N* e *N'* interligados por um gerador de f.e.m. $\dot{V}_{NN'}$ tal que a corrente entre esses dois pontos seja nula, teremos, nas malhas *NAA'N'*, *NBB'N'* e *NCC'N'* a seguintes expressões:

$$\dot{V}_{AN} + \dot{V}_{NN'} = \overline{Z}'_A \dot{I}_A + \overline{Z}_A \dot{I}_A$$
$$\dot{V}_{BN} + \dot{V}_{NN'} = \overline{Z}'_B \dot{I}_B + \overline{Z}_B \dot{I}_B$$
$$\dot{V}_{CN} + \dot{V}_{NN'} = \overline{Z}'_C \dot{I}_C + \overline{Z}_C \dot{I}_C$$

que em termos de componentes simétricas, resultam:

$$
\begin{bmatrix} \dot{V}_0 \\ \dot{V}_1 \\ \dot{V}_2 \end{bmatrix} + \begin{bmatrix} \dot{V}_{NN'} \\ 0 \\ 0 \end{bmatrix} = \begin{bmatrix} \overline{Z}'_0 & \overline{Z}'_2 & \overline{Z}'_1 \\ \overline{Z}'_1 & \overline{Z}'_0 & \overline{Z}'_2 \\ \overline{Z}'_2 & \overline{Z}'_1 & \overline{Z}'_0 \end{bmatrix} \begin{bmatrix} I_0 \\ I_1 \\ I_2 \end{bmatrix} + \begin{bmatrix} \overline{Z}_0 & \overline{Z}_2 & \overline{Z}_1 \\ \overline{Z}_1 & \overline{Z}_0 & \overline{Z}_2 \\ \overline{Z}_2 & \overline{Z}_1 & \overline{Z}_0 \end{bmatrix} \begin{bmatrix} I_0 \\ I_1 \\ I_2 \end{bmatrix}.
$$

Lembrando que $\dot{V}_0 = \dot{V}_2 = 0$, $\overline{Z}'_1 = \overline{Z}'_2 = 0$ **e que** $\dot{I}_0 = \frac{1}{3}\left(\dot{I}_A + \dot{I}_B + \dot{I}_C\right) = 0$, **temos:**

$$
\begin{bmatrix} \dot{V}_{NN'} \\ \dot{V}_1 \\ 0 \end{bmatrix} = \begin{bmatrix} \overline{Z}'_0 + \overline{Z}_0 & \overline{Z}_2 & \overline{Z}_1 \\ \overline{Z}_1 & \overline{Z'}_0 + \overline{Z}_0 & \overline{Z}_2 \\ \overline{Z}_2 & \overline{Z}_1 & \overline{Z'}_0 + \overline{Z}_0 \end{bmatrix} \begin{bmatrix} 0 \\ I_1 \\ I_2 \end{bmatrix},
$$

ou, ainda:

$$
\begin{aligned}
\dot{V}_{NN'} &= \overline{Z}_2 I_1 + \overline{Z}_1 I_2, \\
\dot{V}_1 &= \left(\overline{Z'}_0 + \overline{Z}_0\right) I_1 + \overline{Z}_2 I_2, \\
0 &= \overline{Z}_1 I_1 + \left(\overline{Z'}_0 + \overline{Z}_0\right) I_2,
\end{aligned}
$$

donde,

$$
\begin{aligned}
\dot{V}_{NN'} &= 1,8\underline{|-26,3^0} I_1 + 1,8\underline{|93,7^0} I_2, \\
220\underline{|0^0} &= \left(3,5 + j3\right) I_1 + 1,8\underline{|-26,3^0} I_2, \\
0 &= 1,8\underline{|93,7^0} I_1 + \left(3,5 + j3\right) I_2.
\end{aligned}
$$

Resolvendo, obtemos

$$
I_1 = 55,96\underline{|-43,0^0} A, \quad I_2 = 21,85\underline{|-169,9^0} A, \quad \dot{V}_{NN'} = 139,9\underline{|-71,3^0} V.
$$

E as correntes na linha resultam:

$$
\dot{I}_A = 46,27\underline{|-65,2^0} A, \quad \dot{I}_B = 51,47\underline{|-140,0^0} A, \quad \dot{I}_C = 77,69\underline{|75,1^0} A.
$$

3.4.6 - SEGUNDA LEI DE KIRCHHOFF PARA CIRCUITOS TRIFÁSICOS COM INDUTÂNCIAS MÚTUAS

Seja o trecho $A\text{-}A'$ de uma rede trifásica a quatro fios, conforme mostrado na Fig. 3-17. Nas malhas $AA'N'N$, $BB'N'N$ e $CC'N'N$ teremos:

$$
\mathbf{V_{NA}} + \mathbf{V_{AA'}} + \mathbf{V_{A'N'}} + \mathbf{V_{N'N}} = \mathbf{0}, \text{ou seja, } \mathbf{V_{AN}} - \mathbf{V_{A'N'}} = \mathbf{V_{AA'}} + \mathbf{V_{N'N}}. \tag{3.18}
$$

A Eq. (3.18) exprime a segunda lei de Kirchhoff em forma matricial, sendo que:

$$\mathbf{V_{AN}} = \begin{bmatrix} \dot{V}_{AN} \\ \dot{V}_{BN} \\ \dot{V}_{CN} \end{bmatrix} \qquad \mathbf{V_{A'N'}} = \begin{bmatrix} \dot{V}_{A'N'} \\ \dot{V}_{B'N'} \\ \dot{V}_{C'N'} \end{bmatrix}$$

$$\mathbf{V_{AA'}} = \begin{bmatrix} \dot{V}_{AA'} \\ \dot{V}_{BB'} \\ \dot{V}_{CC'} \end{bmatrix} \qquad \mathbf{V_{N'N}} = \begin{bmatrix} \dot{V}_{N'N} \\ \dot{V}_{N'N} \\ \dot{V}_{N'N} \end{bmatrix}.$$

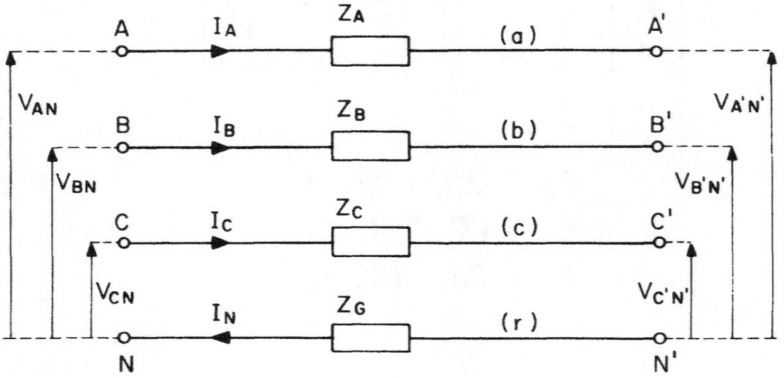

Figura 3-17. Trecho de rede trifásica

Por outro lado, conforme visto no Cap. 1, temos que:

$\overline{Z}_A$	impedância própria do condutor a;
$\overline{Z}_B$	impedância própria do condutor b;
$\overline{Z}_C$	impedância própria do condutor c;
$\overline{Z}_{AB} = \overline{Z}_{BA}$	impedância mútua entre os condutores a e b;
$\overline{Z}_{BC} = \overline{Z}_{CB}$	impedância mútua entre os condutores b e c;
$\overline{Z}_{CA} = \overline{Z}_{AC}$	impedância mútua entre os condutores c e a;
$\overline{Z}_{AG} = \overline{Z}_{GA}$	impedância mútua entre os condutores a e retorno;
$\overline{Z}_{BG} = \overline{Z}_{GB}$	impedância mútua entre os condutores b e retorno;
$\overline{Z}_{CG} = \overline{Z}_{GC}$	impedância mútua entre os condutores c e retorno;
$\overline{Z}_G$	impedância própria do condutor de retorno;
$\dot{I}_A$	corrente no condutor a;
$\dot{I}_B$	corrente no condutor b;
$\dot{I}_C$	corrente no condutor c;
$\dot{I}_N = \dot{I}_A + \dot{I}_B + \dot{I}_C$	corrente no condutor de retorno,

resultando

$$\dot{V}_{AA'} = \overline{Z}_A \dot{I}_A + \overline{Z}_{AB} \dot{I}_B + \overline{Z}_{CA} \dot{I}_C - \overline{Z}_{AG}\left(\dot{I}_A + \dot{I}_B + \dot{I}_C\right),$$

$$\dot{V}_{BB'} = \overline{Z}_{AB} \dot{I}_A + \overline{Z}_B \dot{I}_B + \overline{Z}_{BC} \dot{I}_C - \overline{Z}_{BG}\left(\dot{I}_A + \dot{I}_B + \dot{I}_C\right),$$

$$\dot{V}_{CC'} = Z_{CA} \dot{I}_A + Z_{BC} \dot{I}_B + Z_C \dot{I}_C - Z_{CG}\left(\dot{I}_A + \dot{I}_B + \dot{I}_C\right),$$

que, com matrizes, pode ser expressa por

$$\mathbf{V_{AA'}} = \begin{bmatrix} \dot{V}_{AA'} \\ \dot{V}_{BB'} \\ \dot{V}_{CC'} \end{bmatrix} = \begin{bmatrix} Z_A & Z_{AB} & Z_{CA} \\ Z_{AB} & Z_B & Z_{BC} \\ \overline{Z}_{CA} & \overline{Z}_{BC} & \overline{Z}_C \end{bmatrix} \begin{bmatrix} \dot{I}_A \\ \dot{I}_B \\ \dot{I}_C \end{bmatrix} - 3\dot{I}_0 \begin{bmatrix} \overline{Z}_{AG} \\ \overline{Z}_{BG} \\ \overline{Z}_{CG} \end{bmatrix}, \tag{3.19}$$

em que $\dot{I}_0$ representa a componente de seqüência zero das correntes $\dot{I}_A, \dot{I}_B$ e $\dot{I}_C$.

O valor de $\dot{V}_{N'N}$ é dado por $\dot{V}_{N'N} = \overline{Z}_G \dot{I}_N - \left(\overline{Z}_{AG} \dot{I}_A + \overline{Z}_{BG} \dot{I}_B + \overline{Z}_{CG} \dot{I}_C\right)$. Sendo $\dot{I}_N = \dot{I}_A + \dot{I}_B + \dot{I}_C$, resulta $\dot{I}_N = 3\dot{I}_0$, donde:

$$\dot{V}_{N'N} = 3\overline{Z}_G \dot{I}_0 - \left(\overline{Z}_{AG} \dot{I}_A + \overline{Z}_{BG} \dot{I}_B + \overline{Z}_{CG} \dot{I}_C\right)$$

Definindo-se o vetor $\mathbf{V_{N'N}}$ por

$$\mathbf{V_{N'N}} = \begin{bmatrix} 1 \\ 1 \\ 1 \end{bmatrix} \dot{V}_{N'N} = 3Z_G \dot{I}_0 \begin{bmatrix} 1 \\ 1 \\ 1 \end{bmatrix} - \left(Z_{AG} \dot{I}_A + Z_{BG} \dot{I}_B + Z_{CG} \dot{I}_C\right) \begin{bmatrix} 1 \\ 1 \\ 1 \end{bmatrix}, \text{ ou ainda,}$$

$$\mathbf{V_{N'N}} = 3Z_G \dot{I}_0 \begin{bmatrix} 1 \\ 1 \\ 1 \end{bmatrix} - \begin{bmatrix} \overline{Z}_{AG} & \overline{Z}_{BG} & \overline{Z}_{CG} \\ \overline{Z}_{AG} & \overline{Z}_{BG} & \overline{Z}_{CG} \\ \overline{Z}_{AG} & \overline{Z}_{BG} & \overline{Z}_{CG} \end{bmatrix} \begin{bmatrix} \dot{I}_A \\ \dot{I}_B \\ \dot{I}_C \end{bmatrix}, \tag{3.20}$$

e substituindo as Eqs. (3.19) e (3.20) na Eq. (3.18), resulta:

$$\begin{bmatrix} \dot{V}_{AN} \\ \dot{V}_{BN} \\ \dot{V}_{CN} \end{bmatrix} - \begin{bmatrix} \dot{V}_{A'N'} \\ \dot{V}_{B'N'} \\ \dot{V}_{C'N'} \end{bmatrix} = \begin{bmatrix} \overline{Z}_A & \overline{Z}_{AB} & \overline{Z}_{CA} \\ \overline{Z}_{AB} & \overline{Z}_B & \overline{Z}_{BC} \\ \overline{Z}_{CA} & \overline{Z}_{BC} & \overline{Z}_C \end{bmatrix} \begin{bmatrix} \dot{I}_A \\ \dot{I}_B \\ \dot{I}_C \end{bmatrix} - 3\dot{I}_0 \begin{bmatrix} \overline{Z}_{AG} \\ \overline{Z}_{BG} \\ \overline{Z}_{CG} \end{bmatrix} + 3\overline{Z}_G \dot{I}_0 \begin{bmatrix} 1 \\ 1 \\ 1 \end{bmatrix} - \begin{bmatrix} \overline{Z}_{AG} & \overline{Z}_{BG} & \overline{Z}_{CG} \\ \overline{Z}_{AG} & \overline{Z}_{BG} & \overline{Z}_{CG} \\ \overline{Z}_{AG} & \overline{Z}_{BG} & \overline{Z}_{CG} \end{bmatrix} \begin{bmatrix} \dot{I}_A \\ \dot{I}_B \\ \dot{I}_C \end{bmatrix} =$$

$$\begin{bmatrix} Z_A - Z_{AG} & Z_{AB} - Z_{BG} & Z_{CA} - Z_{CG} \\ Z_{AB} - Z_{AG} & Z_B - Z_{BG} & Z_{BC} - Z_{CG} \\ Z_{CA} - Z_{AG} & Z_{BC} - Z_{BG} & Z_C - Z_{CG} \end{bmatrix} \begin{bmatrix} \dot{I}_A \\ \dot{I}_B \\ \dot{I}_C \end{bmatrix} + 3\dot{I}_0 \begin{bmatrix} Z_G - Z_{AG} \\ Z_G - Z_{BG} \\ Z_G - Z_{CG} \end{bmatrix} = \mathbf{Z_A I_A} + 3\dot{I}_0 \mathbf{Z_G}.$$

Substituindo, na expressão acima, as tensões e correntes por suas componentes simétricas, obtemos:

$$\mathbf{T}\left\{\begin{bmatrix} V_{A0} \\ V_{A1} \\ V_{A2} \end{bmatrix} - \begin{bmatrix} V_{A'0} \\ V_{A'1} \\ V_{A'2} \end{bmatrix}\right\} = \mathbf{Z_A T}\begin{bmatrix} I_0 \\ I_1 \\ I_2 \end{bmatrix} + 3I_0\mathbf{Z_G}.$$

Pré-multiplicando ambos os membros por $\mathbf{T^{-1}}$, obtemos:

$$\begin{bmatrix} V_{A0} \\ V_{A1} \\ V_{A2} \end{bmatrix} - \begin{bmatrix} V_{A'0} \\ V_{A'1} \\ V_{A'2} \end{bmatrix} = \mathbf{T^{-1}Z_A T}\begin{bmatrix} I_0 \\ I_1 \\ I_2 \end{bmatrix} + 3I_0\mathbf{T^{-1}Z_G}. \tag{3.21}$$

Passemos a calcular separadamente os valores de $\mathbf{T^{-1}Z_A T}$ e de $\mathbf{T^{-1}Z_G}$, isto é:

$$\mathbf{T^{-1}Z_A} = \frac{1}{3}\begin{bmatrix} 1 & 1 & 1 \\ 1 & \alpha & \alpha^2 \\ 1 & \alpha^2 & \alpha \end{bmatrix}\begin{bmatrix} \overline{Z}_A - \overline{Z}_{AG} & \overline{Z}_{AB} - \overline{Z}_{BG} & \overline{Z}_{CA} - \overline{Z}_{CG} \\ \overline{Z}_{AB} - \overline{Z}_{AG} & \overline{Z}_B - \overline{Z}_{BG} & \overline{Z}_{BC} - \overline{Z}_{CG} \\ \overline{Z}_{CA} - \overline{Z}_{AG} & \overline{Z}_{BC} - \overline{Z}_{BG} & \overline{Z}_C - \overline{Z}_{CG} \end{bmatrix}$$

$$\begin{bmatrix} \dfrac{\overline{Z}_A + \overline{Z}_{AB} + \overline{Z}_{CA}}{3} - \overline{Z}_{AG} & \dfrac{\overline{Z}_{AB} + \overline{Z}_B + \overline{Z}_{BC}}{3} - \overline{Z}_{BG} & \dfrac{\overline{Z}_{CA} + \overline{Z}_{BC} + \overline{Z}_C}{3} - \overline{Z}_{CG} \\ \dfrac{\overline{Z}_A + \alpha\overline{Z}_{AB} + \alpha^2\overline{Z}_{CA}}{3} & \dfrac{\overline{Z}_{AB} + \alpha\overline{Z}_B + \alpha^2\overline{Z}_{BC}}{3} & \dfrac{\overline{Z}_{CA} + \alpha\overline{Z}_{BC} + \alpha^2\overline{Z}_C}{3} \\ \dfrac{\overline{Z}_A + \alpha^2\overline{Z}_{AB} + \alpha\overline{Z}_{CA}}{3} & \dfrac{\overline{Z}_{AB} + \alpha^2\overline{Z}_B + \alpha\overline{Z}_{BC}}{3} & \dfrac{\overline{Z}_{CA} + \alpha^2\overline{Z}_{BC} + \alpha\overline{Z}_C}{3} \end{bmatrix}.$$

Finalmente,

$$\mathbf{T^{-1}Z_A T} = \mathbf{T^{-1}Z_A}\begin{bmatrix} 1 & 1 & 1 \\ 1 & \alpha^2 & \alpha \\ 1 & \alpha & \alpha^2 \end{bmatrix} =$$

ou, ainda,

$\mathbf{T}^{-1}\mathbf{Z_A}\mathbf{T} =$

$$
\left|
\begin{array}{c|c|c}
\begin{aligned} &\tfrac{1}{3}\left(Z_A + Z_B + Z_C\right) \\ &+\tfrac{2}{3}\left(Z_{AB} + Z_{BC} + Z_{CA}\right) \\ &-\tfrac{3}{3}\left(Z_{AG} + Z_{BG} + Z_{CG}\right) \end{aligned}
&
\begin{aligned} &\tfrac{1}{3}\left(Z_A + \alpha^2 Z_B + \alpha Z_C\right) \\ &-\tfrac{\alpha}{3}\left(Z_{AB} + \alpha^2 Z_{BC} + \alpha Z_{CA}\right) \\ &-\tfrac{3}{3}\left(Z_{AG} + \alpha^2 Z_{BG} + \alpha Z_{CG}\right) \end{aligned}
&
\begin{aligned} &\tfrac{1}{3}\left(Z_A + \alpha Z_B + \alpha^2 Z_C\right) \\ &-\tfrac{\alpha^2}{3}\left(Z_{AB} + \alpha Z_{BC} + \alpha^2 Z_{CA}\right) \\ &-\tfrac{3}{3}\left(Z_{AG} + \alpha Z_{BG} + \alpha^2 Z_{CG}\right) \end{aligned}
\\ \hline
\begin{aligned} &\tfrac{1}{3}\left(Z_A + \alpha Z_B + \alpha^2 Z_C\right) \\ &-\tfrac{\alpha^2}{3}\left(Z_{AB} + \alpha Z_{BC} + \alpha^2 Z_{CA}\right) \end{aligned}
&
\begin{aligned} &\tfrac{1}{3}\left(Z_A + Z_B + Z_C\right) \\ &-\tfrac{1}{3}\left(Z_{AB} + Z_{BC} + Z_{CA}\right) \end{aligned}
&
\begin{aligned} &\tfrac{1}{3}\left(Z_A + \alpha^2 Z_B + \alpha Z_C\right) \\ &+2\tfrac{\alpha}{3}\left(Z_{AB} + \alpha^2 Z_{BC} + \alpha Z_{CA}\right) \end{aligned}
\\ \hline
\begin{aligned} &\tfrac{1}{3}\left(Z_A + \alpha^2 Z_B + \alpha Z_C\right) \\ &-\tfrac{\alpha}{3}\left(Z_{AB} + \alpha^2 Z_{BC} + \alpha Z_{CA}\right) \end{aligned}
&
\begin{aligned} &\tfrac{1}{3}\left(Z_A + \alpha Z_B + \alpha^2 Z_C\right) \\ &+\tfrac{2\alpha^2}{3}\left(Z_{AB} + \alpha Z_{BC} + \alpha^2 Z_{CA}\right) \end{aligned}
&
\begin{aligned} &\tfrac{1}{3}\left(Z_A + Z_B + Z_C\right) \\ &-\tfrac{1}{3}\left(Z_{AB} + Z_{BC} + Z_{CA}\right) \end{aligned}
\end{array}
\right|
$$

Definindo:

$$Z_{A0} = \tfrac{1}{3}\left(Z_A + Z_B + Z_C\right); \; Z_{A1} = \tfrac{1}{3}\left(Z_A + \alpha Z_B + \alpha^2 Z_C\right); \; Z_{A2} = \tfrac{1}{3}\left(Z_A + \alpha^2 Z_B + \alpha Z_C\right);$$

$$Z_{AB0} = \tfrac{1}{3}\left(Z_{AB} + Z_{BC} + Z_{CA}\right); \; Z_{AB1} = \tfrac{1}{3}\left(Z_{AB} + \alpha Z_{BC} + \alpha^2 Z_{CA}\right); \; Z_{AB2} = \tfrac{1}{3}\left(Z_{AB} + \alpha^2 Z_{BC} + \alpha Z_{CA}\right);$$

$$Z_{AG0} = \tfrac{1}{3}\left(Z_{AG} + Z_{BG} + Z_{CG}\right); \; Z_{AG1} = \tfrac{1}{3}\left(Z_{AG} + \alpha Z_{BG} + \alpha^2 Z_{CG}\right); \; Z_{AG2} = \tfrac{1}{3}\left(Z_{AG} + \alpha^2 Z_{BG} + \alpha Z_{CG}\right);$$

resulta:

$$
\mathbf{T}^{-1}\mathbf{Z_A}\mathbf{T} =
\begin{bmatrix}
Z_{A0} + 2Z_{AB0} - 3Z_{AG0} & Z_{A2} - \alpha Z_{AB2} - 3Z_{AG2} & Z_{A1} - \alpha^2 Z_{AB1} - 3Z_{AG1} \\
\hline
Z_{A1} - \alpha^2 Z_{AB1} & Z_{A0} - Z_{AB0} & Z_{A2} + 2\alpha Z_{AB2} \\
\hline
Z_{A2} - \alpha Z_{AB2} & Z_{A1} + 2\alpha^2 Z_{AB1} & Z_{A0} - Z_{AB0}
\end{bmatrix}
\quad (3.22)
$$

Além disso, temos

$$
\mathbf{T}^{-1}\mathbf{Z_G} = \frac{1}{3}
\begin{bmatrix}
1 & 1 & 1 \\
1 & \alpha & \alpha^2 \\
1 & \alpha^2 & \alpha
\end{bmatrix}
\begin{bmatrix}
Z_G - Z_{AG} \\
Z_G - Z_{BG} \\
Z_G - Z_{CG}
\end{bmatrix}
=
\begin{bmatrix}
Z_G - \dfrac{Z_{AG} + Z_{BG} + Z_{CG}}{3} \\[2mm]
-\dfrac{Z_{AG} + \alpha Z_{BG} + \alpha^2 Z_{CG}}{3} \\[2mm]
-\dfrac{Z_{AG} + \alpha^2 Z_{BG} + \alpha Z_{CG}}{3}
\end{bmatrix},
$$

ou seja,

$$3 I_0 \mathbf{T}^{-1} \mathbf{Z}_G = 3 \begin{bmatrix} Z_G - Z_{AG0} \\ -Z_{AG1} \\ -Z_{AG2} \end{bmatrix} I_0 . \tag{3.23}$$

Finalmente, substituindo as Eqs. (3.22) e (3.23) na Eq. (3.21). resulta:

$$\begin{bmatrix} V_{A0} \\ V_{A1} \\ V_{A2} \end{bmatrix} - \begin{bmatrix} V_{A'0} \\ V_{A'1} \\ V_{A'2} \end{bmatrix} =$$

$$\begin{bmatrix} Z_{A0} + 2Z_{AB0} - 3Z_{AG0} & Z_{A2} - \alpha Z_{AB2} - 3Z_{AG2} & Z_{A1} - \alpha^2 Z_{AB1} - 3Z_{AG1} \\ Z_{A1} - \alpha^2 Z_{AB1} & Z_{A0} - Z_{AB0} & Z_{A2} + 2\alpha Z_{AB2} \\ Z_{A2} - \alpha Z_{AB2} & Z_{A1} + 2\alpha^2 Z_{AB1} & Z_{A0} - Z_{AB0} \end{bmatrix} \begin{bmatrix} I_0 \\ I_1 \\ I_2 \end{bmatrix}$$

$$+ 3 \begin{bmatrix} Z_G - Z_{AG0} \\ -Z_{AG1} \\ -Z_{AG2} \end{bmatrix} I_0 = \begin{bmatrix} Z_{00} & Z_{01} & Z_{02} \\ Z_{10} & Z_{11} & Z_{12} \\ Z_{20} & Z_{21} & Z_{22} \end{bmatrix} \begin{bmatrix} I_0 \\ I_1 \\ I_2 \end{bmatrix} \tag{3.24}$$

onde:

$$Z_{00} = Z_{A0} + 2Z_{AB0} - 6Z_{AG0} + 3Z_G,$$
$$Z_{01} = Z_{A2} - \alpha Z_{AB2} - 3Z_{AG2},$$
$$Z_{02} = Z_{A1} - \alpha^2 Z_{AB1} - 3Z_{AG1},$$

$$Z_{10} = Z_{A1} - \alpha^2 Z_{AB1} - 3Z_{AG1} = Z_{02},$$
$$Z_{11} = Z_{A0} - Z_{AB0},$$
$$Z_{12} = Z_{A2} + 2\alpha Z_{AB2}$$

$$Z_{20} = Z_{A2} - \alpha Z_{AB2} - 3Z_{AG2} = Z_{01},$$
$$Z_{21} = Z_{A1} + 2\alpha^2 Z_{AB1},$$
$$Z_{22} = Z_{A0} - Z_{AB0} = Z_{11}.$$

A Eq. (3.24) exprime a segunda lei de Kirchhoff para um trecho de circuito trifásico com retorno por terra em que existem impedâncias próprias e mútuas, todas diferentes. Notamos, que nesse caso, a rede é representada por três circuitos seqüênciais que não são independentes, isto é, que estão acoplados por meio de impedância mútuas. Na Fig. 3-18 estão representados os três circuitos seqüenciais equivalentes ao trecho de circuito dado.

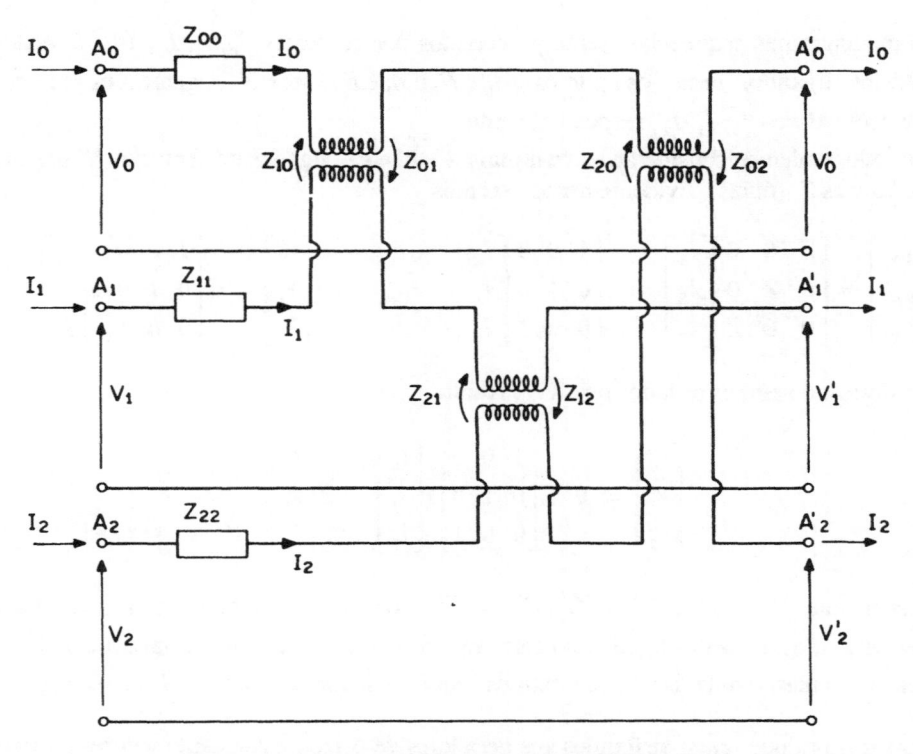

Figura 3-18. Circuitos seqüenciais de um trecho de rede

Passemos a interpretar o significado das impedâncias que surgem na matriz **Z** da Eq. (3.24). Para tanto, suponhamos os terminais A, B, C do trecho de rede trifásica da Fig. 3-17 alimentados por três geradores de corrente constante ($\dot{I}_A$, $\dot{I}_B$, $\dot{I}_C$) ligados em estrela com o centro-estrela aterrado diretamente ao ponto N. Os terminais A', B' e C' serão ligados diretamente ao ponto N' por um condutor de impedância nula, conforme Fig. 3-19.

As componentes simétricas das correntes $\dot{I}_A$, $\dot{I}_B$, $\dot{I}_C$ são dados por:

$$\dot{I}_0 = \frac{\dot{I}_A + \dot{I}_B + \dot{I}_C}{3} \qquad \dot{I}_1 = \frac{\dot{I}_A + \alpha \dot{I}_B + \alpha^2 \dot{I}_C}{3} \qquad \dot{I}_2 = \frac{\dot{I}_A + \alpha^2 \dot{I}_B + \alpha \dot{I}_C}{3}.$$

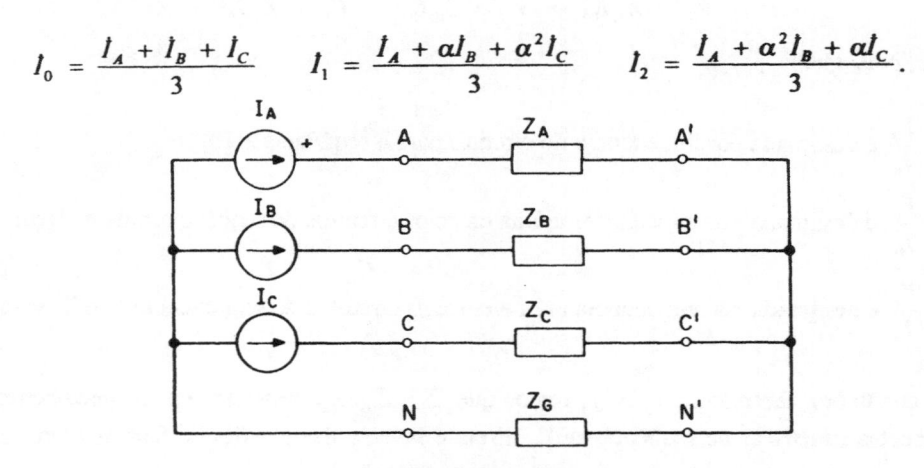

Fig. 3-19. Circuito com geradores de corrente constante

Portanto os diagramas seqüenciais serão percorridos por correntes I_0, I_1, I_2, isto é, poderemos representá-los ligando, entre os pontos $A_0 \, e \, N_0$, $A_1 \, e \, N_1$, $A_2 \, e \, N_2$, geradores de corrente constante com valores I_0, I_1, I_2, respectivamente.

Por outro lado, podemos considerar os terminais A', B' e C' ligados ao terminal N' por meio de três impedâncias Z (nulas). Evidentemente, teremos:

$$\begin{bmatrix} V_{A'N'} \\ V_{B'N'} \\ V_{C'N'} \end{bmatrix} = \begin{bmatrix} Z & 0 & 0 \\ 0 & Z & 0 \\ 0 & 0 & Z \end{bmatrix} \begin{bmatrix} I_A \\ I_B \\ I_C \end{bmatrix} = Z \begin{bmatrix} 1 & 0 & 0 \\ 0 & 1 & 0 \\ 0 & 0 & 1 \end{bmatrix} \begin{bmatrix} I_A \\ I_B \\ I_C \end{bmatrix}, \quad \text{ou,} \quad \mathbf{T} \begin{bmatrix} V_0' \\ V_1' \\ V_2' \end{bmatrix} = Z \begin{bmatrix} 1 & 0 & 0 \\ 0 & 1 & 0 \\ 0 & 0 & 1 \end{bmatrix} \mathbf{T} \begin{bmatrix} I_0 \\ I_1 \\ I_2 \end{bmatrix}$$

e pré-multiplicando ambos os lados por $\mathbf{T}^{-1}$, resulta:

$$\begin{bmatrix} V_0' \\ V_1' \\ V_2' \end{bmatrix} = \mathbf{T}^{-1} Z \begin{bmatrix} 1 & 0 & 0 \\ 0 & 1 & 0 \\ 0 & 0 & 1 \end{bmatrix} \mathbf{T} \begin{bmatrix} I_0 \\ I_1 \\ I_2 \end{bmatrix} = Z \begin{bmatrix} I_0 \\ I_1 \\ I_2 \end{bmatrix}.$$

Logo, temos que $V_0' = ZI_0$, $V_1' = ZI_1$, $V_2' = ZI_2$, ou seja, nos diagramas seqüenciais, os terminais A_0', A_1' e A_2' serão ligados ao terminal N' por meio de uma impedância Z que, no nosso caso particular, é nula, isto é, os circuitos seqüenciais tornam-se os da Fig. 3-20.

Suponhamos agora que sejam atribuídos aos geradores de corrente constante valores particulares, isto é,

CASO 1 - $I_A = I_B = I_C$ (conforme Fig. 3-20b)

Se as três correntes são iguais, resulta que

$$I_0 = \frac{3I_A}{3} = I_A, \quad I_1 = I_2 = 0.$$

Além disso, da Eq. (3.24), teremos

$$V_0 = Z_{00}I_0, \qquad V_1 = Z_{10}I_0, \qquad V_2 = Z_{20}I_0$$

Nota-se, pois, que:

$Z_{00} = \dfrac{V_0}{I_0}$ é designada por impedância do circuito para a seqüência zero;

$Z_{10} = \dfrac{V_1}{I_0}$ é designada por impedância mútua entre os circuitos de seqüência nula e direta;

$Z_{20} = \dfrac{V_2}{I_0}$ é designada por impedância mútua entre os circuitos de seqüência nula e inversa.

Nestas condições, fazendo-se $I_0 = 1$, temos que Z_{00}, Z_{10}, Z_{20} representam, respectivamente, as componentes simétricas de seqüência nula, direta e inversa das tensões de fase nos terminais do gerador.

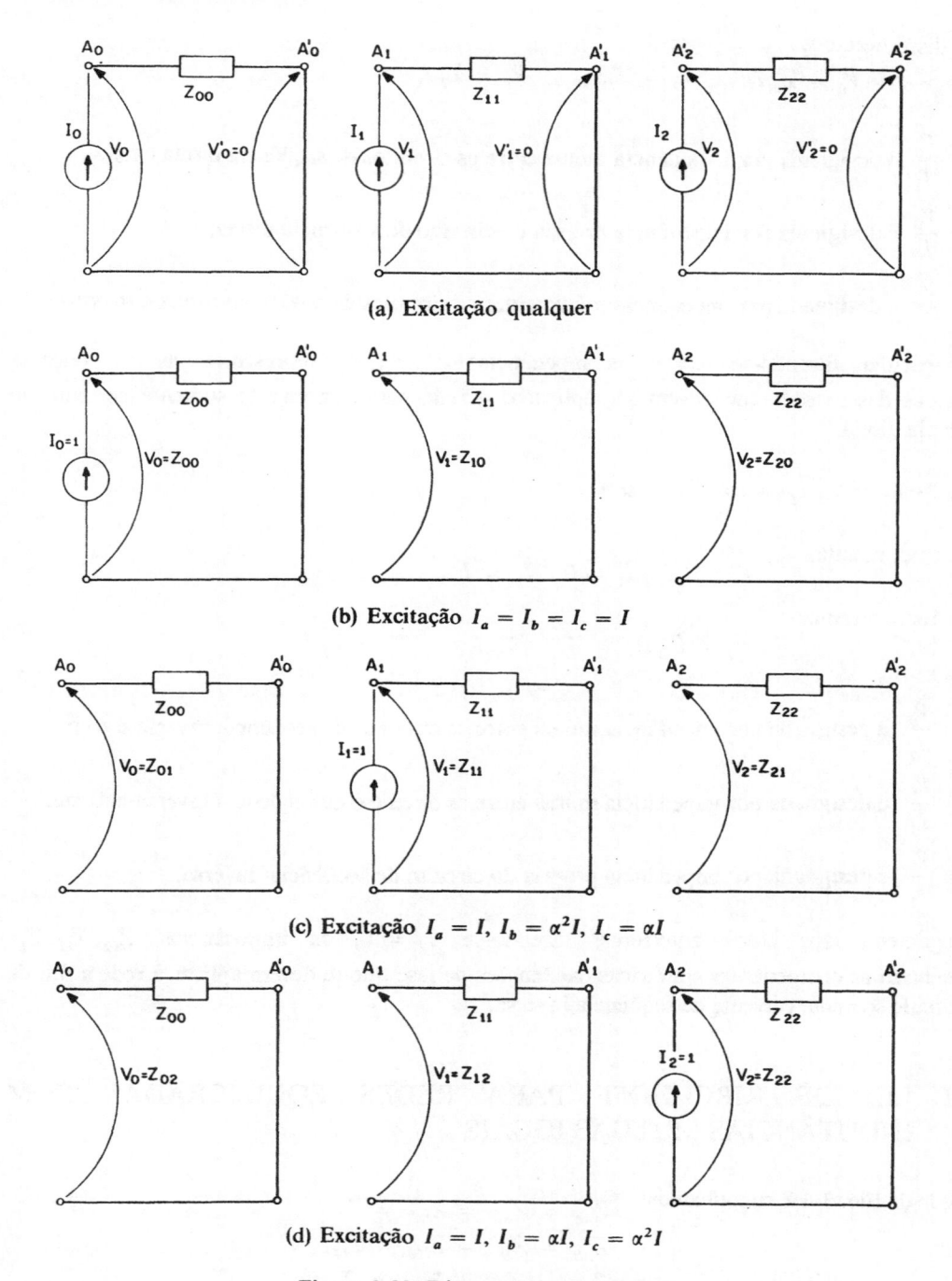

(a) Excitação qualquer

(b) Excitação $I_a = I_b = I_c = I$

(c) Excitação $I_a = I$, $I_b = \alpha^2 I$, $I_c = \alpha I$

(d) Excitação $I_a = I$, $I_b = \alpha I$, $I_c = \alpha^2 I$

Figura 3-20. Diagramas seqüenciais

CASO 2- $I_A = I$, $I_B = \alpha^2 I$, $I_C = \alpha I$

Neste caso, resulta

$$I_0 = I_2 = 0, \quad I_1 = I.$$

Além disso, teremos

$$\dot{V}_0 = Z_{01}\dot{I}_1, \quad \dot{V}_1 = Z_{11}\dot{I}_1, \quad \dot{V}_2 = Z_{21}\dot{I}_1$$

donde

$Z_{01} = \dfrac{\dot{V}_0}{\dot{I}_1}$ é designada por impedância mútua entre os circuitos de seqüência direta e nula;

$Z_{11} = \dfrac{\dot{V}_1}{\dot{I}_1}$ é designada por impedância própria do circuito de seqüência direta;

$Z_{21} = \dfrac{\dot{V}_2}{\dot{I}_1}$ é designada por impedância mútua entre os circuitos de seqüência direta e inversa.

Em particular, fazendo-se $\dot{I} = 1$, as impedâncias Z_{01}, Z_{11}, Z_{21} representam as componentes simétricas das tensões que devem ser aplicadas à rede para que circule somente corrente de seqüência direta.

CASO 3- $\dot{I}_A = \dot{I}, \quad \dot{I}_B = \alpha\dot{I}, \quad \dot{I}_C = \alpha^2\dot{I}$

Neste caso, resulta

$$\dot{I}_0 = \dot{I}_1 = 0, \quad \dot{I}_2 = \dot{I}.$$

Além disso, teremos

$$\dot{V}_0 = Z_{02}\dot{I}_2, \quad \dot{V}_1 = Z_{12}\dot{I}_2, \quad \dot{V}_2 = Z_{22}\dot{I}_2$$

donde

$Z_{02} = \dfrac{\dot{V}_0}{\dot{I}_2}$ é designada por impedância mútua entre os circuitos de seqüência inversa e zero;

$Z_{12} = \dfrac{\dot{V}_1}{\dot{I}_2}$ é designada por impedância mútua entre os circuitos de seqüência inversa e direta;

$Z_{22} = \dfrac{\dot{V}_2}{\dot{I}_2}$ é designada por impedância própria do circuito de seqüência inversa.

Analogamente aos casos anteriores, fazendo-se $\dot{I}_2 = 1$, as impedâncias Z_{02}, Z_{12}, Z_{22} representam as componentes simétricas das tensões de fase que se devem aplicar à rede a fim de que circule somente corrente de seqüência inversa.

3.4.7 - LEI DE KIRCHHOFF PARA REDES EQUILIBRADAS COM INDUTÂNCIAS MÚTUAS IGUAIS

Na rede da Fig. 3-19. suponhamos

$$Z_{AA'} = Z_{BB'} = Z_{CC'} = Z,$$
$$Z_{AB'} = Z_{BC'} = Z_{CA'} = Z_M,$$
$$Z_{AG'} = Z_{BG'} = Z_{CG'} = Z_{MG},$$

Nestas hipóteses, resulta

$$Z_{A0} = Z, Z_{AB0} = Z_M, Z_{AG0} = Z_{MG},$$
$$Z_{A1} = Z_{A2} = Z_{AB1} = Z_{AB2} = Z_{AG1} = Z_{AG2} = 0.$$

Portanto, teremos

$$
\begin{aligned}
Z_{00} &= Z + 2Z_M + 3Z_G - 6Z_{MG}, \\
Z_{11} &= Z_{22} = Z - Z_M, \\
Z_{01} &= Z_{02} = Z_{10} = Z_{12} = Z_{20} = Z_{21} = 0.
\end{aligned}
$$

A equação de Kirchhoff, expressa pela Eq. (3.24) em termos das componentes simétricas, passa a ser

$$
\begin{bmatrix} V_0 \\ V_1 \\ V_2 \end{bmatrix} - \begin{bmatrix} V_0' \\ V_1' \\ V_2' \end{bmatrix} = \begin{bmatrix} Z_{00} & 0 & 0 \\ 0 & Z_{11} & 0 \\ 0 & 0 & Z_{22} \end{bmatrix} \begin{bmatrix} I_0 \\ I_1 \\ I_2 \end{bmatrix}. \tag{3.25}
$$

Isto é, os três circuitos seqüenciais se tornam independentes. Em outras palavras, podemos dizer que a transformação

$$
\mathbf{T^{-1} Z_{ABC} T} = \mathbf{Z_{012}}
$$

é uma transformação que diagonaliza a matriz de impedâncias da rede.

Lembrando que Z_{00}, Z_{11}, Z_{21} representam, respectivamente, as tensões de seqüência zero, direta e inversa, que devemos aplicar à rede para que nela circulem correntes unitárias de seqüência nula, direta e inversa e, ainda, tendo em mente que as impedâncias mútuas entre os circuitos seqüenciais são nulas, podemos determinar rapidamente os valores de Z_{00}, Z_{11}, Z_{22} para redes equilibradas; ou seja, alimentando a rede por três geradores de f.e.m. $\dot{E}_0$ com os terminais de saída da rede ligados em curto-circuito, determinamos Z_{00} pela relação $\dot{E}_0 / I_0$. As impedâncias Z_{11} e Z_{22} são determinadas analogamente.

Assim, conforme Fig. 3-21, alimentando a rede por três geradores ideais de tensão, com f.e.m. $\dot{E}_0, \dot{E}_0, \dot{E}_0$, ligados em estrela com o centro-estrela diretamente conectado ao ponto N, e interligando os terminais A', B', C' ao N', teremos

$$
\dot{V}_{AN} = \dot{V}_{AA'} + \dot{V}_{A'N'} + \dot{V}_{N'N}.
$$

porém

$$
\begin{aligned}
\dot{V}_{AA'} &= Z I_0 + 2Z_M I_0 - 3Z_{MG} I_0, \\
\dot{V}_{A'N'} &= 0, \\
\dot{V}_{N'N} &= 3Z_G I_0 - 3Z_{MG} I_0, \\
\dot{V}_{AN} &= \dot{E}_0,
\end{aligned}
$$

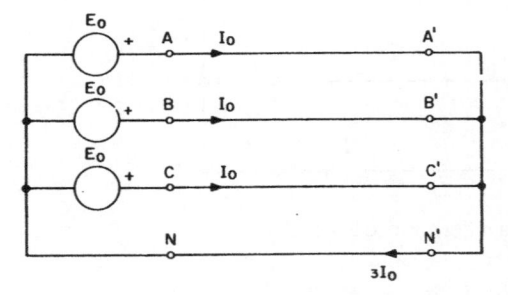
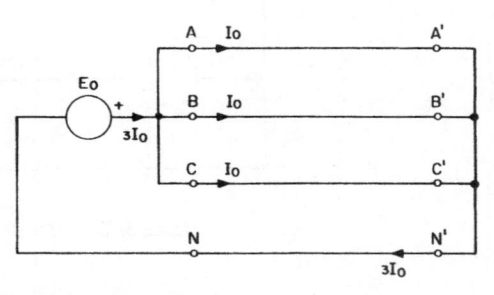

Figura 3-21. Circuito para a determinação de $\overline{Z}_{00}$

donde

$$\dot{E}_0 = \left(Z + 2Z_M + 3Z_G - 6Z_{MG}\right)\dot{I}_0,$$

ou

$$Z_{00} = \frac{\dot{E}_0}{\dot{I}_0} = Z + 2Z_M + 3Z_G - 6Z_{MG}.$$

Para a determinação de Z_{11}, substituímos os geradores da Fig. 3-21 por três geradores com $\dot{E}_1, \alpha^2\dot{E}_1, \alpha\dot{E}_1$ de f.em., resultando o circuito da Fig. 3-22. Assim teremos:

$$\dot{V}_{AA'} = Z\dot{I}_1 + Z_M\alpha^2\dot{I}_1 + Z_M\alpha\dot{I}_1 - Z_{MG}\left(\dot{I}_1 + \alpha^2\dot{I}_1 + \alpha\dot{I}_1\right)$$

$$= \left[Z + \left(\alpha^2 + \alpha\right)Z_M\right]\dot{I}_1 = \left(Z - Z_M\right)\dot{I}_1,$$

$$\dot{V}_{N'N} = Z_G\left(\dot{I}_1 + \alpha^2\dot{I}_1 + \alpha\dot{I}_1\right) - Z_{MG}\left(\dot{I}_1 + \alpha^2\dot{I}_1 + \alpha\dot{I}_1\right) = 0,$$

$$\dot{V}_{A'N'} = 0,$$

$$\dot{V}_{AN} = \dot{E}_1,$$

donde

$$Z_{11} = \frac{\dot{E}_1}{\dot{I}_1} = Z - Z_M.$$

Com procedimento análogo, determinamos

$$Z_{22} = \frac{\dot{E}_2}{\dot{I}_2} = Z - Z_M.$$

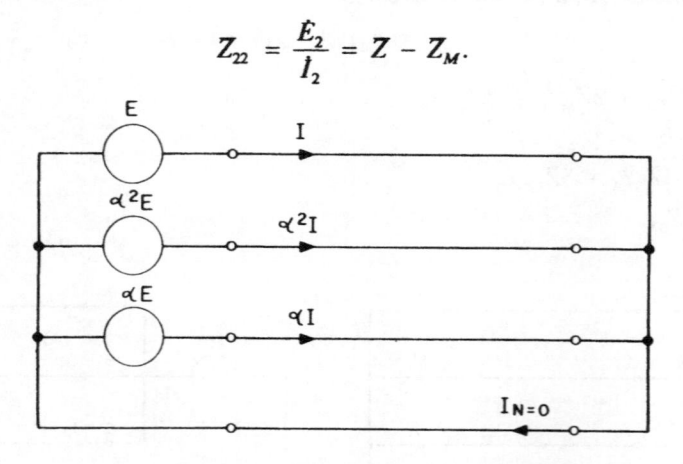

Figura 3-22. Circuito para a determinação de Z_{11}

Notamos, portanto, que os três circuitos seqüenciais tornam-se independentes, isto é, sem mútuas entre si. Esta propriedade da aplicação de componentes simétricas é o que demonstra a grande vantagem de sua utilização para análise de sistemas elétricos de potência em diversas situações, como será visto nos demais itens deste capítulo. Deve-se destacar que, mesmo para o caso de sistemas trifásicos simétricos e equilibrados, a utilização de componentes simétricas resulta vantajosa, pois não há a necessidade de se considerar as mútuas entre fases o que permite, a partir de um circuito monofásico equivalente (que é o diagrama de seqüência positiva), considerar estes efeitos sem aproximação alguma (por exemplo, para a linha de transmissão com transposição completa, ou seja, mútuas iguais entre fases, basta utilizar $Z_{11} = Z - Z_M$).

3.4.8 - POTÊNCIA EM TERMOS DE COMPONENTES SIMÉTRICAS

Dada uma carga trifásica qualquer, na qual as tensões de fase são $\dot{V}_A$, $\dot{V}_B$ e $\dot{V}_C$ e as correntes de fase são $\dot{I}_A$, $\dot{I}_B$ e $\dot{I}_C$, a potência complexa absorvida pela carga será

$$\overline{S} = \dot{V}_A \dot{I}_A^* + \dot{V}_B \dot{I}_B^* + \dot{V}_C \dot{I}_C^*.$$

Em matrizes,

$$\overline{S} = \left(\mathbf{I}_A^*\right)^t \mathbf{V}_A = \left| \dot{I}_A^* \quad \dot{I}_B^* \quad \dot{I}_C^* \right| \begin{vmatrix} \dot{V}_A \\ \dot{V}_B \\ \dot{V}_C \end{vmatrix}.$$

Sendo

$$\begin{bmatrix} \dot{I}_A \\ \dot{I}_B \\ \dot{I}_C \end{bmatrix} = \mathbf{T} \begin{bmatrix} \dot{I}_0 \\ \dot{I}_1 \\ \dot{I}_2 \end{bmatrix} = \begin{bmatrix} 1 & 1 & 1 \\ 1 & \alpha^2 & \alpha \\ 1 & \alpha & \alpha^2 \end{bmatrix} \begin{bmatrix} \dot{I}_0 \\ \dot{I}_1 \\ \dot{I}_2 \end{bmatrix},$$

e lembrando que, sendo $[A] = [B][C]$, temos que $[A]^t = \{[B][C]\}^t = [C]^t[B]^t$, resulta

$$\begin{bmatrix} \dot{I}_A \\ \dot{I}_B \\ \dot{I}_C \end{bmatrix}^t = \begin{bmatrix} \dot{I}_A & \dot{I}_B & \dot{I}_C \end{bmatrix} = \begin{bmatrix} \dot{I}_0 & \dot{I}_1 & \dot{I}_2 \end{bmatrix} \begin{bmatrix} 1 & 1 & 1 \\ 1 & \alpha^2 & \alpha \\ 1 & \alpha & \alpha^2 \end{bmatrix}.$$

Tomando-se a matriz complexa conjugada de ambos os membros e lembrando que

$$\alpha^* = \left(1\underline{|120^0}\right)^* = 1\underline{|-120^0} = \alpha^2 \quad e \quad \left(\alpha^2\right)^* = \left(1\underline{|-120^0}\right)^* = 1\underline{|120^0} = \alpha,$$

resulta

$$\begin{bmatrix} I_A^* & I_B^* & I_C^* \end{bmatrix} = \begin{bmatrix} I_0^* & I_1^* & I_2^* \end{bmatrix} \begin{bmatrix} 1 & 1 & 1 \\ 1 & \alpha & \alpha^2 \\ 1 & \alpha^2 & \alpha \end{bmatrix} = 3\begin{bmatrix} I_0^* & I_1^* & I_2^* \end{bmatrix} \mathbf{T}^{-1}.$$

Portanto, teremos

$$S = 3\begin{bmatrix} I_0^* & I_1^* & I_2^* \end{bmatrix} \mathbf{T}^{-1} \mathbf{T} \begin{bmatrix} V_0 \\ V_1 \\ V_2 \end{bmatrix} = 3\left(I_0^* V_0 + I_1^* V_1 + I_2^* V_2 \right);$$

isto é, a potência complexa absorvida pela carga é o triplo da soma das potências absorvidas em cada seqüência.

Observamos que a potência não é um invariante em componentes simétricas. Isto é devido ao modo como foi definida a matriz **T**. A seguir, determinaremos matrizes de transformação **T'**, tais que a potência seja um invariante.

Sejam

$\mathbf{I_A}$ vetor das correntes de fase;
$\mathbf{V_A}$ vetor das tensões de fase;
$\mathbf{I_{012}}$ vetor das componentes simétricas das correntes;
$\mathbf{V_{012}}$ vetor das componentes simétricas das tensões.

Teremos

$$\mathbf{I_A} = \mathbf{T'} \mathbf{I_{012}}, \quad \mathbf{V_A} = \mathbf{T'} \mathbf{V_{012}}$$

Logo,

$$\mathbf{I_A^{*\,t}} \mathbf{V_A} = \mathbf{I_{012}^*} \mathbf{T'^{*\,t}} \mathbf{T'} \mathbf{V_{012}}$$

e, para que a potência seja um invariante, deverá ser

$$\mathbf{T'^{*\,t}} \mathbf{T'} = \mathbf{U} \, ;$$

donde

$$\mathbf{T'^{-1}} = \mathbf{T'^{*\,t}} ,$$

isto é, a matriz **T'** deverá ser hermitiana. Evidentemente, sendo

$$[\mathbf{T'}] = \frac{1}{\sqrt{3}} \begin{bmatrix} 1 & 1 & 1 \\ 1 & \alpha^2 & \alpha \\ 1 & \alpha & \alpha^2 \end{bmatrix},$$

teremos

$$\mathbf{T'}^* = \frac{1}{\sqrt{3}} \begin{bmatrix} 1 & 1 & 1 \\ 1 & \alpha & \alpha^2 \\ 1 & \alpha^2 & \alpha \end{bmatrix} = \mathbf{T'}^{*t},$$

donde

$$\mathbf{T'}^{*t} \, \mathbf{T'} = \frac{1}{\sqrt{3}} \begin{bmatrix} 1 & 1 & 1 \\ 1 & \alpha & \alpha^2 \\ 1 & \alpha^2 & \alpha \end{bmatrix} \frac{1}{\sqrt{3}} \begin{bmatrix} 1 & 1 & 1 \\ 1 & \alpha^2 & \alpha \\ 1 & \alpha & \alpha^2 \end{bmatrix} = \begin{bmatrix} 1 & 0 & 0 \\ 0 & 1 & 0 \\ 0 & 0 & 1 \end{bmatrix}.$$

Salientamos que vários autores definem, como matrizes de transformação, as **T'**; optamos, porém, seguindo a maioria, por definir a matriz **T**.

Finalmente, sendo **Z** a matriz de impedâncias de uma carga cujas tensões e correntes são dadas por $\mathbf{V_A}$ e $\mathbf{I_A}$ resulta

$$\mathbf{V_A} = \mathbf{Z} \, \mathbf{I_A}, \text{ ou, } \mathbf{T} \, \mathbf{V_{012}} = \mathbf{Z} \, \mathbf{T} \, \mathbf{I_{012}}.$$

Pré-multiplicando ambos os membros por $\mathbf{T}^{-1}$, resulta

$$\mathbf{V_{012}} = \mathbf{T}^{-1} \, \mathbf{Z} \, \mathbf{T} \, \mathbf{I_{012}},$$

isto é, a matriz de impedâncias, em termos das componentes simétricas $\mathbf{Z_{012}}$, é dada por

$$\mathbf{Z_{012}} = \mathbf{T}^{-1} \, \mathbf{Z} \, \mathbf{T}.$$

EXEMPLO 3.7 - Um gerador trifásico alimenta, por meio de uma linha, uma carga monofásica ligada entre a fase *A* e a terra. Conhecem-se:

(1) Potência absorvida pela carga = 0,9 + j0,6 p.u.
(2) Impedâncias equivalentes da linha   Circuito de seqüência zero =   j0,1 p.u.
                                                   Circuito de seqüência direta =   j0,05 p.u.
                                                   Circuito de seqüência inversa =   j0,05 p.u.

(3) Tensões do gerador: $\dot{E}_0 = \dot{E}_2 = 0; \quad \dot{E}_1 = 1{,}0$ p. u.

Determinar a corrente e a tensão na carga.

SOLUÇÃO: Temos que $S = 3\left(\dot{V}_0 \dot{I}_0^* + \dot{V}_1 \dot{I}_1^* + \dot{V}_2 \dot{I}_2^*\right)$. Porém, sendo $\dot{I}_A \neq 0$ e $\dot{I}_B = \dot{I}_C = 0$, resulta

$$\dot{I}_0 = \dot{I}_1 = \dot{I}_2 = \frac{\dot{I}_A}{3} = \dot{I}.$$

Logo,

$$\frac{S}{3} = \left(\dot{V}_0 + \dot{V}_1 + \dot{V}_2\right)\dot{I}^*.$$

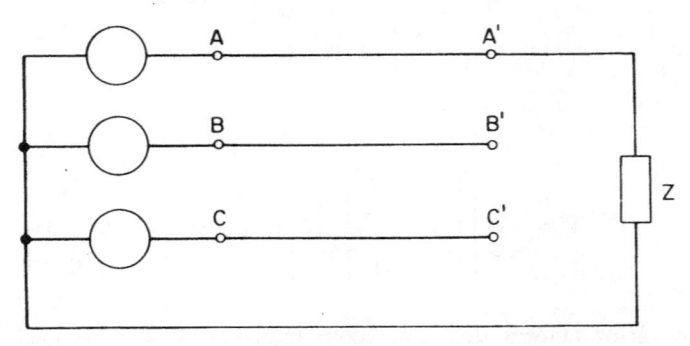

(a) Circuito trifásico

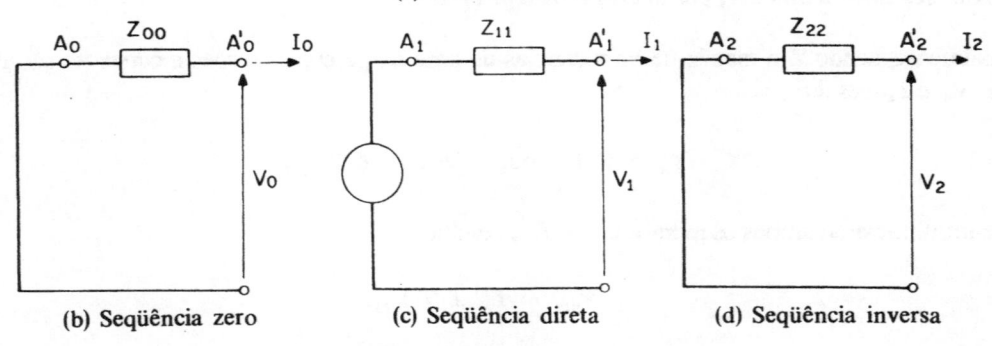

(b) Seqüência zero   (c) Seqüência direta   (d) Seqüência inversa

Figura 3-23. Circuito para o Ex. 3.7

Porém, temos (Fig. 3-23)

$$\dot{V}_0 = -Z_{00}\dot{I}_0 = -Z_{00}\dot{I},$$
$$\dot{V}_1 = \dot{E}_1 - Z_{11}\dot{I}_1 = \dot{E}_1 - Z_{11}\dot{I},$$
$$\dot{V}_2 = -Z_{22}\dot{I}_2 = -Z_{22}\dot{I};$$

donde

$$\frac{S}{3} = \left[\dot{E}_1 - \left(Z_{00} + Z_{11} + Z_{22}\right)\dot{I}\right]\dot{I}^*.$$

Portanto

$$\dot{I} = \frac{\dot{E}_1 - \dfrac{S}{3\dot{I}^*}}{Z_{00} + Z_{11} + Z_{22}} = \frac{1 - \dfrac{0{,}9 + j0{,}6}{3\dot{I}^*}}{j0{,}2} = \left(-j - \frac{0{,}2 - j0{,}3}{\dot{I}^*}\right)\frac{1}{0{,}2}.$$

O valor de I será determinado por processo iterativo, ou seja, adota-se um valor $I_{(0)}$ para I, determina-se $I_{(0)}^*$, e calcula-se, a partir da equação anterior, o valor de $I_{(1)}$, compara-se $I_{(1)}$ com $I_{(0)}$. Sendo a diferença entre estes dois valores maior que uma determinada tolerância (*tol*), repete-se o processo até que seja

$$I_k = \left(-j - \frac{0,2 - j0,3}{I_{k-1}^*}\right)\frac{1}{0,2},$$

$$tol > \Re e|I_k - I_{k-1}|,$$

$$tol > \Im m|I_k - I_{k-1}|$$

Na tabela abaixo, apresentamos os valores da parte real e imaginária de I, tendo-se utilizado tolerância de 0,0001.

Iteração	$\Re e[I]$	$\Im m[I]$
1	0,29999	-4,70000
2	0,30432	-4,69567
3	0,30436	-4,69563

3.5 - REPRESENTAÇÃO DE REDES POR SEUS DIAGRAMAS SEQÜENCIAIS

3.5.1 - INTRODUÇÃO

Neste item, vamos nos ocupar com a representação dos elementos de uma rede. Assim, utilizando as leis de Kirchhoff, determinaremos como representar, por diagramas seqüenciais, as linhas, os transformadores, os geradores e as cargas equilibradas. Posteriormente, estudaremos a associação destes elementos, em série e/ou em paralelo, para a representação completa da rede.

3.5.2 - LINHAS DE TRANSMISSÃO

Cada linha de transmissão tem uma indutância própria em cada fio, uma própria do retorno, uma mútua entre os fios de linha, uma mútua entre o retorno e os três fios de linha e uma resistência de cada fio de fase e do retorno. Ou seja, no que concerne à impedância em série, a linha é representável pelos mesmos parâmetros que o trecho de circuito do item 3.4.6.

Além disso, a linha é constituída por três condutores e um retorno (a terra), separados entre si por um dielétrico. Logo, existirão ainda três capacidades (C_c) ligadas em triângulo (capacidade entre os três condutores) e três capacidades (C_t) ligadas em estrela com centro-estrela aterrado (capacidade entre os condutores e a terra). Evidentemente, as capacidades C_c ligadas em triângulo podem ser substituídas por capacidades $3C_c$ ligadas em estrela com centro-estrela isolado.

Logicamente, nas seqüências de fases direta e inversa, teremos duas estrelas em paralelo, isto é, capacidade de cada fase para a terra dada por $C_t + 3C_c$. Na seqüência de fase zero, na estrela com centro-estrela isolado, a soma das correntes é zero. Logo, não poderá haver circulação de corrente de seqüência zero; isto é, no diagrama de seqüência zero, teremos, de uma fase para a terra, somente uma impedância C_t.

Na representação da linha por um modelo denominado π nominal, concentramos metade da capacidade total em cada extremidade, resultando os diagramas de impedância da Fig. 3-24.

EXEMPLO 3.8 -Uma linha trifásica tem os seguintes parâmetros:

Dado	Valor
Comprimento	50 km
Impedância em série própria	$(0,01+j0.03)$ Ω/km
Impedância mútua entre fases	$j0,01$ Ω/km
Impedância mútua entre fases e a terra	$j0,004$ Ω/km
Impedância da terra	desprezível
Admitância em paralelo entre condutores e terra	$3,46 \times 10^{-6}$ S/km
Admitância em paralelo entre condutores	20×10^{-6} S/km

No fim da linha, as tensões e correntes valem

$$\mathbf{V_A} = \begin{bmatrix} V_{A'N'} \\ V_{B'N'} \\ V_{CN'} \end{bmatrix} = \begin{bmatrix} 210\underline{|0^0} \\ 210j \\ -210j \end{bmatrix} V \qquad \mathbf{I_A} = \begin{bmatrix} I_{A'N'} \\ I_{B'N'} \\ I_{CN'} \end{bmatrix} = \begin{bmatrix} 12\underline{|0^0} \\ 10\underline{|-127^0} \\ 10\underline{|127^0} \end{bmatrix} A.$$

Determinar a tensão, a corrente e a potência no início da linha.

SOLUÇÃO:

(1) Diagrama de impedância

Impedância em série total:
$$Z = (0,01 + j0,03) \times 50 = (0,5 + j1,5)\,\Omega$$

Impedância mútua total entre fases:
$$Z_M = j0,01 \times 50 = j0,5\,\Omega$$

Impedância mútua total com a terra:
$$Z_{MG} = j0,004 \times 50 = j0,2\,\Omega$$

Impedância em série de seqüência zero:
$$Z_{00} = Z + 2Z_M - 6Z_{MG} = (0,5 + j1,3)\,\Omega$$

Impedância em série de seqüência direta e inversa:
$$Z_{11} = Z_{22} = Z - Z_M = (0,5 + j1,0)\,\Omega$$

Admitância em paralelo total entre fases (em triângulo):
$$jwC_c = j3,46 \times 10^{-6} \times 50 = j0,173 \times 10^{-3}\,mho$$

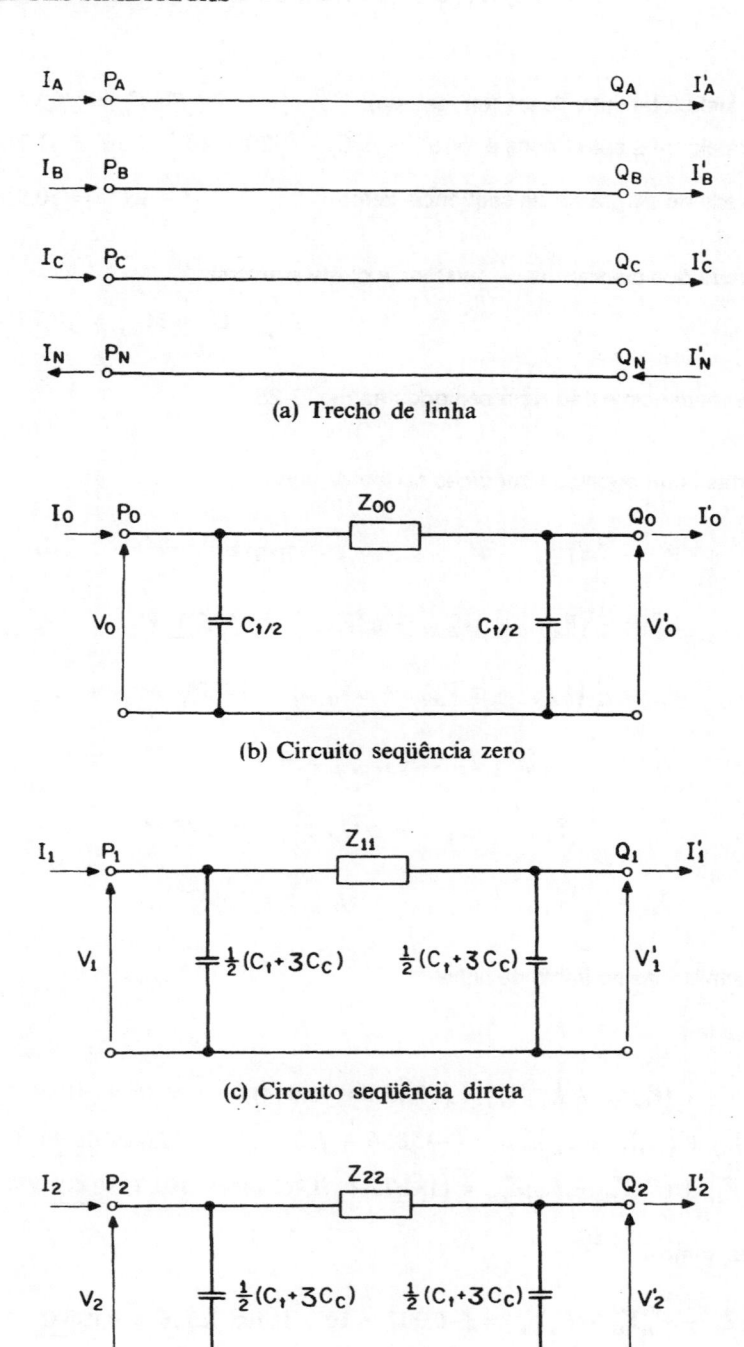

(a) Trecho de linha

(b) Circuito seqüência zero

(c) Circuito seqüência direta

(d) Circuito seqüência inversa

Figura 3-24. Diagrama seqüencial para linhas

Admitância em paralelo total entre fases (em estrela): $\qquad j3wC_e = j0,52 \times 10^{-3}$ mho

Admitância em paralelo total entre fases e terra: $\quad jwC_t = j20 \times 10^{-6} \times 50 = j1,0 \times 10^{-3}$ mho

Admitância de entrada do diagrama de seqüência zero: $\qquad j\dfrac{1}{2}wC_t = j0,5 \times 10^{-3}$ mho

Admitância de entrada dos diagramas de seqüência direta e inversa:

$$j\frac{1}{2}w(C_t + 3C_e) = j0,76 \times 10^{-3}\ mho$$

Os diagramas de impedância estão representados na Fig. 3-25.

(2) Determinação das componentes simétricas no fim da linha.

$$\dot{V}_{0s} = \frac{1}{3}\left(\dot{V}_{A'N'} + \dot{V}_{B'N'} + \dot{V}_{C'N'}\right) = 70\underline{|0°}\ V,$$

$$\dot{V}_{1s} = \frac{1}{3}\left(\dot{V}_{A'N'} + \alpha\dot{V}_{B'N'} + \alpha^2\dot{V}_{C'N'}\right) = -51,2\underline{|0°}\ V,$$

$$\dot{V}_{2s} = \frac{1}{3}\left(\dot{V}_{A'N'} + \alpha^2\dot{V}_{B'N'} + \alpha\dot{V}_{C'N'}\right) = 191,2\underline{|0°}\ V,$$

$$\dot{I}_{0s} = \frac{1}{3}\left(\dot{I}_{A'N'} + \dot{I}_{B'N'} + \dot{I}_{C'N'}\right) = 0,$$

$$\dot{I}_{1s} = \frac{1}{3}\left(\dot{I}_{A'N'} + \alpha\dot{I}_{B'N'} + \alpha^2\dot{I}_{C'N'}\right) = 10,61\underline{|0°}\ A,$$

$$\dot{I}_{2s} = \frac{1}{3}\left(\dot{I}_{A'N'} + \alpha^2\dot{I}_{B'N'} + \alpha\dot{I}_{C'N'}\right) = 1,39\underline{|0°}\ A,$$

(3) Componentes simétricas no início da linha

Para as tensões, temos

$$\dot{V}_{0i} = \dot{V}_{0s} + \left(\dot{V}_{0s}\dot{Y}_{00} + \dot{I}_{0s}\right)Z_{00} = (69,955 + j0,014)\ V = 69,955\underline{|0,01°}\ V$$

$$\dot{V}_{1i} = \dot{V}_{1s} + \left(\dot{V}_{1s}\dot{Y}_{11} + \dot{I}_{1s}\right)Z_{11} = (-45,856 + j10,59)\ V = 47,063\underline{|166,99°}\ V$$

$$\dot{V}_{2i} = \dot{V}_{2s} + \left(\dot{V}_{2s}\dot{Y}_{22} + \dot{I}_{2s}\right)Z_{22} = (191,75 + j1,462)\ V = 191,755\underline{|0,44°}\ V$$

e para as correntes, temos

$$\dot{I}_{0i} = \dot{I}_{0s} + \dot{V}_{0s}\dot{Y}_{00} + \dot{V}_{0i}\dot{Y}_{00} = \left(-0,007 \times 10^{-3} + j0,070\right)\ A = 0,07\underline{|90°}\ A$$

$$\dot{I}_{1i} = \dot{I}_{1s} + \dot{V}_{1s}\dot{Y}_{11} + \dot{V}_{1i}\dot{Y}_{11} = (10,602 - j0,073)\ A = 10,602\underline{|-0,39°}\ A$$

$$\dot{I}_{2i} = \dot{I}_{2s} + \dot{V}_{2s}\dot{Y}_{22} + \dot{V}_{2i}\dot{Y}_{22} = (1,389 + j0,291)\ A = 1,419\underline{|11,83°}\ A$$

(4) Potência complexa

No fim da linha, temos

$$S_s = 3\left(V_{0s}I_{0s}^* + V_{1s}I_{1s}^* + V_{2s}I_{2s}^*\right) = -832,392 + j0\ VA$$

e, no início da linha, temos

$$S_i = 3\left(V_{0i}I_{0i}^* + V_{1i}I_{1i}^* + V_{2i}I_{2i}^*\right) = \left(-660,561 + j150,818\right) VA.$$

(5)Tensões e correntes no início da linha

Para calcularmos as tensões e correntes no início da linha, basta fazermos:

$$\begin{bmatrix} V_{AN} \\ V_{BN} \\ V_{CN} \end{bmatrix} = \mathbf{T} \begin{bmatrix} V_{0i} \\ V_{1i} \\ V_{2i} \end{bmatrix} \quad e \quad \begin{bmatrix} I_{AN} \\ I_{BN} \\ I_{CN} \end{bmatrix} = \mathbf{T} \begin{bmatrix} I_{0i} \\ I_{1i} \\ I_{2i} \end{bmatrix}$$

3.5.3 - REPRESENTAÇÃO DE CARGAS EM TRIÂNGULO E EM ESTRELA COM CENTRO-ESTRELA ISOLADO

Inicialmente, observamos que uma carga ligada em triângulo pode ser substituída por outra equivalente ligada em estrela com o centro-estrela isolado. Portanto, é suficiente estudarmos a representação desta última.

Assim, seja uma carga equilibrada ligada em estrela com impedância de fase Z ligada a um trifásico qualquer. Temos

$$\begin{bmatrix} V_{AN'} \\ V_{BN'} \\ V_{CN'} \end{bmatrix} = \begin{bmatrix} V_{AN} \\ V_{BN} \\ V_{CN} \end{bmatrix} + V_{NN'} \begin{bmatrix} 1 \\ 1 \\ 1 \end{bmatrix} = \begin{bmatrix} Z & 0 & 0 \\ 0 & Z & 0 \\ 0 & 0 & Z \end{bmatrix} \begin{bmatrix} I_A \\ I_B \\ I_C \end{bmatrix};$$

ou, ainda, sendo $V_0, V_1,$ e V_2 as componentes simétricas de $V_{AN}, V_{BN},$ e $V_{CN},$ resulta

$$\mathbf{T} \begin{bmatrix} V_0 \\ V_1 \\ V_2 \end{bmatrix} + V_{NN'} \begin{bmatrix} 1 \\ 1 \\ 1 \end{bmatrix} = Z \begin{bmatrix} 1 & 0 & 0 \\ 0 & 1 & 0 \\ 0 & 0 & 1 \end{bmatrix} \mathbf{T} \begin{bmatrix} I_0 \\ I_1 \\ I_2 \end{bmatrix}.$$

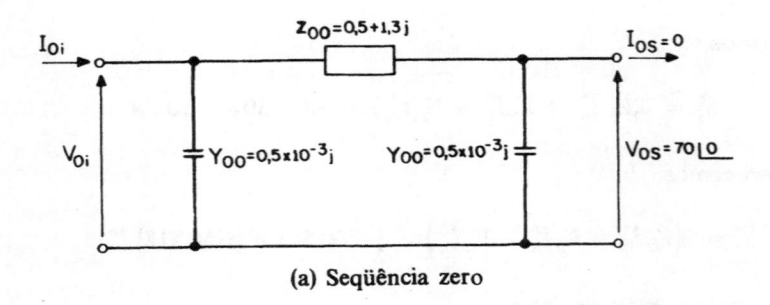

(a) Seqüência zero

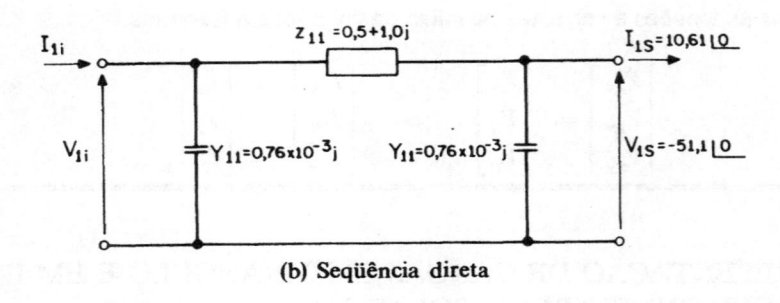

(b) Seqüência direta

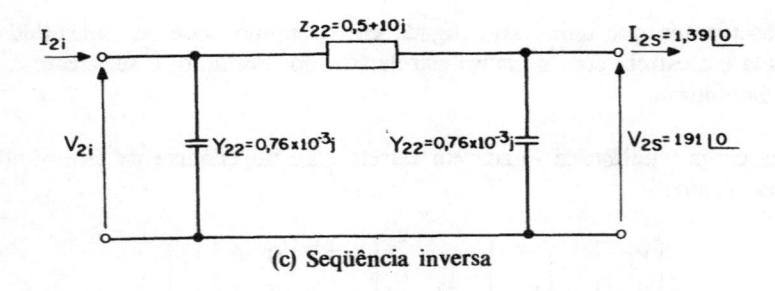

(c) Seqüência inversa

Figura 3-25. Diagramas seqüenciais para o Ex. 3.8

Pré-multiplicando ambos os membros da equação acima por $[\mathbf{T}]^{-1}$, temos

$$
\begin{bmatrix} \dot{V}_0 \\ \dot{V}_1 \\ \dot{V}_2 \end{bmatrix} + \dot{V}_{NN'} \begin{bmatrix} 1 \\ 0 \\ 0 \end{bmatrix} = Z \begin{bmatrix} \dot{I}_0 \\ \dot{I}_1 \\ \dot{I}_2 \end{bmatrix},
$$

ou seja,

$$V_0 + V_{NN'} = ZI_0, \quad V_1 = ZI_1, \quad V_2 = ZI_2.$$

Porém, sendo o centro-estrela isolado, devemos ter $I_A + I_B + I_C = 0$, e portanto, $I_0 = 0$. Logo, teremos que

$$V_0 = -V_{NN'}, \quad V_1 = ZI_1, \quad V_2 = ZI_2.$$

Concluímos que
(1) no diagrama de seqüência zero, a carga é representada por uma impedância infinita ligada entre o ponto N e o ponto considerado;
(2) nos diagramas de seqüência direta e inversa, a carga é representada ligando-se, do ponto considerado ao ponto N, uma impedância $\overline{Z}$ igual à impedância da fase da carga.

As componentes simétricas da tensão de fase na carga, $V_0', V_1',$ e V_2', são dadas por

$$\begin{bmatrix} V_0' \\ V_1' \\ V_2' \end{bmatrix} = \begin{bmatrix} V_0 \\ V_1 \\ V_2 \end{bmatrix} + V_{NN'} \begin{bmatrix} 1 \\ 0 \\ 0 \end{bmatrix} = \begin{bmatrix} 0 \\ V_1 \\ V_2 \end{bmatrix}$$

Portanto, sendo $V_0' = 0$, o ponto N' coincidirá com o baricentro do triângulo das tensões de linha.

EXEMPLO 3.9 - Uma carga trifásica equilibrada em estrela com impedância de fase de $(8 + j6)\ \Omega$ é alimentada por um trifásico com tensões:

$$\begin{bmatrix} V_{AN} \\ V_{BN} \\ V_{CN} \end{bmatrix} = \begin{bmatrix} 210\underline{|0^0} \\ 210\underline{|-90^0} \\ 210\underline{|90^0} \end{bmatrix} V$$

Pedem-se

(1) As correntes na carga.
(2) As tensões de fase na carga.

SOLUÇÃO:

(a) TENSÕES

As componentes simétricas das tensões do gerador são dadas por

$$\dot{V}_0 = \frac{1}{3}\left(\dot{V}_{AN} + \dot{V}_{BN} + \dot{V}_{CN}\right) \quad = 70\underline{|0^\circ}\ V;$$

$$\dot{V}_1 = \frac{1}{3}\left(\dot{V}_{AN} + \alpha\dot{V}_{BN} + \alpha^2\dot{V}_{CN}\right) = 191,1\underline{|0^\circ}\ V;$$

$$\dot{V}_2 = \frac{1}{3}\left(\dot{V}_{AN} + \alpha^2\dot{V}_{BN} + \alpha\dot{V}_{CN}\right) = -51,1\underline{|0^\circ}\ V.$$

As componentes simétricas das correntes na carga são

$$\dot{I}_0 = 0,$$

$$\dot{I}_1 = \frac{\dot{V}_1}{Z} = 19,1(0,8 - j0,6) = 19,1\underline{|-37^0},$$

$$\dot{I}_2 = \frac{\dot{V}_2}{Z} = -5,11(0,8 - j0,6) = -5,11\underline{|-37^0};$$

donde

$$\begin{bmatrix} \dot{I}_A \\ \dot{I}_B \\ \dot{I}_C \end{bmatrix} = \mathbf{T}\begin{bmatrix} 0 \\ 19,1\underline{|-37^0} \\ -5,11\underline{|-37^0} \end{bmatrix} = \begin{bmatrix} 13,99\underline{|-37^0} \\ 22,10\underline{|-145,5^0} \\ 22,10\underline{|71,4^0} \end{bmatrix} A.$$

Para a determinação das componentes simétricas da tensão de fase na carga, lembramos que $\dot{V}_{NN'} = -\dot{V}_0$. Logo,

$$\begin{bmatrix} \dot{V}_0' \\ \dot{V}_1' \\ \dot{V}_2' \end{bmatrix} = \begin{bmatrix} \dot{V}_0 \\ \dot{V}_1 \\ \dot{V}_2 \end{bmatrix} + \begin{bmatrix} \dot{V}_{NN'} \\ 0 \\ 0 \end{bmatrix} = \begin{bmatrix} 0 \\ \dot{V}_1 \\ \dot{V}_2 \end{bmatrix}.$$

Finalmente, teremos

$$\begin{bmatrix} \dot{V}_{AN'} \\ \dot{V}_{BN'} \\ \dot{V}_{CN'} \end{bmatrix} = \mathbf{T}\begin{bmatrix} 0 \\ 191,1 \\ -51,1 \end{bmatrix} = \begin{bmatrix} 140\underline{|0^0} \\ 221,1\underline{|-108,4^0} \\ 221,1\underline{|108,4^0} \end{bmatrix} V.$$

3.5.4 - CARGA EM ESTRELA COM IMPEDÂNCIA DE FASE Z E ATERRADA POR MEIO DE IMPEDÂNCIA Z_N.

Em tal caso, conforme Fig. 3-26, temos

$$\begin{bmatrix} \dot{V}_{AN} \\ \dot{V}_{BN} \\ \dot{V}_{CN} \end{bmatrix} = \begin{bmatrix} \dot{V}_{AN'} \\ \dot{V}_{BN'} \\ \dot{V}_{CN'} \end{bmatrix} + \dot{V}_{N'N} \begin{bmatrix} 1 \\ 1 \\ 1 \end{bmatrix}.$$

Porém, sendo

$$\dot{V}_{N'N} = Z_N \left(\dot{I}_A + \dot{I}_B + \dot{I}_C \right) = 3 Z_N \dot{I}_0,$$

resulta

$$\begin{bmatrix} \dot{V}_{AN} \\ \dot{V}_{BN} \\ \dot{V}_{CN} \end{bmatrix} = Z \begin{bmatrix} 1 & 0 & 0 \\ 0 & 1 & 0 \\ 0 & 0 & 1 \end{bmatrix} \begin{bmatrix} \dot{I}_A \\ \dot{I}_B \\ \dot{I}_C \end{bmatrix} + 3 \dot{I}_0 Z_N \begin{bmatrix} 1 \\ 1 \\ 1 \end{bmatrix}.$$

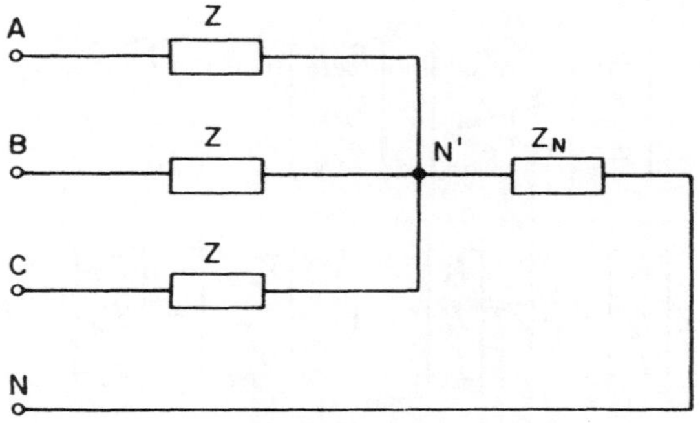

(a) Carga

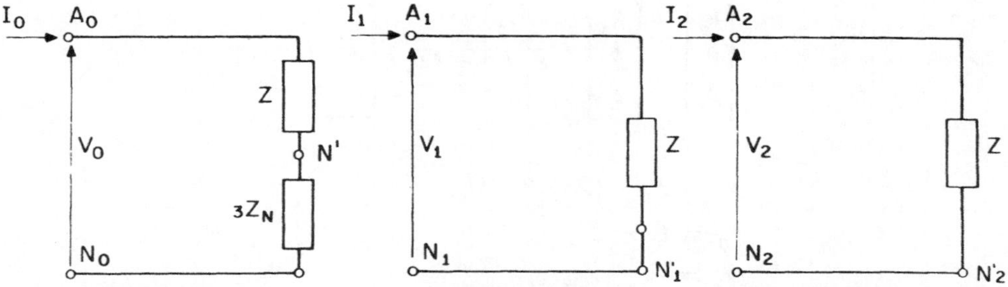

(b) Seqüência zero   (c) Seqüência direta   (d) Seqüência inversa

Figura 3-26. Representação da carga em estrela aterrada por impedância Z_N.

Substituindo as tensões e correntes por suas componentes simétricas e pré-multiplicando ambos os membros por, $\mathbf{T}^{-1}$ temos

$$\begin{bmatrix} \dot{V}_0 \\ \dot{V}_1 \\ \dot{V}_2 \end{bmatrix} = Z \begin{bmatrix} \dot{I}_0 \\ \dot{I}_1 \\ \dot{I}_2 \end{bmatrix} + 3 \dot{I}_0 Z_N \begin{bmatrix} 1 \\ 0 \\ 0 \end{bmatrix}.$$

Finalmente,

$$\dot{V}_0 = \left(Z + 3Z_N \right) \dot{I}_0 \qquad \dot{V}_1 = Z \dot{I}_1 \qquad \dot{V}_2 = Z \dot{I}_2$$

Portanto, nos diagramas de seqüência zero, ligaremos, entre o ponto considerado e o retorno, a impedância $Z + 3Z_N$. Nos diagramas de seqüência direta e inversa, ligaremos a impedância Z.

3.5.5 - REPRESENTAÇÃO DE GERADORES

Conforme será estudado oportunamente, cada fase do gerador é representada por um gerador ideal de tensão em série com uma impedância, $\overline{Z}$, conveniente.

Vamos estudar o caso geral do gerador ligado em estrela com centro-estrela aterrado por meio de impedância Z_N (Fig. 3-27). Temos

$$\begin{bmatrix} \dot{V}_{AN} \\ \dot{V}_{BN} \\ \dot{V}_{CN} \end{bmatrix} = \begin{bmatrix} \dot{V}_{AA'} \\ \dot{V}_{BB'} \\ \dot{V}_{CC'} \end{bmatrix} + \begin{bmatrix} \dot{V}_{A'N'} \\ \dot{V}_{B'N'} \\ \dot{V}_{C'N'} \end{bmatrix} + \dot{V}_{N'N} \begin{bmatrix} 1 \\ 1 \\ 1 \end{bmatrix},$$

mas

$$\begin{bmatrix} \dot{V}_{AA'} \\ \dot{V}_{BB'} \\ \dot{V}_{CC'} \end{bmatrix} = -Z \begin{bmatrix} I_A \\ I_B \\ I_C \end{bmatrix} = -Z\mathbf{T} \begin{bmatrix} I_0 \\ I_1 \\ I_2 \end{bmatrix} \qquad e \qquad \begin{bmatrix} \dot{V}_{A'N'} \\ \dot{V}_{B'N'} \\ \dot{V}_{C'N'} \end{bmatrix} = \begin{bmatrix} \dot{E}_A \\ \dot{E}_B \\ \dot{E}_C \end{bmatrix} = \mathbf{T} \begin{bmatrix} \dot{E}_0 \\ \dot{E}_1 \\ \dot{E}_2 \end{bmatrix},$$

donde, substituindo e pré-multiplicando por $\mathbf{T}^{-1}$, resulta

$$\begin{bmatrix} \dot{V}_0 \\ \dot{V}_1 \\ \dot{V}_2 \end{bmatrix} = \begin{bmatrix} \dot{E}_0 \\ \dot{E}_1 \\ \dot{E}_2 \end{bmatrix} - Z \begin{bmatrix} I_0 \\ I_1 \\ I_2 \end{bmatrix} - 3Z_N I_0 \begin{bmatrix} 1 \\ 0 \\ 0 \end{bmatrix},$$

donde

$$\dot{V}_0 = \dot{E}_0 - \left(Z + 3Z_N \right) \dot{I}_0,$$
$$\dot{V}_1 = \dot{E}_1 - Z \dot{I}_1,$$
$$\dot{V}_2 = \dot{E}_2 - Z \dot{I}_2,$$

Ou seja, na seqüência zero, o alternador é simulado por sua f.e.m. de seqüência zero, em série com a impedância $Z + 3Z_N$. Na seqüência direta, é simulado pela f.e.m. correspondente em série com a impedância Z e, na inversa, pela f.e.m. de seqüência inversa em série com Z.

Salientamos que, usualmente, temos

$$\dot{E}_0 = \dot{E}_2 = 0 \qquad e \qquad \dot{E}_1 = \dot{E}$$

pois os geradores são simétricos por construção.

Além disso, no caso de o alternador estar diretamente ligado à terra ou com o centro-estrela isolado, será suficiente fazermos $Z_N = 0$ e $Z_N \to \infty$, respectivamente.

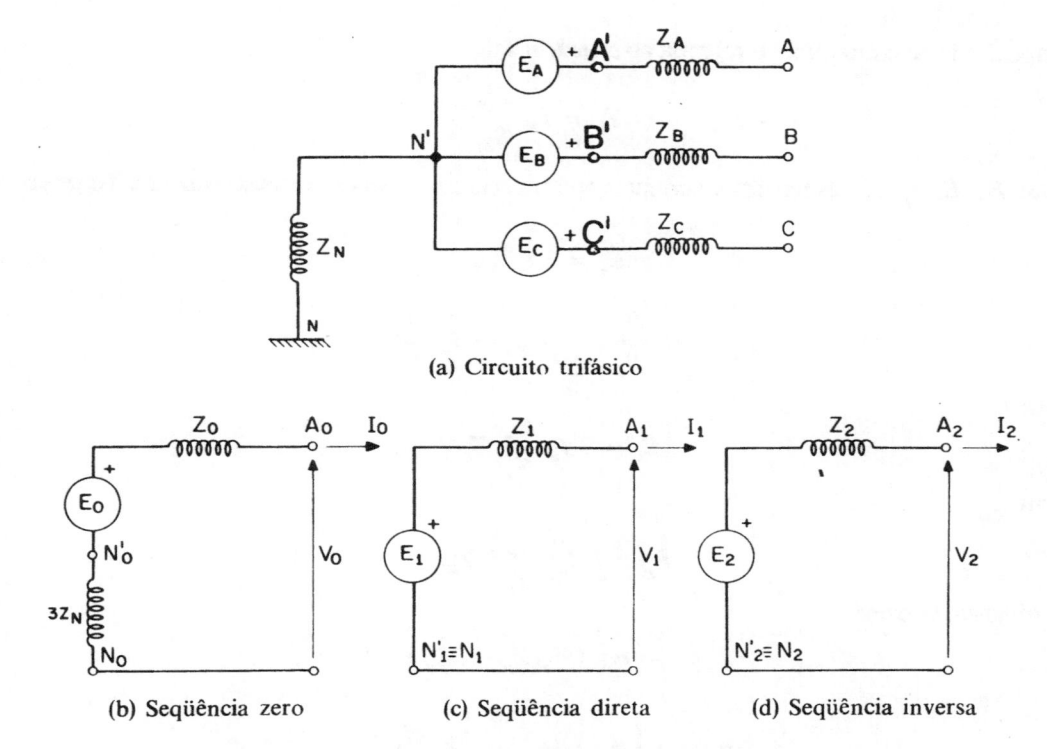

(a) Circuito trifásico

(b) Seqüência zero   (c) Seqüência direta   (d) Seqüência inversa

Fig. 3-27. Representação de gerador em estrela aterrado por impedância Z_N

3.5.6 - REPRESENTAÇÃO DE TRANSFORMADORES

(1) Introdução

A representação dos transformadores apresenta particularidades que dependem do tipo de transformador e do esquema de ligação. Assim, estudaremos, inicialmente, os trifásicos constituídos por bancos de monofásicos nas ligações possíveis (Y/Y,Δ/Δ ,Y/Δ, Δ/Y); a seguir, serão analisados os transformadores trifásicos com núcleo envolvente (*shell*) e envolvido (*core*) para, finalmente, passarmos aos de três enrolamentos.

(2) Banco de transformadores na ligação Y/Y

Consideremos um banco de transformadores constituído por três monofásicos com o primário e o secundário ligados em estrela, com ambos os centros-estrela aterrados por meio de impedâncias $\overline{Z}_N$ e $\overline{Z}'_N$. Sejam V_{pN} / V_{sN}, S_N e $z_{\%}$ os valores nominais de cada transformador monofásico, que admitimos com N_p espiras no primário e N_s no secundário.

Para a determinação da impedância de seqüência zero, alimentaremos o banco por meio de uma tensão de seqüência zero com o secundário em curto-circuito e representaremos cada transformador por seu circuito equivalente (impedância de curto-circuito em série com transformador ideal de relação N_p / N_s) desprezando o ramo de magnetização (Fig. 3-28).

A impedância de curto-circuito referida ao primário vale

$$Z_p = z_\% \frac{V_{pN}^2}{S_N}$$

Sejam $\dot{E}_p$, $\dot{E}_s$, I_p e I_s as tensões e correntes no primário e secundário, respectivamente. Teremos

$$\dot{E}_s = 3 I_s Z_N'' ,$$

mas

$$\dot{E}_p = \dot{E}_s \frac{N_p}{N_s} \quad \text{e} \quad I_s = I_p \frac{N_p}{N_s}$$

donde

$$\dot{E}_s = 3 I_p \frac{N_p}{N_s} Z_N''$$

e, ainda,

$$\dot{E}_p = 3 I_p \left(\frac{N_p}{N_s} \right)^2 Z_N'' .$$

No primário, teremos

$$\dot{E}_o = \dot{E}_p + I_p \left(Z_p + 3Z_N \right)$$

ou

$$\dot{E}_o = I_p \left(Z_p + 3Z_N + 3Z_N'' \frac{N_p^2}{N_s^2} \right),$$

donde a impedância de seqüência zero, Z_0, será dada por

$$Z_0 = \frac{\dot{E}_o}{I_p} = Z_p + 3Z_N + 3Z_N'' \frac{N_p^2}{N_s^2} .$$

Ou seja, o transformador poderá ser representado por um circuito monofásico tendo, no primário, em série com um transformador ideal com relação de espiras N_p / N_s, uma impedância constituída pela associação em série da impedância de curto-circuito, com o triplo da impedância de aterramento do primário e com o triplo de impedância de aterramento do secundário, referida ao primário.

Evidentemente, em valores p.u., adotando-se as bases de tensão do primário e secundário na relação de espiras, será

$$z_0 = 3 \left(z_N + z_N' \right) + z_P ,$$

em que

$$z_N = Z_N \frac{S_N}{V_{pN}^2} , \quad z_N' = Z_N' \frac{N_p^2}{N_s^2} \frac{S_N}{V_{pN}^2} = Z_N' \frac{S_N}{V_{sN}^2} .$$

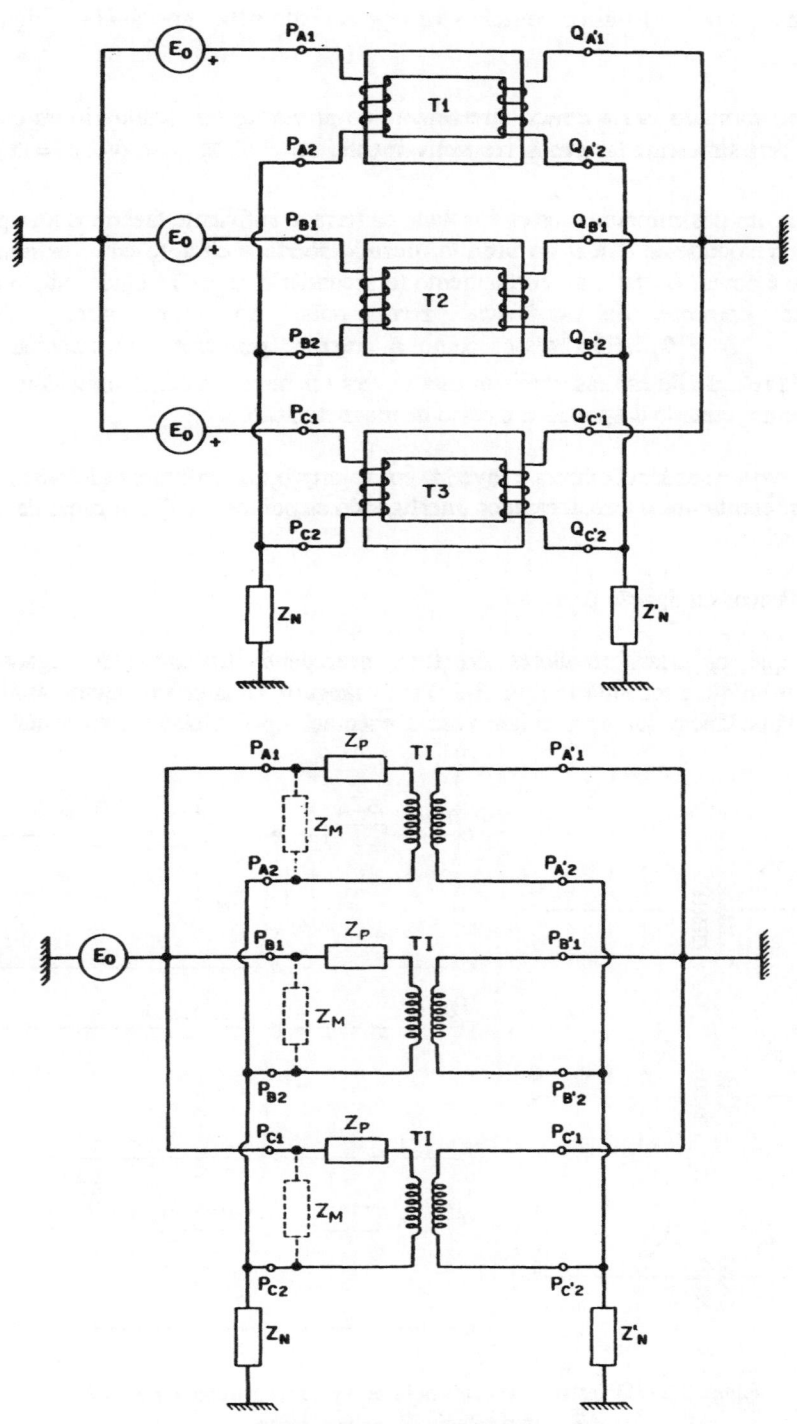

Figura 3-28. Banco de transformadores, ligação Y/Y

Portanto, em p.u., o banco trifásico em tela será representado pela impedância $\bar{z}_0$ ligada entre os pontos P e Q.

No caso do transformador ser aterrado diretamente no primário, no secundário ou em ambos os enrolamentos, será suficiente fazermos, respectivamente, $z_N = 0$, $z'_N = 0$ ou $z_N = z'_N = 0$.

No caso em que um dos enrolamentos está isolado da terra, é suficiente fazermos a impedância de aterramento correspondente tender ao infinito, ficando aberto o circuito entre os pontos P e Q. Esta conclusão é óbvia. De fato, no enrolamento (o secundário, p. ex.) isolado, não poderá haver circulação de corrente de seqüência zero, pois, no centro-estrela, deverá ser $I_A + I_B + I_C = 3I_0 = 0$. Além disso, como a corrente primária está relacionada com a secundária pela relação de espiras, também esta deverá ser nula. Assim, a impedância vista pelo primário é infinita, quando despreza-se o ramo de magnetização.

Para os diagramas de seqüência direta e inversa, em valores p.u., conforme já foi visto no capítulo precedente, representamos o transformador interligando os pontos P e Q por meio da impedância de curto-circuito.

(3) Bancos trifásicos na ligação Δ/Δ

Suponhamos que os transformadores do item precedente tenham sido ligados com os enrolamentos primário e secundário (Fig. 3-30) em triângulo. Com procedimento análogo, vamos determinar a impedância que apresentam para alimentação por trifásico com seqüência de fase zero.

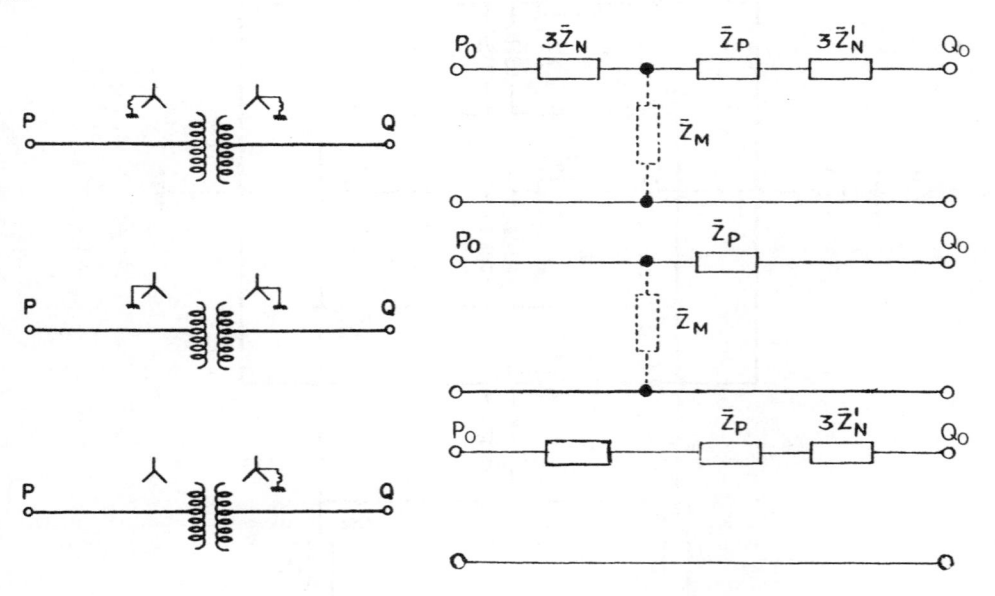

Figura 3-29. Diagramas de seqüência zero para transformadores Y/Y
($\bar{Z}_0$ - impedância de magnetização)

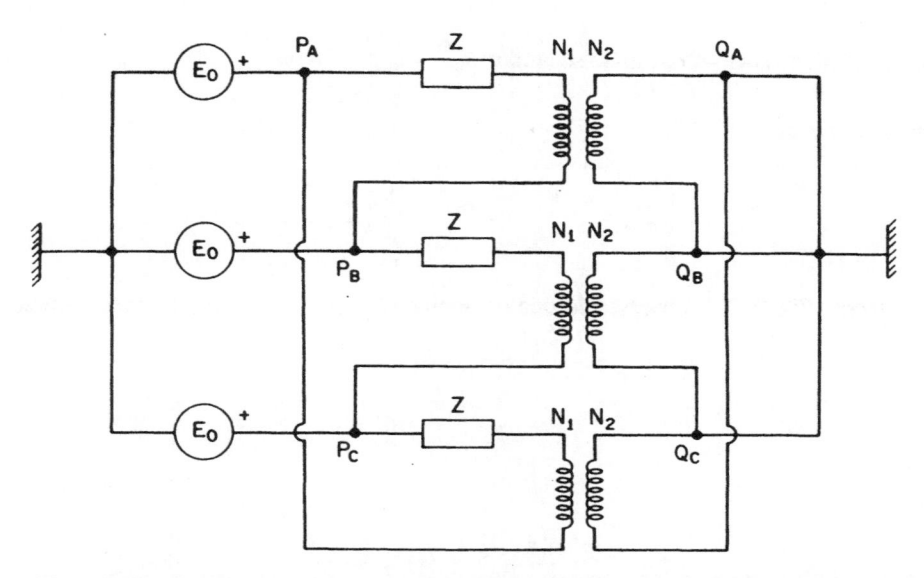

Figura 3-30. Ligação de banco Δ/Δ para a determinação da impedância de seqüência zero

Observamos que o potencial dos pontos A, B e C é o mesmo, isto é

$$V_{AN} = V_{BN} = V_{CN} = \dot{E}_0.$$

Logo,

$$V_{AB} = V_{BC} = V_{CA} = \dot{E}_0 - \dot{E}_0 = 0.$$

Portanto, a corrente fornecida pelos geradores é nula, isto é, a impedância de seqüência zero é infinita. Em conclusão, um banco trifásico na ligação Δ/Δ é representado por uma impedância infinita entre os pontos P e Q (Fig. 3-31).

Figura 3-31. Diagrama de seqüência zero para banco Δ/Δ

(4) Bancos trifásicos na ligação Y/Δ e Δ/Y

Suponhamos, agora, ligar o banco dos itens precedentes com o primário em estrela com o centro-estrela aterrado por meio de impedância Z_N e o secundário ligado em triângulo. Com finalidade puramente didática, vamos separar a impedância de curto-circuito nas parcelas referentes ao primário e ao secundário, isto é, sejam

Z_{pp} = impedância de curto-circuito do primário;

Z_{ss} = impedância de curto-circuito do secundário.

Evidentemente, temos

$$Z_p = z \frac{V_{pN}^2}{S_N} = Z_{pp} + \frac{N_p^2}{N_s^2} Z_{ss}.$$

Nestas condições (Fig. 3-32), observando que os pontos Q_A, Q_B e Q_C estão ao mesmo potencial, resulta

$$\dot{E}_s = Z_{ss}\dot{I}_s.$$

Mas, sendo

$$\dot{E}_p = \dot{E}_s \frac{N_p}{N_s} \quad e \quad \dot{I}_s = \dot{I}_p \frac{N_p}{N_s},$$

resulta

$$\dot{E}_p \frac{N_s}{N_p} = Z_{ss} \frac{N_p}{N_s} \dot{I}_p$$

ou, ainda,

$$\dot{E}_p = Z_{ss} \frac{N_p^2}{N_s^2} \dot{I}_p.$$

Por outro lado, no primário, temos

$$\dot{E}_o = \dot{E}_p + \dot{I}_p \left(Z_{pp} + 3Z_N \right)$$

ou, ainda

$$\dot{E}_o = \dot{I}_p \left(Z_{pp} + Z_{ss} \frac{N_p^2}{N_s^2} + 3Z_N \right) = \dot{I}_p \left(Z_p + 3Z_N \right)$$

de onde a impedância vista pelo primário é dada por

$$Z_{0p} = \frac{\dot{E}_o}{\dot{I}_p} = Z_p + 3Z_N$$

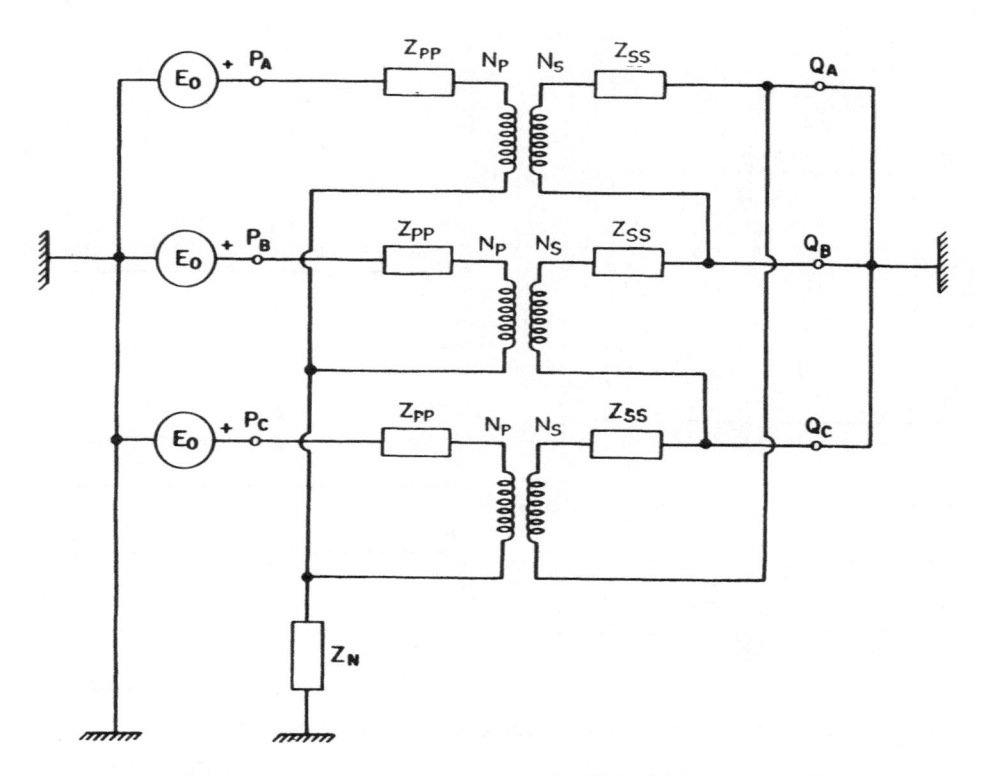

Figura 3-32. Ligação de banco Y/Δ para a determinação da impedância de seqüência zero

Por outro lado, observamos que, se alimentarmos o transformador com seqüência de fase zero pelo secundário (ligação Δ), não circulará corrente, pois os pontos Q_A, Q_B e Q_C estão ao mesmo potencial (conforme o caso precedente). Logo, a impedância de seqüência zero, vista pelo secundário, é infinita.

Nestas condições, é evidente que o transformador será representado, em valores p.u., por uma impedância $z + 3z_N$ ligada do ponto P à terra e o ponto Q estará desconexo (Fig. 3-33).

Em caso de transformador com o centro-estrela aterrado diretamente ou isolado, é suficiente [conforme item (2)] fazermos $Z_N = 0$ e $Z_N \to \infty$, respectivamente.

Acerca dos diagramas de seqüências direta e inversa, são válidas as considerações tecidas no item (2), porém com uma ressalva no que diz respeito à rotação de fase. De fato, no item 2.6.3, verificamos que, quando alimentamos o primário de um transformador ligado em estrela por tensões e correntes de linha $\dot{V}$ e $\dot{I}$, as tensões e correntes de linha no secundário ligado em triângulo estão atrasadas 30° em relação às primeiras quando a seqüência de fase é direta, e adiantadas 30° quando a seqüência de fase é inversa. Ora, em se tratando de trifásico simétrico, esta rotação de fase não introduz nenhum problema, de forma que simplesmente rodam todas as grandezas de um dos enrolamentos ±30°. Porém, quando tivermos, simultaneamente num circuito, uma seqüência direta e uma inversa, devido às rotações de fase opostas que ambas sofrem, é evidente que, se não tomarmos cuidados especiais, incorreremos em erro.

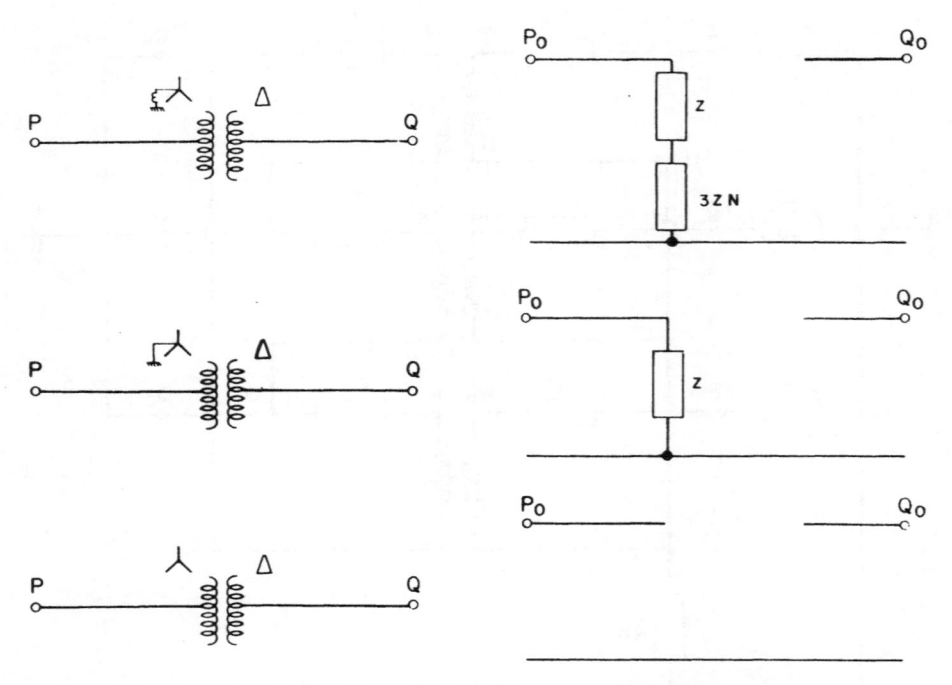

Figura 3-33. Diagrama de seqüência zero para transformador Y/Δ

Assim, em p.u., se tivermos, no primário, grandezas de seqüência de fase direta (índice 1) e de seqüência de fase inversa (índice 2), $\dot{v}_1, \dot{i}_1, \dot{v}_2$ e $\dot{i}_2$, estas grandezas, no secundário, valerão:

$$\dot{v}_1 \underline{|-30^0}, \ \dot{i}_1 \underline{|-30^0}, \ \dot{v}_2 \underline{|+30^0}, \text{ e } \dot{i}_2 \underline{|+30^0}$$

Portanto, no primário, será

$$\dot{v}_A = \dot{v}_1 + \dot{v}_2, \qquad \qquad \dot{i}_A = \dot{i}_1 + \dot{i}_2$$
$$\dot{v}_B = \alpha^2 \dot{v}_1 + \alpha \dot{v}_2, \qquad \qquad \dot{i}_B = \alpha^2 \dot{i}_1 + \alpha \dot{i}_2$$
$$\dot{v}_C = \alpha \dot{v}_1 + \alpha^2 \dot{v}_2, \qquad \qquad \dot{i}_C = \alpha \dot{i}_1 + \alpha^2 \dot{i}_2$$

e, no secundário, teremos:

$$\dot{v}_A = \dot{v}_1 \underline{|-30^0} + \dot{v}_2 \underline{|+30^0}, \qquad \qquad \dot{i}_A = \dot{i}_1 \underline{|-30^0} + \dot{i}_2 \underline{|+30^0}$$
$$\dot{v}_B = \alpha^2 \dot{v}_1 \underline{|-30^0} + \alpha \dot{v}_2 \underline{|+30^0}, \qquad \qquad \dot{i}_B = \alpha^2 \dot{i}_1 \underline{|-30^0} + \alpha \dot{i}_2 \underline{|+30^0}$$
$$\dot{v}_C = \alpha \dot{v}_1 \underline{|-30^0} + \alpha^2 \dot{v}_2 \underline{|+30^0}, \qquad \qquad \dot{i}_C = \alpha \dot{i}_1 \underline{|-30^0} + \alpha^2 \dot{i}_2 \underline{|+30^0}$$

Para melhor frisar tais idéias, representamos, na Fig. 3-34, um banco trifásico de transformadores ideais alimentado no primário por um trifásico simétrico e fornecendo energia a uma carga equilibrada, ligada no secundário.

Observamos que, se designarmos por Z, X e Y os terminais A, B, e C, respectivamente, e por X', Y' e Z' os terminais A', B', e C', respectivamente, a rotação de fase entre as grandezas primárias e secundárias será $90°$, isto é, para seqüência de fase direta,

$$\dot{V}_{XY} = -jK\dot{V}_{X'Y'}$$
$$\dot{V}_{YZ} = -jK\dot{V}_{Y'Z'}$$
$$\dot{V}_{ZX} = -jK\dot{V}_{Z'X'}$$

e, para inversa,

$$\dot{V}_{XY} = jK\dot{V}_{X'Y'}$$
$$\dot{V}_{YZ} = jK\dot{V}_{Y'Z'}$$
$$\dot{V}_{ZX} = jK\dot{V}_{Z'X'}$$

em que K é a relação de transformação.

Assim, notamos que, se trocarmos a designação dos terminais, simplificamos sobremaneira o cálculo, pois, ao invés de introduzir rotações de fase de $30°$, introduzimos $90°$. Estes conceitos serão melhor ilustrados pelo exemplo que segue.

EXEMPLO 3.10 - Um banco trifásico é constituído por três transformadores monofásicos ligados em triângulo - estrela aterrada, cada um com valores nominais de 13,8 kV, 127 kV, 10 MVA e $x =$ 7 %. No enrolamento de alta tensão, está ligada à fase A uma carga puramente indutiva monofásica que absorve 78,74A com tensões $\dot{V}_{A'N} = 118,11$ kV, $\dot{V}_{B'N} = \alpha^2 127$ kV e $\dot{V}_{C'N} = \alpha 127$ kV. Determinar a tensão e a corrente no primário.

SOLUÇÃO: Resolveremos o problema mantendo, inicialmente, os transformadores (Fig. 3-35). Adotando

$$\dot{V}_{A'N} = 118,1\underline{|0°}\ kV$$

temos

$$\dot{I}_{A'N} = -j78,74A$$

Por outro lado, a impedância de curto-circuito, referida ao secundário, vale

$$\overline{Z}_2 = j\,0,07\,\frac{127^2}{10} = j\,112,9\Omega$$

Portanto, será

$$\dot{E}_{AN} = \dot{V}_{A'N} + \dot{I}_{A'}\overline{Z}_2 = 118,11 - j\,78,74 \cdot j\,112,9 \cdot 10^{-3} = 127\ kV$$

No primário, teremos

$$\begin{bmatrix} \dot{E}_{AB} \\ \dot{E}_{BC} \\ \dot{E}_{CA} \end{bmatrix} = K \begin{bmatrix} \dot{E}'_{AN} \\ \dot{E}'_{BN} \\ \dot{E}'_{CN} \end{bmatrix} = \frac{13,8}{127} \begin{bmatrix} 127 \\ 127\alpha^2 \\ 127\alpha \end{bmatrix} = 13,8 \begin{bmatrix} 1 \\ \alpha^2 \\ \alpha \end{bmatrix} kV.$$

As correntes de fase no primário são

$$\begin{bmatrix} \dot{I}_{AB} \\ \dot{I}_{BC} \\ \dot{I}_{CA} \end{bmatrix} = \frac{1}{K} \begin{bmatrix} \dot{I}_{A'N} \\ \dot{I}_{B'N} \\ \dot{I}_{C'N} \end{bmatrix} = \frac{127}{13,8} \begin{bmatrix} -j78,74 \\ 0 \\ 0 \end{bmatrix} = \begin{bmatrix} -j724,63 \\ 0 \\ 0 \end{bmatrix} A.$$

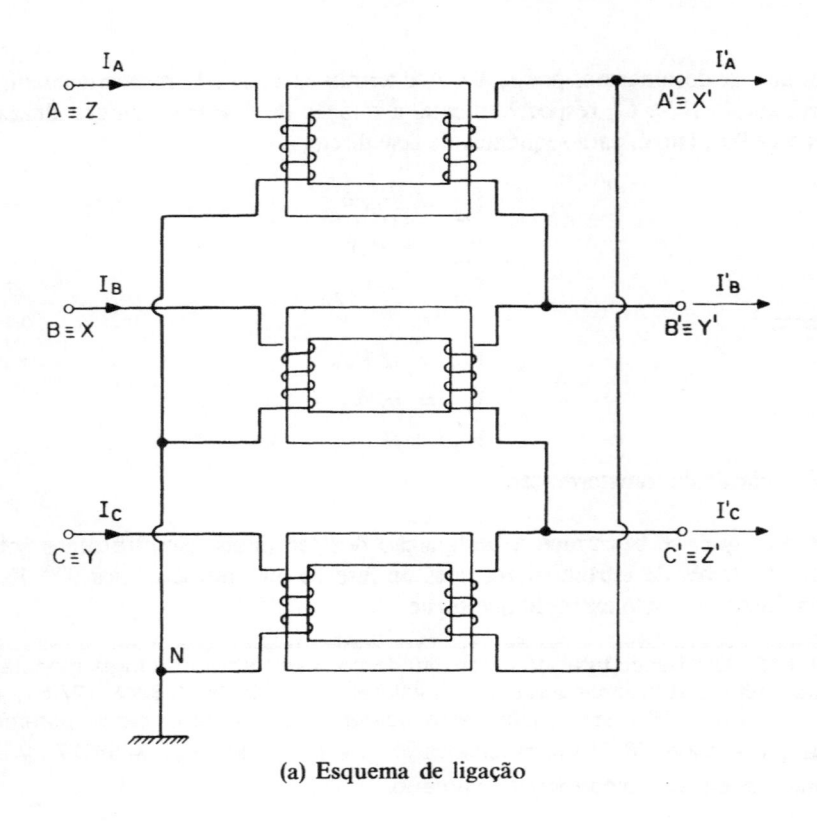

(a) Esquema de ligação

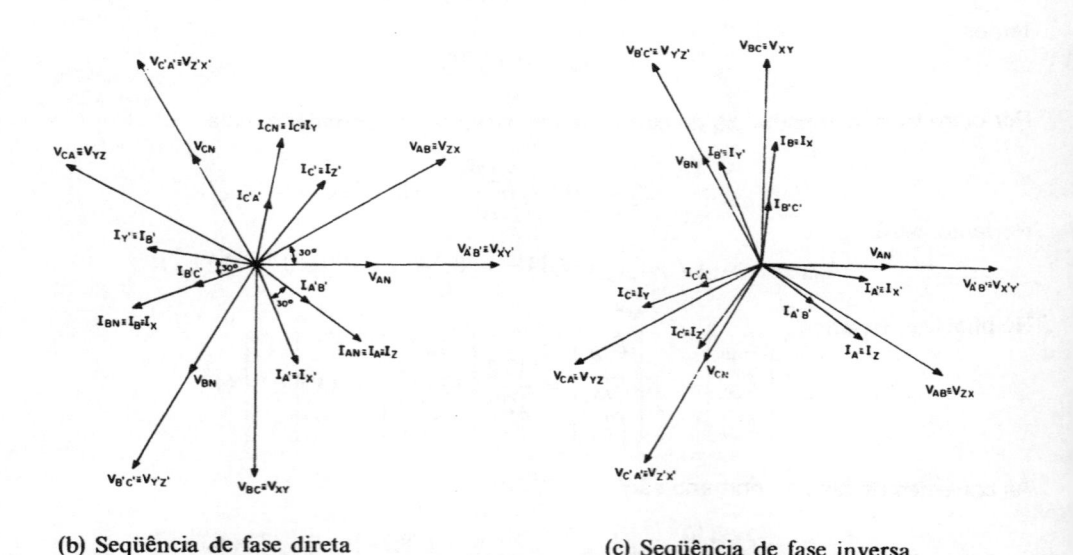

(b) Seqüência de fase direta

(c) Seqüência de fase inversa

Figura 3-34. Rotação de fase entre grandezas de linha do primário e secundário na ligação Y/Δ

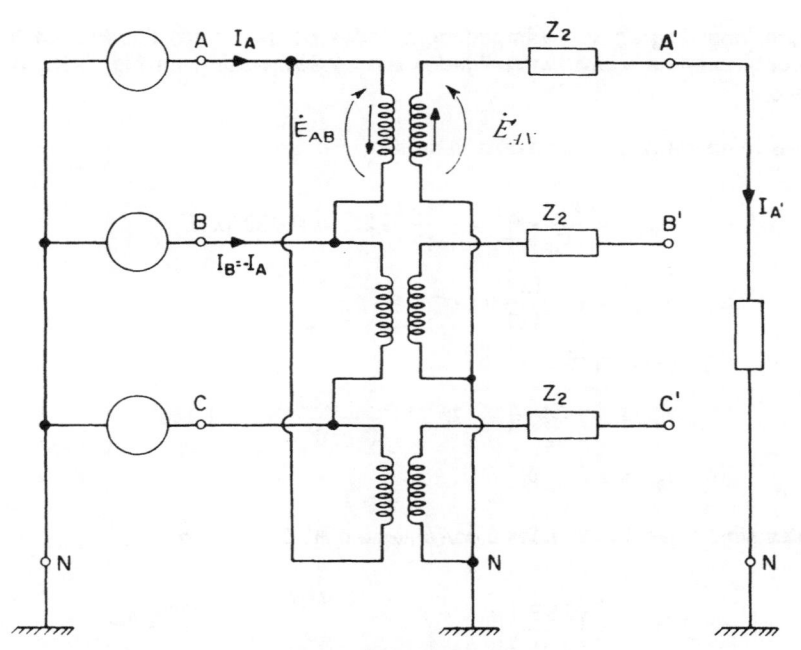

Figura 3-35. Circuito para o Ex. 3.10

As correntes de linha no primário valem

$$\begin{bmatrix} I_A \\ I_B \\ I_C \end{bmatrix} = \begin{bmatrix} I_{AB} \\ I_{BC} \\ I_{CA} \end{bmatrix} - \begin{bmatrix} I_{CA} \\ I_{AB} \\ I_{BC} \end{bmatrix} = \begin{bmatrix} -j724,63 \\ 0 \\ 0 \end{bmatrix} - \begin{bmatrix} 0 \\ -j724,63 \\ 0 \end{bmatrix} = \begin{bmatrix} -j724,63 \\ j724,63 \\ 0 \end{bmatrix} A.$$

As tensões de linha no primário e secundário valem

$$\begin{bmatrix} \dot{V}_{A'B'} \\ \dot{V}_{B'C'} \\ \dot{V}_{C'A'} \end{bmatrix} = \begin{bmatrix} \dot{V}_{A'N} \\ \dot{V}_{B'N} \\ \dot{V}_{C'N} \end{bmatrix} - \begin{bmatrix} \dot{V}_{B'N} \\ \dot{V}_{C'N} \\ \dot{V}_{A'N} \end{bmatrix} = \begin{bmatrix} 212\underline{|31,2^0} \\ 220\underline{|-90^0} \\ 212\underline{|148,8^0} \end{bmatrix} kV.$$

$$\begin{bmatrix} \dot{E}_{A'B'} \\ \dot{E}_{B'C'} \\ \dot{E}_{C'A'} \end{bmatrix} = \begin{bmatrix} \dot{E}_{A'N} \\ \dot{E}_{B'N} \\ \dot{E}_{C'N} \end{bmatrix} - \begin{bmatrix} \dot{E}_{B'N} \\ \dot{E}_{C'N} \\ \dot{E}_{A'N} \end{bmatrix} = \begin{bmatrix} 220\underline{|30^0} \\ 220\underline{|-90^0} \\ 220\underline{|150^0} \end{bmatrix} kV.$$

$$\begin{bmatrix} \dot{E}_{AB} \\ \dot{E}_{BC} \\ \dot{E}_{CA} \end{bmatrix} = \begin{bmatrix} \dot{E}_{AN} \\ \dot{E}_{BN} \\ \dot{E}_{CN} \end{bmatrix} - \begin{bmatrix} \dot{E}_{BN} \\ \dot{E}_{CN} \\ \dot{E}_{AN} \end{bmatrix} = \begin{bmatrix} 13,8\underline{|0^0} \\ 13,8\underline{|-120^0} \\ 13,8\underline{|120^0} \end{bmatrix} kV.$$

Passemos, agora, à aplicação de componentes simétricas em valores em p.u.. Adotando como bases de linha no primário 13,8 kV, 30 MVA resultarão, no secundário, os valores de base 220 kV, 30 MVA.

Lembramos que, nos diagramas de impedância, todos os elementos ligados em triângulo são substituídos por elementos equivalentes ligados em estrela. Assim, na Fig. 3-36, passamos do circuito *b* para o *c*.

Adotando a tensão na carga com fase nula, temos

$$\dot{v}_{A'N} = \frac{V_{A'N}}{V_{bf}} \underline{|0^0} = \frac{118,11}{127} \underline{|0^0} = 0,93 \underline{|0^0} p.\, u. \, ,$$

$$\dot{v}_{B'N} = \alpha^2 \frac{127}{127} = \alpha^2$$

$$\dot{v}_{C'N} = \alpha$$

$$i_{A'} = -j \frac{I'_A}{I'_b} = -j78,74 \frac{\sqrt{3} \cdot 220}{30 \cdot 10^3} = -j\,1,0 pu,$$

$$i_{B'} = i_{C'} = 0,$$

As componentes simétricas das tensões e correntes em *A'*, *B'* e *C'* são

$$\dot{v}_{A'N_0} = \frac{1}{3}\left(0,93 + \alpha^2 + \alpha\right) = -\frac{0,07}{3} = -0,0233 pu,$$

$$\dot{v}_{A'N_1} = \frac{1}{3}\left(0,93 + \alpha\alpha^2 + \alpha^2\alpha\right) = 0,9767 pu,$$

$$\dot{v}_{A'N_2} = \frac{1}{3}\left(0,93 + \alpha^2\alpha^2 + \alpha\alpha\right) = -0,0233 pu,$$

$$i_{A'_0} = i_{A'_1} = i_{A'_2} = \frac{i_{A'}}{3} = -j\,0,333 pu$$

Nos pontos M_0, M_1 e M_2 (Fig. 3-36 (d)), teremos

$$\dot{v}_{M_0} = 0,$$

$$\dot{v}_{M_1} = \dot{v}_{A'N_1} + i_{A'_1}\bar{z} = 0,9767 + \left(-j\frac{1}{3}\right)\cdot j0,07 = 1,0\,p.u.,$$

$$\dot{v}_{M_2} = \dot{v}_{A'N_2} + i_{A'_2}\bar{z} = -0,0233 + \left(-j\frac{1}{3}\right)\cdot j0,07 = 0,$$

$$i_{M_0} = 0 \quad ; \quad i_{M_1} = i_{M_2} = -j\frac{1}{3} = -j0,333\,p.u.$$

Nos pontos *A*, *B* e *C*, teremos

$$\dot{v}_{A_0} = 0, \qquad\qquad i_{A_0} = 0,$$

$$\dot{v}_{A_1} = 1,0\underline{|-30^0} pu, \qquad i_{A_1} = -j\frac{1}{3}\underline{|-30^0} pu,$$

$$\dot{v}_{A_2} = 0, \qquad\qquad i_{A_2} = -j\frac{1}{3}\underline{|30^0} pu.$$

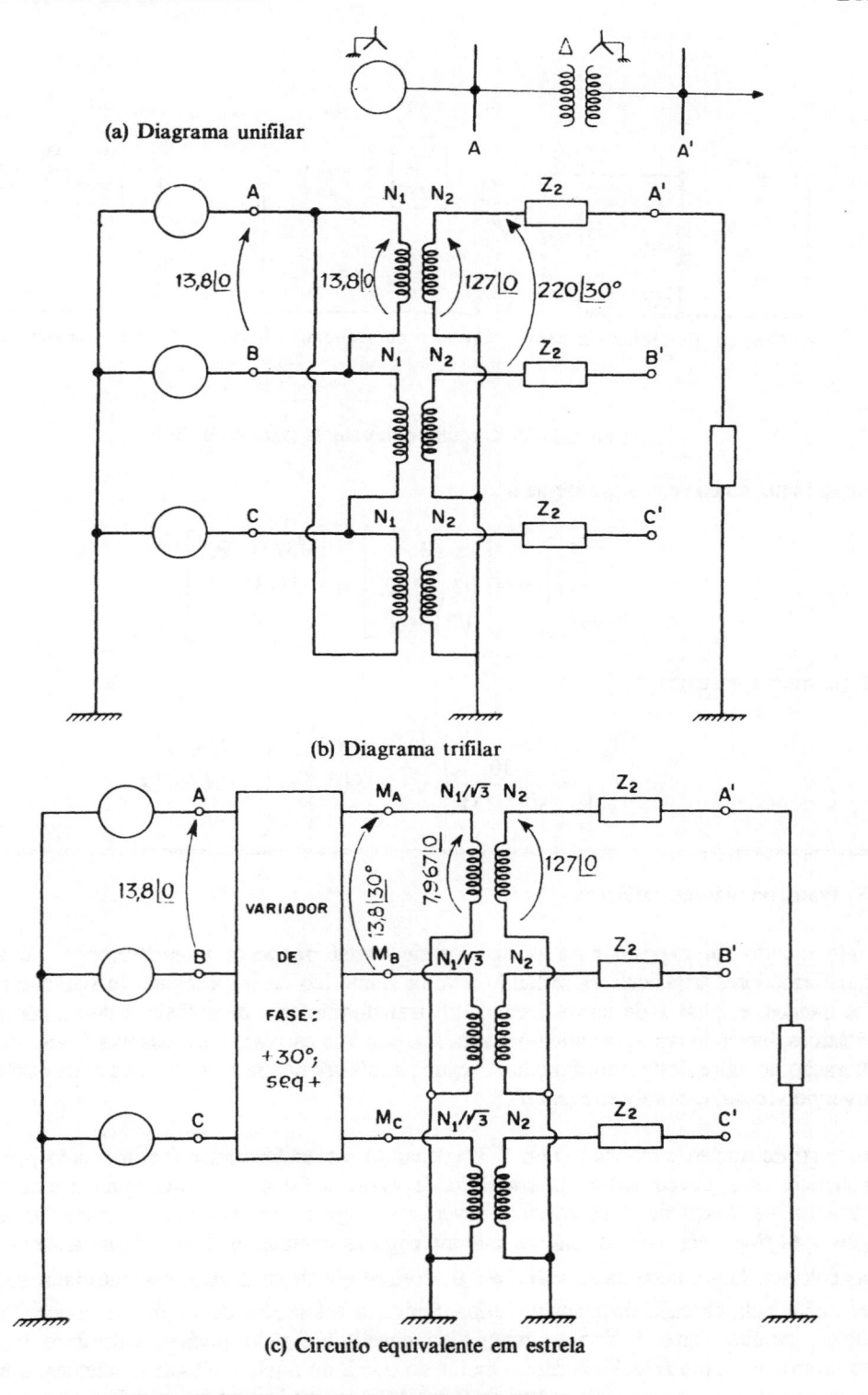

(a) Diagrama unifilar

(b) Diagrama trifilar

(c) Circuito equivalente em estrela

Figura 3-36. Circuito equivalente para o Ex. 3-10

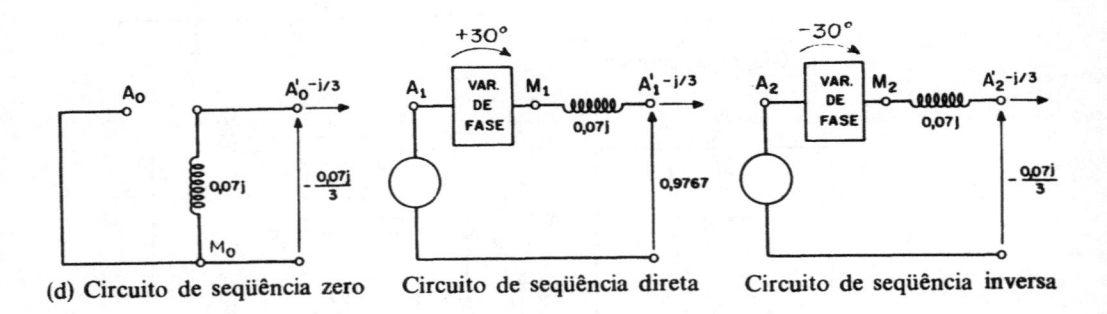

(d) Circuito de seqüência zero   Circuito de seqüência direta   Circuito de seqüência inversa

Figura 3-36. Circuito equivalente para o Ex. 3-10

Finalmente, as correntes primárias são

$$\begin{bmatrix} i_A \\ i_B \\ i_C \end{bmatrix} = \mathbf{T} \begin{bmatrix} 0 \\ 1/3 \, | \underline{-120^0} \\ 1/3 \, | \underline{-60^0} \end{bmatrix} = \begin{bmatrix} \sqrt{3}/3 \, | \underline{-90^0} \\ \sqrt{3}/3 \, | \underline{90^0} \\ 0 \end{bmatrix}$$

Em ampère, teremos

$$\begin{bmatrix} I_A \\ I_B \\ I_C \end{bmatrix} = \frac{30}{\sqrt{3} \cdot 13,8} \begin{bmatrix} \sqrt{3}/3 \, | \underline{-90^0} \\ \sqrt{3}/3 \, | \underline{90^0} \\ 0 \end{bmatrix} = \begin{bmatrix} -j724,63 \\ j724,63 \\ 0 \end{bmatrix} A.$$

(5) Transformadores trifásicos

Tudo quanto foi exposto para os bancos de transformadores monofásicos é válido para os transformadores trifásicos, excetuando o valor numérico da impedância de seqüência zero que, nos bancos, é igual à de curto-circuito dos transformadores monofásicos que o compõem. Nos trifásicos, havendo um acoplamento magnético entre os enrolamentos das três fases, ocorrerá uma alteração no valor desta impedância. A seguir, analisaremos seu valor no caso de núcleos do tipo envolvido (*core*) e envolvente (*shell*).

No caso de núcleo envolvido (Fig. 3-37), quando o transformador é alimentado por tensão de seqüência zero, devemos ter, na condição de vazio, a f.e.m. induzida igual à tensão aplicada. Portanto, os fluxos nas três colunas deverão ser iguais em módulo e deverão estar em fase $(E = 4,44 \, fN\phi)$. Na parte do núcleo que interliga as colunas, o fluxo é igual à soma dos fluxos das colunas. Logo, neste caso, vale $3\phi \neq 0$. Portanto, o fluxo deverá, obrigatoriamente, se fechar pelo ar e pela carcaça do transformador. Sendo a relutância do ar muito maior do que a do núcleo, resulta, para o circuito magnético constituído pelo núcleo, entreferro e tanque do transformador, uma relutância muito maior do que a do núcleo. Nestas condições, a impedância de vazio torna-se pequena, da ordem de 0,3 a 1,0 p.u., e não mais desprezível (lembramos que a impedância de vazio é ligada em paralelo).

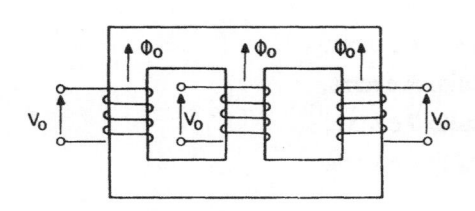

Figura 3-37. Transformador trifásico
com o núcleo envolvido

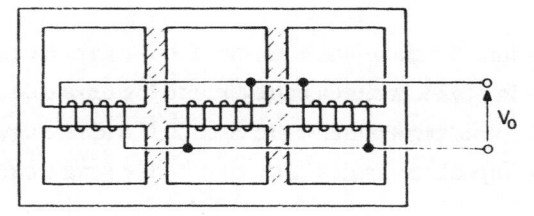

Figura 3-38. Transformador trifásico com o núcleo
envolvente

Nos núcleos envolventes (Fig. 3-38), as linhas de força são contidas completamente no núcleo. Portanto, sua impedância de vazio aproxima-se da de cada um dos monofásicos que constituem o banco trifásico (infinita). Devido à saturação existente nos trechos hachurados, a relutância é um pouco menor.

(6) Bancos de transformadores com três enrolamentos

Com o procedimento análogo ao dos itens anteriores, podemos determinar os circuitos equivalentes para seqüência zero que estão representados na Fig. 3-39, onde, conforme item 2.2.3, temos:

$$Z_p = \frac{1}{2}\left(Z_{12c} + Z_{13c} - Z_{23c}\right) = \frac{1}{2}\left(Z_{psc} + Z_{ptc} - Z_{stc}\right)$$

$$Z_s = \frac{1}{2}\left(Z_{12c} + Z_{23c} - Z_{13c}\right) = \frac{1}{2}\left(Z_{psc} + Z_{stc} - Z_{ptc}\right)$$

$$Z_t = \frac{1}{2}\left(Z_{13c} + Z_{23c} - Z_{12c}\right) = \frac{1}{2}\left(Z_{ptc} + Z_{stc} - Z_{psc}\right)$$

3.5.7 - LINHAS DE CIRCUITOS DIFERENTES COM INDUTÂNCIAS MÚTUAS

Em muitos casos, temos linhas de circuitos diferentes que se desenvolvem de modo paralelo ou, então, linhas de circuitos diferentes que estão montadas na mesma torre; em ambos os casos, devido à proximidade entre as linhas, teremos um acoplamento magnético, ou seja, haverá indutâncias mútuas entre os circuitos constituídos pelas fases A, B, C e terra de uma das linhas com as fases A, B, C e terra da outra. Ou seja, existirá um total de nove indutâncias mútuas.

Vamos analisar como estas indutâncias mútuas alterarão os diagramas seqüenciais. Para tanto, sejam dois trechos de linha (Fig. 3-40), uma que vai dos pontos A, B, C a A', B', C' e a outra que vai dos pontos R, S, T a R', S', T', tendo as seguintes impedâncias mútuas:

Z_{AR} - impedância mútua entre circuito A e terra e circuito R e terra;

Z_{AS} - impedância mútua entre circuito A e terra e circuito S e terra;

Z_{AT} - impedância mútua entre circuito A e terra e circuito T e terra;

Z_{BR} - impedância mútua entre circuito B e terra e circuito R e terra;

Z_{BS} - impedância mútua entre circuito B e terra e circuito S e terra;

Z_{BT} - impedância mútua entre circuito B e terra e circuito T e terra;

Z_{CR} - impedância mútua entre circuito C e terra e circuito R e terra;

Z_{CS} - impedância mútua entre circuito C e terra e circuito S e terra;

Z_{CT} - impedância mútua entre circuito C e terra e circuito T e terra.

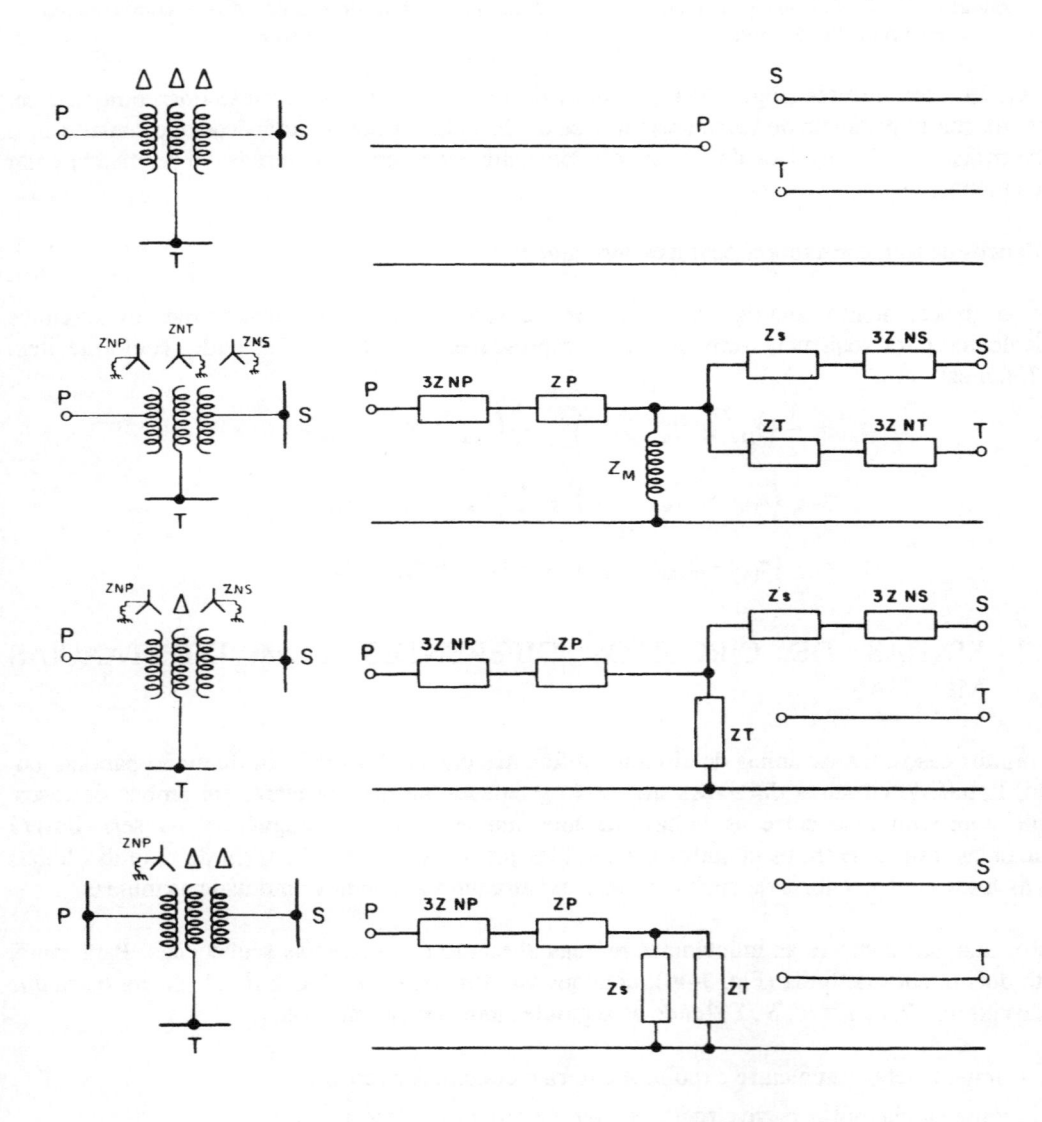

Figura 3-39. Diagramas de seqüência zero para transformadores com três enrolamentos.

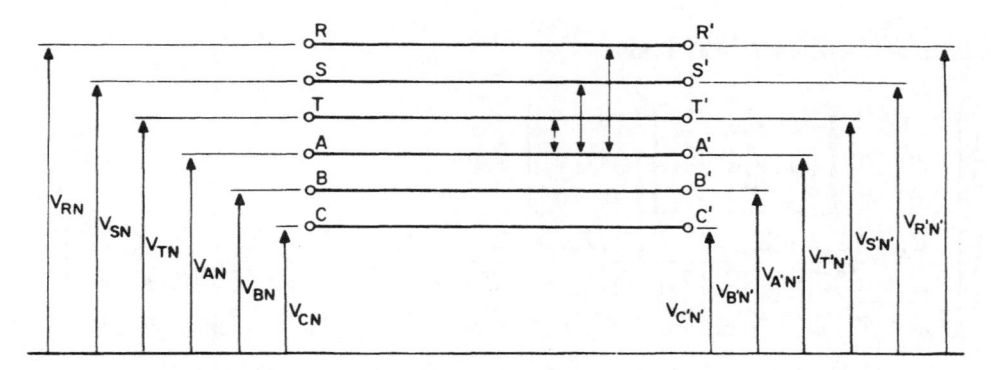

Figura 3-40. Dois trechos de linhas em paralelo

Evidentemente, as quedas de tensão ao longo da linha A, B, C - A', B', C', devido às correntes I_A, I_B e I_C que as percorrem, não se alteram, pela existência das mútuas com a linha R, S, T - R', S', T'. Portanto, é suficiente calcularmos a queda de tensão que surge por efeito destas mútuas. Podemos considerar nulas as correntes I_A, I_B e I_C que percorrem a linha A, B, C - A', B', C' e calcular a queda de tensão que surge nesta quando a linha R, S, T - R', S', T' é percorrida pelas correntes I_R, I_S e I_T. Nestas condições, temos

$$\begin{bmatrix} \dot{V}_{AN} \\ \dot{V}_{BN} \\ \dot{V}_{CN} \end{bmatrix} - \begin{bmatrix} \dot{V}_{A'N'} \\ \dot{V}_{B'N'} \\ \dot{V}_{C'N'} \end{bmatrix} = \begin{bmatrix} Z_{AR} & Z_{AS} & Z_{AT} \\ Z_{BR} & Z_{BS} & Z_{BT} \\ Z_{CR} & Z_{CS} & Z_{CT} \end{bmatrix} \begin{bmatrix} I_R \\ I_S \\ I_T \end{bmatrix},$$

sendo

$$\begin{bmatrix} \dot{V}_{AN} \\ \dot{V}_{BN} \\ \dot{V}_{CN} \end{bmatrix} = \mathbf{T} \begin{bmatrix} \dot{V}_{A0} \\ \dot{V}_{A1} \\ \dot{V}_{A2} \end{bmatrix}, \quad \begin{bmatrix} \dot{V}_{A'N'} \\ \dot{V}_{B'N'} \\ \dot{V}_{C'N'} \end{bmatrix} = \mathbf{T} \begin{bmatrix} \dot{V}_{A'0} \\ \dot{V}_{A'1} \\ \dot{V}_{A'2} \end{bmatrix}, \quad \begin{bmatrix} I_R \\ I_S \\ I_T \end{bmatrix} = \mathbf{T} \begin{bmatrix} I_{R0} \\ I_{R1} \\ I_{R2} \end{bmatrix},$$

Substituindo esses valores na equação anterior e pré-multiplicando ambos os membros por $\mathbf{T}^{-1}$, obtemos

$$\begin{bmatrix} \dot{V}_{A0} - \dot{V}_{A'0} \\ \dot{V}_{A1} - \dot{V}_{A'1} \\ \dot{V}_{A2} - \dot{V}_{A'2} \end{bmatrix} = \mathbf{T}^{-1} \begin{bmatrix} Z_{AR} & Z_{AS} & Z_{AT} \\ Z_{BR} & Z_{BS} & Z_{BT} \\ Z_{CR} & Z_{CS} & Z_{CT} \end{bmatrix} \mathbf{T} \begin{bmatrix} I_{R0} \\ I_{R1} \\ I_{R2} \end{bmatrix}.$$

Vamos calcular o produto $\mathbf{T^{-1}ZT}$. Temos

$$\frac{1}{3}\begin{bmatrix} 1 & 1 & 1 \\ 1 & \alpha & \alpha^2 \\ 1 & \alpha^2 & \alpha \end{bmatrix}\begin{bmatrix} Z_{AR} & Z_{AS} & Z_{AT} \\ Z_{BR} & Z_{BS} & Z_{BT} \\ Z_{CR} & Z_{CS} & Z_{CT} \end{bmatrix}\begin{bmatrix} 1 & 1 & 1 \\ 1 & \alpha^2 & \alpha \\ 1 & \alpha & \alpha^2 \end{bmatrix} =$$

$$\frac{1}{3}\left[\begin{array}{c:c:c} Z_{AR}+Z_{BR}+Z_{CR} & Z_{AS}+Z_{BS}+Z_{CS} & Z_{AT}+Z_{BT}+Z_{CT} \\ \hdashline Z_{AR}+\alpha Z_{BR}+\alpha^2 Z_{CR} & Z_{AS}+\alpha Z_{BS}+\alpha^2 Z_{CS} & Z_{AT}+\alpha Z_{BT}+\alpha^2 Z_{CT} \\ \hdashline Z_{AR}+\alpha^2 Z_{BR}+\alpha Z_{CR} & Z_{AS}+\alpha^2 Z_{BS}+\alpha Z_{CS} & Z_{AT}+\alpha^2 Z_{BT}+\alpha Z_{CT} \end{array}\right]\begin{bmatrix} 1 & 1 & 1 \\ 1 & \alpha^2 & \alpha \\ 1 & \alpha & \alpha^2 \end{bmatrix}$$

Fazendo

$$Z_{A0}=\frac{Z_{AR}+Z_{AS}+Z_{AT}}{3} \qquad Z_{B0}=\frac{Z_{BR}+Z_{BS}+Z_{BT}}{3} \qquad Z_{C0}=\frac{Z_{CR}+Z_{CS}+Z_{CT}}{3}$$

$$Z_{A1}=\frac{Z_{AR}+\alpha Z_{AS}+\alpha^2 Z_{AT}}{3} \qquad Z_{B1}=\frac{Z_{BR}+\alpha Z_{BS}+\alpha^2 Z_{BT}}{3} \qquad Z_{C1}=\frac{Z_{CR}+\alpha Z_{CS}+\alpha^2 Z_{CT}}{3}$$

$$Z_{A2}=\frac{Z_{AR}+\alpha^2 Z_{AS}+\alpha Z_{AT}}{3} \qquad Z_{B2}=\frac{Z_{BR}+\alpha^2 Z_{BS}+\alpha Z_{BT}}{3} \qquad Z_{C2}=\frac{Z_{CR}+\alpha^2 Z_{CS}+\alpha Z_{CT}}{3}$$

resulta

$$\mathbf{T^{-1}ZT}=\left[\begin{array}{c:c:c} Z_{A0}+Z_{B0}+Z_{C0} & Z_{A2}+Z_{B2}+Z_{C2} & Z_{A1}+Z_{B1}+Z_{C1} \\ \hdashline Z_{A0}+\alpha Z_{B0}+\alpha^2 Z_{C0} & Z_{A2}+\alpha Z_{B2}+\alpha^2 Z_{C2} & Z_{A1}+\alpha Z_{B1}+\alpha^2 Z_{C1} \\ \hdashline Z_{A0}+\alpha^2 Z_{B0}+\alpha Z_{C0} & Z_{A2}+\alpha^2 Z_{B2}+\alpha Z_{C2} & Z_{A1}+\alpha^2 Z_{B1}+\alpha Z_{C1} \end{array}\right]$$

Salientamos que, na maioria dos casos práticos, todas as mútuas são iguais entre si. Portanto, resulta

$$Z_{A0}=Z_{B0}=Z_{C0}=Z_M, \qquad Z_{A1}=Z_{B1}=Z_{C1}=Z_{A2}=Z_{B2}=Z_{C2}=0.$$

Teremos, portanto,

$$\begin{bmatrix} \dot{V}_{A0}-\dot{V}_{A'0} \\ \dot{V}_{A1}-\dot{V}_{A'1} \\ \dot{V}_{A2}-\dot{V}_{A'2} \end{bmatrix}=\begin{bmatrix} 3Z_M & 0 & 0 \\ 0 & 0 & 0 \\ 0 & 0 & 0 \end{bmatrix}\begin{bmatrix} I_{R0} \\ I_{R1} \\ I_{R2} \end{bmatrix}.$$

Nestas condições, haverá uma indutância mútua entre os circuitos de seqüência zero, não existindo interação entre os circuitos de seqüência direta e inversa (Fig. 3-41). Pode-se demonstrar a validade da aproximação de considerar as indutâncias mútuas iguais entre si, o que não é escopo deste livro.

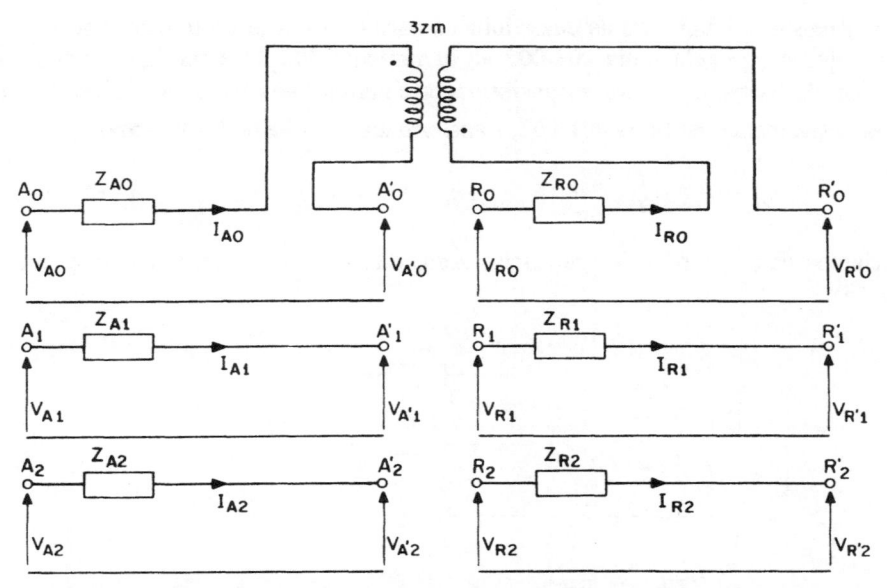

Figura 3-41. Diagramas seqüenciais de duas linhas com mútuas

3.5.8 - ASSOCIAÇÃO EM SÉRIE DE ELEMENTOS

Já vimos que a primeira lei de Kirchhoff é válida em termos das componentes simétricas e que podemos aplicar a segunda lei em cada seqüência sem que haja interação entre seqüências (mútuas nulas) desde que a matriz de impedâncias seja diagonalizável pela transformação de componentes simétricas.

Nestas condições, quando tivermos dois elementos em série, p. ex., duas linhas, as tensões e as correntes no fim da primeira linha são iguais àquelas do início da segunda; consequentemente, as componentes simétricas serão iguais. Logo, os circuitos seqüenciais deverão ser associados em série.

Exemplificando: consideremos o caso de uma linha que fornece potência a um barramento do qual são alimentados um transformador e outra linha (Fig. 3-42).

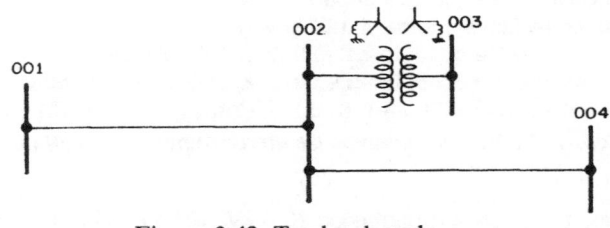

Figura 3-42. Trecho de rede

No barramento, a tensão é igual para as duas linhas e para o primário do transformador. Além disso, a corrente que chega pela linha 001-002 ao barramento 002 deve ser igual à soma das correntes que saem do barramento para o transformador e para a linha 002-004. Sendo i_r, i_s e i_t as correntes, respectivamente, na linha 001-002, transformador e linha 002-004, temos

$$i_{r0} = i_{s0} + i_{t0} \qquad i_{r1} = i_{s1} + i_{t1} \qquad i_{r2} = i_{s2} + i_{t2}$$

Portanto, associamos os diagramas de seqüências zero, direta e inversa com o ponto 002 em comum (Fig. 3-43).

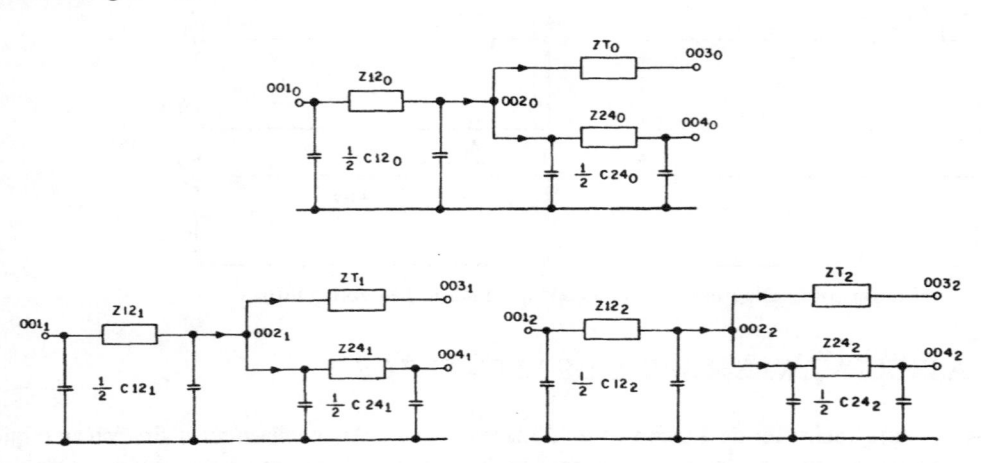

Figura 3-43. Diagramas seqüenciais para a rede da Fig. 3-42.

EXEMPLO 3.11 - A rede trifásica da Fig. 3-44 é alimentada por um gerador trifásico simétrico. Conhecendo-se:

(1) A carga alimentada pela barra 001: trifásica, equilibrada, ligada em estrela, com centro-estrela aterrado, tendo, por fase, impedância de $190,44\underline{/37^0}$ Ω.

(2) A carga alimentada pela barra 005: trifásica, equilibrada, ligada em triângulo, tendo, por fase, impedância de $4840\underline{/30^0}$ Ω.

(3) Demais barras: sem carga.

(4) Impedâncias das linhas (iguais para as três fases) nas bases 220 kV, 100 MVA.
Impedância em série própria: $(0,002 + j0,010)$ pu/km
Impedância mútua entre fases: $j0,004$ pu/km
Impedância mútua entre fases e terra: $j0,001$ pu/km
Admitância em paralelo entre condutores: $j0,002 \times 10^{-3}$ pu/km
Admitância em paralelo entre condutores e terra: $j0,00073 \times 10^{-3}$ pu/km

(5) Comprimento das linhas: (2-3: 100 km), (2-5 : 70 km), (5-6 : 80 km) e (3-5 : 70 km);

(6) Alternador: 13,8 kV, 100 MVA, impedância de aterramento $\bar{z}_M = 0,4j$ pu.;

(7) Transformadores

    T-1: banco trifásico tendo cada monofásico 13,8 kV, 127 kV, 30 MVA, x = 0,08j p.u.
    T-2: trifásico, 69 kV, 220 kV, 50 MVA, x = 0,08j p.u., $x_0 = 0,06j$ p.u.

Determinar o diagrama de impedâncias.

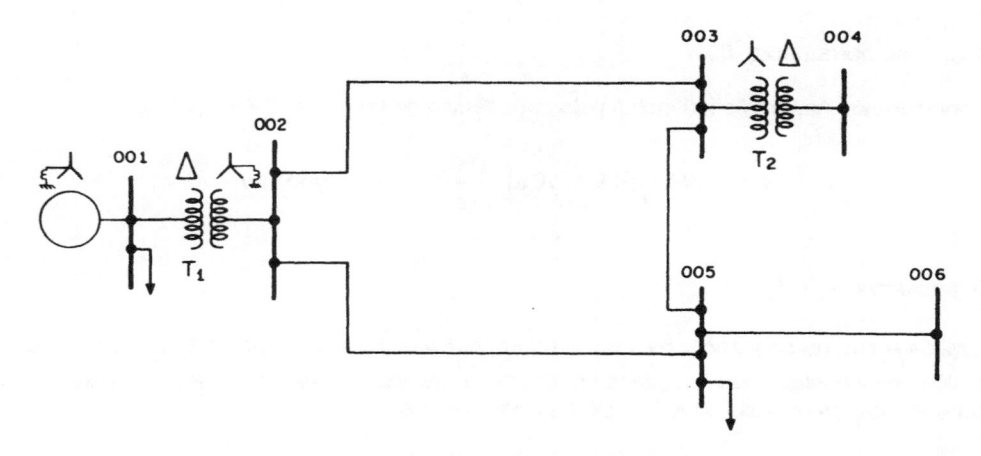

Figura 3-44. Diagrama unifilar para o Ex. 3-11.

SOLUÇÃO:

(a) VALORES DE BASE

Adotamos, no barramento 001,

$$V_b = 13,8kV \qquad S_b = 100MVA$$

No barramento 002, resulta

$$V_b' = 13,8 \frac{\sqrt{3} \cdot 127}{13,8} = 220kV \qquad S_b = 100MVA$$

No barramento 004, temos

$$V_b'' = 220 \frac{69}{220} = 69kV \qquad S_b = 100MVA .$$

(b) DIAGRAMA DE IMPEDÂNCIAS

b.1 - Gerador

O gerador é trifásico simétrico com seqüência de fase direta. Portanto, as componentes simétricas de sua f.e.m. serão

$$\dot{e}_0 = \dot{e}_2 = 0 \qquad \dot{e}_1 = \dot{e}$$

Assim, na seqüência zero, será representado pela pela impedância $3\bar{z}_n + \bar{z}_0$, na seqüência direta, por f.e.m. $(\dot{e})$, em série com uma impedância $\bar{z}_1$ e , na seqüência inversa, por uma impedância $\bar{z}_2$ (Fig. 3-45).

b.2 - Carga no barramento 001

Será representado nas três seqüências pela impedância de fase (Fig. 3-45), isto é,

$$z_c = 190,44(0,8 + j0,6)\frac{100}{13,8^2} = (80 + j60)\ pu$$

b.3 - Transformador T-1

Será representado na seqüência zero por uma impedância z_T entre o ponto 002 e a terra, com o ponto 001 desconexo. Nas seqüências direta e inversa, será representado pela mesma impedância, com os pontos 001 e 002 interligados. Temos

$$z_T = j0,08\ \frac{13,8^2}{90}\ \frac{100}{13,8^2} = j0,088\ pu$$

b.4 - Linhas

Como as três linhas têm os mesmos parâmetros, variando somente o comprimento, determinaremos, inicialmente, os valores para o diagrama de impedância, em pu de comprimento, isto é:

$$z_0' = z + 2z_M - 6z_{MG} + 3z_G = (0,002 + j0,012)\ pu\ /\ km$$

$$z_1' = z_2' = z - z_M = (0,002 + j0,006)\ pu\ /\ km$$

$$y_0' = \frac{1}{2}\ j0,00073 \times 10^{-3} = j0,00036 \times 10^{-3}\ pu\ /\ km$$

$$y_1' = y_2' = \frac{1}{2}\ j(0,00073 + 3 \cdot 0,0020) \times 10^{-3} = j0,00337 \times 10^{-3}\ pu\ /\ km$$

Para cada uma das linhas, resultarão estes valores multiplicados pelo comprimento.

b.5 - Transformador T-2

Como o primário está em estrela, com centro-estrela isolado, será representado no diagrama de seqüência zero por uma impedância infinita. Nos diagramas de seqüências direta e inversa, será representado pelas impedâncias

$$z_T = j0,08\ \frac{220^2}{50}\ \frac{100}{220^2} = j0,16\ pu$$

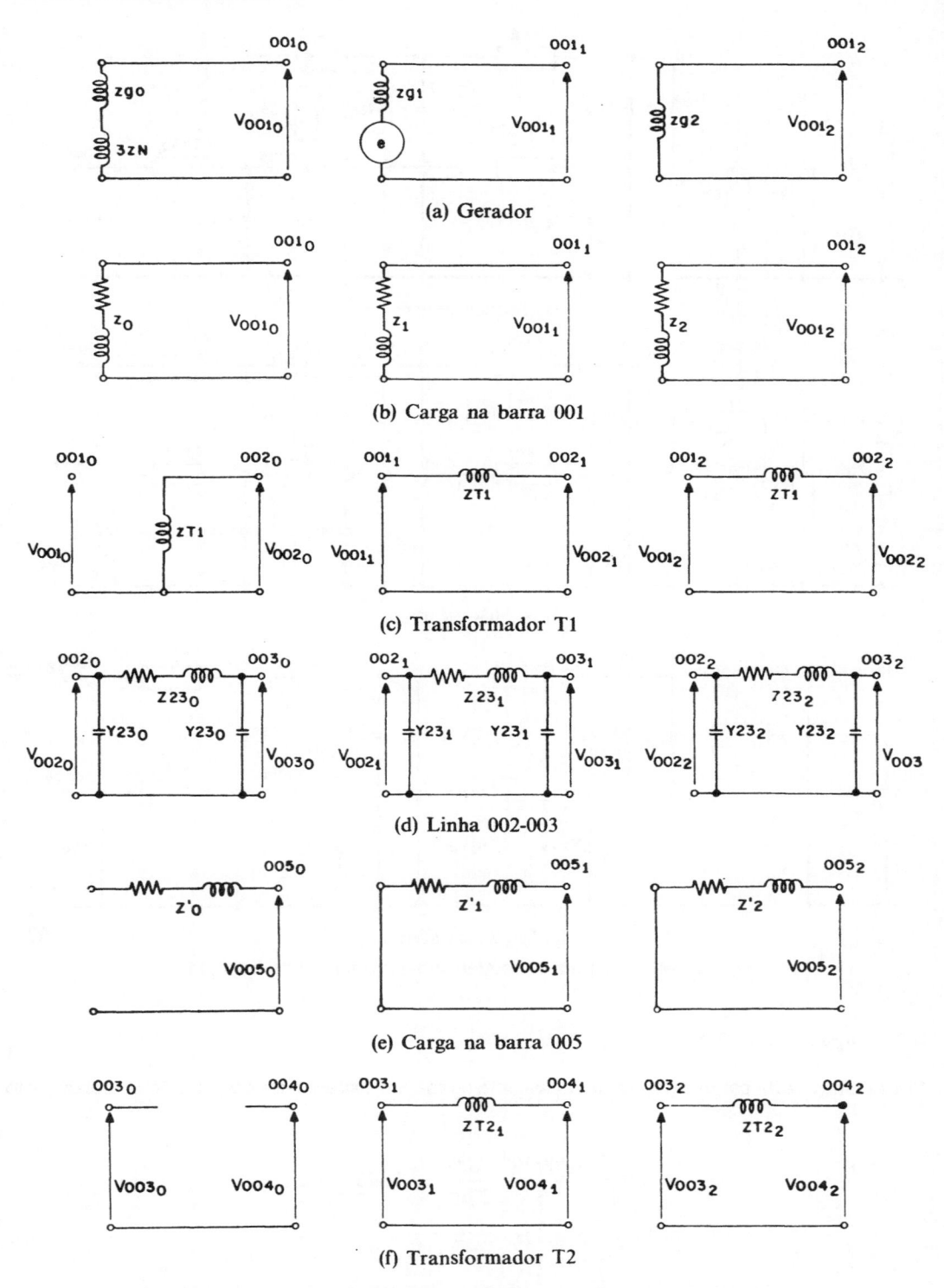

Figura 3-45. Diagramas sequenciais para os elementos do Ex. 3.11.

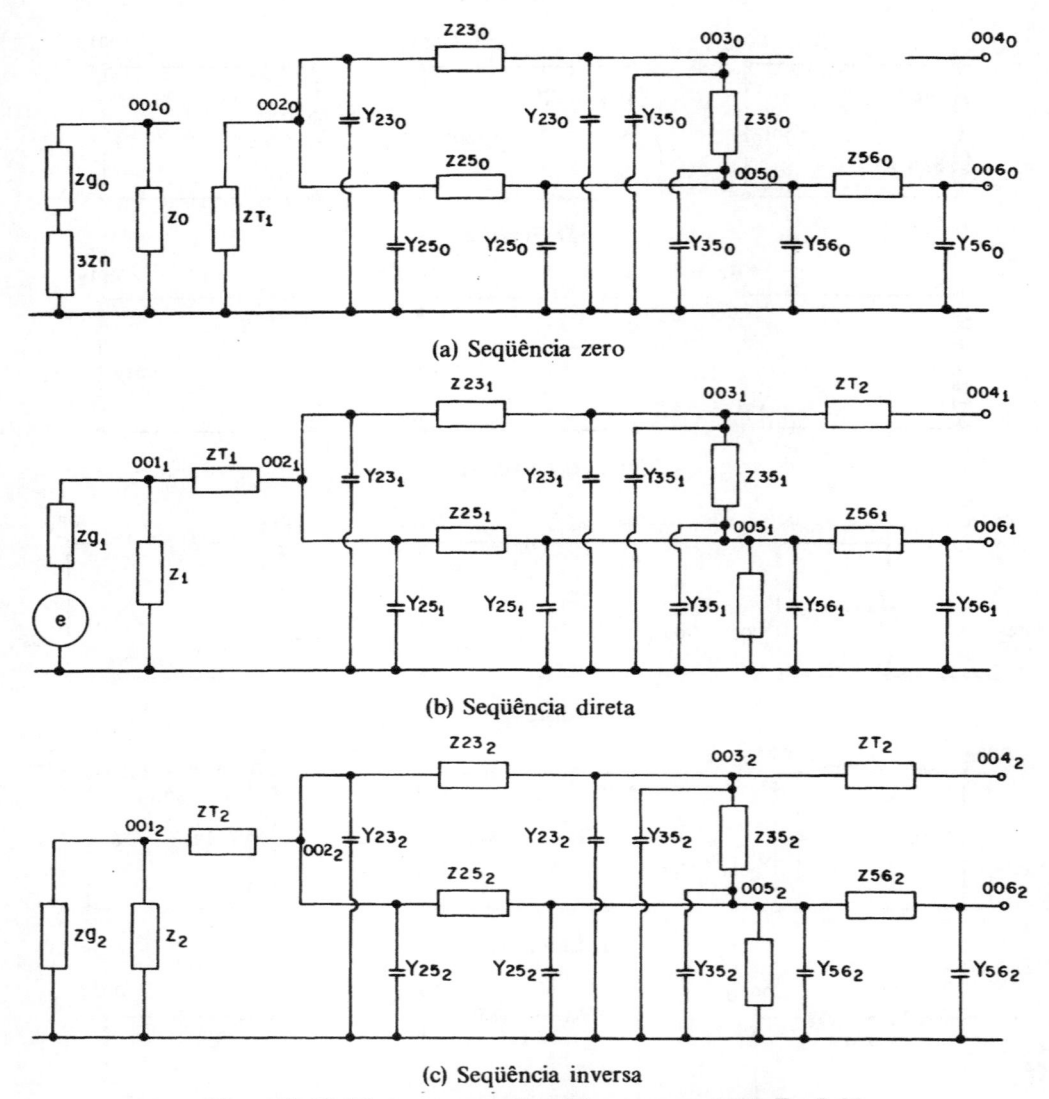

(a) Seqüência zero

(b) Seqüência direta

(c) Seqüência inversa

Figura 3-46. Diagramas seqüenciais para a rede do Ex. 3.11.

b.6 - Carga na barra 005

Substituímos esta carga pela carga equivalente ligada em estrela com centro-estrela isolado, isto é,

$$z = \frac{4840\underline{|30^0}}{3} \frac{100}{220^2} = 3,33\underline{|30^0} \ pu$$

(c) Diagramas seqüenciais

Na Fig. 3-46, estão representados os três diagramas seqüenciais, para cada um dos elementos do sistema.

3.6 - RESOLUÇÃO DE REDES TRIFÁSICAS SIMÉTRICAS E EQUILIBRADAS COM CARGA DESEQUILIBRADA

3.6.1 - INTRODUÇÃO

O método geral para o estudo de redes trifásicas simétricas e equilibradas com carga desequilibrada pode ser resumido nas seguintes passagens:

(1) Eliminamos da rede a carga desequilibrada;
(2) Representamos a rede equilibrada por seus diagramas seqüenciais;
(3) Determinamos as relações entre as componentes simétricas das correntes e tensões na carga desequilibrada;
(4) Determinamos, a partir dos diagramas seqüenciais, as relações entre as componentes simétricas das tensões e correntes no ponto de ligação da carga.
(5) Igualamos as componentes simétricas das tensões e correntes na carga e no ponto de ligação da carga e, destas equações, determinamos os valores das correntes e tensões.

Exemplificando: seja uma rede trifásica simétrica e equilibrada qualquer, e suponhamos ligar a um nó P genérico uma carga trifásica desequilibrada (Fig. 3-47). Montamos os diagramas seqüenciais da rede e determinamos, nos nós P_0, P_1 e P_2, os geradores equivalentes de Thévenin, obtendo as equações

$$V_{P_0} = \dot{E}_0 - Z_{00}I_0, \qquad V_{P_1} = \dot{E}_1 - Z_{11}I_1, \qquad V_{P_2} = \dot{E}_2 - Z_{22}I_2 \qquad (3.26)$$

Por outro lado, na carga, teremos

$$\begin{bmatrix} V_{PA} \\ V_{PB} \\ V_{PC} \end{bmatrix} = \begin{bmatrix} Z_A & 0 & 0 \\ 0 & Z_B & 0 \\ 0 & 0 & Z_C \end{bmatrix} \begin{bmatrix} I_A \\ I_B \\ I_C \end{bmatrix},$$

ou

$$\begin{bmatrix} V_{P_0} \\ V_{P_1} \\ V_{P_2} \end{bmatrix} = \mathbf{T}^{-1}\mathbf{Z}\mathbf{T} \begin{bmatrix} I_0 \\ I_1 \\ I_2 \end{bmatrix} = \begin{bmatrix} Z_0 & Z_2 & Z_1 \\ Z_1 & Z_0 & Z_2 \\ Z_2 & Z_1 & Z_0 \end{bmatrix} \begin{bmatrix} I_0 \\ I_1 \\ I_2 \end{bmatrix},$$

donde será

$$\dot{V}_{P_0} = Z_0\dot{I}_0 + Z_2\dot{I}_1 + Z_1\dot{I}_2, \quad \dot{V}_{P_1} = Z_1\dot{I}_0 + Z_0\dot{I}_1 + Z_2\dot{I}_2, \quad \dot{V}_{P_2} = Z_2\dot{I}_0 + Z_1\dot{I}_1 + Z_0\dot{I}_2 \quad (3.27)$$

Das Eqs. (3.26) e (3.27), obtemos

$$\dot{E}_0 - Z_{00}\dot{I}_0 = Z_0\dot{I}_0 + Z_2\dot{I}_1 + Z_1\dot{I}_2,$$
$$\dot{E}_1 - Z_{11}\dot{I}_1 = Z_1\dot{I}_0 + Z_0\dot{I}_1 + Z_2\dot{I}_2,$$
$$\dot{E}_2 - Z_{22}\dot{I}_2 = Z_2\dot{I}_0 + Z_1\dot{I}_1 + Z_0\dot{I}_2$$

donde resulta

$$\dot{E}_0 = \left(Z_0 + Z_{00}\right)\dot{I}_0 + Z_2\dot{I}_1 + Z_1\dot{I}_2,$$
$$\dot{E}_1 = Z_1\dot{I}_0 + \left(Z_0 + Z_{11}\right)\dot{I}_1 + Z_2\dot{I}_2, \quad (3.28)$$
$$\dot{E}_2 = Z_2\dot{I}_0 + Z_1\dot{I}_1 + \left(Z_0 + Z_{22}\right)\dot{I}_2$$

Nas Eqs. (3.28), conhecemos os valores das f.e.m. e das impedâncias. Portanto, podemos determinar os valores das componentes simétricas das correntes que, substituídas nas Eqs. (3.26) ou nas (3.27), fornecem os valores das componentes simétricas das tensões nas cargas.

Nas seções subseqüentes, estudaremos, de início, o caso geral de carga constituída por três impedâncias quaisquer e, posteriormente, estudaremos alguns casos particulares que ocorrem com freqüência.

3.6.2 - CARGA DESEQUILIBRADA EM ESTRELA COM CENTRO-ESTRELA ISOLADO

Seja a rede da Fig. 3-48, à qual ligamos, no nó P, uma carga constituída pelas impedâncias Z_A, Z_B e Z_C ligadas em estrela com o centro-estrela N isolado. Designando simplesmente por A, B, C e N os pontos P_A, P_B, P_C e P_N, resulta

$$\begin{bmatrix} \dot{V}_{AN'} \\ \dot{V}_{BN'} \\ \dot{V}_{CN'} \end{bmatrix} = \begin{bmatrix} Z_A & 0 & 0 \\ 0 & Z_B & 0 \\ 0 & 0 & Z_C \end{bmatrix} \begin{bmatrix} \dot{I}_A \\ \dot{I}_B \\ \dot{I}_C \end{bmatrix}.$$

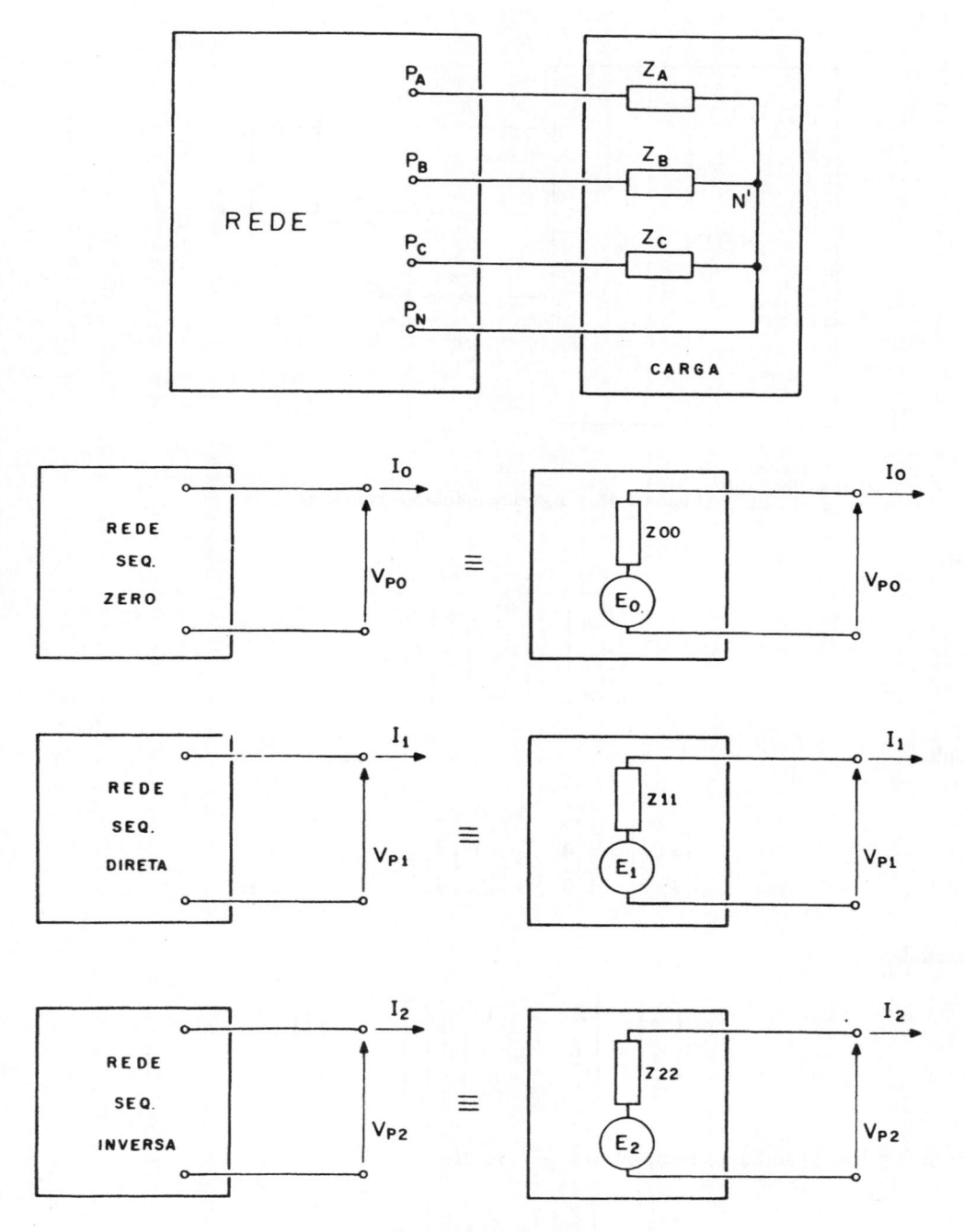

Figura 3-47. Diagrama de impedâncias

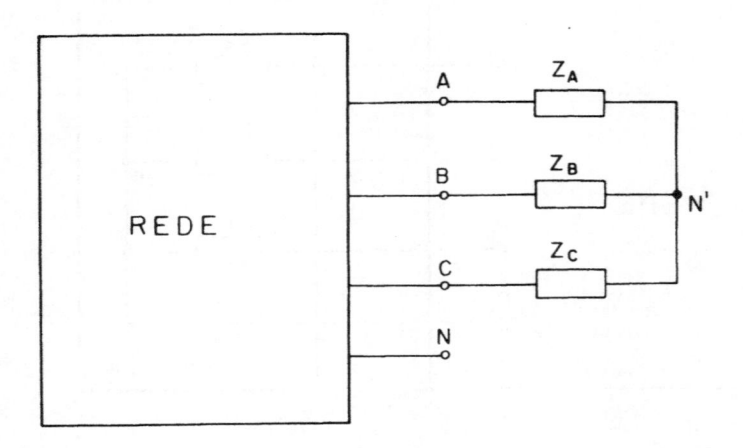

Figura 3-48. Carga desequilibrada em estrela.

Sendo

$$
\begin{bmatrix} V_{AN} \\ V_{BN} \\ V_{CN} \end{bmatrix} = \begin{bmatrix} V_{AN'} \\ V_{BN'} \\ V_{CN'} \end{bmatrix} + \begin{bmatrix} V_{N'N} \\ V_{N'N} \\ V_{N'N} \end{bmatrix},
$$

resulta

$$
\begin{bmatrix} V_{AN} \\ V_{BN} \\ V_{CN} \end{bmatrix} = \begin{bmatrix} Z_A & 0 & 0 \\ 0 & Z_B & 0 \\ 0 & 0 & Z_C \end{bmatrix} \begin{bmatrix} I_A \\ I_B \\ I_C \end{bmatrix} + V_{N'N} \begin{bmatrix} 1 \\ 1 \\ 1 \end{bmatrix},
$$

ou, ainda,

$$
T \begin{bmatrix} V_0 \\ V_1 \\ V_2 \end{bmatrix} = \begin{bmatrix} Z_A & 0 & 0 \\ 0 & Z_B & 0 \\ 0 & 0 & Z_C \end{bmatrix} T \begin{bmatrix} I_0 \\ I_1 \\ I_2 \end{bmatrix} + V_{N'N} \begin{bmatrix} 1 \\ 1 \\ 1 \end{bmatrix},
$$

Pré-multiplicando ambos os membros por T^{-1}, resulta

$$
\begin{bmatrix} V_0 \\ V_1 \\ V_2 \end{bmatrix} = \begin{bmatrix} Z_0 & Z_2 & Z_1 \\ Z_1 & Z_0 & Z_2 \\ Z_2 & Z_1 & Z_0 \end{bmatrix} \begin{bmatrix} I_0 \\ I_1 \\ I_2 \end{bmatrix} + V_{N'N} \begin{bmatrix} 1 \\ 0 \\ 0 \end{bmatrix}.
$$

Por outro lado, para a rede, teremos

$$\dot{V}_0 = \dot{E}_0 - Z_{00}\dot{I}_0, \quad \dot{V}_1 = \dot{E}_1 - Z_{11}\dot{I}_1, \quad \dot{V}_2 = \dot{E}_2 - Z_{22}\dot{I}_2,$$

donde, eliminando $\dot{V}_0, \dot{V}_1$ e $\dot{V}_2$, resulta

$$\dot{E}_0 - Z_{00}\dot{I}_0 = Z_0\dot{I}_0 + Z_2\dot{I}_1 + Z_1\dot{I}_2 + \dot{V}_{N'N},$$
$$\dot{E}_1 - Z_{11}\dot{I}_1 = Z_1\dot{I}_0 + Z_0\dot{I}_1 + Z_2\dot{I}_2,$$
$$\dot{E}_2 - Z_{22}\dot{I}_2 = Z_2\dot{I}_0 + Z_1\dot{I}_1 + Z_0\dot{I}_2,$$

ou, ainda,

$$\dot{E}_0 - \dot{V}_{N'N} = (Z_0 + Z_{00})\dot{I}_0 + Z_2\dot{I}_1 + Z_1\dot{I}_2,$$
$$\dot{E}_1 = Z_1\dot{I}_0 + (Z_0 + Z_{11})\dot{I}_1 + Z_2\dot{I}_2, \qquad (3.29)$$
$$\dot{E}_2 = Z_2\dot{I}_0 + Z_1\dot{I}_1 + (Z_0 + Z_{22})\dot{I}_2.$$

Neste caso, $\dot{I}_0$ é obrigatoriamente nulo, pois no nó N', temos $\dot{I}_A + \dot{I}_B + \dot{I}_C = 0$. Além disso, fazendo-se $Z_0 + Z_{00} = Z_0'$, $Z_0 + Z_{11} = Z_1'$, $Z_0 + Z_{22} = Z_2'$, resulta

$$\dot{E}_0 - \dot{V}_{N'N} = Z_2\dot{I}_1 + Z_1\dot{I}_2,$$
$$\dot{E}_1 = Z_1'\dot{I}_1 + Z_2\dot{I}_2,$$
$$\dot{E}_2 = Z_1\dot{I}_1 + Z_2'\dot{I}_2.$$

Destas equações, determinamos

$$\dot{I}_1 = \frac{\dot{E}_1 Z_2' - \dot{E}_2 Z_2}{Z_1' Z_2' - Z_1 Z_2} \qquad (3.30)$$

$$\dot{I}_2 = \frac{-\dot{E}_1 Z_1 + \dot{E}_2 Z_1'}{Z_1' Z_2' - Z_1 Z_2} \qquad (3.31)$$

e, ainda,

$$\dot{E}_0 - \dot{V}_{N'N} = Z_2 \frac{\dot{E}_1 Z_2' - \dot{E}_2 Z_2}{Z_1' Z_2' - Z_1 Z_2} + Z_1 \frac{-\dot{E}_1 Z_1 + \dot{E}_2 Z_1'}{Z_1' Z_2' - Z_1 Z_2}$$

ou

$$\dot{V}_{N'N} = \dot{E}_0 - \frac{\dot{E}_1(Z_2 Z_2' - Z_1^2) + \dot{E}_2(Z_1 Z_1' - Z_2^2)}{Z_1' Z_2' - Z_1 Z_2} \qquad (3.32)$$

No caso geral das redes com uma única carga desequilibrada, devemos ter em mente que os geradores ligados à rede são trifásicos simétricos; logo, as f.e.m. dos geradores são somente de seqüência direta. Portanto, ao se determinar o gerador equivalente de Thévenin, resultará

$$\dot{E}_1 \neq 0 \qquad e \qquad \dot{E}_2 = \dot{E}_0 = 0,$$

de vez que, no que concerne à rede, não há indutâncias mútuas entre os circuitos seqüenciais ou, quando existir, as mútuas são iguais (rede equilibrada). Nestas condições, resulta

$$\dot{I}_1 = \frac{\overline{Z}_2'}{\overline{Z}_1\overline{Z}_2' - \overline{Z}_1\overline{Z}_2} \dot{E}_1,$$

$$\dot{I}_2 = - \frac{Z_1}{\overline{Z}_1\overline{Z}_2' - \overline{Z}_1\overline{Z}_2} \dot{E}_1, \qquad (3.33)$$

$$\dot{V}_{N'N} = \frac{\dot{E}_1}{\overline{Z}_1\overline{Z}_2' - \overline{Z}_1\overline{Z}_2} \left(\overline{Z}_2'\overline{Z}_2 - \overline{Z}_1^2 \right)$$

3.6.3 - CARGA DESEQUILIBRADA LIGADA EM TRIÂNGULO

Em tal caso, podemos substituir a carga por outra equivalente ligada em estrela, cujas impedâncias serão (Fig. 3-49)

$$Z_A = \frac{Z_{AB}Z_{CA}}{Z_{AB} + Z_{BC} + Z_{CA}},$$

$$Z_B = \frac{Z_{BC}Z_{AB}}{Z_{AB} + Z_{BC} + Z_{CA}},$$

$$Z_C = \frac{Z_{CA}Z_{BC}}{Z_{AB} + Z_{BC} + Z_{CA}},$$

recaindo no caso anterior.

3.6.4- CARGA DESEQUILIBRADA EM ESTRELA COM CENTRO-ESTRELA ATERRADO POR IMPEDÂNCIA Z_N

Neste caso, teremos

$$\dot{V}_{N'N} = \left(\dot{I}_A + \dot{I}_B + \dot{I}_C \right) Z_N ;$$

porém, sendo $\dot{I}_A + \dot{I}_B + \dot{I}_C = 3\dot{I}_0$, resulta $\dot{V}_{N'N} = 3\dot{I}_0 Z_N$. Logo, as Eqs. (3.29) tornam-se

$$\dot{E}_0 = \left(Z_0 + Z_{00} + 3Z_N\right)\dot{I}_0 + Z_2\dot{I}_1 + Z_1\dot{I}_2,$$
$$\dot{E}_1 = Z_1\dot{I}_0 + \left(Z_0 + Z_{11}\right)\dot{I}_1 + Z_2\dot{I}_2, \tag{3.34}$$
$$\dot{E}_2 = Z_2\dot{I}_0 + Z_1\dot{I}_1 + \left(Z_0 + Z_{22}\right)\dot{I}_2.$$

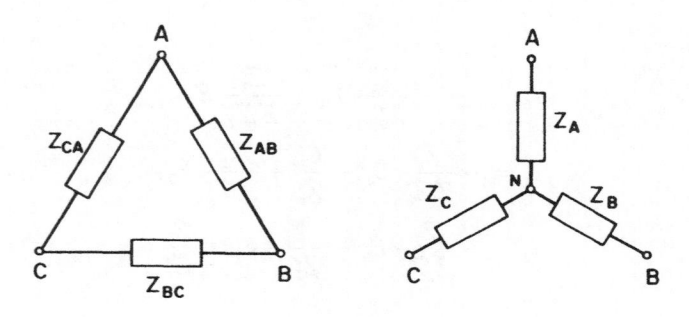

Figura 3-49. Carga equivalente em estrela

Resolvendo as Eqs. (3.34), obtemos

$$\dot{I}_0 = \frac{Z_1Z_2' - Z_1Z_2}{D}\dot{E}_0 + \frac{Z_1^2 - Z_2Z_2'}{D}\dot{E}_1 + \frac{Z_2^2 - Z_1Z_1'}{D}\dot{E}_2,$$
$$\dot{I}_1 = \frac{Z_2^2 - Z_1Z_2'}{D}\dot{E}_0 + \frac{Z_0'Z_2' - Z_1Z_2}{D}\dot{E}_1 + \frac{Z_1^2 - Z_0'Z_2}{D}\dot{E}_2,$$
$$\dot{I}_2 = \frac{Z_1^2 - Z_1Z_2}{D}\dot{E}_0 + \frac{Z_2^2 - Z_0'Z_1}{D}\dot{E}_1 + \frac{Z_0'Z_1' - Z_1Z_2}{D}\dot{E}_2,$$

onde

$$Z_0' = Z_0 + Z_{00} + 3Z_N, \quad Z_1' = Z_0 + Z_{11}, \quad Z_2' = Z_0 + Z_{22},$$
$$D = Z_0'\left(Z_1Z_2' - Z_2Z_1\right) - Z_2\left(Z_2'Z_1 - Z_2^2\right) + Z_1\left(Z_1^2 - Z_1Z_2\right)$$
$$= Z_0'Z_1'Z_2' - Z_2Z_1\left(Z_0' + Z_1' + Z_2'\right) + Z_1^3 + Z_2^3$$

Admitindo Z_0', Z_1' e Z_2' muito maiores que Z_1 e Z_2, teremos

$$D \cong Z_0'Z_1'Z_2';$$
$$Z_1Z_2' - Z_2Z_1 \cong Z_1Z_2';$$
$$Z_1^2 - Z_2Z_2' \cong -Z_2Z_2';$$
$$Z_2^2 - Z_1Z_1' \cong -Z_1Z_1';$$
$$Z_2^2 - Z_1Z_2' \cong -Z_1Z_2';$$

$$Z_0'Z_2' - Z_1Z_2 \cong Z_0'Z_2';$$
$$Z_1^2 - Z_0'Z_2 \cong -Z_0'Z_2;$$
$$Z_1^2 - Z_1'Z_2 \cong -Z_1'Z_2;$$
$$Z_2^2 - Z_0'Z_1 \cong -Z_0'Z_1;$$
$$Z_0'Z_1' - Z_1Z_2 \cong Z_0'Z_1';$$

donde resulta

$$\dot{I}_0 = \frac{\dot{E}_0}{Z_0'} - \frac{Z_2}{Z_0'Z_1'}\dot{E}_1 - \frac{Z_1}{Z_0'Z_2'}\dot{E}_2,$$

$$\dot{I}_1 = -\frac{Z_1}{Z_1'Z_0'}\dot{E}_0 + \frac{\dot{E}_1}{Z_1'} - \frac{Z_2}{Z_1'Z_2'}\dot{E}_2, \qquad (3.35)$$

$$\dot{I}_2 = -\frac{Z_2}{Z_2'Z_0'}\dot{E}_0 - \frac{Z_1}{Z_2'Z_1'}\dot{E}_1 + \frac{\dot{E}_2}{Z_2'},$$

ou

$$\dot{I}_0 = \frac{1}{Z_0'}\left(\dot{E}_0 - \frac{Z_2}{Z_1'}\dot{E}_1 - \frac{Z_1}{Z_2'}\dot{E}_2\right),$$

$$\dot{I}_1 = \frac{1}{Z_1'}\left(-\frac{Z_1}{Z_0'}\dot{E}_0 + \dot{E}_1 - \frac{Z_2}{Z_2'}\dot{E}_2\right), \qquad (3.36)$$

$$\dot{I}_2 = \frac{1}{Z_2'}\left(-\frac{Z_2}{Z_0'}\dot{E}_0 - \frac{Z_1}{Z_1'}\dot{E}_1 + \dot{E}_2\right).$$

Nas expressões acima, podemos interpretar o termo entre colchetes como sendo a f.e.m. total de cada circuito que é constituída por uma parte, a qual é dada pela f.e.m. do gerador equivalente de Thévenin para a seqüência ($\dot{E}_0, \dot{E}_1$ e $\dot{E}_2$), e outra parte é representada pela tensão induzida pelas duas outras seqüências na seqüência que está sendo considerada (Fig. 3-50). Exemplificando, no circuito de seqüência zero, temos:

$\dot{E}_0$ = f.e.m. do gerador equivalente;

$\dfrac{\dot{E}_1}{Z_1'}$ = corrente fictícia do circuito de seqüência direta;

$\dfrac{Z_2}{Z_1'}\dot{E}_1$ = tensão induzida no circuito de seqüência zero pela corrente fictícia de seqüência

direta $\dot{E}_1/Z_1'$;

$\dfrac{\dot{E}_2}{Z_2'}$ = corrente fictícia do circuito de seqüência inversa;

$\dfrac{Z_1}{Z_2'} \dot{E}_2$ = tensão induzida no circuito de seqüência zero pela corrente fictícia de seqüência inversa.

Numa rede trifásica, com geradores simétricos ($\dot{E}_1 = \dot{E}$, $\dot{E}_0 = \dot{E}_2 = 0$) e com cargas equilibradas, os circuitos seqüenciais resultarão independentes.

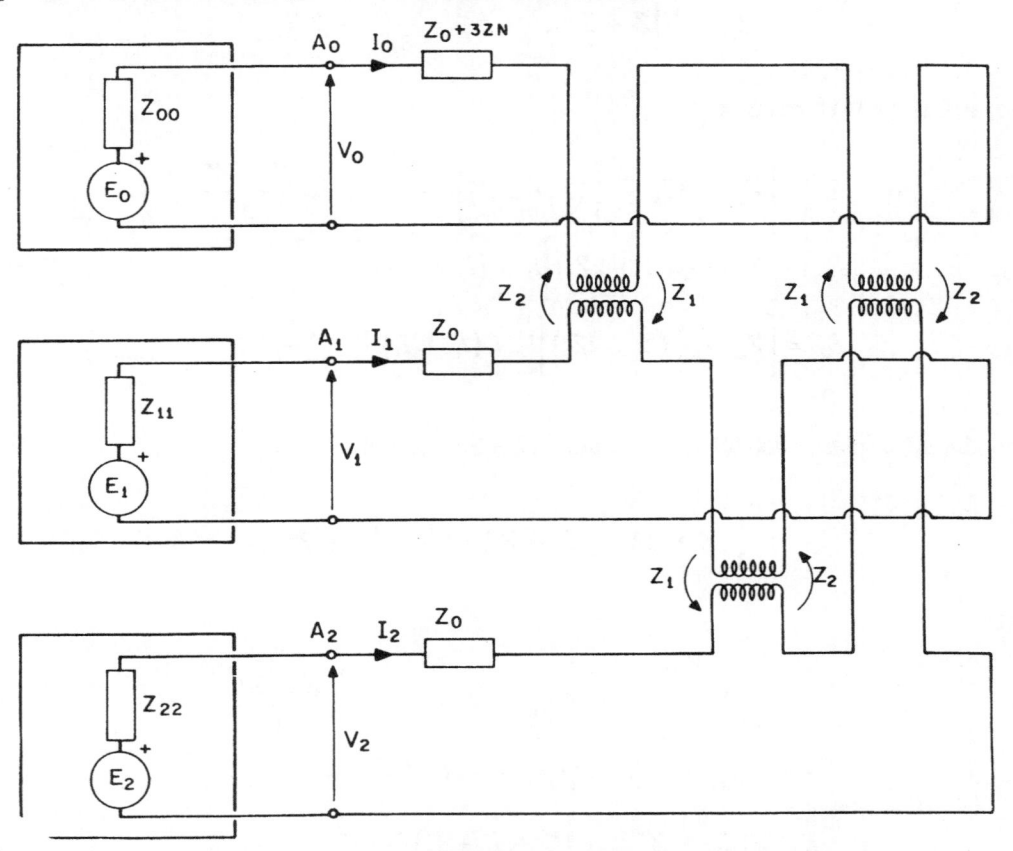

Figura 3-50. Carga desequilibrada ligada à rede equilibrada.

Logo, não existem tensões e correntes de seqüências zero e inversa. Em outras palavras, as redes de seqüências zero e inversa são constituídas por bipolos passivos. Ao ligarmos uma carga trifásica desequilibrada a um nó da rede, surgem, nos circuitos de seqüências zero e inversa, f.e.m. induzidas pelas mútuas entre os circuitos seqüenciais, devido ao desequilíbrio da carga, ou seja, uma carga desequilibrada funciona como um transformador de seqüências, transferindo energia do circuito de seqüência direta para os de seqüências inversa e nula.

3.6.5 - CARGA DESEQUILIBRADA EM ESTRELA COM CENTRO-ESTRELA ATERRADO POR IMPEDÂNCIA E COM IMPEDÂNCIAS IGUAIS EM DUAS FASES

Na carga da seção precedente, suponhamos que seja $Z_A = Z$ e $Z_B = Z_C = Z'$. Resulta

$$Z_0 = \frac{1}{3}(Z + 2Z'),$$

$$Z_1 = \frac{1}{3}\left[Z + Z'(\alpha + \alpha^2)\right] = \frac{1}{3}(Z - Z'),$$

$$Z_2 = \frac{1}{3}\left[Z + Z'(\alpha^2 + \alpha)\right] = \frac{1}{3}(Z - Z').$$

Logo, as Eqs. (3.34) tornam-se

$$\dot{E}_0 = \left[Z_{00} + 3Z_N + \frac{1}{3}(Z + 2Z')\right]\dot{I}_0 + (\dot{I}_1 + \dot{I}_2)\frac{Z - Z'}{3},$$

$$\dot{E}_1 = \left[Z_{11} + \frac{1}{3}(Z + 2Z')\right]\dot{I}_1 + (\dot{I}_0 + \dot{I}_2)\frac{Z - Z'}{3},$$

$$\dot{E}_2 = \left[Z_{22} + \frac{1}{3}(Z + 2Z')\right]\dot{I}_2 + (\dot{I}_0 + \dot{I}_1)\frac{Z - Z'}{3}.$$

Somando(-se) e subtraindo(-se) $\overline{Z}'$ no termo $\frac{1}{3}\left(\overline{Z} + 2\overline{Z}'\right)$, resulta

$$\frac{1}{3}(Z + 2Z' + Z' - Z') = \frac{Z - Z'}{3} + Z'$$

donde

$$\dot{E}_0 = [Z_{00} + 3Z_N + Z']\dot{I}_0 + (\dot{I}_0 + \dot{I}_1 + \dot{I}_2)\frac{Z - Z'}{3},$$

$$\dot{E}_1 = [Z_{11} + Z']\dot{I}_1 + (\dot{I}_0 + \dot{I}_1 + \dot{I}_2)\frac{Z - Z'}{3},$$

$$\dot{E}_2 = [Z_{22} + Z']\dot{I}_2 + (\dot{I}_0 + \dot{I}_1 + \dot{I}_2)\frac{Z - Z'}{3}.$$

$$(3.37)$$

Observamos que as Eqs. (3.37) podem ser representadas por circuitos equivalentes, como se segue (Fig. 3-51):

(1) Ligam-se em série com os três circuitos seqüenciais uma impedância Z' ;

(2) No circuito de seqüência zero, representamos a impedância Z_N, ligando uma impedância $3Z_N$ entre o ponto N_0 e N_0'. Nos outros dois circuitos, os pontos N e N' coincidem;

(3) Ligam-se os três circuitos em paralelo e se fecha uma malha sobre a impedância $\frac{Z - Z'}{3}$.

Atribuindo-se a Z e Z' valores convenientes, podemos representar várias condições de carga e de defeito, que serão estudadas em seguida

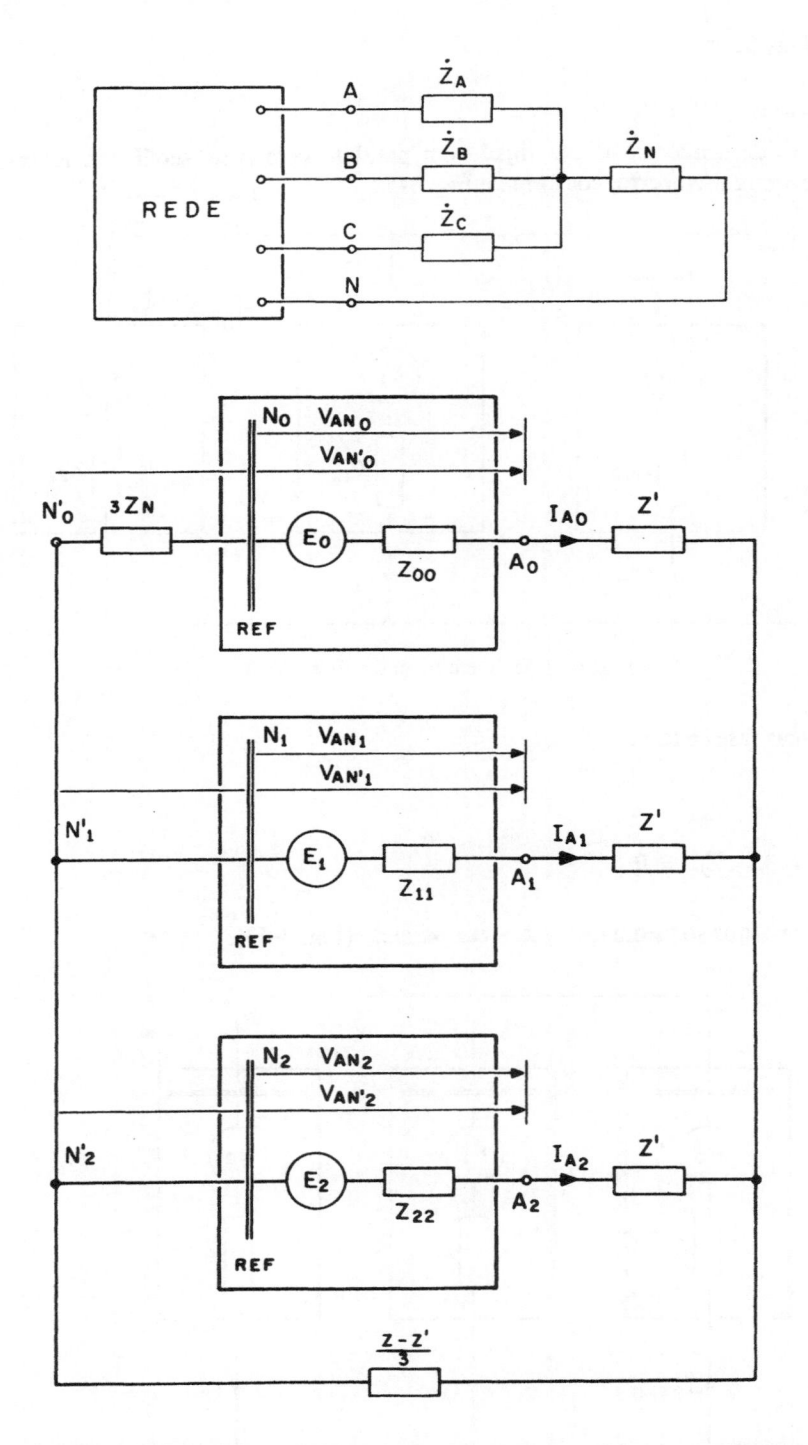

Figura 3-51. Circuito equivalente para carga em estrela com $Z_A = Z$, $Z_B = Z_C = Z'$ e impedância de aterramento Z_N

(a) Curto entre duas fases

Fazendo-se $Z \to \infty$, $Z' = 0$, $Z_N \to \infty$

teremos o circuito de seqüência direta ligado em paralelo com o de seqüência inversa e o de seqüência zero em circuito aberto, conforme a Fig. 3-52.

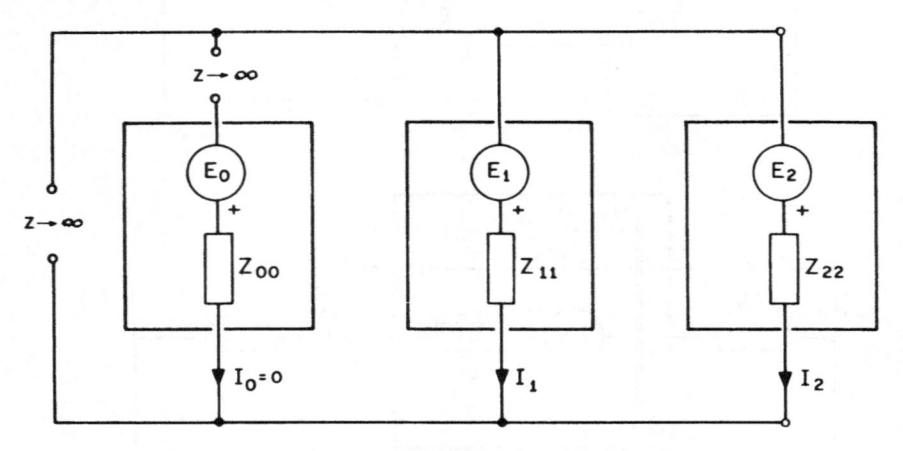

Figura 3-52. Defeito entre duas fases

(b) Curto entre duas fases e terra

Fazendo-se

$$Z \to \infty, \quad Z' = 0, \quad Z_N = 0$$

resultam os três circuitos seqüenciais ligados em paralelo (Fig. 3-53).

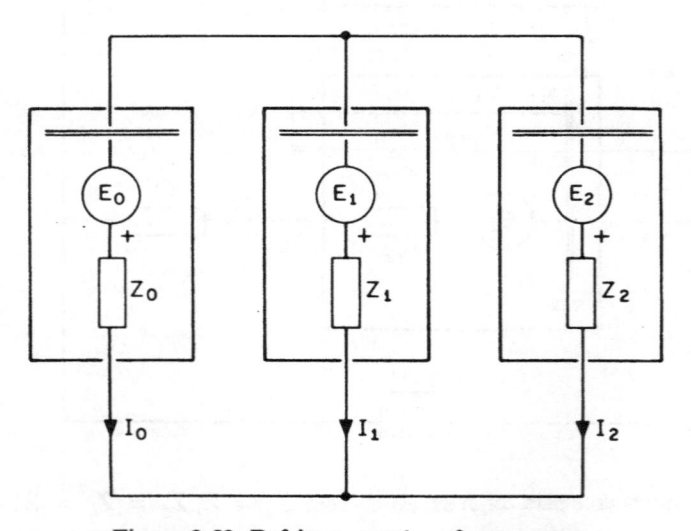

Figura 3-53. Defeito entre duas fases e terra

(c) Carga entre duas fases

Pode ser simulada, fazendo-se

$$Z \to \infty, \qquad Z' = \frac{Z_{carga}}{2}, \qquad Z_N \to \infty$$

conforme veremos a seguir.

Nas seções seguintes, determinaremos circuitos equivalentes a vários casos particulares, tais como:

- carga monofásica ligada de uma fase à terra;
- carga monofásica ligada entre duas fases;
- duas cargas monofásicas ligadas de duas fases à terra.

3.6.6 - CARGA MONOFÁSICA LIGADA ENTRE UMA FASE E TERRA

Na Fig. 3-54, representamos uma rede que está alimentando na fase A de um nó P genérico, uma carga monofásica de impedância Z. Por simplicidade, designaremos os nós P_A, P_B e P_C por A, B e C.

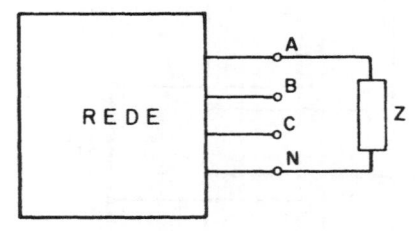

Figura 3-54. Carga monofásica ligada entre fase e terra.

O método de estudo que adotaremos pode ser subdividido nas seguintes etapas:

(1) Equacionamento das tensões e correntes na carga;
(2) Determinação das componentes simétricas das tensões e correntes na carga;
(3) Substituição dos diagramas seqüenciais da rede no ponto onde há o desequilíbrio, pelos geradores equivalentes de Thévenin;
(4) Correlacionamento das componentes simétricas das tensões e correntes na carga com as dos diagramas seqüenciais;
(5) Determinação de um circuito equivalente.

Assim, na primeira etapa, para o caso da Fig. 3-54, as condições de contorno (tensões e correntes na carga) são

$$I_A = I, \quad I_B = I_C = 0$$

$$\dot{V}_{AN} = Z_A I_A = ZI.$$

As componentes simétricas das correntes na carga são

$$I_0 = \frac{1}{3}\left(I_A + I_B + I_C\right) = \frac{I}{3},$$

$$I_1 = \frac{1}{3}\left(I_A + \alpha I_B + \alpha^2 I_C\right) = \frac{I}{3}, \tag{3.38}$$

$$I_2 = \frac{1}{3}\left(I_A + \alpha^2 I_B + \alpha I_C\right) = \frac{I}{3}.$$

Ou seja, as componentes simétricas das correntes na carga são iguais entre si. Além disso, sendo $\dot{V}_0, \dot{V}_1$ e $\dot{V}_2$ as componentes simétricas das tensões na carga, teremos

$$\dot{V}_{AN} = \dot{V}_0 + \dot{V}_1 + \dot{V}_2 = \frac{I}{3} \cdot 3Z. \tag{3.39}$$

As Eqs. (3.38) nos mostram que as correntes nos três diagramas seqüenciais deverão ser iguais. Portanto, devemos ligá-los em série. Por outro lado, a Eq. (3.39) nos mostra que a soma de $\dot{V}_0, \dot{V}_1$ e $\dot{V}_2$ é igual ao produto da componente simétrica ($I/3$) por uma impedância de valor igual a $3Z$; logo, é óbvio que fecharemos os circuitos seqüenciais sobre a impedância $3Z$ (Fig. 3-55).

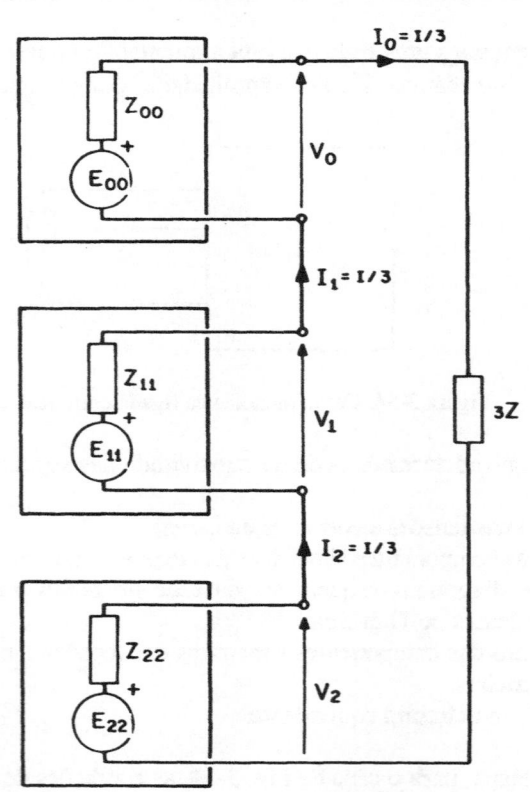

Figura 3-55. Diagrama seqüencial para carga monofásica ligada entre fase e terra.

Sejam $\dot{E}_{00}$, $\dot{E}_{11}$ e $\dot{E}_{22}$ as f.e.m.s do gerador equivalente de Thévenin, no ponto em que há o desequilíbrio, para os circuitos de seqüências zero, direta e inversa, respectivamente, e sejam Z_{00}, Z_{11} e Z_{22} as impedâncias equivalentes correspondentes. Resultam, para as componentes simétricas das correntes e tensões na carga, os valores

$$\dot{I}_0 = \dot{I}_1 = \dot{I}_2 = \frac{\dot{E}_{00} + \dot{E}_{11} + \dot{E}_{22}}{Z_{00} + Z_{11} + Z_{22} + 3Z},$$

$$\dot{V}_0 = \dot{E}_{00} - Z_{00}\dot{I}_0,$$

$$\dot{V}_1 = \dot{E}_{11} - Z_{11}\dot{I}_1,$$

$$\dot{V}_2 = \dot{E}_{22} - Z_{22}\dot{I}_2.$$

Finalmente,

$$\dot{I}_A = 3\dot{I}_0 = 3\frac{\dot{E}_{00} + \dot{E}_{11} + \dot{E}_{22}}{Z_{00} + Z_{11} + Z_{22} + 3Z},$$

$$\dot{I}_B = \dot{I}_C = 0,$$

$$\begin{bmatrix} \dot{V}_{AN} \\ \dot{V}_{BN} \\ \dot{V}_{CN} \end{bmatrix} = \mathbf{T} \begin{bmatrix} \dot{E}_{00} - Z_{00}\dot{I}_0 \\ \dot{E}_{11} - Z_{11}\dot{I}_1 \\ \dot{E}_{22} - Z_{22}\dot{I}_2 \end{bmatrix}$$

Salientamos que, nos casos reais, temos sempre $\dot{E}_{00} = \dot{E}_{22} = 0$, de vez que os geradores por construção somente têm f.e.m. de seqüência direta.

3.6.7 - CURTO-CIRCUITO ENTRE DUAS FASES

Na rede da Fig. 3-56, ligamos as fases B e C por um condutor de impedância nula. As condições de contorno no defeito são

$$\dot{I}_B = -\dot{I}_C = \dot{I}; \qquad \dot{I}_A = 0; \qquad \dot{V}_{BN} = \dot{V}_{CN} = \dot{V}.$$

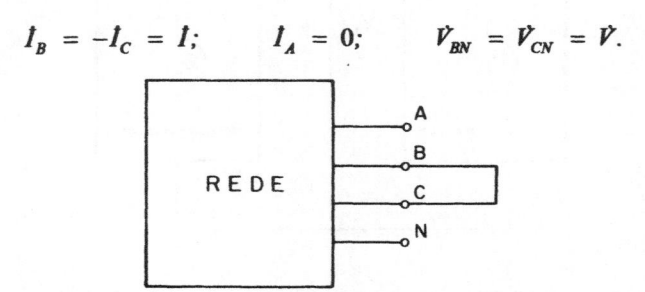

Figura 3-56. Curto-circuito entre duas fases.

Sendo $\dot{I}_0$, $\dot{I}_1$, $\dot{I}_2$ e $\dot{V}_0$, $\dot{V}_1$, $\dot{V}_2$ as componentes simétricas das tensões e correntes na carga, resulta

$$\dot{I}_0 = \frac{1}{3}\left(\dot{I}_A + \dot{I}_B + \dot{I}_C\right) = 0,$$

$$\dot{I}_1 = \frac{1}{3}\left(\dot{I}_A + \alpha\dot{I}_B + \alpha^2\dot{I}_C\right) = \frac{\dot{I}}{3}\left(\alpha - \alpha^2\right), \qquad (3.40)$$

$$\dot{I}_2 = \frac{1}{3}\left(\dot{I}_A + \alpha^2\dot{I}_B + \alpha\dot{I}_C\right) = \frac{\dot{I}}{3}\left(\alpha^2 - \alpha\right)$$

e

$$\dot{V}_0 = \frac{1}{3}\left(\dot{V}_{AN} + \dot{V}_{BN} + \dot{V}_{CN}\right) = \frac{1}{3}\left(\dot{V}_{AN} + 2\dot{V}\right),$$

$$\dot{V}_1 = \frac{1}{3}\left(\dot{V}_{AN} + \alpha\dot{V}_{BN} + \alpha^2\dot{V}_{CN}\right) = \frac{1}{3}\left(\dot{V}_{AN} - \dot{V}\right), \qquad (3.41)$$

$$\dot{V}_2 = \frac{1}{3}\left(\dot{V}_{AN} + \alpha^2\dot{V}_{BN} + \alpha\dot{V}_{CN}\right) = \frac{1}{3}\left(\dot{V}_{AN} - \dot{V}\right).$$

Das Eqs. (3.40), concluímos que o diagrama de seqüência zero deverá ser mantido em circuito aberto ($\dot{I}_0 = 0$), ao passo que deveremos interligar as barras de referência dos diagramas de seqüências direta e inversa (pontos N_1 e N_2), pois deve ser $\dot{I}_1 = -\dot{I}_2$. Das Eqs. (3.41), observamos que $\dot{V}_1$ é igual a $\dot{V}_2$; logo, devemos interligar os pontos A_1 e A_2. Em conclusão, um defeito entre duas fases é simulado pela ligação em paralelo dos diagramas de seqüência direta e inversa (Fig. 3-57).

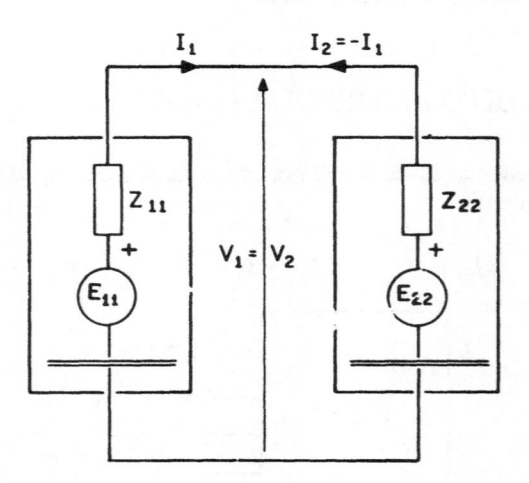

Figura 3-57. Diagrama seqüencial para curto entre duas fases.

As componentes simétricas das correntes e tensões na carga são

$$I_1 = -I_2 = \frac{\dot{E}_{11} - \dot{E}_{22}}{Z_{11} + Z_{22}}, \quad I_0 = 0,$$

$$\dot{V}_1 = \dot{V}_2 = \dot{E}_{11} - Z_{11}I_1 = \frac{\dot{E}_{11}Z_{22} + \dot{E}_{22}Z_{11}}{Z_{11} + Z_{22}}, \quad \dot{V}_0 = \dot{E}_{00}.$$

3.6.8 - CARGA MONOFÁSICA ENTRE DUAS FASES

Suponhamos ligar, entre os nós B e C, uma carga monofásica de impedância Z. O circuito que obtemos equivale a associarmos, em série com a rede dada, um elemento constituído por três impedâncias, $Z/2$, uma em cada fase, e fazemos um curto-circuito entre fases B e C nos terminais das impedâncias (Fig. 3-58). A associação de três impedâncias com a rede dada equivale a associarmos em série, em cada diagrama seqüencial, aquela impedância. Nestas condições, recaímos no caso anterior de curto entre duas fases.

As componentes simétricas da corrente e tensões na carga são

$$I_1 = -I_2 = \frac{\dot{E}_{11} - \dot{E}_{22}}{Z_{11} + Z + Z_{22}}, \quad I_0 = 0,$$

$$\dot{V}_1 = \dot{E}_{11} - Z_{11}I_1$$

$$\dot{V}_2 = \dot{E}_{22} - Z_{22}I_2 = \dot{E}_{11} - (Z_{11} + Z)I_1.$$

3.6.9 - DEFEITO ENTRE DUAS FASES E TERRA

Vamos analisar agora a interligação dos diagramas seqüenciais quando ocorre um curto-circuito entre duas fases e terra. Em particular, consideremos um defeito entre as fases B, C e terra (Fig. 3-59). Neste caso, as condições de contorno são

$$I_A = 0; \quad \dot{V}_{BN} = \dot{V}_{CN} = 0.$$

Sendo $I_A = 0$, devemos ter obrigatoriamente

$$I_0 + I_1 + I_2 = 3I_A = 0 \tag{3.42}$$

Além disso, temos

$$\dot{V}_0 = \dot{V}_1 = \dot{V}_2 = \frac{\dot{V}_{AN}}{3}. \tag{3.43}$$

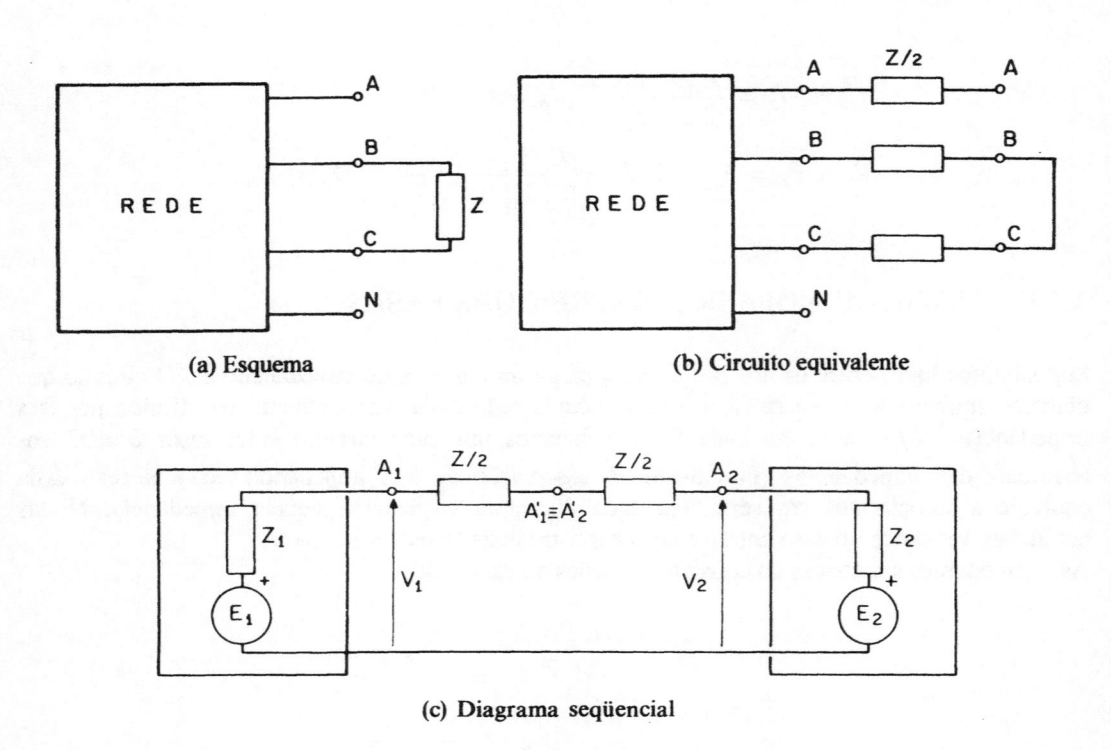

(a) Esquema   (b) Circuito equivalente

(c) Diagrama seqüencial

Figura 3-58. Carga monofásica entre duas fases.

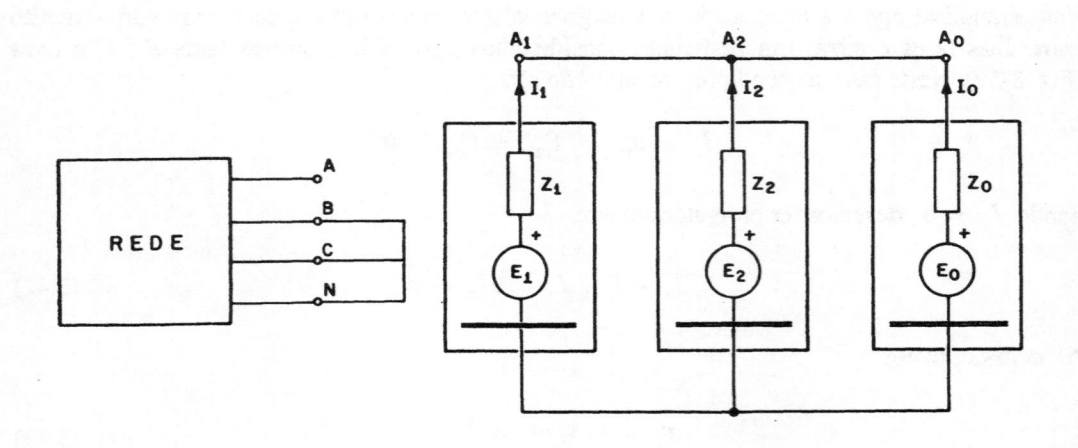

Figura 3-59. Defeito entre duas fases e terra.

A Eq. (3.42) mostra que devemos interligar as barras de referência dos três diagramas de seqüências. Por outro lado, a Eq. (3.43) garante que as componentes simétricas das tensões no ponto de defeito sejam iguais. Logo, os três diagramas devem ser ligados em paralelo.

As componentes simétricas das tensões e correntes, no ponto de defeito, podem ser determinadas como se segue:

$$\dot{V} = \dot{V}_0 = \dot{V}_1 = \dot{V}_2,$$

mas

$$\dot{V} = \dot{E}_{00} - Z_{00}\dot{I}_0,$$
$$\dot{V} = \dot{E}_{11} - Z_{11}\dot{I}_1, \qquad (3.44)$$
$$\dot{V} = \dot{E}_{22} - Z_{22}\dot{I}_2,$$

Façamos

$$Y_{00} = \frac{1}{Z_{00}}, \quad Y_{11} = \frac{1}{Z_{11}}, \quad Y_{22} = \frac{1}{Z_{22}},$$

Multiplicando as Eqs. (3.44) por Y_{00}, Y_{11} e Y_{22}, respectivamente, somando-as membro a membro e lembrando a Eq. (3.42), obtemos

$$\dot{V}(Y_{00} + Y_{11} + Y_{22}) = \dot{E}_{00}Y_{00} + \dot{E}_{11}Y_{11} + \dot{E}_{22}Y_{22},$$

donde

$$\dot{V}_0 = \dot{V}_1 = \dot{V}_2 = \dot{V} = \frac{\dot{E}_{00}Y_{00} + \dot{E}_{11}Y_{11} + \dot{E}_{22}Y_{22}}{Y_{00} + Y_{11} + Y_{22}}, \qquad (3.45)$$

Finalmente, as componentes simétricas das correntes no ponto de defeito são

$$\dot{I}_0 = (\dot{E}_{00} - \dot{V})Y_{00},$$
$$\dot{I}_1 = (\dot{E}_{11} - \dot{V})Y_{11}, \qquad (3.46)$$
$$\dot{I}_2 = (\dot{E}_{22} - \dot{V})Y_{22}.$$

3.6.10 - CARGAS MONOFÁSICAS ENTRE DUAS FASES E TERRA

Neste caso, ligaremos na rede dada duas impedâncias Z dos nós B e C, respectivamente, à terra. Procederemos de modo análogo ao do item 3.6.8, isto é, ligaremos em série com a rede nos pontos A, B e C três impedâncias iguais entre si de valor Z, obtendo três novos nós A', B' e C'. Ligando os nós B' e C' à terra, recaímos no caso anterior (Fig. 3-60).

As componentes simétricas das tensões de fase nos nós A', B' e C' são

$$\dot{V} = \frac{\dot{E}_{00}\dot{Y}_0 + \dot{E}_{11}\dot{Y}_1 + \dot{E}_{22}\dot{Y}_2}{\dot{Y}_0 + \dot{Y}_1 + \dot{Y}_2}, \tag{3.47}$$

onde

$$\dot{Y}_0 = \frac{1}{\dot{Z}_{00} + Z}, \quad \dot{Y}_1 = \frac{1}{\dot{Z}_{11} + Z}, \quad \dot{Y}_2 = \frac{1}{\dot{Z}_{22} + Z}.$$

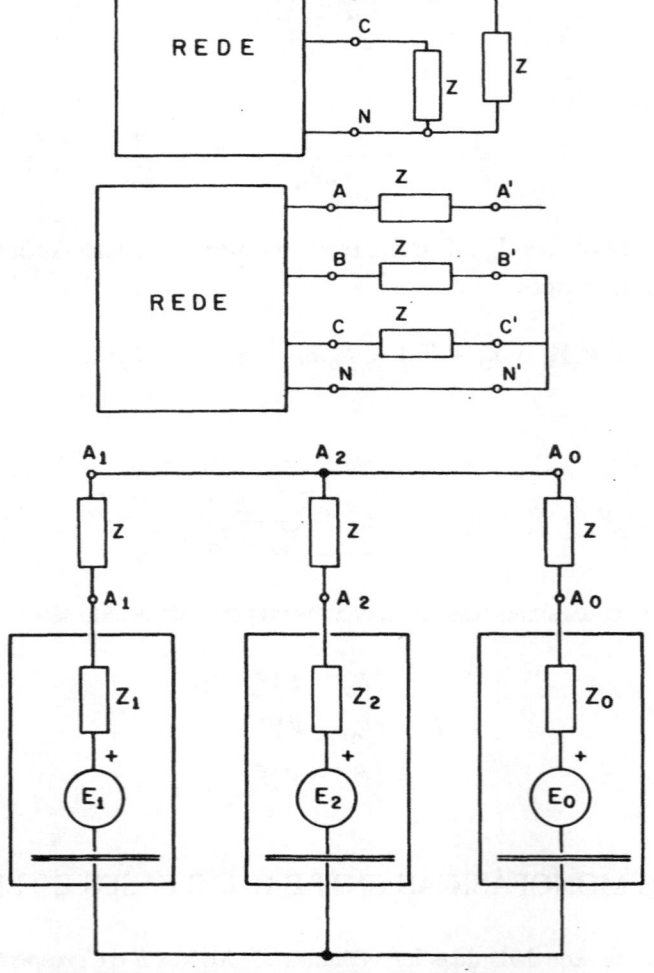

Figura 3-60. Cargas monofásicas entre fases e terra

Portanto, as componentes simétricas das correntes na carga são

$$I_0 = \left(\dot{E}_{00} - V\right)Y_0,$$
$$I_1 = \left(\dot{E}_{11} - V\right)Y_1, \qquad (3.48)$$
$$I_2 = \left(\dot{E}_{22} - V\right)Y_2;$$

e as componentes simétricas das tensões da carga são

$$V_0 = \dot{E}_{00} - Z_{00}I_0,$$
$$V_1 = \dot{E}_{11} - Z_{11}I_1, \qquad (3.49)$$
$$V_2 = \dot{E}_{22} - Z_{22}I_2.$$

3.6.11 - ABERTURA MONOPOLAR

A abertura monopolar corresponde à abertura de uma fase em um dado ponto do sistema. Por exemplo, quando da ocorrência de um curto circuito fase-terra numa rede de distribuição, e apenas uma fase é aberta na chave fusível.

De modo a tratar o problema de forma mais genérica, admitamos que no ponto M, entre dois subsistemas (1 e 2), apareça uma impedância na fase A de valor Z_a, conforme Fig. 3-61.

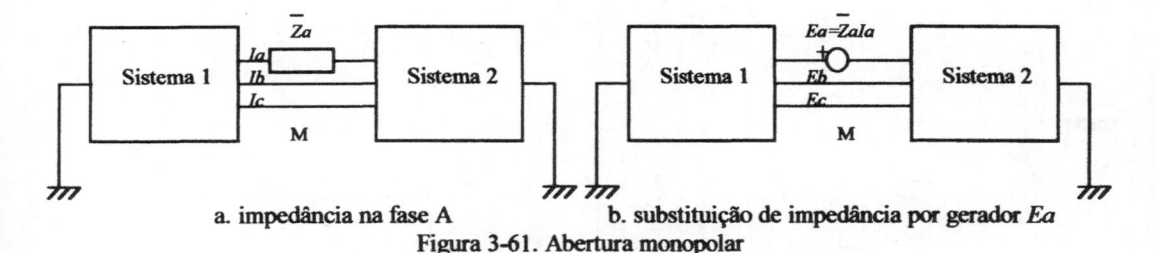

a. impedância na fase A b. substituição de impedância por gerador *Ea*
Figura 3-61. Abertura monopolar

As condições de contorno do problema são $\dot{E}_a = Z_a I_a$ e $\dot{E}_b = \dot{E}_c = 0$. Logo, em componentes simétricas, temos

$$\begin{bmatrix} \dot{E}_0 \\ \dot{E}_1 \\ \dot{E}_2 \end{bmatrix} = \frac{1}{3} \begin{bmatrix} 1 & 1 & 1 \\ 1 & \alpha & \alpha^2 \\ 1 & \alpha^2 & \alpha \end{bmatrix} \begin{bmatrix} E_a \\ 0 \\ 0 \end{bmatrix} = \begin{bmatrix} E_a/3 \\ E_a/3 \\ E_a/3 \end{bmatrix}. \qquad (3.50)$$

Assim sendo, os diagramas de seqüência zero, direta e inversa podem ser representados, no ponto M, por um gerador de tensão $\dot{E}_a/3$. Porém, sendo $\dot{E}_a = Z_a I_a$ e $I_a = I_0 + I_1 + I_2$, temos que

$$\dot{E}_a/3 = Z_a/3 \left(I_0 + I_1 + I_2 \right).$$

Assim sendo, qualquer dos modelos da Fig. 3-62 pode representar a abertura monopolar, no qual a gerador de tensão vinculada $\dot{E}_a/3$ (presente nos três diagramas), é substituido por uma impedância $Z_a/3$, percorrida pela corrente $I_a = (I_0 + I_1 + I_2)$.

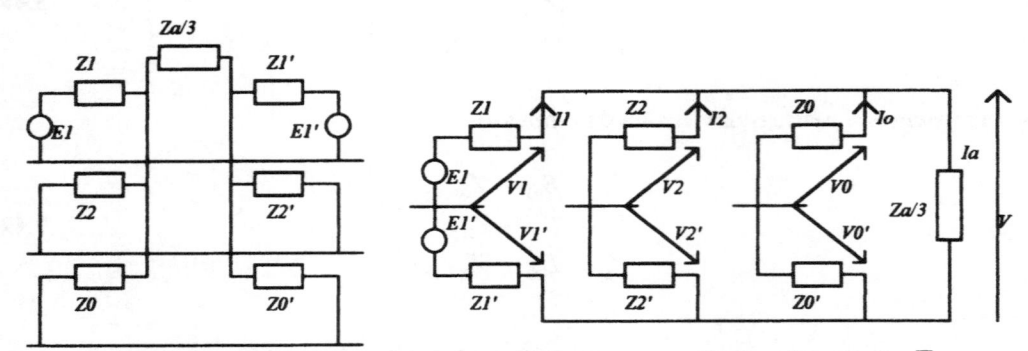

Figura 3-62. Modelos para representação da abertura monopolar com impedância $\overline{Z}_a$

Para determinação das tensões e correntes seqüenciais no ponto M, suponhamos dois casos: o primeiro no qual $Z_a \rightarrow \infty$ e o segundo no qual $Z_a > 0$ e finito.

a. *Abertura monopolar* ($\overline{Z}_a \rightarrow \infty$): Neste caso, a tensão $\dot{V}$, conforme Fig. 3-62, que é igual a $\dot{E}_a/3$, pode ser determinada por:

$$\dot{V} = \frac{\overline{E}_0\overline{Y}_0 + \overline{E}_1\overline{Y}_1 + \overline{E}_2\overline{Y}_2}{\overline{Y}_0 + \overline{Y}_1 + \overline{Y}_2} = \frac{\overline{E}_1\overline{Y}_1}{\overline{Y}_0 + \overline{Y}_1 + \overline{Y}_2}, \tag{3.51}$$

onde

$$\overline{E}_0 = \dot{E}_0 - \dot{E}_0' = 0; \quad \overline{E}_1 = \dot{E}_1 - \dot{E}_1'; \quad \overline{E}_2 = \dot{E}_2 - \dot{E}_2' = 0;$$
$$\overline{Y}_0 = \frac{1}{Z_0 + Z_0'}; \quad \overline{Y}_1 = \frac{1}{Z_1 + Z_1'}; \quad \overline{Y}_2 = \frac{1}{Z_2 + Z_2'}.$$

E as correntes seqüenciais podem ser avaliadas por

$$I_0 = -\dot{V}\overline{Y}_0; \quad I_1 = (\overline{E}_1 - \dot{V})\overline{Y}_1; \quad I_2 = -\dot{V}\overline{Y}_2. \tag{3.52}$$

A partir da expressão acima, determinam-se as correntes nas três fases, passantes pelo ponto M de abertura monopolar, onde é fácil notar que a corrente na fase A, I_A, resulta nula. As tensões entre fase e neutro, do lado do sub-sistema 1 ou do sub-sistema 2, podem ser calculadas a partir das seguintes expressões:

$$\dot{V}_1 = \dot{E}_1 - Z_1\dot{I}_1; \quad \dot{V}_2 = -Z_2\dot{I}_2; \quad \dot{V}_0 = -Z_0\dot{I}_0;$$
$$\dot{V}_1' = \dot{E}_1' + Z_1'\dot{I}_1; \quad \dot{V}_2' = Z_2'\dot{I}_2; \quad \dot{V}_0' = Z_0'\dot{I}_0 \tag{3.53}$$

a. *Abertura monopolar (com $Z_a > 0$):* Neste caso, a tensão $\dot{V}$ pode ser determinada por:

$$\dot{V} = \frac{\overline{E}_1 \overline{Y}_1}{\overline{Y}_0 + \overline{Y}_1 + \overline{Y}_2 + \overline{Y}_a},$$

onde
$$\overline{Y}_a = \frac{3}{Z_a}$$

E as correntes seqüenciais podem ser avaliadas por

$$\dot{I}_0 = -\dot{V}\overline{Y}_0; \quad \dot{I}_1 = \left(\overline{e}_1 - \dot{V}\right)\overline{Y}_1; \quad \dot{I}_2 = -\dot{V}\overline{Y}_2.$$

As tensões no ponto M, do lado do sub-sistema 1 e do lado do sub-sistema 2 podem também ser calculadas pelas expressões (3.53).

EXEMPLO 3.12 - O sistema da Fig. 3-63 conta com dois geradores G1 e G2, nas barras 1 e 2, respectivamente, que alimentam uma carga trifásica na barra 2. Sabe-se que a tensão na barra 2 é de 1 pu e que o gerador G1 é ajustado para fornecer 60% da corrente de carga. Os demais dados do sistema são os seguintes:

Gerador G1: Tensão nominal 1kV, Potência nominal 500 kVA, x=10% e xo=20%, estrela aterrado.
Gerador G2: Tensão nominal 1kV, Potência nominal 625 kVA, x=10% e xo=20% estrela aterrado.
Linha 1-2: Tensão nominal 1kV, x=0,2Ω/km, xo=0,4Ω/km, comprimento 200m.
Carga em 2: Potência 500 kVA na tensão nominal com fator de potência 0,9 indutivo.

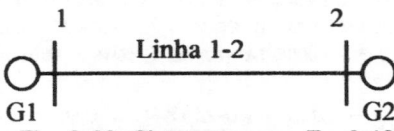

Fig. 3-63. Sistema para o Ex. 3.12

Pede-se determinar as correntes e tensões nos terminais do gerador G1 quando de uma abertura monofásica na fase A da barra 1.

SOLUÇÃO: Em primeiro lugar, determinaremos as impedâncias seqüenciais, em pu, para os três elementos do sistema, geradores G1 e G2 e linha 1-2. Adotando-se a potência de base de 500kVA (0,5MVA) e tensão de base de 1kV, temos que:

$$x_{G1,1} = 0,1\,pu \quad \text{e} \quad x_{G1,0} = 0,2\,pu$$

$$x_{G2,1} = 0,1 \cdot \frac{1^2}{0,625} \cdot \frac{0,5}{1^2} = 0,08\,pu \quad \text{e} \quad x_{G2,0} = 0,2 \cdot \frac{1^2}{0,625} \cdot \frac{0,5}{1^2} = 0,16\,pu$$

$$x_{LT,1} = 0,2 \cdot 0,2 \cdot \frac{0,5}{1^2} = 0,02\,pu \quad \text{e} \quad x_{LT,0} = 0,4 \cdot 0,2 \cdot \frac{0,5}{1^2} = 0,04\,pu$$

A corrente de carga pode ser avaliada, em p.u., como sendo:

$$i_{carga} = \frac{\overset{*}{s}_{carga}}{\overset{*}{v}_{carga}} = \frac{\dfrac{0,5}{0,5}\,\underline{|-25,84^0}}{1\underline{|0^0}} = 1,0\underline{|-25,84^0}\,pu$$

Na condição pré-falta, ou seja, antes da abertura monopolar, podemos calcular, conforme Fig. 3-64, as tensões internas dos geradores 1 e 2, que designamos $\dot{e}_{G1}$ e $\dot{e}_{G2}$:

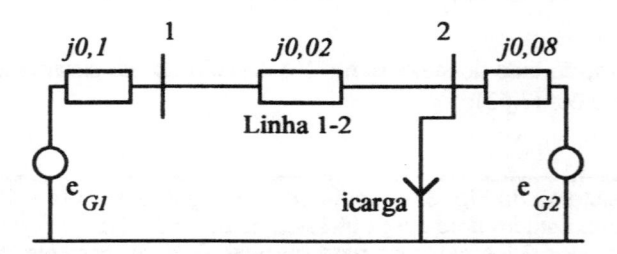

Figura 3-64 - Diagrama de seqüência positiva, condição pré-falta

Como o gerador G1 fornece 60% da corrente de carga, resultam as tensões internas dadas por:

$$\dot{e}_{G1} = 1\underline{|0^0} + j0,12 \cdot 0,6\underline{|-25,84^0} = 1,0334\underline{|3,6^0}\,pu$$

$$\dot{e}_{G2} = 1\underline{|0^0} + j0,08 \cdot 0,4\underline{|-25,84^0} = 1,0144\underline{|1,6^0}\,pu$$

O equivalente de Thevenin, de seqüência direta, do sub-sistema à direita do ponto 1 é determinando retirando-se o sub-sistema à esquerda. Assim calculamos a f.e.m. do gerador equivalente como sendo a tensão em vazio no ponto 1, isto é, retirando-se o gerador G1:

$$\dot{e}_1' = \dot{e}_{G2} - j0,08 \cdot 1,0\underline{|-25,84^0} = 0,980\underline{|-2,6^0}\,pu$$

E a impedância de Thevenin é determinada desativando-se o gerador G2 e a corrente de carga, ou seja:

$$\overline{z}_1' = j0,02 + j0,08 = j0,10\,pu$$

O equivalente de Thevenin, seqüência direta, do sub-sistema à esquerda do ponto 1 é o próprio gerador G1 (f.e.m. igual a tensão interna do gerador e impedância equivalente igual a impedância do gerador). Conforme visto neste item, o modelo da Fig. 3.65 permite o cálculo das correntes seqüenciais, onde os equivalentes de seqüência negativa e zero são determinados de modo análogo. Temos então

$$\overset{*}{e}_1 = \overset{.}{e}_1 - \overset{.}{e}_1' = 0,12\underline{|64,16^0} \ pu$$

$$\overline{y}_1 = \overline{y}_2 = \frac{1}{\overline{z}_1 + \overline{z}_1'} = \frac{1}{j0,1 + j0,1} = -j5,0 \ pu$$

$$\overline{y}_0 = \frac{1}{\overline{z}_0 + \overline{z}_0'} = \frac{1}{j0,2 + j0,2} = -j2,5 \ pu$$

Logo

$$\overset{.}{v} = \frac{\overset{*}{e}_1 \overline{y}_1}{\overline{y}_0 + \overline{y}_1 + \overline{y}_2} = \frac{(0,12\underline{|64,16^0})(-j5)}{-j2,5 - j5 - j5} = 0,048\underline{|64,16^0} \ pu$$

$$i_1 = (\overset{*}{e}_1 - \overset{.}{v})\overline{y}_1 = (0,12\underline{|64,16^0} - 0,048\underline{|64,16^0})(-j5) = 0,36\underline{|-25,84^0} \ pu$$

$$i_0 = -\overset{.}{v}\overline{y}_0 = -0,048\underline{|64,16^0}(-j2,5) = -0,12\underline{|-25,84^0} \ pu$$

$$i_2 = -\overset{.}{v}\overline{y}_2 = -0,048\underline{|64,16^0}(-j5) = -0,24\underline{|-25,84^0} \ pu$$

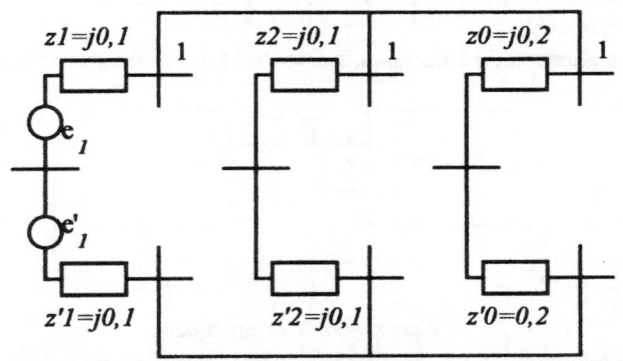

Fig. 3-65. Associação dos diagramas seqüenciais para o Ex. 3.12

Portanto as correntes nas fases A, B e C, passantes no ponto 1, serão:

$$i_A = i_0 + i_1 + i_2 = 1\underline{|-25,84^0}(-0,12 + 0,36 - 0,24) = 0 \ pu$$

$$i_B = i_0 + \alpha^2 i_1 + \alpha i_2 = 1\underline{|-25,84^0}(-0,12 + 0,36\underline{|-120^0} - 0,24\underline{|120^0}) = 0,5503\underline{|-135^0} \ pu$$

$$i_C = i_0 + \alpha i_2 + \alpha^2 i_1 = 1\underline{|-25,84^0}(-0,12 + 0,36\underline{|120^0} - 0,24\underline{|-120^0}) = 0,5503\underline{|83,3^0} \ pu$$

ou seja, $\qquad I_B = 159\underline{|-135^0}A \ $ e $\ I_C = 159\underline{|83,3^0}A$.

As tensões seqüenciais nos terminais do gerador G1 são dadas por

$$\dot{v}_1 = \dot{e}_1 - z_1 i_1 = 1{,}0334\underline{|3{,}6^0} - j0{,}1 \cdot 0{,}36\underline{|-25{,}84^0} = 1{,}0162\underline{|1{,}83^0}\ pu$$

$$\dot{v}_2 = -z_2 i_2 = -j0{,}1 \cdot \left(-0{,}24\underline{|-25{,}84^0}\right) = 0{,}024\underline{|64{,}16^0}\ pu$$

$$\dot{v}_0 = -z_0 i_0 = -j0{,}2 \cdot \left(-0{,}12\underline{|-25{,}84^0}\right) = 0{,}024\underline{|64{,}16^0}\ pu$$

As tensões de fase resultam

$$\dot{v}_A = \dot{v}_0 + \dot{v}_1 + \dot{v}_2 = 0{,}024\underline{|64{,}16^0} + 1{,}0162\underline{|1{,}83^0} + 0{,}024\underline{|64{,}16^0} = 1{,}0394\underline{|4{,}2^0}pu$$

$$\dot{v}_B = \dot{v}_0 + \alpha^2 \dot{v}_1 + \alpha \dot{v}_2 = 0{,}024\underline{|64{,}16^0} + \alpha^2 1{,}0162\underline{|1{,}83^0} + \alpha 0{,}024\underline{|64{,}16^0} = 1{,}0052\underline{|-119{,}4^0}pu$$

$$\dot{v}_C = \dot{v}_0 + \alpha \dot{v}_1 + \alpha^2 \dot{v}_2 = 0{,}024\underline{|64{,}16^0} + \alpha 1{,}0162\underline{|1{,}83^0} + \alpha^2 0{,}024\underline{|64{,}16^0} = 1{,}0052\underline{|120{,}6^0}pu$$

3.6.12 - ABERTURA BIPOLAR

A abertura bipolar corresponde à abertura de duas fases em um dado ponto do sistema. Por exemplo, quando da ocorrência de um curto circuito dupla fase ou dupla fase à terra, duas fases são abertas na chave fusível.

A Fig. 3-66 ilustra a abertura de duas fases, no ponto M, entre dois subsistemas (1 e 2).

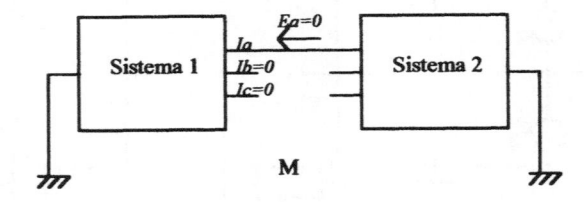

Figura 3-66. Abertura bipolar

As condições de contorno do problema são

$$\dot{E}_a = \dot{E}_0 + \dot{E}_1 + \dot{E}_2 = 0$$

$$\dot{I}_0 = \dot{I}_1 = \dot{I}_2 = \frac{\dot{I}_A}{3}$$

A constatação que as correntes seqüenciais sejam iguais entre si e que a soma das tensões seqüenciais seja nula leva-nos a concluir que os diagramas seqüenciais devem ser ligados em série, conforme Fig. 3-67.

Assim sendo, as correntes seqüenciais resultam:

$$\dot{I}_1 = \dot{I}_2 = \dot{I}_0 = \frac{\dot{E}_1 - \dot{E}_1'}{\left(Z_1 + Z_1'\right) + \left(Z_2 + Z_2'\right) + \left(Z_0 + Z_0'\right)}.$$

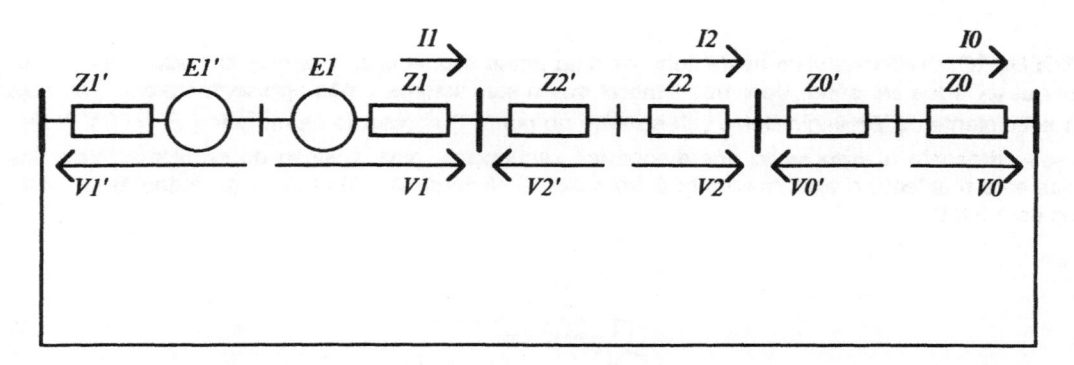

Figura 3-67. Modelos para análise da abertura bipolar

E as tensões no ponto de defeito:

$$V_1 = \dot{E}_1 - Z_1 I_1; \quad V_2 = -Z_2 I_2; \quad V_0 = -Z_0 I_0;$$
$$V_1' = \dot{E}_1' + Z_1' I_1; \quad V_2' = Z_2' I_2; \quad V_0' = Z_0' I_0$$

o que permite avaliar as grandezas de fase que, para o caso de $Z_1 = Z_2$, resultam:

$$I_A = 3 \frac{\dot{E}_1 - \dot{E}_1'}{2(Z_1 + Z_1') + (Z_0 + Z_0')}; \quad I_B = 0; \quad I_C = 0$$

$$\begin{bmatrix} V_A \\ V_B \\ V_C \end{bmatrix} = \begin{bmatrix} \dot{E}_1 - (2Z_1 + Z_0)I_0 \\ \alpha^2 \dot{E}_1 - (Z_0 - Z_1)I_0 \\ \alpha \dot{E}_1 - (Z_0 - Z_1)I_0 \end{bmatrix}$$

EXEMPLO 3.13 - Um sistema trifásico, no qual são conhecidos os circuitos equivalentes de Thèvenin (suponha as impedâncias de seqüência direta e inversa iguais), para as seqüências direta, inversa e nula, num ponto P, alimenta uma carga trifásica equilibrada, ligada em estrela aterrado, conforme Fig.3-68. Pede-se determinar as correntes e tensões na carga e no sistema, quando ocorre uma abertura bipolar em P.

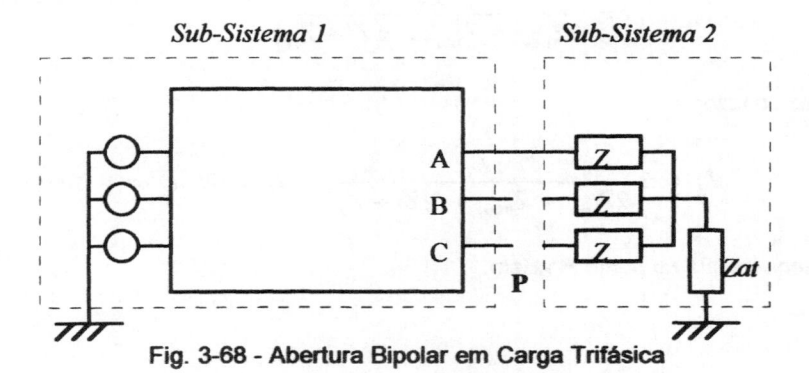

Fig. 3-68 - Abertura Bipolar em Carga Trifásica

SOLUÇÃO: Conforme visto neste item, os diagramas seqüenciais dos dois sub-sistemas devem ser associados em série. Devemos lembrar que o sub-sistema 2 não apresenta gerador, ou seja o equivalente de Thevenin deste sub-sistema no ponto P apresenta f.e.m. nula ($\dot{E}_1' = 0$). A Fig. 3-69 apresenta a associação dos diagramas seqüenciais para solução do problema. Notamos que este problema é exatamente igual ao caso de alimentação de uma carga monofásica, visto no item 3.6.6.

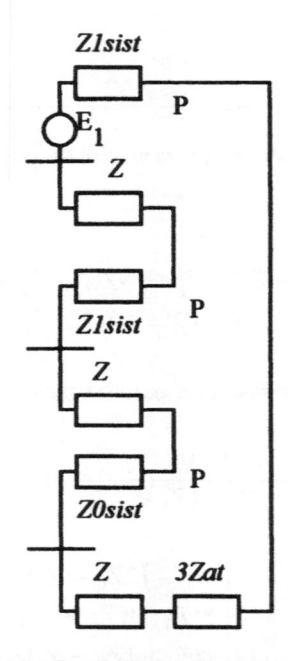

Fig. 3-69 - Associação dos três diagramas para o Ex.3.13

Portanto as correntes seqüenciais valem:

$$\dot{I}_1 = \dot{I}_2 = \dot{I}_0 = \frac{\dot{E}_1}{\left(Z_{1sist} + Z\right) + \left(Z_{2sist} + Z\right) + \left(Z_{0sist} + Z + 3Z_{at}\right)}$$

$$= \frac{\dot{E}_1}{2Z_{1sist} + Z_{0sist} + 3\left(Z + Z_{at}\right)}$$

e as correntes de fase:

$$\dot{I}_A = 3\frac{\dot{E}_1}{2Z_{1sist} + Z_{0sist} + 3\left(Z + Z_{at}\right)} ; \quad \dot{I}_B = 0; \quad \dot{I}_C = 0$$

As tensões seqüenciais no ponto P valem:

$$\dot{V}_1 = \dot{E}_1 - Z_{1sist}\dot{I}_1 = \dot{e}_1 - \frac{Z_{1sist}\dot{E}_1}{2Z_{1sist} + Z_{0sist} + 3(Z + Z_{at})} =$$

$$= \frac{Z_{1sist} + Z_{0sist} + 3(Z + Z_{at})}{2Z_{1sist} + Z_{0sist} + 3(Z + Z_{at})}\dot{E}_1$$

$$\dot{V}_2 = -Z_{2sist}\dot{I}_2 = -Z_{1sist}\dot{I}_1 = -\frac{Z_{1sist}}{2Z_{1sist} + Z_{0sist} + 3(Z + Z_{at})}\dot{E}_1$$

$$\dot{V}_0 = -Z_{0sist}\dot{I}_0 = -Z_{0sist}\dot{I}_1 = -\frac{Z_{0sist}}{2Z_{1sist} + Z_{0sist} + 3(Z + Z_{at})}\dot{E}_1$$

Portanto as tensões nas fases são determinadas por:

$$\dot{V}_A = \dot{V}_0 + \dot{V}_1 + \dot{V}_2 = \frac{3(Z + Z_{at})}{2Z_{1sist} + Z_{0sist} + 3(Z + Z_{at})}\dot{E}_1$$

$$\dot{V}_B = \dot{V}_0 + \alpha^2\dot{V}_1 + \dot{V}\dot{v}_2 = \alpha^2\dot{E}_1 + \frac{-Z_{0sist} + Z_{1sist}}{2Z_{1sist} + Z_{0sist} + 3(Z + Z_{at})}\dot{E}_1$$

$$\dot{V}_C = \dot{V}_0 + \alpha\dot{V}_1 + \alpha^2\dot{V}_2 = \alpha\dot{E}_1 + \frac{-Z_{0sist} + Z_{1sist}}{2Z_{1sist} + Z_{0sist} + 3(Z + Z_{at})}\dot{E}_1$$

BIBLIOGRAFIA

CALABRESE, G. O. **Symmetrical components**. Ronald Press, 1954.

CLARKE, E. **Circuit analysis of A-C powers systems**. Vol. 1, John Wiley & Sons, 1943.

FALETTI, N. **Transmissione e distribuizione dell'energia elettrica**. R. Pàtron, 1956.

ROTHE, F. S. **An introduction to power system analysis**. John Wiley & Sons, 1953.

STAGG, G. W.; EL-ABIAD, A. H. **Computer methods in power systems analysis**. McGraw-Hill, 1968.

STEVENSON, W. D. Jr. **Elementos de análise de sistemas de potência**. McGraw-Hill, 2a. ed. (português), 1986.

4

Componentes de Clarke

4.1 - COMPONENTES DE CLARKE OU COMPONENTES MODAIS

4.1.1 - APRESENTAÇÃO

Em 1917, W.W.Lewis, no artigo "Short Circuit Currents on Grounded Neutral Systems", publicado na *General Electric Revue*, introduziu, pela primeira vez, o emprego das componentes modais, componentes zero, alfa e beta, que apresentaremos nos itens subseqüentes como componentes de Clarke, no cálculo de tensões e correntes numa rede em que há um defeito fase à terra, resultando grande simplificação no processo de cálculo. Ainda com a designação de componentes modais foram objeto de artigos publicados em 1931 e 1938, porém, somente em 1938, com o artigo "Problems Solved by Modified Symmetrical Components", publicado por Edith Clarke, na *General Electric Revue* (nov. e dez. 1938, Vol.41, nº 11 e 12), que houve a difusão de seu emprego e passaram a ser conhecidas por *Componentes de Clarke*, em homenagem ao trabalho de Edit Clarke.

Este capítulo, em que nos ocuparemos do estudo das componentes de Clarke ou modais, está estruturado, basicamente, do mesmo modo que o correspondente às componentes simétricas, isto é, apresentaremos inicialmente o teorema de transformação das componentes de fase em componentes de Clarke, demonstrando a existência e unicidade da matriz de transformação. A seguir, analisaremos as implicações nas componentes de Clarke da mudança cíclica dos fasores da seqüência, e as relações entre seus valores de fase e de linha. O passo seguinte será no sentido de estabelecermos as relações existentes entre componentes de Clarke e simétricas. Finalmente ocupar-nos-êmos das aplicações das componentes de Clarke ao estudo de redes, analisando, em termos de componentes de Clarke, as leis de Kirchhoff, a representação das impedâncias e dos componentes da rede.

Ao longo deste capítulo apresentaremos alguns exercícios resolvidos, que têm por objetivo esclarecer os conceitos introduzidos, e no capítulo 5 apresentaremos conjuntos de exercícios que permitam a familiarização do leitor com os conceitos apresentados.

4.1.2 - TEOREMA FUNDAMENTAL

Dada uma seqüência V_a qualquer, vamos demonstrar a existência e unicidade de três seqüências, que são designadas por *seqüência zero, alfa e beta*, que somadas reproduzem a dada. Em outras palavras, demonstraremos que uma seqüência qualquer pode ser decomposta nas três seqüências e que essa decomposição é única. As três seqüências acima são designadas por componentes de Clarke. Assim, seja

$$\mathbf{V_a} = \begin{bmatrix} \dot{V}_A \\ \dot{V}_B \\ \dot{V}_C \end{bmatrix} = \begin{bmatrix} 1 \\ 1 \\ 1 \end{bmatrix} \dot{V}_0 + \begin{bmatrix} 1 \\ -1/2 \\ -1/2 \end{bmatrix} \dot{V}_\alpha + \begin{bmatrix} 0 \\ \sqrt{3}/2 \\ -\sqrt{3}/2 \end{bmatrix} \dot{V}_\beta =$$

$$\left[\begin{array}{c:c:c} 1 & 1 & 0 \\ \hdashline 1 & -1/2 & \sqrt{3}/2 \\ \hdashline 1 & -1/2 & -\sqrt{3}/2 \end{array} \right] \begin{bmatrix} \dot{V}_0 \\ \dot{V}_\alpha \\ \dot{V}_\beta \end{bmatrix} = \mathbf{T}_C \begin{bmatrix} \dot{V}_0 \\ \dot{V}_\alpha \\ \dot{V}_\beta \end{bmatrix}$$

onde a matriz $\mathbf{T}_C$, que representa a matriz de transformação das componentes de Clarke para as de fase, é dada por

$$\mathbf{T}_C = \left[\begin{array}{c:c:c} 1 & 1 & 0 \\ \hdashline 1 & -1/2 & \sqrt{3}/2 \\ \hdashline 1 & -1/2 & -\sqrt{3}/2 \end{array} \right] \tag{4.1}$$

Em termos de equações teremos:

$$\dot{V}_A = \dot{V}_0 + \dot{V}_\alpha$$

$$\dot{V}_B = \dot{V}_0 - \frac{1}{2} \dot{V}_\alpha + \frac{\sqrt{3}}{2} \dot{V}_\beta \tag{4.2}$$

$$\dot{V}_C = \dot{V}_0 - \frac{1}{2} \dot{V}_\alpha - \frac{\sqrt{3}}{2} \dot{V}_\beta$$

O determinante da matriz $\mathbf{T}_C$ vale $3\sqrt{3}/2$, portanto, admite inversa, que representa a matriz de transformação de componentes de fase para componentes de Clarke, dada por:

$$\mathbf{T}_C^{-1} = \frac{1}{3} \left[\begin{array}{c:c:c} 1 & 1 & 1 \\ \hdashline 2 & -1 & -1 \\ \hdashline 0 & \sqrt{3} & -\sqrt{3} \end{array} \right] \tag{4.3}$$

isto é:

$$\begin{bmatrix} \dot{V}_0 \\ \dot{V}_\alpha \\ \dot{V}_\beta \end{bmatrix} = \mathbf{T}_C^{-1} \begin{bmatrix} \dot{V}_A \\ \dot{V}_B \\ \dot{V}_C \end{bmatrix} = \frac{1}{3} \left[\begin{array}{c:c:c} 1 & 1 & 1 \\ \hdashline 2 & -1 & -1 \\ \hdashline 0 & \sqrt{3} & -\sqrt{3} \end{array} \right] \begin{bmatrix} \dot{V}_A \\ \dot{V}_B \\ \dot{V}_C \end{bmatrix} \tag{4.4}$$

A partir das Eqs. (4.2) podemos chegar ao mesmo resultado, isto é, somando-as, membro a membro obtemos:

$$\dot{V}_0 = \frac{1}{3}\left(\dot{V}_A + \dot{V}_B + \dot{V}_C\right)$$

Obtemos a componente alfa subtraindo da 1ª, multiplicada por 2, a 2ª e 3ª, isto é:

$$\dot{V}_\alpha = \frac{1}{3}\left(2\dot{V}_A - \dot{V}_B - \dot{V}_C\right)$$

Finalmente, obtemos a componente beta subtraindo da 2ª a 3ª, isto é:

$$\dot{V}_\beta = \frac{1}{3}\left(0\dot{V}_A + \sqrt{3}\dot{V}_B - \sqrt{3}\dot{V}_C\right) = \frac{\sqrt{3}}{3}\left(\dot{V}_B - \dot{V}_C\right)$$

Em resumo, as Eqs. (4.1) e (4.4) demonstram que a matriz de transformação existe e é única.

A matriz $\mathbf{T_C}$, tal como foi definida não é ortogonal, (matriz ortogonal é aquela matriz real cuja transposta coincide com sua inversa), portanto, como veremos em item subseqüente, a potência não é um invariante. Observamos, tal como foi feito nas componentes simétricas, que podemos definir matriz $\mathbf{T_C'}$ dada por

$$\mathbf{T_C'} = \frac{1}{\sqrt{3}}\begin{bmatrix} 1 & \sqrt{2} & 0 \\ 1 & -\sqrt{1/2} & \sqrt{3/2} \\ 1 & -\sqrt{1/2} & -\sqrt{3/2} \end{bmatrix}$$

cuja transposta coincide com sua inversa, isto é:

$$\mathbf{T_C'}\mathbf{T_C'}^t = \frac{1}{\sqrt{3}}\begin{bmatrix} 1 & \sqrt{2} & 0 \\ 1 & -\sqrt{1/2} & \sqrt{3/2} \\ 1 & -\sqrt{1/2} & -\sqrt{3/2} \end{bmatrix} \frac{1}{\sqrt{3}}\begin{bmatrix} 1 & 1 & 1 \\ \sqrt{2} & -\sqrt{1/2} & -\sqrt{1/2} \\ 0 & \sqrt{3/2} & -\sqrt{3/2} \end{bmatrix} = [U]$$

No entretanto, adotaremos, como a maioria dos autores, a matriz de transformação $\mathbf{T_C}$.

EXEMPLO 4.1 - Determinar as componentes de Clarke de uma seqüência direta de tensões de fase, $\mathbf{E_{AN}}$, com tensão $\dot{E}_{AN} = \dot{E} = 200\underline{|0°}\ V$.

SOLUÇÃO: A seqüência é dada por:

$$E_A = \begin{bmatrix} \dot{E}_{AN} & \dot{E}_{BN} & \dot{E}_{CN} \end{bmatrix}^t = \begin{bmatrix} 1 & \alpha^2 & \alpha \end{bmatrix}^t \cdot 200\underline{|0°}$$

logo

$$\dot{E}_0 = \left(1 + \alpha^2 + \alpha\right)\frac{\dot{E}}{3} = 0$$

$$\dot{E}_\alpha = \left(2 - \alpha^2 - \alpha\right)\frac{\dot{E}}{3} = \dot{E} = 200\underline{|0°}\ V$$

$$\dot{E}_\beta = \left(\alpha^2 - \alpha\right)\frac{\dot{E}}{\sqrt{3}} = -j\dot{E} = 200\underline{|-90°}\ V$$

Salientamos que, no caso particular de um trifásico simétrico, as componentes alfa e beta nada mais são que a decomposição do trifásico dado segundo um par de eixos ortogonais, com o primeiro eixo coincidente com o primeiro fasor da seqüência dada. Assim, a partir da projeção dos três vetores da seqüência dada, utilizando os coeficientes da matriz $\mathbf{T_C}$, determinam-se a componente alfa, pela projeção no eixo coincidente com o primeiro fasor da seqüência e a componente beta, pela projeção no eixo em quadratura (Fig. 4-1)

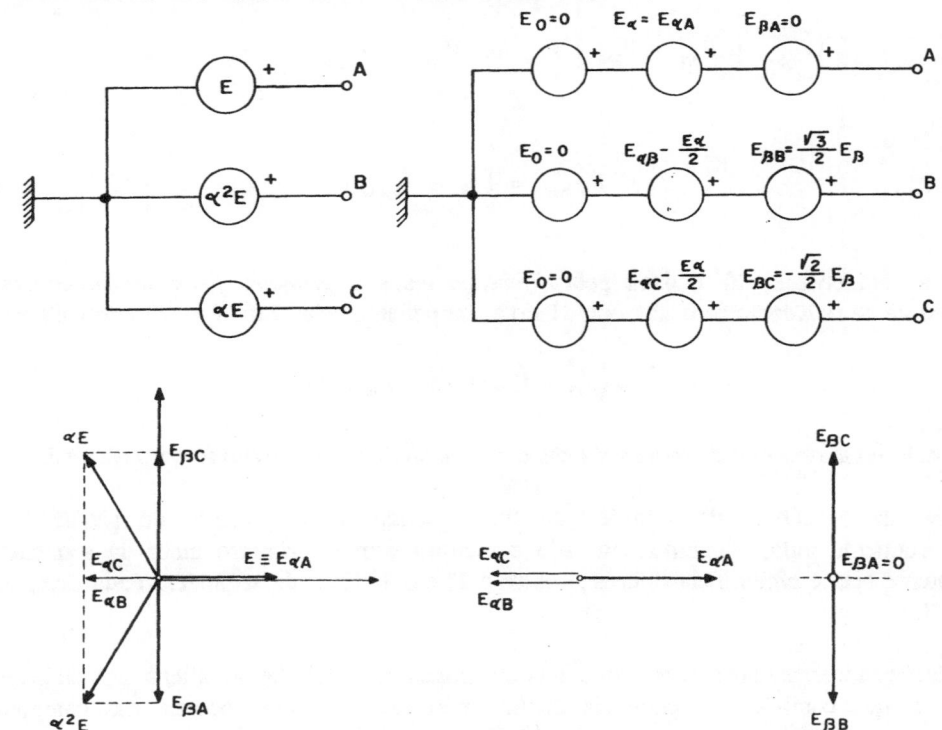

Figura 4-1. Decomposição de uma seqüência direta em componentes de Clarke

4.1.3 - RELAÇÕES ENTRE COMPONENTES DE FASE E DE CLARKE

Inicialmente observamos que a componente de seqüência zero apresenta o mesmo significado que a correspondente às componentes simétricas, isto é, para uma seqüência de tensões de fase assimétrica, numa rede em estrela, representa o deslocamento do centro estrela. Evidentemente para a seqüência das tensões de linha seu valor será obrigatoriamente nulo. Por outro lado, para uma seqüência de correntes de fase assimétricas representa um terço da corrente de retorno pelo neutro.

Para analisarmos as componentes alfa e beta vamos considerar, sem perda de generalidade, que as seqüências de tensões de fase e de linha, de um trifásico assimétrico qualquer, são dadas por:

$$V_F = [V_{AN} \quad V_{BN} \quad V_{CN}]^t$$

$$V_L = [V_{AB} \quad V_{BC} \quad V_{CA}]^t$$

onde, a componente alfa é dada, pela Eq. (4.4), por:

$$\dot{V}_{\alpha\ fase} = (2\dot{V}_{AN} - \dot{V}_{BN} - \dot{V}_{CN}) / 3.$$

Mas, sendo

$$3V_{0\ fase} = V_{AN} + V_{BN} + V_{CN} \quad \text{ou} \quad V_{AN} - 3V_{0\ fase} = -V_{BN} - V_{CN}$$

resulta

$$\dot{V}_{\alpha\ fase} = \dot{V}_{AN} - \dot{V}_{0\ fase} \tag{4.5}$$

isto é, a componente alfa é dada pela *diferença entre o primeiro fasor da seqüencia e a componente de seqüência zero*. Por outro lado a componente beta, Eq. (4.4), é expressa por:

$$\dot{V}_\beta = (\dot{V}_{BN} - \dot{V}_{CN}) / \sqrt{3} = \dot{V}_{BC} / \sqrt{3} \tag{4.6}$$

é dada pelo *segundo fasor da seqüência das componentes de linha dividido por raiz de 3.*

No caso da seqüência das tensões de linha, sendo a componente de seqüência zero obrigatoriamente nula, a componente alfa coincidirá com o primeiro fasor da seqüência. A componente beta é obtida pela diferença entre o 2° e o 3° fasor da seqüência dada dividida por raiz de 3.

Das relações apresentadas notamos que, nas componentes de Clarke, ao alterarmos ciclicamente os fasores que compõem a seqüência de fase não teremos, como ocorria nas componentes simétricas, relação fixa entre as componentes alfa e beta. Isto é, sendo as seqüências:

$$\mathbf{V}_{AN} = [V_{AN} \quad V_{BN} \quad V_{CN}]^t$$

$$\mathbf{V}_{BN} = [V_{BN} \quad V_{CN} \quad V_{AN}]^t$$

$$\mathbf{V}_{CN} = [V_{CN} \quad V_{AN} \quad V_{BN}]^t$$

às quais corresponderão componentes alfa e beta dadas por:

Seq. AN: $\dot{V}_\alpha = \dot{V}_{AN} - \dot{V}_0$ $\dot{V}_\beta = \dot{V}_{BC} / \sqrt{3}$

Seq. BN: $\dot{V}_\alpha = \dot{V}_{BN} - \dot{V}_0$ $\dot{V}_\beta = \dot{V}_{CA} / \sqrt{3}$

Seq. CN: $\dot{V}_\alpha = \dot{V}_{CN} - \dot{V}_0$ $\dot{V}_\beta = \dot{V}_{AB} / \sqrt{3}$

onde observamos, por serem os fasores quaisquer, que não há relação fixa entre as componentes de Clarke quando variarmos ciclicamente os fasores que compõem a seqüência. Destacamos que, no caso particular de um trifásico simétrico, as relações são as mesmas que ocorriam nas componentes simétricas.

EXEMPLO 4.2 - Numa carga ligada em estrela temos, nas fases *A*, *B* e *C* as seguintes correntes, em Ampere: 30, 30j e -30j, respectivamente. Calcular as componentes de Clarke das correntes de fase e de linha.

SOLUÇÃO: As componentes de Clarke das correntes de fase são dadas por:

$$\dot{I}_{0F} = \left(\dot{I}_{AB} + \dot{I}_{BC} + \dot{I}_{CA} \right) / 3 \quad = \left(30 + 30j - 30j \right) / 3 = 10\underline{|0°}A$$

$$\dot{I}_{\alpha F} = \left(2\dot{I}_{AB} - \dot{I}_{BC} - \dot{I}_{CA} \right) / 3 \quad = \left(60 - 30j + 30j \right) / 3 = 20\underline{|0°} \ A$$

$$\dot{I}_{\beta F} = \left(\dot{I}_{BC} - \dot{I}_{CA} \right) / \sqrt{3} \quad = \left(30j + 30j \right) / \sqrt{3} = 34,64\underline{|90°} \ A$$

Para este caso, as componentes de Clarke das correntes de linha coincidem com as das correntes de fase. Cada uma das componentes representa (Fig. 4-2):

(1) Componente zero
Três correntes iguais nas três fases, que retornam por terra.

(2) Componente alfa
Corrente $\dot{I}_\alpha$ que flui pela fase A e retorna pelas fases B e C com valores iguais a $\dot{I}_\alpha/2$.

(3) Componente beta
Corrente que flui pela fase B e retorna pela C

Na hipótese da mesma carga ligada em triângulo, com as correntes das fases AB, BC e CA iguais às fornecidas, teríamos as correntes de linha dadas por:

$$\dot{I}_A = \dot{I}_{AB} - \dot{I}_{CA} = 30 - 30j = 42,43\underline{|-45°} \ A$$

$$\dot{I}_B = \dot{I}_{BC} - \dot{I}_{AB} = 30j - 30 = 42,43\underline{|135°} \ A$$

$$\dot{I}_C = \dot{I}_{CA} - \dot{I}_{BC} = -30j - 30j = 60\underline{|-90°} \ A$$

E as componentes de Clarke das correntes de linha são dadas por:

$$\dot{I}_{0linha} = \left(\dot{I}_A + \dot{I}_B + \dot{I}_C \right) / 3 \quad = 0$$

$$\dot{I}_{\alpha linha} = \left(2\dot{I}_A - \dot{I}_B - \dot{I}_C \right) / 3 \quad = \dot{I}_A = 42,43\underline{|-45°} \ A$$

$$\dot{I}_{\beta linha} = \left(\dot{I}_B - \dot{I}_C \right) / \sqrt{3} \quad = \left(-30 + 90j \right) / \sqrt{3} = 54,77\underline{|108,43°} \ A$$

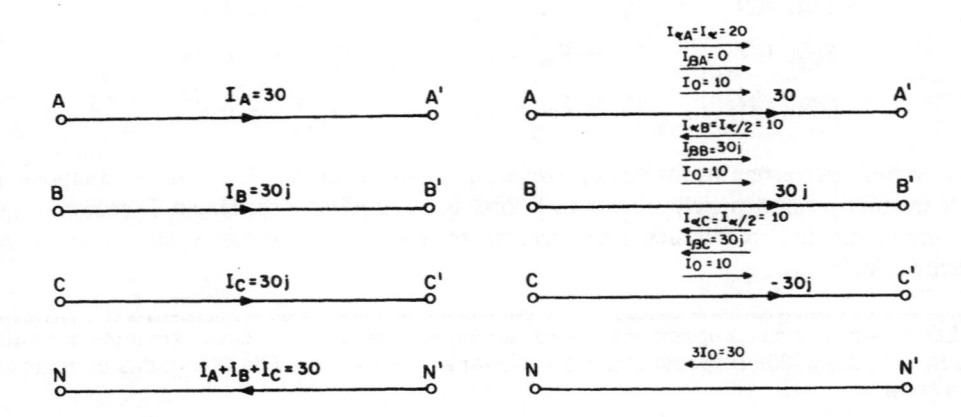

Figura 4-2. Componentes de Clarke da corrente

4.1.4 - RELAÇÕES ENTRE COMPONENTES DE CLARKE E SIMÉTRICAS

Retomemos o teorema fundamental de componentes simétricas, que exprime a relação entre a seqüência das componentes de fase, de tensões ou correntes, e a de componentes simétricas:

$$
\begin{bmatrix} \dot{I}_A \\ \dot{I}_B \\ \dot{I}_C \end{bmatrix} = \begin{bmatrix} 1 & 1 & 1 \\ 1 & \alpha^2 & \alpha \\ 1 & \alpha & \alpha^2 \end{bmatrix} \begin{bmatrix} \dot{I}_0 \\ \dot{I}_1 \\ \dot{I}_2 \end{bmatrix}
$$

que nos fornece:

$$
\begin{aligned}
\dot{I}_A &= \dot{I}_0 + \dot{I}_1 + \dot{I}_2, \\
\dot{I}_B &= \dot{I}_0 + \alpha^2 \dot{I}_1 + \alpha \dot{I}_2, \\
\dot{I}_C &= \dot{I}_0 + \alpha \dot{I}_1 + \alpha^2 \dot{I}_2
\end{aligned}
\tag{4.7}
$$

Nas Eqs. (4.7), substituindo o valor de α, na forma cartesiana, e fatorando as partes reais e imaginárias, obtemos

$$
\dot{I}_A = \dot{I}_0 + \dot{I}_1 + \dot{I}_2,
$$

$$
\dot{I}_B = \dot{I}_0 + \left(-\frac{1}{2} - j\frac{\sqrt{3}}{2} \right)\dot{I}_1 + \left(-\frac{1}{2} + j\frac{\sqrt{3}}{2} \right)\dot{I}_2,
$$

$$
\dot{I}_C = \dot{I}_0 + \left(-\frac{1}{2} + j\frac{\sqrt{3}}{2} \right)\dot{I}_1 + \left(-\frac{1}{2} - j\frac{\sqrt{3}}{2} \right)\dot{I}_2,
$$

ou seja,

$$\dot{I}_A = \dot{I}_0 + \left(\dot{I}_1 + \dot{I}_2 \right) + 0 \cdot \left(\dot{I}_1 - \dot{I}_2 \right)j,$$

$$\dot{I}_B = \dot{I}_0 - \frac{1}{2}\left(\dot{I}_1 + \dot{I}_2 \right) - \frac{\sqrt{3}}{2}\left(\dot{I}_1 - \dot{I}_2 \right)j, \qquad (4.8)$$

$$\dot{I}_C = \dot{I}_0 - \frac{1}{2}\left(\dot{I}_1 + \dot{I}_2 \right) + \frac{\sqrt{3}}{2}\left(\dot{I}_1 - \dot{I}_2 \right)j.$$

Da comparação das Eqs. (4.2) e (4.8) obtemos, imediatamente:

$$\dot{I}_\alpha = \dot{I}_1 + \dot{I}_2,$$
$$I_\beta = -\left(\dot{I}_1 - \dot{I}_2 \right)j, \qquad (4.9)$$

ou, ainda,

$$\dot{I}_1 = \frac{1}{2}\left(\dot{I}_\alpha + j\dot{I}_\beta \right),$$
$$\dot{I}_2 = \frac{1}{2}\left(\dot{I}_\alpha - j\dot{I}_\beta \right). \qquad (4.10)$$

Podemos alcançar o mesmo resultado através da equação matricial:

$$\mathbf{I}_{ABC} = \mathbf{T}_{012}\mathbf{I}_{012} = \mathbf{T}_{0\alpha\beta}\mathbf{I}_{0\alpha\beta},$$

em que $\mathbf{T}_{012} = \mathbf{T}$ e $\mathbf{T}_{0\alpha\beta} = \mathbf{T}_C$ são as matrizes de transformação de componentes simétricas e de Clarke, respectivamente, para componentes de fase, e $\mathbf{I}_{ABC}$, $\mathbf{I}_{012}$ e $\mathbf{I}_{0\alpha\beta}$ são as seqüências dos valores das componentes de fase, simétricas e de Clarke, respectivamente. Assim, obtemos

$$\mathbf{I}_{012} = \mathbf{T}_{012}^{-1}\mathbf{T}_{0\alpha\beta}\mathbf{I}_{0\alpha\beta} \quad e \quad \mathbf{I}_{0\alpha\beta} = \mathbf{T}_{0\alpha\beta}^{-1}\mathbf{T}_{012}\mathbf{I}_{012}$$

que desenvolvida fornecer-nos-á:

$$\begin{bmatrix} \dot{I}_0 \\ \dot{I}_1 \\ \dot{I}_2 \end{bmatrix} = \begin{bmatrix} 1 & 0 & 0 \\ 0 & \frac{1}{2} & \frac{1}{2}j \\ 0 & \frac{1}{2} & -\frac{1}{2}j \end{bmatrix}\begin{bmatrix} \dot{I}_0 \\ \dot{I}_\alpha \\ \dot{I}_\beta \end{bmatrix} \quad e \quad \begin{bmatrix} \dot{I}_0 \\ \dot{I}_\alpha \\ \dot{I}_\beta \end{bmatrix} = \begin{bmatrix} 1 & 0 & 0 \\ 0 & 1 & 1 \\ 0 & -j & j \end{bmatrix}\begin{bmatrix} \dot{I}_0 \\ \dot{I}_1 \\ \dot{I}_2 \end{bmatrix} \qquad (4.11)$$

As Eqs. (4.9) e (4.10) representam a transformação entre componentes de Clarke e simétricas. Na Fig. 4-3 estão representadas, graficamente, as Eqs. (4.9) e (4.10).

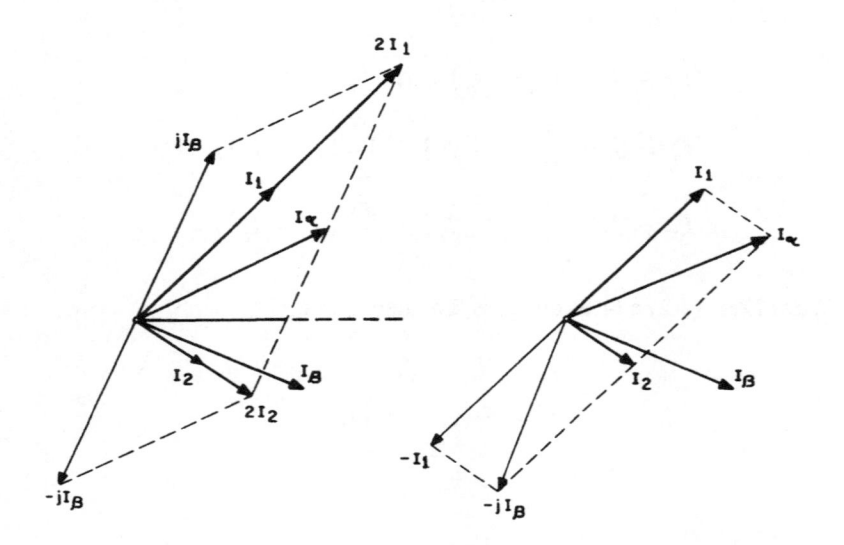

(a) Determinação de I_1 e I_2 (b) Determinação de I_α e I_β

Figura 4-3. Relação entre componentes simétricas e de Clarke

4.1.5 - SIMPLIFICAÇÕES EM DEFEITOS FASE À TERRA

Suponhamos dispor de um transformador, Fig. 4-4, com o primário ligado em triângulo (terminais B', C' e A') e o secundário em estrela aterrada (terminais A, B e C) que supre no secundário uma carga monofásica ligada entre a fase A e a terra, estando as fases B e C em vazio, isto é, tendo no secundário as correntes :

$$I_A = I, \quad I_B = I_C = 0,$$

que se refletem no primário como

$$I'_A = 0, \quad I'_B = -I'_C = I\,\frac{N_2}{N_1}.$$

As componentes de Clarke das correntes secundárias terão os valores

$$I_0 = \frac{1}{3}\left(I_A + I_B + I_C\right) = \frac{I}{3},$$

$$I_\alpha = \frac{1}{3}\left(2I_A - I_B - I_C\right) = \frac{2}{3}\,I,$$

$$I_\beta = \frac{\sqrt{3}}{3}\left(I_B - I_C\right) \quad = 0.$$

e as componentes de Clarke das correntes primárias serão:

$$\dot{I}_0 = \dot{I}_\alpha = 0 \qquad \dot{I}_\beta = \frac{\sqrt{3}}{3}\left(\dot{I}_B' - \dot{I}_C'\right) = \frac{2\sqrt{3}}{3} \cdot \frac{N_2}{N_1} \cdot \dot{I}$$

ou seja, utilizando as componentes de Clarke, teremos, no secundário do transformador, somente as componentes zero e alfa e, no primário, somente a componente beta. Isso é devido ao modo como foram definidas, pois, conforme já vimos, a componente alfa é uma corrente que flui pela fase A e retorna, em partes iguais, pelas fases B e C, e a componente beta flui pela B retornando pela C.

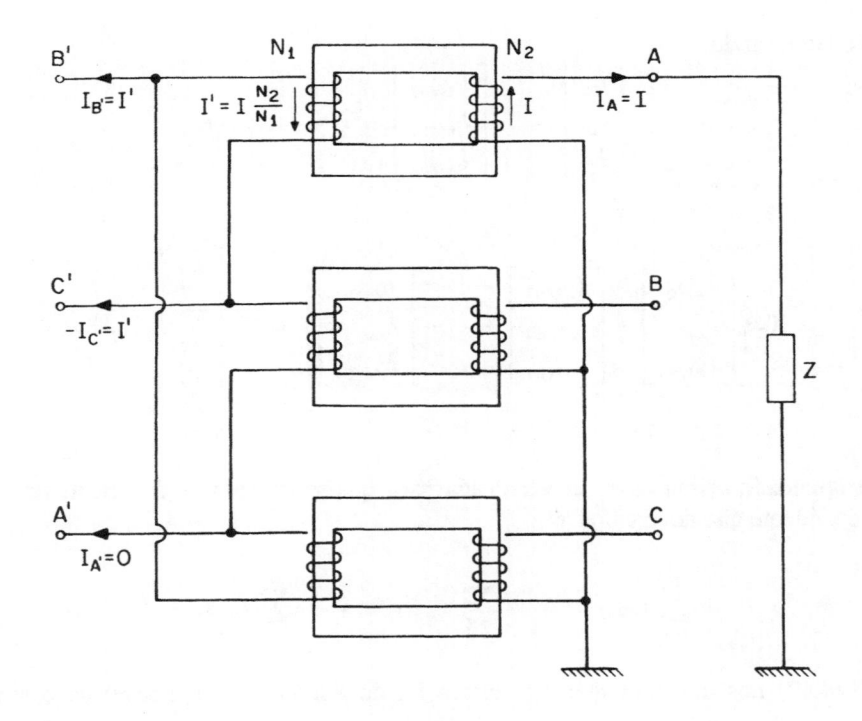

Figura 4-4. Transformador Δ-Y com carga monofásica

4.2 - LEIS DE KIRCHHOFF EM TERMOS DE COMPONENTES DE CLARKE

4.2.1 - PRIMEIRA LEI DE KIRCHHOFF

Suponhamos um nó P de uma rede trifásica (P_A, P_B e P_C nas fases A, B e C, respectivamente) ao qual incidem, nas fases A, B e C, respectivamente, as correntes

$$\dot{I}_{A1}, \dot{I}_{A2}, \dots, \dot{I}_{Am}, \qquad \dot{I}_{B1}, \dot{I}_{B2}, \dots, \dot{I}_{Bm}, \qquad \dot{I}_{C1}, \dot{I}_{C2}, \dots, \dot{I}_{Cm}$$

Evidentemente, teremos

$$\begin{bmatrix} \dot{I}_{A1} \\ \dot{I}_{B1} \\ \dot{I}_{C1} \end{bmatrix} + \begin{bmatrix} \dot{I}_{A2} \\ \dot{I}_{B2} \\ \dot{I}_{C2} \end{bmatrix} + \dots + \begin{bmatrix} \dot{I}_{Am} \\ \dot{I}_{Bm} \\ \dot{I}_{Cm} \end{bmatrix} = 0$$

Por outro lado, sendo

$$\begin{bmatrix} \dot{I}_{Ai} \\ \dot{I}_{Bi} \\ \dot{I}_{Ci} \end{bmatrix} = \mathbf{T}_C \begin{bmatrix} \dot{I}_{Ai(0)} \\ \dot{I}_{Ai(\alpha)} \\ \dot{I}_{Ai(\beta)} \end{bmatrix}, \quad i = 1, \dots, m,$$

resulta

$$\mathbf{T}_C \left\{ \begin{bmatrix} \dot{I}_{A1(0)} \\ \dot{I}_{A1(\alpha)} \\ \dot{I}_{A1(\beta)} \end{bmatrix} + \begin{bmatrix} \dot{I}_{A2(0)} \\ \dot{I}_{A2(\alpha)} \\ \dot{I}_{A2(\beta)} \end{bmatrix} + \dots + \begin{bmatrix} \dot{I}_{Am(0)} \\ \dot{I}_{Am(\alpha)} \\ \dot{I}_{Am(\beta)} \end{bmatrix} \right\} = \mathbf{T}_C \begin{bmatrix} \sum_{i=1}^{m} \dot{I}_{Ai(0)} \\ \sum_{i=1}^{m} \dot{I}_{Ai(\alpha)} \\ \sum_{i=1}^{m} \dot{I}_{Ai(\beta)} \end{bmatrix} = 0$$

Como a igualdade acima deve ser verificada para quaisquer valores dos elementos da segunda matriz, é evidente que deveremos ter

$$\sum_{i=1}^{m} \dot{I}_{Ai(0)} = 0 \qquad \sum_{i=1}^{m} \dot{I}_{Ai(\alpha)} = 0 \qquad \sum_{i=1}^{m} \dot{I}_{Ai(\beta)} = 0 \qquad (4.12)$$

As Eqs. (4.12) nos mostram que a primeira lei de Kirchhoff é aplicável às componentes de Clarke.

4.2.2 - SEGUNDA LEI DE KIRCHHOFF

Para estabelecermos a segunda lei de Kirchhoff em termos de componentes de Clarke, lançaremos mão do mesmo procedimento utilizado no capítulo anterior, componentes simétricas. Assim, retomemos a Fig. 3-17 onde dispomos de um trecho de rede a 4 fios, três de fase e o quarto de retorno, que apresenta:

- impedâncias próprias, de fase e do retorno, Z_A, Z_B, Z_C e Z_G,
- impedâncias mútuas entre as fases, $Z_{AB} = Z_{BA}$, $Z_{BC} = Z_{CB}$ e $Z_{CA} = Z_{AC}$,,
- impedâncias mútuas entre fases e retorno, $Z_{AG} = Z_{GA}$, $Z_{BG} = Z_{GB}$ e $Z_{CG} = Z_{GC}$.

Como no caso precedente, a rede é regida pela equação

$$\begin{bmatrix} \dot{V}_{AN} \\ \dot{V}_{BN} \\ \dot{V}_{CN} \end{bmatrix} = \begin{bmatrix} \dot{V}_{AA'} \\ \dot{V}_{BB'} \\ \dot{V}_{CC'} \end{bmatrix} + \begin{bmatrix} \dot{V}_{A'N'} \\ \dot{V}_{B'N'} \\ \dot{V}_{C'N'} \end{bmatrix} + \begin{bmatrix} \dot{V}_{N'N} \\ \dot{V}_{N'N} \\ \dot{V}_{N'N} \end{bmatrix}$$

ou

$$\mathbf{V}_{AN} - \mathbf{V}_{A'N'} = \mathbf{V}_{AA'} + \mathbf{V}_{N'N} .$$

Por outro lado entre as tensões e as correntes temos as relações

$$\begin{bmatrix} \dot{V}_{AA'} \\ \dot{V}_{BB'} \\ \dot{V}_{CC'} \end{bmatrix} = \left\{ \begin{bmatrix} \overline{Z}_A & \overline{Z}_{AB} & \overline{Z}_{AC} \\ \overline{Z}_{AB} & \overline{Z}_B & \overline{Z}_{BC} \\ \overline{Z}_{AC} & \overline{Z}_{BC} & \overline{Z}_C \end{bmatrix} - \begin{bmatrix} \overline{Z}_{AG} & \overline{Z}_{AG} & \overline{Z}_{AG} \\ \overline{Z}_{BG} & \overline{Z}_{BG} & \overline{Z}_{BG} \\ \overline{Z}_{CG} & \overline{Z}_{CG} & \overline{Z}_{CG} \end{bmatrix} \right\} \begin{bmatrix} \dot{I}_A \\ \dot{I}_B \\ \dot{I}_C \end{bmatrix}$$

ou

$$\begin{bmatrix} \dot{V}_{AA'} \\ \dot{V}_{BB'} \\ \dot{V}_{CC'} \end{bmatrix} = \begin{bmatrix} \overline{Z}_A & \overline{Z}_{AB} & \overline{Z}_{AC} \\ \overline{Z}_{AB} & \overline{Z}_B & \overline{Z}_{BC} \\ \overline{Z}_{AC} & \overline{Z}_{BC} & \overline{Z}_C \end{bmatrix} \begin{bmatrix} \dot{I}_A \\ \dot{I}_B \\ \dot{I}_C \end{bmatrix} - 3\dot{I}_0 \begin{bmatrix} \overline{Z}_{AG} \\ \overline{Z}_{BG} \\ \overline{Z}_{CG} \end{bmatrix}$$

e

$$\begin{bmatrix} \dot{V}_{N'N} \\ \dot{V}_{N'N} \\ \dot{V}_{N'N} \end{bmatrix} = \begin{bmatrix} \overline{Z}_G - \overline{Z}_{AG} & \overline{Z}_G - \overline{Z}_{BG} & \overline{Z}_G - \overline{Z}_{CG} \\ \overline{Z}_G - \overline{Z}_{AG} & \overline{Z}_G - \overline{Z}_{BG} & \overline{Z}_G - \overline{Z}_{CG} \\ \overline{Z}_G - \overline{Z}_{AG} & \overline{Z}_G - \overline{Z}_{BG} & \overline{Z}_G - \overline{Z}_{CG} \end{bmatrix} \begin{bmatrix} \dot{I}_A \\ \dot{I}_B \\ \dot{I}_C \end{bmatrix} .$$

Mas

$$\begin{bmatrix} \dot{V}_{N'N} \\ \dot{V}_{N'N} \\ \dot{V}_{N'N} \end{bmatrix} = 3\dot{I}_0 Z_G \begin{bmatrix} 1 \\ 1 \\ 1 \end{bmatrix} - \begin{bmatrix} \overline{Z}_{AG} & \overline{Z}_{BG} & \overline{Z}_{CG} \\ \overline{Z}_{AG} & \overline{Z}_{BG} & \overline{Z}_{CG} \\ \overline{Z}_{AG} & \overline{Z}_{BG} & \overline{Z}_{CG} \end{bmatrix} \begin{bmatrix} \dot{I}_A \\ \dot{I}_B \\ \dot{I}_C \end{bmatrix},$$

donde

$$\begin{bmatrix} \dot{V}_{AN} \\ \dot{V}_{BN} \\ \dot{V}_{CN} \end{bmatrix} - \begin{bmatrix} \dot{V}_{A'N'} \\ \dot{V}_{B'N'} \\ \dot{V}_{C'N'} \end{bmatrix} = \begin{bmatrix} \overline{Z}_A - \overline{Z}_{AG} & \overline{Z}_{AB} - \overline{Z}_{BG} & \overline{Z}_{AC} - \overline{Z}_{CG} \\ \overline{Z}_{AB} - \overline{Z}_{AG} & \overline{Z}_B - \overline{Z}_{BG} & \overline{Z}_{BC} - \overline{Z}_{CG} \\ \overline{Z}_{AC} - \overline{Z}_{AG} & \overline{Z}_{BC} - \overline{Z}_{BG} & \overline{Z}_C - \overline{Z}_{CG} \end{bmatrix} \begin{bmatrix} I_A \\ I_B \\ I_C \end{bmatrix} + 3 I_0 \begin{bmatrix} \overline{Z}_G - \overline{Z}_{AG} \\ \overline{Z}_G - \overline{Z}_{BG} \\ \overline{Z}_G - \overline{Z}_{CG} \end{bmatrix}$$

ou

$$\mathbf{V_{AN}} - \mathbf{V_{A'N'}} = \mathbf{Z_{A,B,C}}\, \mathbf{I_A} - 3I_0 \mathbf{Z_{A,B,C,G}}.$$

Por outro lado, sendo

$$\begin{bmatrix} \dot{V}_{AN} \\ \dot{V}_{BN} \\ \dot{V}_{CN} \end{bmatrix} = \mathbf{T_C} \begin{bmatrix} \dot{V}_0 \\ \dot{V}_\alpha \\ \dot{V}_\beta \end{bmatrix} \quad \begin{bmatrix} \dot{V}_{A'N'} \\ \dot{V}_{B'N'} \\ \dot{V}_{C'N'} \end{bmatrix} = \mathbf{T_C} \begin{bmatrix} \dot{V}'_0 \\ \dot{V}'_\alpha \\ \dot{V}'_\beta \end{bmatrix} \quad \begin{bmatrix} I_A \\ I_B \\ I_C \end{bmatrix} = \mathbf{T_C} \begin{bmatrix} I_0 \\ I_\alpha \\ I_\beta \end{bmatrix},$$

e, substituindo esses valores na equação precedente , obtemos

$$\mathbf{T_C}\left(\mathbf{V_{0\alpha\beta}} - \mathbf{V'_{0\alpha\beta}}\right) = \mathbf{Z_{ABC}T_C I_{0\alpha\beta}} - 3I_0 \mathbf{Z_{ABCG}}$$

a seguir, pré-multiplicamos ambos os membros da equação precedente por $\mathbf{T_C}^{-1}$ e obtemos

$$\mathbf{V_{0\alpha\beta}} - \mathbf{V'_{0\alpha\beta}} = \mathbf{T_C}^{-1}\mathbf{Z_{ABC}T_C I_{0\alpha\beta}} - 3I_0\mathbf{T_C}^{-1}\mathbf{Z_{ABCG}}$$

Analogamente ao capítulo precedente, definiremos, por analogia com as seqüências, os conjuntos de três impedâncias: Z_A, Z_B e Z_C, Z_{BC}, Z_{CA} e Z_{AB}, e Z_{AG}, Z_{BG} e Z_{CG}, que nos fornecem, como componentes seqüenciais de Clarke, os valores

$$Z_{A0} = \frac{1}{3}\left(Z_A + Z_B + Z_C\right),$$

$$Z_{A\alpha} = \frac{1}{3}\left(2Z_A - Z_B - Z_C\right),$$

$$\overline{Z}_{A\beta} = \frac{\sqrt{3}}{3}\left(\overline{Z}_B - \overline{Z}_C\right),$$

$$\overline{Z}_{BC0} = \frac{1}{3}\left(\overline{Z}_{BC} + \overline{Z}_{CA} + \overline{Z}_{AB}\right),$$

$$\overline{Z}_{BC\alpha} = \frac{1}{3}\left(2\overline{Z}_{BC} - \overline{Z}_{CA} - \overline{Z}_{AB}\right),$$

$$\overline{Z}_{BC\beta} = \frac{\sqrt{3}}{3}\left(\overline{Z}_{CA} - \overline{Z}_{AB}\right),$$

$$Z_{AG0} = \frac{1}{3}\left(Z_{AG} + Z_{BG} + Z_{CG}\right),$$

$$Z_{AG\alpha} = \frac{1}{3}(2Z_{AG} - Z_{BG} - Z_{CG}),$$

$$\overline{Z}_{AG\beta} = \frac{\sqrt{3}}{3}(\overline{Z}_{BG} - \overline{Z}_{CG}).$$

A seguir, efetuaremos os produtos matriciais separadamente e finalmente os agruparemos numa equação única. Assim, temos

$$\mathbf{T_C^{-1}Z_{ABC}T_C} =$$

$$\begin{bmatrix} Z_{A0} + 2Z_{BC0} - 3Z_{AG0} & \frac{1}{2}(Z_{A\alpha} - Z_{BC\alpha} - 3Z_{AG\alpha}) & \frac{1}{2}(Z_{A\beta} - Z_{BC\beta} - 3Z_{AG\beta}) \\ Z_{A\alpha} - Z_{BC\alpha} & \frac{1}{2}(Z_{A0} + Z_A) + 2Z_{BC\alpha} - Z_{BC} & -\frac{1}{2}Z_{AB} - Z_{BC\beta} \\ Z_{A\beta} - Z_{BC\beta} & -\frac{1}{2}Z_{A\beta} - Z_{BC\beta} & \frac{1}{2}(Z_B + Z_C) - Z_{BC} \end{bmatrix}$$

e

$$3\dot{I}_0 \mathbf{T_C^{-1}Z_{ABCG}} = 3\dot{I}_0 \begin{bmatrix} \overline{Z}_G - \overline{Z}_{AG0} \\ -Z_{AG\alpha} \\ -\overline{Z}_{AG\beta} \end{bmatrix}$$

Finalmente, substituimos os produtos parciais de matrizes e obtemos

$$\begin{bmatrix} \dot{V}_0 \\ \dot{V}_\alpha \\ \dot{V}_\beta \end{bmatrix} - \begin{bmatrix} \dot{V}_0{}' \\ \dot{V}_\alpha{}' \\ \dot{V}_\beta{}' \end{bmatrix} = \begin{bmatrix} \overline{Z}_{00} & \overline{Z}_{0\alpha} & \overline{Z}_{0\beta} \\ \overline{Z}_{\alpha0} & \overline{Z}_{\alpha\alpha} & \overline{Z}_{\alpha\beta} \\ \overline{Z}_{\beta0} & \overline{Z}_{\beta\alpha} & \overline{Z}_{\beta\beta} \end{bmatrix} \begin{bmatrix} \dot{I}_0 \\ \dot{I}_\alpha \\ \dot{I}_\beta \end{bmatrix} \qquad (4.13)$$

onde

$$Z_{00} = Z_{A0} + 2Z_{BC0} - 6Z_{AG0} + 3Z_G,$$

$$Z_{0\alpha} = \frac{1}{2}(Z_{A\alpha} - Z_{BC\alpha} - 3Z_{AG\alpha}),$$

$$Z_{0\beta} = \frac{1}{2}(Z_{A\beta} - Z_{BC\beta} - 3Z_{AG\beta}),$$

$$Z_{\alpha0} = Z_{A\alpha} - Z_{BC\alpha} - 3Z_{AG\alpha} = 2Z_{0\alpha},$$

$$Z_{\alpha\alpha} = \frac{1}{2}(Z_A + Z_{A0}) + 2Z_{BC\alpha} - Z_{BC},$$

$$Z_{\alpha\beta} = -\frac{1}{2}Z_{A\beta} - Z_{BC\beta},$$

$$\overline{Z}_{\beta0} = \overline{Z}_{A\beta} - \overline{Z}_{BC\beta} - 3\overline{Z}_{AG\beta} = 2\overline{Z}_{0\beta},$$

$$\overline{Z}_{\beta\alpha} = -\frac{1}{2}\overline{Z}_{A\beta} - \overline{Z}_{BC\beta} = \overline{Z}_{\alpha\beta},$$

$$\overline{Z}_{\beta\beta} = \frac{\overline{Z}_B + \overline{Z}_C}{2} - \overline{Z}_{BC}.$$

Destacamos que a Eq. (4.13) pode ser deduzida diretamente substituindo na Eq. (3.24) as componentes simétricas das tensões e correntes pelos valores correspondentes em função das componentes de Clarke, conforme mostrado no item subseqüente.

A Eq. (4.13) exprime a segunda lei de Kirchhoff para um trecho de circuito trifásico com retorno por terra em que existem impedâncias próprias e mútuas todas diferentes entre si. Notamos que neste caso a rede é representada por três circuitos (de seqüências zero, alfa e beta) que não são independentes, isto é, que estão acoplados através de impedâncias mútuas, que, como se observa das equações acima são diferentes entre circuitos; por exemplo, a mútua entre os circuitos de seqüência zero e alfa é diferente daquela entre o de seqüência alfa e zero.

Salientamos, ainda, o caso particular de rede trifásica equilibrada com mútuas entre fases e entre fases e retorno iguais, em que temos as igualdades

$$\overline{Z}_A = \overline{Z}_B = \overline{Z}_C = \overline{Z},$$
$$\overline{Z}_{AB} = \overline{Z}_{BC} = \overline{Z}_{CA} = \overline{Z}_M,$$
$$\overline{Z}_{AG} = \overline{Z}_{BG} = \overline{Z}_{CG} = \overline{Z}_{MG},$$

resultando

$$\overline{Z}_{00} = \overline{Z} + 2\overline{Z}_M - 6\overline{Z}_{MG} + 3\overline{Z}_G,$$
$$\overline{Z}_{\alpha\alpha} = \overline{Z}_{\beta\beta} = \overline{Z} - \overline{Z}_M,$$
$$\overline{Z}_{0\alpha} = \overline{Z}_{0\beta} = \overline{Z}_{\alpha 0} = \overline{Z}_{\alpha\beta} = \overline{Z}_{\beta 0} = \overline{Z}_{\beta\alpha} = 0,$$

onde, verificamos que recaimos no caso de três circuitos independentes, isto é, sem mútuas entre seqüências, e em que as impedâncias de seqüência alfa e beta são iguais entre si e iguais às correspondentes às componentes simétricas, de seqüência direta e inversa.

4.2.3 - IMPEDÂNCIAS DE CLARKE EM FUNÇÃO DAS IMPEDÂNCIAS DE COMPONENTES SIMÉTRICAS

Vamos exprimir a matriz de impedâncias de Clarke, Eq. (4.13), em função das impedâncias seqüenciais de componentes simétricas, para a aplicação da 2ª lei de Kirchhoff. No capítulo precedente, conforme Eq.(3.24), determinamos para elementos passivos e lineares a equação

$$\begin{bmatrix} \dot{V}_0 \\ \dot{V}_1 \\ \dot{V}_2 \end{bmatrix} - \begin{bmatrix} \dot{V}'_0 \\ \dot{V}'_1 \\ \dot{V}'_2 \end{bmatrix} = \begin{bmatrix} \overline{Z}_{00} & \overline{Z}_{01} & \overline{Z}_{02} \\ \overline{Z}_{10} & \overline{Z}_{11} & \overline{Z}_{12} \\ \overline{Z}_{20} & \overline{Z}_{21} & \overline{Z}_{22} \end{bmatrix} \begin{bmatrix} \dot{I}_0 \\ \dot{I}_1 \\ \dot{I}_2 \end{bmatrix},$$

onde, obtemos, lembrando que: $Z_{11} = Z_{22}$, $Z_{10} = Z_{02}$, $Z_{20} = Z_{01}$, e substituindo as componentes de seqüência direta e zero pelas alfa e beta,

$$
\begin{bmatrix} \dot{V}_0 \\ \dot{V}_\alpha + j\dot{V}_\beta \\ \dot{V}_\alpha - j\dot{V}_\beta \end{bmatrix} - \begin{bmatrix} \dot{V}'_0 \\ \dot{V}'_\alpha + j\dot{V}'_\beta \\ \dot{V}'_\alpha - j\dot{V}'_\beta \end{bmatrix} = \begin{bmatrix} \overline{Z}_{00} & \overline{Z}_{01} & \overline{Z}_{02} \\ \overline{Z}_{10} & \overline{Z}_{11} & \overline{Z}_{12} \\ \overline{Z}_{20} & \overline{Z}_{21} & \overline{Z}_{22} \end{bmatrix} \begin{bmatrix} \dot{I}_0 \\ \dot{I}_\alpha + j\dot{I}_\beta \\ \dot{I}_\alpha - j\dot{I}_\beta \end{bmatrix},
$$

a seguir, operamos convenientemente com linhas e colunas e obtemos a equação

$$
\begin{bmatrix} \dot{V}_0 \\ \dot{V}_\alpha \\ \dot{V}_\beta \end{bmatrix} - \begin{bmatrix} \dot{V}'_0 \\ \dot{V}'_\alpha \\ \dot{V}'_\beta \end{bmatrix} = \begin{bmatrix} \overline{Z}_{00} & \overline{Z}_{01} & \overline{Z}_{02} \\ \overline{Z}_{\alpha 0} & \overline{Z}_{\alpha\alpha} & \overline{Z}_{\alpha\beta} \\ \overline{Z}_{\beta 0} & \overline{Z}_{\beta\alpha} & \overline{Z}_{\beta\beta} \end{bmatrix} \begin{bmatrix} \dot{I}_0 \\ \dot{I}_\alpha \\ \dot{I}_\beta \end{bmatrix},
$$

onde, os termos da matriz são dados por

$$
\begin{aligned}
\overline{Z}_{0\alpha} &= \frac{1}{2}\left(\overline{Z}_{01} + \overline{Z}_{02}\right), \\
\overline{Z}_{0\beta} &= \frac{1}{2}\left(\overline{Z}_{01} - \overline{Z}_{02}\right)j, \\
\overline{Z}_{\alpha 0} &= \overline{Z}_{10} + \overline{Z}_{20} = \overline{Z}_{02} + \overline{Z}_{01} = 2\overline{Z}_{0\alpha}, \\
\overline{Z}_{\alpha\alpha} &= \frac{1}{2}\left(\overline{Z}_{11} + \overline{Z}_{22} + \overline{Z}_{12} + \overline{Z}_{21}\right) = \overline{Z}_{11} + \frac{1}{2}\left(\overline{Z}_{12} + \overline{Z}_{21}\right), \\
\overline{Z}_{\alpha\beta} &= \frac{1}{2}\left(\overline{Z}_{11} - \overline{Z}_{22} + \overline{Z}_{21} - \overline{Z}_{12}\right)j = \frac{1}{2}\left(\overline{Z}_{21} - \overline{Z}_{12}\right)j, \\
\overline{Z}_{\beta 0} &= \left(\overline{Z}_{20} - \overline{Z}_{10}\right)j = \left(\overline{Z}_{01} - \overline{Z}_{02}\right)j = 2\overline{Z}_{0\beta}, \\
\overline{Z}_{\beta\alpha} &= -\frac{1}{2}\left(\overline{Z}_{11} - \overline{Z}_{22} + \overline{Z}_{12} - \overline{Z}_{21}\right)j = \frac{1}{2}\left(\overline{Z}_{21} - \overline{Z}_{12}\right)j = 2\overline{Z}_{\alpha\beta}, \\
\overline{Z}_{\beta\beta} &= \frac{1}{2}\left(\overline{Z}_{11} + \overline{Z}_{22} - \overline{Z}_{21} - \overline{Z}_{12}\right) = \overline{Z}_{11} - \frac{1}{2}\left(\overline{Z}_{12} + \overline{Z}_{21}\right).
\end{aligned}
\tag{4.14}
$$

EXEMPLO 4.3 - Uma linha alimenta uma carga equilibrada ligada em estrela (Fig. 3-16 do capítulo precedente). A impedância de cada um dos fios da linha é de $(0,5 + j1,0)$ Ω, a impedância de fase da carga vale $(4,5 + j3,0)$ Ω e a rede é alimentada por trifásico simétrico com tensão de linha de 380 V. Pedimos determinar as tensões e correntes na rede quando na fase C da carga ocorrer curto circuito ($Z_C = 0$).

SOLUÇÃO: Temos, neste exemplo, a associação série de dois componentes, quais sejam, a linha e a carga. Ou seja, as suas impedâncias seqüenciais devem ser somadas. Inicialmente determinamos as componentes de Clarke de tensões. São então avaliadas e somadas as matrizes de impedâncias, para depois determinarmos as correntes em componentes de Clarke e finalmente as componentes de fase das correntes.

(1) Determinação das componentes de Clarke

a. No gerador

Como o trifásico é simétrico, com seqüência de fase direta, a tensão de fase valerá 220 V e assumiremos que a tensão da fase *AN* coincide com a origem, teremos

$$\dot{V}_0 = \frac{\dot{V}_{AN} + \dot{V}_{BN} + \dot{V}_{CN}}{3} = 0 \ V$$

$$\dot{V}_\alpha = \frac{2\dot{V}_{AN} - \dot{V}_{BN} - \dot{V}_{CN}}{3} = \dot{V}_{AN} = 220 \underline{|\ 0°} \ V$$

$$\dot{V}_\beta = \frac{\sqrt{3}}{3}\left(\dot{V}_{BN} - \dot{V}_{CN}\right) = \frac{\sqrt{3} \cdot \dot{V}_{AN} \cdot \left(\alpha^2 - \alpha\right)}{3} = 220 \underline{|\ -90°} \ V$$

Além disso, depois da associação "linha-carga", temos o ponto *N'*, para as três fases, que em termos de componentes de Clarke, resultará numa seqüência $\left[\dot{V}_{NN'} \quad 0 \quad 0\right]^t$.

b. Na linha

Para as impedâncias da linha, sendo $\overline{Z}_{AL} = \overline{Z}_{BL} = \overline{Z}_{CL} = \left(0,5 + j1,0\right)\Omega$, teremos

$$\overline{Z}_{OL} = \left(0,5 + 1,0j\right)\Omega \quad \overline{Z}_{\alpha L} = 0\Omega \quad \overline{Z}_{\beta L} = 0\Omega$$

c. Na carga

Para as impedâncias da carga, sendo $\overline{Z}_{AN'} = \overline{Z}_{BN'} = \left(4,5 + 3,0j\right) \Omega$ e $\overline{Z}_{CN'} = 0\Omega$, teremos

$$\overline{Z}'_{A0} = \frac{9,0 + 6,0j}{3} = \left(3,0 + 2,0j\right) \Omega$$

$$\overline{Z}'_{A\alpha} = \frac{2\left(4,5 + 3,0j\right) - \left(4,5 + 3,0j\right)}{3} = \left(1,5 + 1,0j\right) \Omega$$

$$\overline{Z}'_{A\beta} = \frac{\sqrt{3}}{3}\left(4,5 + 3,0j\right) = \left(2,5981 + 1,7320j\right)$$

(2) Equacionamento

Lembrando que a corrente de seqüência zero é nula, temos

$$\begin{bmatrix} 0 \\ V_\alpha \\ V_\beta \end{bmatrix} - \begin{bmatrix} V_{NN'} \\ 0 \\ 0 \end{bmatrix} = \begin{bmatrix} 3,500 + 3,0000j & 0,7500 + 0,5000j & 1,2990 + 0,8660j \\ 1,5000 + 1,0000j & 4,2500 + 3,5000j & -1,2990 - 0,8660j \\ 2,5981 + 1,7320j & -1,2990 - 0,8660j & 2,7500 + j2,5000j \end{bmatrix} \begin{bmatrix} 0 \\ I_\alpha \\ I_\beta \end{bmatrix}$$

Por outro lado, podemos determinar, inicialmente, as componentes alfa e beta das correntes e a seguir a tensão de seqüência zero, isto é

$$\begin{bmatrix} V_\alpha \\ V_\beta \end{bmatrix} = \begin{bmatrix} 4,2500 + 3,5000j & -1,2990 - 0,8660j \\ -1,2990 - 0,8660j & 2,7500 + j2,5000j \end{bmatrix} \begin{bmatrix} I_\alpha \\ I_\beta \end{bmatrix}$$

e

$$\dot{V}_{N'N} = (0,7500 + 0,5000j)\dot{I}_\alpha + (1,2990 + 0,8660j)\dot{I}_\beta$$

Assim, teremos

$$\begin{bmatrix} \dot{I}_\alpha \\ \dot{I}_\beta \end{bmatrix} = \begin{bmatrix} 0,2052\underline{|-41,39°} & 0,0862\underline{|-50,00°} \\ 0,0862\underline{|-50,00°} & 0,3040\underline{|-44,19°} \end{bmatrix} \begin{bmatrix} \dot{V}_\alpha \\ \dot{V}_\beta \end{bmatrix} = \begin{bmatrix} 19,3502 - 42,0458j \\ -34,4176 - 62,4791j \end{bmatrix}$$

e

$$\dot{V}_{N'N} = (0,7500 + 0,5000j)(19,3502 - 42,0458j) +$$
$$(1,2990 + 0,8660j)(-34,4176 - 62,4791j) = 140,2229\underline{|-71,3°} \quad V$$

Finalmente as correntes, em termos de componentes de fase, são dadas por

$$\dot{I}_A = 46,2848\underline{|-65,28°} \quad A$$
$$\dot{I}_B = 51,5116\underline{|-140,04°} \quad A$$
$$\dot{I}_C = 77,7817\underline{|75,00°} \quad A$$

4.3 - REPRESENTAÇÃO DOS ELEMENTOS DA REDE EM COMPONENTES DE CLARKE

4.3.1 - CARGA EQUILIBRADA EM ESTRELA

Suponhamos ter uma carga trifásica constituída por três impedâncias $\overline{Z}$, iguais entre si, ligadas em estrela, com o centro estrela aterrado por meio de impedância $\overline{Z}_N$ (Fig. 4-5). Teremos

$$\begin{bmatrix} \dot{V}_{AN} \\ \dot{V}_{BN} \\ \dot{V}_{CN} \end{bmatrix} = \begin{bmatrix} \dot{V}_{AN'} \\ \dot{V}_{BN'} \\ \dot{V}_{CN'} \end{bmatrix} + \begin{bmatrix} \dot{V}_{N'N} \\ \dot{V}_{N'N} \\ \dot{V}_{N'N} \end{bmatrix} = \begin{bmatrix} \overline{Z} & 0 & 0 \\ 0 & \overline{Z} & 0 \\ 0 & 0 & \overline{Z} \end{bmatrix} \begin{bmatrix} \dot{I}_A \\ \dot{I}_B \\ \dot{I}_C \end{bmatrix} + 3\dot{I}_0 \overline{Z}_N$$

Substituindo as tensões e correntes por suas componentes de Clarke e pré-multiplicando ambos os membros por $\mathbf{T}_C^{-1}$, obtemos

$$\begin{bmatrix} \dot{V}_0 \\ \dot{V}_\alpha \\ \dot{V}_\beta \end{bmatrix} = \overline{Z} \begin{bmatrix} \dot{I}_0 \\ \dot{I}_\alpha \\ \dot{I}_\beta \end{bmatrix} + 3\dot{I}_0 \overline{Z}_N \begin{bmatrix} 1 \\ 0 \\ 0 \end{bmatrix} = \begin{bmatrix} \overline{Z} + 3\overline{Z}_N & 0 & 0 \\ 0 & \overline{Z} & 0 \\ 0 & 0 & \overline{Z} \end{bmatrix} \begin{bmatrix} \dot{I}_0 \\ \dot{I}_\alpha \\ \dot{I}_\beta \end{bmatrix} \quad (4.15)$$

A Eq. (4.15) mostra-nos que a carga dada é representável nos circuitos de seqüência alfa e beta pela impedância $\overline{Z}$ ligada entre o ponto considerado e a referência e, no circuito de seqüência zero por $Z + 3Z_N$ entre o ponto considerado e a referência. Para o caso de carga solidamente aterrada ou isolada fazemos, respectivamente, $Z_N = 0$ ou $Z_N \to \infty$. Finalmente no caso de carga em triângulo é suficiente que a susbtituamos por sua equivalente em estrela.

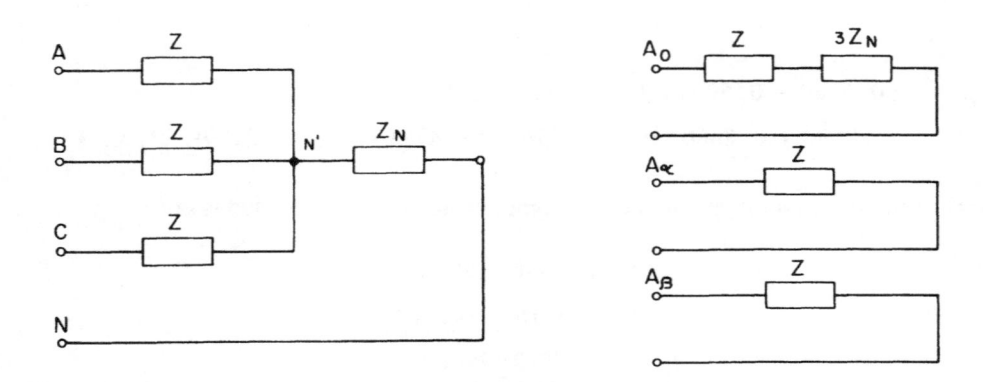

Figura 4-5. Carga em estrela com centro estrela aterrado

4.3.2 - TRANSFORMADORES

(1) INTRODUÇÃO

No estudo da representacão de transformadores por componentes de Clarke ocupar-nos-êmos tão-somente das seqüências alfa e beta, de vez que a representação da seqüência zero é idêntica àquela já vista no capítulo precedente. Assim, no caso de transformadores ligados em estrela, podemos prescindir de qualquer consideração referente ao centro estrela estar: aterrado por impedância, aterrado diretamente ou isolado, pois as componentes alfa e beta não circulam pelo retorno.

(2) TRANSFORMADOR NA LIGAÇÃO Y/Y

Suponhamos ter um transformador trifásico, ou um banco de três monofásicos, conforme Fig. 4-6, com os enrolamentos primário e secundário ligados em estrela e com centro estrela aterrado diretamente. Em pu, com valores de base convenientes, esse transformador pode ser representado, em cada fase por um transformador ideal, com relação de espiras de 1:1, em série com sua impedância de curto-circuito.

Aplicando a 2ª lei de Kirchhoff entre os pontos A e A', B e B' e C e C', que correspondem, respectivamente, aos terminais dos enrolamentos primário e secundário, teremos

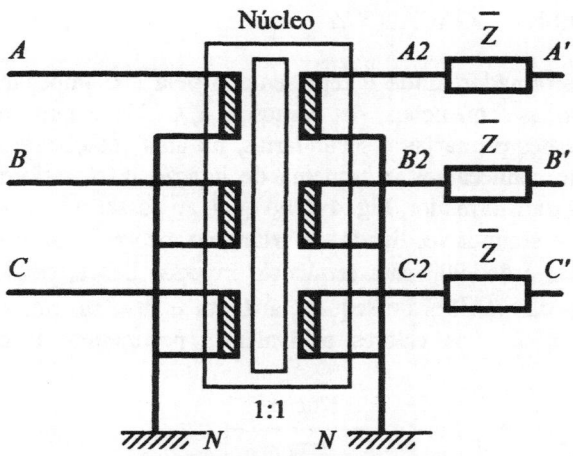

Figura 4.6 - Transformador Y-Y

$$\begin{bmatrix} \dot{v}_{AN} \\ \dot{v}_{BN} \\ \dot{v}_{CN} \end{bmatrix} - \begin{bmatrix} \dot{v}_{A'N} \\ \dot{v}_{B'N} \\ \dot{v}_{C'N} \end{bmatrix} = \begin{bmatrix} \dot{v}_{AA2} \\ \dot{v}_{BB2} \\ \dot{v}_{CC2} \end{bmatrix} + \begin{bmatrix} \dot{v}_{A2A'} \\ \dot{v}_{B2B'} \\ \dot{v}_{C2C'} \end{bmatrix},$$

porém

$$\begin{bmatrix} \dot{v}_{AA2} \\ \dot{v}_{BB2} \\ \dot{v}_{CC2} \end{bmatrix} = \begin{bmatrix} \dot{v}_{AN} \\ \dot{v}_{BN} \\ \dot{v}_{CN} \end{bmatrix} - \begin{bmatrix} \dot{v}_{A2N} \\ \dot{v}_{B2N} \\ \dot{v}_{C2N} \end{bmatrix} = \begin{bmatrix} 0 \\ 0 \\ 0 \end{bmatrix}$$

Além disso,

$$\begin{bmatrix} \dot{v}_{A2A'} \\ \dot{v}_{B2B'} \\ \dot{v}_{C2C'} \end{bmatrix} = \begin{bmatrix} \bar{z} & 0 & 0 \\ 0 & \bar{z} & 0 \\ 0 & 0 & \bar{z} \end{bmatrix} \begin{bmatrix} i_A \\ i_B \\ i_C \end{bmatrix} = \bar{z}[U] \begin{bmatrix} i_A \\ i_B \\ i_C \end{bmatrix} = \bar{z} \begin{bmatrix} i_A \\ i_B \\ i_C \end{bmatrix}$$

Logo,

$$\begin{bmatrix} \dot{v}_{AN} \\ \dot{v}_{BN} \\ v_{CN} \end{bmatrix} - \begin{bmatrix} v_{A'N} \\ \dot{v}_{B'N} \\ v_{C'N} \end{bmatrix} = \bar{z} \begin{bmatrix} i_A \\ i_B \\ i_B \end{bmatrix} \quad \text{ou} \quad \begin{bmatrix} \dot{v}_{A0} \\ \dot{v}_{A\alpha} \\ v_{A\beta} \end{bmatrix} - \begin{bmatrix} v_{A'0} \\ \dot{v}_{A'\alpha} \\ v_{A\beta} \end{bmatrix} = \bar{z} \begin{bmatrix} i_0 \\ i_\alpha \\ i_\beta \end{bmatrix}.$$

Portanto concluímos que, nos diagramas de seqüência alfa e beta, em pu, o transformador é representado por sua impedância de curto-circuito interligando os pontos A e A'.

(3) TRANSFORMADOR NA LIGAÇÃO Δ/Δ

É representado, como no caso anterior, por sua impedância em curto-circuito interligando os pontos A e A', nas seqüências alfa e beta.

(4) TRANSFORMADOR NA LIGAÇÃO Y/Δ

Em valores pu, o transformador ainda é representado pela sua impedância de curto circuito interligando, nos diagramas seqüenciais, os pontos A e A'. No entanto devemos lembrar que, entre as tensões e correntes primárias e secundárias, há uma rotação de fase que é facilmente determinável, desde que conheçamos o esquema de ligação do transformador. Para efeito de análise suponhamos um transformador, Fig. 4-7, no qual, ao passarmos do enrolamento primário, ligado em estrela, para o secundário, ligado em triângulo, ocorra rotação de fase de 90° para a seqüência de fase direta, e de -90° para seqüência inversa. Isto é, sejam, $\dot{v}_1$, $\dot{v}_2$, $\dot{v}_1'$, $\dot{v}_2'$, as componentes simétricas das tensões de seqüência direta e inversa, no primário e secundário, respectivamente; $\dot{i}_1$, $\dot{i}_2$, $\dot{i}_1'$, $\dot{i}_2'$, os valores equivalentes pertinentes às correntes primárias e secundárias.

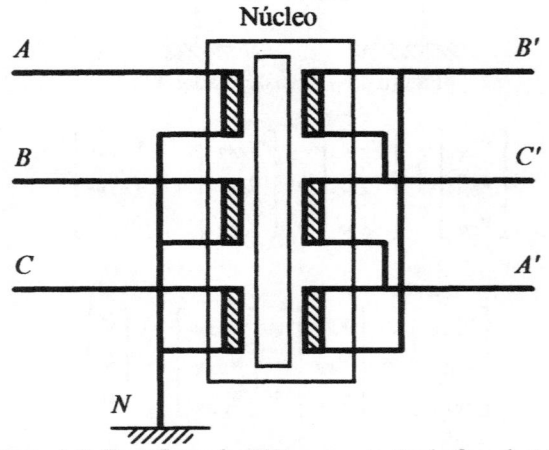

Figura 4-7. Transformador Y/Δ com rotação de fase de ± 90°

As componentes de Clarke da tensão e corrente no primário, em função das componentes simétricas são

$$\dot{v}_\alpha = \dot{v}_1 + \dot{v}_2, \qquad \dot{v}_\beta = j(\dot{v}_2 - \dot{v}_1), \qquad \dot{i}_\alpha = \dot{i}_1 + \dot{i}_2, \qquad \dot{i}_\beta = j(\dot{i}_2 - \dot{i}_1).$$

As componentes de Clarke da tensão e corrente no secundário são

$$\dot{v}'_\alpha = \dot{v}'_1 + \dot{v}'_2, \qquad \dot{v}'_\beta = j(\dot{v}'_2 - \dot{v}'_1), \qquad \dot{i}''_\alpha = \dot{i}''_1 + \dot{i}''_2, \qquad \dot{i}''_\beta = j(\dot{i}''_2 - \dot{i}''_1).$$

Porém, nas hipóteses feitas, teremos

$$\dot{v}'_1 = j\dot{v}_1, \qquad \dot{v}'_2 = -j\dot{v}_2, \qquad \dot{i}''_1 = j\dot{i}_1, \qquad \dot{i}''_2 = -j\dot{i}_2,$$

donde resulta

$$\dot{v}'_\alpha = j(\dot{v}_1 - \dot{v}_2) = -\dot{v}_\beta,$$

$$\dot{v}'_\beta = j(-j\dot{v}_2 - j\dot{v}_1) = \dot{v}_1 + \dot{v}_2 = \dot{v}_\alpha$$

$$\dot{i}'_\alpha = j(\dot{i}_1 - \dot{i}_2) = -\dot{i}_\beta,$$

$$\dot{i}'_\beta = j(-j\dot{i}_1 - j\dot{i}_2) = \dot{i}_1 + \dot{i}_2 = \dot{i}_\alpha,$$

Com procedimento análogo, determinamos as componentes de Clarke para qualquer outra rotação de fase entre grandezas primárias e secundárias, porém, salientamos que para rotação de fase entre as tensões primárias e secundárias de ± 30° não obtemos relações diretas. De fato, suponhamos que no transformador da Fig. 4-7 houvessemos designado os terminais secundários com a mesma letra dos primários, isto é $A' \rightarrow B'$, $B' \rightarrow C'$ e $C' \rightarrow A'$ teríamos um transformador com rotação de fase de -30° para a seqüência direta e de 30° para a seqüência inversa. As relações anteriores tornar-se-iam

$$\dot{v}'_1 = \dot{v}_1 \lfloor -30°, \qquad \dot{v}'_2 = \dot{v}_2 \lfloor 30°, \qquad \dot{i}'_1 = \dot{i}_1 \lfloor -30°, \qquad \dot{i}'_2 = \dot{i}_2 \lfloor 30°$$

resultando

$$\dot{v}'_\alpha = \dot{v}_1 \cdot 1 \lfloor -30° + \dot{v}_2 \cdot 1 \lfloor 30° = \frac{1}{2}(\dot{v}_\alpha + j\dot{v}_\beta) \cdot 1 \lfloor -30 + \frac{1}{2}(\dot{v}_\alpha - j\dot{v}_\beta) \cdot 1 \lfloor 30$$

$$\dot{v}'_\alpha = \frac{\dot{v}_\alpha}{2}(1 \lfloor -30° + 1 \lfloor 30°) + \frac{\dot{v}_\beta}{2}(1 \lfloor 60° + 1 \lfloor -60°) = \frac{\sqrt{3}}{2}\dot{v}_\alpha + \frac{1}{2}\dot{v}_\beta$$

$$\dot{v}'_\beta = -j(\dot{v}_1 \cdot 1 \lfloor -30° - \dot{v}_2 \cdot 1 \lfloor 30°) = \frac{j}{2}(\dot{v}_\alpha + j\dot{v}_\beta) \cdot 1 \lfloor -30° - \frac{j}{2}(\dot{v}_\alpha - j\dot{v}_\beta) \cdot 1 \lfloor -30°$$

$$\dot{v}'_\beta = \frac{1}{2}(1 \lfloor -120° + 1 \lfloor 120°)\dot{v}_\alpha + \frac{1}{2}(1 \lfloor -30° + 1 \lfloor -30°)\dot{v}_\beta = -\frac{1}{2}\dot{v}_\alpha + \frac{\sqrt{3}}{2}\dot{v}_\beta$$

Com procedimento análogo determinaríamos as expressões para as correntes.

4.3.3 - REPRESENTAÇÃO DE LINHAS DE TRANSMISSÃO

Tratando-se de linhas trifásicas equilibradas, estas são representadas por diagramas seqüênciais de Clarke do mesmo modo que em componentes simétricas, pois, conforme já vimos (item 4.2.3), as impedâncias seqüenciais em série são iguais em componentes simétricas e de Clarke, e as admitâncias em paralelo nada mais são do que duas cargas ligadas, uma em estrela com centro estrela aterrado e a outra em triângulo.

4.4 - POTÊNCIA EM TERMOS DAS COMPONENTES DE CLARKE

No capítulo precedente, vimos que a potência em termos das componentes simétricas das tensões e correntes de fase vale

$$\overline{S} = 3V_0 I_0^* + 3V_1 I_1^* + 3V_2 I_2^*.$$

Lembrando que

$$V_1 = \frac{1}{2}\left(V_\alpha + jV_\beta\right),$$

$$V_2 = \frac{1}{2}\left(V_\alpha - jV_\beta\right),$$

$$I_1^* = \frac{1}{2}\left(I_\alpha + jI_\beta\right)^* = \frac{1}{2}\left(I_\alpha^* - jI_\beta^*\right),$$

$$I_2^* = \frac{1}{2}\left(I_\alpha - jI_\beta\right)^* = \frac{1}{2}\left(I_\alpha^* + jI_\beta^*\right),$$

resulta

$$\overline{S} = 3\dot{V}_0 I_0^* + \frac{3}{4}\left(\dot{V}_\alpha + j\dot{V}_\beta\right)\left(I_\alpha^* - jI_\beta^*\right) + \frac{3}{4}\left(\dot{V}_\alpha - j\dot{V}_\beta\right)\left(I_\alpha^* + jI_\beta^*\right) =$$

$$\overline{S} = 3\dot{V}_0 I_0^* + \frac{3}{2}\dot{V}_\alpha I_\alpha^* + \frac{3}{2}\dot{V}_\beta I_\beta^*.$$

$$(4.16)$$

4.5 - RESOLUÇÃO DE REDES TRIFÁSICAS SIMÉTRICAS COM UM DESEQUILÍBRIO

4.5.1 - CARGA DESEQUILIBRADA EM ESTRELA

Consideremos uma carga constituída por três impedâncias, Z_A, Z_B, Z_C, ligadas em estrela, com o centro estrela aterrado por impedância Z_N e alimentada por uma rede trifásica simétrica e equilibrada (Fig. 4-8). Na carga teremos

$$\begin{bmatrix} \dot{V}_{AN} \\ \dot{V}_{BN} \\ \dot{V}_{CN} \end{bmatrix} = \begin{bmatrix} \overline{Z}_A & 0 & 0 \\ 0 & \overline{Z}_B & 0 \\ 0 & 0 & \overline{Z}_C \end{bmatrix} \begin{bmatrix} \dot{I}_A \\ \dot{I}_B \\ \dot{I}_C \end{bmatrix} + 3\dot{I}_0 Z_N \begin{bmatrix} 1 \\ 1 \\ 1 \end{bmatrix}.$$

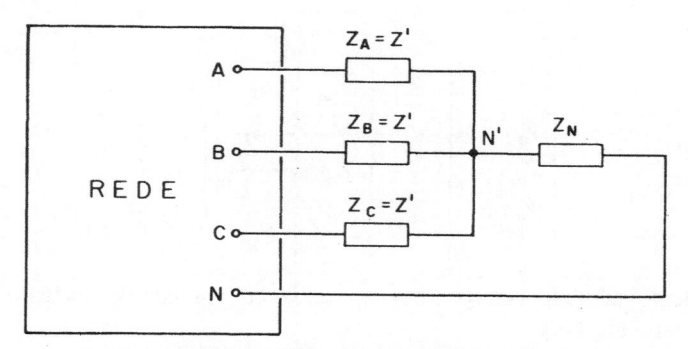

Figura 4-8. Carga desequilibrada ligada em estrela

Substituindo, na equação precedente, as seqüências de tensões e correntes de fase pelas de Clarke e pré-multiplicando ambos os membros pela matriz inversa da matriz de transformação de componentes de Clarke resulta

$$\mathbf{V}_{0\alpha\beta} = \mathbf{T_C}^{-1}\mathbf{Z_{ABC}}\mathbf{T_C}\mathbf{I}_{0\alpha\beta} + 3I_0 Z_N \mathbf{T_C}^{-1}\begin{bmatrix}1\\1\\1\end{bmatrix}$$

Por outro lado, definiremos, por analogia com as seqüências de tensões e correntes, a seqüência Z_A, Z_B, Z_C, para a qual será

$$\overline{Z}_0 = \frac{1}{3}\left(\overline{Z}_A + \overline{Z}_B + \overline{Z}_C\right),$$

$$\overline{Z}_\alpha = \frac{1}{3}\left(2\overline{Z}_A - \overline{Z}_B - \overline{Z}_C\right),$$

$$\overline{Z}_\beta = \frac{\sqrt{3}}{3}\left(\overline{Z}_B - \overline{Z}_C\right),$$

e, efetuando os produtos de matrizes indicados obteremos

$$\begin{bmatrix}\dot{V}_0\\\dot{V}_\alpha\\\dot{V}_\beta\end{bmatrix} = \begin{bmatrix}\overline{Z}_0 + 3\overline{Z}_N & \frac{1}{2}\overline{Z}_\alpha & \frac{1}{2}\dot{Z}_\beta\\ \overline{Z}_\alpha & \frac{1}{2}\left(\overline{Z}_0 + \overline{Z}_A\right) & -\frac{1}{2}\overline{Z}_\beta\\ \overline{Z}_\beta & -\frac{1}{2}\overline{Z}_\beta & \frac{1}{2}\left(\overline{Z}_B + \overline{Z}_C\right)\end{bmatrix}\begin{bmatrix}I_0\\I_\alpha\\I_\beta\end{bmatrix}$$

Observamos que a matriz da rede não é simétrica, porém, lembramos que se multiplicarmos I_0 por 2 e dividirmos a primeira coluna da matriz por 2 o produto não se altera, e, além disso, faremos

$$\overline{Z}_0' = \overline{Z}_0 + 3\overline{Z}_N, \quad \overline{Z}_{\alpha\alpha}' = \frac{1}{2}\left(\overline{Z}_0 + \overline{Z}_A\right), \quad \overline{Z}_{\beta\beta}' = \frac{1}{2}\left(\overline{Z}_B + \overline{Z}_C\right)$$

resultando

$$
\begin{bmatrix} \dot{V}_0 \\ \dot{V}_\alpha \\ \dot{V}_\beta \end{bmatrix} = \begin{bmatrix} \dfrac{\overline{Z}'_0}{2} & \dfrac{\overline{Z}_\alpha}{2} & \dfrac{\overline{Z}_\beta}{2} \\ \dfrac{\overline{Z}_\alpha}{2} & \overline{Z}'_{\alpha\alpha} & -\dfrac{\overline{Z}_\beta}{2} \\ \dfrac{\overline{Z}_\beta}{2} & -\dfrac{\overline{Z}_\beta}{2} & \overline{Z}'_{\beta\beta} \end{bmatrix} \begin{bmatrix} 2\,\dot{I}_0 \\ \dot{I}_\alpha \\ \dot{I}_\beta \end{bmatrix} \tag{4.17}
$$

Com o procedimento adotado convertemos a matriz em simétrica, portanto as mútuas entre seqüências são iguais (Fig.4-9).

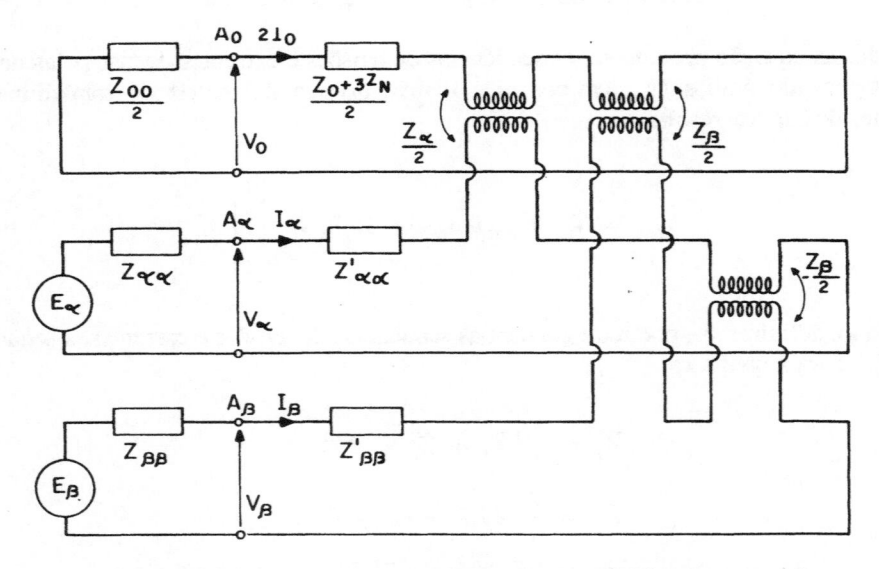

Figura 4-9. Diagramas seqüenciais para carga desequilibrada em estrela

A seguir, assumiremos que a rede que alimenta a carga é trifásica simétrica e equilibrada, linhas com impedâncias próprias e mútuas iguais entre si, e a substituiremos, em cada seqüência, pelo gerador equivalente de Thèvenin, e obteremos

$$
\dot{V}_0 = \dot{E}_0 - \left(2\,\dot{I}_0 \right)\left(\dfrac{Z_{00}}{2} \right) = -\left(2\,\dot{I}_0 \right)\left(\dfrac{Z_{00}}{2} \right),
$$

$$
\dot{V}_\alpha = \dot{E}_\alpha - \dot{I}_\alpha \overline{Z}_{\alpha\alpha},
$$

$$
\dot{V}_\beta = \dot{E}_\beta - \dot{I}_\beta \overline{Z}_{\beta\beta}.
$$

Portanto

$$
\begin{bmatrix} 0 \\ \dot{E}_\alpha \\ \dot{E}_\beta \end{bmatrix} = \begin{bmatrix} \dfrac{Z_{00} + Z'_0}{2} & \dfrac{\overline{Z}_\alpha}{2} & \dfrac{\overline{Z}_\beta}{2} \\ \dfrac{\overline{Z}_\alpha}{2} & \overline{Z}_{\alpha\alpha} + \overline{Z}'_{\alpha\alpha} & -\dfrac{\overline{Z}_\beta}{2} \\ \dfrac{\overline{Z}_\beta}{2} & -\dfrac{\overline{Z}_\beta}{2} & \overline{Z}_{\beta\beta} + \overline{Z}'_{\beta\beta} \end{bmatrix} \begin{bmatrix} 2\,\dot{I}_0 \\ \dot{I}_\alpha \\ \dot{I}_\beta \end{bmatrix} \tag{4.18}
$$

Resolvemos o sistema da Eq. (4.18) multiplicando ambos os membros pela inversa da matriz de impedâncias, e, a seguir determinamos as componentes de Clarke das correntes na carga.

4.5.2 - CARGA MONOFÁSICA LIGADA ENTRE UMA FASE E TERRA

Suponhamos ter uma rede trifásica simétrica e equilibrada que alimenta, num determinado nó, uma carga monofásica ligada da fase A à terra, com as fases B e C em circuito aberto. Teremos

$$\dot{V}_{AN} = \dot{I}_A Z, \quad \dot{I}_B = \dot{I}_C = 0, \quad \dot{I}_A \neq O;$$

logo, as componentes de Clarke nesse ponto serão

$$\dot{I}_0 = \frac{1}{3} \dot{I}_A,$$

$$\dot{I}_\alpha = \frac{2}{3} \dot{I}_A = 2 \dot{I}_0,$$

$$\dot{I}_\beta = 0.$$

Além disso, teremos

$$\dot{V}_{AN} = \dot{V}_0 + \dot{V}_\alpha = \overline{Z} \dot{I}_A = \frac{3}{2} \overline{Z} \dot{I}_\alpha.$$

Por outro lado, para a rede, temos

$$\dot{V}_0 = -\overline{Z}_{00} \dot{I}_0 = -2 \frac{\overline{Z}_{00}}{2} \dot{I}_0$$

$$\dot{V}_\alpha = \dot{E}_\alpha - \overline{Z}_{\alpha\alpha} \dot{I}_\alpha.$$

Finalmente,

$$\dot{V}_{AN} = -2 \frac{\overline{Z}_{00}}{2} \dot{I}_0 + \dot{E}_\alpha - \overline{Z}_{\alpha\alpha} \dot{I}_\alpha = \frac{3}{2} \overline{Z} \dot{I}_\alpha$$

ou, ainda,

$$\dot{E}_\alpha = \frac{\overline{Z}_{00}}{2} 2 \dot{I}_0 + \overline{Z}_{\alpha\alpha} \dot{I}_\alpha + \frac{3}{2} \overline{Z} \dot{I}_\alpha = \left(\frac{\overline{Z}_{00}}{2} + \overline{Z}_{\alpha\alpha} + \frac{3}{2} Z \right) \dot{I}_\alpha$$

Em conclusão, a carga monofásica ligada entre a fase A e a terra é representada ligando-se em série o circuito de seqüência alfa com o de seqüência zero, no qual dividimos todas as impedâncias por dois, e fechando-se o circuito sobre uma impedância igual a três meios da impedância dada (Fig. 4-10).

4.5.3 - CARGA MONOFÁSICA LIGADA ENTRE DUAS FASES

Inicialmente vamos estudar o caso de curto-circuito entre as fases B e C. Isto é, as condições de contorno são

$$\dot{V}_{BN} = \dot{V}_{CN}, \qquad \dot{I}_B = -\dot{I}_C = \dot{I}, \qquad \dot{I}_A = 0.$$

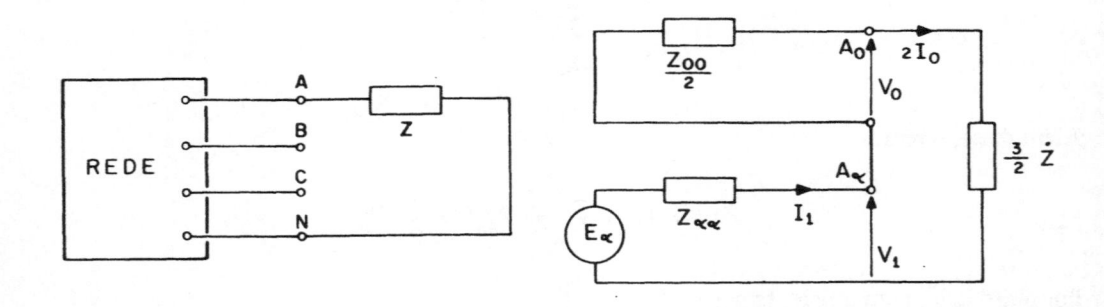

Figura 4-10. Carga monofásica entre fase e terra

Logo, as componentes de Clarke no ponto de defeito são

$$\dot{I}_0 = \dot{I}_\alpha = 0 \qquad \dot{I}_\beta = \frac{2\sqrt{3}}{3}\,\dot{I},$$

$$\dot{V}_0 = \frac{\dot{V}_{AN} + 2\dot{V}_{BN}}{3}, \qquad \dot{V}_\alpha = \frac{2(\dot{V}_{AN} - \dot{V}_{BN})}{3}, \qquad \dot{V}_\beta = 0$$

Portanto as redes de seqüência zero e alfa serão mantidas em circuito aberto e a rede de seqüência beta será ligada em curto-circuito no ponto considerado.

No caso de impedância ligada entre as fases B e C, as componentes de seqüência zero e beta ainda permanecem nulas, isto é, $I_0 = I_\alpha = 0$. Além disso, será

$$\dot{V}_{BN} = \dot{V}_{CN} + ZI,$$

isto é,

$$\dot{V}_\beta = \frac{\sqrt{3}}{3}\left(\dot{V}_{CN} + ZI - \dot{V}_{CN}\right) = \frac{2\sqrt{3}}{3}\frac{Z}{2}I = \frac{Z}{2}I_\beta,$$

ou seja, os circuitos de seqüência zero e alfa são mantidos em aberto e o de seqüência beta é fechado sobre uma impedância $Z/_2$ (Fig. 4-11).

4.5.4 - CARGAS MONOFÁSICAS ENTRE DUAS FASES E TERRA

Inicialmente consideraremos a ocorrência, num sistema trifásico simétrico equilibrado e aterrado, de curto-circuito entre as fases B e C e a terra. As condições de contorno são

$$\dot{V}_{BN} = \dot{V}_{CN} = 0 \qquad e \qquad I_A = 0.$$

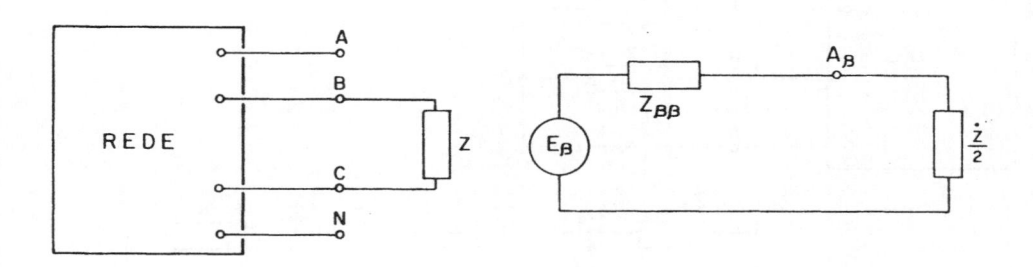

Figura 4-11. Carga monofásica ligada entre duas fases

As componentes de Clarke das tensões, no ponto de defeito, são dadas por

$$\dot{V}_0 = \frac{\dot{V}_{AN}}{3}, \qquad \dot{V}_\alpha = \frac{2}{3}\dot{V}_{AN} = 2\dot{V}_0, \qquad \dot{V}_\beta = 0$$

Além disso, temos ainda

$$I_A = I_0 + I_\alpha = 0 \qquad e \qquad I_0 = -I_\alpha.$$

Para a rede, temos

$$\dot{V}_0 = -\overline{Z}_{00}I_0, \qquad \dot{V}_\alpha = \dot{E}_\alpha - \overline{Z}_{\alpha\alpha}I_\alpha, \qquad \dot{V}_\beta = \dot{E}_\beta - \overline{Z}_{\beta\beta}I_\beta.$$

Sendo $\dot{V}_\alpha = 2\dot{V}_0$, resulta $\dot{E}_\alpha - \overline{Z}_{\alpha\alpha}I_\alpha = -2\overline{Z}_{00}I_0$, ou ainda

$$\dot{E}_\alpha = \overline{Z}_{\alpha\alpha}I_\alpha - 2\overline{Z}_{00}I_0 = \left(\overline{Z}_{\alpha\alpha} + 2\overline{Z}_{00}\right)I_\alpha \quad e \quad \dot{E}_\beta = \overline{Z}_{\beta\beta}I_\beta.$$

Das equações acima, concluimos que a rede de seqüência beta será ligada em curto-circuito no ponto de defeito e a rede de seqüência alfa será ligada em paralelo com a rede de seqüência zero, na qual, todas as impedâncias foram multiplicadas por dois.

No caso de cargas monofásicas ligadas entre as fases B e C e terra, com prodecimento análogo ao utilizado em componentes simétricas, isto é, inserimos em cada fase da rede, antes do ponto de defeito, a impedância $\overline{Z}$ e ligamos os terminais das fases B e C em curto-circuito com a terra, mantendo o terminal da fase A em circuito aberto. A seguir, modificamos o Thèvenin da rede englobando a impedância $\overline{Z}$ e a equação da rede é obtida por

$$\dot{E}_\alpha = \left(\overline{Z}_{\alpha\alpha} + \overline{Z}\right)I_\alpha - 2\left(\overline{Z}_{00} + \overline{Z}\right)I_0 = \left(\overline{Z}_{\alpha\alpha} + 2\overline{Z}_{00} + 3\overline{Z}\right)I_\alpha \quad e \quad \dot{E}_\beta = \left(\overline{Z}_{\beta\beta} + \overline{Z}\right)I_\beta.$$

A partir da equação precedente obtemos o circuito equivalente da Fig. 4-12.

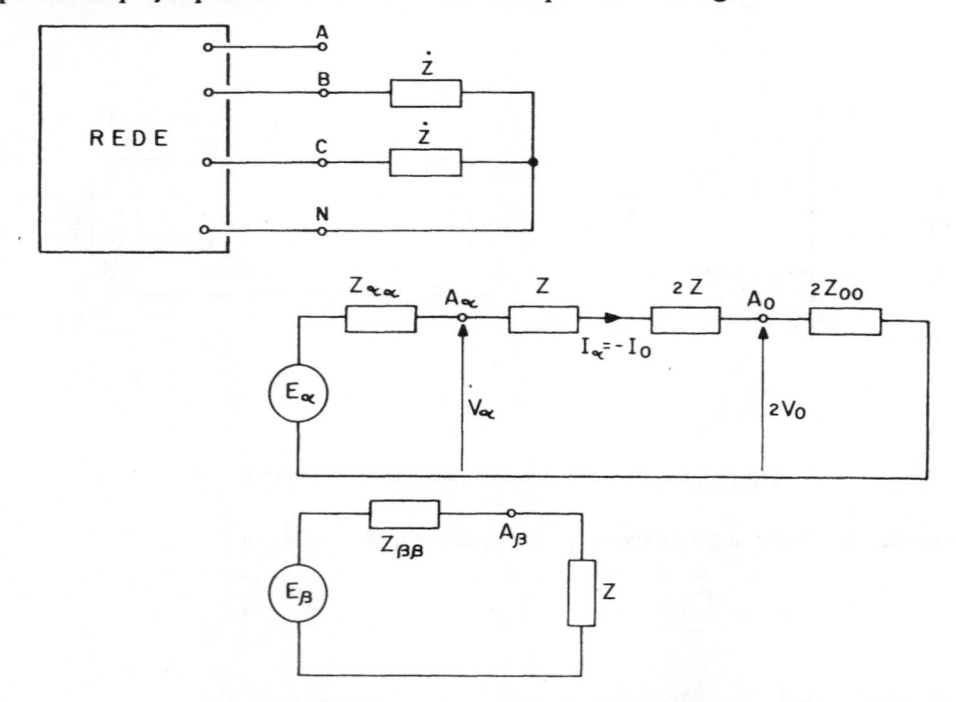

Figura 4-12. Cargas monofásicas ligadas, de duas fases, à terra

BIBLIOGRAFIA

CLARKE, E. **Circuit analysis of A-C powers systems**. vol. 1, John Wiley & Sons, 1943.

CALABRESE, G. O. **Symmetrical components**. Ronald Press, 1954.

STAGG, G. W.; EL-ABIAD, A. H. **Computer methods in power systems analysis**. McGraw-Hill Ltd., 1968.

5 Exercícios

5.1 - INTRODUÇÃO

5.1.1 - APRESENTAÇÃO GERAL

Neste capítulo dedicar-nos-emos ao desenvolvimento de exercícios referentes aos quatro capítulos precedentes. Destacamos duas grandes categorias de exercícios: exercícios propostos no texto, com ou sem resolução, e exercícios desenvolvidos através de programas computacionais. Os exercícios desta última categoria subdividem-se em duas famílias distintas: exercícios em que o leitor fornece as respostas aos quesitos propostos e o programa computacional verifica tais respostas e informa sobre o acerto ou erro, e a outra família na qual a resolução é apresentada, passo a passo, permitindo ao leitor o acompanhar os procedimentos utilizados.

Nos itens subseqüentes apresentaremos, na ordem, itens pertinentes aos programas computacionais, com a sistemática utilizada no cálculo de cada conjunto de exercícios, e listas de exercícios propostos, a serem resolvidos sem a utilização de microcomputador.

5.1.2 - PROGRAMAS COMPUTACIONAIS

(1) Generalidades

Os programas desenvolvidos, que são aplicáveis a microcomputador com monitor à cores e com placa VGA, que disponha de mouse, devem ser obrigatoriamente armazenados no diretório C:\COMPSIM. O usuário poderá acioná-los, a partir de qualquer diretório, digitando, no PROMPT do DOS, o comando C:\COMPSIM\COMPSIM. Sugerimos que o usuário defina um diretório qualquer, de sua escolha, e proceda a execução dos programas a partir desse diretório. Para o carregamento dos programas o usuário deverá direcionar o controle para o acionador de disco flexível de 3 1/2", "drive A: ou B:", inserir o disquete nesse acionador, digitar o comando **INSTALA** e seguir as instruções que vão sendo apresentadas na tela. Terminado o carregamento dos programas o usuário poderá, com mesmo procedimento, transferir do disquete de instalação para o diretório C:\EXERCICI (ou outro qualquer por ele anteriormente criado) os arquivos pertinentes a exemplos de aplicação.

Os programas dispõem de telas de menus, de aquisição de dados e de apresentação de resultados, que passamos a descrever.

Nas primeiras, telas de menus, que podem ser do tipo horizontal ou vertical, o usuário disporá das alternativas apresentadas a seguir para fixar a opção desejada. Assim, fixa a opção pressionando a tecla <Fi> conveniente, ou pressionando o botão esquerdo do mouse em correspondência à opção, ou, finalmente, navegando pelas opções através das flechas horizontais, ← →, menus horizontais, ou verticais, ↑ ↓, menus verticais, e pressionando a tecla <ENTER> em correspondência à opção destacada. O usuário poderá abandonar o menu através da tecla <ESC>.

Os dados podem ser fornecidos através de arquivos formatados, tipo ASCII, ou conversacionalmente, através da console. Na aquisição de dados pela console o programa apresenta campo destacado onde o usuário irá fornecê-los, sendo apresentada, em mensagem de rodapé, a descrição do dado a ser fornecido, que uma vez digitado será transferido à memória pressionando-se a tecla <ENTER> ou a flecha vertical, ↓. O usuário poderá retornar a dado anteriormente fornecido, na mesma tela, através da flecha vertical, ↑, e modificá-lo ou mantê-lo inalterado. Destacamos que os dados a serem fornecidos estão compreendidos entre dois valores extremos, fixados em função da variável a ser lida, e, em sendo fornecido valor externo à faixa de definição o programa emitirá, em rodapé, mensagem de erro do tipo * *ERRO - Há incompatibilidade no dado lido* *. Finalmente, o usuário poderá abandonar a tela de dados pressionando a tecla <ESC>, quando os dados disponíveis na memória serão mantidos nos valores existentes antes da entrada na tela.

Os resultados, quando excedem o número de linhas disponíveis na tela, são apresentados em telas sucessivas, entre as quais o usuário poderá navegar valendo-se das teclas <Home>, retorna à tela inicial, <End>, vai à tela final, <Page Up>, retorna à tela anterior, e <Page Down>, vai à tela seguinte. O usuário abandona a tela de resultados pressionando a tecla <ESC>.

Os programas dispõem ainda de mensagens, que são apresentadas em rodapé, de confirmação de atividades a serem desenvolvidas, que são confirmadas pressionando-se as teclas "S" ou "s" e negadas pressionando-se qualquer outra tecla.

(2) Conjunto de Programas

O sistema de programas, ao ser acionado, comando C:\COMPSIM\COMPSIM, apresenta o menu principal, Fig. 5-1, a partir do qual o usuário escolherá o programa de exercícios que desejar. O sistema conta com os programas a seguir, que detalharemos em itens subseqüentes:

SIMETRI, que conta com exercícios pertinentes a circuitos trifásicos: relações entre tensões de fase e linha na ligação estrela, relações entre correntes de fase e linha na ligação triângulo, relações entre tensões e correntes, potência e teorema de Blondel;
BASEPU, que conta com exercícios pertinentes a valores por unidade, pu, em redes monofásicas e trifásicas, que dizem respeito à: relação entre valores de base, fixação de bases em transformadores, cálculo de redes em pu e choque de bases;
EXCSIM, que conta com exercícios de componentes simétricas, envolvendo: relações entre seqüências de tensões e correntes, representação de transformadores e potência;

CLARKE, que conta com exercícios de componentes de Clarke, envolvendo: relações entre seqüências de tensões e correntes, representação de transformadores e potência;
TRIFASE, que se destina à resolução de circuitos trifásicos, sem solicitar as respostas;
CSIMET, que se destina ao estudo de relações entre componentes de fase, simétricas e de Clarke, sem solicitar as respostas;
BDADOLT, que se destina a gerenciar base de dados de linhas de transmissão;
AUXILIO, que se destina à apresentação de telas de auxílio contendo a descrição sucinta dos programas.

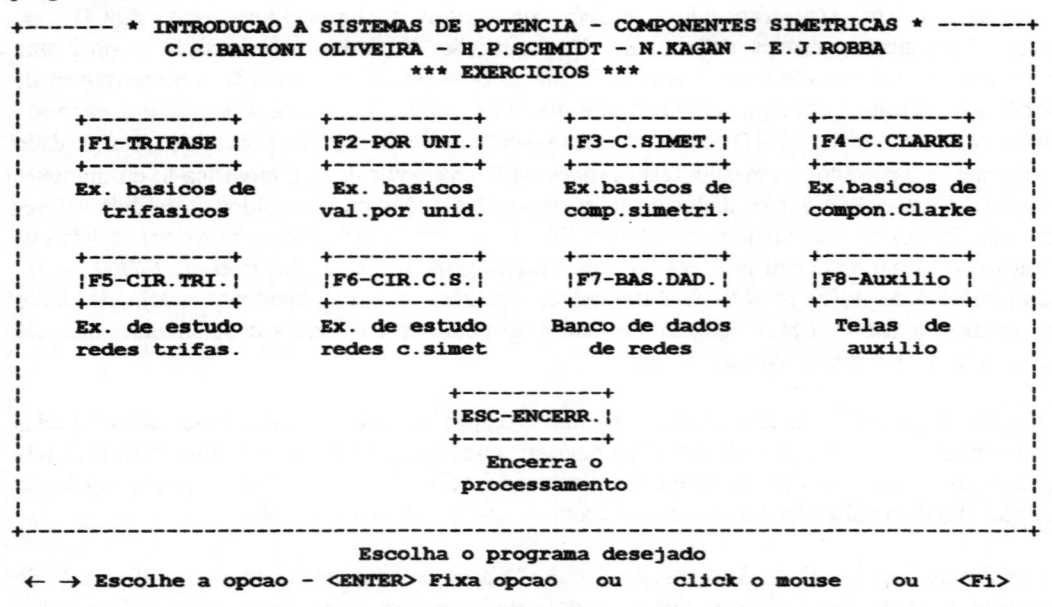

Figura 5-1. Menu principal de programas

5.2 - EXERCÍCIOS DE CIRCUITOS TRIFÁSICOS (CAPÍTULO 1)

5.2.1 - APRESENTAÇÃO

Neste item, em que nos dedicaremos ao desenvolvimento de exercícios de circuitos trifásicos, apresentamos conjunto de exercícios propostos e exemplos de exercícios, com detalhamento da metodologia utilizada, resolvidos através dos programas computacionais. Os exercícios propostos subdividem-se em: (i) analíticos, nos quais solicitamos a demonstração de relações, (ii) tipo teste de múltipla escolha, nos quais apresentamos cinco alternativas de respostas à questão enunciada, (iii) exemplos típicos resolvidos e (iv) exemplos sem resolução.

5.2.2 - EXERCÍCIOS ANALÍTICOS

Ex. 5.2.1 - Demonstrar, analiticamente e através de diagrama de fasores, as relações

$$\alpha - 1 = \sqrt{3} \underline{|150°} \quad \alpha^2 - 1 = \sqrt{3} \underline{|-150°} \quad \alpha^2 - \alpha = -j\sqrt{3} \quad \alpha^4 - \alpha^5 = \sqrt{3} \underline{|90°}$$

Ex. 5.2.2 - Determinar, analiticamente e através de diagrama de fasores, os fasores

$$10 \underline{|40°} \left(\alpha - 1 \right) \quad 20 \underline{|30°} \left(\alpha^2 - \alpha \right) \quad 70 \underline{|-55°} \left(2\alpha + 1 \right) \quad 85 \underline{|-30°} \left(2 + \alpha^5 \right)$$

5.2.3 - EXERCÍCIOS DO TIPO TESTE DE MÚLTIPLA ESCOLHA

Ex. 5.2.3 - Numa carga equilibrada ligada em triângulo e alimentada por um trifásico assimétrico e equilibrado podemos afirmar que:
(1) A soma das tensões de fase na carga é sempre nula.
(2) A soma das correntes de fase não é nula.
(3) A soma das correntes de linha não é nula.
(4) Sendo a seqüência de fase direta, a corrente da linha A é obtida pela expressão $I_A = I_{AB} \sqrt{3} \underline{|30°}$.
(5) Nenhuma

Ex. 5.2.4 - Um trifásico simétrico a três fios alimenta uma carga desequilibrada ligada em estrela com o centro estrela isolado. Podemos afirmar que:
(1) A tensão de fase da carga, em módulo, é igual à de linha sobre $\sqrt{3}$.
(2) A tensão $V_{NN'}$ é sempre diferente de zero.
(3) As correntes nas três linhas estão defasadas entre si de 120°.
(4) Aterrando-se o centro estrela da carga as correntes de linha não se alteram.
(5) Nenhuma.

Ex. 5.2.5 - Para um sistema trifásico que alimenta carga equilibrada com impedância, por fase, $\overline{Z}$, é verdadeira a afirmação:
(1) A rotação de fase entre a corrente I_A e a tensao V_{AB} independe da seqüência de fase.
(2) A corrente de linha é igual à de fase qualquer que seja a ligação da carga.
(3) Determinamos o módulo da corrente de carga pela relação $I = V/Z$, sendo V o módulo da tensão V_{AB} .
(4) A soma das correntes de linha é zero.
(5) Nenhuma.

Ex. 5.2.6 - Um sistema trifásico simétrico, a quatro fios, com tensão de linha de 220 V, alimenta uma carga ligada em estrela aterrada constituída pelas impedâncias $\overline{Z}_A = 10 \ \Omega$, $\overline{Z}_B = -10j \ \Omega$, $\overline{Z}_C = 10j \ \Omega$. Sendo a seqüência de fase *B-C-A* podemos afirmar que a corrente no fio neutro vale:
(1) 9,3 A;   (2) 60 A;   (3) 34,7 A;   (4) 38 A;   (5) Nenhuma

Ex. 5.2.7 - Um sistema trifásico alimenta várias cargas equilibradas ligadas em paralelo. Podemos afirmar que:
(1) A potência aparente fornecida ao conjunto das cargas é igual à soma das potências aparentes de cada carga.
(2) O fator de potência do conjunto das cargas é obtido dividindo-se a soma das potências ativas fornecidas às cargas pela soma das potências aparentes.

(3) A potência complexa fornecida a cada carga é dada pela expressão $\sqrt{3} \, V_{AB} \, I_A^*$, na qual V_{AB} representa a tensão entre as linhas A e B e I_A a corrente na linha A.

(4) O fator de potência do conjunto é dado pela expressão $cos\left(arctg \sum Q_i / \sum P_i\right)$, em que $\sum Q_i$ e $\sum P_i$ são, respectivamente, a soma algébrica das potências reativas e ativas fornecidas à carga.

(5) Nenhuma.

Ex. 5.2.8 - Uma carga trifásica equilibrada, alimentada por trifásico simétrico, absorve 3800 W e -3800 VAr. Sendo a seqüência de fase C-B-A e $V_{AB} = 220|40°$ V, podemos afirmar que a corrente I_A vale:

(1) $14,1|115°$ A (2) $14,1|25°$ A (3) $14,1|55°$ A (4) Não é possível calcular a corrente, pois não conhecemos o modo de ligação da carga.   (5) Nenhuma.

Ex. 5.2.9 - Num sistema trifásico simétrico com carga equilibrada, sabemos que $V_{AB} = V|\theta$ e $I_A = I|\theta + 30°$. Podemos afirmar que:

(1) A carga é capacitiva e seu fator de potência vale 0,5.

(2) A carga é puramente resistiva.

(3) A potência ativa fornecida à carga vale 0,5 VI.

(4) A potência aparente fornecida à carga vale 3VI.

(5) Nenhuma

Ex. 5.2.10 - Num sistema trifásico com carga equilibrada ligamos dois wattímetros com as bobinas amperométricas nas linhas A e B, e as voltimétricas entre essas linhas e a C. Sendo a carga indutiva podemos afirmar que:

(1) Quando a seqüência de fase for A-B-C será $W_1 > W_2$.

(2) Quando a seqüência de fase for A-C-B será $W_1 > W_2$.

(3) As leituras nos wattímetros independem da seqüência de fase.

(4) A leitura de um dos wattímetros será negativa desde que o fator de potência da carga seja menor que 0,5.

(5) Nenhuma.

Ex. 5.2.11 - Num sistema trifásico, ligamos dois wattímetros com as bobinas amperométricas em dois fios de linha e as voltimétricas entre esses fios e o terceiro fio de linha. Podemos afirmar que:

(1) Tratando-se de trifásico assimétrico a três fios com carga desequilibrada, a potência fornecida à carga não é igual à soma das leituras dos wattímetros.

(2) Tratando-se de trifásico simétrico a quatro fios com carga equilibrada, a potência fornecida à carga não é igual à soma das leituras dos wattímetros.

(3) Tratando-se de trifásico simétrico a quatro fios com carga desequilibrada, a potência fornecida à carga é igual à soma das leituras dos wattímetros.

(4) Dadas as leituras dos wattímetros, podemos determinar o fator de potência e a natureza da carga.

(5) Nenhuma.

Ex. 5.2.12 - Num sistema trifásico com carga equilibrada ligamos um wattímetro com a bobina amperométrica na linha *A* e a voltimétrica entre as linhas *B* e *C*. Podemos afirmar, sabendo que o wattímetro tem o zero no centro da escala, que:

(1) Quando a leitura for negativa, a carga será capacitiva.

(2) Os reativos fornecidos à carga valem, em módulo, $\sqrt{3}$ x leitura do wattímetro.

(3) Os reativos fornecidos à carga valem, em módulo, 3 x leitura do wattímetro.

(4) A leitura do wattímetro vale $V_L\ I_L\ cos\ (\varphi\ +\ 30°)$.

(5) Nenhuma

Ex. 5.2.13 - Para um indicador de seqüência de fase, é verdadeira a afirmação:

(1) Pode ser utilizado em trifásicos assimétricos.

(2) O voltímetro que der a leitura maior corresponderá à tensão que estiver adiantada de 120° em relação à tensão aplicada ao capacitor.

(3) Num trifásico simétrico a quatro fios, para determinarmos a seqüência de fase, devemos ligar o centro estrela do indicador de seqüência de fase ao quarto fio (neutro).

(4) Quando a admitância do capacitor for aproximadamente igual à admitância interna dos voltímetros, com a fase *A* ligada ao capacitor, a leitura do voltímetro ligado à fase *B* será maior que a do ligado à fase *C*, desde que a seqüência de fase seja *A-B-C*.

(5) Nenhuma.

5.2.4 - EXERCÍCIOS RESOLVIDOS

Ex. 5.2.14 - Num sistema trifásico simétrico, com seqüência de fase *C-B-A*, a tensão entre os pontos *B* e *C* é $380\underline{|-45°}\ V$. Pedimos que sejam determinadas as tensões de linha e fase. Repetir a questão para:

$$\dot{V}_{AB}\ =\ 220\ \underline{|-35°}\ V,\qquad \dot{V}_{CA}\ =\ 220\ \underline{|-45°}\ V,\qquad \dot{V}_{AB}\ =\ 220\ \underline{|-45°}\ V,$$

$$\dot{V}_{BC}\ =\ 220\ \underline{|-65°}\ V,\qquad \dot{V}_{BC}\ =\ 220\ \underline{|35°}\ V$$

SOLUÇÃO

(a) Tensões de linha
Sendo a seqüência de fase *C-B-A*, deverá ser:

$$\dot{V}_{CA}\ =\ |\dot{V}|\ \underline{|\theta}\ ,\qquad \dot{V}_{BC}\ =\ |\dot{V}|\ \underline{|\theta\ -\ 120°}\ ,\qquad \dot{V}_{AB}\ =\ |\dot{V}|\ \underline{|\theta\ +\ 120°}\ ,$$

mas, sendo

$$\dot{V}_{BC}\ =\ 380\ \underline{|-45°}\ V,$$

deverá ser:

$$|\dot{V}|\ =\ V\ =\ 380\ V\ \text{e}\ \theta\ -\ 120°\ =\ -45°,\ \text{e então}\ \theta\ =\ 75°$$

Logo

$$\dot{V}_{CA}\ =\ 380\ \underline{|75°}\ V,\quad \dot{V}_{BC}\ =\ 380\ \underline{|-45°}\ V,\quad \dot{V}_{AB}\ =\ 380\ \underline{|195°}\ =\ 380\ \underline{|-165°}\ V$$

Para a resolução gráfica, por meio do diagrama de fasores, construímos o fasor $\dot{V}_{BC}$ atrasado de 45° em relação à origem. Como os fasores giram em sentido anti-horário e o fasor $\dot{V}_{AB}$ deve ser o próximo a passar pelo valor máximo, construímo-lo atrasado de 120° em relação a $\dot{V}_{BC}$. Analogamente, construímos $\dot{V}_{CA}$ atrasado de 120° em relação a $\dot{V}_{AB}$ (Fig. 5-2).

(b) Tensões de fase

Para a determinação analítica das tensões de fase, lembramos que dispomos somente de duas equações relacionando três incógnitas, isto é, as três equações abaixo não são independentes, pois, sendo $\dot{V}_{AB} + \dot{V}_{BC} + \dot{V}_{CA} = 0$, uma das equações é linearmente dependente das outras duas.

$$\dot{V}_{AB} = \dot{V}_{AN} - \dot{V}_{BN}$$
$$\dot{V}_{BC} = \dot{V}_{BN} - \dot{V}_{CN}$$
$$\dot{V}_{CA} = \dot{V}_{CN} - \dot{V}_{AN}$$

Levantamos a indeterminação impondo um valor para a soma das tensões de fase, isto é

$$\dot{V}_{AN} + \dot{V}_{BN} + \dot{V}_{CN} = \dot{V}_{desl}$$

da qual resulta

$$\dot{V}_{BN} = \dot{V}_{desl} - \dot{V}_{AN} - \dot{V}_{CN}$$
$$\dot{V}_{AB} = \dot{V}_{AN} - \dot{V}_{BN} = 2\dot{V}_{AN} + \dot{V}_{CN} - \dot{V}_{desl}$$
$$\dot{V}_{CA} = \dot{V}_{CN} - \dot{V}_{AN}$$
$$\dot{V}_{AN} = \frac{1}{3}\left(\dot{V}_{AB} - \dot{V}_{CA} + \dot{V}_{desl}\right)$$

que nos permite determinar, impondo que $\dot{V}_{desl} = 0$,

$$\dot{V}_{AN} = \frac{1}{3}\left(380\,\underline{|195°} - 380\,\underline{|75°}\right) = 219,4\underline{|-135°}\ V$$

ou então, sendo a seqüência de fase inversa,

$$\dot{V}_{AN} = \frac{\dot{V}_{AB}}{\sqrt{3}\,\underline{|-30°}} = \frac{380\,\underline{|195°}}{\sqrt{3}\,\underline{|-30°}} = 219,4\underline{|-135°}\ V\ ,\quad \dot{V}_{BN} = \alpha\ \dot{V}_{AN}\ ,\quad \dot{V}_{CN} = \alpha^2\ \dot{V}_{AN}$$

Graficamente, construímos inicialmente o triângulo das tensões de linha, que é equilátero, e fixamos o ponto N, correspondente ao centro estrela, no baricentro do triângulo ($\dot{V}_{desl} = 0$).

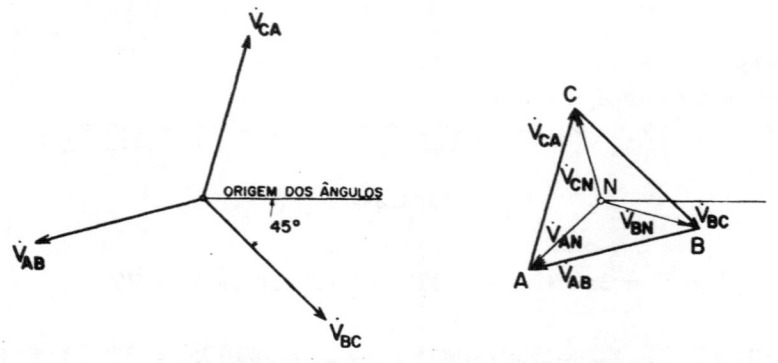

Figura 5-2. Diagrama de fasores para o Ex. 5.2.14

Ex. 5.2.15 - Uma carga trifásica equilibrada, ligada em triângulo, é alimentada por trifásico simétrico com seqüência de fase *B-A-C*. Conhecendo-se a corrente $\dot{I}_{BC} = 22\,\underline{|40°}\ A$, pedimos determinar as correntes de fase e linha. Repetir o exercício para

$$\dot{I}_{AB} = 15\,\underline{|-20°}\ A, \quad \dot{I}_{CA} = 15\,\underline{|-45°}\ A, \quad \dot{I}_{BC} = 15\,\underline{|-45°}\ A,$$

$$\dot{I}_{A} = 38\,\underline{|-50°}A, \quad \dot{I}_{B} = 38\,\underline{|30°}\ A, \quad \dot{I}_{C} = 38\,\underline{|-50°}\ A$$

e para seqüência de fase direta.

SOLUÇÃO

(a) Correntes de fase
Sendo $\dot{I}_{BC} = 22\underline{|40°}\ A$, e a seqüência de fase inversa (*B-A-C*), resulta

$$\dot{I}_{AB} = 22\,\underline{|40°-120°} = 22\,\underline{|-80°}\ A,$$

$$\dot{I}_{CA} = 22\,\underline{|40°+120°} = 22\,\underline{|160°}\ A.$$

(b) Correntes de linha

$$\dot{I}_{A} = \dot{I}_{AB}\ \sqrt{3}\ \underline{|30°} = 38\,\underline{|-50°}\ A,$$

$$\dot{I}_{B} = \dot{I}_{BC}\ \sqrt{3}\ \underline{|30°} = 38\,\underline{|70°}\ A,$$

$$\dot{I}_{C} = \dot{I}_{CA}\ \sqrt{3}\ \underline{|30°} = 38\,\underline{|-170°}\ A.$$

Ex. 5.2.16 - Um sistema trifásico simétrico alimenta uma carga equilibrada ligada em estrela. Sendo fornecidas a impedância de fase da carga (6,0 + 8,0j Ω), a tensão de linha (220 V - 60 Hz) e a seqüência de fase (direta), pedimos:
(a) As correntes de fase e linha.
(b) O fator de potência da carga.
(c) A potência complexa fornecida à carga.
(d) As leituras em dois wattímetros ligados conforme o esquema da Fig. 5-3.

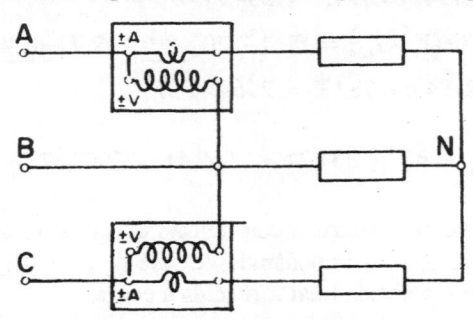

Figura 5-3. Circuito para o Ex. 5.2.16

SOLUÇÃO

(a) Determinação das correntes
Admitimos $\dot{V}_{AN}$ com fase nula e obtemos

$$\dot{V}_{AN} = \frac{220}{\sqrt{3}}\ \underline{|0°}\ V, \qquad \dot{V}_{BN} = 127\ \underline{|-120°}\ V, \qquad \dot{V}_{CN} = 127\ \underline{|120°}\ V,$$

$$\dot{I}_A = \frac{\dot{V}_{AN}}{Z} = \frac{127\ \underline{|0°}}{10\ \underline{|53,13°}} = 12,7\ \underline{|-53,13°}\ A,$$

$$\dot{I}_B = 12,7\ \underline{|-173,13°}\ A, \qquad \dot{I}_C = 12,7\ \underline{|66,87°}\ A.$$

(b) Determinação do fator de potência

O fator de potência da carga é o da impedância de fase, ou, ainda, o cosseno do ângulo de rotação de fase entre a tensão e a corrente de fase, isto é

$$cos\ \varphi = \frac{R}{Z} = \frac{6}{10} = 0,6, \quad \text{ou} \quad cos\ \varphi = cos\left[\ 0° - (-53,13°)\ \right] = 0,6$$

(c) Determinação da potência

Temos

$$S = \sqrt{3}\ V_L\ I_L = \sqrt{3}\cdot 220 \cdot 12,7 = 4839,35\ VA,$$

$$P = \sqrt{3}\ V_L\ I_L\ cos\ \varphi = \sqrt{3}\cdot 220 \cdot 12,7 \cdot 0,6 = 2903,61\ W,$$

$$Q = \sqrt{3}\ V_L\ I_L\ sen\ \varphi = \sqrt{3}\cdot 220 \cdot 12,7 \cdot 0,8 = 3871,48\ VAr;$$

logo

$$\bar{S} = 2903,61 + 3871,48j = 4839,35\ \underline{|53,13°}\ VA\ .$$

Alternativamente, podemos determinar a potência a partir de

$$\bar{S} = 3\dot{V}_{AN}\ \dot{I}_A^* = 3\cdot 127\ \underline{|0°}\cdot 12,7\ \underline{|53,13°} = 4839,35\ \underline{|53,13°}\ VA$$

(d) Leitura nos wattímetros

Temos

$$W_1 = \Re e\left(\dot{V}_{AB}\ \dot{I}_A^*\right) = \Re e\left(220\ \underline{|30°}\cdot 12,7\ \underline{|53,13°}\right) =$$
$$= 2794\ cos\ 83,13° = 334,21\ W,$$

$$W_2 = \Re e\left(\dot{V}_{CB}\ \dot{I}_C^*\right) = \Re e\left(-220\ \underline{|-90°}\cdot 12,7\ \underline{|-66,87°}\right) =$$
$$= 2794\ cos\ 23,13° = 2569,41\ W,$$

e então

$$W_1 + W_2 = 334,21 + 2569,41 = 2903,62\ W$$

Ex. 5.2.17 - Um sistema trifásico simétrico, com tensão de linha de 440 V, alimenta uma carga equilibrada ligada em triângulo, com impedância de fase de $(8 + 6j)\ \Omega$. Pedimos determinar a potência complexa por fase e a potência total fornecida à carga.

SOLUÇÃO

(a) Potência de fase

A impedância de fase é dada por $8 + 6j = 10\ \underline{|36,87°}\ \Omega$ e, portanto, assumindo-se a tensão AB com fase zero, a corrente de fase será

$$\dot{I}_{AB} = \frac{\dot{V}_{AB}}{\overline{Z}} = \frac{440 \, \underline{|0°}}{10 \, \underline{|36,87°}} = 44 \, \underline{|-36,87°} \;\; A,$$

e então

$$\overline{S}_F = \dot{V}_{AB} \, \dot{I}^*_{AB} = 440 \, \underline{|0°} \cdot 44 \, \underline{|36,87°} = 19360 \, \underline{|36,87°} \;\; VA.$$

(b) Potência total
Para a potência fornecida à carga temos
$$\overline{S} = 3 \, \overline{S}_F = 58080 \, \underline{|36,87°} \;\; VA.$$

Ex. 5.2.18 - Um motor trifásico com potência mecânica nominal de 5 HP, de 220 V, tem, a plena carga, rendimento de 85 % e fator de potência de 82 %. Pedimos determinar a corrente de linha a plena carga. Potência útil do motor = 5 HP = 5 x 746 W (Nota: 1 HP = 746 W; 1 cv = 736 W - A unidade HP não é unidade legal brasileira).

SOLUÇÃO

A potência elétrica fornecida ao motor quando está fornecendo no eixo a potência mecânica correspondente à sua potência nominal é dada por
$$P = \frac{5 \times 746}{0,85} = 4388,23 \;\; W.$$

Por outro lado, a potência elétrica fornecida ao motor é $P = \sqrt{3} \, V \, I \cos \varphi.$, e portanto
$$I = \frac{P}{\sqrt{3} \, V \cos \varphi} = \frac{4388,23}{\sqrt{3} \cdot 220 \cdot 0,82} = 14,04 \;\; A$$

Ex. 5.2.19 - Uma linha trifásica simétrica alimenta um motor trifásico ligado em estrela e uma carga, ligada em triângulo, constituída de capacitores em série com resistências (Fig. 5-4). Sabemos que:
(1) A impedância do motor é $\overline{Z}_m = (5 + 5j) \; \Omega$ por fase.
(2) A impedância da carga é $\overline{Z}_c = (10 - 5j) \; \Omega$ por fase.
(3) A impedância da linha é desprezível,
(4) A tensão de linha é 230 V e a seqüência de fase do trifásico é a direta.

Pedimos determinar:
(a) A corrente de fase do motor e a da carga.
(b) A corrente de linha.
(c) A potência fornecida ao motor, à carga, e a potência total.
(d) O diagrama de fasores.
(e) As leituras em três conjuntos de dois wattímetros ligados conforme o esquema da Fig. 5-6.

SOLUÇÃO

(a) Cálculo das correntes
- Tensão de linha

Sendo a seqüência de fase A-B-C, e fixando a tensão entre as linhas A e B na origem, teremos

$$\dot{V}_{AB} = 230\,\underline{|0°} = (230 + 0j)\ V$$
$$\dot{V}_{BC} = 230\,\underline{|-120°} = (-115 - 199{,}18j)\ V$$
$$\dot{V}_{CA} = 230\,\underline{|120°} = (-115 + 199{,}18j)\ V$$

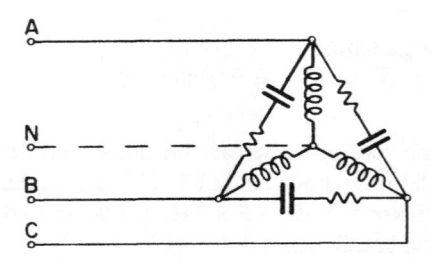

Figura 5-4. Circuito equivalente para o Ex. 5.2.19

- Tensões de fase

$$\dot{V}_{AN} = \frac{\dot{V}_{AB}}{\sqrt{3}\,\underline{|30°}} = \frac{230\,\underline{|0°}}{\sqrt{3}\,\underline{|30°}} = 132{,}79\,\underline{|-30°}\ V$$

$$\dot{V}_{BN} = \frac{\dot{V}_{BC}}{\sqrt{3}\,\underline{|30°}} = \frac{230\,\underline{|-120°}}{\sqrt{3}\,\underline{|30°}} = 132{,}79\,\underline{|-150°}\ V$$

$$\dot{V}_{CN} = \frac{\dot{V}_{CA}}{\sqrt{3}\,\underline{|30°}} = \frac{230\,\underline{|120°}}{\sqrt{3}\,\underline{|30°}} = 132{,}79\,\underline{|90°}\ V$$

- Correntes de fase no motor

$$\dot{I}_{Am} = \dot{I}_{AN} = \frac{\dot{V}_{AN}}{\dot{Z}_m} = \frac{132{,}79\,\underline{|-30°}}{5 + 5j} = \frac{132{,}79\,\underline{|-30°}}{7{,}07\,\underline{|45°}} = 18{,}78\,\underline{|-75°}\ A$$

$$\dot{I}_{BN} = 18{,}78\,\underline{|165°}\ A, \qquad \dot{I}_{CN} = 18{,}78\,\underline{|45°}\ A.$$

- Correntes de fase e linha da carga

$$\dot{I}_{AB} = \frac{\dot{V}_{AB}}{\dot{Z}_c} = \frac{230\,\underline{|0°}}{10 - 5j} = \frac{230\,\underline{|0°}}{11{,}18\,\underline{|-26{,}56°}} = 20{,}57\,\underline{|26{,}56°}\ A$$

$$\dot{I}_{BC} = 20{,}57\,\underline{|-93{,}44°}\ A, \qquad\qquad \dot{I}_{CA} = 20{,}57\,\underline{|146{,}56°}\ A$$

e

$$\dot{I}_{Ac} = \dot{I}_{AB}\,\sqrt{3}\,\underline{|-30°} = 20{,}57\,\underline{|26{,}56°} \cdot \sqrt{3}\,\underline{|-30°} = 35{,}63\,\underline{|-3{,}44°}\ A$$
$$\dot{I}_{Bc} = 35{,}63\,\underline{|-123{,}44°}\ A, \qquad\qquad \dot{I}_{Cc} = 35{,}63\,\underline{|116{,}56°}\ A$$

(b) Correntes totais de linha

$$\dot{I}_A = \dot{I}_{Am} + \dot{I}_{Ac} = 18{,}78\,\underline{|-75°} + 35{,}63\,\underline{|-3{,}44°} = 40{,}43 - 20{,}28j = 45{,}23\,\underline{|-26{,}64°}\ A$$
$$\dot{I}_B = 45{,}23\,\underline{|-146{,}64°}\ A, \qquad\qquad \dot{I}_C = 45{,}23\,\underline{|93{,}36°}\ A$$

(c) Potências

$$\overline{S}_{motor} = 3 V_{AN} I_{AN}^* = 3 \cdot 132,79 \underline{|-30°} \cdot 18,78 \underline{|75°} = 5290,14 + 5290,14j = 7481,39 \underline{|45°} \ VA$$

$$\overline{S}_{carga} = 3 V_{AB} I_{AB}^* = 3 \cdot 230,00 \underline{|0°} \cdot 20,57 \underline{|-26,56°} = 12695,43 - 6346,32j = 14193 \underline{|-26,56°} \ VA$$

$$\overline{S}_{total} = \overline{S}_{motor} + \overline{S}_{carga} = 17985,57 - 1056,18 = 18016,55 \underline{|-3,36°} \ VA$$

Como alternativa podemos calcular as potências por

$$S_{motor} = \sqrt{3} \ V_L \ I_L = \sqrt{3} \cdot 230,00 \cdot 18,78 = 7481,42 \ VA$$

$$P_{motor} = \sqrt{3} \ V_L \ I_L \ cos \ \varphi = 7481,42 \cdot cos \ 45 = 5290,16 \ W$$

$$Q_{motor} = \sqrt{3} \ V_L \ I_L \ sen \ \varphi = 7481,42 \cdot sen \ 45 = 5290,16 \ VAr$$

$$S_{carga} = \sqrt{3} \ V_{AB} \ I_{Ac} = \sqrt{3} \cdot 230,00 \cdot 35,63 = 14193,98 \ VA$$

$$P_{carga} = \sqrt{3} \ V_{AB} \ I_{Ac} \ cos \ \varphi = 19193,98 \cdot cos(-26,56°) = 12696,04 \ W$$

$$Q_{carga} = \sqrt{3} \ V_{AB} \ I_{Ac} \ sen \ \varphi = 19193,98 \cdot sen(-26,56°) = -6346,62 \ VAr$$

(d) Diagrama de fasores
Apresentamos o diagrama de fasores à Fig. 5-5.

(e) Wattímetros
- Leitura nos wattímetros da carga

$$W_1 = \Re e \left(V_{AB} \ I_{Ac}^* \right) = \Re e \left(230 \underline{|0°} \cdot 35,63 \underline{|3,44°} \right) = 230 \cdot 35,63 \cdot cos(3,44°) = 8180,13 \ W$$

$$W_2 = \Re e \left(V_{CB} \ I_{Cc}^* \right) = \Re e \left(-230 \underline{|-120°} \cdot 35,63 \underline{|-116,56°} \right) = 230 \cdot 35,63 \cdot cos(-56,56°) = 4515,91 \ W$$

$$W_{12} = W_1 + W_2 = 8180,13 + 4515,91 = 12696,04 \ W$$

- Leitura dos wattímetros no motor

$$W_1' = \Re e \left(V_{AC} \ I_{AN}^* \right) = \Re e \left(-230 \underline{|120°} \cdot 18,78 \underline{|75°} \right) = 230 \cdot 18,78 \cdot cos(15°) = 4172,22 \ W$$

$$W_2' = \Re e \left(V_{BC} \ I_{BN}^* \right) = \Re e \left(230 \underline{|-120°} \cdot 18,78 \underline{|-165°} \right) = 230 \cdot 18,78 \cdot cos(75°) = 1117,94 \ W$$

$$W_{12}' = W_1' + W_2' = 1117,94 + 4172,22 = 5290,16 \ W$$

- Leitura total

$$W_{T1} = \Re e \left(V_{BA} \ I_B^* \right) = \Re e \left(-230 \underline{|0°} \cdot 45,23 \underline{|146,64°} \right) = 230 \cdot 45,23 \cdot cos(33,36°) = 8688,83 \ W$$

$$W_{T2} = \Re e \left(V_{CA} \ I_C^* \right) = \Re e \left(230 \underline{|120°} \cdot 45,23 \underline{|-93,36°} \right) = 230 \cdot 45,23 \cdot cos(26,64°) = 9298,54 \ W$$

$$W_{T12} = 8688,83 + 9298,54 = 17987,38 \ W$$

Ex. 5.2.20 - Para o circuito da Fig. 5-7 sabemos que a tensão de linha é 220 V, 60 Hz, a seqüência de fase é direta e as impedâncias da carga valem: $\overline{Z}_{AB} = (5 + 5j) \ \Omega$, $\overline{Z}_{BC} = (5 + 10j) \ \Omega$ e $\overline{Z}_{CA} = (5 - 10j) \ \Omega$. Pedimos:
(a) As correntes de fase e de linha.

(b) A potência fornecida à carga.
(c) As leituras dos wattímetros.

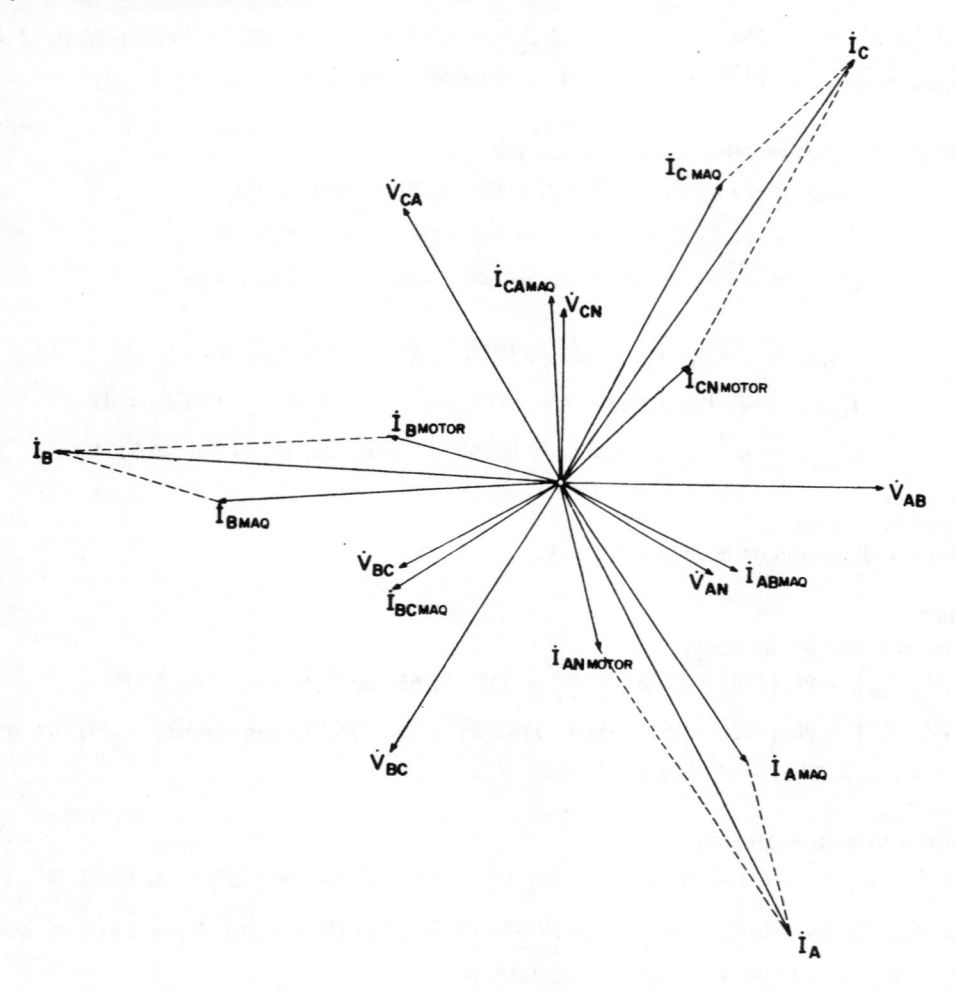

Figura 5-5. Diagrama de fasores para o Ex. 5.2.19

SOLUÇÃO

(a) Cálculo das correntes
- Tensões de linha

$$\dot{V}_{AB} = 220\left(-\frac{1}{2} + 0{,}0j\right) = 220\underline{|0°}\ V$$

$$\dot{V}_{BC} = 220\left(-\frac{1}{2} - \frac{\sqrt{3}}{2}\,j\right) = 220\underline{|-120°}\ V$$

$$\dot{V}_{CA} = 220\left(-\frac{1}{2} + \frac{\sqrt{3}}{2}\,j\right) = 220\,\underline{|120°}\ \ V$$

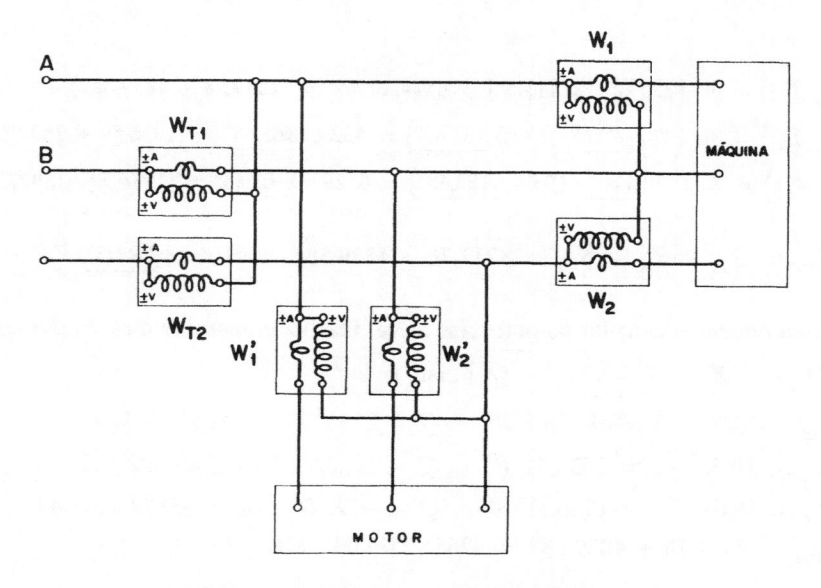

Figura 5-6. Ligação dos wattímetros para Ex. 5.2.19

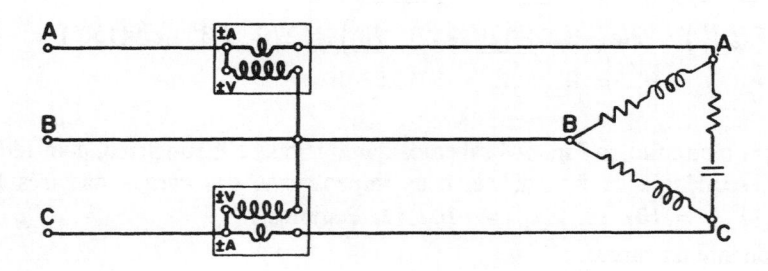

Figura 5-7. Circuito para o Ex. 5.2.20

- Correntes de fase

$$\dot{I}_{AB} = \frac{\dot{V}_{AB}}{\overline{Z}_{AB}} = \frac{220\,\underline{|0°}}{5 + 5j} = \frac{220\,\underline{|0°}}{7,07\,\underline{|45,00°}} = 31,11\,\underline{|-45,00°}\ \ A$$

$$\dot{I}_{BC} = \frac{\dot{V}_{BC}}{\overline{Z}_{BC}} = \frac{220\,\underline{|-120°}}{5 + 10j} = \frac{220\,\underline{|-120°}}{11,18\,\underline{|63,43°}} = 19,68\,\underline{|-183,43°}\ \ A$$

$$\dot{I}_{CA} = \frac{\dot{V}_{CA}}{\overline{Z}_{CA}} = \frac{220\,\underline{|120°}}{5 - 10j} = \frac{220\,\underline{|120°}}{11,18\,\underline{|-63,43°}} = 19,68\,\underline{|183,43°}\ \ A$$

- Correntes de linha

$$\dot{I}_A = \dot{I}_{AB} - \dot{I}_{CA} = 41,65 - 20,83j = 46,57 \underline{|-26,57°} \ A$$

$$\dot{I}_B = \dot{I}_{BC} - \dot{I}_{AB} = -41,65 + 23,18j = 47,67 \underline{|150,90°} \ A$$

$$\dot{I}_C = \dot{I}_{CA} - \dot{I}_{BC} = 0,00 - 2,35j = 2,35 \underline{|-90,00°} \ A$$

(b) Potência

$$\overline{S}_{AB} = \Re\left(\dot{V}_{AB} \ \dot{I}_{AB}^*\right) = \Re\left(220 \underline{|0°} \cdot 31,11 \underline{|45°}\right) = 6844,20 \underline{|45°} = (4839,58 + 4839,58j) \ VA,$$

$$\overline{S}_{BC} = \Re\left(\dot{V}_{BC} \ \dot{I}_{BC}^*\right) = \Re\left(220 \underline{|-120°} \cdot 19,68 \underline{|183,43°}\right) = 4329,60 \underline{|63,43°} = (1936,59 + 3872,34j) \ VA,$$

$$\overline{S}_{CA} = \Re\left(\dot{V}_{CA} \ \dot{I}_{CA}^*\right) = \Re\left(220 \underline{|120°} \cdot 19,68 \underline{|-183,43°}\right) = 4329,60 \underline{|-63,43°} = (1936,59 - 3872,34j) \ VA$$

$$\overline{S}_{TOT} = \overline{S}_{AB} + \overline{S}_{BC} + \overline{S}_{CA} = 8712,76 + 4839,58j = 9966,63 \underline{|29,05°} \ VA$$

Como alternativa podemos calcular as potências ativa, reativa e aparente através das expressões $P = I^2 \ R$, $Q = I^2 \ X$ e $S = \sqrt{\left(P^2 + Q^2\right)}$, isto é

$$P_{AB} = 31,11^2 \cdot 5 = 4839,16 \ W, \qquad Q = 31,11^2 \cdot 5 = 4839,16 \ VAr$$

$$P_{BC} = 19,68^2 \cdot 5 = 1936,51 \ W, \qquad Q = 19,68^2 \cdot 10 = 3872,02 \ VAr$$

$$P_{CA} = 19,68^2 \cdot 5 = 1936,51 \ W, \qquad Q = -19,68^2 \cdot 10 = -3872,02 \ VAr$$

$$P_{TOT} = 8712,18 + 4839,16j = 9965,92 \underline{|29,04°} \ VA$$

(c) Leitura dos wattímetros

$$W_1 = \Re\left(\dot{V}_{AB} \ \dot{I}_A^*\right) = \Re\left(220 \underline{|0°} \cdot 46,57 \underline{|26,57°}\right) = 220 \cdot 46,57 \cdot cos(26,57°) = 9163,37 \ W$$

$$W_2 = \Re\left(\dot{V}_{CB} \ \dot{I}_C^*\right) = \Re\left(-220 \underline{|-120°} \cdot 2,35 \underline{|90°}\right) = 220 \cdot 2,35 \cdot cos(150°) = -447,73 \ W$$

$$W_{12} = W_1 + W_2 = 8715,63 \ W$$

Ex. 5.2.21 - Para o circuito da Fig. 5-8 sabemos que o trifásico é simétrico, com tensão de linha 220 V, 60 Hz, seqüência de fase direta, e as impedâncias das cargas nas três fases valem: $\overline{Z}_{AN'} = 10 \ \Omega$, $\overline{Z}_{BN'} = 10j \ \Omega$, $\overline{Z}_{CN'} = -10j \ \Omega$. Pedimos:

(a) As tensões de fase na carga.
(b) As correntes de linha e de fase.
(c) A potência fornecida à carga.
(d) As leituras nos dois wattímetros.

SOLUÇÃO

(a) Tensões de fase na carga
- Tensões de fase no gerador
Fixaremos a tensão $\dot{V}_{AN}$, no gerador, com fase inicial nula, isto é

$$\dot{V}_{AN} = \frac{220}{\sqrt{3}} \underline{|0°} = 127 \underline{|0°} \ V$$

$$\dot{V}_{BN} = \frac{220}{\sqrt{3}} \underline{|-120°} = 127 \underline{|-120°} \ V$$

$$\dot{V}_{CN} = \frac{220}{\sqrt{3}} \underline{|120°} = 127 \underline{|120°} \ V$$

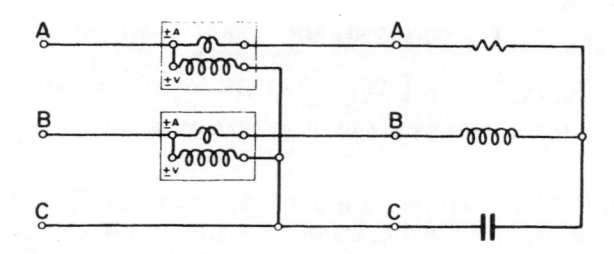

Figura 5.8 - Circuito para o Ex.5.2.21

- Diferença de potencial entre os centros-estrela
Sabemos que

$$\dot{V}_{NN'} = - \frac{\dot{V}_{AN} \ \overline{Y}_{AN} + \dot{V}_{BN} \ \overline{Y}_{BN} + \dot{V}_{CN} \ \overline{Y}_{CN}}{\overline{Y}_{AN} + \overline{Y}_{BN} + \overline{Y}_{CN}}$$

logo

$$\dot{V}_{NN'} = - \frac{127 \underline{|0°} \cdot 0,1 \underline{|0°} + 127 \underline{|-120°} \cdot 0,1 \underline{|-90°} + 127 \underline{|120°} \cdot 0,1 \underline{|90°}}{0,1 - 0,1j + 0,1j} = \frac{9,3 + 0j}{0,1} = 93,0 \underline{|0°} \ V$$

- Tensões de fase na carga

$$\dot{V}_{AN'} = \dot{V}_{AN} + \dot{V}_{NN'} = 127 \underline{|0°} + 93 \underline{|0°} = 220 \underline{|0°} \ V$$

$$\dot{V}_{BN'} = \dot{V}_{BN} + \dot{V}_{NN'} = 127 \underline{|-120°} + 93 \underline{|0°} = 113,87 \underline{|-74,98°} \ V$$

$$\dot{V}_{CN'} = \dot{V}_{CN} + \dot{V}_{NN'} = 127 \underline{|120°} + 93 \underline{|0°} = 113,87 \underline{|74,98°} \ V$$

(b) Correntes de fase e de linha na carga

$$\dot{I}_A = \dot{I}_{AN'} = \dot{V}_{AN'} \ \overline{Y}_{AN'} = 220 \underline{|0°} \cdot 0,1 \underline{|0°} = 22,00 \underline{|0°} \ A$$

$$\dot{I}_B = \dot{I}_{BN'} = \dot{V}_{BN'} \ \overline{Y}_{BN'} = 113,87 \underline{|-74,98°} \cdot 0,1 \underline{|-90°} = 11,39 \underline{|-164,98°} \ A$$

$$\dot{I}_C = \dot{I}_{CN'} = \dot{V}_{CN'} \ \overline{Y}_{CN'} = 113,87 \underline{|74,98°} \cdot 0,1 \underline{|90°} = 11,39 \underline{|164,98°} \ A$$

(c) Potências

$$\overline{S}_{AN'} = \dot{V}_{AN'} \ \dot{I}_{AN'}^* = 220 \underline{|0°} \cdot 22 \underline{|0°} = 4840 \underline{|0°} = (4840 + 0j) \ VA$$

$$\overline{S}_{BN'} = \dot{V}_{BN'} \ \dot{I}_{BN'}^* = 113,87 \underline{|-74,98°} \cdot 11,39 \underline{|164,98°} = 1296,98 \underline{|90°} = (0 + 1296,98j) \ VA$$

$$\overline{S}_{CN'} = \dot{V}_{CN'} \ \dot{I}_{CN'}^* = 113,87 \underline{|74,98°} \cdot 11,39 \underline{|-164,98°} = 1296,98 \underline{|-90°} = (0 - 1296,98j) \ VA$$

e então resulta a potência total

$$\overline{S}_{TOT} = \overline{S}_{AN'} + \overline{S}_{BN'} + \overline{S}_{CN'} = (4840,00 + 0j) \ VA$$

Podemos alcançar o mesmo resultado através de:

$$\bar{S}_{TOT} = I^2_{AN'} \, R_{AN'} + I^2_{BN'} \, R_{BN'} + I^2_{CN'} \, R_{CN'} + \left(I^2_{AN'} \, X_{AN'} + I^2_{BN'} \, X_{BN'} + I^2_{CN'} \, X_{CN'}\right)j =$$

$$= 22^2 \cdot 10 + \left(11{,}39^2 \cdot 10 - 11{,}39^2 \cdot 10\right)j = \left(4840 + 0j\right) \; VA$$

(d) Leituras nos wattímetros

$$W_1 = \Re e\left(\dot{V}_{AC} \, I^*_{AN'}\right) = \Re e\left(-220 \,\underline{|150°} \cdot 22 \,\underline{|0°}\right) = 4191{,}56 \; W$$

$$W_2 = \Re e\left(\dot{V}_{BC} \, I^*_{BN'}\right) = \Re e\left(220 \,\underline{|-90°} \cdot 11{,}39 \,\underline{|164{,}98°}\right) = 649{,}39 \; W$$

$$W_{12} = W_1 + W_2 = 4191{,}56 + 649{,}39 = 4840{,}95 \; W$$

Ex. 5.2.22 - Determinar a leitura dos dois wattímetros do circuito da Fig. 5-9, no qual sabemos que as cargas nas fases *AB*, *BC* e *CA* valem, respectivamente, 10 kW com fator de potência 0,8 indutivo, 15 kW com fator de potência 0,7 indutivo e 10 kW com fator de potência unitário. A tensão de linha vale 220 V, 60 Hz, e a seqüência de fase é direta.

SOLUÇÃO

- Tensões de linha
Sendo a seqüência de fase direta teremos:

$$\dot{V}_{AB} = 220 \,\underline{|0°} \; V, \quad \dot{V}_{BC} = 220 \,\underline{|-120°} \; V, \quad \dot{V}_{CA} = 220 \,\underline{|120°} \; V$$

- Correntes de fase
A potência complexa nas três fases é dada por

$$\bar{S}_{AB} = 10 + 10 \cdot tg\left(cos^{-1}(0{,}8)\right)j = 10 + 7{,}5j = 12{,}50 \,\underline{|36{,}87°} \; kVA$$

$$\bar{S}_{BC} = 15 + 15 \cdot tg\left(cos^{-1}(0{,}7)\right)j = 15 + 15{,}3j = 21{,}43 \,\underline{|45{,}57°} \; kVA$$

$$\bar{S}_{CA} = 10 + 10 \cdot tg\left(cos^{-1}(1{,}0)\right)j = 10 + 0{,}0j = 10{,}0 \,\underline{|0°} \; kVA$$

e então obtemos as correntes através da expressão $\bar{S}_{fase} = \dot{V}_{fase} \, I^*_{fase}$, ou $I_{fase} = \bar{S}^*_{fase} / \dot{V}^*_{fase}$, isto é

$$I_{AB} = \frac{12500 \,\underline{|-36{,}87°}}{220 \,\underline{|0°}} = 56{,}82 \,\underline{|-36{,}87°} \; A$$

$$I_{BC} = \frac{21430 \,\underline{|-45{,}57°}}{220 \,\underline{|120°}} = 97{,}41 \,\underline{|-165{,}57°} \; A$$

$$I_{CA} = \frac{10000 \,\underline{|0°}}{220 \,\underline{|-120°}} = 45{,}45 \,\underline{|120{,}0°} \; A$$

- Correntes de linha

$$I_A = I_{AB} - I_{CA} = 100{,}22 \,\underline{|-47{,}13°} \; A$$

$$I_B = I_{BC} - I_{AB} = 140{,}14 \,\underline{|175{,}98°} \; A$$

$$I_C = I_{CA} - I_{BC} = 95{,}80 \,\underline{|41{,}62°} \; A$$

- Leituras dos wattímetros

$$W_1 = \Re e\left(\dot{V}_{AB} I_A^*\right) = \Re e\left(220\,\underline{|0°} \cdot 100,22\,\underline{|47,13°}\right) = 15000\ W$$

$$W_2 = \Re e\left(\dot{V}_{CB} I_C^*\right) = \Re e\left(-220\,\underline{|-120°} \cdot 95,80\,\underline{|-41,62°}\right) = 20000\ W$$

$$W_{12} = W_1 + W_2 = 15000 + 20000 = 35000\ W$$

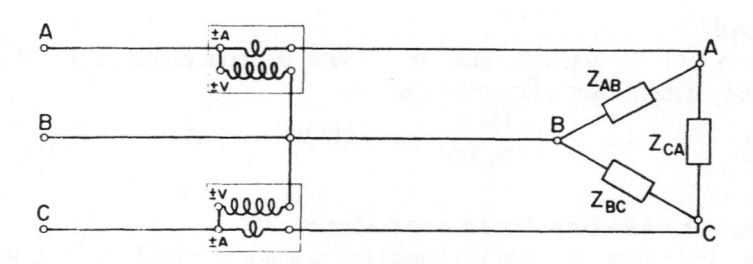

Figura 5-9. Circuito para o Ex. 5.2.22

Ex. 5.2.23 - Um gerador de 220 V (tensão de linha), 60 Hz, trifásico simétrico, alimenta as seguintes cargas equilibradas:

(1) Iluminação: 25 kW, fator de potência unitário.

(2) Compressor: motor de indução de 100 cv com rendimento de 92 % e fator de potência 0,85 indutivo.

(3) Máquinas diversas: motores de indução, totalizando 46,7 kW, com fator de potência 0,75 indutivo.

Pedimos:

(a) A potência total fornecida pelo gerador.

(b) O fator de potência global.

(c) O banco de capacitores a ser instalado para que o fator de potência global da instalação seja 0,95 indutivo.

(d) A corrente antes e após a inserção do banco de capacitores.

SOLUÇÃO

(a) Potência fornecida pelo gerador

- Tensões

Assumiremos seqüência de fase direta e a tensão de fase $\dot{V}_{AN}$ com fase inicial nula, isto é

$$\dot{V}_{AN} = \frac{220}{\sqrt{3}}\,\underline{|0°}\ V, \quad \dot{V}_{BN} = \frac{220}{\sqrt{3}}\,\underline{|-120°}\ V, \quad \dot{V}_{CN} = \frac{220}{\sqrt{3}}\,\underline{|120°}\ V,$$

$$\dot{V}_{AB} = 220\,\underline{|30°}\ V, \quad \dot{V}_{BC} = 220\,\underline{|-90°}\ V, \quad \dot{V}_{CA} = 220\,\underline{|150°}\ V$$

- Potência total

Temos:

$$\overline{S}_{ilum} = \left(25,0 + 0j\right)\ kVA,$$

$$\overline{S}_{comp} = \frac{100,0 \cdot 0,736}{0,92}\left(1 + tan\left(cos^{-1} 0,85\right)j\right) = \left(80 + 49,58j\right)\ kVA,$$

$$\overline{S}_{maq.} = 46,7 + 46,7 \cdot tan\left(cos^{-1} 0,75\right)j = \left(46,7 + 41,18\,j\right) \ kVA,$$

$$\overline{S}_{tot.} = 151,7 + 90,76\,j = 176,777\ \underline{|30,89°} \cdot kVA$$

Observamos que a potência aparente não é a soma das potências aparentes das cargas. A potência ativa total, por sua vez, é igual à soma das potências ativas das cargas, o mesmo ocorrendo com a potência reativa, ou seja, as potências ativa e reativa se conservam.

(b) Fator de potência
Podemos definir o fator de potência, além dos modos já apresentados, pela relação entre as potências, ativa e aparente, absorvidas pela carga, isto é

$$cos\ \varphi = \frac{151,7}{176,777} = cos\,(30,89°) = 0,8581$$

(c) Banco de capacitores para corrigir o fator de potência
Ao ligarmos, em paralelo com a carga, um banco de capacitores, a potência ativa absorvida pela carga, como é evidente, permanece inalterada, variando somente as potências reativa e aparente. Assim, sendo $\overline{S}_{banco} = 0 + j\,Q_{banco}$ a potência complexa absorvida pelo banco, teremos:

$$\overline{S}_{tot} + \overline{S}_{banco} = P_{tot} + j\left(Q_{tot} + Q_{banco}\right) = S\ \underline{|\psi}$$

Considerando que desejamos que o fator de potência $(cos\psi)$ seja 0,95, resulta imediatamente

$$tan\ \psi = \frac{Q_{tot} + Q_{banco}}{P_{tot}} = tan\,(arc\ cos\ 0,95) = 0,3287$$

ou seja

$$Q_{banco} = P_{tot} \cdot 0,3287 - Q_{tot} = 151,7 \cdot 0,3287 - 90,76 = -40,896\ \ kVAr$$

e a potência complexa do paralelo entre conjunto de cargas e o banco de capacitores passará a ser

$$\overline{S} = \overline{S}_{tot} + \overline{S}_{banco} = 151,7 + \left(90,76 - 40,896\right)j = 151,7 + 49,864\,j = 159,685\,\underline{|18,19°}\ \ kVA$$

(d) Corrente sem e com banco de capacitores
A corrente antes da inserção do banco de capacitores é dada por

$$|I| = \frac{S_{tot}}{\sqrt{3}\ V} = \frac{176777}{\sqrt{3}\cdot 220} = 463,92\ \ A$$

e, lembrando nossa hipótese básica de geração e carga ligada em estrela, resulta

$$\dot{I}_A = \dot{I}_{AN} = I\,\frac{V_{AN}}{|\dot{V}_{AN}|\,|\,arc\ cos\,(P/S)} = 463,92 \cdot \frac{\dfrac{220}{\sqrt{3}}\,\underline{|0°}}{\dfrac{220}{\sqrt{3}}\,\underline{|30,89°}} = 463,92\ \underline{|{-30,89°}}\ \ A$$

e

$$\dot{I}_B = \dot{I}_{BN} = 463,92\ \underline{|{-150,89°}}\ A, \quad \dot{I}_C = \dot{I}_{CN} = 463,92\ \underline{|89,11°}\ \ A$$

Por se tratar de trifásico simétrico e equilibrado procederemos, como método alternativo, ao cálculo da corrente, após a inserção do banco de capacitores, a partir da potência de fase, isto é

$$\dot{I}'_A = \dot{I}'_{AN} = \frac{\overline{S}^*}{3\cdot \dot{V}_{AN}} = \frac{159685\,\underline{|{-18,19°}}}{3\cdot 127\,\underline{|0°}} = 419,06\,\underline{|{-18,19°}}\ \ A$$

e

$$I'_B = I'_{BN} = 419,06 \underline{|-138,19°}\ A \quad e \quad I'_C = I'_{CN} = 419,06 \underline{|101,81°}\ A$$

Ex. 5.2.24 - Uma fábrica necessita instalar um compressor para recalcar água de um poço semi-artesiano (sistema *air-lift*). O compressor será alimentado por uma linha trifásica, que parte da cabine primária. Sabemos que a tensão de linha na cabine primária é 220 V, 60 Hz, que o motor, funcionando na condição de regime permanente, absorve 100 A, com fator de potência 0,7 indutivo, e que a impedância da linha vale (0,10 + 0,05j) Ω. Pedimos:
(a) A tensão aplicada ao motor.
(b) A potência medida no motor e na cabine primária.
(c) O banco de capacitores a ser ligado em paralelo com o motor para que o fator de potência do conjunto passe a ser 0,95 indutivo. (Estudar ligação dos capacitores do banco em Y e Δ).
(d) A tensão no motor com a presença do banco de capacitores.
(e) As perdas na linha com e sem a instalação do banco de capacitores.

SOLUÇÃO

- Hipóteses gerais
Admitiremos que o motor está ligado em estrela (caso estivesse ligado em triângulo poderíamos substituí-lo por um equivalente em estrela) e que o trifásico tem seqüência de fase direta.

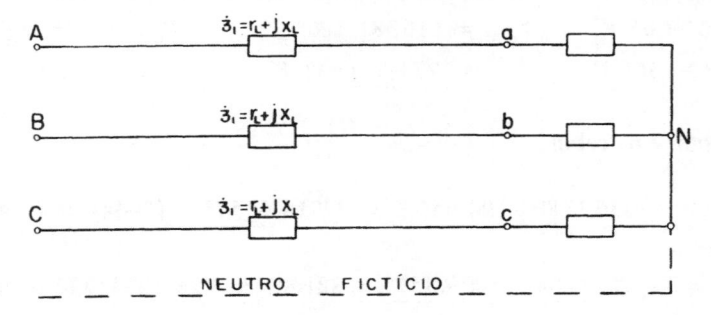

Figura 5-10. Circuito para o Ex. 5.2.24

(a) Tensões no motor e na cabine primária
Adotaremos que a tensão de fase no motor tem módulo V_m e fase inicial nula, isto é,

$$\dot{V}_{A'N} = V_m \underline{|0°}, \quad \dot{V}_{B'N} = V_m \underline{|-120°}, \quad \dot{V}_{C'N} = V_m \underline{|120°}.$$

A tensão de fase na cabine primária será dada por

$$\dot{V}_{AN} = \frac{220}{\sqrt{3}} \underline{|\psi}, \quad \dot{V}_{BN} = \frac{220}{\sqrt{3}} \underline{|\psi - 120°}, \quad \dot{V}_{CN} = \frac{220}{\sqrt{3}} \underline{|\psi + 120°}$$

Além disso, temos que

$$\dot{V}_{AN} = \dot{V}_{A'N} + \overline{Z}\ \dot{I}_A$$

e, lembrando que a corrente da fase A está atrasada, em relação à tensão de fase (fase A), de arccos 0,7 , obtemos

$$\dot{I}_A = 100 \underline{|-\cos^{-1}(0,7)} = 100 \underline{|-45,57°} = (70 - 71,41j)\ A$$

Nessas condições, sendo $\overline{Z} = 0,10 + 0,05j = 0,1118 \underline{|26,56°}\ \Omega$, temos a equação

$$\left| \dot{V}_{AN} \right| (\cos \psi + j \, sen \, \psi) = Z \, \dot{I}_A + V_m, \quad \text{ou}$$

$$\frac{220}{\sqrt{3}} (\cos \psi + j \, sen \, \psi) = 0{,}1118 \, \underline{|26{,}56°} \cdot 100 \, \underline{|-45{,}57°} + V_m$$

ou

$$127 \, (\cos \psi + j \, sen \, \psi) = 11{,}18 \, \underline{|-19{,}01°} + V_m$$

$$127 \, (\cos \psi + j \, sen \, \psi) = 10{,}57 - 3{,}64 j + V_m$$

e então, igualando as partes reais e as imaginárias, obtemos o sistema de duas equações a duas incógnitas:

$$127 \, \cos \psi = 10{,}57 + V_m$$

$$127 \, sen \, \psi = -3{,}64$$

que, resolvidas, fornecem

$$\psi = arc \, sen \left(- \frac{3{,}64}{127} \right) = -1{,}64°,$$

$$V_m = 127 \cdot \cos \psi - 10{,}57 = 116{,}38 \ V.$$

Destacamos que na determinação do angulo ψ deveríamos ter considerado, além do valor -1,64°, o ângulo 181,64°. Deixamos ao leitor a discussão do ângulo a ser fixado.

As tensões são dadas por

$$\dot{V}_{A'N} = 116{,}38 \, \underline{|0°} \ V, \qquad \dot{V}_{B'N} = 116{,}38 \, \underline{|-120°} \ V, \qquad \dot{V}_{C'N} = 116{,}38 \, \underline{|120°} \ V,$$

$$\dot{V}_{AN} = 127 \, \underline{|-1{,}64°} \ V, \qquad \dot{V}_{BN} = 127 \, \underline{|-121{,}64°} \ V, \qquad \dot{V}_{CN} = 127 \, \underline{|118{,}36°} \ V.$$

(b) Potência no motor e na cabine

No motor temos

$$\bar{S}_{mot} = 3 \, \dot{V}_{A'N} \, \dot{I}_A^* = 3 \cdot 116{,}38 \, \underline{|0°} \cdot 100 \, \underline{|45{,}57°} = 34914 \, \underline{|45{,}57°} = (24441{,}10 + 24932{,}30 j) \ VA.$$

No gerador temos

$$\bar{S}_{ger} = 3 \, \dot{V}_{AN} \, \dot{I}_A^* = 3 \cdot 127 \, \underline{|-1{,}64°} \cdot 100 \, \underline{|45{,}57°} = 38100 \, \underline{|43{,}93°} = (27439{,}16 + 26432{,}98 j) \ VA.$$

As perdas na linha são dadas por

$$\bar{S}_{ger} - \bar{S}_{mot} = (2998{,}06 + 1500{,}68) \ VA.$$

Lembramos que poderíamos ter calculado a potência no gerador a partir das perdas e da potência fornecida ao motor, isto é

$$\bar{S}_{ger} = \bar{S}_{mot} + \bar{S}_{perdas} = \bar{S}_{mot} + 3 \left| \dot{I}_A \right|^2 \left(R_{lin} + X_{lin} j \right),$$

ou seja

$$\bar{S}_{ger} = 24441{,}10 + 24932{,}30 j + 3 \cdot 10000 \cdot (0{,}10 + 0{,}05 j) =$$

$$= 27441{,}10 + 26432{,}30 j = 38100{,}92 \, \underline{|43{,}93°} \ VA$$

(c) Correção do fator de potência

Para que o fator de potência do conjunto passe a ser 0,95 indutivo devemos ter (cfr. Ex. 2.2.23)

$$\bar{S} = P_{mot} (1 + j \, tan \, \lambda) = \bar{S}_{mot} + \bar{S}_{banco},$$

ou seja,

$$\overline{S} = P_{mot}\left(1 + j \tan \lambda\right) = \overline{S}_{mot} + \overline{S}_{banco}, \text{ ou}$$

$$P_{mot} \tan \lambda = Q_{mot} + Q_{banco}, \text{ ou}$$

$$24441,10 \cdot 0,3287 = 24932,30 + Q_{banco}, \text{ e}$$

$$Q_{banco} = -16898,51 \ VAr$$

- Capacitores para o banco ligado em estrela

Num banco de capacitores ligado em estrela, sendo C_Y a capacidade instalada por fase, temos $Q_{banco} = 3 V_{fase}^2 \left(\omega C_Y\right)$, logo

$$C_Y = \frac{Q_{banco}}{3 V_{fase}^2 \ \omega} = \frac{16898,51}{3 \cdot 127^2 \cdot \left(2\pi \cdot 60\right)} = 926,36 \ \mu F$$

(Obs: utilizamos a tensão de 127 V, considerando que seja a tensão nominal do banco)

- Capacitores para o banco ligado em triângulo

Num banco de capacitores ligado em triângulo, sendo C_Δ a capacidade instalada por fase, temos $Q_{banco} = 3 V_{linha}^2 \left(\omega C_\Delta\right)$, logo

$$C_\Delta = \frac{C_Y}{3} = \frac{926,36}{3} = 308,79 \ \mu F$$

- Comparação dos bancos

Como já sabíamos o banco em triângulo apresenta capacidade menor que o em estrela. Para o caso de baixas tensões, sem entrarmos em outras considerações, tais como presença de harmônicas, que foge ao escopo do livro, poderíamos concluir que é mais vantajoso a utilização de bancos de capacitores em triângulo, no entretanto, lembramos que na ligação em triângulo a tensão de isolação dos capacitores, que estão supridos pela tensão de linha, é $\sqrt{3}$ vezes maior que a do banco em estrela, quando os capacitores são alimentados na tensão de fase. Em tensões de distribuição primária, ordem de grandeza de 15 kV, optamos pela ligação estrela uma vez que a redução da tensão prevalece sobre o aumento na capacidade a ser instalada.

(d) Cálculo da tensão no motor face à presença dos capacitores

Para o cálculo da tensão no motor com a instalação do banco de capacitores, que suporemos em estrela, temos o equacionamento a seguir:

$$\dot{V}_{AN} = \dot{V}_{A'N} + \overline{Z}\left(\dot{I}_{motor} + \dot{I}_{banco}\right)$$

porém

$$\dot{V}_{A'N} = V_m \ \underline{|0°}, \text{ e } \dot{I}_{banco} = \dot{V}_{A'N} \cdot j\omega C = j\omega C V_m$$

Assumimos que o motor seja uma carga de corrente constante, isto é, que a corrente no motor não varie com a tensão que lhe é aplicada. Destacamos, sem entrar em maiores considerações, que fogem o escopo do livro, que o motor é melhor representado por uma carga de potência constante. Logo, na premissa considerada, a equação utilizada no cálculo da tensão do motor passa a ser

$$\left|\dot{V}_{AN}\right|\left(\cos \psi + j \ sen \ \psi\right) = V_m \left(1 + j\omega C \cdot \overline{Z}\right) + \overline{Z} \ \dot{I}_{motor}$$

ou

$$\overline{Z}\dot{I}_{motor} = A + jB \text{ e } \overline{Z} = R + jX$$

$$|\dot{V}_{AN}|\,(cos\,\psi\,+\,j\,sen\,\psi)\,=\,V_m\,(1\,-\,\omega\,C\,X)\,+\,A\,+\,(B\,+\,\omega\,C\,R\,V_m)j$$

$$|\dot{V}_{AN}|\,cos\,\psi\,=\,V_m\,(1\,-\,\omega\,C\,X)\,+\,A$$

$$|\dot{V}_{AN}|\,sen\,\psi\,=\,B\,+\,\omega\,C\,R\,V_m$$

Substituimos nas equações precedentes os valores numéricos e obtemos

$$127\,cos\,\psi\,=\,0,9825\,V_m\,+\,10,57$$

$$127\,sen\,\psi\,=\,0,0349\,V_m\,-\,3,64$$

e, elevando ambos os membros ao quadrado e somando as duas equações obtemos

$$0,96652\,\cdot\,V_m^2\,+\,20,52\,\cdot\,V_m\,-\,16004,03\,=\,0\,.$$

Resolvemos a equação precedente e obtemos

$$V_m\,=\,118,50\,\,V\quad\text{e}\quad\psi\,=\,0,44°\,\,,\,\text{e}$$

$$\dot{V}_{A'N}\,=\,118,50\,\underline{|0°}\,\,V\,,\quad\dot{V}_{B'N}\,=\,118,50\,\underline{|-120°}\,\,V\,,\quad\dot{V}_{C'N}\,=\,118,50\,\underline{|120°}\,\,V$$

$$\dot{V}_{AN}\,=\,127\,\underline{|0,44°}\,\,V\,,\quad\dot{V}_{BN}\,=\,127\,\underline{|-119,56°}\,\,V\,,\quad\dot{V}_{CN}\,=\,127\,\underline{|120,44°}\,\,V$$

Destacamos que nos casos em que conhecemos a tensão no início da rede e a carga no fim da linha é mais usual procedermos ao cálculo por processo iterativo. Assim, no caso de assumirmos que a potência absorvida pelo motor é constante, e com a existência do banco de capacitores, teremos carga variando com a tensão, isto é, a corrente será dada por

$$\dot{I}_A\,=\,\frac{\bar{S}_{mot}^{\bullet}}{3\,\cdot\,\dot{V}_{A'N}^{\bullet}}\,+\,j\omega\,C\,\dot{V}_{A'N}$$

O procedimento adotado consiste em fixarmos, para a iteração inicial, a tensão da carga igual à do gerador, e, a seguir, calculamos a corrente, através da equação acima, e a tensão na carga, pela equação

$$\dot{V}_{A'N}\,=\,\dot{V}_{AN}\,-\,\dot{I}_A\,\bar{Z}\,.$$

Repetimos o procedimento até que em duas iterações sucessivas o desvio da tensão na carga seja menor que tolerância pré-fixada, isto é

$$\left|V_{A'N}^{(k)}\,-\,V_{A'N}^{(k-1)}\right|\,\leq\,TOLERÂNCIA$$

(e) Perdas com a inserção do banco de capacitores
Com a inserção dos bancos de capacitores a corrente na linha passa a ser

$$\dot{I}_A'\,=\,\dot{I}_m\,+\,\dot{I}_{cap}\,=\,100\,\underline{|-45,57°}\,+\,\dot{V}_{A'N}\,\omega\,C\,\underline{|90°}\,=\,76,17\,\underline{|-23,22°}\,\,A$$

e as perdas na linha são

$$P_{perda}\,=\,3\,I^2R\,=\,3\,\cdot\,76,17^2\,\cdot\,0,1\,=\,1740,56\,\,W$$

$$Q_{perda}\,=\,3\,I^2X\,=\,3\,\cdot\,76,17^2\,\cdot\,0,05\,=\,870,28\,\,W$$

Destacamos os benefícios que advêm da utilização de capacitores para correção do fator de potência, no que tange à tensão e às perdas. Assim, a queda de tensão que valia $\frac{127\,-\,116,38}{127}\,\cdot\,100\,=\,8,36\,\%$ passa a ser $\frac{127\,-\,118,50}{127}\,\cdot\,100\,=\,6,69\,\%$, com redução de cerca de 2%. Quanto às perdas, a redução, nas perdas ativas e reativas, amonta, respectivamente a 2998,06 - 1740,56 = 1257,7 W e 1500,68 - 870,28 = 630,4 VAr, que correspondem a 5,15 % e 2,58 % da potência absorvida pelo motor.

Ex. 2.2.25 - Para um indicador de seqüência de fase, Fig. 5-11, cujas impedâncias valem $\overline{Z}_A = (10 + 80j)$ Ω, $\overline{Z}_B = \overline{Z}_C = (100 + 0j)$ Ω (lâmpadas), pedimos determinar para cada seqüência de fases (*A-B-C* e *A-C-B*) qual das lâmpadas acenderá. A tensão de fase da rede vale 120 V.

SOLUÇÃO

- Tensão entre centros-estrela (pontos N e N')
Temos

$$\dot{V}_{NN'} = -\frac{\dot{V}_{AN}\,\overline{Y}_A + \dot{V}_{BN}\,\overline{Y}_B + \dot{V}_{CN}\,\overline{Y}_C}{\overline{Y}_A + \overline{Y}_B + \overline{Y}_C},$$

sendo $\overline{Y}_B + \overline{Y}_C = G + 0j$, resulta

$$\dot{V}_{NN'} = -\frac{\dot{V}_{AN}\,\overline{Y}_A + \dot{V}_{BN}\,\overline{Y}_B + \dot{V}_{CN}\,\overline{Y}_C}{\overline{Y}_A + 2G} = -\frac{\dot{V}_{AN}\,\overline{Y}_A - \dot{V}_{AN}\,G}{\overline{Y}_A + 2G} = \dot{V}_{AN}\,\frac{G - \overline{Y}_A}{2G + \overline{Y}_A}$$

Em particular, no nosso caso

$$\overline{Y}_B = \overline{Y}_G = G = 0{,}01 \ S,$$

$$\overline{Y}_A = \frac{1}{10 + 80j} = \frac{1}{80{,}62\underline{|82{,}87°}} = 0{,}0124\underline{|-82{,}87°} = (0{,}0015 - 0{,}0123j) \ S,$$

logo

$$\dot{V}_{NN'} = \frac{0{,}0085 + 0{,}0123j}{0{,}0215 - 0{,}0123j} \cdot \dot{V}_{AN} = 0{,}6036\,\underline{|85{,}13°} \cdot \dot{V}_{AN}.$$

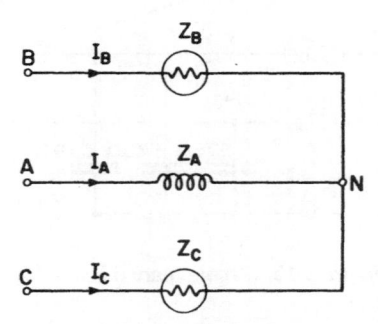

Figura 5-11. Circuito para o Ex. 5.2.25

Salientamos que a tensão entre os centros estrela tem módulo da ordem de 60 % da tensão de fase e está praticamente em oposição de fase com o vetor atrasado de 120° em relação a $\dot{V}_{AN}$. Logo, a tensão nessa fase será diminuída e a lâmpada que corresponde ao fasor atrasado em relação a $\dot{V}_{AN}$ não acenderá, acendendo-se a lâmpada correspondente ao terceiro fasor a passar pelo máximo. De fato, em sendo a seqüência de fase *A-B-C* teremos

$$\dot{V}_{NN'} = 120 \cdot 0{,}6036\,\underline{|85{,}13°} = 72{,}432\,\underline{|85{,}13°} = (6{,}15 + 72{,}17j)\ V$$

$$\dot{V}_{AN'} = \dot{V}_{AN} + \dot{V}_{NN'} = 145{,}33\,\underline{|29{,}77°}\ V$$

$$\dot{V}_{BN'} = \alpha^2\,\dot{V}_{AN} + \dot{V}_{NN'} = 62{,}51\,\underline{|-149{,}47°}\ V$$

$$\dot{V}_{CN'} = \alpha\ \dot{V}_{CN} + \dot{V}_{NN'} = 184{,}14\,\underline{|107{,}00°}\ V$$

e a lâmpada ligada entre os pontos C e N' se acenderá. No caso seqüência A-C-B, teremos

$$\dot{V}_{AN'} = \dot{V}_{AN} + \dot{V}_{NN'} = 145{,}33\,\underline{|29{,}77°}\ V$$

$$\dot{V}_{BN'} = \alpha\ \dot{V}_{AN} + \dot{V}_{NN'} = 184{,}14\,\underline{|107{,}00°}\ V$$

$$\dot{V}_{CN'} = \alpha^2\,\dot{V}_{CN} + \dot{V}_{NN'} = 62{,}51\,\underline{|-149{,}47°}\ V$$

e a lâmpada ligada entre os pontos B e N' se acenderá.

5.2.5 - EXERCÍCIOS PROPOSTOS

Ex. 5.2.26 - Para um circuito trifásico simétrico com carga equilibrada, ligada em triângulo, sabemos que a seqüência de fase é B-A-C e que a corrente $I_C = 57\,\underline{|-42°}\ A$. Pedimos determinar a corrente na fase AB da carga.

Ex. 5.2.27 - Para o circuito trifásico simétrico com carga equilibrada da Fig. 5-12, sabemos que a seqüência de fase é C-B-A e a freqüência é 60 Hz. Pedimos determinar a tensão no gerador.

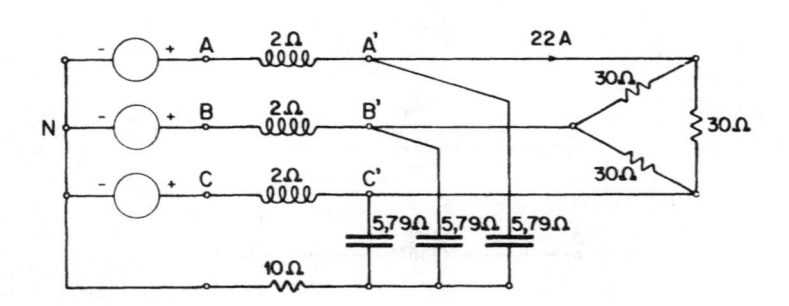

Figura 5-12. Circuito para o Ex. 5.2.27

Ex. 5.2.28 - Dispomos de uma carga trifásica, ligada em estrela, dispondo nas fases A, B e C de resistências de 126 Ω, 100 Ω e 100 Ω, respectivamente. Sendo a tensão de linha de 380 V e a seqüência de fase A-B-C, pedimos determinar a tensão entre os centros-estrela e as tensões e correntes na carga. Desenhar o diagrama de fasores.

Ex. 5.2.29 - Um sistema trifásico simétrico, com tensão de linha de 220 V e seqüência de fase C-B-A, alimenta, através de uma linha, uma carga desequilibrada ligada em estrela, Fig. 5-13. Pedimos, utilizando os dados da figura, determinar
(1) As tensões de fase e linha na carga.

(2) As correntes na carga.
(3) O diagrama de fasores.

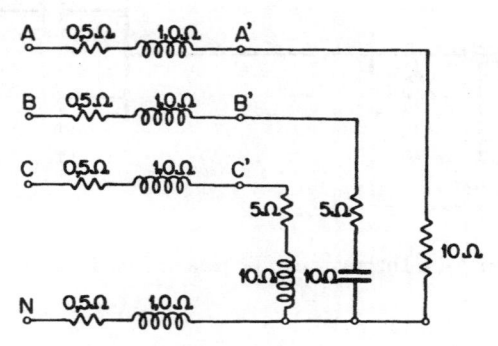

Figura 5-13. Circuito para o Ex. 5.2.29

Ex. 5.2.30 - Instalamos, numa indústria suprida em tensão de distribuição primária (13,8 kV - 60 Hz), dois wattímetros com as bobinas amperométricas, de cada um deles, nas fases *A* e *B*, e com as bobinas voltimétricas entre essas fases e a *C*. Anotamos, no período das 7 às 18 horas, de hora em hora, as leituras nos wattímetros, cujos valores estão apresentados à Tab. 5-1. Assumimos, por hipótese, que em cada intervalo de leitura a carga tenha se mantido constante e que seja indutiva. Pedimos

(1) A seqüência de fase da tensão de alimentação.
(2) O modo de ligação e a natureza de um conjunto de impedâncias que tornem, em todo o período de estudo, o fator de potência da indústria não menor que 0,9 indutivo, sem que venha a ser capacitivo.
(3) Verificar se a linearização da curva de carga diária é satisfatória, dado que sabemos que a energia consumida no período das 7 às 18 horas foi de 67 kWh .

Tabela 5-1. Curva de medições de potência Ex. 5.2.30

Tempo (h)	7	8	9	10	11	12
W1 (kW)	0,48	0,44	0,44	1,00	-0,24	-0,08
W2 (kW)	3,72	6,36	6,36	6,20	1,74	0,58
Tempo (h)	13	14	15	16	17	18
W1 (kW	0,48	0,90	0,00	1,00	0,77	-0,10
W2 (kW)	3,72	6,90	8,20	7,60	7,23	0,60

Ex. 5.2.31 - No Ex. 5.2.30 há uma linha subterrânea que liga o ponto de entrega de energia à subestação abaixadora cuja impedância em série vale $0,05 \underline{|35°}$ Ω. Pedimos, após a correção do fator de potência da carga:

(1) A economia no consumo de energia.
(2) A potência que poderá ser transmitida pela linha para que opere à mesma temperatura em que operava antes da correção do fator de potência.
(3) A variação na queda de tensão da linha devido à correção do fator de potência.

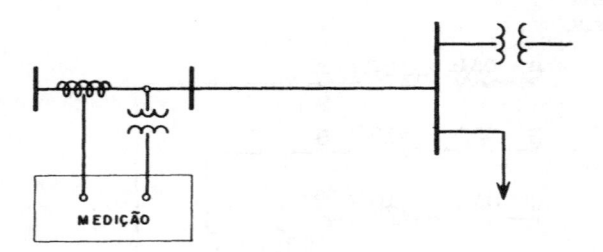

Figura 5-14. Diagrama unifilar para os Exs. 5.2.30 e 5.2.31

5.2.6 EXERCÍCIOS RESOLVIDOS PELO PROGRAMA SIMETRI

(1) Apresentação

Desenvolvemos o programa SIMETRI com vistas à resolução de exercícios pertinentes às ligações estrela e triângulo. Assim o programa oferece menu principal no qual o usuário escolhe o tipo de ligação que deseja estudar.

No caso do usuário haver optado pela ligação estrela, o programa consulta inicialmente se o usuário deseja ler os dados do exercício de arquivo, que trataremos posteriormente. Suponhamos que o usuário haja respondido que não deseja ler os dados de arquivo. Neste caso o programa produzirá os dados do exercício aleatoriamente, e produz o menu apresentado à Fig. 5-15, no qual a primeira opção diz respeito à determinação das tensões de fases e linhas, quando é dada a seqüência de fase do trifásico e uma das tensões, cabendo ao usuário o cálculo e a digitação das que não foram definidas. Para a segunda opção são dadas as tensões, de fase e linha, e a impedância de fase da carga ou a corrente numa das fases, restando ao usuário, no primeiro caso, o cálculo e digitação das correntes e, no segundo caso, da impedância da carga e correntes das demais fases. Finalmente na terceira alternativa são fornecidas as tensões e correntes de linha do trifásico e o modo de ligação de dois wattímetros, de acordo com o teorema de Blondel, devendo o usuário calcular o fator de potência da carga, a potência, ativa reativa e aparente, e as leituras dos wattímetros.

```
        * Séries de Exercícios Disponíveis *

        Relações entre tensões de fase e linha
        Relações entre tensões e correntes
        Potência e método dos 2 wattímetros
```

Figura 5.15. Menu de opções

No caso da ligação triângulo os exercícios a serem resolvidos são análogos, diferenciando-se dos anteriores pelo fato de serem tratadas as relações entre correntes.

Desenvolvemos o programa com recursos para ler os dados do exercício de arquivo formatado, tipo ASCII, gravado pelo usuário através de editor de texto conveniente ou diretamente, pela console, a partir de dados aleatórios gerados pelo programa. Neste último caso o usuário poderá gravar os dados no arquivo, respondendo afirmativamente ("S" ou "s") à pergunta apresentada em rodapé. Assim, nos casos de ligação estrela ou triângulo, o arquivo recebe um nome qualquer, fornecido pelo usuário com até oito caracteres, porém com extensão **FA1** (**????????.FA1**), quando se tratar da ligação estrela, ou **FA2** (**????????.FA2**), quando se tratar da ligação triângulo. O arquivo conta com dois registros, o primeiro contendo os dados de identificação do caso através do valor atribuído às variáveis **ICASO, ISEQFA e NELEM**, e o segundo os dados específicos do caso.

Assim, a variável ICASO definirá, automaticamente, a opção a ser utilizada no menu da Fig. 5-15, correspondendo, na ordem, os valores **1, 2 e 3**.

A variável ISEQFA indicará, conforme seu valor seja **1** ou **2**, tratar-se de seqüência de fase direta ou inversa, respectivamente.

A variável NELEM, que tem significado diferente conforme o valor atribuído a ICASO, indica, no caso de relações entre tensões de fase e linha, o número de ordem da tensão a ser fornecida, no segundo registro, dada em V, na forma polar, correspondendo, conforme seu valor varie de 1 a 6, à tensão V_{AN} , V_{BN} , V_{CN} , V_{AB} , V_{BC} e V_{CA} . No caso de relações entre tensões e correntes a variável NELEM assume o valor 1 quando iremos fornecer, no segundo registro, na forma cartesiana, a impedância de fase da carga e a tensão V_{AN} , e 2 quando iremos fornecer a corrente da fase A, I_A, em A, e a tensão V_{AN}, em V. Finalmente, no caso da potência, a variável NELEM indica o ponto comum de ligação das bobinas voltimétricas, valendo 1, 2 ou 3, conforme o ponto comum corresponda à fase A, B ou C. Neste último caso fornecemos no segundo registro, na forma polar, a tensão V_{AB}, em V, e a corrente I_A, em A. Na Tab. 5-2 apresentamos os formatos dos registros. Destacamos que os programas foram desenvolvidos em linguagem FORTRAN, com o uso de rotinas auxiliares em linguagem C. Assim, na montagem dos arquivos de dados devem ser respeitadas as regras de formatação de dados da linguagem FORTRAN: (i) os números inteiros (formato Ix) devem ser fornecidos dentro do campo especificado, sempre alinhados à direita; (ii) os números reais (formato Fx.y) devem ser fornecidos dentro do campo especificado, e sempre conter um ponto (Ex: 100.03 100. .1).

Tab. 5-2. Estrutura dos arquivos FA1 e FA2

Variável	Campo	Formato
1º Registro		
ICASO	01 à 03	I3
ISEQFA	04 à 06	I3
NELEM	07 à 09	I3
2º Registro		
VAR 1	01 à 10	F10.3
VAR 2	11 à 20	F10.3
VAR 3	21 à 30	F10.3
VAR 4	22 à 40	F10.3

(2) Relações entre tensões de fase e linha na ligação estrela

Ex. 5.2.32 - No arquivo **FALIN001.FA1** dispomos dos dados: 1º Registro: 1 1 5, e 2º Registro: 440. -136. 0. 0. Pedimos interpretar os dados e calcular todas as tensões.

SOLUÇÃO

(1) Interpretação dos dados do 1º Registro
A variável ICASO tem valor 1, logo, desejamos calcular as relações entre tensões de fase e linha. A variável ISEQFA tem valor 1, logo, a seqüência de fase do trifásico é direta. Finalmente a variável NELEM assumiu o valor 5, logo, a tensão fornecida é $\dot{V}_{BC}$. Em resumo, desejamos calcular todas as tensões de fase e linha de um trifásico simétrico, com seqüência de fase direta, na ligação estrela, do qual conhecemos a tensão $\dot{V}_{BC}$.

(2) Interpretação dos dados do 2º Registro
No segundo registro lemos a tensão $\dot{V}_{BC}$ na forma polar, isto é, $\dot{V}_{BC} = 440,0 \, \underline{|-136°} \; V$.

(3) Tensões de linha
Como a seqüência de fase é direta e a tensão dada corresponde ao segundo fasor das tensões de linha (*BC*), resulta que o fasor *AB* deve estar adiantado de 120° em relação a *BC*, e o *CA* deve estar atrasado de 120° em relação a *BC*, logo
$$\dot{V}_{AB} = 440,0 \, \underline{|-16°} \; V, \qquad \dot{V}_{CA} = 440,0 \, \underline{|104°} \; V.$$
(4) Tensões de fase
Estamos tratando com trifásico simétrico e equilibrado, com seqüência de fase direta, logo, conforme já vimos, as tensões de linha relacionam-se com as de fase por $\dot{V}_{AB} = \dot{V}_{AN} \cdot \sqrt{3} \, \underline{|30°}$, isto é

$$\dot{V}_{AN} = \frac{\dot{V}_{AB}}{\sqrt{3} \; \underline{|30°}} = 254,034 \, \underline{|-46°} \; V,$$

$$\dot{V}_{BN} = 254,034 \, \underline{|-166°} \; V \; \text{ e } \; \dot{V}_{CN} = 254,034 \, \underline{|74°} \; V.$$

Ex. 5.2.33 - No arquivo **RELVI001.FA1** dispomos dos dados: 1º Registro: 2 1 1, e 2º Registro: 100. 40. 254.034 0.0. Pedimos interpretar os dados e calcular todas as tensões.

SOLUÇÃO

(1) Interpretação dos dados do 1º Registro
A variável ICASO tem valor 2, logo, desejamos calcular as relações entre tensões e correntes num trifásico simétrico, com carga equilibrada. A variável ISEQFA tem valor 1, logo, a seqüência de fase do trifásico é direta. Finalmente a variável NELEM assumiu o valor 1, logo, estamos fornecendo a impedância da carga, em Ω, na forma cartesiana, e a tensão $\dot{V}_{AN}$, dada em V, na forma polar. Em resumo, desejamos calcular as correntes de linha de um trifásico simétrico e equilibrado, com seqüência de fase direta, que supre carga ligada em estrela.

(2) Interpretação dos dados do 2º Registro
No segundo registro lemos a impedância de fase, na forma cartesiana, em Ω, e a tensão, em V, na forma polar, isto é, $Z = (100,0 + 40,0j) \ \Omega$ e $\dot{V}_{AN} = 254,034 \lfloor 0° \ V$.

(3) Correntes de fase
Sendo $\dot{V}_{AN} = Z \dot{I}_A = Z \dot{I}_{AN}$, resulta imediatamente

$$\dot{I}_A = \frac{\dot{V}_{AN}}{Z} = \frac{254,034 \lfloor 0°}{100,0 + 40,0j} = \frac{254,034 \lfloor 0°}{107,703 \lfloor 21,80°} = 2,358 \lfloor -21,80° \ A$$

$$\dot{I}_B = 2,358 \lfloor -141,80° \ A \qquad e \qquad \dot{I}_C = 2,358 \lfloor 98,20° \ A$$

Ex. 5.2.34 - No arquivo **RELVI002.FA1** dispomos dos dados: 1º Registro: 2 1 2, e 2º Registro: 2.54 42. 254.034 0.0. Pedimos interpretar os dados e calcular todas as tensões.

SOLUÇÃO

(1) Interpretação dos dados do 1º Registro
A variável ICASO tem valor 2, logo, desejamos calcular as relações entre tensões e correntes num trifásico simétrico, com carga equilibrada. A variável ISEQFA tem valor 1, logo, a seqüência de fase do trifásico é direta. Finalmente a variável NELEM assumiu o valor 2, logo, estamos fornecendo a corrente na fase A, em A, na forma polar, e a tensão $\dot{V}_{AN}$, dada em V, na forma polar. Em resumo, desejamos calcular a impedância de fase da carga e as correntes nas linhas B e C de um trifásico simétrico e equilibrado, com seqüência de fase direta, que supre carga ligada em estrela.

(2) Interpretação dos dados do 2º Registro
No segundo registro lemos a corrente na fase A, na forma polar, em A, e a tensão, em V, na forma polar, isto é, $\dot{I}_A = 2,54 \lfloor 42° \ A$ e $\dot{V}_{AN} = 254,034 \lfloor 0° \ V$.

(3) Correntes de fase
Resulta imediatamente
$$\dot{I}_B = 2,54 \lfloor -78,0° \ A \qquad e \qquad \dot{I}_C = 2,54 \lfloor 162,0° \ A$$

(4) Impedância da carga
Sendo $\dot{V}_{AN} = Z \dot{I}_A = Z \dot{I}_{AN}$, resulta imediatamente

$$Z = \frac{\dot{V}_{AN}}{\dot{I}_A} = \frac{254,034 \lfloor 0°}{2,54 \lfloor 42°} = 100 \lfloor -42° = (74,314 - 66,913j) \ \Omega$$

Ex. 5.2.35 - No arquivo **POTEN001.FA1** dispomos dos dados: 1º Registro: 3 2 2, e 2º Registro: 220. -15. 2.2 15. Pedimos interpretar os dados e calcular todas as tensões.

SOLUÇÃO

(1) Interpretação dos dados do 1º Registro

A variável ICASO tem valor 3, logo, desejamos calcular a potência e as leituras em dois wattímetros, ligados conforme o teorema de Blondel, num trifásico simétrico, com carga equilibrada, do qual conhecemos a tensão de fase e a corrente. A variável ISEQFA tem valor 2, logo, a seqüência de fase do trifásico é a inversa. Finalmente a variável NELEM assumiu o valor 2, logo, o ponto comum de ligação das bobinas voltimétricas dos wattímetros é a fase *B*.

(2) Interpretação dos dados do 2º Registro
No segundo registro lemos a tensão, em V, na forma polar, e a corrente na fase *A*, na forma polar, em A, isto é, $\dot{V}_{AN} = 220,0 \,\underline{|-15,0°}\, V$ e $\dot{I}_A = 2,2 \,\underline{|15°}\, A$.

(3) Cálculo da potência
O fator de potência pode ser definido pela rotação de fase entre a tensão e a corrente de fase, isto é, $\cos\varphi = \cos(-15° - 15°) = \cos(-30°) = 0,8660$. Lembrando que a potência é definida por

$$S = \sqrt{3}\, V_{linha}\, I_{linha} \,, \qquad P = S\cos\left(\varphi_{fase}\right) \,, \qquad Q = S\, sen\left(\varphi_{fase}\right)$$

resulta imediatamente

$$S = \sqrt{3} \cdot \left(\sqrt{3} \cdot 220\right) \cdot 2,2 = 1452 \; VA,$$

$$P = 1452 \cdot \frac{\sqrt{3}}{2} = 1257,469 \; W,$$

$$Q = 1452 \cdot \left(-0,5\right) = -726,0 \; VAr.$$

(4) Cálculo das leituras nos wattímetros
Os wattímetros estão ligados com suas bobinas amperométricas nas fases A è C e as voltimétricas derivadas entre essas fases e a B. Nessas condições, e sendo seqüência de fase inversa,

$$\dot{V}_{AB} = \dot{V}_{AN}\, \sqrt{3}\, \underline{|-30°} = 220\, \underline{|-15°} \cdot \sqrt{3}\, \underline{|-30} = 381,05\, \underline{|-45°} \; V,$$

$$\dot{V}_{BC} = \dot{V}_{BN}\, \sqrt{3}\, \underline{|-30°} = 220\, \underline{|105°} \cdot \sqrt{3}\, \underline{|-30} = 381,05\, \underline{|75°} \; V,$$

e resulta

$$W_1 = \Re e\left(\dot{V}_{AB}\, \dot{I}_A^*\right) = \Re e\left(381,05\, \underline{|-45°} \cdot 2,2\, \underline{|-15°}\right) =$$

$$= 381,05 \cdot 2,2 \cdot \cos(-60°) = 419,156 \; W,$$

$$W_2 = \Re e\left(\dot{V}_{CB}\, \dot{I}_C^*\right) = \Re e\left(-381,05\, \underline{|75°} \cdot 2,2\, \underline{|105°}\right) =$$

$$= 381,05 \cdot 2,2 \cdot \cos\left\{(75°-180°)+105°\right\} = 838,312 \; W$$

(3) Relações entre correntes de fase e linha na ligação triângulo

Ex. 5.2.36 - No arquivo **FALIN001.FA2** dispomos dos dados: 1º Registro: 1 1 5, e 2º Registro: 45. -136. 0. 0. Pedimos interpretar os dados e calcular todas as correntes.

SOLUÇÃO

(1) Interpretação dos dados do 1º Registro

A variável ICASO tem valor 1, logo, desejamos calcular as relações entre as correntes de fase e linha. A variável ISEQFA tem valor 1, logo, a seqüência de fase do trifásico é direta. Finalmente a variável NELEM assumiu o valor 5, logo, a corrente fornecida é I_B. Em resumo, desejamos calcular todas as correntes de fase e linha de um trifásico simétrico, com seqüência de fase direta, na ligação triângulo, do qual conhecemos a corrente I_B.

(2) Interpretação dos dados do 2º Registro
No segundo registro lemos a tensão I_B na forma polar, isto é, $I_B = 45,0 \underline{|-136°} \ A$.

(3) Correntes de linha
Como a seqüência de fase é direta e a corrente dada corresponde ao segundo fasor das correntes de linha (B), resulta que o fasor correspondente à corrente da fase A deve estar adiantado de 120° em relação ao da B, e o da C deve estar atrasado de 120° em relação ao da B, logo

$$I_A = 45,0 \underline{|-16°} \ A, \qquad I_C = 45,0 \underline{|104°} \ A.$$

(4) Correntes de fase
Estamos tratando com trifásico simétrico e equilibrado, com seqüência de fase direta, logo, conforme já vimos, as correntes de linha relacionam-se com as de fase por $I_A = I_{AB} \cdot \sqrt{3} \underline{|-30°}$, isto é

$$I_{AB} = \frac{I_A}{\sqrt{3}\underline{|-30°}} = 25,981 \underline{|14°} \ A,$$

$$I_{BC} = 25,981 \underline{|-106°} \ A \quad e \quad I_{CA} = 25,981 \underline{|134°} \ A.$$

Ex. 5.2.37 - No arquivo **FALIN002.FA2** dispomos dos dados: 1º Registro: 1 2 2, e 2º Registro: 68. 67. 0. 0. Pedimos interpretar os dados e calcular todas as correntes.

SOLUÇÃO

(1) Interpretação dos dados do 1º Registro
A variável ICASO tem valor 1, logo, desejamos calcular as relações entre as correntes de fase e linha. A variável ISEQFA tem valor 2, logo, a seqüência de fase do trifásico é inversa. Finalmente a variável NELEM assumiu o valor 2, logo, a corrente fornecida é I_{BC}. Em resumo, desejamos calcular todas as correntes de fase e linha de um trifásico simétrico, com seqüência de fase inversa, na ligação triângulo, do qual conhecemos a corrente I_{BC}.

(2) Interpretação dos dados do 2º Registro
No segundo registro lemos a tensão I_{BC} na forma polar, isto é, $I_{BC} = 68,0 \underline{|67,0°} \ A$.

(3) Correntes de fase
Como a seqüência de fase é inversa e a corrente dada corresponde ao segundo fasor das correntes de fase (BC), resulta que o fasor correspondente à corrente da fase A (AB) deve estar atrasado de 120° em relação ao da B, e o da C deve estar adiantado de 120° em relação ao da B, logo

$$I_{AB} = 68,0 \underline{|-53°} \ A, \qquad I_{CA} = 68,0 \underline{|-173°} \ A.$$

(4) Correntes de linha
Estamos tratando com trifásico simétrico e equilibrado, com seqüência de fase inversa, logo, conforme já vimos, as correntes de linha relacionam-se com as de fase por $\dot{I}_A = \dot{I}_{AB} \cdot \sqrt{3} \lfloor 30°$, isto é

$$\dot{I}_A = \dot{I}_{AB} \cdot \sqrt{3} \lfloor 30° = 117{,}779 \lfloor -23° \; A$$
$$\dot{I}_B = 117{,}779 \lfloor 97° \; A , \quad \dot{I}_C = 117{,}779 \lfloor -143° \; A$$

Ex. 5.2.38 - No arquivo **RELVI001.FA2** dispomos dos dados: 1º Registro: 2 1 1, e 2º Registro: 100. -40. 2.54 0. Pedimos interpretar os dados e calcular todos os valores pedidos.

SOLUÇÃO

(1) Interpretação dos dados do 1º Registro
A variável ICASO tem valor 2, logo, desejamos calcular as relações entre as tensões a as correntes. A variável ISEQFA tem valor 1, logo, a seqüência de fase do trifásico é direta. Finalmente a variável NELEM assumiu o valor 1, logo, fornecemos a impedância de fase da carga e a corrente de fase na fase A. Em resumo, desejamos calcular todas tensões de linha de um trifásico simétrico, com seqüência de fase direta, na ligação triângulo, do qual conhecemos a corrente I_{AB} e a impedância de fase da carga, Z.

(2) Interpretação dos dados do 2º Registro
No segundo registro lemos a impedância de fase da carga, $Z = (100 - 40j) \; \Omega$ e a corrente na fase A, $\dot{I}_{AB} = 2{,}540 \lfloor 0° \; A$.

(3) Correntes de fase
Temos $\dot{I}_{BC} = 2{,}540 \lfloor -120° \; A$, $\dot{I}_{CA} = 2{,}540 \lfloor 120° \; A$.

(4) Tensões de linha
As tensões de linha na carga, conforme já vimos, são dadas por $\dot{V}_{AB} = Z \, \dot{I}_{AB}$, logo
$$\dot{V}_{AB} = Z \, \dot{I}_{AB} = (100 - 40j) \cdot 2{,}540 \lfloor 0° = 107{,}703 \lfloor -21{,}801° \cdot 2{,}540 \lfloor 0°,$$
ou
$$\dot{V}_{AB} = 273{,}566 \lfloor -21{,}801° \; A , \quad \dot{V}_{BC} = 273{,}566 \lfloor -141{,}801° \; A , \quad \dot{V}_{CA} = 273{,}566 \lfloor 98{,}199° \; A$$

Ex. 5.2.39 - No arquivo **RELVI002.FA2** dispomos dos dados: 1º Registro: 2 1 2, e 2º Registro: 273.566 -21.801 2.54 0. Pedimos interpretar os dados e calcular os valores pedidos.

SOLUÇÃO

(1) Interpretação dos dados do 1º Registro
A variável ICASO tem valor 2, logo, desejamos calcular as relações entre as tensões a as correntes. A variável ISEQFA tem valor 1, logo, a seqüência de fase do trifásico é direta. Finalmente a variável NELEM assumiu o valor 2, logo, fornecemos a tensão de linha, da fase A

(*AB*), e a corrente de fase na fase *A*. Em resumo, fornecemos as tensões e correntes de fase numa carga ligada em triângulo e desejamos calcular sua impedância de fase.

(2) Interpretação dos dados do 2º Registro

No segundo registro lemos a tensão de fase na carga, $\dot{V}_{AB} = 273,566 \underline{|-21,801°}\ V$ e a corrente na fase *A*, $\dot{I}_{AB} = 2,540\ \underline{|0°}\ A$.

(3) Impedância de fase da carga

Conforme já vimos, as tensões e correntes de fase, numa carga ligada em triângulo, relacionam-se por $\dot{V}_{AB} = \overline{Z}\ \dot{I}_{AB}$, logo

$$\overline{Z} = \frac{\dot{V}_{AB}}{\dot{I}_{AB}} = \frac{273,566 \underline{|-21,801°}}{2,540\ \underline{|0°}} = 107,703\ \underline{|-21,801°} = (100,0 - 40,0j)\ \Omega$$

Ex. 5.2.40 - No arquivo **POTEN001.FA2** dispomos dos dados: 1º Registro: 3 1 2, e 2º Registro: 220.0 -15.0 2.2 15.0. Pedimos interpretar os dados e calcular os valores pedidos.

SOLUÇÃO

(1) Interpretação dos dados do 1º Registro

A variável ICASO tem valor 3, logo, desejamos calcular a potência e as leituras em dois wattímetros numa carga ligada em triângulo. A variável ISEQFA tem valor 1, logo, a seqüência de fase do trifásico é direta. Finalmente a variável NELEM assumiu o valor 2, logo, o ponto comum para a ligação das bobinas voltimétricas dos wattímetros está na fase *B*.

(2) Interpretação dos dados do 2º Registro

No segundo registro lemos a tensão de fase na carga, $\dot{V}_{AB} = 220,0\ \underline{|-15,0°}\ V$ e a corrente na fase A, $\dot{I}_{AB} = 2,20\ \underline{|15°}\ A$.

(3) Tensões de fase e linha na carga

Temos

$$\dot{V}_{AB} = 220\ \underline{|-15°}\ V,\quad \dot{V}_{BC} = 220\ \underline{|-135°}\ V,\quad \dot{V}_{CA} = 220\ \underline{|105°}\ V.$$

(4) Correntes de fase e linha na carga

Nas fases temos

$$\dot{I}_{AB} = 2,2\ \underline{|15°}\ A,\quad \dot{I}_{BC} = 2,2\ \underline{|-105°}\ A,\quad \dot{I}_{CA} = 2,2\ \underline{|135°}\ A,$$

e, nas linhas, sendo $\dot{I}_A = \dot{I}_{AB} \cdot \sqrt{3}\ \underline{|-30°}$, resulta

$$\dot{I}_A = 3,810\ \underline{|-15°}\ A,\quad \dot{I}_B = 3,810\ \underline{|-135°}\ A,\quad \dot{I}_C = 3,810\ \underline{|105°}\ A$$

(5) Potência fornecida à carga

Lembrando que as potências, aparente, ativa e reativa, fornecidas à carga são dadas, respectivamente, por $\sqrt{3}\ V_{linha}\ I_{linha}$, $\sqrt{3}\ V_{linha}\ I_{linha}\ cos\ \varphi$ e $\sqrt{3}\ V_{linha}\ I_{linha}\ sen\ \varphi$, nas quais φ representa a rotação de fase entre a tensão e a corrente na fase (com $\varphi > 0$ para carga indutiva e $\varphi < 0$ para carga capacitiva), resulta

$$P = \sqrt{3}\ V\ I\ cos\ \varphi = \sqrt{3}\cdot 220\cdot 3{,}810\cdot cos\ (-15°-15°) = 1257{,}300\ \ W,$$

$$Q = \sqrt{3}\ V\ I\ sin\varphi = \sqrt{3}\cdot 220\cdot 3{,}810\cdot sen\ (-15°-15°) = -725{,}902\ \ VAr,$$

$$S = \sqrt{3}\ V\ I = \sqrt{3}\cdot 220\cdot 3{,}810 = 1451{,}805\ \ VA.$$

(6) Leitura dos wattímetros
Os wattímetros estão ligados com as bobinas amperométricas nas fases A e C e as voltimétricas entre essas fases e a B, logo

$$W_1 = \Re e\left[V_{AB}\ I_A^*\right] = \Re e\left[220\ \underline{|-15°}\cdot 3{,}810\ \underline{|15°}\right] = 220\cdot 3{,}810\cdot cos\ 0° = 838{,}20\ \ W,$$

$$W_2 = \Re e\left[V_{CB}\ I_C^*\right] = \Re e\left[-220\ \underline{|-135°}\cdot 3{,}810\ \underline{|-105°}\right] = 220\cdot 3{,}810\cdot cos\ (45°-105°) = 419{,}10\ \ W,$$

$$W_{12} = W_1 + W_2 = 1257{,}30\ \ W$$

5.2.7 - EXERCÍCIOS RESOLVIDOS PELO PROGRAMA TRIFASE

(1) <u>Apresentação</u>

O programa TRIFASE, acionado diretamente do menu principal ou digitando-se, no PROMPT do DOS, C:\COMPSIM\TRIFASE, tem por finalidade proceder ao cálculo de redes trifásicas simétricas e equilibradas ou desequilibradas com carga, também, equilibrada ou desequilibrada, Fig. 5-16, seguido do cálculo da potência complexa fornecida à carga e das leituras em dois wattímetros.

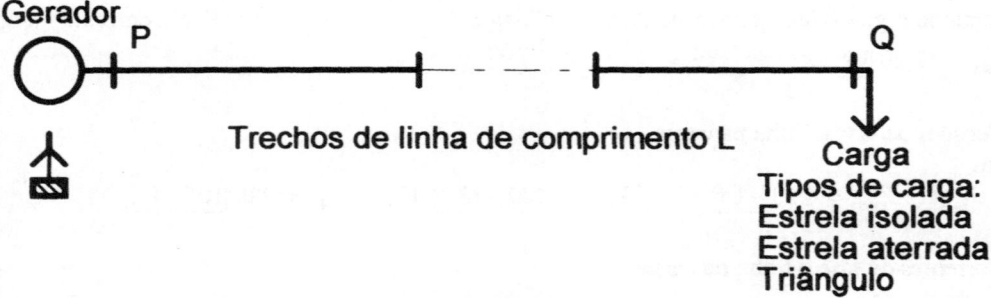

Figura 5-16. Tipo de rede para estudo

Assim, o usuário fornece a tensão no gerador, as impedâncias (Ω/km) e o comprimento de cada trecho de linha, e escolhe o tipo da carga que deseja, dentre os tipos estrela com centro estrela isolado, estrela com centro estrela aterrado e triângulo. Destacamos que as linhas são representadas por sua matriz de impedâncias, isto é, matriz 3x3 que conta com as impedâncias próprias, das fases, e mútuas, entre as fases. O programa considera impedância nula do retorno e mútuas, também nulas, entre retorno e fios de fase. Salientamos, ainda, que a matriz de impedâncias de cada trecho da linha pode ser lida do arquivo de dados de linhas, gerado pelo programa BDADOSLT, que será descrito em item subseqüente.

O programa conta com as opções a seguir, apresentadas no menu principal horizontal:

- LE REDE, na qual são lidas a tensão no gerador e as matrizes de impedâncias dos trechos de rede com seus comprimentos, em km;
- C. Y ISO., na qual fornecemos as impedâncias de fase da carga, em estrela isolada, e procedemos ao cálculo da rede;
- C. Y ATER., na qual fornecemos as impedâncias de fase da carga, em estrela aterrada através de impedância, e procedemos ao cálculo da rede;
- C. DELTA, na qual fornecemos as impedâncias de fase da carga, em triângulo, e procedemos ao cálculo da rede.

Assim, quando utilizamos a opção LE REDE, ao par da aquisição dos dados, procedemos à associação série das matrizes de impedâncias dos trechos de linha fornecidos obtendo a matriz equivalente aos trechos de rede compreendidos entre as barras P, terminais do gerador, e Q, terminais da carga, isto é, obtemos a equação

$$
\begin{bmatrix} V_{PAN} \\ V_{PBN} \\ V_{PCN} \end{bmatrix} - \begin{bmatrix} V_{QAN} \\ V_{QBN} \\ V_{QCN} \end{bmatrix} = \begin{bmatrix} \overline{Z}_{AA} & \overline{Z}_{AB} & \overline{Z}_{AC} \\ \overline{Z}_{BA} & \overline{Z}_{BB} & \overline{Z}_{BC} \\ \overline{Z}_{CA} & \overline{Z}_{CB} & \overline{Z}_{CC} \end{bmatrix} \begin{bmatrix} I_A \\ I_B \\ I_C \end{bmatrix} \tag{5.1}
$$

a partir da qual determinaremos, nos itens subseqüentes, os valores das tensões e correntes na carga.

(2) Carga em estrela isolada

Conforme apresentamos no Capítulo 1, poderíamos resolver este tipo de problema através de solução direta. Aqui, optamos por utilizar um método alternativo. Procederemos ao cálculo das tensões e correntes na carga por processo iterativo, fixando na primeira iteração a tensão na carga (barra Q) igual à do gerador (barra P), e determinando a tensão entre o centro estrela da carga (ponto N') e a terra (ponto N) através da equação

$$
V_{NN'} = - \frac{V_{QAN} \, Y_A + V_{QBN} \, Y_B + V_{QCN} \, Y_C}{Y_A + Y_B + Y_C} \; .
$$

A seguir, através das equações da carga e da eq. (5.1) determinamos a tensão na carga, que será utilizada na próxima iteração, isto é

$$
\begin{bmatrix} I_A \\ I_B \\ I_C \end{bmatrix} = \left\{ \begin{bmatrix} V_{QAN} \\ V_{QBN} \\ V_{QCN} \end{bmatrix} + \begin{bmatrix} V_{NN'} \\ V_{NN'} \\ V_{NN'} \end{bmatrix} \right\} \begin{bmatrix} Z_{c\,arg\,a} \end{bmatrix}^{-1}
$$

e

$$
\begin{bmatrix} V_{QAN} \\ V_{QBN} \\ V_{QCN} \end{bmatrix}^{Iteração\;k} = \begin{bmatrix} V_{PAN} \\ V_{PBN} \\ V_{PCN} \end{bmatrix} - \begin{bmatrix} Z_{AA} & Z_{AB} & Z_{AC} \\ Z_{BA} & Z_{BB} & Z_{BC} \\ \overline{Z}_{CA} & \overline{Z}_{CB} & \overline{Z}_{CC} \end{bmatrix} \begin{bmatrix} I_A \\ I_B \\ I_C \end{bmatrix}
$$

Repetimos o procedimento até que, em duas iterações sucessivas, alcancemos

$$\left| \dot{V}_{Q,ABC}^{Iteração\ i} - \dot{V}_{Q,ABC}^{Iteração\ i-1} \right| \leq TOLERÂNCIA$$

Ex. 5.2.41 - Um gerador trifásico simétrico, com tensão de fase 220 V, 60 Hz e seqüência de fase direta alimenta, através de linha trifásica, carga ligada em estrela isolada, Fig. 5-16. São dadas as impedâncias da carga, $\overline{Z}_{AN'} = (10 + 0j)\ \Omega$, $\overline{Z}_{BN'} = (0 + 10j)\ \Omega$, $\overline{Z}_{CN'} = (0 - 10j)\ \Omega$. A linha tem 1 km de comprimento e sua matriz de impedâncias está apresentada à Fig. 5-17.

```
     * Matriz de Impedancias da Rede (ohm/km) *
          Fase A            Fase B              Fase C
     Resist.   Reatan.   Resist.   Reatan.   Resist.   Reatan.
A    .295150   .557670   .078611   .251471   .077675   .210151
B    .078611   .251471   .297784   .545445   .078980   .263521
C    .077675   .210151   .078980   .263521   .295862   .554347
```

Figura 5-17. Matriz de impedâncias da rede

SOLUÇÃO

(1) Tensão entre centro estrela e terra (NN')
Sendo dadas as impedâncias da carga, resulta

$$\overline{Y}_{AN'} = \frac{1}{\overline{Z}_{AN'}} = \frac{1}{10 + 0j} = 0{,}1 + 0j = 0{,}1\ \underline{|0°}\ S,$$

$$\overline{Y}_{BN'} = \frac{1}{\overline{Z}_{BN'}} = \frac{1}{0 + 10j} = 0 - 0{,}1j = 0{,}1\ \underline{|-90°}\ S,$$

$$\overline{Y}_{CN'} = \frac{1}{\overline{Z}_{CN'}} = \frac{1}{0 - 10j} = 0 + 0{,}1j = 0{,}1\ \underline{|90°}\ S,$$

Como na primeira iteração fixamos $\left[\dot{V}_{Q(A,B,C)}\right] = \left[\dot{V}_{P(A,B,C)}\right]$, resulta

$$\dot{V}_{NN'} = -\frac{220\ \underline{|0°} \cdot 0{,}1\ \underline{|0°} + 220\ \underline{|-120°} \cdot 0{,}1\ \underline{|-90°} + 220\ \underline{|120°} \cdot 0{,}1\ \underline{|90°}}{0{,}1 - 0{,}1j + 0{,}1j} = 161{,}0512\ V$$

(2) Tensões na carga
Temos

$$\begin{bmatrix} \dot{V}_{QAN'} \\ \dot{V}_{QBN'} \\ \dot{V}_{QCN'} \end{bmatrix} = \begin{bmatrix} \dot{V}_{QAN} \\ \dot{V}_{QBN} \\ \dot{V}_{QCN} \end{bmatrix} + 161{,}0512 \begin{bmatrix} 1 \\ 1 \\ 1 \end{bmatrix} = \begin{bmatrix} 381{,}0512\ \underline{|0°} \\ 197{,}24661\ \underline{|-75{,}0°} \\ 197{,}24661\ \underline{|75{,}0°} \end{bmatrix}\ V$$

(3) Correntes na carga
Temos

$$\begin{bmatrix} I_A \\ I_B \\ I_C \end{bmatrix} = \begin{bmatrix} 0{,}1\ \underline{|0°} & 0 & 0 \\ 0 & 0{,}1\ \underline{|-90°} & 0 \\ 0 & 0 & 0{,}1\ \underline{|90°} \end{bmatrix} \begin{bmatrix} 381{,}0512\ \underline{|0°} \\ 197{,}24661\ \underline{|-75{,}0°} \\ 197{,}24661\ \underline{|75{,}0°} \end{bmatrix} = \begin{bmatrix} 38{,}10512\underline{|0°} \\ 19{,}72466\underline{|-165°} \\ 19{,}72466\underline{|165°} \end{bmatrix}\ A$$

(4) Tensões na carga

$$220,0 \underline{|0°} \begin{bmatrix} 1 \\ \alpha^2 \\ \alpha \end{bmatrix} - \begin{bmatrix} \dot{V}_{QAN} \\ \dot{V}_{QBN} \\ \dot{V}_{QCN} \end{bmatrix} = [Z_{ABC}] \begin{bmatrix} \dot{I}_A \\ \dot{I}_B \\ \dot{I}_C \end{bmatrix} =$$

$$= \begin{bmatrix} 0,630959 \underline{|62,11°} & 0,263472 \underline{|72,64°} & 0,224047 \underline{|69,71°} \\ 0,263472 \underline{|72,64°} & 0,621438 \underline{|61,37°} & 0,275102 \underline{|73,32°} \\ 0,224047 \underline{|69,71°} & 0,275102 \underline{|73,32°} & 0,628359 \underline{|61,91°} \end{bmatrix} \begin{bmatrix} 38,1051 \underline{|0°} \\ 19,7247 \underline{|-165,0°} \\ 19,7247 \underline{|165,0°} \end{bmatrix}$$

ou

$$\begin{bmatrix} \dot{V}_{QAN} \\ \dot{V}_{QBN} \\ \dot{V}_{QCN} \end{bmatrix} = \begin{bmatrix} 211,886100 \underline{|-3,3685850°} \\ 212,614300 \underline{|-120,295800°} \\ 222,916400 \underline{|117,907000°} \end{bmatrix} V$$

(5) Processo iterativo

No item (4) determinamos as tensões de fase na carga para a primeira iteração. Repetimos o procedimento até que a diferença, em duas iterações sucessivas, entre os valores das tensões de fase seja menor que a tolerância, que para este caso foi fixada em 0.001 V. Às Tab. 5-3a e 5-3b apresentamos os resultados em cada iteração, até alcançarmos a convergência, nos valores

$$\dot{V}_{QAN} = 211,693 \underline{|-3,36°} \ V \ , \ \dot{V}_{QBN} = 213,088 \underline{|-120,41°} \ V \ , \ \dot{V}_{QCN} = 222,644 \underline{|177,72°} \ V \ ,$$

$$\dot{I}_A = 38,088 \underline{|-0,65°} \ A \ , \ \dot{I}_B = 18,618 \underline{|-160,66°} \ A \ , \ \dot{I}_C = 21,553 \underline{|162,18°} \ A \ e$$

$$\dot{V}_{NN'} = 169,724 \underline{|2,73°} \ V.$$

Tabela 5-3a. Tensões em cada iteração - Ex. 5.2.40							
Núm.da	Tensão V_{AN}		Tensão V_{BN}		Tensão V_{CN}		Tensão $V_{NN'}$	
Iteração	Mód. (V)	Fase (°)	Mód. (V)	Fase (°)	Mód. (V)	Fase (°)	Mód. (V)	Fase (°)
1	211,8861	-3,3685	212,6143	-120,2958	222,9164	117,9070	169,3193	3,2256
2	211,7485	-3,3672	213,1463	-120,4178	222,7085	117,7143	1697771	2,7326
3	211,6899	-3,3616	213,0868	-120,4142	222,6445	117,7178	169,7269	2,7334
4	211,6929	-3,3607	213,0885	-120,4141	222,6442	117,7186	169,7236	2,7330
5	211,6930	-3,3607	213,0884	-120,4141	222,6443	117,7186	169,7236	2,7330

Tabela 5-3b. Correntes a cada iteração - Ex. 5.2.40					
Núm.da	Corrente I_A		Corrente I_B		Corrente I_C	
Iteração	Mód. (A)	Fase (°)	Mód. (A)	Fase (°)	Mód. (A)	Fase (°)
1	38,0582	-0,4400	18,4695	-160,4532	21,6423	162,6005
2	38,0991	-0,6531	18,6221	-160,6612	21,5606	162,1719
3	38,0884	-0,6496	18,6176	-160,6591	21,5536	162,1750
4	38,0883	-0,6494	18,6177	-160,6606	21,5532	162,1762
5	38,0883	-0,6494	18,6177	-160,6606	21,5532	162,1762

(6) Potência na carga e gerador

Uma vez que alcançamos a convergência do processo iterativo passamos ao cálculo da potência na carga e no gerador, para, a seguir, determinarmos as leituras em dois wattímetros, cujo esquema de ligação é fixado, no programa, pelo usuário através de telas conversacionais. Para este exercício fixamos os wattímetros W1 e W2 com as bobinas amperométricas nas fases A e B, respectivamente, e as voltimétricas entre essas fases e a C.

Assim, para o cálculo da potência na carga temos

$$\bar{S}_{QAN} = \dot{V}_{QAN}\ \dot{I}_A^* = 211{,}693\ |\underline{-3{,}36°} \cdot 38{,}088\ |\underline{0{,}65°} = 8063{,}046\ |\underline{-2{,}71°} = (8054{,}02 - 381{,}41j)\ VA,$$

$$\bar{S}_{QBN} = \dot{V}_{QBN}\ \dot{I}_B^* = 213{,}088\ |\underline{-120{,}41°} \cdot 18{,}618\ |\underline{160{,}66°} = 3967{,}228\ |\underline{40{,}25°} = (3028{,}07 + 2563{,}14j)\ VA,$$

$$\bar{S}_{QCN} = \dot{V}_{QCN}\ \dot{I}_C^* = 222{,}644\ |\underline{117{,}72°} \cdot 21{,}553\ |\underline{-162{,}18°} = 4798{,}699\ |\underline{-44{,}46°} = (3425{,}16 - 3360{,}92j)\ VA,$$

e, a potência total é dada por

$$\bar{S}_{car.} = \bar{S}_{QAN} + \bar{S}_{QBN} + \bar{S}_{QCN} = 14507{,}25 - 1179{,}19j = 14555{,}09\ |\underline{-4{,}65°}\ VA.$$

Chamamos à atenção para o fato que a potência que foi calculada, a partir dos pontos QA-N, não coincide com a potência entre os pontos QA-N'. De fato, temos:

$$\dot{V}_{QAN} = \dot{V}_{QAN'} - \dot{V}_{NN'} = \dot{I}_A\ Z_{AN'} - \dot{V}_{NN'},\ \text{ou}$$

$$\bar{S}_{QAN} = \dot{V}_{QAN}\ \dot{I}_A^* = \dot{V}_{QAN'}\ \dot{I}_A^* - \dot{V}_{NN'}\ \dot{I}_A^* = |\dot{I}_A|^2\ Z_{AN'} - \dot{V}_{NN'}\ \dot{I}_A^*,$$

resultando para o nosso caso

$$\bar{S}_{QAN} = |\dot{I}_A|^2\ Z_{AN'} - \dot{V}_{NN'}\ \dot{I}_A^* = 38{,}088^2 \cdot (10 + 0j) - 169{,}72\ |\underline{2{,}73°} \cdot 38{,}088\ |\underline{0{,}65°} =$$

$$= 14506{,}96 - (6453{,}05 + 381{,}41j) = (8053{,}91 - 381{,}41j)\ VA,$$

que não é a potência fornecida à carga ligada entre os pontos QA-N', que vale $|\dot{I}_A|^2\ Z_{AN'}$.

Porém, somando-se as potências, o resultado é o mesmo, pois
$$\bar{S}_{QAN} + \bar{S}_{QBN} + \bar{S}_{QCN} = |\dot{I}_A|^2\ Z_{AN'} + |\dot{I}_B|^2\ Z_{BN'} + |\dot{I}_C|^2\ Z_{CN'} - \dot{V}_{NN'}\ (\dot{I}_A^* + \dot{I}_B^* + \dot{I}_C^*),\ \text{e como}$$
$\dot{I}_A + \dot{I}_B + \dot{I}_C = 0$, resulta

$$\bar{S}_{QAN} + \bar{S}_{QBN} + \bar{S}_{QCN} = |\dot{I}_A|^2\ Z_{AN'} + |\dot{I}_B|^2\ Z_{BN'} + |\dot{I}_C|^2\ Z_{CN'} = \bar{S}_{QAN'} + \bar{S}_{QBN'} + \bar{S}_{QCN'}$$

No gerador temos

$$\bar{S}_{PAN} = \dot{V}_{PAN}\ \dot{I}_A^* = 220{,}0\ |\underline{0°} \cdot 38{,}088\ |\underline{0{,}65°} = 8379{,}444\ |\underline{0{,}65°} = (8378{,}91 + 94{,}98j)\ VA,$$

$$\bar{S}_{PBN} = \dot{V}_{PBN}\ \dot{I}_B^* = 220{,}0\ |\underline{-120°} \cdot 18{,}618\ |\underline{160{,}66°} = 4095{,}907\ |\underline{40{,}66°} = (3107{,}08 + 2668{,}80j)\ VA,$$

$$\bar{S}_{PCN} = \dot{V}_{PCN}\ \dot{I}_C^* = 220{,}0\ |\underline{120°} \cdot 21{,}553\ |\underline{-162{,}18°} = 4741{,}706\ |\underline{-42{,}18°} = (3514{,}00 - 3183{,}64j)\ VA,$$

e, a potência total é dada por

$$\bar{S}_{ger.} = \bar{S}_{PAN} + \bar{S}_{PBN} + \bar{S}_{PCN} = 15000{,}00 - 419{,}86j = 15005{,}86\ |\underline{-1{,}60°}\ VA.$$

Para o cálculo das leituras nos wattímetros, temos

$$W_{1car.} = \Re e\left(\dot{V}_{QAC}\dot{I}_A^*\right) = \Re e\left[\left(\dot{V}_{QAN} - \dot{V}_{QCN}\right)\dot{I}_A^*\right],$$

$$W_{2car.} = \Re e\left(\dot{V}_{QBC}\dot{I}_B^*\right) = \Re e\left[\left(\dot{V}_{QBN} - \dot{V}_{QCN}\right)\dot{I}_B^*\right],$$

$$W_{1ger.} = \Re\left(\dot{V}_{PAC}\, I_A^*\right) = \Re\left[\left(\dot{V}_{PAN} - \dot{V}_{PCN}\right) I_A^*\right],$$

$$W_{2ger.} = \Re\left(\dot{V}_{PBC}\, I_B^*\right) = \Re\left[\left(\dot{V}_{PBN} - \dot{V}_{PCN}\right) I_B^*\right].$$

Assim, calcularemos, inicialmente, as tensões de linha necessárias ao cálculo das leituras, isto é

$$\dot{V}_{QAC} = 211{,}693\,\underline{|-3{,}36^\circ} - 222{,}644\,\underline{|117{,}72^\circ} = 324{,}875 - 210{,}085j = 386{,}884\,\underline{|-32{,}89^\circ}\ V$$

$$\dot{V}_{QBC} = 213{,}088\,\underline{|-120{,}41^\circ} - 222{,}644\,\underline{|117{,}72^\circ} = -4{,}299 - 380{,}864j = 380{,}888\,\underline{|-90{,}65^\circ}\ V$$

e então

$$W_{1car.} = \Re\left(386{,}884\,\underline{|-32{,}89^\circ} \cdot 38{,}088\,\underline{|0{,}65^\circ}\right) = 12463{,}71\ W,$$

$$W_{2car.} = \Re\left(380{,}888\,\underline{|-90{,}65^\circ} \cdot 18{,}618\,\underline{|160{,}66^\circ}\right) = 2424{,}23\ W,$$

e, no gerador,

$$W_{1ger.} = \Re\left(-381{,}051\,\underline{|150{,}00^\circ} \cdot 38{,}088\,\underline{|0{,}65^\circ}\right) = 12650{,}48\ W,$$

$$W_{2ger.} = \Re\left(381{,}051\,\underline{|-90{,}00^\circ} \cdot 18{,}618\,\underline{|160{,}66^\circ}\right) = 2349{,}41\ W.$$

(3) Carga em estrela aterrada

Neste caso procederemos ao cálculo das tensões e correntes na carga por método direto, isto é, associaremos em série a matriz de impedâncias da carga com a da rede e determinamos a matriz de admitâncias do conjunto rede/carga, através da inversão da matriz de impedâncias. A seguir, calculamos as correntes no gerador, que, por não existir nenhum elemento em derivação, são iguais às da carga, logo, podemos determinar as tensões na carga e procedermos ao cálculo das potências e leituras nos wattímetros. Destacamos que, por se tratar de trifásico assimétrico com retorno pelo neutro, deveremos utilizar, de acordo com o teorema de Blondel, três wattímetros.

Formalmente teremos, na carga,

$$\begin{bmatrix} V_{QAN} \\ V_{QBN} \\ V_{QCN} \end{bmatrix} = \begin{bmatrix} V_{QAN'} \\ V_{QBN'} \\ V_{QCN'} \end{bmatrix} + \overline{Z}_{NN'} \cdot \left(I_A + I_B + I_C\right) \begin{bmatrix} 1 \\ 1 \\ 1 \end{bmatrix},$$

ou

$$\begin{bmatrix} V_{QAN} \\ V_{QBN} \\ V_{QCN} \end{bmatrix} = \begin{bmatrix} \overline{Z}_{AA} & 0 & 0 \\ 0 & \overline{Z}_{BB} & 0 \\ 0 & 0 & \overline{Z}_{CC} \end{bmatrix} \begin{bmatrix} I_A \\ I_B \\ I_C \end{bmatrix} + \overline{Z}_{NN'} \cdot \left(I_A + I_B + I_C\right) \begin{bmatrix} 1 \\ 1 \\ 1 \end{bmatrix},$$

ou

$$\begin{bmatrix} V_{QAN} \\ V_{QBN} \\ V_{QCN} \end{bmatrix} = \begin{bmatrix} \overline{Z}_{AA} + \overline{Z}_{NN'} & \overline{Z}_{NN'} & \overline{Z}_{NN'} \\ \overline{Z}_{NN'} & \overline{Z}_{BB} + \overline{Z}_{NN'} & \overline{Z}_{NN'} \\ \overline{Z}_{NN'} & \overline{Z}_{NN'} & \overline{Z}_{CC} + \overline{Z}_{NN'} \end{bmatrix} \begin{bmatrix} I_A \\ I_B \\ I_C \end{bmatrix}.$$

Considerando a rede, resulta

$$\begin{bmatrix} V_{PAN} \\ V_{PBN} \\ V_{PCN} \end{bmatrix} = \left\{ \begin{bmatrix} Z_{RAA} & Z_{RAB} & Z_{RAC} \\ Z_{RBA} & Z_{RBB} & Z_{RBC} \\ Z_{RCA} & Z_{RCB} & Z_{RCC} \end{bmatrix} + \begin{bmatrix} Z_{CAA} & Z_{CAB} & Z_{CAC} \\ Z_{CBA} & Z_{CBB} & Z_{CBC} \\ Z_{CCA} & Z_{CCB} & Z_{CCC} \end{bmatrix} \right\} \begin{bmatrix} I_A \\ I_B \\ I_C \end{bmatrix}$$

ou

$$\begin{bmatrix} V_{PAN} \\ V_{PBN} \\ V_{PCN} \end{bmatrix} = \begin{bmatrix} Z_{RAA} + Z_{AA} + Z_{NN'} & Z_{RAB} + Z_{NN'} & Z_{RAC} + Z_{NN'} \\ Z_{RBA} + Z_{NN'} & Z_{RBB} + Z_{BB} + Z_{NN'} & Z_{RBC} + Z_{NN'} \\ Z_{RCA} + Z_{NN'} & Z_{RCB} + Z_{NN'} & Z_{RCC} + Z_{CC} + Z_{NN'} \end{bmatrix} \begin{bmatrix} I_A \\ I_B \\ I_C \end{bmatrix}$$

isto é

$$[V_{ABC,Ger}] = [\overline{Z}_{ABC,rede+car.}][I_{ABC}],$$

ou, ou multiplicando ambos os membros pela matriz de admitâncias, inversa da matriz de impedâncias, temos

$$[I_{ABC}] = [\overline{Y}_{ABC,rede+car.}][V_{ABC,Ger}].$$

Ex. 5.2.42 - Um gerador trifásico simétrico, com tensão de fase 220 V, 60 Hz e seqüência de fase direta alimenta, através de linha trifásica, carga ligada em estrela aterrada por meio de impedância, Fig. 5-18. São dados: as impedâncias da carga, $\overline{Z}_{AN'} = (10 + 0j)\ \Omega$, $\overline{Z}_{BN'} = (0 + 10j)\ \Omega$, $\overline{Z}_{CN'} = (0 - 10j)\ \Omega$, $\overline{Z}_{NN'} = (10 + 0j)\ \Omega$, o comprimento da linha, 1 km, e sua matriz de impedâncias (Fig. 5-18).

SOLUÇÃO

A matriz da carga é dada por

$$[\overline{Z}_{car.}] = \begin{bmatrix} 20\ \underline{|0°} & 10\ \underline{|0°} & 10\ \underline{|0°} \\ 10\ \underline{|0°} & 10\sqrt{2}\ \underline{|45°} & 10\ \underline{|0°} \\ 10\ \underline{|0°} & 10\ \underline{|0°} & 10\sqrt{2}\ \underline{|-45°} \end{bmatrix}$$

```
        * Matriz de Impedancias da Rede (ohm/km) *
          Fase A                Fase B                Fase C
      Resist.    Reatan.    Resist.    Reatan.    Resist.    Reatan.
  A   .295150    .557670    .078611    .251471    .077675    .210151
  B   .078611    .251471    .297784    .545445    .078980    .263521
  C   .077675    .210151    .078980    .263521    .295862    .554347
```

Figura 5-18. Matriz de impedâncias da rede para o Ex. 5.2.42

A matriz equivalente de impedâncias (associação série da rede com a carga), é dada, em Ω, por

$$[Z_{rede+car.}] = \begin{bmatrix} 20{,}295 + 0{,}558j & 10{,}079 + 0{,}251j & 10{,}078 + 0{,}210j \\ 10{,}079 + 0{,}251j & 10{,}298 + 10{,}545j & 10{,}079 + 0{,}264j \\ 10{,}078 + 0{,}210j & 10.079 + 0{,}264j & 10{,}296 - 9{,}446j \end{bmatrix}$$

e sua inversa, matriz de admitâncias da associação, é dada, em S, por

$$[Y_{rede+car.}] = \begin{bmatrix} 0,07220 + 0,02534j & -0,02340 + 0,02411j & -0,02308 + 0,02399j \\ -0,02340 + 0,02411j & 0,02466 - 0,07281j & 0.02248 + 0,02448j \\ -0,02308 + 0,02399j & 0.02248 + 0,02448j & 0,02442 - 0,07258j \end{bmatrix}$$

Finalmente, as correntes na rede, e carga, são dadas por

$$[I_{A,B,C}] = [Y_{rede+car.}] \begin{bmatrix} 220 \\ 220\alpha^2 \\ 220\alpha \end{bmatrix} = \begin{bmatrix} 29,908 \,|{-0,69°} \\ 18,021 \,|173,65° \\ 20,60 \,|{-174,28°} \end{bmatrix} A$$

e, a corrente de neutro, é

$$I_N = I_A + I_B + I_C = -8,502 - 0,417j = 8,512 \,|{-177,19°}\ A.$$

As tensões na carga são dadas por

$$[V_{Q,ABCN}] = [\overline{Z}_{car.}][I_{ABC}],$$

isto é

$$V_{QAN} = 214,184 \,|{-2,08°}\ V, \qquad V_{QBN} = 211,196 \,|{-119,79°}\ V,$$

$$V_{QCN} = 226,84 \,|117,72°\ V, \qquad V_{QNN'} = 85,120 \,|{-177,19°}\ V.$$

Deixamos ao leitor o cálculo das potências na carga e das leituras nos wattímetros, que, poderá verificar o resultado alcançado com o apresentado pelo programa.

(4) Carga em triângulo

Para o caso de carga ligada em triângulo é suficiente transformá-la na estrela equivalente para recairmos no caso da estrela isolada.

5.3 - EXERCÍCIOS DE VALORES POR UNIDADE (CAPÍTULO 2)

5.3.1 - APRESENTAÇÃO

Nesta seção, em que nos dedicaremos ao desenvolvimento de exercícios de aplicações de valores por unidade, pu, a circuitos monofásicos e trifásicos, apresentamos conjunto de exercícios propostos e exemplos de exercícios resolvidos através dos programas computacionais, com detalhamento da metodologia utilizada. Os exercícios subdividem-se em: (*i*) analíticos, onde solicitamos a demonstração de relações, (*ii*) tipo teste de múltipla escolha, onde apresentamos cinco alternativas de respostas à questão enunciada, (*iii*) exemplos típicos resolvidos e (*iv*) exemplos sem resolução.

5.3.2 - EXERCÍCIOS ANALÍTICOS

Ex. 5.3.1 - Para um autotransformador monofásico deduzir quais as relações que devem existir entre os valores de base do primário e secundário, para que, em valores pu, seja representado por um transformador com relação de espiras 1:1.

Ex. 5.3.2 - Deduzir o circuito equivalente de um transformador monofásico que dispõe de derivação central no enrolamento secundário (Tensão primária V_1, tensões secundárias V_{21} e V_{22} com $V_2 = 2V_{21} = 2V_{22}$).

Ex. 5.3.3 - Deduzir, para uma carga ligada em triângulo, quais as relações que devem existir entre os valores das grandezas de base. Confrontar os resultados com o caso da carga equivalente ligada em estrela (lembrar que $Z_{fase\Delta} = 3Z_{fase\,Y}$)

Ex. 5.3.4 - Justificar as razões para representarmos, obrigatoriamente, todos os componentes de uma rede, independentemente de seu esquema de ligação, por sua estrela equivalente.

Ex. 5.3.5 - Determinar a rotação de fase existente entre as tensões primárias de linha, na ordem A, B e C, e as secundárias, de linha, na ordem, X, Y e Z, para alimentação do transformador da Fig. 5-19 por seqüência de fase direta e inversa e na hipótese dos terminais 1, 2 e 3 corresponderem aos códigos: X-Y-Z, Y-Z-X, Z-X-Y, e Y, X, Z.

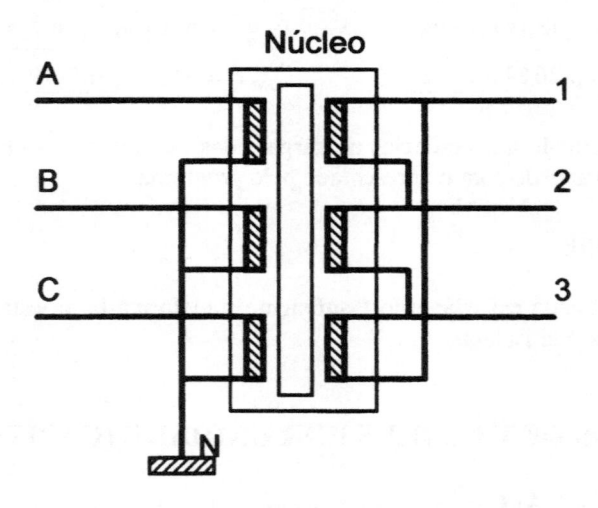

Figura 5-19. Transformador Y/Δ para Ex. 5.3.5

5.3.3 - EXERCÍCIOS DE MÚLTIPLA ESCOLHA

Ex. 5.3.6 - Para os valores de base de uma rede monofásica podemos afirmar que:
(1) Podemos fixar a potência ativa como valor de base;
(2) Podemos fixar a potência reativa como valor de base;
(3) Relacionamos a potência de base com a tensão e a corrente de base por $V_{base}I_{base}\cos\varphi$;
(4) A admitância de base é dada por $Y_{base} = I_{base}^2/S_{base}$;
(5) Nenhuma.

Ex. 5.3.7 - Um transformador monofásico tem valores nominais S_{nom}, V_{nom1}, V_{nom2}, e sua impedância de curto circuito vale $(0,02 + 0,07j)$ pu. Para que seja representado, num circuito em pu, por transformador com relação de espiras 1:1 é necessário e suficiente que:

(1)   As bases de tensão do primário, V_{b1}, e do secundário, V_{b2}, estejam na relação V_{nom1}/V_{nom2} ;

(2)   As bases de corrente, do primário, I_{b1}, e do secundário, I_{b2}, estejam na relação V_{nom1}/V_{nom2} ;

(3)   As bases de impedância, do primário, Z_{b1}, e do secundário, Z_{b2}, estejam na relação V_{nom1}/V_{nom2} ;

(4)   As potências de base do primário e secundário sejam iguais e as bases de impedância, do primário, Z_{b1}, e do secundário, Z_{b2}, estejam na relação $\left(V_{nom1}/V_{nom2}\right)^2$;

(5)   Nenhuma.

Ex. 5.3.8 - Um transformador monofásico tem valores nominais 5 MVA, 34,5/13,8 kV, e sua impedância de curto circuito vale $(0,02 + 0,07j)$ pu. Com referência a sua impedância de curto circuito podemos afirmar que:
(1)   Referida ao primário ou ao secundário é um invariante desde que esteja em pu;
(2)   Referida ao primário vale $(4,7610 + 16,6635j)$ Ω;
(3)   Referida ao secundário vale $(4,7610 + 16,6635j)$ Ω;
(4)   Referida ao primário vale $(0,76176 + 2,66616j)$ Ω;
(5)   Nenhuma.

Ex. 5.3.9 - Num circuito trifásico, em pu, podemos afirmar que:
(1)   As tensões de base, de fase e de linha, podem ser fixadas independentemente;
(2)   A impedância de base é dada por $V_{base\ linha}/I_{base\ linha}$;
(3)   Estando fixadas a potência aparente de base trifásica e a tensão de base de fase, para a conversão do circuito em pu devemos transformar todas as cargas em triângulo em suas estrelas equivalentes;
(4)   A admitância de base é dada por $I_{base\ linha}/V_{base\ linha}$;
(5)   Nenhuma.

Ex. 5.3.10 - Para um transformador monofásico de 100 kVA, 100 kV/10 kV, x = 8 %, fixamos com valores de base no primário S_{1b}, V_{1b}, I_{1b} e Z_{1b}, e no secundário S_{2b}, V_{2b}, I_{2b} e Z_{2b} .Para que o transformador, em pu, seja representado por um transformador 1:1 deveremos ter:
(1) $V_{2b} = 0,1V_{1b}$.   (2) $S_{1b} = S_{2b}$ e $I_{2b} = I_{1b}$.   (3) $V_{2b} = V_{1b}$ e $I_{2b} = 10\,I_{1b}$.
(4) $I_{2b} = I_{1b}$ e $Z_{1b} = Z_{2b}$.   (5) Nenhuma.

Ex. 5.3.11 - Dispomos de um banco trifásico, constituído por três transformadores monofásicos de 100 kVA, 13,8 kV/138, x = 7 %, com os enrolamentos de alta tensão ligados em estrela e os de baixa em triângulo. Fixamos, do lado da baixa tensão, tensão de base de 127 kV e potência de base de 200 kVA. Pedimos, para que o transformador seja representado, em pu, por um transformador com relação de espiras 1:1, qual dos valores de base para o enrolamento de alta tensão é correto:
(1) 300 kVA e 220 kV;   (2) 200 kVA e 127 kV;   (3) 200 kVA e 220 kV;
(4) 200 kVA e 138 kV;   (5) Nenhuma.

Ex. 5.3.12 - Para o banco de transformadores do Ex. 5.3.10 podemos afirmar que sua reatância, em pu, vale:
(1) 5,5 % ;   (2) 8,28 %;   (3) 7,0 %;   (4) 9,4 % ;   (5) Nenhuma.

Ex. 5.3.13 - Duas impedâncias, expressas em pu, nas bases 100 kVA e 13,2 kVA, valem $0,5\lfloor 40°$ e $1,5\lfloor 40°$. Podemos afirmar que a impedância equivalente às duas associadas em paralelo, nas bases 500 kVA e 15,2 kV, vale:
(1) $0,375\lfloor 40°$; *(2)* $2,781\lfloor 40°$; *(3)* $0,981\lfloor 40°$; *(4)* $1,414\lfloor 40°$; (5) Nenhuma.

Ex. 5.3.14 - Um impedância, num circuito monofásico, absorve, nas bases 10 MVA e 10 kV, sob tensão de 0,2 pu, potência ativa de 0,8 pu com fator de potência 0,8 indutivo. Ao adotarmos como valores de base 20 MVA e 5 kV, podemos afirmar que o módulo daquela impedância valerá:
(1) 0,02 pu;   (2) 0,5 pu;   (3) 0,08 pu;   (4) 0,32 pu;   (5) Nenhuma.

Ex. 5.3.15 - Duas cargas trifásicas equilibradas, de impedância constante, quando alimentadas nas condições: carga 1, $v = 1,0$ pu, bases 20 kV e 300 kVA; carga 2, $v = 1,0$ pu, bases 10 kV e 500 kVA, absorvem: carga 1, $p = 0,8$ pu, $q = -0,5$ pu; carga 2, $s = 0,5$ pu, $q = 0,3$ pu. Ligamos as duas carga em paralelo, adotamos valores de base de 40 kV e 500 kVA, e as alimentamos com tensão de 1,0 pu. Podemos afirmar que a potência complexa absorvida pelo conjunto vale:
(1) $(2,56 + 0,6j)$;   (2) $(8,32 + 3,6j)$;   (3) $(9,92 + 0,6j)$;   (4) $(2,96 + 0,6j)$;   (5) Nenhuma.

Ex. 5.3.16 - Associamos um gerador trifásico, de 15 MVA, 6 kV, x = 10 % , em paralelo com outro de 5 MVA, 3 kV, x = 10 %. Podemos afirmar que a impedância, em pu nas bases 15 MVA e 3 kV, do gerador equivalente à associação vale:
(1) 0,142 pu;   (2) 0,042 pu;   (3) 0,171 pu;   (4) 0,057 pu;   (5) Nenhuma;

Ex. 5.3.17 - Num sistema trifásico simétrico e equilibrado, a tensão de linha vale 100 %. Podemos afirmar que a tensão de fase, em pu, vale:
(1) 1,0 pu;   (2) 1,732 pu;   (3) 3,000 pu;   (4) 9,000 pu;   (5) Nenhuma.

Ex. 5.3.18 - Um banco de transformadores trifásicos é constituído por três transformadores monofásicos iguais cujos valores nominais são 22 kV/2,2 kV, 10 MVA, x = 8 %. Sabemos que a ligação do banco é triângulo/estrela e quando fixamos como bases na alta tensão, 30 MVA e 22 kV, podemos afirmar que os valores de base para a baixa tensão são:
(1) 30 MVA, 3,8 kV;   (2) 10 MVA, 3,8 kV;   (3) 30 MVA, 1,27 kV;   (4) 10 MVA, 2,2 kV;
(5) Nenhuma.

Ex. 5.3.19 - Um transformador trifásico de 10 MVA, 22 kV/2,2 kV, x = 9 %, está com a alta tensão ligada em triângulo e a baixa em estrela. Substituímos esse transformador por outro, que lhe seja equivalente, com a alta tensão ligada em estrela e a baixa em triângulo. Podemos afirmar que seus valores nominais passam a ser:
(1) 10 MVA, 12,7/2,2 kV, $x = 9$ %;   (2) 10 MVA, 12,7/2,2 kV, $x = 3$ %;   (3) 10 MVA, 22/2,2 kV, $x = 9$ %;   (4) 10 MVA 12,7/1,27 kV, $x = 9$ %;   (5) Nenhuma.

5.3.4 - EXERCÍCIOS RESOLVIDOS

Ex. 5.3.20 - Um transformador monofásico de 150 kVA, 13,8 kV - 2,3 kV, 60 Hz, foi submetido aos ensaios de vazio e curto-circuito, na freqüência de 60 Hz, e obtivemos:

(1) Ensaio de vazio, com alimentação pela baixa tensão: $P = 1500$ W, $V = 2,3$ kV e $I = 2,2$ A;
(2) Ensaio de curto-circuito, com alimentação pela alta tensão. $P = 1600$ W, $V = 880$ V e $I = 10,87$ A.

Pedimos determinar os parâmetros do circuito equivalente do transformador, em pu.

SOLUÇÃO:

(1) Valores de base
Adotaremos, como valores de base, os valores nominais do transformador, isto é:
- Alta tensão: $S_b = 150\,kVA$, $V_b = 13,8\,kV$.
- Baixa tensão: $S_b' = 150\,kVA$, $V_b' = 2,3\,kV$.

(2) Ensaio de vazio
Para o ensaio de vazio, em pu, temos:

$$i_0 = \frac{I_0}{I_b'} = I_0\,\frac{V_b'}{S_b'} = 2,2 \cdot \frac{2,3}{150} = 0,0337\ \ pu,$$

$$v_0 = \frac{V_0}{V_b'} = \frac{2,3}{2,3} = 1,0\ \ pu,$$

$$p_o = \frac{P_0}{S_b'} = \frac{1,5}{150} = 0,01\ \ pu.$$

Logo, o fator de potência é dado por:

$$\cos \varphi = \frac{p_0}{v_0 i_0} = \frac{0,01}{0,0337 \cdot 1} = 0,2967.$$

Adotaremos a tensão secundária na origem e obteremos a corrente atrasada de φ, isto é:

$$\dot{v}_0 = 1,0\ \underline{|0°}\ \ pu,$$

$$\dot{i}_0 = i_0\ \underline{|- cos^{-1}\ 0,2967} = 0,0337\ \underline{|-72,74°} = \left(0,0100 - 0,0322 j\right)\ \ pu.$$

Logo, sendo, em pu,

$$i_p = \Re e\!\left(\dot{i}_0\right) = 0,01\ \ e\ \ i_m = \left|\Im m\!\left(\dot{i}_0\right)\right| = 0,0322,$$

resulta:

$$r_p = \frac{\left|\dot{v}_0\right|}{i_p} = \frac{1,0}{0,0100} = 100\ \ pu,$$

$$x_m = \frac{\left|\dot{v}_0\right|}{i_m} = \frac{1,0}{0,0322} = 31,06\ \ pu,$$

$$\overline{z}_0 = \left(100,00 + 31,06 j\right)\ \ pu.$$

(3) Ensaio de curto-circuito
Os valores obtidos no ensaio de curto-circuito, expressos em pu, são:

$$v_c = \frac{V_C}{V_b} = \frac{0,880}{13,8} = 0,0638 \quad pu,$$

$$i_c = \frac{I_C}{I_b} = I \frac{V_b}{S_b} = 10,87 \frac{13,8}{150} = 1,0000 \quad pu,$$

$$p_c = \frac{P_C}{S_b} = \frac{1,6}{150} = 0,01067 \quad pu.$$

O fator de potência é dado por:

$$cos \, \varphi = \frac{p_c}{v_c i_c} = \frac{0,01067}{0,0638 \cdot 1,0} = 0,1672 \quad e \quad \varphi = 80,37°.$$

Adotaremos a tensão na origem, ângulo inicial nulo, e obteremos a corrente atrasada, isto é:

$$\dot{v}_c = 0,0638 \, \underline{|0°} \quad pu,$$

$$\dot{i}_c = 1,0 \, \underline{|-80,37°} \quad pu,$$

logo

$$\bar{z} = \frac{\dot{v}_c}{\dot{i}_c} = \frac{0,0638 \, \underline{|0°}}{1,0 \, \underline{|-80,37°}} = 0,0638 \, \underline{|80,37°} = (0,0107 + 0,0629 j) \quad pu.$$

Ex. 5.3.21 - Dispomos de três cargas monofásicas para as quais sabemos que: a primeira carga absorve, quando alimentada por tensão de 100 kV, (40 - 40j) MVA; a segunda absorve, quando alimentada por tensão de 80 kV, (20 + 12j) MVA, e a terceira absorve, quando alimentada por tensão de 60 kV, (45 + 20j) MVA. Sabemos ainda que, a primeira carga é do tipo "*potência constante*", isto é, a potência absorvida não varia com o valor da tensão aplicada, a segunda é do tipo "*impedância constante*", isto é, sua impedância não varia com a tensão aplicada, e a terceira é do tipo "*corrente constante*", isto é, a corrente absorvida não varia com a tensão aplicada. Alimentando as cargas em paralelo com tensão de 34,5 kV, pedimos determinar a potência e a corrente absorvida por cada carga e pelo conjunto.

SOLUÇÃO:

(1) <u>Valores de base e condições iniciais</u>
Adotaremos tensão de base de 34,5 kV e potência de base de 100 MVA. Assumiremos a tensão do circuito com fase inicial nula, isto é, $\dot{v} = 1,0 \, \underline{|0°} \quad pu$.

(2) <u>Carga de potência constante</u>
Para a carga de potência constante temos, em pu:

$$\bar{s}_1 = \frac{40 - 40 j}{100} = (0,4 - 0,4 j) \quad pu,$$

logo, a corrente absorvida pela carga vale:

$$\dot{i}_1 = \frac{\bar{s}_1^*}{\dot{v}^*} = \frac{0,4 + 0,4 j}{1,0 \underline{|0°}} = 0,4 + 0,4 j = 0,5657 \, \underline{|45°} \quad pu.$$

(3) Carga de impedância constante

Como a impedância da carga é um invariante com a tensão, temos, em grandezas não-normalizadas:

$$Z = \frac{|\dot{V}|^2}{\bar{S}^{\bullet}},$$

e, dividindo ambos os membros pela impedância de base:

$$\bar{z} = \frac{Z}{Z_b} = \frac{|\dot{V}|^2}{\bar{S}^{\bullet}} \cdot \frac{S_b}{V_b^2} = \frac{|\dot{v}|^2}{\bar{s}^{\bullet}},$$

que, para o nosso caso, resulta:

$$\bar{z} = \frac{(80/34,5)^2}{(20-12j)/100} = \frac{5,3770}{0,2332\,\underline{|-30,96°}} =$$
$$= 23,0575\,\underline{|30,96°} = (19,7724 + 11,8617j) \quad pu,$$

donde, quando suprida por tensão de 34,5 kV, a potência e a corrente absorvida valem:

$$\dot{i}_2 = \frac{\dot{v}}{\bar{z}} = \frac{1,0\,\underline{|0°}}{23,0575\,\underline{|30,96°}} = 0,0434\,\underline{|-30,96°} = (0,0372 - 0,0223j) \quad pu,$$

$$\bar{s}_2 = \dot{v}\dot{i}_2^{\bullet} = 0,0372 + 0,0223j \quad pu, \quad ou \quad \bar{S}_2 = (3,72 + 2,23j) \quad MVA.$$

(4) Carga de corrente constante

Como a corrente absorvida pela carga não varia com a tensão, em valores reais, teremos:

$$\dot{I} = \frac{\bar{S}^{\bullet}}{\dot{V}^{\bullet}},$$

onde, obtemos, dividindo ambos os membros pela corrente de base:

$$\dot{i} = \frac{\dot{I}}{I_b} = \frac{\bar{S}^{\bullet}}{\dot{V}^{\bullet}} \frac{V_b}{S_b} = \frac{\bar{s}^{\bullet}}{\dot{v}^{\bullet}}.$$

Para o nosso caso resulta:

$$\dot{i}_3 = \frac{(45-20j)/100}{60/34,5} = \frac{0,45-0,20j}{1,7391} = 0,2476\,\underline{|-23,96°} = (0,2509 - 0,1115j) \quad pu,$$

donde, a potência absorvida vale:

$$\bar{s}_3 = \dot{v}\dot{i}_3^{\bullet} = 0,2509 + 0,1115j \quad pu, \quad ou \quad \bar{S}_3 = (25,09 + 11,15j) \quad MVA.$$

(5) Potência total

Temos:

$$\bar{s} = \bar{s}_1 + \bar{s}_2 + \bar{s}_3 = (0,6881 - 0,2662j) \quad pu, \quad ou \quad (68,81 - 26,62j) \quad MVA,$$

$$\dot{i} = \dot{i}_1 + \dot{i}_2 + \dot{i}_3 = (0,6881 + 0,2662j) \quad pu.$$

Ex. 5.3.22 - Um sistema de potência é constituído por um gerador que alimenta dois bancos de transformadores monofásicos em paralelo (cada banco é constituído por três transformadores monofásico idênticos), os quais, por sua vez, alimentam uma linha que fornece energia a uma rede de distribuição primária por meio de três bancos de transformadores monofásicos em paralelo (cada banco é constituído por três transformadores monofásico idênticos), conforme o diagrama unifilar da Fig. 5-20. Sabemos, ainda:

(a) Os valores nominais dos transformadores monofásicos do banco T_1: 5,0 MVA, 6,6 kV/63,5 kV, 60 Hz, e as medições realizadas no ensaio de curto-circuito, com alimentação pela baixa tensão: tensão de 0,790 kV, corrente de 758 A e potência de 35,0 kW;

(b) Os valores nominais dos transformadores monofásicos do banco T_2: 3,33 MVA, 63,5 kV/11 kV, 60 Hz, e as medições realizadas no ensaio de curto-circuito, com alimentação pela alta tensão: tensão de 4,850 kV, corrente de 52,4 A e potência de 18,6 kW;

(c) Podemos representar a linha de transmissão pelo circuito da Fig. 5.20 (b);

(d) Podemos desprezar as perdas de vazio dos transformadores.

Pedimos:

(1) O circuito equivalente da rede;

(2) A tensão no gerador quando o sistema alimenta carga que absorve 30 MVA, fator de potência 0,92 indutivo, sob tensão de 11 kV;

(3) A potência fornecida pelo gerador;

(4) A regulação do sistema (Variação da tensão entre vazio e em carga);

(5) A potência fornecida à carga do item (2), considerada de impedância constante, quando a tensão no gerador for 6,8 kV.

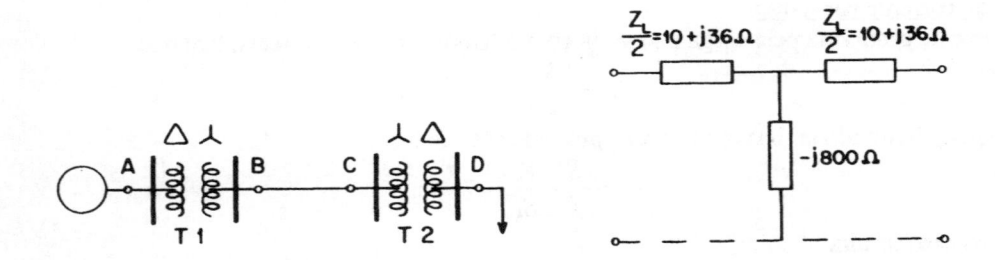

(a) Diagrama unifilar   (b) Circuito equivalente da linha

Figura 5-20. Circuito para o Ex. 5.3.22

SOLUÇÃO:

(1) Circuito equivalente da rede

Do ensaio de curto-circuito do transformador T_1 temos, adotando como valores de base no primário e secundário:

$$S_b = 5 \ MVA \quad e \quad V_b = 6,6 \ kV, \quad S_b' = 5 \ MVA \quad e \quad V_b' = 63,5 \ kV,$$

obteremos do ensaio de curto-circuito:

$$v = \frac{0,790}{6,6} = 0,1197 \ pu, \quad i = 758 \ \frac{6,6}{5000} = 1,0 \ pu,$$

$$p = \frac{35}{5000} = 0,0070 \ pu,$$

donde:

$$\bar{z}_1 = \frac{v}{i} \mid cos^{-1} p/(vi) = \frac{0,1197}{1,0} \underline{\mid cos^{-1} 0,0585} = 0,1197 \underline{\mid 86,65°} \ pu.$$

Como o primário está ligado em triângulo e o secundário em estrela os valores nominais do banco trifásico são dados por:

$$V = 6,6 \ kV, \quad V' = \sqrt{3} \cdot 63,5 = 110 \ kV, \quad S = 3 \cdot 5 = 15 \ MVA.$$

Ao associarmos os dois transformadores em paralelo teremos um transformador equivalente, com os valores nominais dados acima, cuja impedância vale, pela associação paralelo, $\bar{z}/2$. Ao passarmos a potência de base para 30 MVA teremos $\bar{z}_1 = \bar{z}/2 \cdot 30/15$, logo, os valores nominais do transformador trifásico equivalente aos dois bancos em paralelo, são:

$$V_1 = 6,6 \ kV, \quad V_1' = 110 \ kV, \quad S = 30 \ MVA, \quad \bar{z}_1 = 0,1197 \underline{\mid 86,65°} \ pu.$$

Do ensaio de curto-circuito do transformador T_2 temos, adotando como valores de base no primário e secundário:

$$S_b = 3,33 \, MVA \quad e \quad V_b = 11,0 \, kV, \quad S_b' = 3,33 \, MVA \quad e \quad V_b' = 63,5 \, kV,$$

$$v = \frac{4,85}{63,5} = 0,0764 \ pu, \quad i = 52,4 \frac{63,5}{3330} = 1,00 \ pu,$$

$$p = \frac{18,6}{3330} = 0,0056 \, pu, \quad \varphi = cos^{-1} \frac{0,0056}{1,0 \cdot 0,0764} = 85,80°,$$

$$\bar{z}_2 = \frac{0,0764}{1,0} \underline{\mid 85,80°} = \left(0,0056 + 0,0762 j \right) \ pu.$$

Como o primário está ligado em estrela e o secundário em triângulo os valores nominais do banco trifásico são dados por:

$$V = \sqrt{3} \cdot 63,5 = 110 \ kV, \quad V' = 11,0 \ kV, \quad S = 3 \cdot 3,33 = 10 \, MVA.$$

Analogamente ao caso anterior, os valores nominais do transformador trifásico equivalente aos três bancos em paralelo, são:

$$V_2 = 110 \ kV, \quad V_2' = 11 \ kV, \quad S = 30 \ MVA, \quad \bar{z}_2 = 0,0764 \underline{\mid 85,80°} \ pu.$$

Para a carga, adotamos os valores de base:

$$V_b = 11 \ kV \quad e \quad S_b = 30 \, MVA.$$

Para a linha de transmissão, teremos:

$$V_b' = V_b \frac{V_2}{V_2'} = 11 \frac{110}{11} = 110 \, kV, \quad S_b' = S_b = 30 \ MVA.$$

Para o gerador, teremos:

$$V_b'' = V_b' \frac{V_1}{V_1'} = 110 \frac{6,6}{110} = 6,6 \ kV, \quad S_b'' = S_b = 30 \ MVA.$$

Determinaremos as impedâncias considerando todos os elementos da rede, ligados em triângulo, representados por sua estrela equivalente. Temos:

$$z_1 = 0,1197 \underline{|86,65°} = (0,0070 + 0,1195j) \ pu,$$

$$\frac{\overline{z}_L}{2} = \frac{\overline{Z}_L}{2} \cdot \frac{S_b'}{V_b^2} = (10 + 36j)\frac{30}{110^2} = (0,0248 + 0,0893j) \ pu,$$

$$\overline{y} = \overline{Y}\frac{V_b^2}{S_b'} = \frac{1}{-800j} \cdot \frac{110^2}{30} = 0,5042j \ pu,$$

$$\overline{z}_2 = 0,0764 \underline{|85,80°} = (0,0056 + 0,0762j) \ pu.$$

Para a carga, resulta:

$$s_c = \frac{30}{30} = 1,0 \ pu, \quad v_c = \frac{11}{11} = 1,0 \ pu, \quad i_c = \frac{s_c}{v_c} = 1,0 \ pu.$$

Adotando, a corrente na carga com fase inicial nula, $i_c = 1,0 \ \underline{|0°} \ pu$, resulta:

$$\dot{v}_c = 1,0 \ \underline{|\ cos^{-1} 0,92} = 1,0 \underline{|23,07°} = (0,9200 + 0,3919j) \ pu.$$

(2) <u>Tensão no gerador</u>

Procederemos ao cálculo do circuito monofásico equivalente. Temos:

$$\dot{v}_{B'N} = \dot{v}_c + \left(z_2 + \frac{z_L}{2}\right)i_c = 0,9504 + 0,5574j = 1,1018 \underline{|30,39°} \ pu,$$

$$i_{B'N} = \dot{v}_{B'N}\overline{y} = -0,2810 + 0,4792j = 0,5555 \underline{|120,39°} \ pu,$$

$$i_G = i_{B'N} + i_c = 0,7190 + 0,4792j = 0,8641 \underline{|33,68°} \ pu,$$

$$\dot{v}_G = \dot{v}_{B'N} + \left(z_1 + \frac{z_L}{2}\right)(i_c + i_{B'N}) = 0,8732 + 0,7228j = 1,1335 \underline{|39,62°} \ pu.$$

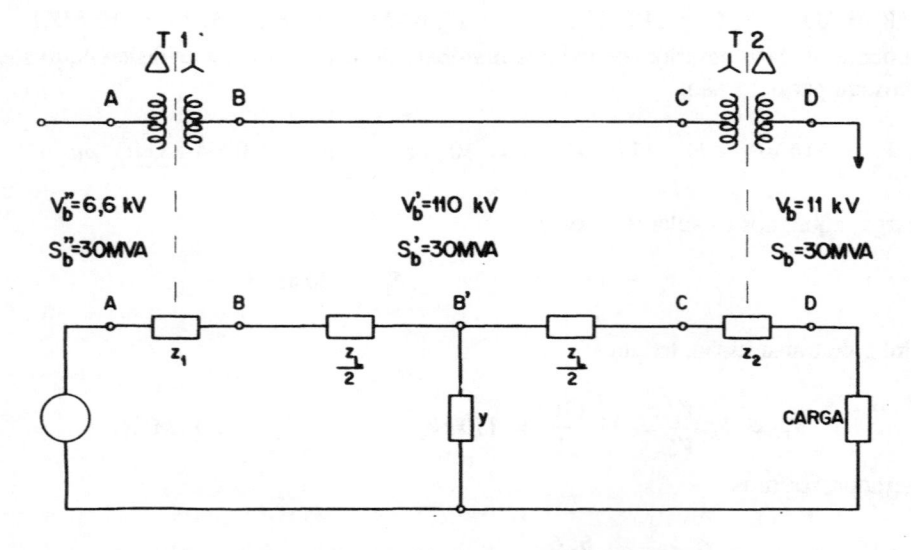

Figura 5-21. Circuito equivalente para o Ex. 5.3.22

(3) Potência no gerador
No gerador, temos:

$$\bar{s}_G = \dot{v}_G \dot{i}_G^* = 1,1335 \,\underline{|39,62°} \cdot 0,8641 \,\underline{|-33,69°} =$$
$$= 0,9795 \,\underline{|5,93°} = (0,9743 + 0,1012j) \ \ pu.$$

(4) Regulação
Definimos a regulação como sendo a variação da tensão na geração quando passamos da condição de vazio para a de plena carga. Assim, na condição de vazio teremos:

$$\dot{v}_{DN} = \dot{v}_{B'N} = \frac{\dot{v}_G}{\bar{z}_1 + \dfrac{\bar{z}_L}{2} + \dfrac{1}{\bar{y}}} \cdot \frac{1}{\bar{y}} = \frac{1,1335 \,\underline{|39,58}}{1.7748 \,\underline{|-88,97}} \cdot \frac{1}{0,5042 \,\underline{|90°}} = 1,2667 \,\underline{|38,59°} \ \ pu,$$

e a regulação é dada por:

$$Reg = \frac{1,2667 - 1,0}{1,0} \cdot 100,0 = 26,67 \ \%.$$

Destacamos que não seria viável a operação de uma rede real com o valor de regulação alcançado, sendo indispensável a utilização de ajuste da tensão de suprimento nas duas condições de carga e de outros reforços, que deixamos de analisar por fugirem ao escopo básico deste livro. Deixamos ao leitor a determinação da resposta ao quesito: qual deveria ser a tensão no gerador, na condição de vazio, para que a regulação da tensão na carga não exceda 10 %.

(5) Tensão na carga com tensão fixa na geração
Neste caso representaremos a carga como sendo de impedância constante e, destacamos, que na hipótese de considerarmos carga de potência ou corrente constante o método de resolução mais viável seria o iterativo. A impedância da carga, que é obtida a partir dos dados fornecidos, vale

$$|\bar{z}_C| = \frac{v^2}{s} = \frac{1 \cdot 1}{1} = 1,0 \ \ pu \qquad e \qquad \varphi = cos^{-1}(0,92) = 23,07°,$$

logo

$$\bar{z}_C = 1,0 \,\underline{|23,07°} = 0,9200 + 0,3919j \ \ pu.$$

O procedimento que adotaremos consistirá em associarmos, em série, as impedâncias $\bar{z}_C$, $\bar{z}_2$ e $\bar{z}_L/2$. A seguir associamos, em paralelo, essa impedância com a admitância y, e, finalmente, realizaremos a associação série dessa última impedância com as impedâncias $\bar{z}_1$ e $\bar{z}_L/2$, e obteremos a impedância vista pelo gerador, que é dada por:

$$\bar{z}_G = \bar{z}_1 + \frac{\bar{z}_L}{2} + \frac{\left(\dfrac{\bar{z}_L}{2} + \bar{z}_2 + \bar{z}_C\right) \cdot \dfrac{1}{\bar{y}}}{\dfrac{\bar{z}_L}{2} + \bar{z}_2 + \bar{z}_C + \dfrac{1}{\bar{y}}} = 1,3119 \,\underline{|5,93°} \ \ pu.$$

A tensão no gerador é de 6,8 kV, que corresponde a 1,0303 pu. Fixamos a tensão no gerador com fase inicial nula, isto é: $\dot{v}_G = 1,0303\underline{|0°}\ pu$. A seguir, determinamos a corrente fornecida pelo gerador, isto é:

$$\dot{i}_G = \frac{\dot{v}_G}{\bar{z}_G} = \frac{1,0303\underline{|0°}}{1,3119\underline{|5,93°}} = 0,7853\underline{|-5,93°}\ pu.$$

Nessas condições a tensão no ponto B' é dada por:

$$\dot{v}_{B'N} = \dot{v}_G - \left(\bar{z}_1 + \frac{\bar{z}_L}{2}\right) \cdot \dot{i}_G = 1,0016\underline{|-9,22°}\ pu,$$

e a corrente e a tensão na carga são dadas por:

$$\dot{i}_C = \dot{i}_G - \dot{v}_{B'N}\bar{y} = 0,9087\underline{|-39,60°}\ pu,$$

$$\dot{v}_C = \bar{z}_C\dot{i}_C = 1,0\underline{|23,07°} \cdot 0,9087\underline{|-39,60°} = 0,9087\underline{|-16,53°}\ pu.$$

Finalmente, a potência na carga é dada por:

$$\bar{s}_C = \dot{v}_C\dot{i}_C^* = 0,9087\underline{|-16,53°} \cdot 0,9087\underline{|+39,60°} =$$

$$= 0,8257\underline{|23,07°} = \left(0,7597 + 03236\,j\right)\ pu.$$

Ex. 5.3.23 - No diagrama unifilar da Fig. 5-22 representamos uma rede trifásica na condição de vazio, isto é, sem carga. Conhecemos:

(1) Geradores
Os dados dos geradores estão fornecidos na tabela abaixo.

Número de ordem	Pot. nominal (MVA)	Tensão Nom. (kV)	Reatância (%)	Freqüência (Hz)
1	30	13,2	100	60
2	30	13,2	100	60
3	50	6,9	100	60

(2) Transformadores
Os transformadores de número 1, 2, 3 e 4 são iguais e seus valores nominais são:
Pot. nom. 50 MVA, tensões nominais 138/13,8 kV, reatância 10 %, freqüência 60 Hz.
Os transformadores 5 e 6 são iguais e seus valores nominais são:
Pot. nom. 75 MVA, tensões nominais 138/6,9 kV, reatância 10 %, freqüência 60 Hz.

(3) Impedância das linhas
As impedâncias das linhas valem: $\bar{Z}_{23} = 40j\ \Omega$ e $\bar{Z}_{89} = \bar{Z}_{56} = 20j\ \Omega$.

Pedimos, desprezando as correntes de vazio dos transformadores e todas as resistências, desenhar o diagrama de impedâncias da rede fixando no gerador número 1 a tensão de base em 13,2 kV e a potência de base em 30 MVA.

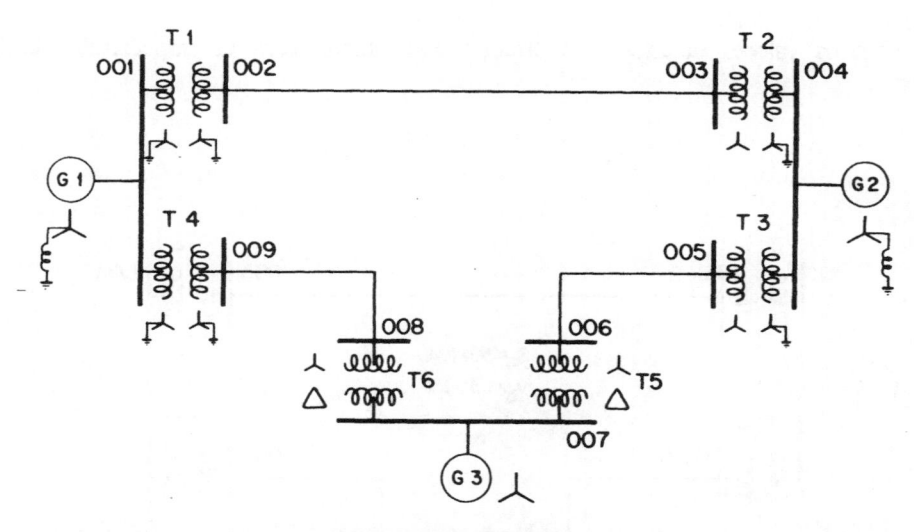

Figura 5-22. Diagrama unifilar para o Ex. 5.3.23

SOLUÇÃO:

(1) <u>Valores de base</u>
No gerador número 1 temos, conforme enunciado,

$$V_{b1} = 13,2 \ kV \qquad e \qquad S_b = 30 \ MVA.$$

Para todos os trechos da rede mantemos a potência de base em 30 MVA. Para a fixação das tensões de base partimos do gerador 1 e percorremos a malha fixando a base de tensão obedecendo à relação de transformação dos transformadores, de modo que sejam representados, em pu, com relação de espiras 1:1. Salientamos que ao alcançarmos o último transformador as tensões de base já estão definidas; caso a relação entre as tensões não coincida com a de transformação deveremos utilizar um autotransformador ("choque de bases"). Assim:

$$V_{b2} = V_{b3} = 13,2 \ \frac{138}{13,8} = 132 \ kV,$$

$$V_{b4} = 132 \ \frac{13,8}{138} = 13,2 \ kV,$$

$$V_{b5} = V_{b6} = 13,2 \ \frac{138}{13,8} = 132 \ kV,$$

$$V_{b7} = 132 \ \frac{6,9}{138} = 6,6 \ kV,$$

$$V_{b8} = V_{b9} = 6,6 \ \frac{138}{6,9} = 132 \ kV.$$

Observamos que a relação entre as tensões de base das barras 9 e 1 coincidem com a relação de transformação do transformador número 4, logo, não necessitamos de autotransformador, isto é, não houve choque de bases. Lembramos que as tensões de base dos geradores corresponderão às tensões de base das barras às quais se conectam. Na Fig. 5-23 apresentamos o diagrama unifilar da rede com os valores de base e o circuito equivalente, com as impedâncias indicadas literalmente.

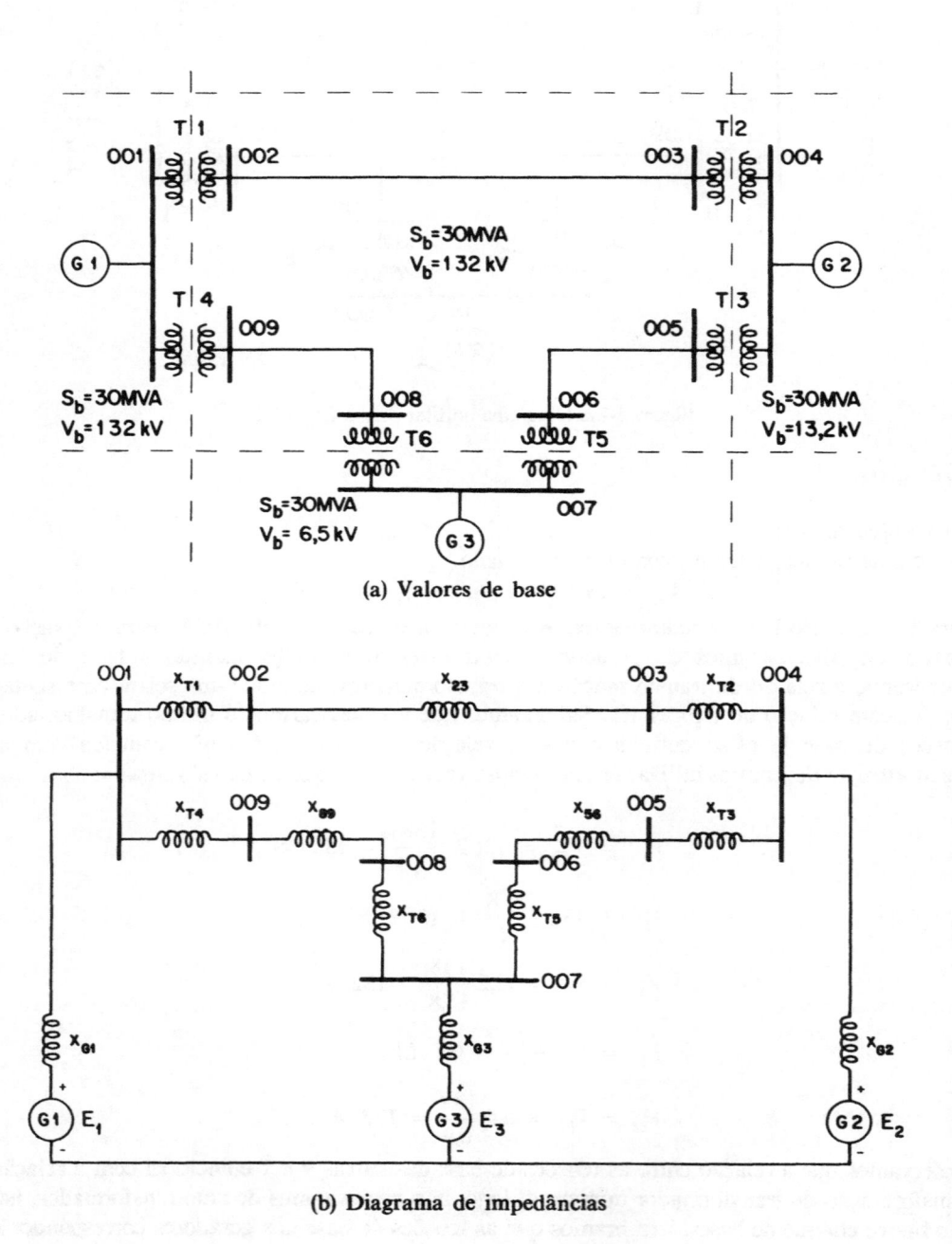

(a) Valores de base

(b) Diagrama de impedâncias

Figura 5-23. Circuito equivalente para Ex. 5.3.23

(2) Impedâncias
As impedâncias, em pu, são dadas por:

$$x_{G1} = 1,0 \frac{13,2^2}{30} \frac{30}{13,2^2} = 1,0000 \ pu,$$

$$x_{T1} = 0,1 \frac{13,8^2}{50} \frac{30}{13,2^2} = 0,0656 \ pu,$$

$$x_{23} = 40 \frac{30}{132^2} = 0,0689 \ pu,$$

$$x_{T2} = 0,10 \frac{138^2}{50} \frac{30}{132^2} = 0,0656 \ pu,$$

$$x_{G2} = 1,0 \frac{13,2^2}{30} \frac{30}{13,2^2} = 1,0000 \ pu,$$

$$x_{T3} = 0,10 \frac{138^2}{50} \frac{30}{132^2} = 0,0656 \ pu,$$

$$x_{56} = 20 \frac{30}{132^2} = 0,0344 \ pu,$$

$$x_{T5} = 0,10 \frac{138^2}{75} \frac{30}{132^2} = 0,0437 \ pu,$$

$$x_{G3} = 1,0 \frac{6,9^2}{50} \frac{30}{6,6^2} = 0,6558 \ pu,$$

$$x_{T6} = 0,10 \frac{138^2}{75} \frac{30}{132^2} = 0,0437 \ pu,$$

$$x_{89} = 20 \frac{30}{132^2} = 0,0344 \ pu,$$

$$x_{T4} = 0,10 \frac{138^2}{50} \frac{30}{132^2} = 0,0656 \ pu.$$

5.3.5 - EXERCÍCIOS PROPOSTOS

Ex. 5.3.24 - Pedimos, adotando no barramento do gerador tensão e potência de base de 13,8 kV e 5 MVA, o diagrama de impedâncias da rede monofásica da Fig. 5-24. Fornecemos:

Número do transformador	Tensão nom. (kV)	Potência nom. (MVA)	Impedância (%)
T1	13,8/220	5	2,0 + 8,0j
T2	220/69	3	2,0 + 8,0j
T3	220/138	3	2,5 + 8,0j
T4	138/88	3	3,0 + 7,0j
Dados dos transformadores para o Ex. 5.3.24			

Linha	Impedância (pu)	Tensão de base (kV)	Potência de base (MVA)
002-003	0,02 + 0,08j	220	5
002-005	0,03 + 0,06j	138	2
005-006	0,02 + 0,08j	220	10
Dados das linhas para o Ex. 5.3.24			

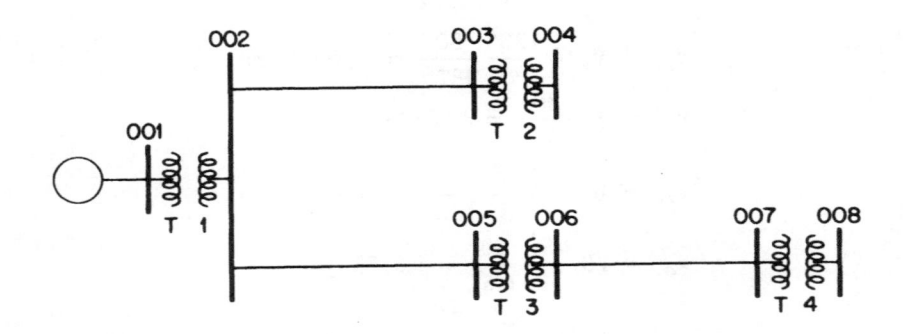

Figura 5-24. Diagrama unifilar para o Ex. 5.3.24

Ex. 5.3.25 - No Ex. 5.3.23 ligamos duas cargas: uma no barramento 004, que absorve 2 MVA com fator de potência 0,6 indutivo e está com tensão de 12,6 kV, e outra no barramento 008, que está absorvendo 1 MW e 1 MVAr. Pedimos determinar a tensão em todas as barras da rede e as perdas no sistema.

Ex. 5.3.26 - No Ex. 5.3.23 o gerador G_3 está funcionando como motor síncrono e absorve 3 MVA com fator de potência 0,8 capacitivo, sob tensão de 6,5 kV. Pedimos determinar as tensões nos terminais de G_1 e G_2, de modo tal que G_2 esteja em vazio ($\bar{S}_{G2} = 0$).

Ex. 5.3.27 - Nos Exs. 5.3.23 e 5.3.25 mudamos a derivação do transformador T5 de modo que suas tensões nominais passaram a ser 6,5 kV e 138 kV. Pedimos:
(1) O diagrama de impedâncias, para valores de base de 13,2 kV e 30 MVA no gerador G1.
(2) A corrente de circulação quando a f.e.m. dos três geradores for 1,5 pu.
(3) A corrente e potência em toda a rede quando as f.e.m. do geradores forem: $\dot{e}_{G1} = 1,2 \lfloor\underline{0°}\ pu$,

$\dot{e}_{G2} = 1,4 \lfloor\underline{0°}\ pu$ e $\dot{e}_{G3} = 1,2 \lfloor\underline{20°}\ pu$.

5.3.6 - EXERCÍCIOS RESOLVIDOS PELO PROGRAMA **BASEPU**

(1) APRESENTAÇÃO

O programa **BASEPU**, que se destina à resolução de exercícios em valores por unidade, conta com recursos para a leitura de dados através de arquivo formatado, tipo ASCII, ou para gerá-los aleatoriamente. Neste último caso permite que os dados gerados sejam armazenados no arquivo. Ao ser acionado, através do menu principal (comando **C:\COMPSIM**) ou diretamente através do comando **C:\COMPSIM\BASEPU**, apresenta menu principal, do programa, onde destacamos as opções, que serão objeto de detalhamento nas seções subseqüentes:

- **REL. BASE**, que se destina à execução de exercícios pertinentes a relações entre bases;
- **BA.TRAFO**, que se destina a exercícios de trafos de dois e três enrolamentos;
- **CAL. REDE**, que se destina ao cálculo de rede radial;
- **CHOQ. BA.**, que se destina ao cálculo de circuito em que há choque de bases.

(2) OPÇÃO **REL. BASE**

Nesta opção nos dedicamos ao cálculo de relações entre valores de base, isto é, fornecemos, para redes monofásicas ou trifásicas, duas das grandezas de base e solicitamos o cálculo das demais. Salientamos que no caso de redes trifásicas todos seus elementos, independentemente de qual seja seu esquema de ligação, estão representados por sua estrela equivalente. O arquivo utilizado nesta opção é identificado pela extensão .PU1, isto é, recebe um nome qualquer seguido da extensão **PU1 (????????.PU1)**, que conta com um único registro onde são armazenados os valores das variáveis: ITIPO, que pode assumir os valores 1 ou 2, conforme desejamos estudar rede monofásica ou trifásica; NELEM1, que pode assumir valores desde 1 até 5, conforme desejamos que a primeira grandeza fornecida represente, na ordem, a potência de base, a tensão de base, a corrente de base, a impedância de base ou, finalmente, a admitância de base; NELEM2, que representa a segunda grandeza de base a ser fornecida, são válidas as mesmas considerações da variável anterior. Finalmente são fornecidos, variáveis VAL1 e VAL2, os valores das grandezas a serem lidas. À Tab. 5-4 apresentamos os campos de definição e formatos das variáveis. Salientamos que as variáveis NELEM1 e NELEM2 não podem receber simultaneamente os códigos 4 e 5, pois que, a admitância de base é o inverso da impedância de base, em outras palavras, quando atribuímos a NELEM1 o código 4 ou 5, o código de NELEM2 deverá, obrigatoriamente, ser menor que 4. Além disso, a variável NELEM2 deve, obrigatoriamente, ser maior que NELEM1. Os valores de base referentes à potência aparente, tensão, corrente, impedância e admitância são fornecidos respectivamente em VA, V, A, Ω e S, e que, no caso de rede trifásica os valores são de linha.

Ex. 5.3.28 - No arquivo RELBA001.PU1 gravamos os valores: 2 2 3   13800,0 3000,0. Pedimos interpretar os valores e calcular as demais grandezas de base.

Variável	Campo de definição	Formato
ITIPO	01 a 03	I3
NELEM1	04 a 06	I3
NELEM2	07 a 09	I3
VAL1	10 a 24	F15.5
VAL2	25 a 39	F15.5
Tabela 5-4. Campos de definição das variáveis		

SOLUÇÃO:

(1) Interpretação do arquivo

A variável ITIPO assumiu o valor 2, logo, desejamos estudar as relações entre valores de base numa rede trifásica. As variáveis NELEM1 e NELEM2 assumiram, respectivamente, os valores 2 e 3, logo iremos fornecer, em VAL1 e VAL2, a tensão e a corrente de base, respectivamente. Finalmente temos: tensão de base 13800 V e corrente de base 3000 A.

(2) Grandezas de base

Para a potência de base temos:

$$S_b = \sqrt{3} \cdot V_{bL} \cdot I_{bL} = \sqrt{3} \cdot 13800 \cdot 3000 = 71706903 \ VA.$$

Para a impedância e admitância de base temos:

$$Z_b = \frac{V_{bL}}{\sqrt{3} \cdot I_{bL}} = \frac{V_{bL}^2}{S_b} = \frac{13800}{\sqrt{3} \cdot 3000} = 2,656 \ \Omega,$$

$$Y_b = \frac{1}{Z_b} = \frac{1}{2,656} = 0,377 \ S.$$

Ex. 5.3.29 - No arquivo RELBA002.PU1 gravamos os valores: 2 3 5 300,0 10,00. Pedimos interpretar os valores e calcular as demais grandezas de base.

SOLUÇÃO:

(1) Interpretação do arquivo

A variável ITIPO assumiu o valor 2, logo, desejamos estudar as relações entre valores de base numa rede trifásica. As variáveis NELEM1 e NELEM2 assumiram, respectivamente, os valores 3 e 5, logo iremos fornecer, em VAL1 e VAL2, a corrente e a admitância de base, respectivamente. Finalmente temos: corrente de base 300,0 A e admitância de base 10,0 S.

(2) Grandezas de base

Para a impedância de base, temos

$$Z_b = \frac{1}{Y_b} = \frac{1}{10,0} = 0,10 \ \Omega.$$

Para a potência de base temos:

$$S_b = \sqrt{3} \cdot V_{bL} \cdot I_{bL} = \sqrt{3}\left(\sqrt{3}V_{bF}\right)I_{bL} = \sqrt{3}\left(\sqrt{3}I_{bF}Z_b\right)I_{bL} = 3I_{bL}^2 Z_b =$$

$$= 3 \cdot 300^2 \cdot 0{,}10 = 27000 \ VA.$$

Para a tensão de base temos:

$$V_{bf} = Z_b I_{bf} = Z_b I_{bL} = 0{,}1 \cdot 300 = 30 \ V \quad e \quad V_{bL} = \sqrt{3}V_{bf} = \sqrt{3} \cdot 30 = 51{,}961 \ V.$$

Salientamos que poderíamos ter calculado, inicialmente, a tensão de base para a seguir calcular a potência de base, isto é:

$$V_{bF} = \frac{I_{bF}}{Y_b} = \frac{300}{10} = 30 \ V,$$

$$V_{bL} = \sqrt{3}V_{bF} = \sqrt{3} \cdot 30 = 51{,}961 \ V,$$

$$S_b = \sqrt{3} \cdot V_{bL} \cdot I_{bL} = \sqrt{3} \cdot 51,961 \cdot 300,0 = 27000 \ VA.$$

(3) OPÇÃO **BA. TRAFO**

(3.1) - APRESENTAÇÃO

Nesta opção são estudados os valores de base para bancos de transformadores monofásicos e para transformadores trifásicos de dois ou três enrolamentos. No caso particular de bancos de transformadores monofásicos cada exercício é dividido em duas partes, sendo que, na primeira parte determinamos os valores nominais do transformador trifásico equivalente ao banco de monofásicos e, na segunda, que é comum a todos os transformadores, estudamos a rotação de fase, entre o primário e o secundário, e procedemos ao cálculo de tensões e correntes de fase e linha para um carregamento dado no secundário do transformador. Fornecemos, ainda, a tensão de base a ser fixada e a tensão efetivamente existente no primário ou no secundário.

Como no caso anterior os dados podem ser lidos de arquivo formatado, tipo ASCII, ou gerados aleatoriamente pelo programa. Neste último caso os dados gerados podem ser armazenados em arquivo. O arquivo recebe nome arbitrário, fixado pelo usuário, seguido de extensão .PU2, isto é, o arquivo será identificado por ????????.PU2. O arquivo, que será detalhado nas seções subseqüentes, conta com três ou quatro registros, conforme estivermos considerando transformadores de dois enrolamentos ou de três enrolamentos.

(3.2) TRANSFORMADORES DE DOIS ENROLAMENTOS

Neste caso, Tab. 5-5, no primeiro registro, que se destina a identificar o transformador, contamos com a variável ITIPO, que assume os valores 1 ou 3 conforme o transformador seja banco de três monofásicos ou trifásico. A seguir, as variáveis NELEM1 e NELEM2, que identificam o esquema de ligação dos enrolamentos primário e secundário (1 - ligação em estrela e 2 - ligação em triângulo). Destacamos que o programa não trata transformadores com mesmo esquema de ligação no primário e no secundário, isto é, estas duas variáveis devem ser, obrigatoriamente, diferentes. No registro seguinte, 2° Registro, temos os valores nominais dos transformadores monofásicos que constituem o banco (ITIPO = 1) ou do transformador trifásico (ITIPO = 3). Assim, temos as variáveis: VNOM0 e VNOM9, que correspondem às tensões nominais, em kV, dos enrolamentos primário e secundário, respectivamente; segue-se a variável SNOM, que representa a potência nominal, em MVA, e finalmente, as variáveis REQPU e XEQPU, que representam, em pu, a resistência e a reatância de curto-circuito do transformador. Finalmente, no 3° Registro temos os dados para o cálculo de tensões e correntes, isto é, as variáveis: IBAENR, que assume os valores 1 ou 2 indicando que iremos fixar a tensão de base no primário ou secundário do transformador, respectivamente; a variável ISEQFA, que assume os valores 1 ou 2 em correspondência a trifásico com seqüência de fase direta ou inversa; ITENDA, que assume os valores 1 ou 2 conforme seja fixada a tensão dada no primário ou secundário. Seguem-se, no mesmo registro, os valores da potência suprida pelo transformador, em termos de MW e MVAr, potência de base, em MVA, tensão fixada, em kV, com ângulo de fase nulo, isto é, $\dot{V} = VDADO\underline{|0°}$, e tensão de base, em kV.

Variável	Campo de def.	Formato	Observações
	1° Registro		
ITIPO	01 a 03	I3	(Valor 1 ou 3)
NELEM1	04 a 06	I3	(Valor 1 ou 2)
NELEM2	07 a 09	I3	(Valor 1 ou 2)
	2° Registro		
VNOM0	01 a 09	F9.4	V. prim. em kV
VNOM9	10 a 18	F9.4	V. sec. em kV
SNOM	19 a 27	F9.4	Pot. nom. em MVA
REQPU	28 a 36	F9.4	Res. curto em pu
XEQPU	37 a 45	F9.4	Reat. curto em pu
	3° Registro		
IBAENR	01 a 03	I3	(Valor 1 ou 2)
ISEQFA	04 a 06	I3	(Valor 1 ou 2)
ITENDA	07 a 09	I3	(Valor 1 ou 2)
PDADO9	10 a 18	F9.4	Pot. carga em MW
QDADO9	19 a 27	F9.4	Pot. carga em MVAr
SBASE	28 a 36	F9.4	Pot. base em MVA
VDADO	37 a 45	F9.4	Tensão em kV
VBASE	46 a 54	F9.4	Tensão de base em kV
Tabela 5-5. Estrutura do arquivo de transformadores de dois enrolamentos			

Ex. 5.3.30 - No arquivo TRADY001.PU2 estão gravados os dados: 1° Registro: 1 2 1, 2° Registro: 0.6 12.7017 75. 0.018 0.070, 3° Registro: 1 1 2 178.500 182.200 87. 22.400 0.600. Pedimos:

(1)   Interpretar os dados armazenados no arquivo;
(2)   Determinar o transformador equivalente ao banco de transformadores;
(3)   Determinar as tensões e correntes na condição de carga dada.

SOLUÇÃO:

(1) Interpretação dos dados
No 1° Registro a variável ITIPO vale 1, logo, estamos apresentando um banco de três transformadores monofásicos. As variáveis NELEM1 e NELEM2 valem, respectivamente, 2 e 1; logo, os enrolamentos primários estão ligados em triângulo e os secundários em estrela. No 2° Registro temos: variáveis VNOM0 e VNOM9, valendo 0,6 kV e 12,7017 kV, que representam as tensões nominais de cada um dos transformadores monofásicos; variável SNOM, valendo 75 MVA, representando a potência nominal de cada um dos transformadores, e, finalmente, variáveis REQPU e XEQPU, valendo 0,018 e 0.070, representando a resistência e a reatância de curto circuito. Finalmente, no 3° Registro temos: IBAENR valendo 1, logo, iremos fixar a tensão de base no primário do transformador equivalente; ISEQFA valendo 1, isto é, a seqüência de fase do trifásico é a direta; ITENDA valendo 2, portanto, iremos fornecer a tensão de linha no secundário do transformador; a seguir, as variáveis PDADO9 e QDADO9, que valem 178,500 MW e 182,200 MVAr, representando a carga suprida no secundário do transformador; a variável SBASE, valendo 87 MVA, representa a potência de base; a seguir, a variável VDADO, que vale 22,400 kV, representando a tensão no secundário do transformador e, finalmente, a variável VBASE, valendo 0,600 kV, que representa a tensão de base no primário do transformador.

(2) Transformador equivalente
Sabemos que para a obtenção do transformador equivalente ao banco devemos: manter a tensão nominal dos enrolamentos ligados em triângulo, multiplicar por $\sqrt{3}$ a tensão nominal dos enrolamentos ligados em estrela e multiplicar por 3 a potência nominal. As impedâncias, em pu, permanecem inalteradas, isto é, os valores nominais do transformador equivalente são:

$$V_{nom1} = 0,600 \ kV, \qquad V_{nom2} = 12,7017 \cdot \sqrt{3} = 22,000 \ kV,$$
$$S_{nom} = 3 \cdot 75,0 = 225,0 \ MVA, \qquad \bar{z} = (0,018 + 0,070 j) \ pu.$$

(3) Valores de base e resolução da rede
O enunciado nos diz que a potência de base vale 87 MVA, logo, para ambos os enrolamentos assumiremos esse valor de base, e que a tensão de base no primário V_{b1} é de 0,600 kV, logo a do secundário é dada por:

$$V_{b2} = V_{b1} \frac{V_{nom2}}{V_{nom1}} = 0,600 \frac{22,0}{0,60} = 22,0 \ kV.$$

A impedância, em pu, referida a qualquer dos dois enrolamentos é dada por:

$$\bar{z} = (r + jx) \frac{V_{nom1}^2}{S_{nom}} \frac{S_b}{V_{b1}^2} = (r + jx) \frac{V_{nom2}^2}{S_{nom}} \frac{S_b}{V_{b2}^2} = (0,018 + 0,070 j) \frac{22,0^2}{225} \frac{87}{22,0^2} =$$
$$= (0,00696 + 0,02707 j) = 0,02795 \underline{|75,58°} \ pu.$$

A tensão secundária, que vale 22,4 kV, expressa em pu nos fornece $|v| = 22,4/22 = 1,018$ pu. Lembrando que o enrolamento secundário está ligado em estrela e que fixamos com fase inicial nula a tensão de linha $\dot{v}_{AB9} = 1,018\,\underline{|0°}$ pu, teremos, sendo a seqüência de fase direta, $\dot{v}_{AN9} = 1,018\,\underline{|-30°}$ pu. A potência absorvida pela carga, no secundário, é dada por:

$$\bar{s}_9 = \frac{178,500 + 182,200\,j}{87} = 2,932\,\underline{|45,59°}\ pu.$$

A corrente secundária e a tensão primária, em pu, são dadas por:

$$\dot{i}_9 = \frac{\bar{s}^*}{\dot{v}_9^*} = \frac{2,932\,\underline{|-45,59°}}{1,018\,\underline{|+30°}} = 2,880\,\underline{|-75,59°}\ pu,$$

$$\dot{v}_0' = \dot{v}_9 + z\dot{i}_9 = 1,0885\,\underline{|-27,88°}\ pu.$$

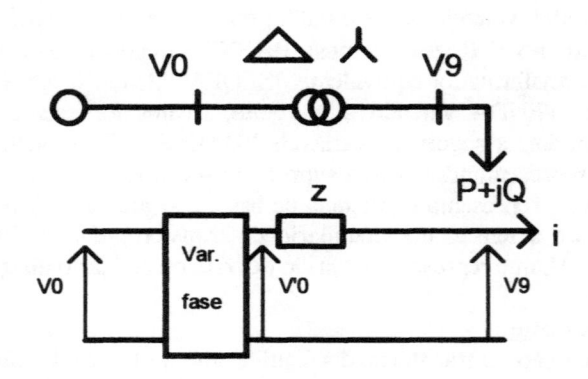

Figura 5-25. Diagrama unifilar e circuito equivalente Ex. 5.3.30

Assim, as tensões de linha e fase, em kV, no secundário, são dadas por:

$$\dot{V}_{AN9} = 12,930\,\underline{|-30°}\ kV, \qquad \dot{V}_{BN9} = 12,930\,\underline{|-150°}\ kV, \qquad \dot{V}_{CN9} = 12,930\,\underline{|90°}\ kV,$$

$$\dot{V}_{AB9} = 22,396\,\underline{|0°}\ kV, \qquad \dot{V}_{BC9} = 22,396\,\underline{|-120°}\ kV, \qquad \dot{V}_{CA9} = 22,396\,\underline{|120°}\ kV.$$

No primário, lembrando que ao passarmos de um enrolamento ligado em estrela para um em triângulo, para seqüência de fase direta teremos rotação de fase de -30° , resulta:

$$\dot{V}_{AB0} = 0,653\,\underline{|-27,88°}\ kV, \qquad \dot{V}_{BC9} = 0,653\,\underline{|-147,88°}\ kV, \qquad \dot{V}_{CA9} = 0,653\,\underline{|92,12°}\ kV.$$

Analogamente, para as correntes teremos:

$$\dot{I}_{AN9} = \dot{I}_{A9} = \dot{i}_9 \cdot \frac{S_b}{\sqrt{3}V_b} = 2,880\,\underline{|-75,59°} \cdot \frac{87}{\sqrt{3}\cdot 22,0} = 6,575\,\underline{|-75,59°}\ kA,$$

$$\dot{I}_{BN9} = \dot{I}_{B9} = 6,575\,\underline{|164,41°}\ kA, \qquad \dot{I}_{CN9} = \dot{I}_{C9} = 6,575\,\underline{|44,41°}\ kA,$$

e

$$\dot{I}_{A0} = \dot{i} \cdot \frac{S_b}{\sqrt{3}V_b} = 2,880\,\underline{|-105,59°} \cdot \frac{87}{\sqrt{3}\cdot 0,600} = 241,101\,\underline{|-105,59°}\ kA,$$

$$\dot{I}_{B0} = 241,101\,\underline{|134,41°}\ kA, \qquad \dot{I}_{C0} = 241,101\,\underline{|14,41°}\ kA.$$

Ex. 5.3.31 - No arquivo TRAYD001.PU2 estão gravados os dados: 1° Registro: 3 1 2, 2° Registro: 13.8 69.00 75. 0.007 0.0710, 3° Registro: 1 2 1 60.350 42.200 100. 14.076 15.0. Pedimos:
(1) Interpretar os dados armazenados no arquivo;
(2) Determinar o transformador equivalente ao banco de transformadores;
(3) Determinar as tensões e correntes na condição de carga dada.

SOLUÇÃO:

(1) Interpretação dos dados
No 1° Registro a variável ITIPO vale 3, logo, estamos apresentando um transformador trifásico. As variáveis NELEM1 e NELEM2 valem, respectivamente, 1 e 2, logo, os enrolamentos primários estão ligados em estrela e os secundários em triângulo. No 2° Registro temos: variáveis VNOM0 e VNOM9, valendo 13,8 kV e 69,0 kV, que representam as tensões nominais do transformador trifásico; variável SNOM, valendo 75 MVA, representando a potência nominal do transformador, e, finalmente, variáveis REQPU e XEQPU, valendo 0,007 e 0.071, representando a resistência e a reatância de curto circuito. Finalmente, no 3° Registro temos: IBAENR valendo 1, logo, iremos fixar a tensão de base no primário do transformador equivalente; ISEQFA valendo 2, isto é, a seqüência de fase do trifásico é a inversa; ITENDA valendo 1, portanto, iremos fornecer a tensão de linha no primário do transformador; a seguir, as variáveis PDADO9 e QDADO9, que valem 60,350 MW e 42,200 MVAr, representando a carga suprida no secundário do transformador; a variável SBASE, valendo 100 MVA, representa a potência de base; a seguir, a variável VDADO, que vale 14,076 kV, representando a tensão no primário do transformador e, finalmente, a variável VBASE, valendo 15,0 kV, que representa a tensão de base no primário do transformador.

(2) Transformador equivalente
Fixaremos a potência de base para ambos os enrolamentos em 100 MVA, conforme fixada no enunciado. A tensão de base no secundário será dada por:

$$V_{b9} = V_{b0} \frac{V_{nom9}}{V_{nom0}} = 15,0 \frac{69,0}{13,8} = 75,0 \ kV.$$

A carga, no secundário do transformador, em pu, é dada por:

$$\overline{s} = \frac{P + jQ}{S_b} = \frac{60,35 + 42,2j}{100} = 0,7364 \ \underline{|34,96°} \ pu.$$

A tensão de linha e de fase no primário do transformador, em pu, é dada por:

$$|\dot{v}_{0L}| = \frac{14,076}{15,0} = 0,9384 \ pu,$$

e, sendo a fase inicial da tensão de linha nula, resultará, para seqüência de fase inversa:

$$\dot{v}_{0L} = 0,9384 \ \underline{|0°} \ pu, \qquad \dot{v}_{0F} = 0,9384 \ \underline{|30°} \ pu.$$

A impedância de curto circuito é dada por:

$$Z = (r + jx)\frac{V_{nom9}^2}{S_{nom}}\frac{S_b}{V_{b9}^2} = (r + jx)\frac{V_{nom0}^2}{S_{nom}}\frac{S_b}{V_{b0}^2} =$$

$$= (0,007 + 0,071j)\frac{13,8^2}{75}\frac{100}{15^2} = 0,0079 + 0,0801j = 0,0805\,\underline{|84,37°}\;\;pu.$$

(3) Cálculo das tensões e correntes
Neste caso temos:

$$\dot{v}_{0F} = \dot{v}_{9F} + Z \cdot \dot{i}_9 = \dot{v}_{9F} + Z \cdot \frac{\bar{s}^*}{\dot{v}_{9F}^*},$$

isto é, sendo a carga de potência constante, recaímos em equação em que temos como incógnitas a tensão secundária (valor complexo); multiplicando a equação precedente pelo complexo conjugado da tensão no secundário alcançaríamos um sistema de equações biquadráticas. Neste caso optamos pela utilização de método de solução iterativo. Assim, inicialmente, assumimos que a tensão secundária é igual à primária e através da equação:

$$\dot{v}_{9F}^{(Iter.i+1)} = \dot{v}_{0F} - Z \cdot \frac{\bar{s}^*}{\dot{v}_{9F}^{*(Iter.i)}},$$

determinamos o valor da tensão para a iteração seguinte. Repetimos o procedimento até que em duas iterações sucessivas o módulo da diferença das tensões seja não maior que uma tolerância pré-fixada, isto é:

$$\left|\dot{v}_{9F}^{(Iter.i+1)} - \dot{v}_{9F}^{(Iter.i)}\right| \leq TOLERÂNCIA.$$

Substituindo os valores numéricos teremos:

$$\dot{v}_{9F}^{(Iter.i+1)} = \dot{v}_{0F} - Z \cdot \frac{\bar{s}^*}{\dot{v}_{9F}^{*(Iter.i)}} = 0,9384\,\underline{|30°} - \frac{0,0805\,\underline{|84,37°} \cdot 0,7364\,\underline{|-34,96°}}{\dot{v}_{9F}^{*(Iter.i)}},$$

que para a primeira iteração, quando fixamos $\dot{v}_{9F} = \dot{v}_{0F}$, resulta:

$$\dot{v}_{9F}^{(Iter.1)} = 0,9384\,\underline{|30°} - \frac{0,0805\,\underline{|84,37°} \cdot 0,7364\,\underline{|-34,96°}}{0,9384\,\underline{|-30°}} = 0,8011 + 0,4071j\,;$$

na segunda iteração resulta:

$$\dot{v}_{9F}^{(Iter.2)} = 0,9384\,\underline{|30°} - \frac{0,0805\,\underline{|84,37°} \cdot 0,7364\,\underline{|-34,96°}}{0,8011 + 0,4071j} = 0,7517 + 0,4440j.$$

Uma vez alcançada a convergência do processo iterativo acima, obtemos $\dot{v}_{9F} = 0,8719\,\underline{|30,87°}\;pu.$

Deixamos ao leitor os demais cálculos restantes referentes às tensões e correntes primárias e secundárias.

(3.3) TRANSFORMADORES DE TRÊS ENROLAMENTOS

Esta opção do programa, que tem por finalidade estudar a representação de transformadores de três enrolamentos, bancos de monofásicos ou trifásicos, divide-se, como no caso anterior, em dois tipos de problemas: (*i*) determinação dos valores nominais do transformador trifásico equivalente ao banco de monofásicos, e (*ii*) determinação da rotação de fase e cálculo de tensões e correntes no transformador, quando fornecemos a tensão aplicada ao enrolamento primário e a carga, em termos de potência ativa e reativa, alimentada pelo secundário e pelo terciário. Destacamos que considera-se que o transformador ou o banco de transformadores está ligado sempre no esquema Y-Y-Δ. Na primeira parte do exercício, que se aplica somente aos bancos de transformadores monofásicos de três enrolamentos, procedemos ao estabelecimento das bases e ao cálculo das impedâncias de curto-circuito equivalentes a partir dos valores das impedâncias calculadas nas condições: suprimento pelo primário, secundário e terciário com curto-circuito, respectivamente, no secundário, terciário e primário.

O arquivo utilizado, definido como no caso anterior, conta com 4 registros, Tab. 5-6. No primeiro registro, que se destina a identificar o transformador, contamos com a variável ITIPO, que assume os valores 2 ou 4 conforme o transformador seja banco de três monofásicos ou trifásico. A seguir, as variáveis NELEM1 e NELEM2, que identificam a seqüência de fase do trifásico (1 - direta e 2 - inversa). Destacamos que as variáveis NELEM1 e NELEM2 devem ser ambas fornecidas e devem ser diferentes entre si, porém, o programa assume a seqüência de fase em função de NELEM1. No registro seguinte, segundo registro, temos os valores nominais dos transformadores monofásicos que constituem o banco (ITIPO = 2) ou do transformador trifásico (ITIPO = 4). Assim, temos as variáveis: VNOM1, VNOM2 e VNOM3, que correspondem às tensões nominais, em kV, dos enrolamentos primário, secundário e terciário, respectivamente; seguem-se as variáveis SNOM1, SNOM2 e SNOM3 que representam a potência nominal, em MVA, dos enrolamentos primário, secundário e terciário, respectivamente. No registro seguinte, terceiro registro, temos as variáveis REQCT12 e XEQCT12, REQCT23 e XEQCT23, REQCT31 e XEQCT31, que representam a resistência e a reatância de curto-circuito em pu nas seguintes bases: base de tensão igual à tensão nominal do enrolamento correspondente, e base de potência igual à potência nominal do enrolamento primário. Destacamos que no caso de transformadores trifásicos essas grandezas são as impedâncias equivalentes e no caso de banco de transformadores representam, na ordem, as impedâncias calculadas para: curto no secundário com suprimento pelo primário, curto no terciário com suprimento pelo secundário e curto no primário com suprimento pelo terciário. Finalmente, no quarto registro temos os dados para o cálculo de tensões e correntes, isto é, as variáveis: SBASE, que representa a potência de base, MVA; VBASE1, que representa a tensão de base no primário do transformador, em kV, VDADO1, que representa a tensão de linha, com fase inicial nula, no primário do transformador; PDADO2, QDADO2, PDADO3 e QDADO3, que representam as cargas, em MW e MVAr , nos enrolamentos secundário e terciário.

Ex. 5.3.32 - No arquivo TRYYD001.PU2 estão gravados os dados: 1° Registro: 4 1 2, 2° Registro: 500. 230. 69. 120. 90. 36., 3° Registro: 0.0345 0.0567 0.0156 0.0186 0.0201 0.0426, 4° Registro: 88. 442.68 490.040 90.490 33.270 22.77 -13.15. Pedimos:

(1) Interpretar os dados armazenados no arquivo;
(2) Determinar o transformador equivalente ao banco de transformadores;
(3) Determinar as tensões e correntes na condição de carga dada.

Variável	Campo de def.	Formato	Observações
		1° Registro	
ITIPO	01 a 03	I3	(Valor 2 ou 4)
NELEM1	04 a 06	I3	(Valor 1 ou 2)
NELEM2	07 a 09	I3	(Valor 2 ou 1)
		2° Registro	
VNOM1	01 a 09	F9.4	V. prim. em kV
VNOM2	10 a 18	F9.4	V. sec. em kV
VNOM3	19 a 27	F9.4	V. ter. em kV
SNOM1	28 a 36	F9.4	Pot. nom. prim. em MVA
SNOM2	37 a 45	F9.4	Pot. nom. sec. em MVA
SNOM3	46 a 54	F9.4	Pot. nom. ter. em MVA
		3° Registro	
REQCT12	01 a 09	F9.4	R cto. 1-2 em pu
XEQCT12	10 a 18	F9.4	R cto. 2-3 em pu
REQCT23	19 a 27	F9.4	R cto. 3-1 em pu
XEQCT23	28 a 36	F9.4	X cto. 1-2 em pu
REQCT31	37 a 45	F9.4	X cto. 2-3 em pu
XEQCT31	46 a 54	F9.4	X cto. 3-1 em pu
		4° Registro	
SBASE	01 a 09	F9.4	Pot. de base em MVA
VBASE1	10 a 18	F9.4	Tensão de base em kV
VDADO1	19 a 27	F9.4	Tensão em kV
PDADO2	28 a 36	F9.4	Pot. sec. em MW
QDADO2	37 a 45	F9.4	Pot. sec. em MVAr
PDADO3	46 a 54	F9.4	Pot. ter. em MW
QDADO3	55 a 63	F9.4	Pot. ter. em MVAr

Tabela 5-6. Estrutura do arquivo de transformadores de três enrolamentos

SOLUÇÃO:

(1) Interpretação dos dados

No primeiro registro observamos que a variável ITIPO assumiu o valor 4, logo, estamos utilizando um transformador trifásico de três enrolamentos, alimentado por rede trifásica com seqüência de fase direta, NELEM1 = 1. No 2° Registro, onde fornecemos os valores nominais do transformador, utilizamos os índices 1, 2 e 3, para representar, na ordem os enrolamentos primário, secundário e terciário. Assim, temos, inicialmente, as tensões nominais: $V_{nom1} = 500\,kV$, $V_{nom2} = 230\,kV$ e $V_{nom3} = 69\,kV$. A seguir, temos as potências nominais: $S_{nom1} = 120\,MVA$, $S_{nom2} = 90\,MVA$ e $S_{nom3} = 36\,MVA$. No 3° Registro temos as impedâncias de curto-circuito equivalentes, isto é:

$$\bar{z}_{eq1} = (0{,}0345 + 0{,}0567j)\ pu,$$

$$\bar{z}_{eq2} = (0,0156 + 0,0186j) \ pu,$$

$$\bar{z}_{eq3} = (0,0201 + 0,0426j) \ pu.$$

Finalmente, no 4° Registro temos: a potência de base, $S_b = 88,0 \ MVA$, a tensão de base no primário, $V_{b1} = 442,68 \ kV$, a tensão de linha de alimentação do primário, com fase inicial nula, $\dot{V}_{1L} = 490,040 \lfloor 0° \ kV$, e, finalmente, as cargas, de potência constante, no secundário e terciário, $\bar{S}_{c2} = (90,490 + 33,270j) \ MVA$, $\bar{S}_{c3} = (22,770 - 13,150j) \ MVA$.

(2) <u>Transformador equivalente</u>

Adotaremos, como já é conhecido, para os três enrolamentos a mesma potência de base, isto é:
$$S_b = S_{b1} = S_{b2} = S_{b3} = 88,0 \ MVA.$$

Fixaremos as tensões de base, na relação de espiras, partindo do enrolamento primário, isto é:
$$V_{b2} = V_{b1} \frac{V_{nom2}}{V_{nom1}} = 442,68 \frac{230,0}{500,0} = 203,6328 \ kV,$$

$$V_{b3} = V_{b1} \frac{V_{nom3}}{V_{nom1}} = 442,68 \frac{69,0}{500,0} = 61,0898 \ kV.$$

Obtemos as cargas, no secundário e terciário, através de:
$$\bar{s}_{c2} = \frac{\bar{S}_{c2}}{S_b} = \frac{90,490 + 33,270j}{88,0} = 1,0283 + 0,3781 = 1,0956 \lfloor 20,19° \ pu,$$

$$\bar{s}_{c3} = \frac{\bar{S}_{c3}}{S_b} = \frac{22,770 - 13,150j}{88,0} = 0,2588 - 0,1494 = 0,2988 \lfloor -30,00° \ pu.$$

Lembrando que a seqüência de fase é direta, as tensões primárias de fase e linha, em pu, valem:
$$|\dot{v}_1| = \frac{490,040}{442,680} = 1,1070 \ pu, \qquad \dot{v}_{1L} = 1,1070 \lfloor 0° \ pu \quad e \quad \dot{v}_{1F} = 1,1070 \lfloor -30° \ pu.$$

Finalmente, para as impedâncias temos:
$$\bar{z}_1 = \bar{z}_{eq1} \frac{V^2_{nom1}}{S_{nom1}} \frac{S_b}{V^2_{b1}} = (0,0345 + 0,0567j) \frac{500^2}{120} \frac{88}{442,68^2} =$$

$$= 0,0323 + 0,0530j = 0,0621 \lfloor 58,64° \ pu,$$

$$\bar{z}_2 = \bar{z}_{eq2} \frac{V^2_{nom2}}{S_{nom1}} \frac{S_b}{V^2_{b2}} = (0,0156 + 0,0186j) \frac{230^2}{120} \frac{88}{203,6328^2} =$$

$$= 0,0146 + 0,0174j = 0,0227 \lfloor 50,00° \ pu,$$

$$\bar{z}_3 = \bar{z}_{eq3} \frac{V^2_{nom3}}{S_{nom3}} \frac{S_b}{V^2_{b3}} = (0,0201 + 0,0426j) \frac{69^2}{120} \frac{88}{61,0898^2} =$$

$$= 0,0188 + 0,0399j = 0,0441 \lfloor 64,77° \ pu.$$

Apresentamos, à Fig. 5-24, o circuito equivalente da rede, o qual é deduzido de maneira análoga ao caso de transformador monofásico de 3 enrolamentos (item 2.2.3).

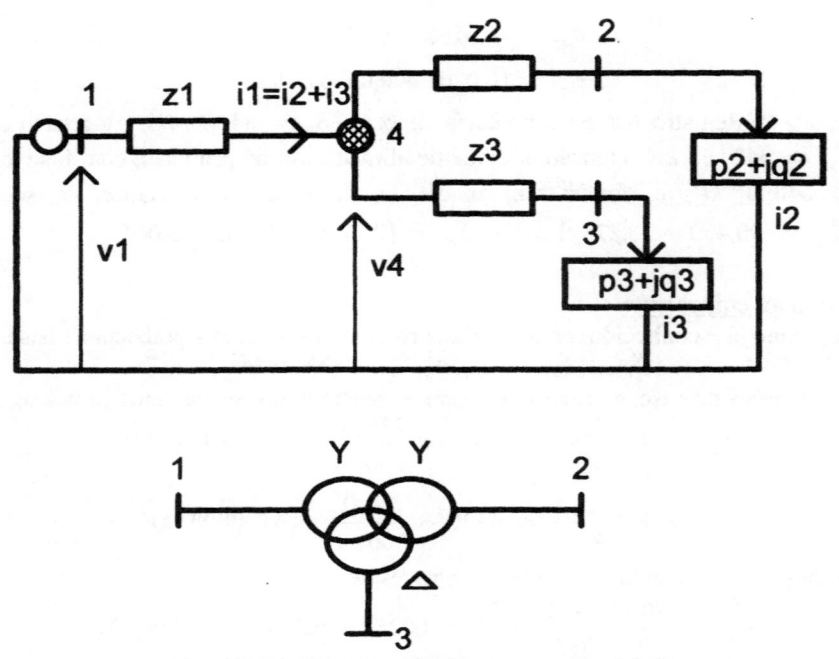

Figura 5-26. Circuito equivalente para o Ex. 5.3.32

(3) Cálculo das tensões e correntes

Caso houvéssemos definido as cargas do tipo "impedância constante" poderíamos resolver a rede por associação de impedâncias, isto é, associaríamos em série, nos dois ramos paralelos, as impedâncias de curto-circuito com a da carga. A seguir procederíamos à associação, em paralelo, das impedâncias dos ramos 4-2 e 4-3 e obteríamos uma malha de impedâncias. No entanto, como as cargas são do tipo "potência constante" recaímos num problema não linear que resolveremos por método iterativo. Assim, temos as equações:

$$\dot{v}_4 = \dot{v}_1 - \bar{z}_1(\dot{i}_2 + \dot{i}_3) = \dot{v}_1 - \bar{z}_1\left(\frac{\bar{s}_{C2}^*}{\dot{v}_2^*} + \frac{\bar{s}_{C3}^*}{\dot{v}_3^*}\right),$$

$$\dot{v}_2 = \dot{v}_4 - \bar{z}_2\dot{i}_2 = \dot{v}_4 - \bar{z}_2\frac{\bar{s}_{C2}^*}{\dot{v}_2^*},$$

$$\dot{v}_3 = \dot{v}_4 - \bar{z}_3\dot{i}_3 = \dot{v}_4 - \bar{z}_3\frac{\bar{s}_{C3}^*}{\dot{v}_3^*}.$$

nas quais, fixamos na iteração inicial, iteração 0, os valores das tensões nas barras 2, 3 e 4 em $\dot{v}_1$, a seguir, calculamos $\dot{v}_2$, $\dot{v}_3$, $\dot{v}_4$, iteração 1, e verificamos seus desvios em relação à tolerância, pré-fixada. Repetimos o procedimento até que os desvios, em duas iterações sucessivas, nas três tensões sejam não maiores que a tolerância, isto é:

$$\left|\dot{v}_2^{(Iter.\,i+1)} - \dot{v}_2^{(Iter.\,i)}\right| \le TOL, \quad \left|\dot{v}_3^{(Iter.\,i+1)} - \dot{v}_3^{(Iter.\,i)}\right| \le TOL, \quad \left|\dot{v}_4^{(Iter.\,i+1)} - \dot{v}_4^{(Iter.\,i)}\right| \le TOL.$$

Os valores obtidos para as tensões em tela, iteração a iteração, estão apresentados à Tab. 5-7, e as tensões de fase resultam:

$$\dot{v}_2 = 1,0535\,\underline{|-33,02°}\ pu, \quad \dot{v}_3 = 1,0325\,\underline{|-33,67°}\ pu, \quad \dot{v}_4 = 1,0335\,\underline{|-34,38°}\ pu.$$

Iteração	v2 (pu)	v3 (pu)	v4 (pu)
0	0,959381 - 0,553899j	0,959381 - 0,553899j	0,959381 - 0,553899j
1	0,889942 - 0,577278j	0,867481 - 0,577210j	0,862410 - 0,587961j
2	0,883980 - 0,573878j	0,860152 - 0,572290j	0,853933 - 0,583266j
3	0,883315 - 0,574054j	0,859284 - 0,572453j	0,852997 - 0,583526j

Tabela 5-7. Tensões para Ex. 5.3.32

Deixamos ao leitor completar a resolução do exercício, lembrando, que deverá considerar a rotação de fase na passagem de enrolamento em estrela para enrolamento em triângulo.

Ex. 5.3.33 - No arquivo TRYYD002.PU2 estão gravados os dados: 1° Registro: 2 2 1, 2° Registro: 288.6751 132.7906 69. 20. 15. 7., 3° Registro: 0.0507 0.1674 0.0333 0.0720 0.0483 0.2139, 4° Registro: 100. 520.0 525.000 13.500 6.540 1.500 -6.000. Pedimos:
(1) Interpretar os dados armazenados no arquivo;
(2) Determinar o transformador equivalente ao banco de transformadores;
(3) Determinar as tensões e correntes na condição de carga dada.

SOLUÇÃO:

(1) Interpretação dos dados
No primeiro registro observamos que: a variável ITIPO assumiu o valor 2, logo, estamos utilizando um banco de transformadores monofásicos de três enrolamentos, alimentado por rede trifásica com seqüência de fase inversa, NELEM1 = 2. No segundo registro, onde fornecemos os valores nominais do transformador, utilizamos os índices 1, 2 e 3, para representar, na ordem os enrolamentos primário, secundário e terciário. Assim, temos, inicialmente, as tensões nominais:
$$V'_{nom1} = 288,6751\ kV, \quad V'_{nom2} = 132,7906\ kV \quad \text{e} \quad V'_{nom3} = 69\ kV.$$
A seguir, temos as potências nominais:
$$S_{nom1} = 20\,MVA, \quad S_{nom2} = 15\,MVA \quad \text{e} \quad S_{nom3} = 7\,MVA.$$
No terceiro registro temos as impedâncias de curto circuito, isto é:
$$z_{12} = \left(0,0507 + 0,1674j\right)\ pu,$$
$$z_{23} = \left(0,0333 + 0,0720j\right)\ pu,$$
$$z_{31} = \left(0,0483 + 0,2139j\right)\ pu.$$
Finalmente, no 4° Registro, temos: a potência de base, $S_b = 100,0\ MVA$, a tensão de base no primário, $V_{b1} = 520,0\ kV$, a tensão de linha de alimentação do primário, com fase inicial nula, $V_{1L} = 525,0\,\underline{|0°}\ kV$, e, finalmente, as cargas, de potência constante, no secundário e terciário, $\overline{S}_{c2} = \left(13,50 + 6,54j\right)\ MVA, \quad \overline{S}_{c3} = \left(1,50 - 6,00j\right)\ MVA.$

(2) Transformador equivalente ao banco de três monofásicos

A tensão nominal do enrolamento em triângulo não se altera e as dos enrolamentos em estrela, serão dadas por:

$$V_{nom1} = \sqrt{3}V'_{nom1} = \sqrt{3} \cdot 288,6751 = 500,0 \ kV,$$

$$V_{nom2} = \sqrt{3}V'_{nom2} = \sqrt{3} \cdot 132,7906 = 230,0 \ kV.$$

As potências nominais serão multiplicadas por três, isto é:

$$S_{nom1} = 3 \cdot 20 = 60 \ MVA, \quad S_{nom2} = 3 \cdot 15 = 45 \ MVA \quad e \quad S_{nom3} = 3 \cdot 7 = 21 \ MVA.$$

Finalmente as impedâncias equivalentes são dadas por:

$$z_1 = \frac{1}{2}\left(z_{12} + z_{31} - z_{23}\right) = 0,0328 + 0,1547j = 0,1581 \ \underline{|78,03°} \ pu,$$

$$z_2 = \frac{1}{2}\left(z_{12} + z_{23} - z_{31}\right) = 0,0178 + 0,0127j = 0,0219 \ \underline{|35,51°} \ pu,$$

$$z_3 = \frac{1}{2}\left(z_{31} + z_{23} - z_{12}\right) = 0,0154 + 0,0592j = 0,0612 \ \underline{|75,42°} \ pu.$$

(3) Valores de base, grandezas em pu e resolução da rede

Adotaremos, como já é conhecido, para os três enrolamentos a mesma potência de base, isto é:

$$S_b = S_{b1} = S_{b2} = S_{b3} = 100,0 \ MVA.$$

Fixaremos as tensões de base, na relação de espiras, partindo do enrolamento primário, isto é:

$$V_{b2} = V_{b1}\frac{V_{nom2}}{V_{nom1}} = 520,0 \ \frac{230,0}{500,0} = 239,20 \ kV,$$

$$V_{b3} = V_{b1}\frac{V_{nom3}}{V_{nom1}} = 520,0 \ \frac{69,0}{500,0} = 71,76 \ kV.$$

Obtemos as cargas, no secundário e terciário, através de:

$$\overline{s}_{c2} = \frac{\overline{S}_{c2}}{S_b} = \frac{13,50 + 6,54j}{100,0} = 0,1350 + 0,0654j = 0,1500 \ \underline{|25,85°} \ pu,$$

$$\overline{s}_{c3} = \frac{\overline{S}_{c3}}{S_b} = \frac{1,50 - 6,00j}{100,0} = 0,0150 - 0,0600j = 0,0618 \ \underline{|-75,96°} \ pu.$$

Lembrando que a seqüência de fase é inversa, as tensões primárias de fase e linha, em pu, valem:

$$|\dot{v}_1| = \frac{525,00}{520,00} = 1,0096 \ pu, \qquad \dot{v}_{1L} = 1,0096 \ \underline{|0°} \ pu \quad e \quad \dot{v}_{1F} = 1,0096 \ \underline{|30°} \ pu.$$

Finalmente, para as impedâncias temos:

$$\overline{z}'_1 = \overline{z}_1 \frac{V^2_{nom1}}{S_{nom1}} \frac{S_b}{V^2_{b1}} = \left(0,0328 + 0,1547j\right)\frac{500^2}{60}\frac{100}{520^2} =$$

$$= 0,0505 + 0,2384j = 0,2437 \ \underline{|78,04°} \ pu,$$

$$\overline{z}'_2 = \overline{z}_2 \frac{V^2_{nom2}}{S_{nom1}} \frac{S_b}{V^2_{b2}} = \left(0,0178 + 0,0127j\right)\frac{230^2}{60}\frac{100}{239,20^2} =$$

$$= 0,0274 + 0,0196j = 0,0337 \ \underline{|35,58°} \ pu,$$

$$\overline{z}_3' = \overline{z}_3 \frac{V_{nom3}^2}{S_{nom1}} \frac{S_b}{V_{b3}^2} = \left(0,0154 + 0,0592j\right) \frac{69^2}{60} \frac{100}{71,76^2} =$$

$$= 0,0237 + 0,0912j = 0,0942|\underline{\ 75,43°}\, pu.$$

Utilizando a mesma metodologia do exercício precedente obtemos as tensões na rede, cujos valores, iteração a iteração, estão apresentados à Tab. 5-8.

$$\dot{v}_2 = 0,9999\,|\underline{-32,02°}\ pu, \quad \dot{v}_3 = 0,9949\,|\underline{-32,07°}\ pu, \quad \dot{v}_4 = 1,0000\,|\underline{-32,23°}\ pu.$$

Iteração	v2 (pu)	v3 (pu)	v4 (pu)
0	0,874353 - 0,504080j	0,874353 - 0,504080j	0,874353 - 0,504080j
1	0,849168 - 0,530837j	0,844459 - 0,529094j	0,847465 - 0,534030j
2	0,847828 - 0,530195j	0,843123 - 0,528258j	0,845959 - 0,533347j
3	0,847783 - 0,530238j	0,843071 - 0,528298j	0,845910 - 0,533395j
Tabela 5-8. Tensões para o Ex. 5.3.33			

Deixamos ao leitor completar a resolução do exercício, lembrando, que deverá considerar a rotação de fase na passagem de enrolamento em estrela para enrolamento em triângulo.

(4) OPÇÃO CAL. REDE

Esta opção tem por finalidade a familiarização com a fixação de bases e cálculo de parâmetros numa rede trifásica radial que conta com dois transformadores, Fig. 5-27. Nesta opção propusemos exercícios com duas partes: na primeira parte dados os parâmetros da rede e a tensão de base, numa das seções, pedimos a determinação dos valores de base em todos os trechos da rede e o cálculo de seus parâmetros nas novas bases. Na segunda parte, que somente é acessada quando a primeira foi resolvida sem erros, fornecemos a potência e a tensão na carga e pedimos os valores de tensões e correntes em todos os trechos.

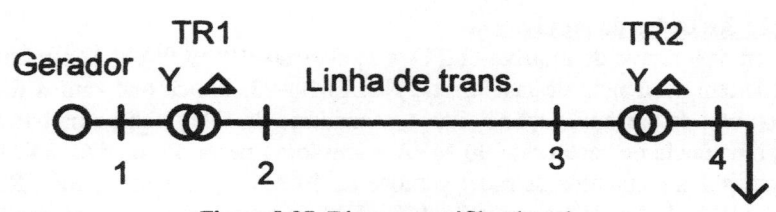

Figura 5-27. Diagrama unifilar da rede

Assim, como nos casos anteriores, o programa dispõe de recursos para adquirir os dados do exercício diretamente de arquivo formatado, tipo ASCII, ou gerá-los aleatoriamente. Quando os dados foram gerados pelo programa é possível, por opção do usuário, gravá-los em arquivo. O arquivo recebe nome arbitrário, fornecido pelo usuário, porém, sua extensão é, obrigatoriamente, .PU3, isto é, seu nome é **????????.PU3**.

O arquivo conta com 4 registros. No primeiro registro temos as varáveis: ITIPO, chave do programa, obrigatoriamente igual a 1; ISEQFA, que indica a seqüência de fase do trifásico (1 - seqüência direta e 2 - seqüência inversa); NELEM1, que se destina a indicar a barra onde será definida a tensão de base, assim, o ponto onde será fixada a base de tensão será: 1 - Gerador, 2 - primário do transformador TR1, 3 - secundário de TR1, 4 - linha de transmissão, 5 - primário do transformador TR2 e 6 - secundário de TR2; variáveis PCACAL e QCACAL, que exprimem a potência ativa, em MW, e reativa, em MVAr, na carga da barra 4; SBASE, potência de base na rede, em MVA e, finalmente, VKC, que exprime a tensão de linha, em kV, na barra 4. O segundo registro, que tem por finalidade o fornecimento das potências nominais dos elementos da rede, em MVA, conta com as variáveis: SNGER, que exprime a potência nominal do gerador, SNTR11 e SNTR12, potências nominais no primário e secundário de TR1, que evidentemente, são iguais; SNLT, potência nominal da linha, SNTR21 e SNTR22, potências nominais no primário e secundário de TR2, que evidentemente, são iguais. No terceiro registro fornecemos as tensões nominais dos elementos da rede, em kV, assim, temos VNGER, VNTR11, VNTR12, VNLT, VNTR21 e VNTR22, que representam as tensões nominais, na ordem, do gerador, do primário e secundário de TR1, da linha de transmissão, do primário e secundário de TR2. Finalmente, no quarto registro fornecemos, na ordem, as reatâncias dos elementos da rede. Destacamos que assumimos que as resistências são todas nulas. À Tab. 5-9 apresentamos os campos de definição de todos os parâmetros.

Ex. 5.3.34 - No arquivo REDPU001.PU3 estão gravados os dados:
- 1° Reg. 1 1 3 44. 23.75 100. 67.2,
- 2° Reg. 50. 60. 60. 100. 75. 75.,
- 3° Reg. 14.2 13.8 230. 245. 220. 69.,
- 4° Reg. .25 .04 .04 .078 .05 .05.

Pedimos interpretar o conteúdo do arquivo, calcular os valores de base e os parâmetros da rede e determinar as tensões e correntes em toda a rede.

SOLUÇÃO:

(1) Interpretação dos dados do arquivo
No registro 1 temos a chave de arquivo ITIPO = 1; a variável ISEQFA = 1, portanto o trifásico que supre a rede tem seqüência de fase direta; NELEM1 = 3, indica que vamos fixar tensão de base igual à nominal da barra na seção 3, isto é, secundário de TR1, a carga na barra 4 é (44,0 + 23,75*j*) MVA, a potência de base vale 100 MVA e tensão na barra 4 é de 67,2 kV. No registro 2 temos as potências dos elementos da rede: gerador de 50 MVA, transformador TR1, primário e secundário, 60 MVA, linha de transmissão 100 MVA, e transformador TR2 de 75 MVA. No registro 3 temos as tensões nominais: gerador 14,2 kV, transformador 13,8/230 kV, linha de transmissão 245 kV e transformador TR2 220/69 kV. Finalmente, no registro 4 temos as reatâncias, em pu na base dos valores nominais do elemento, do gerador: 0,25 pu, transformador TR1: 0,04 pu, linha de transmissão 0,078 pu e transformador TR2 0,05 pu.

Variável	Campo de definição	Formato	Observações
1° Registro			
ITIPO	01 a 03	I3	Valor 1
ISEQFA	04 a 06	I3	1-Direta 2-Inversa
NELEM1	07 a 09	I3	De 1 a 6
PCACAL	10 a 19	F10.4	Pot. ativa (MW)
QCACAL	20 a 29	F10.4	Pot. reat. (MVAr)
SBASE	30 a 39	F10.4	Pot. base (MVA)
VKC	40 a 49	F10.4	Tensão (kV)
2° Registro			
SNGER	01 a 10	F10.4	Pot. nom. (MVA)
SNTR11	11 a 20	F10.4	Pot. nom. (MVA)
SNTR12	21 a 30	F10.4	Pot. nom. (MVA)
SNLT	31 a 40	F10.4	Pot. nom. (MVA)
SNTR21	41 a 50	F10.4	Pot. nom. (MVA)
SNTR22	51 a 60	F10.4	Pot. nom. (MVA)
3° Registro			
VNGER	01 a 10	F10.4	Tensão nom. (kV)
VNTR11	11 a 20	F10.4	Tensão nom. (kV)
VNTR12	21 a 30	F10.4	Tensão nom. (kV)
VNLT	31 a 40	F10.4	Tensão nom. (kV)
VNTR21	41 a 50	F10.4	Tensão nom. (kV)
VNTR22	51 a 60	F10.4	Tensão nom. (kV)
4° Registro			
XNGER	01 a 10	F10.4	Reatância (pu)
XNTR11	11 a 20	F10.4	Reatância (pu)
XNTR12	21 a 30	F10.4	Reatância (pu)
XNLT	31 a 40	F10.4	Reatância (pu)
XNTR21	41 a 50	F10.4	Reatância (pu)
XNTR22	51 a 60	F10.4	Reatância (pu)
Tabela 5-9. Estrutura do arquivo *.PU3			

(2) <u>Valores de base e parâmetros em pu</u>

A potência de base em toda a rede será 100 MVA. Associaremos a cada trecho da rede índices de 1 a 6, na mesma ordem da variável NELEM1, e iniciaremos por estabelecer as bases de tensão a partir do secundário de TR1. Assim, temos:

$$V_{b1} = V_{b2} = V_{b3} \frac{V_{NTR11}}{V_{NTR12}} = 230 \frac{13,8}{230} = 13,8 \; kV,$$

$$V_{b4} = V_{b5} = V_{b3} = 230,0 \; kV,$$

$$V_{b6} = V_{b3} \frac{V_{NTR22}}{V_{NTR21}} = 230 \frac{69}{220} = 72,1364 \; kV.$$

As reatâncias do elementos da rede serão:

- Gerador: $x_G = x_G' \dfrac{V_{nomG}^2}{S_{nomG}} \dfrac{S_b}{V_{b1}^2} = 0,25 \dfrac{14,2^2}{50} \dfrac{100}{13,8^2} = 0,5294 \; pu \; e \; X_G = 1,0082 \Omega.$

- Transformador TR1:

$$x_{TR1} = x_{TR1}' \frac{V_{TR11}^2}{S_{nomTR1}} \frac{S_b}{V_{b2}^2} = x_{TR1}' \frac{V_{TR12}^2}{S_{nomTR1}} \frac{S_b}{V_{b3}^2} = 0,04 \frac{13,8^2}{60} \frac{100}{13,8^2} = 0,0667 \; pu,$$

e, em Ω, teremos:

$$X_{TR11} = x_{TR1}' \frac{V_{TR11}^2}{S_{nomTR1}} = 0,04 \frac{13,8^3}{60} = 0,1270 \; \Omega \; e$$

$$X_{TR12} = x_{TR1}' \frac{V_{TR12}^2}{S_{nomTR1}} = 0,04 \frac{230,0^2}{60} = 35,2667 \; \Omega.$$

- Linha de transmissão:

$$x_{LT} = x_{LT}' \frac{V_{nomLT}^2}{S_{nomLT}} \frac{S_b}{V_{b4}^2} = 0,078 \frac{245^2}{100} \frac{100}{230^2} = 0,0885 \; pu \; e$$

$$X_{LT} = 0,078 \frac{245^2}{100} = 46,8195 \; \Omega.$$

- Transformador TR2:

$$x_{TR2} = x_{TR2}' \frac{V_{TR21}^2}{S_{nomTR2}} \frac{S_b}{V_{b5}^2} = x_{TR2}' \frac{V_{TR22}^2}{S_{nomTR2}} \frac{S_b}{V_{b6}^2} = 0,05 \frac{220,0^2}{75} \frac{100}{230,0^2} = 0,0610 \; pu,$$

e, em Ω, teremos:

$$X_{TR21} = x_{TR2}' \frac{V_{TR21}^2}{S_{nomTR2}} = 0,05 \frac{220,0^3}{75} = 32,2667 \; \Omega \; e$$

$$X_{TR22} = x_{TR2}' \frac{V_{TR22}^2}{S_{nomTR2}} = 0,05 \frac{69,0^2}{75} = 3,1740 \; \Omega.$$

Na carga, barra 4, teremos, para a potência e a tensão:

$$\bar{s}_c = \frac{\bar{S}_c}{S_b} = \frac{44,0 + 23,75j}{100} = 0,4400 + 0,2375j = 0,50 \underline{|28,36°} \; pu,$$

$$|\dot{v}_{Bar4}| = \frac{V_{dado}}{V_{b6}} = \frac{67,2}{72,1364} = 0,9316 \; pu,$$

$$\dot{v}_{Bar4L} = 0,9316 \underline{|0°} \; pu \; e \; \dot{v}_{Bar4F} = 0,9316 \underline{|-30°} \; pu.$$

(3) Resolução da rede

Indicando todas as tensões e correntes de fase na rede com o índice correspondente ao número da barra e as impedâncias pelos número das barras extremas, teremos:

$$\dot{v}_3 = \left[\dot{v}_4 + z_{34}\dot{i}\right] \cdot 1\,\underline{|30°} = \left[0,9316\underline{|-30°} + 0,0610\,\underline{|90°} \cdot \frac{0,50\,\underline{|-28,36°}}{0,9316\underline{|+30°}}\right] \cdot 1\,\underline{|30°} =$$

$$= 0,9472 - 0,0288j = 0,9476\,\underline{|1,74°}\ pu,$$

$$\dot{v}_2 = \dot{v}_3 + z_{23}\left[\dot{i} \cdot 1\,\underline{|30°}\right] = 0,9476\underline{|1,74°} + 0,0885\underline{|90°} \cdot \left[0,5367\,\underline{|-58,36°} \cdot 1\,\underline{|30°}\right] =$$

$$= 0,9723\underline{|4,16°}\ pu,$$

$$\dot{v}_1 = \left\{\dot{v}_2 + z_{12}\left[\dot{i} \cdot 1\,\underline{|30°}\right]\right\} \cdot 1\,\underline{|30°} = \left\{0,9723\underline{|4,16°} + 0,0667\,\underline{|90°} \cdot 0,5367\underline{|-28,36°}\right\} \cdot 1\,\underline{|30°} =$$

$$= 0,9920\,\underline{|35,90°}\ pu.$$

(5) OPÇÃO CHOQ. BA

O objetivo desta seção é o estudo de redes em que há "choque de bases", isto é, redes em que não podemos representar todos os transformadores na relação 1:1. Utilizaremos para o estudo desta situação o caso de dois transformadores, com relações de espiras diferentes, ligados em paralelo. Inicialmente, procederemos ao cálculo da corrente de circulação quando o conjunto está com o secundário em vazio, isto é, sem carga. A seguir procederemos ao cálculo da distribuição das correntes e potências nos dois transformadores quando há carga no secundário do conjunto.

Como nos casos anteriores, os dados podem ser lidos diretamente de arquivo formatado, tipo ASCII, ou podem ser gerados aleatoriamente pelo programa. Nesta última hipótese é possível procedermos à gravação dos dados gerados pelo programa em arquivo. O arquivo recebe nome definido arbitrariamente pelo usuário, porém, com extensão, obrigatoriamente, .PU4; isto é, o nome do arquivo será ????????.PU4.

O arquivo conta com quatro registros, que passamos a descrever. No primeiro registro estão armazenadas as variáveis ITIPO, obrigatoriamente igual a 1, e ISEQFA, que indica a seqüência de fase que supre o conjunto. Como nos casos anteriores esta variável pode assumir os valores 1 ou 2, correspondendo, respectivamente, a seqüência de fase direta ou inversa. No segundo e terceiro registros estão armazenados os dados do primeiro e do segundo transformador, isto é, na ordem, potência nominal, em MVA, tensões, primária e secundária, em kV, e impedância de curto-circuito, resistência e reatância, em pu nas bases nominais do transformador. Destacamos que os valores nominais do primeiro transformador serão utilizados como valores de base para a rede. Finalmente, no quarto registro fornecemos o valor da tensão aplicada ao primário do conjunto, em kV, e a carga no secundário dos transformadores, em MW e MVAr. À Tab. 5-10 apresentamos os campos de definição das variáveis gravadas nos arquivos.

Destacamos que o programa aceita desvio máximo entre as relações de espiras do transformador 2, TR2, e do 1, TR1, de ± 5 %, isto é, a relação de espiras, 1:α, do autotransformador ideal a ser inserido na rede deve ser tal que α esteja compreendido entre 0,95 e 1,05.

Variável	Campo de definição	Formato	Observações
1° Registro			
ITIPO	01 a 03	I3	Chave = 1
ISEQFA	04 a 06	I3	1-Direta 2-Inversa
2° Registro			
VNOM11	10 a 18	F9.4	T. nom. prim.TR1 (kV)
VNOM12	19 a 27	F9.4	T. nom. sec. TR1 (kV)
SNOM1	01 a 09	F9.4	Pot. nom. TR1 (MVA)
RCTO1	28 a 36	F9.4	Req. (pu)
XCTO1	37 a 45	F9.4	Xeq. (pu)
3° Registro			
VNOM21	10 a 18	F9.4	T. nom. prim. TR2 (kV)
VNOM22	19 a 27	F9.4	T. nom. sec. TR2 (kV)
SNOM2	01 a 09	F9.4	Pot. nom. TR2 (MVA)
RCTO2	28 a 36	F9.4	Req. (pu)
XCTO2	37 a 45	F9.4	Xeq. (pu)
4° Registro			
VDADO	01 a 09	F9.4	Tensão prim. (kV)
PCARGA	10 a 18	F9.4	P. ativa carga (MW)
QCARGA	19 a 27	F9.4	P. reat. carga (MVAr)
Tabela 5-10. Estrutura do arquivo *.PU4			

Ex. 5.3.35 - No arquivo CHOQU001.PU4 estão armazenados os dados:

        1° Registro: 1 1,
        2° Registro: 69.0000 13.8000 10.0000 0.0200 0.0400,
        3° Registro: 69.0000 14.2140 20.0000 0.0300 0.0500,
        4° Registro: 69.2970 27.6270 10.0550.

Pedimos interpretar os dados gravados e proceder ao cálculo da rede para as condições de vazio e de carga.

(1) Interpretação dos dados

Do primeiro registro observamos que o trifásico que supre o conjunto tem seqüência de fase direta. Do segundo registro notamos que os valores nominais do transformador 1, TR1, são: 69/13,8 kV, 10 MVA, impedância de curto (0,020 + 0,04j) pu. Do terceiro registro resulta para o transformador 2, TR2, que: 69/14,214 kV, 20 MVA e impedância (0,03 + 0,05j) pu. Finalmente, do quarto registro observamos que a tensão aplicada ao primário do conjunto vale 69,2970 kV e que na condição em carga o conjunto supre carga, no secundário, que absorve 27,627 MW e 10,055 MVAr.

(2) <u>Definição do autotransformador fictício</u>
Como os transformadores estão em paralelo e têm relações de transformação diferentes, eles poderão ser representados em pu desde que seja inserido no circuito um autotransformador ideal de relação de espiras conveniente, Fig. 5-28, a qual passamos a determinar.

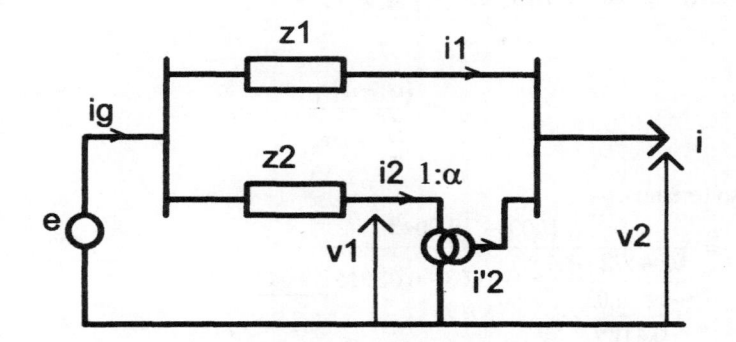

Figura 5-28. Circuito equivalente para os transformadores em paralelo

Adotando como bases de tensão as próprias tensões nominais do transformador TR1, temos:

$$V_{b1} = 69 \ kV \qquad e \qquad V_{b2} = 13,8 \ kV .$$

Nestas condições, a relação de transformação do autotransformador é 1:α (item 2.5.1), onde:

$$\alpha = \frac{v_{n2}}{v_{n1}} = \frac{V_{n22} \ / \ V_{b2}}{V_{n21} \ / \ V_{b1}} = \frac{14{,}214 \ / \ 13{,}8}{69 \ / \ 69} = 1{,}03 .$$

Adotando, ainda, potência de base igual à nominal de TR1, temos:

$$S_b = 10 \ MVA .$$

Nessas condições, os parâmetros da rede passam a ser:

$$\dot{e}_G = \frac{69{,}297}{69} = 1{,}0043 \, \underline{|0} \ \ pu,$$

$$z_1 = 0{,}02 + 0{,}04j = 0{,}04472 \, \underline{|63{,}43^\circ} \ pu,$$

$$z_2 = (0{,}03 + 0{,}05j) \frac{10}{20} = 0{,}015 + 0{,}025j = 0{,}02915 \, \underline{|59{,}04^\circ} \ pu.$$

(3) <u>Resolução da rede em vazio</u>
Do circuito da Fig. 5-28 obtemos:

$$\dot{i}_2' = \frac{\dot{i}_2}{\alpha}, \quad \dot{i}_1 = -\dot{i}_2' = -\frac{\dot{i}_2}{\alpha} \quad e \quad \dot{i}_g = \dot{i}_1 + \dot{i}_2 = \frac{\alpha - 1}{\alpha} \dot{i}_2,$$

$$\dot{v}_1 = \dot{e}_G - \overline{z}_2 \dot{i}_2,$$

$$\dot{v}_2 = \alpha \dot{v}_1 = \alpha\left(\dot{e}_G - \overline{z}_2 \dot{i}_2\right) = \dot{e}_G + \overline{z}_1 \frac{\dot{i}_2}{\alpha},$$

ou seja:

$$\dot{i}_2 = \frac{(\alpha - 1)\dot{e}_G}{\frac{\overline{z}_1}{\alpha} + \alpha \overline{z}_2}.$$

Para o nosso caso teremos:

$$\dot{i}_2 = \frac{(1,03 - 1)1,0043}{\frac{0,04472\ |63,43°}{1,03} + 1,03 \cdot 0,02915\ |59,04°} = 0,4105\ |-61,64°\ pu,$$

$$\dot{i}_1 = -\frac{0,4105}{1,03}\ |-61,64° = 0,3985\ |118,36°\ pu,$$

$$\dot{v}_2 = \dot{e}_G + \overline{z}_1 \frac{\dot{i}_2}{\alpha} = 1,0221\ |0,03°\ pu,$$

$$\dot{i}_G = \frac{1,03 - 1}{1,03}\ 0,4105\ |-61,64° = 0,0120\ |-61,64°\ pu.$$

(4) Resolução da rede em carga
Do circuito da Fig. 5-28, agora com $i \neq 0$, igualando as quedas de tensões nos dois transformadores, teremos:

$$\dot{e}_G - \overline{z}_1 \cdot \dot{i}_1 = \left\{\dot{e}_G - \overline{z}_2\left(\dot{i} - \dot{i}_1\right)\alpha\right\}\alpha,$$

onde, desenvolvendo e evidenciando a corrente no transformador TR1, resulta:

$$\left(1 - \alpha\right)\dot{e}_G + \alpha^2 \cdot \overline{z}_2 \cdot \dot{i} = \alpha\left(\frac{\overline{z}_1}{\alpha} + \alpha \cdot \overline{z}_2\right)\dot{i}_1,$$

ou:

$$\dot{i}_1 = \frac{\frac{1 - \alpha}{\alpha}\dot{e}_G + \overline{z}_2 \cdot \alpha \cdot \dot{i}}{\frac{\overline{z}_1}{\alpha} + \overline{z}_2 \cdot \alpha}.$$

A partir da corrente no transformador TR1 obtemos a tensão no secundário, isto é:

$$\dot{v}_2 = \dot{e}_G - \frac{\frac{1 - \alpha}{\alpha}\dot{e}_G + \overline{z}_2 \cdot \alpha \cdot \dot{i}}{\frac{\overline{z}_1}{\alpha} + \overline{z}_2 \cdot \alpha}\ \overline{z}_1,$$

porém, lembrando que $\dot{i} = \overline{s}^*/\dot{v}_2^*$, obtemos:

$$\dot{v}_2 = \dot{e}_G - \frac{\dfrac{1-\alpha}{\alpha}\dot{e}_G}{\dfrac{\overline{z}_1}{\alpha} + \overline{z}_2 \cdot \alpha}\,\overline{z}_1 - \frac{\overline{z}_2 \cdot \alpha}{\dfrac{\overline{z}_1}{\alpha} + \overline{z}_2 \cdot \alpha}\,\frac{\overline{s}^{\,\bullet}}{\dot{v}_2^{\,\bullet}}.$$

A equação precedente nos permite determinar, por processo iterativo, a tensão no secundário dos transformadores. Assim, fixamos para a primeira iteração a tensão secundária igual à do gerador e calculamos seu valor. Repetimos o procedimento até que em duas iterações sucessivas a diferença da tensão seja não maior que tolerância pré-fixada. Formalmente temos:

$$\left| \dot{v}_2^{(Iter.\,i+1)} - \dot{v}_2^{(Iter.\,i)} \right| \le TOLER\hat{A}NCIA.$$

Para o exercício proposto temos:

$$\overline{s} = \frac{27,627 + 10,055\,j}{10} = 2,7627 + 1,0055\,j = 2,9400\;\underline{|20^{\circ}}\;\;pu,$$

$$\dot{e}_{GL} = 1,0043\;\underline{|0^{\circ}}\;pu \quad e \quad \dot{e}_{GF} = 1,0043\;\underline{|-30^{\circ}}\;pu,$$

e, fixando, para a iteração inicial:

$$\dot{v}_2^{(Iter.0)} = \dot{e}_{GF} = 1,0043\;\underline{|-30^{\circ}} = \left(0,869753 - 0,502152\,j\right)\;pu,$$

obtemos, iteração a iteração, os valores que apresentamos à Tab. 5-11, de onde resulta:

$$\dot{v}_2 = 0,831221 - 0,519024\,j = 0,9800\;\underline{|-31,98^{\circ}}\;pu.$$

Iteração	$\dot{v}_2$
1	0,869753 - 0,502152j
2	0,832852 - 0,520644j
3	0,831340 - 0,518777j
4	0,831225 - 0,519029j
5	0,831221 - 0,519024j
Tabela 5-11. Tensões para o Ex. 5.3.35	

Deixamos ao leitor a determinação das demais grandezas.

5.4 - EXERCÍCIOS DE COMPONENTES SIMÉTRICAS (CAPÍTULO 3)

5.4.1 - APRESENTAÇÃO

Neste item, em que nos dedicaremos ao desenvolvimento de exercícios de aplicações de componentes simétricas, apresentamos, como nos itens anteriores, conjunto de exercícios propostos e exemplos de exercícios resolvidos através dos programas computacionais, com detalhamento da metodologia utilizada. Os exercícios propostos subdividem-se em: analíticos, onde, solicitamos a demonstração de relações fundamentais; tipo teste de múltipla escolha, onde apresentamos cinco alternativas de respostas à questão enunciada, exercícios típicos resolvidos e exercícios propostos sem resolução.

5.4.2 - EXERCÍCIOS ANALÍTICOS

Ex. 5.4.1 - Em que condições um circuito trifásico, com impedâncias próprias e mútuas entre as fases, pode ser representado por circuitos seqüenciais independentes?

Ex. 5.4.2 - Determinar a relação existente entre as componentes simétricas no primário do transformador da Fig. 5-29 e as referentes ao secundário, quando assumimos, na ordem, correspondência entre os terminais primários de linha A, B e C, e os secundários, de linha X, Y e Z, na hipótese dos terminais 1, 2 e 3 corresponderem aos códigos: X-Y-Z, Y-Z-X, Z-X-Y, e Y-X-Z, assumindo a polaridade apresentada na figura e a inversa. Comparar os resultados obtidos com a representação em componentes de fase.

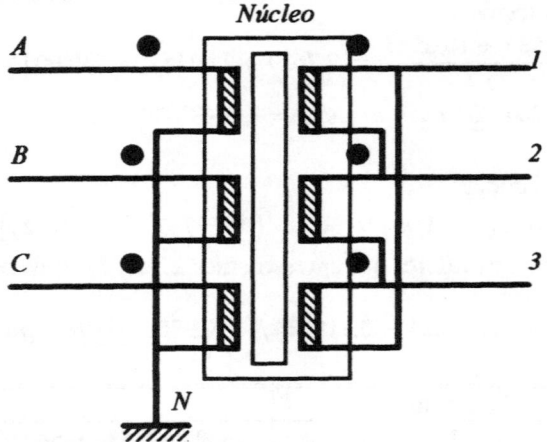

Figura 5-29. Transformador Y/Δ para Ex. 5.4.2

Ex. 5.4.3 - Repetir o Ex. 5.4.2 considerando a alimentação pelo enrolamento ligado em triângulo.

Ex. 5.4.4 - Deduzir o circuito equivalente completo, em termos de componentes simétricas, para um transformador de 3 enrolamentos, no qual os enrolamentos primário e secundário estão ligados em estrela aterrada e o terciário em triângulo. Representar, também, o ramo de magnetização.

Ex. 5.4.5 - Repetir o Ex. 5.4.4 para os casos de que o enrolamento em estrela esteja aterrado por impedância e isolado.

Ex. 5.4.6 - Para o transformador do Ex. 5.4.4, pedimos determinar as relações entre as componentes simétricas das tensões e correntes de linha nos três enrolamentos. Assumir, dentre as possíveis, uma qualquer das relações de correspondência entre os terminais dos três enrolamentos.

Ex. 5.4.7 - Em que condições a rotação de fase entre as tensões e correntes, em componentes de fase é igual às correspondentes em componentes simétricas ?

5.4.3 - EXERCÍCIOS DE MÚLTIPLA ESCOLHA

Ex. 5.4.8 - Sabemos que uma carga trifásica equilibrada é percorrida pelas correntes de fase $I_A = 10 + 0j\,A$, $I_B = 0 - 10j\,A$, $I_C = 0 + 10j\,A$, e que a sua impedância, de fase, vale $20\lfloor 0° \; \Omega$. Podemos afirmar que

(1) A componente de seqüência zero da tensão na carga vale $200\angle 0V$.
(2) A carga pode estar ligada em triângulo.
(3) A componente de seqüência inversa da tensão na carga é indeterminada.
(4) A componente de seqüência direta da tensão na carga vale $84,2\angle 0V$.
(5) Nenhuma.

Ex. 5.4.9 - Dado um sistema trifásico assimétrico a quatro fios que alimenta uma carga trifásica desequilibrada ligada em triângulo, é verdadeira a afirmação:
(1) Conhecendo as tensões de linha, podemos determinar a componente de seqüência zero das tensões de fase.
(2) A componente de seqüência zero das correntes de linha é nula somente em alguns casos particulares.
(3) A componente de seqüência zero das correntes de fase da carga no caso geral não é nula.
(4) Conhecendo a componente de seqüência direta das tensões de fase, não podemos determinar a correspondente de linha.
(5) Nenhuma.

Ex. 5.4.10 - Para um sistema trifásico podemos afirmar que:
(1) Ao mudarmos ciclicamente os fasores de uma seqüência de tensões de linha ou de fase as componentes simétricas não se alteram.
(2) As componentes simétricas da soma de duas seqüências não são iguais à soma das componentes simétricas de cada uma delas.
(3) Quando conhecemos as componentes simétricas de uma seqüência de tensões de linha não podemos determinar as componentes simétricas da seqüência das tensões de fase.
(4) Para uma carga trifásica equilibrada, alimentada por trifásico simétrico e equilibrado a componente de seqüência inversa é sempre nula.
(5) Nenhuma

5.4.4 - EXERCÍCIOS RESOLVIDOS

Ex. 5.4.11- Na Fig. 5-30, temos um barramento infinito, cuja tensão é 220 kV, que alimenta uma re constituída pelas linhas 1-2, 2-3 e pelo transformador T. Conhecemos:

(1) Impedâncias série das linha, em pu, nas bases 220 kV e 100 MVA. As impedâncias em paralelo são desprezíveis.

Linha	Seqüência direta	Seqüência zero
1-2	0,20j	0,50j
2-3	0,30j	0,80j

(2) Transformador
Banco constituído por três transformadores monofásicos de 127 kV, 88 kV, 20 MVA, $\overline{z}$ = 0,09j *pu*.

(3) Carga na barra 4.
Trifásica equilibrada constituída por impedâncias constantes ligadas em triângulo. Absorve 0 + 82,6j MVA, quando a tensão vale 80 kV.

Pedimos determinar:
(a) Os diagramas seqüenciais,
(b) A tensão em todas as barras do sistema,
(c) O gerador equivalente de Thévenin, visto pela barra 003, para as três seqüências.

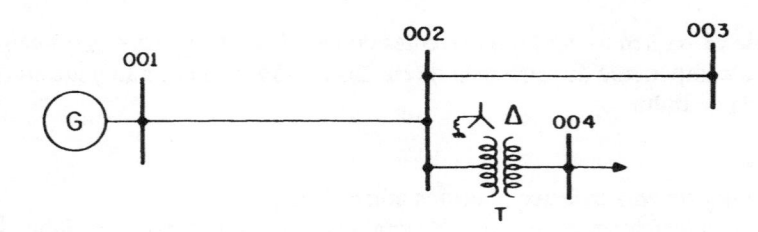

Figura 5-30. Circuito para o Ex. 5.4.11

SOLUÇÃO
(1). Valores de base
Adotaremos, como valores de base, no barramento infinito:
$$V_b = 220 \; kV \quad e \quad S_b = 100 \; MVA$$
Os valores nominais do banco de transformadores são:

Tensão primária:	$127\sqrt{3} = 220 \; kV$.	Tensão secundária: 88 kV
Potência nominal:	$3 \cdot 20 = 60 \; MVA$.	Reatância porcentual: 9 %.

Os valores de base no barramento 004 são:
$$V_b' = 88 \frac{220}{220} = 88 \; kV \quad e \quad S_b' = 100 \; MVA.$$

(2). Diagramas seqüenciais (Fig. 5-31)
As impedâncias das linhas já estão referidas às bases adotadas e, portanto, não se alterarão. A impedância do transformador nas bases adotadas será:
$$z_T = 0,09 j \frac{220^2}{60} \frac{100}{220^2} = 0,15 j \; pu.$$
A impedância de fase da carga equivalente ligada em estrela com centro-estrela isolado é $\overline{z} = v^2/s^*$, mas, sendo

$$v = \frac{80}{88} = 0,909 \ pu \quad e \quad \bar{s} = \frac{0 + 82,6j}{100} = 0,826\underline{|90°} \ pu,$$

resulta

$$z = \frac{0,909^2}{0,826\underline{|-90°}} = 1,00\underline{|90°} \ pu$$

Admitiremos o sistema aterrado diretamente e, portanto, representaremos o barramento infinito por um gerador trifásico ligado em estrela, com centro-estrela aterrado diretamente e com seqüência de fase direta. Suas componentes simétricas são

$$\dot{e}_0 = \dot{e}_2 = 0 \quad e \quad \dot{e}_1 = 1 \ pu.$$

Os diagramas de impedâncias estão representados na Fig. 5-31, onde representamos, entre parênteses, o índice correspondente à seqüência de fase, isto é, seqüência zero (0), seqüência direta (1) e seqüência inversa (2).

(3). Tensões no sistema

Como não temos nenhum desequilíbrio, é evidente que teremos somente tensões de seqüência direta. Adotando $\dot{e}_{(1)} = 1,0\underline{|0°} \ pu$, resulta

$$\dot{i}_{(1)} = \frac{\dot{e}_{(1)}}{\bar{z}_{12(1)} + \bar{z}_{T(1)} + \bar{z}_{(1)}} = \frac{1,0\underline{|0°}}{1,35\underline{|90°}} = -0,741j \ pu,$$

$$\bar{v}_{4(1)} = \dot{i}_{(1)}\bar{z}_{(1)} = 0,741\underline{|0°}pu,$$

$$\dot{v}_{2(1)} = \dot{v}_{4(1)} + \dot{i}_{(1)}\bar{z}_{T(1)} = 0,852\underline{|0°}pu,$$

$$\dot{v}_{3(1)} = \dot{v}_{2(1)} = 0,852\underline{|0°}pu.$$

(4). Gerador equivalente de Thévenin no barramento 003

(4a) Seqüência zero

Temos

$$\dot{e}_{00} = 0pu,$$

$$\bar{z}_{00} = \frac{\bar{z}_{12(0)}\bar{z}_{T(0)}}{\bar{z}_{12(0)} + \bar{z}_{T(0)}} + \bar{z}_{23(0)} = \frac{j0,5 \cdot j0,15}{j0,5 + j0,15} + j0,8 = j0,915pu.$$

(4b) Seqüência direta

Temos

$$\dot{e}_{11} = \dot{v}_{3(1)} = 0,852\underline{|0°} \ pu,$$

e

$$\bar{z}_{11} = \frac{\bar{z}_{12(1)}\left(\bar{z}_{T(1)} + \bar{z}_{(1)}\right)}{\bar{z}_{12(1)} + \bar{z}_{T(1)} + \bar{z}_{(1)}} + \bar{z}_{23(1)} = j0,470pu.$$

(4c) Seqüência inversa

Temos

$$\dot{e}_{22} = 0pu \quad e \quad \bar{z}_{22} = \bar{z}_{11} = j0,470pu.$$

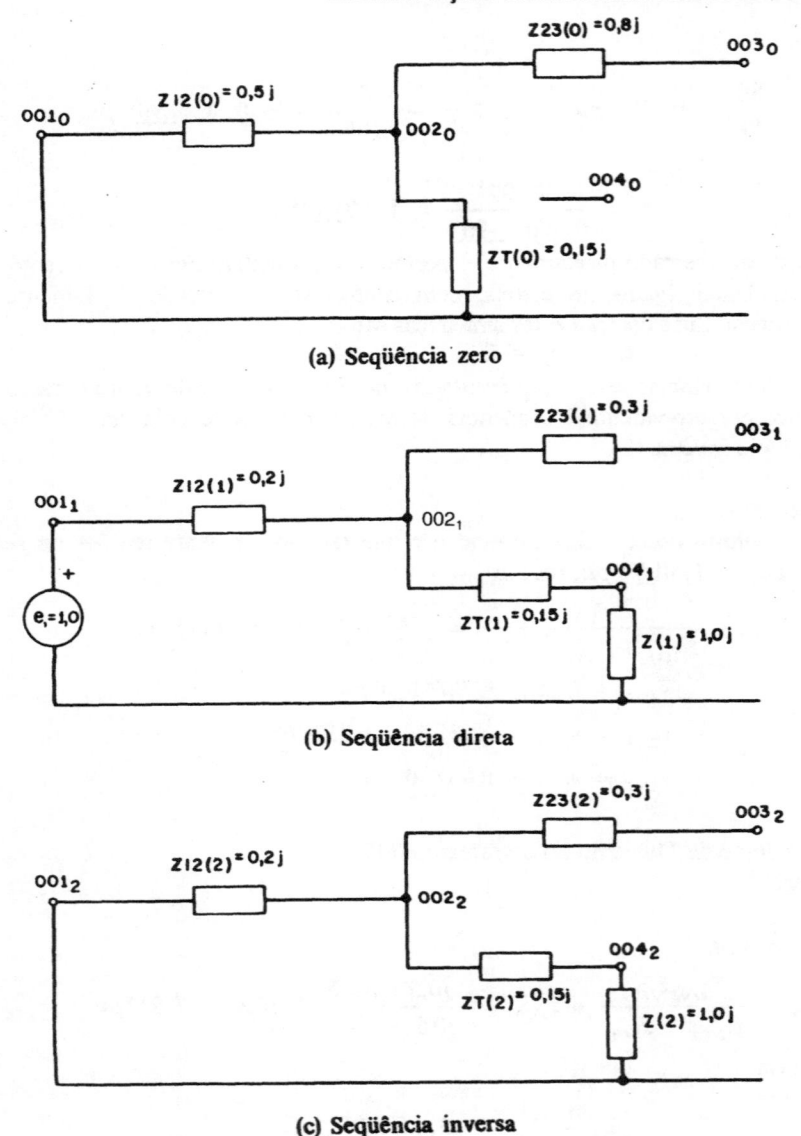

(a) Seqüência zero

(b) Seqüência direta

(c) Seqüência inversa

Figura 5-31. Diagramas seqüenciais de impedâncias

Ex. 5.4.12 Na rede do Ex. 5.4.11, ligamos à barra 003 uma carga monofásica entre a fase A e a terra, cuja impedância, $\bar{z}'$, nas bases 220 kV e 100 MVA, vale 0,715j pu. Pedimos determinar as tensões e correntes em toda a rede.

SOLUÇÃO

(1) Determinação da tensão e corrente na carga monofásica

Conforme já vimos devemos associar os três diagramas de seqüência em série fechando-os sobre impedância $3\bar{z}'$, Fig. 5-31. Temos:

$$\dot{i}_{3(0)} = \dot{i}_{3(1)} = \dot{i}_{3(2)} = \frac{\dot{e}_{11}}{\dot{z}_{00} + \dot{z}_{11} + \dot{z}_{22} + 3\bar{z}'} = \frac{0,852}{j4} = -j0,213 \ pu,$$

$$\dot{v}_{3(0)} = -\dot{i}_{3(0)}\dot{z}_{00} = -(-j0,213) \cdot j0,915 = -0,195pu,$$

$$\dot{v}_{3(1)} = \dot{e}_{11} - \dot{i}_{3(1)}\dot{z}_{11} = 0,852 - (-j0,213) \cdot j0,47 = 0,752 \ pu,$$

$$\dot{v}_{3(2)} = -\dot{i}_{3(2)}\dot{z}_{22} = -(-j0,213) \cdot j0,47 = -0,1 \ pu;$$

donde será

$$\begin{bmatrix} \dot{v}_{AN3} \\ \dot{v}_{BN3} \\ \dot{v}_{CN3} \end{bmatrix} = T \begin{bmatrix} \dot{v}_{3(0)} \\ \dot{v}_{3(1)} \\ \dot{v}_{3(2)} \end{bmatrix} = T \begin{bmatrix} -0,195 \\ 0,752 \\ -0,1 \end{bmatrix} = \begin{bmatrix} 0,457 \ \underline{|\ 0°} \\ 0,903 \ \underline{|\ -125,23°} \\ 0,903 \ \underline{|\ 125,23°} \end{bmatrix} pu$$

ou, ainda,

$$\begin{bmatrix} \dot{V}_{AN3} \\ \dot{V}_{BN3} \\ \dot{V}_{CN3} \end{bmatrix} = \frac{V_b}{\sqrt{3}} \begin{bmatrix} \dot{v}_{AN3} \\ \dot{v}_{BN3} \\ \dot{v}_{CN3} \end{bmatrix} = \frac{220}{\sqrt{3}} \begin{bmatrix} 0,457 \ \underline{|\ 0°} \\ 0,903 \ \underline{|\ -125,23°} \\ 0,903 \ \underline{|\ 125,23°} \end{bmatrix} = \begin{bmatrix} 58,047 \ \underline{|\ 0°} \\ 114,729 \ \underline{|\ -125,23°} \\ 114,729 \ \underline{|\ 125,23°} \end{bmatrix} kV.$$

As tensões de linha são obtidas de

$$\begin{bmatrix} \dot{V}_{AB3} \\ \dot{V}_{BC3} \\ \dot{V}_{CA3} \end{bmatrix} = \begin{bmatrix} \dot{V}_{AN3} \\ \dot{V}_{BN3} \\ \dot{V}_{CN3} \end{bmatrix} - \begin{bmatrix} \dot{V}_{BN3} \\ \dot{V}_{CN3} \\ \dot{V}_{AN3} \end{bmatrix} = \frac{V_b}{\sqrt{3}} \left\{ \begin{bmatrix} \dot{v}_{AN3} \\ \dot{v}_{BN3} \\ \dot{v}_{CN3} \end{bmatrix} - \begin{bmatrix} \dot{v}_{BN3} \\ \dot{v}_{CN3} \\ \dot{v}_{AN3} \end{bmatrix} \right\} = \frac{V_b\sqrt{3}}{\sqrt{3}} T \begin{bmatrix} 0 \\ \dot{v}_{3(1)} \underline{|\ 30°} \\ \dot{v}_{3(2)} \underline{|\ -30°} \end{bmatrix}$$

ou, ainda

$$\begin{bmatrix} \dot{V}_{AB3} \\ \dot{V}_{BC3} \\ \dot{V}_{CA3} \end{bmatrix} = V_b \cdot T \begin{bmatrix} 0 \\ 0,752 \ \underline{|\ 30°} \\ -0,1 \ \underline{|\ -30°} \end{bmatrix} = \begin{bmatrix} 155,611 \ \underline{|\ 37,03°} \\ 187,440 \ \underline{|\ -90°} \\ 155,611 \ \underline{|\ 142,97°} \end{bmatrix} kV.$$

(2) Determinação da tensão na barra 002.

Do diagrama de seqüências temos:

$$\dot{v}_{2(0)} = \dot{v}_{3(0)} + \bar{z}_{23(0)}\dot{i}_{3(0)} = -0,195 + j0,8(-j0,213) = -0,0246 \ pu,$$

$$\dot{v}_{2(1)} = \dot{v}_{3(1)} + \bar{z}_{23(1)}\dot{i}_{3(1)} = 0,752 + j0,3(-j0,213) = 0,816 \ pu,$$

$$\dot{v}_{2(2)} = \dot{v}_{3(2)} + \bar{z}_{23(2)}\dot{i}_{3(2)} = -0,1 + j0,3(-j0,213) = -0,0361pu;$$

donde, resulta

$$\begin{bmatrix} \dot{V}_{AN2} \\ \dot{V}_{BN2} \\ \dot{V}_{CN2} \end{bmatrix} = \frac{V_b}{\sqrt{3}} T \begin{bmatrix} \dot{v}_{2(0)} \\ \dot{v}_{2(1)} \\ \dot{v}_{2(2)} \end{bmatrix} = \frac{220}{\sqrt{3}} T \begin{bmatrix} -0,0246 \ \underline{|\ 0°} \\ 0,816 \ \underline{|\ 0°} \\ -0,0361 \ \underline{|\ 0°} \end{bmatrix} = \begin{bmatrix} 95,936 \ \underline{|\ 0°} \\ 107,508 \ \underline{|\ -119,33°} \\ 107,508 \ \underline{|\ 119,33°} \end{bmatrix} kV.$$

As tensões de linha são dadas por:

$$\begin{bmatrix} \dot{V}_{AB2} \\ \dot{V}_{BC2} \\ \dot{V}_{CA2} \end{bmatrix} = \begin{bmatrix} 175,684 \ \underline{|\ 32,24°} \\ 187,462 \ \underline{|\ -90°} \\ 175,684 \ \underline{|\ 147,76°} \end{bmatrix} kV.$$

(3) Componentes simétricas da corrente na barra 002.
No primário do transformador T temos:

$$\dot{i}_{2p(0)} = \frac{\dot{v}_{2(0)}}{\bar{z}_{T(0)}} = -\frac{0,0246}{j0,15} = j0,164 \quad pu,$$

$$\dot{i}_{2p(1)} = \frac{\dot{v}_{2(1)}}{\bar{z}_{T(1)} + \bar{z}_{(1)}} = \frac{0,816}{j1,15} = -j0,710 \quad pu,$$

$$\dot{i}_{2p(2)} = \frac{\dot{v}_{2(2)}}{\bar{z}_{T(2)} + \bar{z}_{(2)}} = -\frac{0,0361}{j1,15} = j0,0314 \quad pu,$$

logo, as correntes de linha são:

$$\begin{bmatrix} \dot{I}_{2pA} \\ \dot{I}_{2pB} \\ \dot{I}_{2pB} \end{bmatrix} = \frac{S_b}{\sqrt{3} \cdot V_b} T \begin{bmatrix} \dot{i}_{2p(0)} \\ \dot{i}_{2p(1)} \\ \dot{i}_{2p(2)} \end{bmatrix},$$

ou

$$\begin{bmatrix} \dot{I}_{2pA} \\ \dot{I}_{2pB} \\ \dot{I}_{2pB} \end{bmatrix} = \frac{100000}{\sqrt{3} \cdot 220} T \begin{bmatrix} j0,164 \\ -j0,710 \\ j0,0314 \end{bmatrix} = \begin{bmatrix} 135,047 \,|\, -90° \\ 214,098 \,|\, \underline{141,91°} \\ 214,098 \,|\, \underline{38,09°} \end{bmatrix} A.$$

(4) Componentes simétricas das correntes na barra 004
No secundário do transformador, as componentes simétricas das correntes de linha são:

$$\dot{i}_{4s(0)} = 0,$$
$$\dot{i}_{4s(1)} = \dot{i}_{2p(1)} \cdot 1|\,\underline{-30°} = 0,710\,|\,\underline{-120°}\,pu,$$
$$\dot{i}_{4s(2)} = \dot{i}_{2p(2)} \cdot 1|\,\underline{30°} = 0,0314\,|\underline{120°}\,pu,$$

donde

$$\begin{bmatrix} \dot{i}_{4sA} \\ \dot{i}_{4sB} \\ \dot{i}_{4sC} \end{bmatrix} = T \begin{bmatrix} \dot{i}_{4s(0)} \\ \dot{i}_{4s(1)} \\ \dot{i}_{4s(2)} \end{bmatrix} = T \begin{bmatrix} 0 \\ 0,710\,|\,\underline{-120°} \\ 0,0314\,|\,\underline{120°} \end{bmatrix} = \begin{bmatrix} 0,695\,|\,\underline{-122,24°} \\ 0,695\,|\,\underline{122,24°} \\ 0,741\,|\,\underline{0°} \end{bmatrix} pu,$$

ou

$$\begin{bmatrix} \dot{I}_{4sA} \\ \dot{I}_{4sB} \\ \dot{I}_{4sC} \end{bmatrix} = \begin{bmatrix} \dot{I}_{4A} \\ \dot{I}_{4B} \\ \dot{I}_{4C} \end{bmatrix} = \frac{S_b'}{\sqrt{3} \cdot V_b} \begin{bmatrix} \dot{i}_{4sA} \\ \dot{i}_{4sB} \\ \dot{i}_{4sC} \end{bmatrix} = \frac{100000}{\sqrt{3} \cdot 88} \begin{bmatrix} 0,695\,|\,\underline{-122,24°} \\ 0,695\,|\,\underline{-122,24°} \\ 0,741\,|\,\underline{0°} \end{bmatrix} = \begin{bmatrix} 455,975\,|\,\underline{-122,24°} \\ 455,975\,|\,\underline{122,24°} \\ 486,155\,|\,\underline{0} \end{bmatrix} A.$$

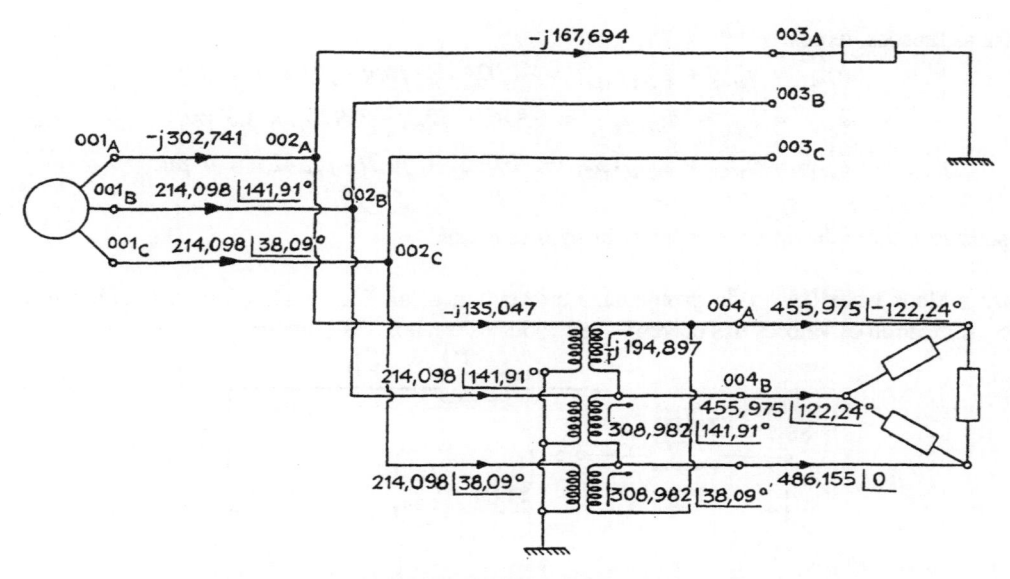

Figura 5-32. Diagrama trifilar para o Ex.5.4.12

(5) Tensões na carga.
Temos

$$\begin{bmatrix} \dot{v}_{AN4} \\ \dot{v}_{BN4} \\ \dot{v}_{CN4} \end{bmatrix} = \overline{z} \begin{bmatrix} i_{AN4} \\ i_{BN4} \\ i_{CN4} \end{bmatrix} = \begin{bmatrix} 0,695 \underline{|-32,24°} \\ 0,695 \underline{|-147,76°} \\ 0,741 \underline{|90°} \end{bmatrix} pu,$$

multiplicando pela tensão de base, obtemos

$$\begin{bmatrix} \dot{V}_{AN4} \\ \dot{V}_{BN4} \\ \dot{V}_{CN4} \end{bmatrix} = \frac{V_b'}{\sqrt{3}} \begin{bmatrix} 0,695 \underline{|-32,24°} \\ 0,695 \underline{|-147,76°} \\ 0,741 \underline{|90°} \end{bmatrix} = \begin{bmatrix} 35,311 \underline{|-32,24°} \\ 35,311 \underline{|-147,76°} \\ 37,648 \underline{|90°} \end{bmatrix} kV,$$

e as tensões de linha

$$\begin{bmatrix} \dot{V}_{AB4} \\ \dot{V}_{BC4} \\ \dot{V}_{CA4} \end{bmatrix} = \begin{bmatrix} 59,734 \underline{|0°} \\ 63,895 \underline{|-117,87°} \\ 63,895 \underline{|117,87°} \end{bmatrix} kV.$$

(6) Correntes e tensões no barramento infinito
Para as correntes, temos:

$$i_{g(0)} = i_{3(0)} + i_{2p(0)} = -j0,213 + j0,164 = -j0,049 \ pu,$$
$$i_{g(1)} = i_{3(1)} + i_{2p(1)} = -j0,213 - j0,710 = -j0,923 \ pu,$$
$$i_{g(2)} = i_{3(2)} + i_{2p(2)} = -j0,213 + j0,0314 = -j0,182 \ pu.$$

Para as tensões, temos:

$$\dot{e}_{g(0)} = \dot{v}_{2(0)} + \bar{z}_{12(0)}\dot{i}_{g(0)} = -0,0246 + j0,5(-j0,049) = 0 \ pu,$$

$$\dot{e}_{g(1)} = \dot{v}_{2(1)} + \bar{z}_{12(1)}\dot{i}_{g(1)} = 0,816 + j0,2(-j0,923) = 1,0 \ pu,$$

$$\dot{e}_{g(2)} = \dot{v}_{2(2)} + \bar{z}_{12(2)}\dot{i}_{g(2)} = -0,0361 + j0,2(-j0,182) = 0 \ pu;$$

resultando, como deveríamos esperar, os valores dados.

Para melhor visualização do problema, representamos, na Fig. 5-32, o circuito trifásico, a três fios, indicando os valores das correntes em todos os trechos, em ampère.

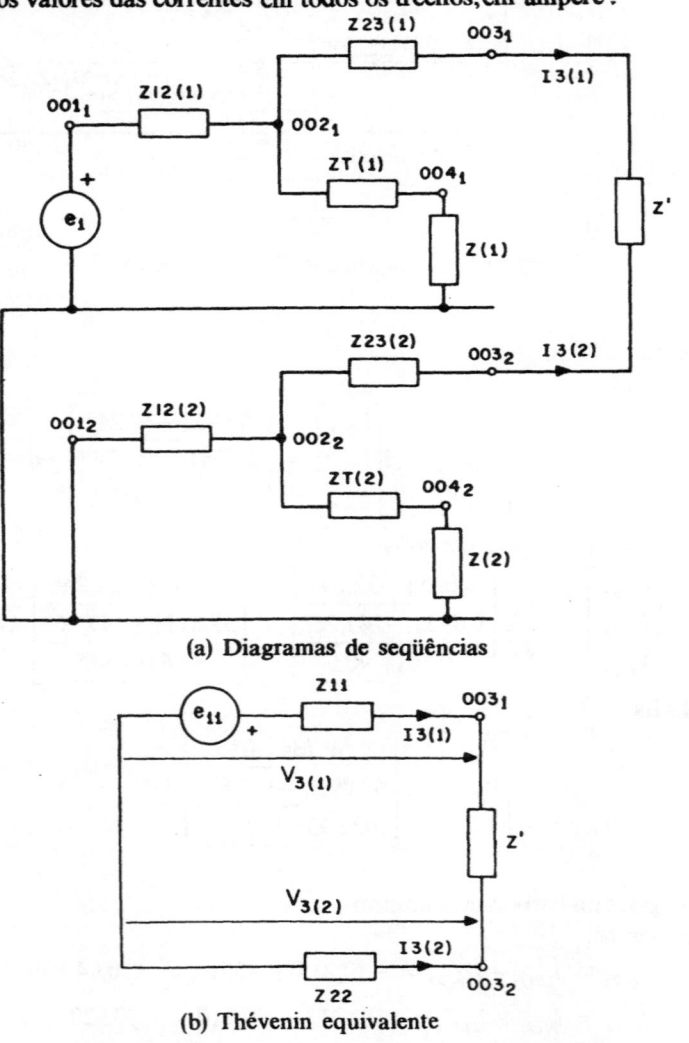

(a) Diagramas de seqüências

(b) Thévenin equivalente

Figura 5-33. Diagrama de impedâncias para Ex. 5.4.13

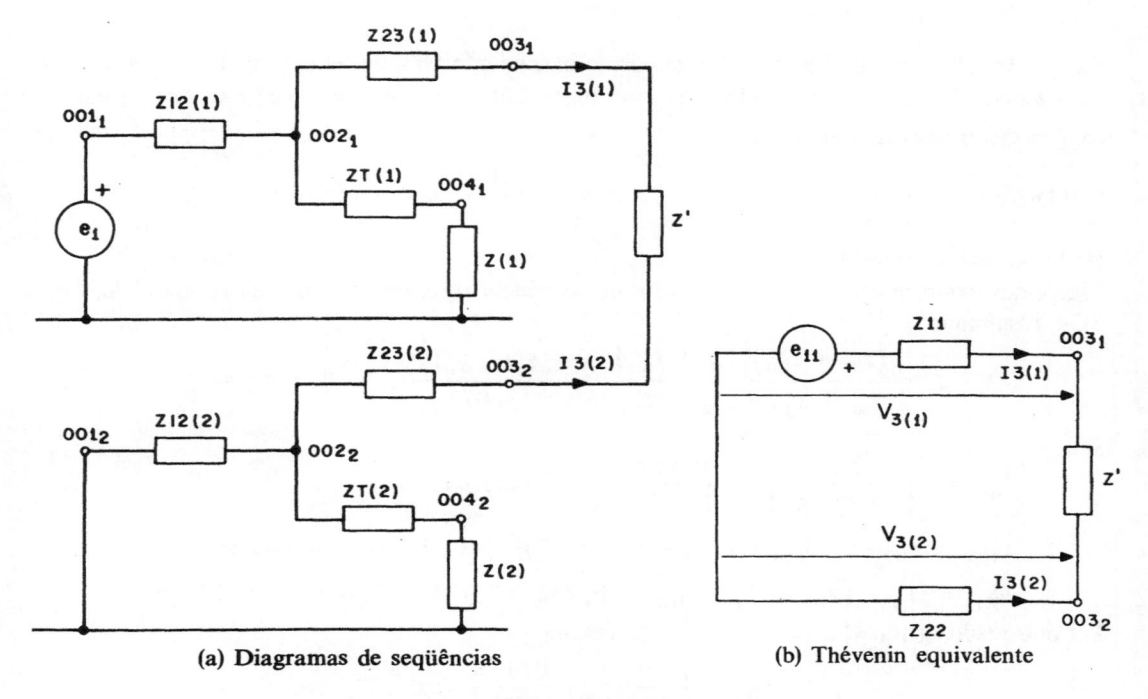

(a) Diagramas de seqüências   (b) Thévenin equivalente

Figura 5-33. Diagrama de impedâncias para Ex. 5.4.13

A tensão na barra 003 é dada por

$$v_{3(1)} = e_{11} - z_{11}i_{3(1)} = (z_{22} + z')i_{3(1)} = -1,185j \cdot 0,514j = 0,609 \; pu,$$

$$v_{3(2)} = -z_{22}i_{3(2)} = -0,47j \cdot 0,514j = 0,242 \; pu;$$

donde

$$\begin{bmatrix} \dot{V}_{AN3} \\ \dot{V}_{BN3} \\ \dot{V}_{CN3} \end{bmatrix} = \frac{V_b}{\sqrt{3}} \mathbf{T} \begin{bmatrix} \dot{v}_{3(0)} \\ \dot{v}_{3(1)} \\ \dot{v}_{3(2)} \end{bmatrix} = \frac{V_b}{\sqrt{3}} \mathbf{T} \begin{bmatrix} 0 \\ 0,609 \\ 0,242 \end{bmatrix} = \frac{V_b}{\sqrt{3}} \begin{bmatrix} 0,851\underline{|0°} \\ 0,531\underline{|-143,24°} \\ 0,531\underline{|143,24°} \end{bmatrix} = \begin{bmatrix} 108,09\underline{|0°} \\ 67,459\underline{|-143,24°} \\ 67,459\underline{|143,24°} \end{bmatrix} kV.$$

As tensões de linha na barra 003 são dadas por

$$\begin{bmatrix} \dot{V}_{AB3} \\ \dot{V}_{BC3} \\ \dot{V}_{CA3} \end{bmatrix} = \frac{V_b}{\sqrt{3}} \left\{ \begin{bmatrix} \dot{v}_{AN3} \\ \dot{v}_{BN3} \\ \dot{v}_{CN3} \end{bmatrix} - \begin{bmatrix} \dot{v}_{BN3} \\ \dot{v}_{CN3} \\ \dot{v}_{AN3} \end{bmatrix} \right\} = \begin{bmatrix} 167,087\underline{|13,98°} \\ 80,740\underline{|-90°} \\ 167,087\underline{|166,02°} \end{bmatrix} kV.$$

Salientamos que deve subsistir a relação:

$$\dot{V}_{BC3} = \dot{Z} \cdot \dot{I}_{B3} = 0,715\frac{220^2}{100}j \cdot (-233,83) = 80919,2\underline{|-90°} \; V = 80,919\underline{|-90°} \; kV,$$

que nos conduz a resultado igual, dentro da precisão, ao alcançado anteriormente.

Deixamos ao leitor o cálculo das demais grandezas da rede.

Ex. 5.4.14 - Na rede do Ex. 5.4.11 ligamos ao barramento 003, entre as fase B, C e terra duas impedâncias $z' = (0,0 + 0,715j)$ pu, nas bases 220 kV e 100 MVA. Pedimos determinar as tensões e correntes em toda a rede.

SOLUÇÃO

(1) Diagrama de impedâncias.
Ligaremos, conforme já vimos, os circuitos de seqüência zero, direta e inversa em paralelo, Fig. 5-34, resultando:

$$\bar{z} = \frac{\left(\bar{z}_{00} + \bar{z}'_{(0)}\right)\left(\bar{z}_{22} + \bar{z}'_{(2)}\right)}{\bar{z}_{00} + \bar{z}'_{(0)} + \bar{z}_{22} + \bar{z}'_{(2)}} = \frac{1,890 \cdot 1,185}{3,075} j = 0,728j\ pu,$$

e

$$\dot{i}_{3(1)} = \frac{\dot{e}_{11}}{\bar{z}_{11} + \bar{z}'_{(1)} + \bar{z}} = \frac{0,852}{1,913j} = -0,445j\ pu,$$

$$\dot{v}_{3(1)} = \dot{e}_{11} - \bar{z}_{11} \cdot \dot{i}_{3(1)} = 0,852 - 0,47j \cdot (-0,445j) = 0,643\ pu,$$

$$\dot{v}'_{3(1)} = \dot{e}_{11} - (\bar{z}_{11} + \bar{z}'_{(1)}) \cdot \dot{i}_{3(1)} = 0,852 + 1,185j \cdot 0,445j = 0,325\ pu.$$

Por outro lado, sendo $\dot{v}'_{3(1)} = \dot{v}'_{3(0)} = \dot{v}'_{3(2)}$, resulta

$$\dot{i}_{3(0)} = -\frac{\dot{v}'_{3(0)}}{\bar{z}_{00} + \bar{z}'_{(0)}} = -\frac{0,325}{1,890j} = 0,172j\ pu,$$

$$\dot{i}_{3(2)} = -\frac{\dot{v}'_{3(2)}}{\bar{z}_{22} + \bar{z}'_{(2)}} = -\frac{0,325}{1,185j} = 0,273j\ pu.$$

As componentes simétricas das tensões são:
$$\dot{v}_{3(0)} = -\bar{z}_{00} \cdot \dot{i}_{3(0)} = -1,175j \cdot 0,172j = 0,202\ pu,$$

$$\dot{v}_{3(2)} = -\bar{z}_{22} \cdot \dot{i}_{3(2)} = -0,470j \cdot 0,273j = 0,128\ pu.$$

As correntes de linha na carga, valem:
$$\begin{bmatrix} I_{A3} \\ I_{B3} \\ I_{C3} \end{bmatrix} = \frac{S_b}{\sqrt{3} \cdot V_b}\ \mathbf{T} \begin{bmatrix} \dot{i}_{3(0)} \\ \dot{i}_{3(1)} \\ \dot{i}_{3(3)} \end{bmatrix} = \frac{S_b}{\sqrt{3} \cdot V_b}\ \mathbf{T} \begin{bmatrix} 0,172 \\ -0,445 \\ 0,273 \end{bmatrix} = \frac{S_b}{\sqrt{3} \cdot V_b} \begin{bmatrix} 0 \\ 0,673\underline{|67,46°} \\ 0,673\underline{|-67,46°} \end{bmatrix},$$

ou, ainda:
$$\begin{bmatrix} I_{A3} \\ I_{B3} \\ I_{C3} \end{bmatrix} = \frac{100000}{\sqrt{3} \cdot 220} \begin{bmatrix} 0 \\ 0,673\underline{|67,46°} \\ 0,673\underline{|-67,46°} \end{bmatrix} = \begin{bmatrix} 0 \\ 176,617\underline{|67,46°} \\ 176,617\underline{|-67,46°} \end{bmatrix} A.$$

As tensões de fase valem
$$\begin{bmatrix} \dot{V}_{AN3} \\ \dot{V}_{BN3} \\ \dot{V}_{CN3} \end{bmatrix} = \frac{V_b}{\sqrt{3}}\ \mathbf{T} \begin{bmatrix} \dot{v}_{3(0)} \\ \dot{v}_{3(1)} \\ \dot{v}_{3(2)} \end{bmatrix} = \frac{220}{\sqrt{3}}\ \mathbf{T} \begin{bmatrix} 0,202 \\ 0,643 \\ 0,128 \end{bmatrix} = \begin{bmatrix} 123,588\underline{|0°} \\ 61,257\underline{|-112,36°} \\ 61,257\underline{|112,36°} \end{bmatrix} kV.$$

Como nos exercícios precedentes, calculamos as tensões de linha e obtemos:

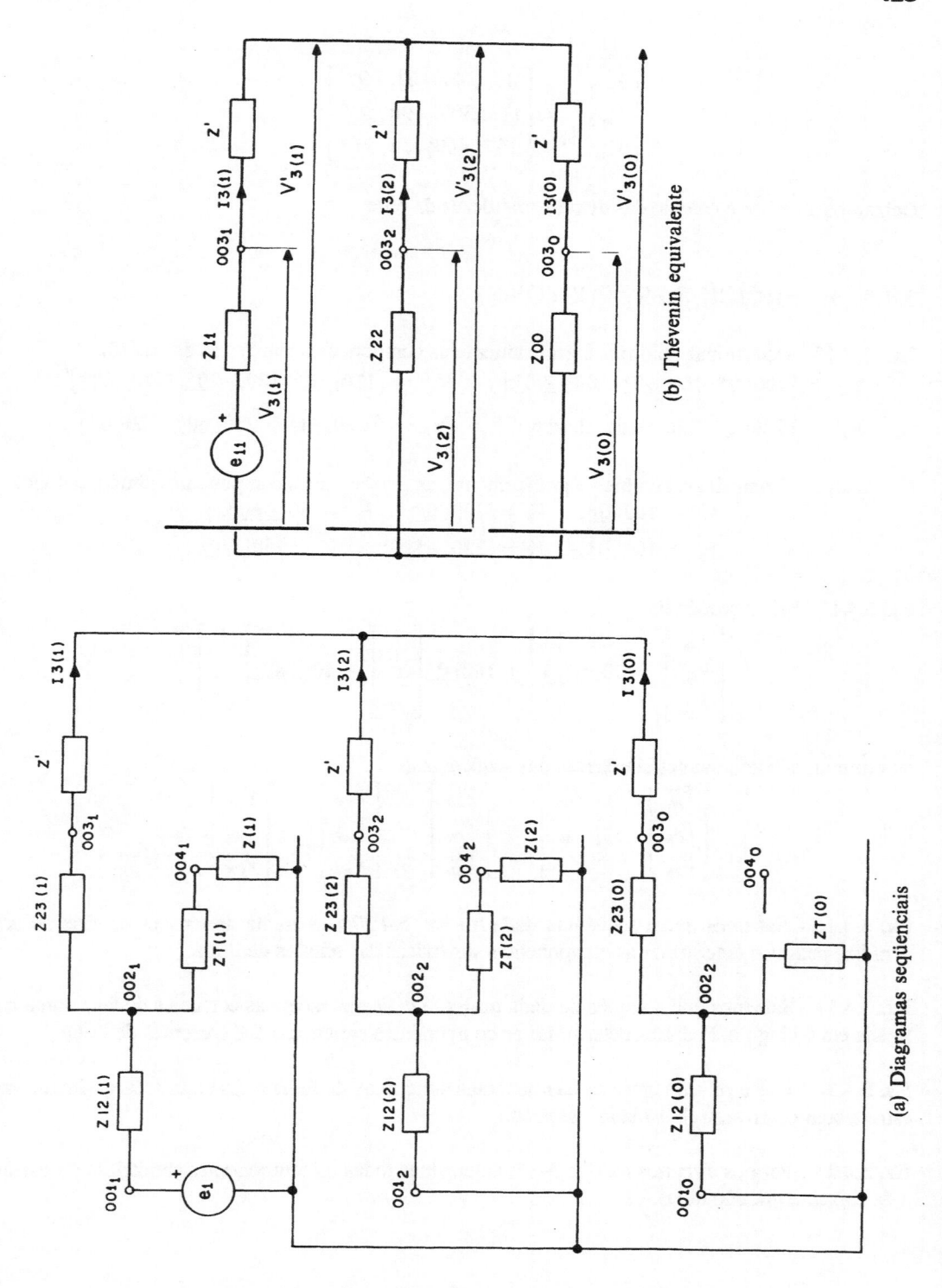

Figura 5-34. Diagramas seqüenciais de impedâncias para Ex. 5.4.14

$$\begin{bmatrix} \dot{V}_{AB3} \\ \dot{V}_{BC3} \\ \dot{V}_{CA3} \end{bmatrix} = \begin{bmatrix} 157,440 \underline{|\ 21,09°} \\ 113,300 \underline{|\ -90,00°} \\ 157,440 \underline{|\ 158,91°} \end{bmatrix} kV.$$

Deixamos ao leitor o cálculo das demais grandezas da rede.

5.4.5 - EXERCÍCIOS PROPOSTOS

Ex. 5.4.15 - Determinar analítica e graficamente as componentes simétricas das tensões:
$$\mathbf{V_A} = \begin{bmatrix} 100\underline{|0°} & 100\underline{|90°} & 100\underline{|-90°} \end{bmatrix}^t, \quad \mathbf{V_A} = \begin{bmatrix} 120\underline{|30°} & 120\underline{|-70°} & 120\underline{|150°} \end{bmatrix}^t,$$
$$\mathbf{V_A} = \begin{bmatrix} 220\underline{|0°} & 220\underline{|-60°} & 220\underline{|60°} \end{bmatrix}^t, \quad \mathbf{V_A} = \begin{bmatrix} 220\underline{|-60°} & 220\underline{|60°} & 220\underline{|0°} \end{bmatrix}^t.$$

Ex. 5.4.16 - Determinar, analítica e graficamente, as tensões cujas componentes simétricas são:
$$\dot{V}_0 = 100\underline{|0°}, \quad \dot{V}_1 = 200\underline{|0°}, \quad \dot{V}_2 = 50\underline{|-60°},$$
$$\dot{V}_0 = 100\underline{|0°}, \quad \dot{V}_1 = 220\underline{|-120°}, \quad \dot{V}_2 = 50\underline{|60°}.$$

Ex. 5.4.17 Dada a seqüência
$$\begin{bmatrix} \dot{V}_{AN} \\ \dot{V}_{BN} \\ \dot{V}_{CN} \end{bmatrix} = 70\underline{|0°}\begin{bmatrix} 1 \\ 1 \\ 1 \end{bmatrix} + 180\underline{|0°}\begin{bmatrix} 1 \\ \alpha^2 \\ \alpha \end{bmatrix} + 40\underline{|-80°}\begin{bmatrix} 1 \\ \alpha \\ \alpha^2 \end{bmatrix},$$

determinar as componentes simétricas das seqüências
$$\begin{bmatrix} \dot{V}_{BN} \\ \dot{V}_{CN} \\ \dot{V}_{AN} \end{bmatrix} \quad \begin{bmatrix} \dot{V}_{CN} \\ \dot{V}_{AN} \\ \dot{V}_{BN} \end{bmatrix} \quad \begin{bmatrix} \dot{V}_{AN} \\ \dot{V}_{CN} \\ \dot{V}_{BN} \end{bmatrix} \quad \begin{bmatrix} \dot{V}_{CN} \\ \dot{V}_{BN} \\ \dot{V}_{AN} \end{bmatrix} \quad \begin{bmatrix} \dot{V}_{BN} \\ \dot{V}_{AN} \\ \dot{V}_{CN} \end{bmatrix}.$$

Ex. 5.4.18 - Sabemos que a seqüência dada no Ex. 5.4.17 representa as tensões de fase de um gerador, pedimos determinar as componentes simétricas das tensões de linha.

Ex. 5.4.19 - Sabemos que a seqüência dada no Ex. 5.4.17 representa as correntes de fase numa carga ligada em triângulo. Pedimos determinar as componentes simétricas das correntes de linha.

Ex. 5.4.20 - Dar a relação entre as componentes simétricas de linha e fase numa carga ligada em estrela com centro-estrela isolado e aterrado.

Ex. 5.4.21 - Para os circuitos da Fig. 5-35, determinar todas as componentes simétricas da tensão e da corrente que são nulas.

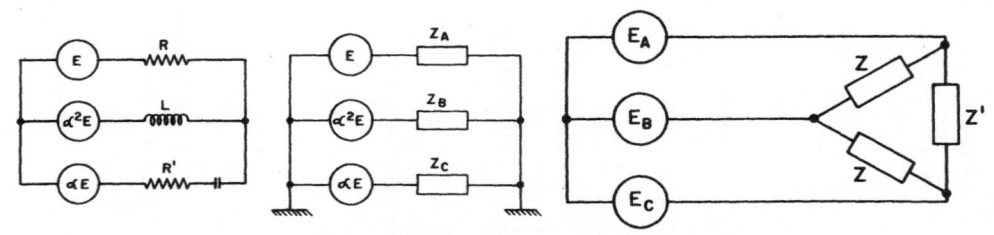

Figura 5-35. Circuitos para o Ex. 5.4.21

Ex. 5.4.22 - Sabemos que o circuito da Fig. 5-36 é alimentado por um trifásico simétrico, com seqüência de fase direta e que $\dot{V}_{AB} = 380\lfloor 30° \, V$. Pedimos resolvê-lo por componentes simétricas.

Ex. 5.4.23 - Resolver o circuito da Fig. 5-37 por componentes simétricas.

Ex. 5.4.24 - Para a rede da Fig. 5-38 conhecemos:
(1) As componentes simétricas das correntes nos geradores, em A:
$$\mathbf{I}_{G,0,1,2} = \left[10\lfloor 90° \; 20\lfloor 0° \; 10\lfloor 90° \right]^{t} \quad e \quad \mathbf{I'}_{G,0,1,2} = \left[15\lfloor 90° \; 30\lfloor 0° \; 15\lfloor 90° \right]^{t};$$
(2) As impedâncias das linhas, iguais entre si nas três fases, sem mútuas e com impedância nula no fio de retorno: $Z_{PQ} = 1, 0\, j \,\Omega$, $Z_{PR} = 0, 5\, j \,\Omega$, $Z_{RQ} = 1, 0\, j \,\Omega$;
(3) As impedâncias de aterramento dos geradores: $Z_{G} = 0, 8\, j \,\Omega$, $Z'_{G} = 0, 8\, j \,\Omega$;
(4) As tensões de fase do gerador, G, medidas entre os terminais de linha e o centro estrela:
$$\mathbf{V}_{G,A,B,C} = \left[\dot{V}_{AN} \; \dot{V}_{BN} \; \dot{V}_{CN} \right]^{t} = \left[60\lfloor 0° \; 233\lfloor 0° \; 113\lfloor 180° \right]^{t},$$
onde, assumimos a impedância interna do gerador nula.

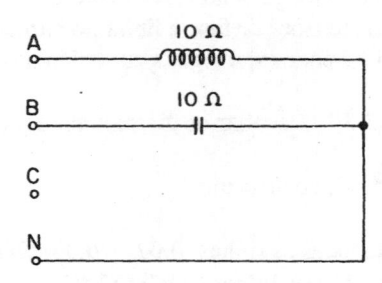

Figura 5-36. Circuito para o Ex. 5.4.22.

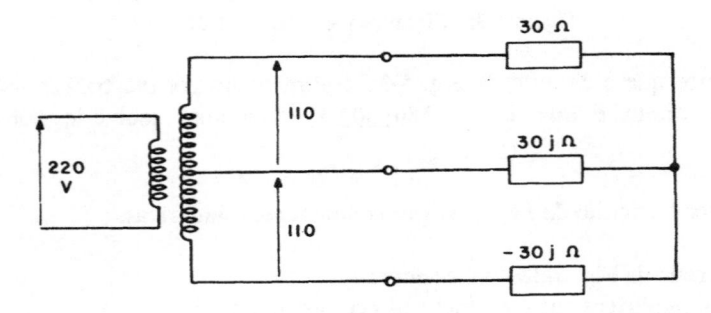

Figura 5-37. Circuito para o Ex. 5.4.23

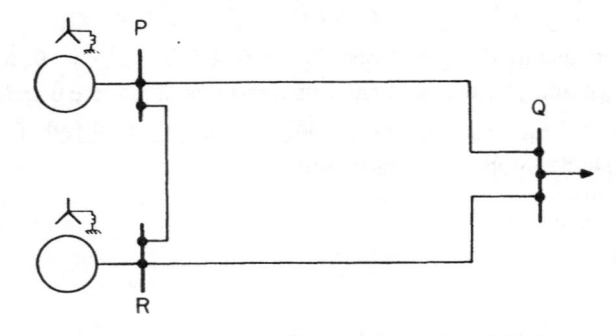

Figura 5-38. Circuito para o Ex. 5.4.24

Pedimos determinar:

(1) As correntes nas três fases da carga ligada ao barramento Q.

(2) As componentes simétricas das tensões de fase e linha no barramento R.

(3) A carga ligada no barramento Q pode estar ligada em triângulo ? Justificar.

Ex. 5.4.25 - Para a rede da Fig. 5-39, desenhar os diagramas seqüenciais de impedâncias.

Ex. 5.4.26 - Para a rede da Fig. 5-40, conhecemos:

(1) A impedância série própria de todas as linhas: $0,02 + 0,06j$ Ω/km;

(2) A impedância mútua entre os fios das linhas $(0,02j$ Ω/km);

(3) A impedância do retorno $(0,02$ Ω/km);

(4) A impedância de aterramento dos geradores $(0,3j$ Ω/km);

(5) A impedância interna dos geradores e as mútuas entre os fios da linha e o retorno que são todas nulas.

Pedimos determinar:

(a) Os diagramas de impedância da rede para as três seqüências.

(b) Sabendo-se que a tensão do gerador ligado à barra 001 vale 13,8 kV e que, na condição de vazio, a corrente é nula, determinar a potência na barra 005, quando nela se liga uma carga monofásica que absorve (100 + 75j) kVA quando a tensão vale 12 kV. A carga está ligada entre duas linhas e é de impedância constante com a tensão.

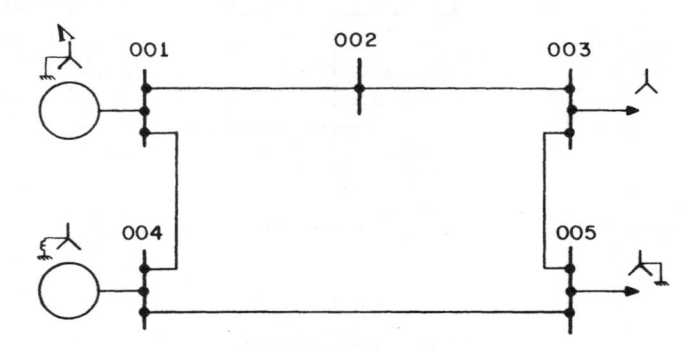

Figura 5-39. Circuito para o Ex. 5.4.25

Ex. 5.4.27 - Para a rede da Fig. 5-41, sabemos que todas as linhas têm mesmas impedâncias por unidade de comprimento e conhecemos:

(1) As impedâncias das linhas:

- impedância própria de cada fase: $\overline{Z} = (0 + 1,2j)$ Ω/km;

- impedância mútua entre as fases de uma linha: $\overline{Z}_m = (0 + 0,2j)$ Ω/km,

- impedância mútua entre as fases de uma linha e o retorno: $\overline{Z}_{mr} = (0 + 0,1j)$ Ω/km,

- impedância própria do retorno nula.

(2) Comprimento das linhas (dado na Fig.5-41);

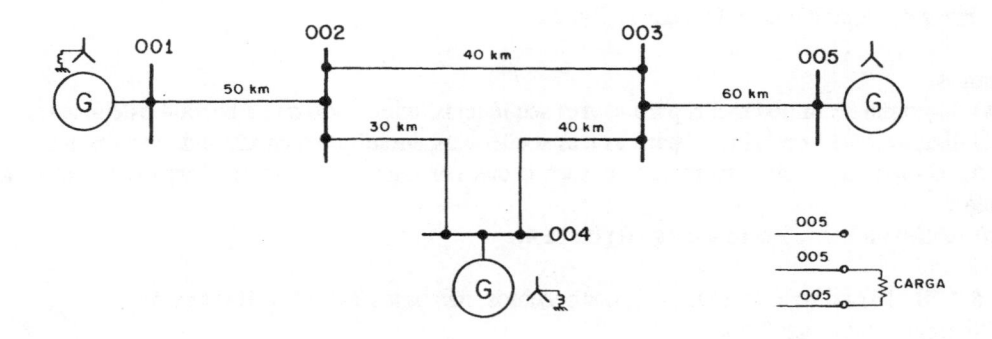

Figura 5-40. Circuito para o Ex. 5.4.26

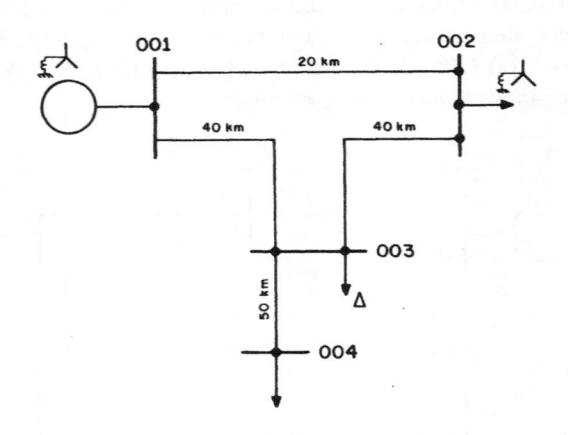

Figura 5-41. Circuito para o Ex. 5.4.27

(3) Geradores e carga:
- *Barra* 1. Na barra 1, há um gerador trifásico simétrico ligado em estrela e aterrado por impedância de $10j\,\Omega$,
- *Barra* 2. Na barra 2, há uma carga equilibrada constituída por impedâncias constantes ligadas em estrela com centro-estrela aterrado, que absorve 50 MVA e 30 MVAr quando a tensão vale 100 kV,
- *Barra* 3. Na barra 3, há um uma carga equilibrada constituída por impedâncias constantes ligadas em triângulo, que absorve 30 MW e –40 MVAr quando a tensão vale 100 kV,
- *Barra* 4. Na barra 4, há uma carga desequilibrada, na qual as tensões de fase, em kV, e as correntes de linha, em A, valem:

$$[V_{AN}] = [\dot{V}_{AN}\;\; \dot{V}_{BN}\;\; \dot{V}_{CN}]^t = [190,5\;\; -110j\;\; 110j]^t$$

$$[I_A] = [\dot{I}_{AN}\;\; \dot{I}_{AB}\;\; \dot{I}_{CN}]^t = [(220+220j)\;\; (-110+30j)\;\; (-110+440j)]^t.$$

(4) Capacitância das linhas
Desprezar as capacitâncias de todas as linhas.

Pedimos:
(1) O diagrama de impedâncias para as três seqüências, admitindo que a barra 4 esteja sem carga,
(2) O diagrama de impedâncias para as três seqüências, incluindo a capacidade das linhas,
(3) As componentes simétricas das tensões e das correntes de linha na barra 4 (com a carga ligada),
(4) A tensão na barra 3 com a carga da barra 4.

Ex. 5.4.28 - Para a rede da Fig. 5-42, conhecemos, nas bases 345 kV e 100 MVA:
(1) As impedâncias das linhas

Linha	$\bar{Z}$ (pu)	Z_m (pu)	Z_r (pu)	Z_{mr} (pu)
P-Q	0,02 + 0,08j	0,03j	0,04	0,04 + 0,02j
R-Q	0,03 + 0,06j	0,04j	0,04	0,04 + 0,02j
P-R	0,02 + 0,05j	0,04j	0,05	0,05 + 0,03j
Q-S	0,02 + 0,06j	0,03j	0,03	0,03 + 0,02j
$\bar{Z}$ - Impedância própria da linha Z_m - Impedância mútua entre os fios da linha				
Z_r - Impedância própria do retorno Z_{mr} - Impedância mútua entre o retorno e as fases				
Dados da impedâncias das linha Ex. 5.4.28				

(2) As tensões no gerador ligado ao barramento **P** valem $\begin{bmatrix} V_G \end{bmatrix} = 1,0\begin{bmatrix} 1 & \alpha^2 & \alpha \end{bmatrix} pu$;

(3) A carga ligada ao barramento **Q** é trifásica equilibrada que absorve $\bar{S} = 0,8 + j0,6$ p.u. com tensão $0,98\underline{|15°}\begin{bmatrix} 1 & \alpha^2 & \alpha \end{bmatrix}^t pu$.

Pedimos
(a) As tensões nos barramentos **P**, **Q** e **S**.
(b) As correntes nas linhas e no gerador ligado ao barramento **R**.
(c) As potências complexas fornecidas pelos geradores.

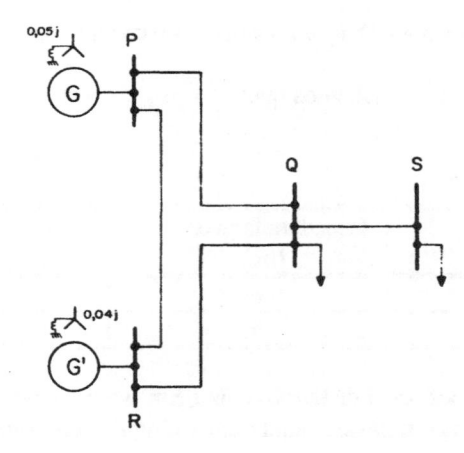

Figura 5-42. Circuito para o Ex. 5.4.28

Ex. 5.4.29 - No exercício precedente, ligou-se ao barramento **S** uma carga monofásica, cuja impedância vale $0,5\underline{|30°}$ pu, entre a fase **A** e a terra. Pedimos as tensões e correntes na rede.

Ex. 5.4.30 - Repetir os exercícios Ex. 5.4.11, 5.4.12, 5.14.13 e 5.4.14 para o caso de impedância nula.

Ex. 5.4.31 - Repetir os Ex. 5.4.11, 5.4.12, 5.14.13 e 5.4.14 para o caso de termos ligado, entre o barramento 003 e as cargas desequilibradas, um transformador de três enrolamentos, que tem o primário e o secundário em estrela com centro-estrela aterrado diretamente e o terciário em triângulo. Os valores das tensões são 220 kV, 110 kV, 13,2 kV e o da potência é 50 MVA. As impedâncias de curto-circuito valem $z_{ps} = 0,08 j\ pu$, $z_{st} = 0,16 j\ pu$, $z_{tp} = 0,12 j\ pu$, nas bases correspondentes aos valores nominais. No terciário do transformador está ligado um banco de capacitores que absorve 20 MVA, quando alimentado por tensão de 13,2 kV.

Ex. 5.4.32 - Para as duas redes apresentadas à Fig. 5-43, pedimos determinar qual dos dois defeitos fase-terra, na barra 004, resultará em corrente maior. Justificar por meio do diagrama seqüencial.

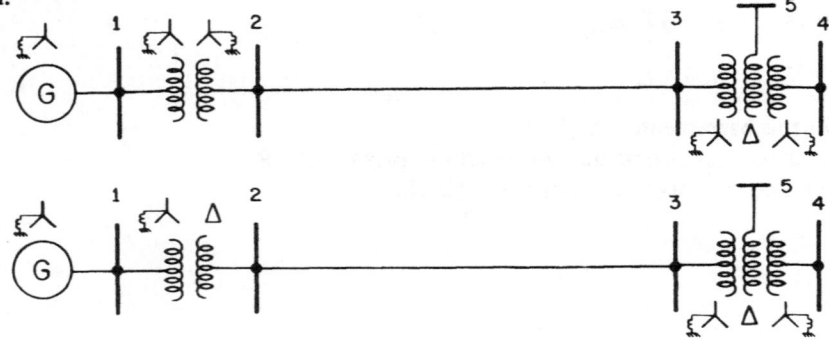

Figura 5-43. Diagramas unifilares para o Ex. 5.4.32

Ex. 5.4.33 Para a rede da Fig. 5-44, sabemos que:

(1) Linhas

Linha	Impedância própria (pu)	Impedância mútua (pu)
1 - 2	0,6j	0,2j
2 - 3	0,4j	0,2j

(2) Na barra 001, há um gerador ideal de tensão cuja f.e.m. vale 1,0 pu.
(3) Na barra 003, há uma carga trifásica ligada em triângulo, equilibrada, cuja impedância por fase vale 2,4 pu.

Pedimos
(1) Os diagramas de impedâncias para as três seqüências,
(2) As tensões e as correntes na rede,
(3) Os diagramas de seqüências, as tensões e as correntes, quando ligamos, entre as fases *B* e *C* da barra 2, duas impedâncias de $0,8j$ pu para a terra.

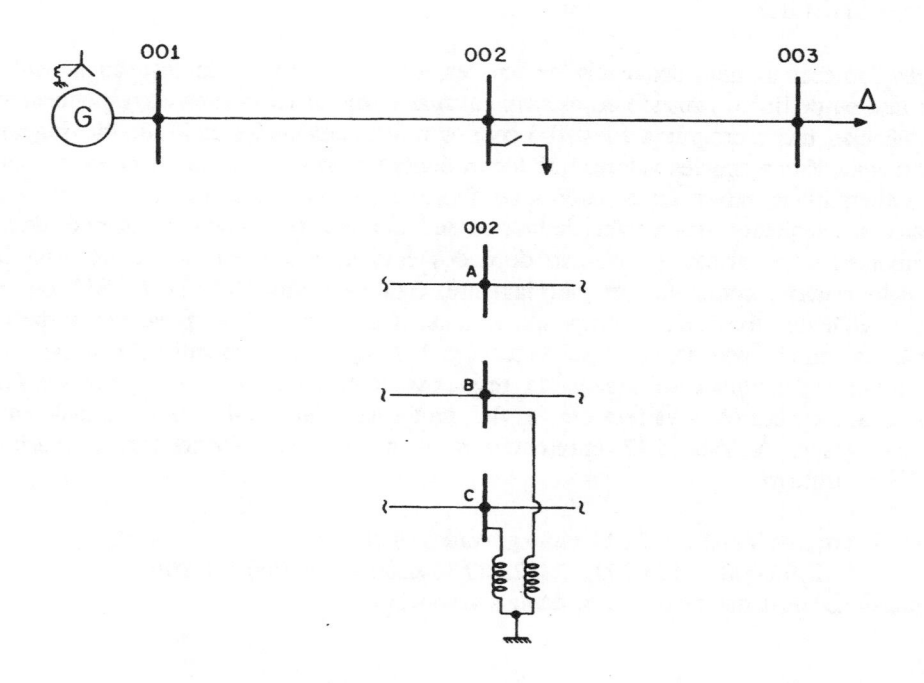

Figura 5-44. Diagrama unifilar para o Ex. 5.4.33

5.4.6 - EXERCÍCIOS RESOLVIDOS PELOS PROGRAMAS

(1) APRESENTAÇÃO

Para a resolução de exercícios de componentes simétricas dispomos dos programas: **EXCSIM**, o qual se destina à verificação das respostas digitadas pelo usuário para um dado problema, e o programa **CSIMET**, que se destina a realizar transformação de seqüências e de matrizes de impedância entre os vários tipos de componentes. Este último programa será detalhado em item específico. O programa **EXCSIM** conta com recursos para a leitura de dados através de arquivo formatado, tipo ASCII, ou para gerá-los aleatoriamente. Neste último caso permite que os dados gerados sejam armazenados no arquivo. Ao ser acionado, através do menu principal (comando **C:\COMPSIM\COMPSIM**) ou diretamente através do comando **C:\COMPSIM\EXCSIM**, apresenta menu principal, do programa, onde destacamos as opções, que serão objeto de detalhamento nos itens subseqüentes:

- **TENSOES**, que se destina à execução de exercícios pertinentes à conversão de tensões entre componentes de fase e simétricas;
- **CORRENT.**, que se destina à execução de exercícios pertinentes à conversão de correntes entre componentes de fase e simétricas;
- **TRAFOS**   , que se destina à resolução de exercícios envolvendo transformadores;
- **POTENCIA**, que se destina à resolução de exercícios pertinentes ao cálculo da potência.

(2) Opção TENSOES

Nesta opção fornecemos uma seqüência de tensões, em componentes de fase ou simétricas, tensões de fase ou de linha, cabendo ao usuário calcular e digitar os valores correspondentes às demais seqüências, que o programa consistirá com os valores calculados emitindo mensagem de erro em correspondência àqueles valores que foram digitados errados. Assim, o programa conta com quatro alternativas, referentes ao dado a ser fornecido, isto é, podemos fornecer, na ordem das alternativas, a seqüência das tensões de fase ou de linha, em termos de componentes de fase, ou de componentes simétricas. O arquivo de dados é identificado por um nome arbitrário, fornecido pelo usuário, contando, obrigatoriamente, com extensão **.S11, .S12, .S13** ou **.S14** conforme a seqüência fornecida corresponda às tensões de fase, em componentes de fase, às tensões de linha, em componentes de fase, às tensões de fase, em componentes simétricas, ou às tensões de linha, em componentes simétricas, respectivamente. O arquivo conta com um único registro, no qual fornecemos os valores das tensões, na forma polar, sendo o módulo dado em V e a fase em graus. À Tab. 5.12 apresentamos os campos correspondentes às variáveis armazenadas no arquivo.

Ex. 5.4.35 - No arquivo VFASE002.S11 estão gravados os dados:

$$2993.000 \quad -103.700 \quad 2452.700 \quad 14.300 \quad 2840.000 \; 125.900$$

Pedimos interpretar os dados e calcular as demais grandezas.

SOLUÇÃO

(1) Interpretação dos dados

Variável	Campo de definição	Formato	Observações
VAR1	01 a 11	F11.3	Módulo tensão V
VAR2	12 a 22	F11.3	Fase da tensão-graus
VAR3	23 a 33	F11.3	Módulo tensão V
VAR4	34 a 44	F11.3	Fase da tensão-graus
VAR5	45 a 55	F11.3	Módulo tensão V
VAR6	56 a 66	F11.3	Fase da tensão-graus
Tabela 5-12. Estrutura dos arquivos .S11, .S12, .S13, .S14			

Estamos fornecendo a seqüência das tensões de fase, em componentes de fase, pois a extensão do arquivo é S11 e as tensões, em V, valem:

$$\mathbf{V_F} = \left[2993, 0 \underline{|-103, 70°} \quad 2452, 7\underline{|14, 30°} \quad 2840, 0\underline{|125, 90°} \right]^{t}.$$

(2) Determinação das tensões de linha, em componentes de fase.
Temos, em V :

$$
\begin{bmatrix} \dot{V}_{AB} \\ \dot{V}_{BC} \\ \dot{V}_{CA} \end{bmatrix} = \begin{bmatrix} \dot{V}_{AN} \\ \dot{V}_{BN} \\ \dot{V}_{CN} \end{bmatrix} - \begin{bmatrix} \dot{V}_{BN} \\ \dot{V}_{CN} \\ \dot{V}_{AN} \end{bmatrix} = \begin{bmatrix} 2993,0\underline{|-103,7^\circ} \\ 2452,7\underline{|14,3^\circ} \\ 2840\underline{|125,9^\circ} \end{bmatrix} - \begin{bmatrix} 2452,7\underline{|14,3^\circ} \\ 2840\underline{|125,9^\circ} \\ 2993,0\underline{|-103,7^\circ} \end{bmatrix} = \begin{bmatrix} 4676,163\underline{|-131,29^\circ} \\ 4382,899\underline{|-22,75^\circ} \\ 5295,455\underline{|100,40^\circ} \end{bmatrix}
$$

(3) Determinação da seqüência das tensões de fase em componentes simétricas.
Temos, em V:

$$
\begin{bmatrix} \dot{V}_{0F} \\ \dot{V}_{1F} \\ \dot{V}_{2F} \end{bmatrix} = \mathbf{T}^{-1} \begin{bmatrix} \dot{V}_{AN} \\ \dot{V}_{BN} \\ \dot{V}_{CN} \end{bmatrix} = \frac{1}{3} \begin{bmatrix} 1 & 1 & 1 \\ 1 & \alpha & \alpha^2 \\ 1 & \alpha^2 & \alpha \end{bmatrix} \begin{bmatrix} 2993,0\underline{|-103,7^\circ} \\ 2452,7\underline{|14,3^\circ} \\ 2840,0\underline{|100,4^\circ} \end{bmatrix} = \begin{bmatrix} 0,989\underline{|-30,69^\circ} \\ 316,756\underline{|-64,90^\circ} \\ 2753,082\underline{|-107,85^\circ} \end{bmatrix}
$$

(4) Determinação da seqüência das tensões de linha em componentes simétricas.
Lembrando a relação entre valores de fase e de linha, em componentes simétricas:

$$
\dot{V}_{0L} = 0, \qquad \dot{V}_{1L} = \dot{V}_{1F} \cdot \sqrt{3}\underline{|30^\circ} \quad e \quad \dot{V}_{2L} = \dot{V}_{2F} \cdot \sqrt{3}\underline{|-30^\circ},
$$

Resulta imediatamente, em V:

$$
\begin{bmatrix} \dot{V}_{0L} \\ \dot{V}_{1L} \\ \dot{V}_{2L} \end{bmatrix} = \begin{bmatrix} 0 & 0 & 0 \\ \hline 0 & \sqrt{3}\underline{|30^\circ} & 0 \\ \hline 0 & 0 & \sqrt{3}\underline{|-30^\circ} \end{bmatrix} \begin{bmatrix} \dot{V}_{0F} \\ \dot{V}_{1F} \\ \dot{V}_{2F} \end{bmatrix} = \begin{bmatrix} 0 \\ 548,637\underline{|-34,90^\circ} \\ 4768,478\underline{|-137,85^\circ} \end{bmatrix}.
$$

Ex. 5.4.36 - No arquivo VLINH002.S12 estão gravados os dados:
                    2218.358   -18.370   1796.845 - 140.128   1988.415 111.423
Pedimos interpretar os dados e calcular as demais grandezas.

SOLUÇÃO
(1) Interpretação dos dados
Estamos fornecendo a seqüência das tensões de linha, em componentes de fase, pois a extensão do arquivo é S12 e as tensões, em V, valem:

$$
\mathbf{V_L} = \begin{bmatrix} 2218,358\underline{|-18,370^\circ} & 1796,845\underline{|-140,128^\circ} & 1988,415\underline{|111,423^\circ} \end{bmatrix}^t.
$$

(2) Tensões de fase, em componentes de fase.
Neste caso, sem o fornecimento de algum dado adicional, o problema é indeterminado, pois, a soma das tensões de linha é obrigatoriamente nula, isto é: $\dot{V}_{AB} + \dot{V}_{BC} + \dot{V}_{CA} = \dot{V}_{AA} = 0$. No caso geral poderemos impor que $\dot{V}_{AN} + \dot{V}_{BN} + \dot{V}_{CN} = 3\dot{V}_{0F}$, resultando:

$$
\dot{V}_{BN} = -\left(\dot{V}_{AN} + \dot{V}_{CN} \right) + 3\dot{V}_{0F},
$$

$$
\dot{V}_{AB} = \dot{V}_{AN} - \dot{V}_{BN} = 2\dot{V}_{AN} + \dot{V}_{CN} - 3\dot{V}_{0F},
$$

$$
\dot{V}_{CA} = \dot{V}_{CN} - \dot{V}_{AN},
$$

ou

$$
\dot{V}_{AN} = \frac{\dot{V}_{AB} - \dot{V}_{CA}}{3} + \dot{V}_{0F},
$$

$$\dot{V}_{BN} = \frac{\dot{V}_{BC} - \dot{V}_{AB}}{3} + \dot{V}_{OF} ,$$

$$\dot{V}_{CN} = \frac{\dot{V}_{CA} - \dot{V}_{BC}}{3} + \dot{V}_{OF} .$$

Fixamos, no programa, o dado adicional que a componente simétrica de seqüência zero é nula, $\dot{V}_{0F} = 0$. Assim, temos:

$$\dot{V}_{AN} = \frac{1}{3}\left(\dot{V}_{AB} - \dot{V}_{CA}\right) = 1270,220\lfloor -42,00° ,$$

$$\dot{V}_{BN} = \frac{1}{3}\left(\dot{V}_{BC} - \dot{V}_{AB}\right) = 1171,217\lfloor -172,60° ,$$

$$\dot{V}_{CN} = \frac{1}{3}\left(\dot{V}_{CA} - \dot{V}_{BC}\right) = 1024,358\lfloor 77,74° .$$

(3) Componentes simétricas das tensões de fase.

Através da matriz de transformação, $\mathbf{V}_{0,1,2} = \mathbf{T}^{-1} \cdot \mathbf{V}_{A,B,C}$, determinamos:

$$\dot{V}_{0F} = 0, \qquad \dot{V}_{1F} = 1150,948\lfloor -45,66° \quad e \quad \dot{V}_{2F} = 141,979\lfloor -10,93° .$$

(4) Componentes simétricas das tensões de linha.

Através da matriz de transformação determinamos:

$$\dot{V}_{0L} = 0, \qquad \dot{V}_{1L} = 1993,501\lfloor -15,66° \quad e \quad \dot{V}_{2L} = 245,916\lfloor -40,93° .$$

Destacamos que alcançaríamos o mesmo resultado utilizando as relações entre as componentes simétricas de fase e linha das tensões.

Ex. 5.4.37 - No arquivo V012F002.S13 estão gravados os dados:

          7608.073   -80.900   4554.811   - 39.810   5732.682   102.460

Pedimos interpretar os dados e calcular as demais grandezas.

SOLUÇÃO

(1) Interpretação dos dados

Estamos fornecendo a seqüência das tensões de fase, em componentes simétricas, pois, a extensão do arquivo é S13 e as tensões, em V, valem:

$$\mathbf{V}_{012F} = \left[7680,073\lfloor -80,900° \quad 4554,811\lfloor -39,810° \quad 5732,682\lfloor -102,460° \right]^{t} .$$

(2) Componentes simétricas das tensões de linha

Temos, em V:

$$\dot{V}_{0L} = 0, \qquad \dot{V}_{1L} = \dot{V}_{1F} \cdot \sqrt{3}\lfloor 30° = 7889,164\lfloor -9,810° ,$$

$$\dot{V}_{2L} = \dot{V}_{2F} \cdot \sqrt{3}\lfloor -30° = 9929,297\lfloor -132,460° ,$$

(3) Tensões de fase e linha em componentes de fase.

A partir da matriz de transformação obtemos:

$$
\begin{bmatrix} \dot{V}_{AN} \\ \dot{V}_{BN} \\ \dot{V}_{CN} \end{bmatrix} = \begin{bmatrix} 1 & 1 & 1 \\ 1 & \alpha^2 & \alpha \\ 1 & \alpha & \alpha^2 \end{bmatrix} \begin{bmatrix} \dot{V}_{0F} \\ \dot{V}_{1F} \\ \dot{V}_{2F} \end{bmatrix} = \begin{bmatrix} 16396,529\underline{|-77,80°} \\ 7736,551\underline{|-71,97°} \\ 2403,701\underline{|159,40°} \end{bmatrix},
$$

$$
\begin{bmatrix} \dot{V}_{AB} \\ \dot{V}_{BC} \\ \dot{V}_{CA} \end{bmatrix} = \begin{bmatrix} 1 & 1 & 1 \\ 1 & \alpha^2 & \alpha \\ 1 & \alpha & \alpha^2 \end{bmatrix} \begin{bmatrix} \dot{V}_{0L} \\ \dot{V}_{1L} \\ \dot{V}_{2L} \end{bmatrix} = \begin{bmatrix} 8735,371\underline{|-82,96°} \\ 9426,177\underline{|-60,48°} \\ 17813,759\underline{|108,71°} \end{bmatrix}.
$$

Ex. 5.4.38 - No arquivo V012I002.S14 estão gravados os dados:
$$
0.000 \quad 0.00 \quad 7889.164 \quad -9.810 \quad 9929.297 \quad -132.460
$$
Pedimos interpretar os dados e calcular as demais grandezas.

SOLUÇÃO
(1) Interpretação dos dados
Estamos fornecendo a seqüência das tensões de linha, em componentes simétricas, pois, a extensão do arquivo é S14 e as tensões, em V, valem:

$$
\mathbf{V}_{012L} = \begin{bmatrix} 0,0\underline{|0,000°} & 7889,164\underline{|-9,810°} & 9929,297\underline{|-132,460°} \end{bmatrix}^t.
$$

(2) Tensões de fase em componentes simétricas.
Neste caso, também, a componente de seqüência zero das tensões de fase está indeterminada. Levantamos a indeterminação definido-a como nula. Assim, teremos, em V,

$$
\dot{V}_{0F} = 0, \quad \dot{V}_{1F} = \frac{\dot{V}_{1L}}{\sqrt{3}\underline{|30°}} = 4554,811\underline{|-39,81°}, \quad \dot{V}_{2F} = \frac{\dot{V}_{2L}}{\sqrt{3}\underline{|-30°}} = 5732,682\underline{|-102,46°}.
$$

(3) Tensões de fase e linha em componentes de fase.
Temos, em V:

$$
\begin{bmatrix} \dot{V}_{AN} & \dot{V}_{BN} & \dot{V}_{CN} \end{bmatrix}^t = \begin{bmatrix} 8809,216\underline{|-75,12°} & 1201,344\underline{|7,44°} & 9043,469\underline{|112,45°} \end{bmatrix}^t,
$$

$$
\begin{bmatrix} \dot{V}_{AB} & \dot{V}_{BC} & \dot{V}_{CA} \end{bmatrix}^t = \begin{bmatrix} 8735,372\underline{|-82,96°} & 9426,177\underline{|-60,48°} & 17813,759\underline{|108,71°} \end{bmatrix}^t.
$$

(3) Opção CORRENT.

Nesta opção fornecemos uma seqüência de correntes, em componentes de fase ou simétricas, correntes de fase ou de linha, cabendo ao usuário calcular e digitar os valores correspondentes às demais seqüências, que o programa consistirá com os valores calculados emitindo mensagem de erro em correspondência àqueles valores que foram digitados errados. Assim, o programa conta com quatro alternativas, referentes ao dado a ser fornecido, isto é, podemos fornecer, na ordem das alternativas, a seqüência das correntes de fase ou de linha, em termos de componentes de fase, ou de componentes simétricas. O arquivo de dados é identificado por um nome arbitrário, fornecido pelo usuário, contando, obrigatoriamente, com extensão .S21, .S22, .S23 ou .S24 confome a seqüência fornecida corresponda às correntes de fase, em componentes de fase, às correntes de linha, em componentes de fase, às correntes de fase, em componentes simétricas, ou às correntes de linha, em componentes simétricas, respectivamente. O arquivo conta com um único registro, no qual fornecemos os valores das correntes, na forma polar, sendo o módulo dado em A e a fase em graus. À Tab. 5.13 apresentamos os campos e formatos correspondentes às variáveis armazenadas no arquivo.

Ex. 5.4.39 - No arquivo CFASE002.S21 estão gravados os dados:

$$193.000 \quad -103.700 \quad 252.000 \quad 14.300 \quad 182.000 \quad 125.000$$

Pedimos interpretar os dados e calcular as demais grandezas.

Variável	Campo de definição	Formato	Observações
VAR1	01 a 11	F11.3	Módulo corren. A
VAR2	12 a 22	F11.3	Fase da corren.graus
VAR3	23 a 33	F11.3	Módulo corren. A
VAR4	34 a 44	F11.3	Fase da corren.graus
VAR5	45 a 55	F11.3	Módulo corren. A
VAR6	56 a 66	F11.3	Fase da corren.graus
Tabela 5-13. Estrutura arquivos .S21, .S22, .S23, .S24			

SOLUÇÃO

(1) Interpretação dos dados
Estamos fornecendo a seqüência das correntes de fase, em componentes de fase, pois a extensão do arquivo é S21 e as correntes, em A, valem:

$$\mathbf{I_F} = \begin{bmatrix} 193,0 \lfloor -103,70° & 252,0 \lfloor 14,30° & 182,0 \lfloor 125,00° \end{bmatrix}^t .$$

(2) Determinação das correntes de linha, em componentes de fase.
Temos, em A :

$$\begin{bmatrix} I_A \\ I_B \\ I_C \end{bmatrix} = \begin{bmatrix} I_{AB} \\ I_{BC} \\ I_{CA} \end{bmatrix} - \begin{bmatrix} I_{CA} \\ I_{AB} \\ I_{BC} \end{bmatrix} = \begin{bmatrix} 193,00\lfloor-103,7° \\ 252,00\lfloor14,3° \\ 182,00\lfloor125,0° \end{bmatrix} - \begin{bmatrix} 182,00\lfloor125,0° \\ 193,00\lfloor-103,7° \\ 252,00\lfloor14,3° \end{bmatrix} = \begin{bmatrix} 341,671\lfloor-80,1° \\ 382,648\lfloor40,74° \\ 359,237\lfloor166,01° \end{bmatrix}$$

(3) Determinação da seqüência das correntes de fase em componentes simétricas.
Temos, em A:

$$\begin{bmatrix} I_{0F} \\ I_{1F} \\ I_{2F} \end{bmatrix} = \mathbf{T^{-1}} \begin{bmatrix} I_{AB} \\ I_{BC} \\ I_{CA} \end{bmatrix} = \frac{1}{3} \begin{bmatrix} 1 & 1 & 1 \\ 1 & \alpha & \alpha^2 \\ 1 & \alpha^2 & \alpha \end{bmatrix} \begin{bmatrix} 193,0\lfloor-103,7° \\ 252,0\lfloor14,3° \\ 182,0\lfloor125,0° \end{bmatrix} = \begin{bmatrix} 32,353\lfloor14,21° \\ 13,777\lfloor167,84° \\ 208,301\lfloor-107,78° \end{bmatrix}$$

(4) Determinação da seqüência das correntes de linha em componentes simétricas.
Lembrando a relação entre valores das correntes de fase e de linha, em componentes simétricas:

$$I_{0L} = 0, \quad I_{1L} = I_{1F} \cdot \sqrt{3}\lfloor-30° \quad e \quad I_{2L} = I_{2f} \cdot \sqrt{3}\lfloor30°,$$

Resulta imediatamente, em A:

$$
\begin{bmatrix} I_{0L} \\ I_{1L} \\ I_{2L} \end{bmatrix} = \begin{bmatrix} 0 & 0 & 0 \\ 0 & \sqrt{3}\underline{|-30°} & 0 \\ 0 & 0 & \sqrt{3}\underline{|30°} \end{bmatrix} \begin{bmatrix} I_{0F} \\ I_{1F} \\ I_{2F} \end{bmatrix} = \begin{bmatrix} 0 \\ 23,862\underline{|137,84°} \\ 360,787\underline{|-77,78°} \end{bmatrix}.
$$

Ex. 5.4.40 - No arquivo CLINH002.S22 estão gravados os dados:

$$8832.343 \quad -128.310 \quad 5695.331 \quad -8.802 \quad 7803.459 \quad 91.123$$

Pedimos interpretar os dados e calcular as demais grandezas.

SOLUÇÃO

(1) Interpretação dos dados

Estamos fornecendo a seqüência das correntes de linha, em componentes de fase, pois a extensão do arquivo é S22 e as correntes, em A, valem:

$$\mathbf{I_L} = \begin{bmatrix} 8832,343\underline{|-128,310°} & 5695,331\underline{|-8,802°} & 7803,459\underline{|91,123°} \end{bmatrix}^t.$$

(2) Correntes de fase, em componentes de fase.

Neste caso, sem o fornecimento de algum dado adicional, o problema é indeterminado, pois, a soma das correntes de linha é obrigatoriamente nula, isto é: $I_A + I_B + I_C = 0$. Como no exercício precedente, temos:

$$I_{AB} + I_{BC} + I_{CA} = 3I_{0F},$$
$$I_A = I_{AB} - I_{CA},$$
$$I_B = I_{BC} - I_{AB} = 3I_{0F} - I_{CA} - 2I_{AB},$$

logo

$$I_{AB} = (I_A - I_B)/3 + I_{0F},$$
$$I_{BC} = (I_B - I_C)/3 + I_{0F},$$
$$I_{CA} = (I_C - I_A)/3 + I_{0F}.$$

fixamos $I_{0F} = 0$, resultando, em A:

$$I_{AB} = (8832,343\underline{|-128,31°} - 5695,331\underline{|-8,80°})/3 = 4216,370\underline{|-151,38°},$$
$$I_{BC} = (5695,331\underline{|-8,80°} - 7803,459\underline{|91,12°})/3 = 3474,530\underline{|-56,31°},$$
$$I_{CA} = (7803,459\underline{|91,12°} - 8832,343\underline{|-128,31°})/3 = 5221,450\underline{|70,14°}.$$

(3) Componentes simétricas das correntes de fase.

Através da matriz de transformação, $\mathbf{I_{012F}} = \mathbf{T^{-1}} \cdot \mathbf{I_{ABCF}}$, determinamos, em A:

$$I_{0F} = 0, \quad I_{1F} = 1045,869\underline{|-67,42°} \quad e \quad I_{2F} = 4236,042\underline{|-165,59°}.$$

(4) Componentes simétricas das correntes de linha.

Através da matriz de transformação determinamos, em A :

$$I_{0L} = 0, \quad I_{1L} = 1811,499\underline{|-97,42°} \quad e \quad I_{2L} = 7337,040\underline{|-135,59°}.$$

Destacamos que alcançaríamos o mesmo resultado utilizando as relações entre as componentes simétricas de fase e linha das correntes.

Ex. 5.4.41 - No arquivo C012F002.S23 estão gravados os dados:

$$108.073 \quad -80.900 \quad 254.811 \quad 39.810 \quad 152.682 \quad 72.460$$

Pedimos interpretar os dados e calcular as demais grandezas.

SOLUÇÃO

(1) Interpretação dos dados

Estamos fornecendo a seqüência das correntes de fase, em componentes simétricas, pois, a extensão do arquivo é S13 e as correntes, em A, valem:

$$\mathbf{I}_{012F} = \begin{bmatrix} 108,073 \lfloor -80,90° & 254,811 \lfloor 39,81° & 152,682 \lfloor 72,460° \end{bmatrix}^t .$$

(2) Componentes simétricas das correntes de linha

Temos, em A:

$$I_{0L} = 0, \qquad I_{1L} = I_{1F} \cdot \sqrt{3} \lfloor -30° = 441,346 \lfloor 9,810°,$$

$$I_{2L} = I_{2F} \cdot \sqrt{3} \lfloor 30° = 264,453 \lfloor 102,460°,$$

(3) Correntes de fase e linha em componentes de fase.

A partir da matriz de transformação obtemos, em A:

$$\begin{bmatrix} I_{AB} \\ I_{BC} \\ I_{CA} \end{bmatrix} = \begin{bmatrix} 1 & 1 & 1 \\ 1 & \alpha^2 & \alpha \\ 1 & \alpha & \alpha^2 \end{bmatrix} \begin{bmatrix} I_{0F} \\ I_{1F} \\ I_{2F} \end{bmatrix} = \begin{bmatrix} 328,344 \lfloor 37,97° \\ 400,655 \lfloor -102,77° \\ 177,276 \lfloor -132,16° \end{bmatrix},$$

$$\begin{bmatrix} I_A \\ I_B \\ I_C \end{bmatrix} = \begin{bmatrix} 1 & 1 & 1 \\ 1 & \alpha^2 & \alpha \\ 1 & \alpha & \alpha^2 \end{bmatrix} \begin{bmatrix} I_{0L} \\ I_{1L} \\ I_{2L} \end{bmatrix} = \begin{bmatrix} 503,913 \lfloor 41,427° \\ 687,065 \lfloor -120,37° \\ 261,108 \lfloor 96,69° \end{bmatrix}.$$

Ex. 5.4.42 - No arquivo C012L002.S24 estão gravados os dados:

$$0.000 \quad 0.00 \quad 4495.595 \quad -56.920 \quad 561.678 \quad -146.920$$

Pedimos interpretar os dados e calcular as demais grandezas.

SOLUÇÃO

(1) Interpretação dos dados

Estamos fornecendo a seqüência das correntes de linha, em componentes simétricas, pois, a extensão do arquivo é S24 e as correntes, em A, valem:

$$\mathbf{I}_{012L} = \begin{bmatrix} 0 \lfloor 0° & 4495,595 \lfloor -56,920° & 561,678 \lfloor -146,920° \end{bmatrix}^t .$$

(2) Correntes de fase em componentes simétricas.

Neste caso, também, a componente de seqüência zero das correntes de fase está indeterminada. Levantamos a indeterminação definido-a como nula. Assim, teremos, em A,

$$I_{0F} = 0, \qquad I_{1F} = \frac{I_{1L}}{\sqrt{3} \lfloor -30°} = 2595,533 \lfloor -26,92°, \qquad I_{2F} = \frac{I_{2L}}{\sqrt{3} \lfloor 30°} = 324,285 \lfloor -176,92°.$$

(3) Correntes de fase e linha em componentes de fase.

Temos, em A:

$$\left[\, I_{AB} \;\; I_{BC} \;\; I_{CA}\,\right]^{t} \;=\; \left[\, 2320,366\underline{|-30,93°} \quad 2615,713\underline{|-139,80°} \quad 2880,938\underline{|89,85°} \,\right]^{t},$$

$$\left[\, I_{A} \;\; I_{B} \;\; I_{C}\,\right]^{t} \;=\; \left[\, 4530,547\underline{|-64,04°} \quad 4018,992\underline{|-172,91°} \quad 4989,932\underline{|66,31°} \,\right]^{t}.$$

(4) Opção TRAFO

(4.1) INTRODUÇÃO

Nesta opção desenvolvemos exercícios pertinentes a transformadores trifásicos, de dois enrolamentos, alimentando cargas desequilibradas. Assim, o usuário fixa, dentre as quatro possibilidades de esquemas de ligações do primário e secundário do transformador, apresentadas na reprodução do menu de transformadores, Tab. 5-14, a que deseja e a seguir fixa o tipo de carga a ser inserido no secundário do transformador. Detalharemos em item específico, as peculiaridades dos esquemas de ligações e das cargas. Como nos casos anteriores, os dados podem ser lidos de arquivo formatado, tipo ASCII, ou gerados aleatoriamente, pelo programa, e, nesta última hipótese podem ser gravados no arquivo. O nome do arquivo é fornecido arbitrariamente pelo usuário, porém, com extensões correspondendo, obrigatoriamente, a .S31, .S32, .S33, .S34, na ordem das opções de esquema de ligação. O arquivo contará com até quatro registros, o primeiro, comum a todos os casos possíveis, contando com os dados pertinentes ao tipo de carga, aos valores nominais do transformador e à tensão aplicada ao primário do transformador. Quando escolhemos o caso geral de carga definida por sua matriz de impedâncias forneceremos outros três, 2°, 3° e 4°, correspondendo cada registro a uma linha da matriz de impedâncias da carga. No casos em que a carga é definida por uma ou duas impedâncias gravamos seus dados em somente um registro, 2° registro.

```
       Exercicios de Representacao de Transformadores
              em   Componentes  Simetricas
       <F1>  - Trafo ligado triangulo-estrela aterrada
       <F2>  - Trafo ligado triangulo-estrela isolada
       <F3>  - Trafo ligado em estrela aterrada-triangulo
       <F4>  - Trafo ligado em estrela isolada-triangulo
       <ESC> - Retorna ao menu principal
```
Tabela 5-14.Menu principal de transformadores

Apresentamos na Tab. 5-15 a estrutura dos dados armazenados no arquivo, os quais, por suas particularidade, serão detalhados nos itens a seguir. Salientamos que fornecemos a impedância da carga em Ω, a potência nominal do transformador, SNOM, em MVA, as tensões nominais do primário, VNOM0, e do secundário, VNOM9, em kV, as impedâncias equivalentes de seqüência zero e direta em pu, referidas aos valores nominais do transformador, e a tensão aplicada ao primário do transformador, VPRI, em kV. Salientamos que os terminais do transformador estão marcados de modo tal a que apresentem rotação de fase entre as tensões primárias e secundárias de $\pm\,30°$. O transformador é alimentado por tensão trifásica simétrica com seqüência de fase direta.

Variável	Campo de definição	Formato	Observações
		1º Registro	
IELIDO	02 a 03	I2	Variável de controle
SNOM	04 a 10	F7.2	Pot.nominal trafo (MVA)
VNOM0	11 a 17	F7.2	Tensão nom. primário (kV)
VNOM9	18 a 24	F7.2	Tensão nom. secundário (kV)
REQPU0	25 a 31	F7.4	Resist.equivalente.seqüen. 0 (pu)
XEQPU0	32 a 38	F7.4	Reatân.equivalente.seqüen. 0 (pu)
REQPU1	39 a 45	F7.4	Resist.equivalente.seqüen. 1 (pu)
XEQPU1	46 a 52	F7.4	Reatân.equivalente.seqüen. 1 (pu)
VPRI	53 a 59	F7.2	Tensão primária (kV)
		2º Registro (até 3 registros)	
ZMACAR		Impedância da carga a ser definida em cada caso	
		Tabela 5-15. Estrutura dados arquivo de transformadores	

(4.2) TRANSFORMADOR NA LIGAÇÃO TRIÂNGULO-ESTRELA ATERRADA

Neste caso a variável IELIDO assumirá valores variáveis de 1 a 4, conforme o tipo de carga desejado. Assim, teremos:

- IELIDO = 1,carga monofásica ligada entre a fase A do secundário e terra. No 2º registro armazenamos, em Ω, a resistência, campo 01 a 08 (F8.2), e a reatância, campo 09 a 16 (F8.2), da carga;
- IELIDO = 2,carga monofásica entre as fases B e C do secundário. No 2º registro armazenamos, em Ω, a resistência, campo 01 a 08 (F8.2), e a reatância, campo 09 a 16 (F8.2), da carga;
- IELIDO = 3,cargas monofásicas, $Z_{BN'} = Z_{CN'} = Z$, ligadas entre as fases B e C e ponto N' e, $Z_{N'N}$, ligada entre o ponto N' e terra. No 2º registro armazenamos, em Ω, a resistência, campo 01 a 08 (F8.2), e a reatância, campo 09 a 16 (F8.2), da impedância $\overline{Z}$ e a resistência, campo 17 a 24 (F8.2), e a reatância, campo 25 a 32 (F8.2) da impedância $Z_{N'N}$;
- IELIDO = 4,carga definida por sua matriz de impedâncias. Nos 2º , 3º e 4º registros armazenamos os elementos das três linhas da matriz, em Ω, nos campos: 01 a 08, 09 a 16, 17 a 24, 25 a 32, 33 a 40, 41 a 48 (6F8.2).

Ex. 5.4.43 - No arquivo DYFTC002.S31 estão gravados os dados:

```
1     .80  230.00   34.50   0.0439   0.0455   0.0438   0.0442   240.64
     404.88   659.26
```

Pedimos interpretar os dados e resolver a rede.

SOLUÇÃO

(1) Interpretação dos dados.
Observamos que fornecemos um transformador com os enrolamentos primário e secundário na ligação triângulo-estrela aterrada, pois, a extensão do arquivo é S31. Do primeiro registro observamos que o transformador, cujos dados nominais são: 0,80 MVA, 230,0/34,5 kV, $z_{eq0} = (0,0439 + 0,0455j)\ pu$ e $z_{eq1} = z_{eq2} = (0,0438 + 0,0442j)\ pu$, está sendo alimentado, no primário, por tensão de 240,64 kV. Sendo IELIDO = 1, teremos, no secundário, carga ligada entre a fase A e a terra, cuja impedância, 2° Reg., vale (404,88 + 659,26j) Ω .

(2) Metodologia de cálculo.
Adotaremos como valores de base os nominais do transformador e calcularemos a tensão de alimentação e a impedância da carga em pu. Salientamos que o valor fornecido para a tensão de suprimento é o da tensão primária, logo, a tensão de fase no primário, quando representada em pu, terá módulo igual ao de linha, porém, estará atrasada de 30°; nestas condições, para que resulte tensão de fase com ângulo de rotação de fase nulo, fixaremos a tensão de linha no primário com fase inicial nula; nessas condições teremos, após o *"variador de fase"*, tensão de linha com fase 30°, de onde obtemos, tensão de fase com rotação de fase nula. A seguir determinamos, para as três seqüencias, os diagramas de impedâncias e os associamos em série, Fig. 5-45, e equacionamos a rede.

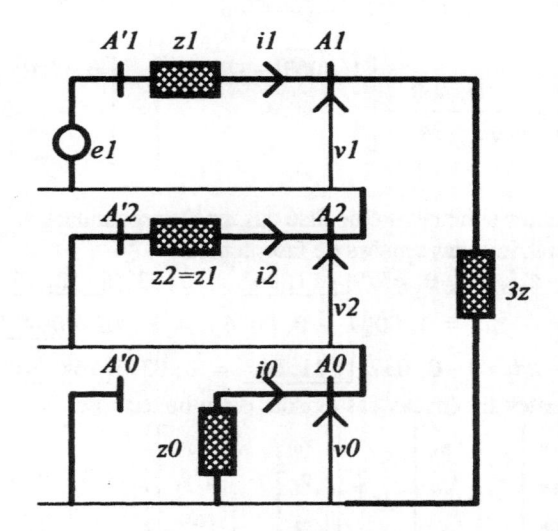

Figura 5-45. Diagramas de seqüência para Ex. 5.4.43

Assim, temos:

$$i_0 = i_1 = i_2 = \frac{\dot{e}}{z_1 + z_2 + z_0 + 3z},$$

$$\dot{v}_0 = -z_0 i_0, \quad \dot{v}_1 = \dot{e} - z_1 i_1, \quad \dot{v}_2 = -z_2 i_2.$$

No primário do transformador, teremos:

$$i_{0_p} = 0, \quad i_{1_p} = i_1 \cdot 1\underline{|-30°} \quad e \quad i_{2_p} = i_2 \cdot 1\underline{|30°},$$

e através da matriz de transformação obtemos as tensões e correntes na rede, em termos de A e V.

(3) Cálculo das componentes simétricas e de fase das correntes secundárias.

Para as componentes simétricas temos:

$$z = (404,88 + 659,26j)\frac{0,8}{34,5^2} = (0,2721 + 0,4431j) = 0,52\underline{|58,44°}\ pu,$$

$$z_{tot} = 2(0,0438 + 0,0442j) + (0,0439 + 0,0455j) + 3(0,2721 + 0,4431j) =$$

$$= (0,9479 + 1,4632j) = 1,7434\underline{|57,06°}\ pu,$$

$$\dot{e}_{1L} = \frac{240,064\underline{|30°}}{230} = 1,0462\underline{|30°}\ pu \quad e \quad \dot{e} = \dot{e}_{1F} = \frac{\dot{e}_{1L}}{1\underline{|30°}} = 1,0462\underline{|0°}\ pu,$$

$$\dot{i}_0 = \dot{i}_1 = \dot{i}_2 = \frac{1,0462\underline{|0°}}{1,7434\underline{|57,06°}} = 0,6001\underline{|-57,06°}\ pu.$$

Para as componentes de fase das correntes de fase e linha, em pu, temos:

$$\begin{bmatrix} i_A \\ i_B \\ i_C \end{bmatrix} = \begin{bmatrix} i_{AN} \\ i_{BN} \\ i_{CN} \end{bmatrix} = \mathbf{T}\begin{bmatrix} 0,6001\underline{|-57,06°} \\ 0,6001\underline{|-57,06°} \\ 0,6001\underline{|-57,06°} \end{bmatrix} = \begin{bmatrix} 1,8003\underline{|-57,06°} \\ 0 \\ 0 \end{bmatrix}\ pu,$$

e, em kA, temos:

$$\begin{bmatrix} I_A \\ I_B \\ I_C \end{bmatrix} = \begin{bmatrix} I_{AN} \\ I_{BN} \\ I_{CN} \end{bmatrix} = \frac{0,800}{\sqrt{3} \cdot 34,5}\begin{bmatrix} 1,8003\underline{|-57,06°} \\ 0 \\ 0 \end{bmatrix} = \begin{bmatrix} 0,024\underline{|-57,06°} \\ 0 \\ 0 \end{bmatrix}\ kA.$$

(4) Cálculo das componentes simétricas e de fase das tensões secundárias.

Para as componentes simétricas das tensões de fase, temos:

$$\dot{v}_0 = -\bar{z}_0\dot{i}_0 = -0,0379\underline{|-11,04°} = 0,0379\underline{|168,96°}\ pu,$$

$$\dot{v}_1 = \dot{e} - \bar{z}_1\dot{i}_1 = 1,0097 + 0,0076j = 1,0097\underline{|0,43°}\ pu,$$

$$\dot{v}_2 = -\bar{z}_1\dot{i}_2 = -0,0373\underline{|-11,80°} = 0,0373\underline{|168,20°}\ pu,$$

donde, para as componentes simétricas das tensões de linha, temos:

$$\begin{bmatrix} \dot{v}_{AB} \\ \dot{v}_{BC} \\ \dot{v}_{CA} \end{bmatrix} = \begin{bmatrix} \dot{v}_{AN} \\ \dot{v}_{BN} \\ \dot{v}_{CN} \end{bmatrix} - \begin{bmatrix} \dot{v}_{BN} \\ \dot{v}_{CN} \\ \dot{v}_{AN} \end{bmatrix} = \mathbf{T}\left\{\begin{bmatrix} \dot{v}_0 \\ \dot{v}_1 \\ \dot{v}_2 \end{bmatrix} - \begin{bmatrix} \dot{v}_0 \\ \alpha^2\dot{v}_1 \\ \alpha\dot{v}_2 \end{bmatrix}\right\} = \mathbf{T}\begin{bmatrix} 0 \\ \dot{v}_1 \cdot \sqrt{3}\underline{|30°} \\ \dot{v}_2 \cdot \sqrt{3}\underline{|-30°} \end{bmatrix}$$

mas, sendo

$$\begin{bmatrix} \dot{v}_{AB} \\ \dot{v}_{BC} \\ \dot{v}_{CA} \end{bmatrix} = \mathbf{T}\begin{bmatrix} 0 \\ \dot{v}_{1L} \\ \dot{v}_{2L} \end{bmatrix},$$

resulta, imediatamente:

$$\begin{bmatrix} \dot{v}_{0L} \\ \dot{v}_{1L} \\ \dot{v}_{2L} \end{bmatrix} = \begin{bmatrix} 0 \\ \dot{v}_1 \cdot \sqrt{3}\lfloor 30° \\ \dot{v}_2 \cdot \sqrt{3}\lfloor -30° \end{bmatrix} = \begin{bmatrix} 0\lfloor 0° \\ 1,7489\lfloor 30,43° \\ 0,0646\lfloor 138,20° \end{bmatrix} pu.$$

Para as componentes de fase das tensões de fase, em pu, temos:

$$\begin{bmatrix} \dot{v}_{AN} \\ \dot{v}_{BN} \\ \dot{v}_{CN} \end{bmatrix} = \begin{bmatrix} 1 & 1 & 1 \\ 1 & \alpha^2 & \alpha \\ 1 & \alpha & \alpha^2 \end{bmatrix} \begin{bmatrix} 0,0379\lfloor 168,96° \\ 1,0097\lfloor 0,43° \\ 0,0373\lfloor 168,20° \end{bmatrix} = \begin{bmatrix} 0,9362\lfloor 1,38° \\ 1,0469\lfloor -120,02° \\ 1,0463\lfloor 120,04° \end{bmatrix},$$

e, em kV, temos:

$$\begin{bmatrix} \dot{V}_{AN} \\ \dot{V}_{BN} \\ \dot{V}_{CN} \end{bmatrix} = \frac{34,5}{\sqrt{3}} \begin{bmatrix} 0,9362\lfloor 1,38° \\ 1,0469\lfloor -120,02° \\ 1,0463\lfloor 120,04° \end{bmatrix} = \begin{bmatrix} 18,6478\lfloor 1,38° \\ 20,8528\lfloor -120,02° \\ 20,8408\lfloor 120,04° \end{bmatrix}.$$

Finalmente, para as componentes de fase das tensões de linha no secundário, temos, em kV:

$$\begin{bmatrix} \dot{V}_{AB} \\ \dot{V}_{BC} \\ \dot{V}_{CA} \end{bmatrix} = \begin{bmatrix} \dot{V}_{AN} \\ \dot{V}_{BN} \\ \dot{V}_{CN} \end{bmatrix} - \begin{bmatrix} \dot{V}_{BN} \\ \dot{V}_{CN} \\ \dot{V}_{AN} \end{bmatrix} = \begin{bmatrix} 18,6478\lfloor 1,38° \\ 20,8528\lfloor -120,02° \\ 20,8408\lfloor 120,04° \end{bmatrix} - \begin{bmatrix} 20,8528\lfloor -120,02° \\ 20,8408\lfloor 120,04° \\ 18,6478\lfloor 1,38° \end{bmatrix} = \begin{bmatrix} 34,4647\lfloor 32,47° \\ 36,0906\lfloor -90° \\ 33,9833\lfloor 148,82° \end{bmatrix}.$$

Salientamos que poderíamos calcular as componentes de fase das tensões de linha no secundário a partir das componentes simétricas das tensões de linha, isto é:

$$\begin{bmatrix} \dot{V}_{AB} \\ \dot{V}_{BC} \\ \dot{V}_{CA} \end{bmatrix} = \frac{34,5}{\sqrt{3}} \mathbf{T} \begin{bmatrix} 0\lfloor 0° \\ 1,7489\lfloor 30,43° \\ 0,0646\lfloor 138,20° \end{bmatrix} = \begin{bmatrix} 34,4647\lfloor 32,47° \\ 36,0906\lfloor -90° \\ 33,9833\lfloor 148,82° \end{bmatrix} kV.$$

(5) Cálculo das correntes primárias.

No primário, lembrando que a seqüência de fase é direta, as correntes e tensões de linha sofrerão rotação de fase de -30°, para a seqüência direta, e de 30°, para a inversa. Assim temos:

$$i_0 = 0, \quad i_{1P} = i_1 \cdot 1\lfloor -30°, \quad i_{2P} = i_2 \cdot 1\lfloor 30°,$$

isto é, em pu:

$$i_0 = 0, \quad i_{1P} = 0,6001\lfloor -87,06°, \quad i_{2P} = 0,6001\lfloor -27,06°.$$

As correntes primárias, de linha, em componentes de fase, em pu, são dadas por:

$$\begin{bmatrix} i_{A'} \\ i_{B'} \\ i_{C'} \end{bmatrix} = \mathbf{T} \begin{bmatrix} i_{0P} \\ i_{1P} \\ i_{2P} \end{bmatrix} = \mathbf{T} \begin{bmatrix} 0 \\ 0,6001\lfloor -87,06° \\ 0,6001\lfloor -27,06° \end{bmatrix} = \begin{bmatrix} 1,0394\lfloor -57,06° \\ 1,0394\lfloor 122,94° \\ 0 \end{bmatrix},$$

e, em kA, temos:

$$\begin{bmatrix} \dot{I}_{A'} \\ \dot{I}_{B'} \\ \dot{I}_{C'} \end{bmatrix} = \frac{0,800}{\sqrt{3} \cdot 230} \begin{bmatrix} 1,0394\lfloor -57,06° \\ 1,0394\lfloor 122,94° \\ 0 \end{bmatrix} = \begin{bmatrix} 0,0021\lfloor -57,06° \\ 0,0021\lfloor 122,94° \\ 0 \end{bmatrix}.$$

Ex. 5.4.44 - No arquivo DYFFC002.S31 estão gravados os dados:

| 2 | 2.00 | 0.22 | 0.44 | 0.0507 | 0.0729 | 0.0489 | 0.0709 | 0.21 |
| | 10.00 | 5.00 | | | | | | |

Pedimos interpretar os dados è resolver a rede.

SOLUÇÃO

(1) Interpretação dos dados.

Observamos que fornecemos um transformador com os enrolamentos primário e secundário na ligação triângulo-estrela aterrada, pois, a extensão do arquivo é S31. Do primeiro registro observamos que o transformador, cujos dados nominais são: 2,00 MVA, 0,22/0,44 kV, $\overline{z}_{eq0} = (0,0507 + 0,0729j)\, pu$ e $\overline{z}_{eq1} = \overline{z}_{eq2} = (0,0489 + 0,0709j)\, pu$, está sendo alimentado, no primário, por tensão de 0,21 kV. Sendo IELIDO = 2, teremos, no secundário, carga ligada entre as fases B e C, cuja impedância, 2° Reg., vale $(10,0 + 5,00j)\,\Omega$.

(2) Metodologia de cálculo.

Adotaremos como valores de base os nominais do transformador e calcularemos a tensão de alimentação e a impedância da carga em pu. Salientamos que o valor fornecido para a tensão de suprimento é o da tensão primária, logo, a tensão de fase no primário, quando representada em pu, terá módulo igual ao de linha, porém, estará atrasada de 30°; nestas condições, para que resulte tensão de fase com ângulo de rotação de fase nulo, fixaremos a tensão de linha no primário com fase inicial nula; nessas condições teremos, após o *"variador de fase"*, tensão de linha com fase 30°, de onde obtemos, tensão de fase com rotação de fase nula. A seguir determinamos, os diagramas de impedância, para as seqüencias direta e inversa e os ligaremos em paralelo, com a inclusão da impedância da carga, Fig. 5-46, e equacionamos a rede.

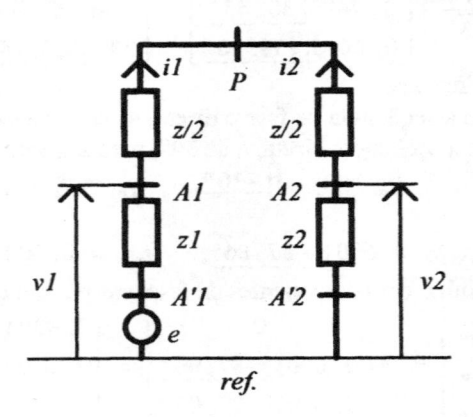

Figura 5-46. Diagrama de impedâncias Ex. 5.4.44

(2) Metodologia.

Equacionamos a rede como a seguir:

$$\dot{i}_1 = \frac{\dot{e}}{(\overline{z}_1 + z/2) + (\overline{z}_2 + z/2)} = \frac{\dot{e}}{\overline{z}_1 + \overline{z}_2 + \overline{z}},$$

$$\dot{v}_1 = \dot{e} - \overline{z}_1\dot{i}_1, \quad \dot{i}_1 = -\dot{i}_2, \quad \dot{v}_2 = -\overline{z}_2\dot{i}_2 = \overline{z}_2\dot{i}_1.$$

(3) Correntes e tensões no secundário em termos de componentes simétricas e de fase.
Os valores, pu, da tensão de seqüência direta e da impedância da carga são:

$$\bar{z} = (10, 00 + 5, 00\,j)\,\frac{2,000}{0,440^2} = 103,3058 + 51,6529\,j = 115,4994\underline{|\,26,56°\,} pu,$$

$$\dot{e}_2 = 0\ pu, \qquad \dot{e}_{1L} = \frac{0,210\underline{|\,30°}}{0,220} = 0,9545\underline{|\,30°}\ pu, \qquad \dot{e}_{1F} = \dot{e} = 0,9545\underline{|\,0°}\ pu.$$

As componentes simétricas das correntes são dadas por:

$$\bar{z}_{tot} = 2\bar{z}_1 + \bar{z} = 103,4036 + 51,7447\,j = 115,6503\underline{|\,26,60°}\ pu,$$

$$\dot{i}_1 = -\dot{i}_2 = \frac{0,9545\underline{|\,0°}}{115,6503\underline{|\,26,60°}} = 0,0082\underline{|\,-26,60°}\ pu,$$

e as componentes simétricas das tensões de fase são dadas por:

$$\dot{v}_1 = 0,9545\underline{|\,0°} - 0,0861\underline{|\,55,41°} \cdot 0,0082\underline{|\,-26,60°} = 0,9539\underline{|\,-0,02°}\ pu,$$

$$\dot{v}_2 = 0,0861\underline{|\,55,41°} \cdot 0,0082\underline{|\,-26,60°} = 0,0007\underline{|\,28,81°}\ pu.$$

As correntes de fase, em termos de componentes de fase, em pu, são dadas por

$$\begin{bmatrix} \dot{i}_A \\ \dot{i}_B \\ \dot{i}_C \end{bmatrix} = \mathbf{T} \begin{bmatrix} 0 \\ 0,0082\underline{|\,-26,20°} \\ 0,0082\underline{|\,153,80°} \end{bmatrix} = \begin{bmatrix} 0 \\ 0,0142\underline{|\,-116,20°} \\ 0,0142\underline{|\,63,80°} \end{bmatrix},$$

e, em kA, temos:

$$\begin{bmatrix} \dot{I}_A \\ \dot{I}_B \\ \dot{I}_C \end{bmatrix} = \frac{2,000}{\sqrt{3} \cdot 0,440} \begin{bmatrix} 0 \\ 0,0142\underline{|\,-116,20°} \\ 0,0142\underline{|\,63,80°} \end{bmatrix} = \begin{bmatrix} 0 \\ 0,0375\underline{|\,-116,20°} \\ 0,0375\underline{|\,63,80°} \end{bmatrix}.$$

As tensões de fase, em componentes de fase, são dadas, em pu, por:

$$\begin{bmatrix} \dot{v}_{AN} \\ \dot{v}_{BN} \\ \dot{v}_{CN} \end{bmatrix} = \mathbf{T} \begin{bmatrix} 0 \\ 0,9539\underline{|\,-0,02°} \\ 0,0007\underline{|\,28,81°} \end{bmatrix} = \begin{bmatrix} 0,9545\underline{|\,0,0°} \\ 0,9539\underline{|\,-120,06°} \\ 0,9534\underline{|\,120,00°} \end{bmatrix},$$

e, em kV:

$$\begin{bmatrix} \dot{V}_{AN} \\ \dot{V}_{BN} \\ \dot{V}_{CN} \end{bmatrix} = \frac{0,440}{\sqrt{3}} \begin{bmatrix} 0,9545\underline{|\,0,0°} \\ 0,9539\underline{|\,-120,06°} \\ 0,9534\underline{|\,120,00°} \end{bmatrix} = \begin{bmatrix} 0,2425\underline{|\,0,0°} \\ 0,2423\underline{|\,-120,06°} \\ 0,2422\underline{|\,120,00°} \end{bmatrix}.$$

Finalmente, as componentes de fase das tensões de linha no secundário são dadas por:

$$\begin{bmatrix} \dot{V}_{AB} \\ \dot{V}_{BC} \\ \dot{V}_{CA} \end{bmatrix} = \begin{bmatrix} \dot{V}_{AN} \\ \dot{V}_{BN} \\ \dot{V}_{CN} \end{bmatrix} - \begin{bmatrix} \dot{V}_{BN} \\ \dot{V}_{CN} \\ \dot{V}_{AN} \end{bmatrix} = \begin{bmatrix} 0,2425\underline{|\,0,0°} \\ 0,2423\underline{|\,-120,06°} \\ 0,2422\underline{|\,120,00°} \end{bmatrix} - \begin{bmatrix} 0,2423\underline{|\,-120,06°} \\ 0,2422\underline{|\,120,00°} \\ 0,2425\underline{|\,0,0°} \end{bmatrix},$$

$$\begin{bmatrix} \dot{V}_{AB} \\ \dot{V}_{BC} \\ \dot{V}_{CA} \end{bmatrix} = \begin{bmatrix} 0,420\underline{|\,29,96°} \\ 0,419\underline{|\,-90,04°} \\ 0,420\underline{|\,150,02°} \end{bmatrix}.$$

Destacamos que poderíamos ter calculado as tensões de linha no secundário, em termos de componentes de fase, a partir das componentes simétricas, isto é:

$$\begin{bmatrix} \dot{V}_{AB} \\ \dot{V}_{BC} \\ \dot{V}_{CA} \end{bmatrix} = \frac{V_{bL}}{\sqrt{3}} \; \mathbf{T} \begin{bmatrix} 0 \\ \dot{v}_1 \cdot \sqrt{3}\lfloor 30° \\ \dot{v}_2 \cdot \sqrt{3}\lfloor -30° \end{bmatrix} = \begin{bmatrix} 0,420\lfloor 29,96° \\ 0,419\lfloor -90,04° \\ 0,420\lfloor 150,02° \end{bmatrix}.$$

Por outro lado, devemos ter $\dot{V}_{BC} = \mathbf{Z}\dot{I}_B$, isto é:

$$\dot{V}_{BC} = 11,180\lfloor 26,56° \cdot 0,0375\lfloor -116,20° = 0,419\lfloor -89,63° \; kV.$$

(4) Correntes no primário em termos de componentes simétricas e de fase.
No primário temos:

$$\dot{i}_{0L} = 0 \; pu, \quad \dot{i}_{1L} = \dot{i}_1 \cdot 1\lfloor -30° = 0,0082\lfloor -56,60° \; pu, \quad \dot{i}_{2L} = \dot{i}_2 \cdot 1\lfloor 30° = 0,0082\lfloor -176,20° \; pu.$$

Para as correntes de linha, em termos de componentes de fase, em kA, temos;

$$\begin{bmatrix} \dot{I}_{A'} \\ \dot{I}_{B'} \\ \dot{I}_{C'} \end{bmatrix} = \frac{2,000}{\sqrt{3} \cdot 0,220} \; \mathbf{T} \begin{bmatrix} 0 \\ 0,0082\lfloor -56,60° \\ 0,0082\lfloor -176,20° \end{bmatrix} = \begin{bmatrix} 0,043\lfloor -116,20° \\ 0,043\lfloor -116,20° \\ 0,086\lfloor 63,80° \end{bmatrix}.$$

Ex. 5.4.45 - No arquivo DYFFT002.S31 estão gravados os dados:
    3   1.00   230.00   34.50   0.0270   0.0586   0.0264   0.0581   219.81
       234.66   86.07   569.39   126.29
Pedimos interpretar os dados e resolver a rede.

SOLUÇÃO

(1) Interpretação dos dados.
Observamos que fornecemos um transformador com os enrolamentos primário e secundário na ligação triângulo-estrela aterrada, pois, a extensão do arquivo é S31. Do primeiro registro observamos que o transformador, cujos dados nominais são: 1,00 MVA, 230/34,5 kV, $z_{eq0} = (0,0270 + 0,0586j) \; pu$ e $z_{eq1} = z_{eq2} = (0,0264 + 0,0581j) \; pu$, está sendo alimentado, no primário, por tensão de 219,81 kV. Sendo IELIDO = 3, teremos, no secundário, carga ligada entre as fases B e C e o nó N', cuja impedância, 2° Reg., vale (234,66 + 86,07j) Ω, e carga entre o nó N' e terra, cuja impedância vale (569,39 +126,29j) Ω.

(2) Metodologia de cálculo.
Adotaremos como valores de base os nominais do transformador e calcularemos a tensão de alimentação e a impedância da carga em pu. Salientamos que o valor fornecido para a tensão de suprimento é o da tensão primária, logo, a tensão de fase no primário, quando representada em pu, terá módulo igual ao de linha, porém, estará atrasada de 30°; nestas condições, para que resulte tensão de fase com ângulo de rotação de fase nulo, fixaremos a tensão de linha no primário com fase inicial nula; nessas condições teremos, após o *"variador de fase"*, tensão de linha com fase 30°, de onde obtemos, tensão de fase com rotação de fase nula. A seguir determinamos, os diagramas de impedância, para as seqüencias direta, inversa e zero, e os ligaremos em paralelo, com a inclusão da impedância da carga, Fig. 5-47, e equacionamos a rede.

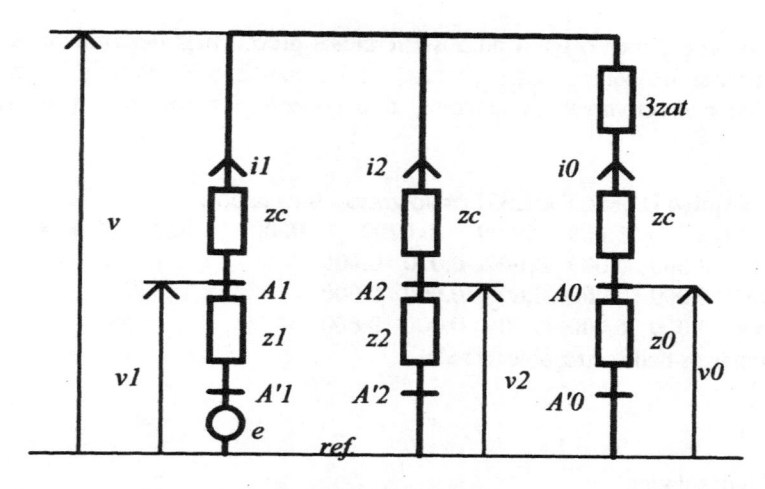

Figura 5-47. Diagrama de impedâncias Ex. 5.4.45

(2) Cálculo das componentes simétricas das tensões e correntes de fase, em pu.
Calculamos os valores, em pu, da impedância da carga, z_c e z_{at} , e da tensão primária, isto é:

$$z_c = (234, 66 + 86, 07j)\frac{1, 000}{34, 5^2} = 0, 2100\underline{|20, 14°}\ pu,$$

$$3z_{at} = 3(569, 39 + 126, 29j)\frac{1, 000}{34, 5^2} = 1, 4700\underline{|12, 51°}\ pu,$$

$$\dot{v}_L = \frac{219, 81\underline{|30°}}{230, 00} = 0, 9557\underline{|30°}\ pu, \qquad \dot{v}_F = \dot{e}_1 = \dot{e} = 0, 9557\underline{|0°}\ pu.$$

A seguir, calculamos a corrente de seqüência direta, através de:

$$z_{tot} = \frac{(z_2 + z_c)(z_0 + z_c + 3z_{at})}{z_2 + z_0 + 2z_c + 3z_{at}} + z_1 + z_c = 0, 4846\underline{|29, 34°}\ pu,$$

$$\dot{i}_1 = \frac{\dot{e}}{z_{tot}} = \frac{0, 9557\underline{|0°}}{0, 4846\underline{|29, 34°}} = 1, 9722\underline{|-29, 34°}\ pu.$$

Determinamos, a partir da tensão aplicada a cada um dos ramos das seqüências, as correntes de seqüência inversa e zero, isto é:

$$\dot{v} = \dot{e} - (z_1 + z_c)\dot{i}_1 = (0, 4453 - 0, 0081j) = 0, 4454\underline{|-1, 05°}\ pu,$$

$$\dot{i}_2 = -\frac{\dot{v}}{z_2 + z_c} = -1, 7209\underline{|-31, 31°} = 1, 7209\underline{|148, 69°}\ pu,$$

$$\dot{i}_0 = -\frac{\dot{v}}{z_0 + z_c + 3z_{at}} = -0, 2591\underline{|-16, 20°} = 0, 2591\underline{|163, 80°}\ pu.$$

Determinamos as tensões de fase, em termos de componentes simétricas:

$$\dot{v}_0 = -\bar{z}_0\dot{i}_0 = 0, 0167\underline{|49, 06°}\ pu,$$

$$\dot{v}_1 = \dot{e} - \bar{z}_1\dot{i}_1 = 0, 8574\underline{|-4, 98°}\ pu,$$

$$\dot{v}_2 = -\bar{z}_2\dot{i}_2 = 0, 1098\underline{|34, 26°}\ pu.$$

Finalmente, com procedimento igual ao dos exercícios precedentes determinamos as tensões e correntes, em termos de componentes de fase, no secundário e primário do transformador. Deixamos ao leitor desenvolver os cálculos, que poderão ser seguidos pelos resultados do programa.

Ex. 5.4.46 - No arquivo DYMAT001.S31 estão gravados os dados:

4	10.00	138.00	69.00	0.0200	0.0600	0.0200	0.0600	140.00
	0.400	0.600	0.000	0.000	0.000	0.000		
	0.000	0.000	0.400	0.600	0.000	0.000		
	0.000	0.000	0.000	0.000	0.400	0.600		

Pedimos interpretar os dados e resolver a rede.

SOLUÇÃO

(1) Interpretação dos dados.
Observamos que fornecemos um transformador com os enrolamentos primário e secundário na ligação triângulo-estrela aterrada, pois, a extensão do arquivo é S31. Do primeiro registro observamos que o transformador, cujos dados nominais são: 10,00 MVA, 138/69,0 kV, $z_{eq0} = (0,0200 + 0,0600j)$ *pu* e $z_{eq1} = z_{eq2} = (0,0200 + 0,0600j)$ *pu*, está sendo alimentado, no primário, por tensão de 140,00 kV. Sendo IELIDO = 4, teremos, no secundário, carga representada por sua matriz de impedâncias dada por:

$$\mathbf{Z_c} = \begin{bmatrix} 0,40 + 0,60j & 0 & 0 \\ 0 & 0,40 + 0,60j & 0 \\ 0 & 0 & 0,40 + 0,60j \end{bmatrix} \Omega.$$

(2) Metodologia de cálculo.
Adotaremos como valores de base os nominais do transformador e calcularemos a tensão de alimentação e a impedância da carga em pu. Como nos casos anteriores, salientamos que o valor fornecido para a tensão de suprimento é o da tensão primária, logo, a tensão de fase no primário, quando representada em pu, terá módulo igual ao de linha, porém, estará atrasada de 30°; nestas condições, para que resulte tensão de fase com ângulo de rotação de fase nulo, fixaremos a tensão de linha no primário com fase inicial nula; nessas condições teremos, após o *"variador de fase"*, tensão de linha com fase 30°, de onde obtemos, tensão de fase com rotação de fase nula. A seguir determinamos, os diagramas de impedância, para as seqüencias direta, inversa e zero, e os ligaremos em paralelo, com a inclusão da impedância da carga, Fig. 5-48, e equacionamos a rede.

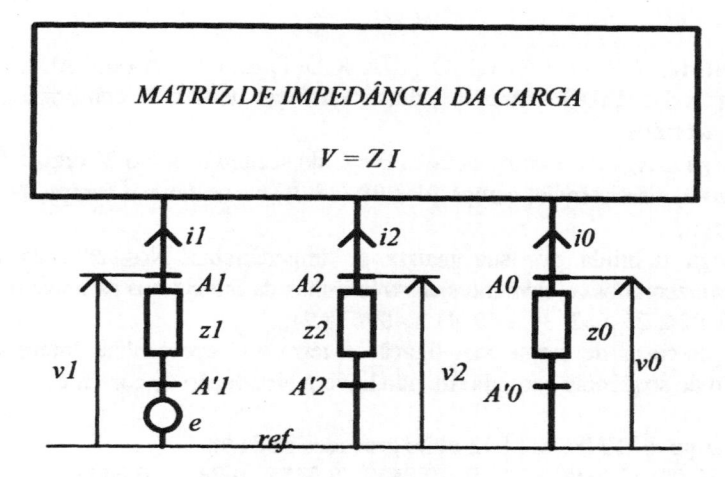

Figura 5-48. Diagrama de impedâncias Ex. 5.4.46

Inicialmente calculamos a matriz de impedâncias em pu, isto é:

$$z_{ABC_{car}} = \frac{S_b}{V_{b\,sec}^2} \cdot Z_{ABC_{car}} ,$$

a seguir transformamos a matriz de impedâncias em termos de componentes simétricas:

$$z_{012_{car}} = T^{-1} \cdot z_{ABC_{car}} \cdot T.$$

Teremos, para a rede , o sistema de equações:

$$
\begin{bmatrix} \dot{v}_0 \\ \dot{v}_1 \\ \dot{v}_2 \end{bmatrix} = \begin{bmatrix} \dot{e}_0 \\ \dot{e}_1 \\ \dot{e}_2 \end{bmatrix} - \begin{bmatrix} \bar{z}_0 & 0 & 0 \\ 0 & \bar{z}_1 & 0 \\ 0 & 0 & \bar{z}_2 \end{bmatrix} \begin{bmatrix} \dot{i}_0 \\ \dot{i}_1 \\ \dot{i}_2 \end{bmatrix} = \begin{bmatrix} 0 \\ \dot{e}_1 \\ 0 \end{bmatrix} - \begin{bmatrix} \bar{z}_0 & 0 & 0 \\ 0 & \bar{z}_1 & 0 \\ 0 & 0 & \bar{z}_2 \end{bmatrix} \begin{bmatrix} \dot{i}_0 \\ \dot{i}_1 \\ \dot{i}_2 \end{bmatrix}
$$

e, para a carga:

$$
\begin{bmatrix} \dot{v}_0 \\ \dot{v}_1 \\ \dot{v}_2 \end{bmatrix} = \begin{bmatrix} z_{00} & z_{01} & z_{02} \\ z_{10} & z_{11} & z_{12} \\ z_{20} & z_{21} & z_{22} \end{bmatrix} \begin{bmatrix} \dot{i}_0 \\ \dot{i}_1 \\ \dot{i}_2 \end{bmatrix}.
$$

Combinando os sistemas de equações obtemos:

$$
\begin{bmatrix} \dot{e}_0 \\ \dot{e}_1 \\ \dot{e}_2 \end{bmatrix} = \left\{ \begin{bmatrix} \bar{z}_0 & 0 & 0 \\ 0 & \bar{z}_1 & 0 \\ 0 & 0 & \bar{z}_2 \end{bmatrix} + \begin{bmatrix} z_{00} & z_{01} & z_{02} \\ \bar{z}_{10} & \bar{z}_{11} & \bar{z}_{12} \\ z_{20} & z_{21} & z_{22} \end{bmatrix} \right\} \begin{bmatrix} \dot{i}_0 \\ \dot{i}_1 \\ \dot{i}_2 \end{bmatrix} = \begin{bmatrix} z_{00} + \bar{z}_0 & z_{01} & z_{02} \\ \bar{z}_{10} & \bar{z}_{11} + \bar{z}_1 & \bar{z}_{12} \\ z_{20} & z_{21} & z_{22} + \bar{z}_2 \end{bmatrix} \begin{bmatrix} \dot{i}_0 \\ \dot{i}_1 \\ \dot{i}_2 \end{bmatrix}.
$$

Pré-multiplicamos ambos os membros da equação precedente pela inversa da matriz de impedâncias e obtemos:

$$
\begin{bmatrix} \dot{i}_0 \\ \dot{i}_1 \\ \dot{i}_2 \end{bmatrix} = \begin{bmatrix} z_{00} + \bar{z}_0 & z_{01} & z_{02} \\ \bar{z}_{10} & \bar{z}_{11} + \bar{z}_1 & \bar{z}_{12} \\ z_{20} & z_{21} & z_{22} + \bar{z}_2 \end{bmatrix}^{-1} \cdot \begin{bmatrix} \dot{e}_0 \\ \dot{e}_1 \\ \dot{e}_2 \end{bmatrix}.
$$

Uma vez determinadas as componentes simétricas das correntes no secundário do transformador, determinamos todas as grandezas com procedimento idêntico ao dos exercícios precedentes.

(4.3) TRANSFORMADOR NA LIGAÇÃO TRIÂNGULO-ESTRELA ISOLADA

Neste caso a variável IELIDO assumirá valores variáveis de 1 a 2, conforme o tipo de carga desejado. Assim, teremos:

- IELIDO = 1,carga monofásica entre as fases B e C do secundário. No 2° registro armazenamos, em Ω, a resistência, campo 01 a 08 (F8.2), e a reatância, campo 09 a 16 (F8.2), da carga;

- IELIDO = 2,carga definida por sua matriz de impedâncias. Nos 2° , 3° e 4° registros armazenamos os elementos das três linhas da matriz nos campos: 01 a 08, 09 a 16, 17 a 24, 25 a 32, 33 a 40, 41 a 48 (6F8.2).

Destacamos que os casos de carga com ligação à terra não apresentam interesse, de vez que, estando o circuito de seqüência zero aberto, não haverá circulação de corrente.

Ex. 5.4.47 - No arquivo DYIFF002.S32 estão gravados os dados:

```
   1      10.00   230.00   34.50   0.0439   0.0455   0.0438   0.0442   221.15
        566.35   411.45
```

Pedimos interpretar os dados e resolver a rede.

SOLUÇÃO

(1) Interpretação dos dados.

Os dados referem-se a um transformador com os enrolamentos primário e secundário, respectivamente, em triângulo e estrela isolada, pois, a extensão do arquivo é .S32. O transformador, cujos valores nominais são 10 MVA, 230/34,5 kV, $z_{eq0} = (0,0439 + 0,0455j)$ pu e $z_{eq1} = z_{eq2} = (0,0438 + 0,0442j)$ pu, está sendo alimentado por tensão de linha primária de 221,15 kV e supre, no secundário carga ligada entre as fases B e C com impedância $\overline{Z} = (566,35 + 411,45j)\,\Omega$.

Deixamos a resolução, que é idêntica à do Ex. 5.4.44, ao leitor, que poderá verificar os resultados alcançados com os apresentados pelo programa.

(4.4) TRANSFORMADOR NA LIGAÇÃO ESTRELA ATERRADA-TRIÂNGULO.

Neste caso a variável IELIDO assumirá valores variáveis de 1 a 2, conforme o tipo de carga desejado. Assim, teremos:

- IELIDO = 1,carga monofásica entre as fases B e C do secundário. No 2° registro armazenamos, em Ω, a resistência, campo 01 a 08 (F8.2), e a reatância, campo 09 a 16 (F8.2), da carga;

- IELIDO = 2,carga definida por sua matriz de impedâncias. Nos 2° , 3° e 4° registros armazenamos os elementos das três linhas da matriz nos campos: 01 a 08, 09 a 16, 17 a 24, 25 a 32, 33 a 40, 41 a 48 (6F8.2).

Destacamos que os casos de carga com ligação à terra não apresentam interesse, de vez que, estando o circuito de seqüência zero aberto no secundário, não haverá circulação de corrente.

Ex. 5.4.48 - No arquivo YADFF002.S33 estão gravados os dados:

```
   1      10.00   230.00   34.50   0.0439   0.0455   0.0438   0.0442   221.15
```

566.35   411.45

Pedimos interpretar os dados e resolver a rede.

SOLUÇÃO

(1) Interpretação dos dados.

Os dados referem-se a um transformador com os enrolamentos primário e secundário, respectivamente, em   estrela aterrada e triângulo, pois, a extensão do arquivo é .S33. O transformador, cujos valores nominais são 10 MVA, 230/34,5 kV, $z_{eq0} = (0, 0439 + 0, 0455 j)$ pu e $z_{eq1} = z_{eq2} = (0, 0438 + 0, 0442 j)$ pu, está sendo alimentado por tensão de linha primária de 221,15 kV e supre, no secundário carga ligada entre as fases B e C com impedância $\overline{Z} = (566, 35 + 411, 45 j)\ \Omega$.

Deixamos a resolução, que é análoga à do Ex. 5.4.44, ao leitor, que poderá verificar os resultados alcançados com os apresentados pelo programa.

(4.5) TRANSFORMADOR NA LIGAÇÃO ESTRELA ISOLADA-TRIÂNGULO.

Neste caso a variável IELIDO assumirá valores variáveis de 1 a 2, conforme o tipo de carga desejado. Assim, teremos:

- IELIDO = 1,carga monofásica entre as fases B e C do secundário. No 2° registro armazenamos, em Ω, a resistência, campo 01 a 08 (F8.2), e a reatância, campo 09 a 16 (F8.2), da carga;
- IELIDO = 2,carga definida por sua matriz de impedâncias. Nos 2° , 3° e 4° registros armazenamos os elementos das três linhas da matriz nos campos: 01 a 08, 09 a 16, 17 a 24, 25 a 32, 33 a 40, 41 a 48 (6F8.2).

Destacamos que os casos de carga com ligação à terra não apresentam interesse, de vez que, estando o circuito de seqüência zero aberto no primário e no secundário, não haverá circulação de corrente.

Ex. 5.4.49 - No arquivo YIDFF002.S34 estão gravados os dados:

```
1       10.00   230.00   34.50   0.0439  0.0455  0.0438  0.0442  221.15
        566.35   411.45
```

Pedimos interpretar os dados e resolver a rede.

SOLUÇÃO

(1) Interpretação dos dados.

Os dados referem-se a um transformador com os enrolamentos primário e secundário, respectivamente, em   estrela isolada e triângulo, pois, a extensão do arquivo é .S34. O transformador, cujos valores nominais são 10 MVA, 230/34,5 kV, $z_{eq0} = (0, 0439 + 0, 0455 j)$ pu e $z_{eq1} = z_{eq2} = (0, 0438 + 0, 0442 j)$ pu, está sendo alimentado por tensão de linha primária de 211,15 kV e supre, no secundário carga ligada entre as fases B e C com impedância $\overline{Z} = (566, 35 + 411, 45 j)\ \Omega$.

Deixamos a resolução, que é análoga à do Ex. 5.4.44, ao leitor, que poderá verificar os resultados alcançados com os apresentados pelo programa.

(5) - Opção POTEN.

Nesta opção fornecemos as componentes simétricas, de fase ou de linha, das tensões e correntes numa carga ligada em triângulo, ou em estrela isolada ou em estrela aterrada, e solicitamos ao usuário que calcule e digite as potências, ativa, reativa e aparente, absorvidas pela carga, em cada uma das seqüências, e a total, cabendo ao programa consistir os valores digitados com os que calculou e apresentar mensagens de erro, quando houver. Como nos casos anteriores os dados podem ser lidos de arquivo formatado, tipo ASCII, ou gerados aleatoriamente pelo programa. Nesta última hipótese os dados podem ser gravados no arquivo. O arquivo, que conta com três registros, recebe um nome qualquer, fornecido pelo usuário, porém, sua extensão é, obrigatoriamente, .S41. No primeiro registro fornecemos um código de arquivo, IELIDO, obrigatoriamente igual a 41, e o código do esquema de ligação da carga, IESQUE, que assume os valores: 1 - carga em triângulo, 2 - carga em estrela isolada e 3 - carga em estrela aterrada. No segundo registro fornecemos as componentes simétricas da tensão, de fase ou de linha, na forma cartesiana, em kV. Finalmente no terceiro registro fornecemos as componentes simétricas das correntes, de fase ou de linha, na forma cartesiana, em A. À Tab. 5-16 apresentamos a estrutura de dados do arquivo.

Variável	Campo de definição	Formato	Observações
	1° Registro		
IELIDO	01 a 03	I3	Chave do prog. = 41
IESQUE	04 a 06	I3	1-Δ 2-Y isolado 3-Y aterrado
	2° Registro		
V0REAL	01a 08	F8.2	Parte real de V0 (kV)
V0IMAG	09 a 16	F8.2	Parte imaginária de V0 (kV)
V1REAL	17 a 24	F8.2	Parte real de V1 (kV)
V1IMAG	25 a 32	F8.2	Parte imaginária de V1 (kV)
V2REAL	33 a 40	F8.2	Parte real de V2 (kV)
V2IMAG	41 a 48	F8.2	Parte imaginária de V2 (kV)
	3° Registro		
C0REAL	01a 08	F8.2	Parte real de I0 (A)
C0IMAG	09 a 16	F8.2	Parte imaginária de I0 (A)
C1REAL	17 a 24	F8.2	Parte real de I1 (A)
C1IMAG	25 a 32	F8.2	Parte imaginária de I1 (A)
C2REAL	33 a 40	F8.2	Parte real de I2 (A)
C2IMAG	41 a 48	F8.2	Parte imaginária de I2 (A)
Tabela 5-16. Estrutura de dados arquivo S41			

Ex. 5.4.50 - No arquivo POTED001.S41 estão gravados os dados:

```
     41  1
          0.00     0.00    72.60   -218.24   122.69   90.12
          0.00     0.00   -20.39   -353.61    37.62  136.59
```

Pedimos interpretar os dados e proceder ao cálculo da potência em componentes simétricas e total.

SOLUÇÃO

(1) Interpretação dos dados.
Estamos manejando um arquivo para o cálculo da potência, pois, a extensão é .S41 e a variável do arquivo é 41. Temos uma carga ligada em triângulo, IESQUE = 1, e as componentes simétricas das tensões de linha, kV, e das correntes de fase, em A, são dadas por:

$$\mathbf{V}_{012L} = \begin{bmatrix} 0,0 + 0,0j & | 72,60 - 218,24j | & 122,69 + 90,12j \end{bmatrix}^t,$$

$$\mathbf{I}_{012F} = \begin{bmatrix} 0,0 + 0,0j & | -20,39 - 353,61j | & 37,62 + 136,59j \end{bmatrix}^t.$$

(2) Potência em componentes simétricas.
Inicialmente vamos converter as componentes simétricas, da tensão e da corrente, para a foma polar, isto é

$$\mathbf{V}_{012L} = \begin{bmatrix} 0,0 \underline{| 0,0°} & 230 \underline{| -71,60°} & 152,232 \underline{| 36,30°} \end{bmatrix}^t,$$

$$\mathbf{I}_{012F} = \begin{bmatrix} 0,0 \underline{| 0,0°} & 354,20 \underline{| -93,30°} & 141,68 \underline{| 74,60°} \end{bmatrix}^t.$$

Lembrando que a potência, em componentes simétricas é dada por: $\mathbf{S}_{012} = \mathbf{V}_{012F}^t \cdot \mathbf{I}_{012F}^*$, e sendo, na carga em triângulo, a tensão de linha igual à de fase, resulta:

$$\mathbf{S}_{012} = \begin{bmatrix} 0,0 \underline{| 0,0°} & 230 \underline{| -71,60°} & 152,232 \underline{| 36,30°} \end{bmatrix} \begin{bmatrix} 0,0 \underline{| 0,0°} \\ 354,20 \underline{| 93,30°} \\ 141,68 \underline{| -74,60°} \end{bmatrix},$$

ou, ainda

$$\overline{S}_0 = 0,001 \cdot \dot{V}_0 \cdot \dot{I}_0^* = 0,0 \underline{| 0°} \ MVA,$$

$$\overline{S}_1 = 0,001 \cdot \dot{V}_1 \cdot \dot{I}_1^* = 81,465 \underline{| 21,70°} = (75,691 + 30,122j) \ MVA,$$

$$\overline{S}_2 = 0,001 \cdot \dot{V}_2 \cdot \dot{I}_2^* = 21,567 \underline{| -38,30°} = (16,925 - 13,368j) \ MVA,$$

ou seja, lembrando que a potência total é dada pela soma das três componentes multiplicada por três, temos:

$$\overline{S}_{tot} = 3(\overline{S}_0 + \overline{S}_1 + \overline{S}_2) = 277,848 + 50,262j = 282,357 \underline{| 10,25°} \ MVA.$$

Ex. 5.4.52 - No arquivo POTYA001.S41 estão gravados os dados:

```
41 3
   1.42     0.46     1.46     -1.64    1.06     0.70
  10.00    -5.00   -26.01   -496.32   45.98   444.93
```

Pedimos interpretar os dados e proceder ao cálculo da potência em componentes simétricas e total.

SOLUÇÃO

(1) Interpretação dos dados.
Estamos manejando um arquivo para o cálculo da potência, pois, a extensão é .S41 e a variável do arquivo é 41. Temos uma carga ligada em estrela aterrada, IESQUE = 3, e as componentes simétricas das tensões de fase, kV, e das correntes de fase ou linha, em A, são dadas por:

$$\mathbf{V_{012F}} = \begin{bmatrix} 1,42 + 0,46j & 1,46 - 1,64j & 1,06 + 0,70j \end{bmatrix}^t,$$

$$\mathbf{I_{012F}} = \begin{bmatrix} 10,0 - 5,0j & -26,01 - 496,32j & 45,98 + 444,93j \end{bmatrix}^t.$$

(2) Potência na componente de seqüência zero.
Temos

$$\hat{V}_{0F} = 1,42 + 0,46j = 1,493\underline{|17,95°}\ kV,$$

$$\hat{I}_{0F} = 10,0 - 5,0j = 11,180\underline{|-26,56°}\ A,$$

$$\overline{S}_0 = 0,001 \cdot \hat{V}_{0F} \cdot \hat{I}_{0F}^* = 0,012 + 0,012j = 0,017\underline{|44,51°}\ MVA.$$

(3) Potência de seqüência direta.
Temos:

$$\hat{V}_{1F} = 1,46 - 1,64j = 2,196\underline{|-48,32°}\ kV,$$

$$\hat{I}_{1F} = \hat{I}_{1L} = -26,01 - 496,32j = 497,001\underline{|-93,00°}\ A,$$

$$\overline{S}_1 = 0,001 \cdot \hat{V}_{1F} \cdot \hat{I}_F^* = 0,776 + 0,767j = 1,091\underline{|44,68°}\ MVA.$$

(4) Potência de seqüência inversa.
Temos

$$\hat{V}_{2F} = 1,06 + 0,70j = 1,270\underline{|33,44°}\ kV,$$

$$\hat{I}_{2F} = \hat{I}_{2L} = 45,98 + 444,93j = 447,300\underline{|84,10°}\ A,$$

$$\overline{S}_2 = 0,001 \cdot \hat{V}_{2F} \cdot \hat{I}_{2F}^* = 0,360 - 0,439j = 0,568\underline{|-50,66°}\ MVA.$$

(5) Potência total.
Temos

$$\overline{S}_{tot} = 3\left(\overline{S}_0 + \overline{S}_1 + \overline{S}_2\right) = 3,444 + 1,019j = 3,592\underline{|16,50°}\ MVA.$$

Ex. 5.4.51 - No arquivo POTYI001.S41 estão gravados os dados:

```
41 2
   29.90    -4.42    32.15     23.53    17.70   -19.18
    0.00     0.00  -173.32    363.38    37.62   -36.59
```

Pedimos interpretar os dados e proceder ao cálculo da potência em componentes simétricas e total.

SOLUÇÃO

(1) Interpretação dos dados.
Estamos manejando um arquivo para o cálculo da potência, pois, a extensão é .S41 e a variável do arquivo é 41. Temos uma carga ligada em estrela isolada, IESQUE = 2, e as componentes simétricas das tensões de fase, kV, e das correntes de fase ou linha, em A, são dadas por:

$$\mathbf{V_{012F}} = \begin{bmatrix} 29,90 - 4,42j & 32,15 + 23,53j & 17,70 - 19,18j \end{bmatrix}^t,$$

$$\mathbf{I_{012F}} = \begin{bmatrix} 0,0 + 0,0j & -173,32 + 363,38j & 37,62 - 36,59j \end{bmatrix}^t.$$

(2) Potência na componente de seqüência zero.
A potência na seqüência zero é nula, pois, dispomos de carga em estrela isolada.

(3) Potência de seqüência direta.
Temos:

$$\dot{V}_{1F} = 32,15 + 23,53j = 39,841 \underline{|36,20°} \ kV,$$

$$I_{1F} = I_{1L} = -173,32 + 363,38j = 402,598 \underline{|115,50°} \ A,$$

$$\overline{S}_1 = 0,001 \cdot \dot{V}_{1F} \cdot I_F^* = 2,978 - 15,761j = 16,040 \underline{|-79,30°} \ MVA.$$

(4) Potência de seqüência inversa.
Temos

$$\dot{V}_{2F} = 17,70 - 19,18j = 26,099 \underline{|-47,30°} \ kV,$$

$$I_{2F} = I_{2L} = 37,62 - 36,59j = 52,479 \underline{|-44,20°} \ A,$$

$$\overline{S}_2 = 0,001 \cdot \dot{V}_{2F} \cdot I_{2F}^* = 1,368 - 0,074j = 1,370 \underline{|-3,09°} \ MVA.$$

(5) Potência total.
Temos

$$\overline{S}_{tot} = 3(\overline{S}_0 + \overline{S}_1 + \overline{S}_2) = 13,037 - 47,504j = 49,261 \underline{|-74,65°} \ MVA.$$

Ex. 5.4.52 - No arquivo POTYA001.S41 estão gravados os dados:
```
41  3
    1.42    0.46    1.64   -1.64    1.06    0.70
   10.00   -5.00  -26.01 -496.32   45.98  444.93
```
Pedimos interpretar os dados e proceder ao cálculo da potência em componentes simétricas e total.

SOLUÇÃO

(1) Interpretação dos dados.
Estamos manejando um arquivo para o cálculo da potência, pois, a extensão é .S41 e a variável do arquivo é 41. Temos uma carga ligada em estrela aterrada, IESQUE = 3, e as componentes simétricas das tensões de fase, kV, e das correntes de fase ou linha, em A, são dadas por:

$$\mathbf{V_{012F}} = [1,42 + 0,46j \quad 1,64 - 1,64j \quad 1,06 + 0,70j]^t,$$

$$\mathbf{I_{012F}} = [\quad 10,0 - 5,0j \quad -26,01 - 496,32j \quad 45,98 + 444,93j \ ]^t.$$

(2) Potência na componente de seqüência zero.
Temos:

$$\dot{V}_{0F} = 1,42 + 0,46j = 1,493 \underline{|17,95°} \ kV,$$

$$I_{0F} = 10,0 - 5,0j = 11,180 \underline{|-26,56°} \ A,$$

$$\overline{S}_0 = 0,001 \cdot \dot{V}_{0F} \cdot I_{0F}^* = 0,012 + 0,012j = 0,017 \underline{|44,51°} \ MVA.$$

(3) Potência de seqüência direta.
Temos:

$$\dot{V}_{1F} = 1,64 - 1,64j = 2,319\underline{|-45,00°}\ kV,$$

$$\dot{I}_{1F=} = \dot{I}_{1F} = -26,01 - 496,32j = 497,001\underline{|-93,00°}\ A,$$

$$\overline{S}_1 = 0,001 \cdot \dot{V}_{1F} \cdot I_F^* = 0,771 + 0,857j = 1,153\underline{|48,00°}\ MVA.$$

(4) Potência de seqüência inversa.
Temos

$$\dot{V}_{2F} = 1,06 + 0,70j = 1,270\underline{|33,44°}\ kV,$$

$$\dot{I}_{2F} = \dot{I}_{2L} = 45,98 + 444,93j = 447,300\underline{|84,10°}\ A,$$

$$\overline{S}_2 = 0,001 \cdot \dot{V}_{2F} \cdot I_{2F}^* = 0,360 - 0,439j = 0,568\underline{|-50,66°}\ MVA.$$

(5) Potência total.
Temos

$$\overline{S}_{tot} = 3\left(\overline{S}_0 + \overline{S}_1 + \overline{S}_2\right) = 3,430 + 1,287j = 3,664\underline{|20,56°}\ MVA.$$

5.5 - EXERCÍCIOS DE COMPONENTES DE CLARKE (CAPÍTULO 4)

5.5.1 - APRESENTAÇÃO

Neste item, em que nos dedicaremos ao desenvolvimento de exercícios de aplicações de componentes de Clarke, apresentamos, como nos itens anteriores, conjunto de exercícios propostos e exemplos de exercícios resolvidos através dos programas computacionais, com detalhamento da metodologia utilizada. Os exercícios propostos subdividem-se em: analíticos, onde, solicitamos a demonstração de relações; tipo teste de múltipla escolha, onde apresentamos cinco alternativas de respostas à questão enunciada; exercícios típicos resolvidos e exercícios propostos sem resolução. Destacamos que o programa CLARKE, que não será detalhado, conta com as mesmas opções do EXCSIM, diferenciando-se deste no que diz respeito à extensão utilizada na identificação do arquivo que se inicia com a letra C ao invés que S.

5.5.2 - EXERCÍCIOS ANALÍTICOS

Ex. 5.5.1 - Em que condições um circuito trifásico, com impedâncias próprias e mútuas entre as fases, pode ser representado por circuitos seqüenciais independentes?

Ex. 5.5.2 - Determinar a relação existente entre as componentes de Clarke no primário do transformador da Fig. 5-49 e as referentes ao secundário, quando assumimos, na ordem, correspondência entre os terminais primários de linha A, B e C, e os secundários, de linha X, Y e Z, na hipótese dos terminais 1, 2 e 3 corresponderem aos códigos: X-Y-Z, Y-Z-X, Z-X-Y, e Y-X-Z, assumindo a polaridade apresentada na figura e a inversa. Comparar os resultados obtidos com a representação em componentes de fase.

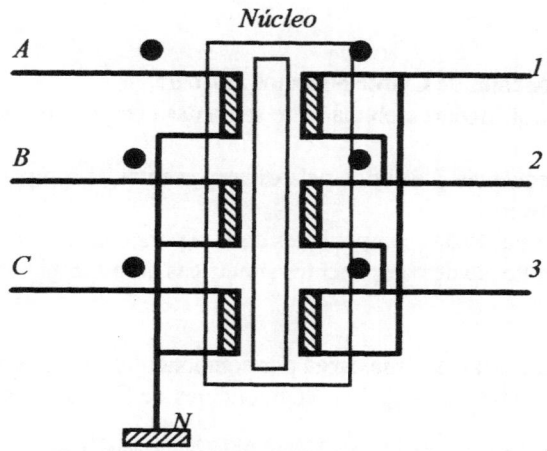

Figura 5-49. Transformador Y/Δ para Ex. 5.5.2

Ex. 5.5.3 - Repetir o Ex. 5.5.2 considerando a alimentação pelo enrolamento ligado em triângulo.

Ex. 5.5.4 - Deduzir o circuito equivalente completo, em termos de componentes de Clarke, para um transformador de 3 enrolamentos, no qual os enrolamentos primário e secundário estão ligados em estrela aterrada e o terciário em triângulo. Representar, também, o ramo de magnetização.

Ex. 5.5.5 - Repetir o Ex. 5.5.4 para os casos que o enrolamento em estrela esteja aterrado por impedância e isolado.

Ex. 5.5.6 - Para o transformador do Ex. 5.5.4, pedimos determinar as relações entre as componentes de Clarke das tensões e correntes de linha nos três enrolamentos. Assumir, dentre as possíveis, uma qualquer das relações de correspondência entre os terminais dos três enrolamentos.

Ex. 5.5.7 - Em que condições a rotação de fase entre as tensões e correntes, em componentes de fase é igual às correspondentes em componentes de Clarke ?

5.5.3 - EXERCÍCIOS DE MÚLTIPLA ESCOLHA

Ex. 5.5.8 - Para as componentes de Clarke podemos afirmar:
(1) - A componente de seqüência zero não tem o mesmo comportamento que a correspondente de componentes simétricas.
(2) - A componente de seqüência α é sempre igual ao primeiro fasor da seqüência dada em componentes de fase.
(3) - A componente de seqüência β é dada pelo primeiro fasor da seqüência, dada em componentes de fase, subtraido da componente de seqüência zero.

(4) - A componente de seqüência β não influe no valor do primeiro fasor da seqüência dos valores de fase.

(5) - Nenhuma

Ex. 5.5.9 - Para as componentes de Clarke podemos afirmar:

(1) - A componente de seqüência α é obtida pela soma das componentes simétricas de seqüência direta e inversa.

(2) - A componente de seqüência β é obtida pela diferença entre as componentes simétricas de seqüência direta e inversa.

(3) - A matriz de transformação das componentes de fase para Clarke é ortogonal.

(4) - A matriz de transformação de componentes simétricas para componentes de Clarke é real.

(5) - Nenhuma.

Ex. 5.5.10 - Para a representação de uma carga por componentes de Clarke podemos afirmar:

(1) - A matriz de impedâncias da carga, em componentes de Clarke, é igual à em componentes simétricas.

(2) - A matriz de impedâncias, em termos de componentes de Clarke, é sempre simétrica.

(3) - A matriz de impedâncias é simétrica somente quando as mútuas entre fases forem iguais.

(4) - Para que a matriz seja simétrica devemos multiplicar sua primeira coluna e a componente da corrente de seqüência zero por 2.

(5) - Nenhuma.

5.5.4 - EXERCÍCIOS RESOLVIDOS

Ex. 5.5.11 - Determinar as componentes de Clarke para a tensão no secundário de um transformador com derivação central, Fig. 5-38, em que:

$$\dot{V}_{AB} = 220\underline{|0°}\ V, \quad \dot{V}_{AN} = 110\underline{|0°}\ V \quad e \quad \dot{V}_{BN} = 110\underline{|180°}\ V.$$

SOLUÇÃO

Temos a seqüência de tensões:

$$\mathbf{V_{ABC}} = \begin{bmatrix} \dot{V}_{AB} & \dot{V}_{AN} & \dot{V}_{BN} \end{bmatrix}^t = \begin{bmatrix} 220\underline{|0°} & 110\underline{|0°} & 110\underline{|180°} \end{bmatrix}^t\ V,$$

logo:

$$\begin{bmatrix} \dot{V}_0 \\ \dot{V}_\alpha \\ \dot{V}_\beta \end{bmatrix} = \mathbf{T_C^{-1}} \begin{bmatrix} \dot{V}_{AB} \\ \dot{V}_{AN} \\ \dot{V}_{BN} \end{bmatrix} = \frac{1}{3} \begin{bmatrix} 1 & 1 & 1 \\ 2 & -1 & -1 \\ 0 & \sqrt{3} & -\sqrt{3} \end{bmatrix} \begin{bmatrix} 220\underline{|0°} \\ 110\underline{|0°} \\ 110\underline{|180°} \end{bmatrix} = \begin{bmatrix} 73,333\underline{|0°} \\ 146,667\underline{|0°} \\ 127,017\underline{|0°} \end{bmatrix}\ V.$$

Ex. 5.5.12 - No Ex. 5.5.11 determinar as componentes simétricas a partir das componentes de Clarke.

SOLUÇÃO

Temos:

$$\dot{V_1} = \frac{\dot{V_\alpha} + \dot{V_\beta}j}{2} = \frac{146,667 + 127,017j}{2} = 97,011\underline{|\,40,89°}\ V,$$

$$\dot{V_2} = \frac{\dot{V_\alpha} - \dot{V_\beta}j}{2} = \frac{146,667 - 127,017j}{2} = 97,011\underline{|\,-40,89°}\ V.$$

Ex. 5.5.13 - Um gerador trifásico, Fig. 5-50 simétrico equilibrado, com tensão de fase 220 V, ligado em estrela aterrada, através de impedância de $(50 + 0j))\ \Omega$, supre uma carga ligada em estrela aterrada diretamente, cujas impedâncias de fase são: $\overline{Z}_A = (10 + 5j)\ \Omega$, $\overline{Z}_B = (20 + 8j)\ \Omega$ e $\overline{Z}_C = (16 + 12j)\ \Omega$. Pedimos determinar, utilizando as componentes de Clarke, as tensões e correntes na rede.

SOLUÇÃO

(1) Componentes de Clarke da tensão do gerador.
Fazemos $\dot{E} = \dot{V}_{AN} = 220\underline{|\,0°}\ V$, logo, teremos:

$$\dot{E}_0 = 0\underline{|\,0°}\ V, \qquad \dot{E}_\alpha = 220\underline{|\,0°}\ V, \qquad \dot{E}_\beta = 220\underline{|\,-90°}\ V$$

(2) Equacionamento da rede:

$$\begin{bmatrix} \dot{V}_{AN} \\ \dot{V}_{BN} \\ \dot{V}_{CN} \end{bmatrix} = \begin{bmatrix} \overline{Z}_A & 0 & 0 \\ 0 & Z_B & 0 \\ 0 & 0 & \overline{Z}_C \end{bmatrix} \begin{bmatrix} \dot{I}_A \\ \dot{I}_B \\ \dot{I}_C \end{bmatrix} + Z_{at}(\dot{I}_A + \dot{I}_B + \dot{I}_C)\begin{bmatrix} 1 \\ 1 \\ 1 \end{bmatrix},$$

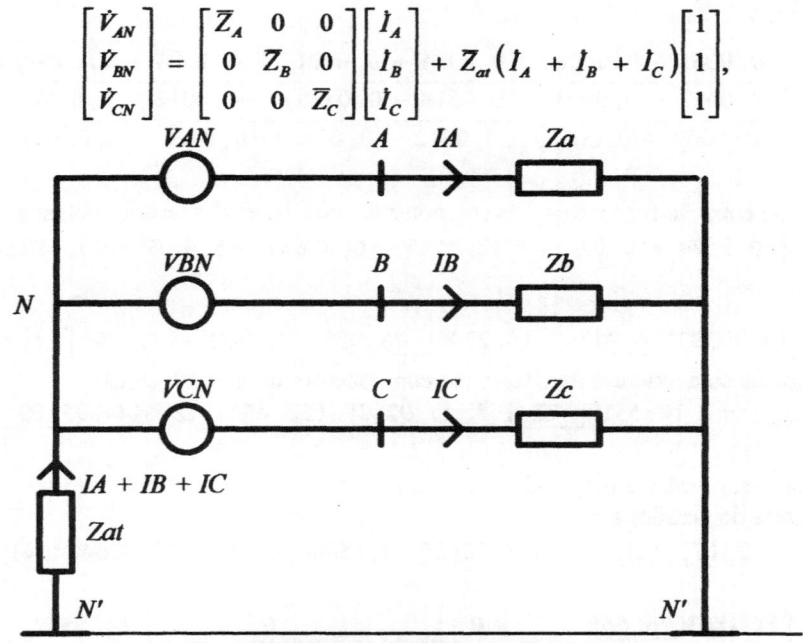

Fig. 5-50. Diagrama unifilar para Ex. 5.5.13

ou, ainda,

$$\begin{bmatrix} \dot{V}_{AN} \\ \dot{V}_{BN} \\ \dot{V}_{CN} \end{bmatrix} = \begin{bmatrix} \overline{Z}_A + \overline{Z}_{at} & \overline{Z}_{at} & \overline{Z}_{at} \\ \overline{Z}_{at} & \overline{Z}_B + \overline{Z}_{at} & \overline{Z}_{at} \\ \overline{Z}_{at} & \overline{Z}_{at} & \overline{Z}_C + \overline{Z}_{at} \end{bmatrix} \begin{bmatrix} \dot{I}_A \\ \dot{I}_B \\ \dot{I}_C \end{bmatrix} = \begin{bmatrix} 60 + 5j & 50 + 0j & 50 + 0j \\ 50 + 0j & 70 + 8j & 50 + 0j \\ 50 + 0j & 50 + 0j & 66 + 12j \end{bmatrix} \begin{bmatrix} \dot{I}_A \\ \dot{I}_B \\ \dot{I}_C \end{bmatrix}.$$

A seguir substituimos as tensões e correntes em função das componentes de Clarke e pré-multiplicamos ambos os membros pela matriz $\mathbf{T}_C^{-1}$, resultando:

$$\mathbf{V}_{ABC} = \mathbf{Z}_{ABC} \cdot \mathbf{I}_{ABC},$$

$$\mathbf{V}_{0\alpha\beta} = \mathbf{T}_C^{-1} \cdot \mathbf{Z}_{ABC} \cdot \mathbf{T}_C \cdot \mathbf{I}_{0\alpha\beta} = \mathbf{Z}_{0\alpha\beta} \cdot \mathbf{I}_{0\alpha\beta},$$

$$\mathbf{Z}_{0\alpha\beta} = \mathbf{T}_C^{-1} \cdot \mathbf{Z}_{ABC} \cdot \mathbf{T}_C = \mathbf{T}_C^{-1} \cdot \begin{bmatrix} 60 + 5j & 50 + 0j & 50 + 0j \\ 50 + 0j & 70 + 8j & 50 + 0j \\ 50 + 0j & 50 + 0j & 66 + 12j \end{bmatrix} \cdot \mathbf{T}_C,$$

$$\mathbf{Z}_{0\alpha\beta} = \begin{bmatrix} 165,3332 + 8,3333j & -2,6667 - 1,6667j & 1,1547 - 1,1547j \\ -5,3333 - 3,3333j & 12,6667 + 6,6667j & -1,1547 + 1,1547j \\ 2,3094 - 2,3094j & -1,1547 + 1,1547j & 18,0000 + 10,0000j \end{bmatrix}$$

ou seja:

$$\mathbf{I}_{0\alpha\beta} = \mathbf{Z}_{0\alpha\beta}^{-1} \cdot \mathbf{V}_{0\alpha\beta} = \mathbf{Y}_{0\alpha\beta} \cdot \mathbf{V}_{0\alpha\beta},$$

$$\begin{bmatrix} \dot{I}_0 \\ \dot{I}_\alpha \\ \dot{I}_\beta \end{bmatrix} = \begin{bmatrix} 0,0061 - 0,0003j & 0,0014 + 0,0001j & -0,0004 + 0,0004j \\ 0,0027 + 0,0001j & 0,0618 - 0,0325j & -0,0012 - 0,0052j \\ -0,0002 + 0,0007j & -0,0012 - 0,0052j & 0,0420 - 0,0236j \end{bmatrix} \begin{bmatrix} \dot{V}_0 \\ \dot{V}_\alpha \\ \dot{V}_\beta \end{bmatrix}.$$

Substituindo, na equação precedente, as componentes de Clarke das tensões obtemos:

$$\mathbf{I}_{0\alpha\beta} = \begin{bmatrix} 0,3824 + 0,0295j & 12,4515 - 6,8887j & -5,4639 - 10,3821j \end{bmatrix}^t \ A,$$

ou

$$\mathbf{I}_{0\alpha\beta} = \begin{bmatrix} 0,3835\underline{|4,41°} & 14,2300\underline{|-28,95°} & 11,7321\underline{|-117,76°} \end{bmatrix}^t \ A.$$

Transformando as componentes de Clarke em componentes de fase, obtemos:
$$\mathbf{I}_{ABC} = \mathbf{T} \cdot \mathbf{I}_{0\alpha\beta} = \begin{bmatrix} 14,5519\underline{|-28,19°} & 11,9280\underline{|-152,45°} & 12,5144\underline{|95,09°} \end{bmatrix} \ A.$$

(3) Tensões no centro estrela do gerador e na carga.
No centro estrela do gerador temos:
$$\dot{V}_{N'N} = \overline{Z}_{at}\left(\dot{I}_A + \dot{I}_B + \dot{I}_C\right) = 50\underline{|0°} \cdot 1,1506\underline{|4,41°} = 57,5304\underline{|4,41°} \ V.$$

e, na carga,

$$\begin{bmatrix} \dot{V}_{AN'} \\ \dot{V}_{BN'} \\ \dot{V}_{CN'} \end{bmatrix} = \begin{bmatrix} 11,1803\underline{|26,56°} & 0 & 0 \\ 0 & 21,5406\underline{|21,80} & 0 \\ 0 & 0 & 20,000\underline{|36,87°} \end{bmatrix} \begin{bmatrix} 14,5519\underline{|-28,19°} \\ 11,9280\underline{|-152,45°} \\ 12,5144\underline{|95,09°} \end{bmatrix},$$

ou

$$\begin{bmatrix} \dot{V}_{AN'} \\ \dot{V}_{BN'} \\ \dot{V}_{CN'} \end{bmatrix} = \begin{bmatrix} 162,6951\lfloor -1,56° \\ 256,9363\lfloor -130,65° \\ 250,2891\lfloor 131,96° \end{bmatrix} V.$$

Finalmente, no gerador, temos:

$$\begin{bmatrix} \dot{V}_{AN'} \\ \dot{V}_{BN'} \\ \dot{V}_{CN'} \end{bmatrix} + \dot{V}_{N'N} \begin{bmatrix} 1 \\ 1 \\ 1 \end{bmatrix} = \begin{bmatrix} 219,9948\lfloor 0,00° \\ 220,0021\lfloor -120,00° \\ 220,0021\lfloor 120,00° \end{bmatrix} V.$$

(4) Recomendações
Recomendamos que o leitor verifique os valores obtidos para a matriz de impedâncias, em termos de componentes de Clarke, utilizando as equações deduzidas no capítulo 4. Sugerimos, ainda, que repita o exercício utilizando valores pu.

Ex. 5.5.14. Na rede do Ex. 5.5.13 inserimos, entre o gerador e a carga, uma linha que apresenta impedância própria de (0,2 + 0,4j) Ω, igual nos três fios de fase, e impedância mútua entre as fases da linha de (0,0 + 0,2j) Ω, igual nos três fios de fase. As impedâncias, própria do retorno e mútua entre o retorno e as fases, são nulas. Pedimos:
(1) Determinar as tensões e correntes em toda a rede.
(2) Determinar o gerador equivalente de Thévenin nas barras terminais da carga, A', B' e C', Fig. 5-51.

SOLUÇÃO
(1) Matriz de impedâncias da rede.
A matriz de impedâncias da rede, em componentes de fase, trechos A-A', B-B' e C-C',é dada por:

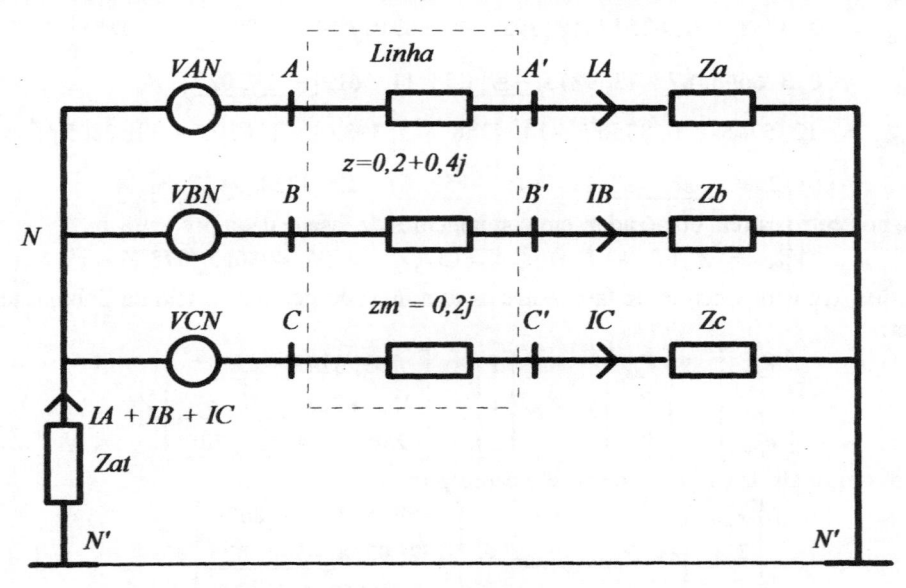

Figura 5-51. Diagrama unifilar para o Ex. 5.5.14

$$\mathbf{Z'_{ABC}} = \begin{bmatrix} 0,2 + 0,4j & 0,0 + 0,2j & 0,0 + 0,2j \\ \hline 0,0 + 0,2j & 0,2 + 0,4j & 0,0 + 0,2j \\ \hline 0,0 + 0,2j & 0,0 + 0,2j & 0,2 + 0,4j \end{bmatrix} \Omega,$$

que associada em série com a da carga, nos fornece:

$$\mathbf{Z}_{ABC} = \mathbf{Z'_{ABC}} + \mathbf{Z}_{ABC_{car}} = \begin{bmatrix} 60,2 + 5,4j & 50,0 + 0,2j & 50,0 + 0,2j \\ \hline 50,0 + 0,2j & 70,2 + 8,4j & 50,0 + 0,2j \\ \hline 50,0 + 0,2j & 50,0 + 0,2j & 66,2 + 12,4j \end{bmatrix} \Omega.$$

(2) Resolução da rede.

Com procedimento análogo ao do exercício anterior determinamos a matriz de impedâncias da rede, em termos de componentes de Clarke, e, invertendo-a, obtemos a matriz de admitâncias da rede. Isto é:

$$\mathbf{Z}_{0\alpha\beta} = \begin{bmatrix} 165,5332 + 9,1333j & -2,6667 - 1,6667j & 1,1547 - 1,1547j \\ \hline -5,3333 - 3,3333j & 12,8667 + 6,8667j & -1,1547 + 1,1547j \\ \hline 2,3094 - 2,3094j & -1,1547 + 1,1547j & 18,2000 + 10,2000j \end{bmatrix} \Omega,$$

$$\mathbf{Y}_{0\alpha\beta} = \begin{bmatrix} 0,0061 - 0,0003j & 0,0013 + 0,0000j & -0,0001 + 0,0004j \\ \hline 0,0027 + 0,0001j & 0,0605 - 0,0323j & -0,0012 - 0,0050j \\ \hline -0,0001 + 0,0007j & -0,0012 - 0,0050j & 0,0414 - 0,0235j \end{bmatrix} S.$$

A seguir, determinamos as correntes na rede, em termos de componentes de Clarke e de fase:

$$\mathbf{I}_{0\alpha\beta} = \begin{bmatrix} 0,3758 + 0,0254j & 12,1987 - 6,8310j & -5,4308 - 10,2071j \end{bmatrix}^t =$$

$$= \begin{bmatrix} 0,3766\underline{|3,87°} & 13,9811\underline{|-29,25°} & 11,5619\underline{|-118,02°} \end{bmatrix}^t A,$$

$$\mathbf{I}_{ABC} = \begin{bmatrix} 12,5745 - 6,8056j & -10,4268 - 5,3988j & -1,0203 + 12,2805j \end{bmatrix}^t =$$

$$= \begin{bmatrix} 14,2980\underline{|-28,42°} & 11,7416\underline{|-152,62°} & 12,3228\underline{|94,75°} \end{bmatrix}^t A.$$

A tensão no centro estrela do gerador, em componentes de fase, é dada por:

$$\dot{V}_{N'N} = \overline{Z}_{at}\left(\dot{I}_A + \dot{I}_B + \dot{I}_C\right) = 3\dot{I}_0\overline{Z}_{at} = 56,4986\underline{|3,87°} V,$$

e, as tensões, em componentes de fase, entre os terminais do gerador, início da linha, e terra são dadas por:

$$\begin{bmatrix} \dot{V}_{AN'} \\ \dot{V}_{BN'} \\ \dot{V}_{CN'} \end{bmatrix} = \begin{bmatrix} \dot{V}_{AN} \\ \dot{V}_{BN} \\ \dot{V}_{CN} \end{bmatrix} + \dot{V}_{NN'}\begin{bmatrix} 1 \\ 1 \\ 1 \end{bmatrix} = \begin{bmatrix} 163,6743\underline{|-1,33°} \\ 255,8228\underline{|-130,57°} \\ 250,0834\underline{|131,70°} \end{bmatrix} V,$$

e, entre os terminais da carga e a terra, são dadas por:

$$\begin{bmatrix} \dot{V}_{A'N'} \\ \dot{V}_{B'N'} \\ \dot{V}_{C'N'} \end{bmatrix} = \mathbf{Z}_{ABC_{car}}\mathbf{I}_{ABC} = \begin{bmatrix} 159,8571\underline{|-1,86°} \\ 252,9218\underline{|-130,82°} \\ 246,4562\underline{|131,62°} \end{bmatrix} V.$$

(3) Gerador equivalente de Thévenin.

Para a determinação do gerador equivalente de Thévenin, lembrando que a carga é de impedância constante, isto é, é constituída por bipolos lineares, podemos proceder como a seguir. Sejam: $\mathbf{Z}'_{ABC}, \mathbf{Z}''_{ABC}$, respectivamente, as matrizes de impedâncias correspondentes ao ramos da esquerda, gerador associado com a linha, e da direita, carga, do ponto considerado, que suporemos alimentado por gerador com tensão dada pela seqüência $\mathbf{V}_{ABC}$, e sejam, ainda, as correntes $\mathbf{I}'_{ABC}, \mathbf{I}''_{ABC}$, respectivamente, nos ramos da esquerda e da direita. Teremos:

$$\mathbf{V}_{ABC} = \mathbf{Z}'_{ABC} \cdot \mathbf{I}'_{ABC}, \quad e \quad \mathbf{V}_{ABC} = \mathbf{Z}''_{ABC} \cdot \mathbf{I}''_{ABC},$$

$$\mathbf{I}'_{ABC} = \mathbf{Z}'^{-1}_{ABC} \cdot \mathbf{V}_{ABC} = \mathbf{Y}'_{ABC} \cdot \mathbf{V}_{ABC},$$

$$\mathbf{I}''_{ABC} = \mathbf{Z}''^{-1}_{ABC} \cdot \mathbf{V}_{ABC} = \mathbf{Y}''_{ABC} \cdot \mathbf{V}_{ABC},$$

$$\mathbf{I}_{ABC} = \mathbf{I}'_{ABC} + \mathbf{I}''_{ABC} = \left(\mathbf{Y}'_{ABC} + \mathbf{Y}''_{ABC} \right) \cdot \mathbf{V}_{ABC} = \mathbf{Y}_{ABC} \cdot \mathbf{V}_{ABC},$$

$$\mathbf{V}_{ABC} = \mathbf{Y}^{-1}_{ABC} \cdot \mathbf{I}_{ABC} = \mathbf{Z}_{ABC} \cdot \mathbf{I}_{ABC}.$$

Assim, temos:

$$\mathbf{Z}'_{ABC} = \begin{bmatrix} 50,2 + 0,4j & 50,0 + 0,2j & 50,0 + 0,2j \\ 50,0 + 0,2j & 50,2 + 0,4j & 50,0 + 0,2j \\ 50,0 + 0,2j & 50,0 + 0,2j & 50,2 + 0,4j \end{bmatrix} \Omega,$$

$$\mathbf{Z}''_{ABC} = \begin{bmatrix} 10,0 + 5,0j & 0,0 & 0,0 \\ 0,0 & 20,0 + 8,0j & 0,0 \\ 0,0 & 0,0 & 16,0 + 12,0j \end{bmatrix} \Omega,$$

cujas inversas, de suas transformadas em componentes de Clarke, são dadas por:

$$\mathbf{Y}'_{0\alpha\beta} = \begin{bmatrix} 0,006658 - 0,000035j & 0 & 0 \\ 0 & 2.500003 - 2.499971j & 0 \\ 0 & 0 & 2.500002 - 2.499988j \end{bmatrix} S.$$

$$\mathbf{Y}''_{0\alpha\beta} = \begin{bmatrix} 0,054368 - 0,029080j & 0,012816 - 0,005460j & 0,000896 + 0,003683j \\ 0,025632 - 0,010920j & 0,067184 - 0,034540j & -0,000896 - 0,003683j \\ 0,001792 + 0,007366j & -0,000896 - 0,003683j & 0,041552 - 0,023621j \end{bmatrix} S,$$

Somamos as duas matrizes e calculamos sua inversa obtendo as matrizes de admitâncias e impedâncias:

$$\mathbf{Y}_{0\alpha\beta_{eq}} = \begin{bmatrix} 0,0610 - 0,0291j & 0,0128 - 0,0055j & 0,0009 + 0,0037j \\ 0,0256 - 0,0109j & 2,5678 - 2,5345j & -0,0009 - 0,0037j \\ 0,0018 + 0,0074j & -0,0009 - 0,0037j & 2,5415 - 2,5236j \end{bmatrix} S,$$

$$\mathbf{Z}_{0\alpha\beta_{eq}} = \begin{bmatrix} 13,3628 + 6,3849j & -0,0389 - 0,0419j & 0,0131 - 0,0086j \\ -0,0779 - 0,0837j & 0,1974 + 0,1952j & -0,0004 + 0,0001j \\ 0,0263 - 0,0172j & -0,0004 + 0,0001j & 0,1981 + 0,1967j \end{bmatrix} \Omega.$$

As f.e.m.s do gerador equivalente de Thévenin correspondem aos valores das tensões na barra de carga, A', B' e C'. São calculadas, em termos de componentes de Clarke, a partir de:

$$\mathbf{V}_{0\alpha\beta} = \mathbf{T}_C^{-1} \cdot \mathbf{V}_{ABC}$$

resultando:

$$\mathbf{V_{ABC}} = \begin{bmatrix} 159,8565 \underline{|-1,85°} & 252,9218 \underline{|-130,82°} & 246,4562 \underline{|131,62°} \end{bmatrix} \ V,$$

$$\mathbf{V_{0\alpha\beta}} = \begin{bmatrix} 56,5663 \underline{|-175,84°} & 216,1930 \underline{|-0,28°} & 216,8809 \underline{|-90,25°} \end{bmatrix} \ V.$$

Ex. 5.5.15 - Para a rede do Ex. 5.5.14 pedimos calcular as correntes e tensões quando na fase A da carga ocorre um curto-circuito para a terra. Sendo a impedância de defeito nula pedimos determinar as tensões e correntes na rede.

SOLUÇÃO

(1) Equacionamento.
Inicialmente, como feito no capítulo 4, vamos tornar a matriz de impedâncias da rede simétrica, isto é, dividimos a primeira coluna da matriz por 2 e multiplicamos a corrente I_0 por 2. Para a rede teremos:

$$\begin{bmatrix} \dot{V}_{0A} \\ \dot{V}_{\alpha A} \\ \dot{V}_{\beta A} \end{bmatrix} = \begin{bmatrix} \dot{E}_{0_{Th}} \\ \dot{E}_{\alpha_{Th}} \\ \dot{E}_{\beta_{Th}} \end{bmatrix} - \mathbf{Z}'_{0\alpha\beta_{eq}} \begin{bmatrix} 2\dot{I}_0 \\ \dot{I}_\alpha \\ \dot{I}_\beta \end{bmatrix} = \begin{bmatrix} \dot{E}_{0_{Th}} \\ \dot{E}_{\alpha_{Th}} \\ \dot{E}_{\beta_{Th}} \end{bmatrix} - \begin{bmatrix} \overline{Z}_{00} & \overline{Z}_{0\alpha} & \overline{Z}_{0\beta} \\ \overline{Z}_{\alpha 0} & \overline{Z}_{\alpha\alpha} & \overline{Z}_{\alpha\beta} \\ \overline{Z}_{\beta 0} & \overline{Z}_{\beta\alpha} & \overline{Z}_{\beta\beta} \end{bmatrix} \begin{bmatrix} 2\dot{I}_0 \\ \dot{I}_\alpha \\ \dot{I}_\beta \end{bmatrix}, \quad e$$

$$\mathbf{Z}'_{0\alpha\beta_{eq}} = \begin{bmatrix} 6,6814 + 3,1924j & -0,0389 - 0,0419j & 0,0131 - 0,0086j \\ -0,0389 - 0,0419j & 0,1974 + 0,1952j & -0,0004 + 0,0001j \\ 0,0131 - 0,0086j & -0,0004 + 0,0001j & 0,1981 + 0,1967j \end{bmatrix} \Omega.$$

As condições de contorno para o defeito são dadas por:
$$\dot{V}_{AN} = 0 \quad e \quad \dot{I}_B = \dot{I}_C = 0, \quad com \quad \dot{I}_A \neq 0,$$
logo, as componentes de Clarke nesse ponto serão:
$$\dot{I}_0 = \frac{\dot{I}_A}{3}, \quad \dot{I}_\alpha = \frac{2\dot{I}_A}{3} = 2\dot{I}_0, \quad \dot{I}_\beta = 0, \quad e$$
$$\dot{V}_{AN} = \dot{V}_0 + \dot{V}_\alpha = 0.$$

Por outro lado, para a rede, temos:
$$\dot{V}_0 = \dot{E}_{0_{Th}} - \left(\overline{Z}_{00} 2\dot{I}_0 + \overline{Z}_{0\alpha} \dot{I}_\alpha \right) = \dot{E}_{0_{Th}} - 2\left(\overline{Z}_{00} + \overline{Z}_{0\alpha} \right)\dot{I}_0,$$
$$\dot{V}_\alpha = \dot{E}_{\alpha_{Th}} - \left(\overline{Z}_{\alpha 0} 2\dot{I}_0 + \overline{Z}_{\alpha\alpha} \dot{I}_\alpha \right) = \dot{E}_{\alpha_{Th}} - 2\left(\overline{Z}_{\alpha 0} + \overline{Z}_{\alpha\alpha} \right)\dot{I}_0,$$

ou

$$\dot{V}_{AN} = \dot{E}_{0_{Th}} + \dot{E}_{\alpha_{Th}} - 2\left(\overline{Z}_{00} + 2\overline{Z}_{0\alpha} + \overline{Z}_{\alpha\alpha} \right)\dot{I}_0 = 0,$$

$$\dot{I}_0 = \frac{\dot{E}_{0_{Th}} + \dot{E}_{\alpha_{Th}}}{2\left(\overline{Z}_{00} + 2\overline{Z}_{0\alpha} + \overline{Z}_{\alpha\alpha} \right)}.$$

Donde obtemos, em termos de componentes de Clarke:
$$\dot{I}_0 = \frac{159,8565 \underline{|-1,85°}}{2 \cdot 7,5610 \underline{|25,73°}} = 10,5711 \underline{|-27,76°} \ A,$$

$$\dot{I}_\alpha = 2\dot{I}_0 = 21,1422 \underline{|-27,76°} \ A, \quad \dot{I}_\beta = 0 \ A.$$

Em termos de componentes de fase, temos:
$$\dot{I}_A = \dot{I}_0 + \dot{I}_\alpha = 3\dot{I}_0 = 31,7133 \underline{|-27,76°} \ A, \quad \dot{I}_B = \dot{I}_C = 0 \ A.$$

As componentes de Clarke na barra de defeito são:

$$\dot{V}_0 = \dot{E}_{0_{Th}} - 2(\overline{Z}_{00} + \overline{Z}_{0\alpha})\dot{I}_0 = -216,141586 + 7.338768j = 216,2661\lfloor 178,05° \ V,$$

$$\dot{V}_\alpha = \dot{E}_{\alpha_{Th}} - 2(\overline{Z}_{\alpha0} + \overline{Z}_{\alpha\alpha})\dot{I}_0 = 216,142788 - 7,354100j = 216,2679\lfloor -1.95° \ V,$$

onde, sendo $\dot{V}_0 + \dot{V}_\alpha = \dot{V}_{AN}$, evidentemente, deverá resultar $\dot{V}_0 = -\dot{V}_\alpha$, como de fato resultou. Além disso, calculamos:

$$\dot{V}_\beta = \dot{E}_{\beta_{Th}} - (\overline{Z}_{\beta0}\,2\,\dot{I}_0 + \overline{Z}_{\beta\alpha}\dot{I}_\alpha + \overline{Z}_{\beta\beta}\dot{I}_\beta) = \dot{E}_{\beta_{Th}} - 2(\overline{Z}_{\beta0} + \overline{Z}_{\beta\alpha})\dot{I}_0.$$

A partir das componentes de Clarke da tensões e correntes, na barra de defeito podemos recalcular a corrente na carga, que somada com a do defeito nos fornece a corrente que flue pela linha e pelo gerador. Deixamos ao leitor o cálculo dessas grandezas.

(3) Recomendações.
Sugerimos que o leitor resolva este exercício com a mesma metodologia utilizada no Ex. 4.3 do capítulo 4.

5.5.5 - EXERCÍCIOS PROPOSTOS

Deixamos de apresentar a relação de exercícios propostos e sugerimos que o leitor resolva todos os exercícios de componentes simétricas utilizando as de Clarke.

5.5.6 - PROGRAMAS COMPUTACIONAIS

Para o estudo de componentes de Clarke dispomos, dentre o conjunto de programas, com o **CLARKE** que apresenta os mesmos recursos entradas, saidas e de armazenamento de dados, que o programa **EXCSIM**, já apresentado.

5.6 - PROGRAMAS ADICIONAIS

5.6.1 - APRESENTAÇÃO

Nos programas já apresentados o usuário resolve o exercício proposto, lido de arquivo ou gerado aleatoriamente, e digita as respostas encontradas, que são consistidas pelo programa com a emissão de mensagem de erro, quando incorretas. Nos programas que trataremos neste item não seguimos a mesma orientação, isto é, os dados são fornecidos pelo usuário e o programa apresenta a solução, contando com recursos para a impressão, na tela, dos resultados passo a passo. Nos itens a seguir apresentaremos os programas: **CSIMET**, análise de redes em componentes de fase, simétricas ou de Clarke, e **BDADOLT**, base de dados da matriz de impedâncias de linhas de transmissão.

5.6.2 - PROGRAMA CSIMET

Este programa, que pode ser acionado através do menu principal (**C:\COMPSIM\COMPSIM**) ou do comando **C:\COMPSIM\CSIMET**, destina-se à transformação de grandezas, tensões, correntes, ou matrizes de impedâncias, entre componentes de fase, simétricas e de Clarke, isto é, dadas as grandezas numa das componentes determinamos seus valores nas outras duas. Ao ser acionado apresenta menu principal, do tipo horizontal, que dispõe das opções:

- COM.DE FASE, quando a seqüência ou a matriz de impedâncias é fornecida em termos de componentes de fase e desejamos transformá-la para componentes simétricas ou de Clarke;

- C. SIMETRIC, quando a seqüência ou a matriz de impedâncias é fornecida em termos de componentes simétricas e desejamos transformá-la para componentes de fase ou de Clarke;

- C.DE CLARKE, quando a seqüência ou a matriz de impedâncias é fornecida em termos de componentes de Clarke e desejamos transformá-la para componentes de fase ou simétricas.

Assim, o programa, após a escolha, pelo usuário, da natureza da componente que será fornecida, que suporemos haja sido a primeira, COM.DE FASE, solicita informação, através da mensagem de rodapé:

"Deseja converter uma sequencia SIM (S/s) NAO (*) ? ",

acerca do elemento a ser transformado, seqüência ou matriz. No caso em que o usuário digite a tecla "S" ou "s" ou pressione o botão esquerdo do mouse em correspondência ao simbolo SIM (S/s), o programa entenderá que desejamos transformar um seqüência de fase, de tensões ou correntes. A seguir solicita, através da mensagem de rodapé:

"Deseja proceder a conversão para COMPONENTES SIMETRICAS ? SIM (S/s) NAO (*) ? ",

informação acerca do tipo de componente para o qual será feita a conversão. Em caso de resposta afirmativa, o programa entende que o usuário deseja converter a seqüência dada, em componentes de fase, para componentes simétricas e, vice-versa, em caso de resposta negativa deseja proceder a conversão para componentes de Clarke. Executa a conversão e apresenta tela de resultados. Destacamos que, por solicitação do usuário poderá ser apresentado, na tela, o cálculo passo a passo.

A título de exemplo apresentamos, Fig.5-52, a tela de cálculo das componentes simétricas da seqüência: $[220\underline{|0°}\ 110\underline{|0°}\ 110\underline{|180°}]'$.

5.6.3 - PROGRAMA **BDADOLT**

Este programa tem por finalidade gerenciar o arquivo de dados de linhas de transmissão, ou trechos de rede. Ao ser acionado diretamente do menu principal do sistema (**C:\COMPSIM\COMPSIM**) ou diretamente (**C:\COMPSIM\BDADOLT**), apresenta menu principal com as alternativas:

- RELATORIO, quando fornece os dados armazenados, linha a linha, ou trecho a trecho, no arquivo;
- INSERE, que se destina à inserção de novas matrizes de impedâncias de trechos de rede.

Do relatório apresentado, a título de exemplo, à Fig. 5-53, destacamos o nome do arquivo, que é fornecido pelo usuário quando de seu carregamento, e um conjunto de dados gerais que permitem a identificação da tensão operativa do trecho, bitola e tipo de condutor utilizado, configuração da "cabeça da torre", isto é, dos condutores instalados sobre cruzeta ou numa torre de transmissão, e a existência de transposição. Salientamos que os dados gerais são utilizados tão somente para a identificação do trecho de linha, não sendo utilizados pelos programas que acessam o arquivo.

```
+- * CCBO - HPS - NK - EJR - EXERCICIOS COMP.FASE/SIM./CLARKE- V.01/01-1996 * -+
¦          * Conversao de componentes de FASE para SIMETRICAS *                ¦
¦                    * Calculo V0 = (VA + VB + VC)/3 *                          ¦
¦                        VA =      220.00 +        .00 j                        ¦
¦                        VB =      110.00 +        .00 j                        ¦
¦                        VC =     -110.00 +        .00 j                        ¦
¦                      3*V0 =      220.00 +        .00 j                        ¦
¦                        V0 =       73.33 +        .00 j                        ¦
¦              * Calculo V1 = (VA + VB*ALFA1 + VC*ALFA2)/3 *                    ¦
¦                        VA =      220.00 +        .00 j                        ¦
¦                   VB*ALFA1 =      -55.00 +      95.26 j                       ¦
¦                   VC*ALFA2 =       55.00 +      95.26 j                       ¦
¦                      3*V1 =      220.00 +      190.53 j                       ¦
¦                        V1 =       73.33 +       63.51 j                       ¦
¦              * Calculo V2 = (VA + VB*ALFA2 + VC*ALFA1)/3 *                    ¦
¦                        VA =      220.00 +        .00 j                        ¦
¦                   VB*ALFA2 =      -55.00 +     -95.26 j                       ¦
¦                   VC*ALFA1 =       55.00 +     -95.26 j                       ¦
¦                      3*V2 =      220.00 +     -190.53 j                       ¦
¦                        V2 =       73.33 +      -63.51 j                       ¦
¦   ------------------------------------------------------------------------   ¦
¦                                                                              ¦
+------------------------------------------------------------------------------+
    Para continuar pressione uma tecla qualquer ou o botao esquerdo do mouse
```

Figura 5-52. Tela de cálculo passo a passo

```
+- * CCBO - HPS - NK - EJR - Banco de Dados Linhas  AT-BT-MT - V.01/01-1996 * -+
¦      +------------------------------------------------------+                ¦
¦      ¦ * Codigo das Matrizes de Impedancias Disponiveis *   ¦                ¦
¦      ¦ MT01  MT02  xpto                                     ¦                ¦
¦      ¦                                                      ¦                ¦
¦      +------------------------------------------------------+                ¦
¦                                                                              ¦
¦  +-------------------------------------------------------------------------+ ¦
¦  ¦            Matriz de Impedancia MT01 - Faixa de Tensao MT              ¦ ¦
¦  ¦      Tipo condutor CAA                 Bitola        336.4 MCM         ¦ ¦
¦  ¦      Configuracao  PLANA HORI          Transposicao NAO               ¦ ¦
¦  ¦                                                                         ¦ ¦
¦  ¦          Fase A                 Fase B                 Fase C          ¦ ¦
¦  ¦ A    .295150    .557670    .078611    .251471    .077675    .210151¦ ¦
¦  ¦ B    .078611    .251471    .297784    .545445    .078980    .263521¦ ¦
¦  ¦ C    .077675    .210151    .078980    .263521    .295862    .554347¦ ¦
¦  ¦                (Impedancias em  ohm/km)                                ¦ ¦
¦  +-------------------------------------------------------------------------+ ¦
¦                                                                              ¦
¦   ------------------------------------------------------------------------   ¦
¦                                                                              ¦
+------------------------------------------------------------------------------+
    Para continuar pressione uma tecla qualquer ou o botao esquerdo do mouse
```

Figura 5-53. Relatório de uma das matrizes gravadas